普通高等教育"十三五"规划教材

动物学

U0296769

吕秋凤　主编

化学工业出版社
·北京·

《动物学》全书共二十一章，以动物进化为主线，主要包括绪论、动物的个体发育、无脊椎动物、脊椎动物以及动物起源等方面的知识。绪论主要讲述动物学及分支学科的研究内容及学习动物学的目的和意义、动物学的研究方法及动物分类的基础知识和生物多样性的保护及持续利用。第一章主要讲述多细胞动物起源、胚胎发育经历重要阶段、生物发生律的概念等。第二章至第二十章分别讲述各门和纲的形态结构、主要特征、代表动物、重要类群和经济意义。第二十一章主要讲述动物进化的基础理论、动物进化的例证、动物进化的型式、无脊椎动物和脊椎动物的起源与演化。

《动物学》教材可供高等院校动物医学、动物科学、水产养殖、特种经济动物、生物科学、生物技术、生物工程、应用生物科学、环境科学、食品科学等相关专业的教师和学生、研究院所的科研人员及实际应用中的技术人员等使用。

图书在版编目（CIP）数据

动物学/吕秋凤主编. —北京：化学工业出版社，
2017.8（2024.1重印）
普通高等教育"十三五"规划教材
ISBN 978-7-122-29937-6

Ⅰ.①动… Ⅱ.①吕… Ⅲ.①动物学-高等学校-教材
Ⅳ.①Q95

中国版本图书馆 CIP 数据核字（2017）第 121139 号

责任编辑：尤彩霞
责任校对：边　涛　　　　　　　　　　　　装帧设计：张　辉

出版发行：化学工业出版社（北京市东城区青年湖南街 13 号　邮政编码 100011）
印　　装：三河市延风印装有限公司
787mm×1092mm　1/16　印张 25　字数 656 千字　2024 年 1 月北京第 1 版第 7 次印刷

购书咨询：010-64518888　　　　　　售后服务：010-64518899
网　　址：http://www.cip.com.cn
凡购买本书，如有缺损质量问题，本社销售中心负责调换。

定　　价：59.00 元

普通高等教育"十三五"规划教材
《动物学》编写人员名单

主　　编：吕秋凤
副 主 编：张　旭　关　萍　吴高峰　王海芳
参编人员（按姓名汉语拼音排序）：

崔怡清	沈阳农业大学
冯　颖	沈阳农业大学
高　明	河北农业大学
关　萍	沈阳农业大学
贺　驭	沈阳农业大学
黄　帆	沈阳农业大学
李国喜	河南农业大学
梁巍巍	沈阳农业大学
林荣峰	沈阳农业大学
林树梅	沈阳农业大学
刘　梅	沈阳农业大学
刘明宇	沈阳农业大学
刘　鹏	哈尔滨师范大学
吕秋凤	沈阳农业大学
牟　藤	辽宁大学
宁志利	沈阳农业大学
曲　真	大连职业技术学院
史新娥	西北农林科技大学
孙瑞媛	沈阳农业大学
孙晓伟	沈阳农业大学
王海芳	甘肃农业大学
吴高峰	沈阳农业大学
吴振鸣	沈阳农业大学
晏文梅	金陵科技学院
杨群辉	沈阳农业大学
杨淑华	沈阳农业大学
张　旭	黑龙江八一农垦大学

前　言

　　动物学（zoology）是研究动物体的形态结构、分类和生命活动规律的一门基础生物科学，内容十分广博。随着科学技术的不断发展，动物学扩展形成了多个分支学科，主要有动物形态学、动物分类学、动物生理学、动物胚胎学、动物生态学、动物地理学和动物遗传学等。由于学科的发展和交叉渗透，动物学的研究向微观和宏观两个方向发展，从而形成了分子、细胞、组织、器官、个体、群体和生态系统等多个层次的研究体系，动物学是其中的一个基础学科。

　　动物学是农业院校的动物医学、动物科学、水产养殖、特种经济动物、生物科学、生物技术、生物工程、应用生物科学、环境科学和食品科学等相关专业和综合院校的生命科学以及师范院校生物教育专业等多个专业的专业基础课，属必修课程之一，与农、林、牧、渔、医、工等有着不可分割的关系。诸如农牧业上的畜禽、经济水产动物和毛皮动物以及蜂和蚕等的养殖；害虫的控制和生物防治；濒危物种的救助；野生物种多样性的保护、开发和可持续利用等都离不开动物学的基础。医药卫生上直接危害人体健康甚至造成严重疾病的寄生虫及流行病病原体传播媒介的诊断治疗及预防研究，许多医学难题的解决以及新药物的研制都需要进行动物学及其分支学科的试验和研究。此外，当代工程技术广泛应用的仿生学，如模仿蛙眼研制的可准确灵敏识别飞机和导弹的电子蛙眼，根据蜜蜂准确导航本领研制成的用于航海和航空的偏光天文罗盘，模仿海洋漂浮动物水母的感觉器制造出的能准确预报风暴的"水母耳"风暴预测仪等，也都离不开动物学的深入研究。

　　《动物学》借鉴了许多动物学资料，对每个章节内容进行了精心的组织和编排。除保持传统的动物学特色外，更注重国内外动物学研究进展、前沿知识以及专业发展的相互联系，充分反映了该学科水平，突显了代表动物的科研价值，真正体现出学科特色。力求做到将教材的科学性、实用性、趣味性和前瞻性统一起来，调动学生学习动物学的积极性，以便取得较好的教学效果。每个章节末尾附有思考题，既方便学生及时巩固复习，又丰富了学生的视野。

　　在《动物学》编写过程中，得到沈阳农业大学、黑龙江八一农垦大学、辽宁大学、甘肃农业大学、西北农林科技大学、金陵科技学院、河南农业大学、河北农业大学、哈尔滨师范大学等院校老师和学生们的帮助，深表谢意！

　　由于编者水平有限，书中难免出现疏漏之处，恳请广大读者和各位同仁批评指正！

编者
2017 年 9 月

目　录

绪论 ……………………………………………………………………………… 1
第一节　生物的分界及动物在其中的地位 …………………………………… 1
第二节　动物学及其分科 ……………………………………………………… 4
第三节　研究动物学的目的和意义 …………………………………………… 5
第四节　动物学的研究方法 …………………………………………………… 6
第五节　动物分类知识 ………………………………………………………… 7
思考题 …………………………………………………………………………… 10
第一章　动物的个体发育 ……………………………………………………… 11
第一节　从单细胞到多细胞 …………………………………………………… 11
第二节　多细胞动物起源于单细胞动物的证据 ……………………………… 12
第三节　多细胞动物发育的过程 ……………………………………………… 13
第四节　生物发生律 …………………………………………………………… 19
第五节　关于多细胞动物起源的学说 ………………………………………… 20
思考题 …………………………………………………………………………… 22
第二章　原生动物门 …………………………………………………………… 23
第一节　原生动物门的主要特征 ……………………………………………… 23
第二节　原生动物门的分类 …………………………………………………… 27
第三节　原生动物与人类的关系 ……………………………………………… 41
思考题 …………………………………………………………………………… 42
第三章　海绵动物门 …………………………………………………………… 43
第一节　海绵动物门的主要特征 ……………………………………………… 43
第二节　海绵动物门的分类 …………………………………………………… 48
第三节　海绵动物的经济价值 ………………………………………………… 49
思考题 …………………………………………………………………………… 49
第四章　腔肠动物门 …………………………………………………………… 50
第一节　腔肠动物门的主要特征 ……………………………………………… 50
第二节　腔肠动物门的分类 …………………………………………………… 53

　　第三节　腔肠动物的经济价值 ………………………………………………………… 61
　　思考题 ………………………………………………………………………………… 62
第五章　扁形动物门 …………………………………………………………………………… 63
　　第一节　扁形动物门的主要特征 …………………………………………………… 63
　　第二节　扁形动物门的分类 ………………………………………………………… 65
　　第三节　寄生虫与宿主的关系及防治原则 ………………………………………… 83
　　思考题 ………………………………………………………………………………… 86
第六章　原体腔动物门 ………………………………………………………………………… 87
　　第一节　原体腔动物门的主要特征 ………………………………………………… 87
　　第二节　原体腔动物门的分类 ……………………………………………………… 89
　　第三节　原体腔动物的经济意义 …………………………………………………… 100
　　思考题 ………………………………………………………………………………… 100
第七章　环节动物门 …………………………………………………………………………… 102
　　第一节　环节动物门的主要特征 …………………………………………………… 102
　　第二节　环节动物门的分类 ………………………………………………………… 106
　　第三节　环节动物的经济意义 ……………………………………………………… 119
　　思考题 ………………………………………………………………………………… 120
第八章　软体动物门 …………………………………………………………………………… 121
　　第一节　软体动物门的主要特征 …………………………………………………… 121
　　第二节　软体动物门的分类 ………………………………………………………… 125
　　第三节　软体动物的经济意义 ……………………………………………………… 145
　　思考题 ………………………………………………………………………………… 147
第九章　节肢动物门 …………………………………………………………………………… 148
　　第一节　节肢动物门的主要特征 …………………………………………………… 148
　　第二节　节肢动物门的分类 ………………………………………………………… 151
　　第三节　节肢动物与人类的关系 …………………………………………………… 178
　　思考题 ………………………………………………………………………………… 180
第十章　棘皮动物门 …………………………………………………………………………… 181
　　第一节　棘皮动物门的主要特征 …………………………………………………… 181
　　第二节　棘皮动物门的分类 ………………………………………………………… 186
　　第三节　棘皮动物的经济意义 ……………………………………………………… 188
　　思考题 ………………………………………………………………………………… 189
第十一章　无脊椎动物门类形态结构和生理功能的总结 ………………………………… 190
　　第一节　无脊椎动物躯体结构的形态比较 ………………………………………… 190
　　第二节　无脊椎动物各个系统的功能概述 ………………………………………… 197
　　思考题 ………………………………………………………………………………… 198
第十二章　半索动物门 ………………………………………………………………………… 199
　　第一节　半索动物门的主要特征 …………………………………………………… 200
　　第二节　半索动物门的分类 ………………………………………………………… 202
　　第三节　半索动物在动物界的地位 ………………………………………………… 203
　　思考题 ………………………………………………………………………………… 203
第十三章　脊索动物门 ………………………………………………………………………… 204

第一节　脊索动物门的主要特征 ·· 204

第二节　脊索动物门的分类概况 ·· 205

第三节　尾索动物亚门 ··· 206

第四节　头索动物亚门 ··· 209

第五节　脊椎动物亚门 ··· 214

思考题 ·· 215

第十四章　圆口纲 ·· 216

第一节　圆口纲的主要特征 ··· 216

第二节　圆口纲的分类 ··· 219

第三节　圆口纲的经济意义 ··· 220

思考题 ·· 220

第十五章　鱼纲 ·· 221

第一节　鱼纲的主要特征 ··· 221

第二节　鱼纲的分类 ··· 239

第三节　鱼类的经济意义 ··· 254

思考题 ·· 257

第十六章　两栖纲 ·· 258

第一节　两栖纲的主要特征 ··· 258

第二节　两栖纲的分类 ··· 261

第三节　两栖类的繁殖 ··· 267

第四节　两栖类的保护与利用 ·· 269

思考题 ·· 270

第十七章　爬行纲（Reptilia） ·· 271

第一节　爬行纲的主要特征 ··· 271

第二节　爬行纲的分类 ··· 285

第三节　爬行动物与人类的关系 ·· 299

思考题 ·· 300

第十八章　鸟纲 ·· 301

第一节　鸟纲的主要特征 ··· 301

第二节　鸟纲的分类 ··· 315

第三节　鸟类的繁殖、生态及迁徙 ··· 329

第四节　鸟类与人类的关系 ··· 336

思考题 ·· 339

第十九章　哺乳纲 ·· 340

第一节　哺乳纲的主要特征 ··· 340

第二节　哺乳动物分类 ··· 348

第三节　哺乳动物的保护、持续利用及有害兽类的防治 ·················· 354

思考题 ·· 358

第二十章　脊椎动物门类形态结构和生理功能的总结 ····················· 359

第一节　脊椎动物躯体结构的形态比较 ······································ 359

第二节　脊椎动物各个系统的功能概述 ······································ 371

思考题 ·· 372

第二十一章　动物的起源和进化 ································· 374

第一节　进化理论 ····································· 374

第二节　进化证据 ····································· 375

第三节　进化型式和进化谱系 ····························· 378

第四节　无脊椎动物的演化简述 ··························· 380

第五节　脊索动物的起源和演化 ··························· 382

思考题 ··· 387

参考文献 ··· 389

绪　论

教学重点：动物学及分支学科的研究内容及学习动物学的目的、意义；动物学的研究方法及动物分类的基础知识。

教学难点：生物多样性的保护及持续利用。

动物学是研究动物各类群的形态结构和有关生命活动规律的学科。动物学是生物学的重要组成部分。步入生物学领域后，应该通过"生物的多样性"和"生物的分界"对生物界的全貌全面认识，并通过"动物分类的知识"寻找到入门的"金钥匙"。

第一节　生物的分界及动物在其中的地位

自然界的物质是由生物和非生物组成的。前者指一切有生命的物质，具有新陈代谢、生长发育和繁殖、遗传变异、感应性和适应性等生命现象，因此，生物世界也称生命世界（vivicum）；后者指所有无生命的物质，如空气、阳光、岩石、土壤、水等。

非生物界组成了生物生存的环境，生物和它所居住的环境共同组成了生物圈。生物的形式多样，种类繁多，变化无穷，共同组成了五彩缤纷而又生机勃勃的生物界，各种生物在形态结构、生活习性及对环境的适应方式等方面千差万别。最小的生物为病毒（virus），如细小病毒只有 20nm，它是一种只有 1600 对核苷酸的单一 DNA 链的二十面体，没有蛋白膜；复旦大学生命科学院病毒研究室发现的中国小麦花叶病毒（CWMV）为 100nm，最大的生物如 20～30m 长的蓝鲸，重达 100 多吨。

一、生物的基本特征

① 除病毒以外的一切生物都是由细胞组成的。细胞是构成生物体的基本单位。

② 生物都有新陈代谢（metabolism）作用。包括同化作用（assimilation）和异化作用（dissimilation）两个方面。同化作用又称合成代谢，指生物体把从食物中摄取的养料加以改造，转换成自身的组成物质，并把能量储存起来的过程；异化作用又称分解代谢，指生物体将自身的组成物质进行分解，并释放出能量和排出废物的过程。

③ 生物都有生长（growth）、发育（development）和繁殖（reproduction）的现象。任何生物体在其一生中都要经过从小到大的生长过程。在生长过程中，生物的形态结构和生理

机能都要经过一系列的变化，才能从幼体长成与亲代相似的个体，然后逐渐衰老死亡，这种转变过程称为发育。当生物生长到一定阶段就能产生后代，使个体数目增多，种族得以绵延，这种现象称为繁殖。

④ 生物都有遗传（heredity）和变异（variation）的特性。生物在繁殖时，通常都产生与自身相似的后代，这就是遗传，如种瓜得瓜，种豆得豆。但两者之间不会完全一样，这种不同就是变异。遗传性保持物种的相对稳定和生物类型间的区别；变异性导致物种的变化发展。

⑤ 生物对外界可产生应激性（irritability），对环境有适应性（adaptability）。如向日葵的花盘始终向着太阳，含羞草的小叶接受刺激后，即会合拢；海龟眼里有一种特殊结构，帮助它们在漆黑的海底看清东西；蜜蜂和蝴蝶可以看到人眼所不能看到的紫外线，在长期的自然进化中，那些依赖蜜蜂和蝴蝶授粉的花能发出一种特殊的紫外线，吸引蜜蜂和蝴蝶。

⑥ 内环境稳定（homeostasis）。内环境是机体进行正常生命活动的必要条件。机体维持内环境稳定的调节能力是有一定限度的，当外界环境的变化过于激烈，或机体自身的调节功能出现故障时，内环境的稳定就会遭到破坏。

二、动物的基本特征

动物自身不能将无机物合成有机物，只能通过摄取食物从外界获得自身所需要的营养，这种营养方式称异养。在生物界中动物是食物的消费者。

三、生物的分界

地球上目前已鉴定的生物约有 200 万种，随着时间的推移，还会有许多新种被发现，估计生物的总数可达 2000 万种以上。为了充分地认识、利用和改造生物，长期以来，生物学家们在生物分界上做了大量的研究工作。对庞大的生物类群分门别类进行系统整理，这就是分类学的任务。

生物的分界随着科学的发展而不断地深化。

（一）二界分类

公元前 300 多年，古希腊学者亚里士多德把生物分为动物和植物；瑞典分类学家林奈（Carl Von Linne，1735）以能否运动为标准（肉眼所能观察到的特征），把生物分为植物界（Plantae）和动物界（Animalia）两界系统。这一系统直至 20 世纪 50 年代仍为多数教材所采用。

（二）三界分类

由于显微镜的广泛使用，人们发现许多单细胞生物兼有动物和植物的特性（如眼虫等），这种中间类型的生物是进化的证据，却是分类的难题，因此德国生物学家霍格（J. Hogg，1860）和赫克尔（E. H. Haeckel，1866）提出了三界分类法：原生生物界（Protista）（单细胞生物、细菌、真菌、多细胞藻类）、植物界、动物界。

（三）四界分类

电子显微镜技术的发展，使生物学家有可能揭示细菌、蓝藻细胞的结构，并发现其与其他生物有着显著的不同，于是提出原核生物（Prokaryote）和真核生物（Eukaryote）的概念。美国人考柏兰（H. F. Copeland，1938）提出了四界分类法：原核生物界（蓝藻、细菌、放线菌、立克次氏体、螺旋体、支原体等）、原生生物界（原生生物和单细胞的藻类）、植物界、动物界。

（四）五界分类

1969 年美国学者惠特克（R. H. Whittaker）根据细胞结构的复杂程度及营养方式提出了五界分类法，他将真菌从植物界中分出另立为界，即原核生物界、原生生物界、真菌界（Fungi）、植物界和动物界（图 0-1）。这一系统逐渐被广泛采用，直到现在有些教材仍在沿用。

（1）**原核生物界**　包括细菌、立克次氏体、支原体、蓝藻。其特点是：环状 DNA 位于细胞质中，不具成形的细胞核，细胞器无核膜，细胞进行无丝分裂，细胞器中无线粒体、叶绿体、内质网及高尔基体等。

（2）**原生生物界**　包括单细胞的原生动物和藻类。其特点是：细胞核具核膜的单细胞生物，细胞内有膜结构的各种细胞器，细胞进行有丝分裂。

（3）**真菌界**　包括真菌及藻菌、子囊菌、担子菌和半知菌等。其特点是：细胞具细胞壁，无叶绿体，不能进行光合作用。无根茎叶的分化，营腐生性寄生生活，营养方式为分解吸收型，在食物链中为还原者。

（4）**植物界**　包括进行光合作用的多细胞植物，如各种草、树木等。其特点是：具细胞壁，具有叶绿体，能进行光合作用。营养方式为自养，为食物的生产者。

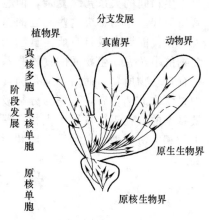

图 0-1　惠特克的五界系统简图
（仿陈世骧）

（5）**动物界**　包括所有的多细胞动物，如昆虫、鱼、鸟、兽等。其特点是：无细胞壁和叶绿体，不能进行光合作用。营养方式为异养，为食物的消费者。

五界系统反映了生物进化的三个阶段和多细胞生物阶段的三个分支，即原核生物代表了细胞的初级阶段，进化到原生生物代表了真核生物的单细胞阶段（细胞结构的高级阶段），再进化到真核生物多细胞阶段，即植物界、真菌界、动物界。植物、真菌和动物代表了进化的三个方向，即自养、腐生、异养。但五界系统没有反映出非细胞生物阶段。

（五）六界分类

我国著名昆虫学家陈世骧 1979 年提出了 3 个总界六界系统，即非细胞总界（包括病毒界）、原核总界（包括细菌界和蓝藻界）、真核总界（包括植物界、真菌界和动物界）（表 0-1）。

表 0-1　生物的界级分类（引自陈世骧）

五界系统	六界系统	五界系统	六界系统
I 原核阶段	I 非细胞生物	3. 植物界	III 真核生物
1. 原核生物界	1. 病毒界	4. 真菌界	4. 植物界
II 真核单细胞阶段	II 原核生物	5. 动物界	5. 真菌界
2. 原生生物界	2. 细菌界		6. 动物界
III 真核多细胞阶段	3. 蓝藻界		

近年还有学者提出与上述六界不同的六界系统（如 R. C. Brusca 等，2003），将古细菌另立为界，即真细菌界（Eubacteria）、古细菌界（Archaebacteria，也有译为原细菌，包括厌氧产甲烷细菌等）、原生生物界、真菌界、植物界和动物界。还有学者（T. Cavalier-Smith，1989）提出八界系统，将原核生物分为古细菌界和真细菌界（Eubacteria）；将真核生物分为古真核生物和后真核生物（Metakaryota）两个超界，前一超界只含一个界，即古真核生物界（Archezoa），后一超界包括原生动物界、藻界（Chromista，该界包括隐藻 Cryptophyta 和有色藻 Chromophyta 两个亚界）、植物界、真菌界、动物界。有学者认为这一分界系统是较合理和清楚的。

综上所述，目前人们对生物的分界尚无统一的意见。但无论如何，从 30 亿年古生物的化石记录或当前地球上现存生物的情况，从形态比较、生理、生化的例证等，都揭示了生物从原核到真核、从简单到复杂、从低等到高等的进化方向，生物的分界显示了生命历史所经历的发展过程。

生物间的关系错综复杂，但它们对于生存的基本要求都是摄取能量、占据一定的空间和繁殖后代。生物解决这些问题的途径是多种多样的。在获取营养方面，凡能利用二氧化碳、无机盐及能源合成自身所需食物的叫自养生物，绿色植物和紫色细菌是自养生物。故植物是食物的生产者，生物间的食物联系由此开始。动物则必须从自养生物那里获取营养，植物被植食性动物所食，而后者又是肉食性动物的食料，故动物属于掠夺摄食的异养型，在生物界中是食物的消费者。真菌为分解吸收营养型，处于还原者的地位。这些都显示出三界生物是最基本的，在进化发展中生物在营养方面相互联系的整体性和系统性，以及生物在生态系统中的相互协调性，在物质循环和能量流转过程中所起的作用。

第二节　动物学及其分科

一、动物学的概念

动物学（zoology）是指以动物为研究对象，以生物学的观点和方法，系统地研究动物的形态结构、生理、生态、分类、进化以及与人类关系的科学，是一门内容十分广博的基础学科。

二、动物学的主要分类学科

（一）根据研究内容和方法的不同分类

（1）**动物形态学**（animal morphology）　研究动物体内外结构以及它们在个体发育和系统发展过程中的变化规律的科学。包括解剖学、细胞学、组织学、比较解剖学、胚胎学、古动物学。

（2）**动物胚胎学**（animal embryology）　研究动物胚胎形成、发育的过程及其规律。近年来应用分子生物学和细胞生物学等的理论和方法，研究个体发育的机制是胚胎学发展的新阶段，称为发育生物学。

（3）**动物分类学**（animal taxonomy）　研究动物类群的特征以及各类群之间彼此相似或相异的程度，并分门别类，列成系统，以阐明它们的亲缘关系、进化过程和发展规律。

（4）**动物生理学**（animal physiology）　研究动物体的生活机能（例如消化、循环、呼吸、排泄、生殖、刺激反应等）、各种机能的变化发展以及在环境条件影响下所起的反应等。

（5）**动物生态学**（animal ecology）　根据有机体与环境条件的辩证统一，研究动物的生活规律及其环境中非生物因子与生物因子的相互关系。包括个体生态、种群生态、群落生态和生态系统的研究。

（6）**动物地理学**（animal geography）　研究动物种类在地球上的分布以及动物分布的方式和规律。从地理学角度研究每个地区中的动物种类和分布的规律，常被称为地动物学。

（7）**动物遗传学**（animal genetics）　研究动物遗传变异的规律，包括遗传物质的本质、遗传物质的传递和遗传信息的表达调控等。

（二）按照研究的动物对象分类

无脊椎动物学（invertebrate zoology）、脊椎动物学（vertebrate zoology）、原生动物学

（protozoology）、寄生动物学（parasitology）、软体动物学（malacology）、贝类学（conchology）、甲壳动物学（carcinology）、蛛形学（arachnology）、昆虫学（entomology）、鱼类学（ichthyology）、鸟类学（ornithology）和哺乳动物学（mammalogy）等。

第三节　研究动物学的目的和意义

一、研究动物学的目的

　　学习动物学，在于掌握各类动物的主要特征及各类动物之间的相互关系，探明动物界发生、发展的基本规律，以提供充分利用动物资源的途径和方法，并应用这些普遍的规律，进一步改造动物，诱导动物朝着有利于人类的方向发展，使有益于人类的动物不断增多、危害人类的动物得到控制，为人类服务。

二、研究动物学的意义

　　（1）动物资源的保护、开发和持续利用方面　为了开发利用动物资源，首先需要调查研究摸清动物资源的情况，这在我国尚是一项需要进一步完成的基础工作。在保护动物资源方面，如何挽救濒危物种、保护受威胁动物，都需要了解有关动物的生活环境、食性、繁殖规律以及与其他生物的关系等知识，因为物种的进化是不可逆的，一旦灭绝不可能再现。例如大熊猫、朱鹮的保护工作已深受世界关注。随着工业发展，污染加剧、环境日趋恶化的今天，保护物种多样性、遗传多样性及生态系统多样性已成为当今世界面临的重要任务。在资源开发和持续利用方面，动物界是一个取之不尽的宝库，但如果不注意保护、合理利用，就会日益枯竭，这需要动物科学与其他学科相结合不断探索研究。

　　（2）在农业和畜牧业的发展方面　在控制农业害虫、生物防治以及家畜、家禽、经济水产动物、蜂和蚕的养殖等方面，动物学都是必要的基础。对大量农林害虫的防治，需要掌握各有关害虫的形态结构、生活习性及生活史等，这是害虫预测预报的基础，也是掌握最适时机消灭害虫不可缺少的知识。例如人工培养赤眼蜂杀灭棉铃虫（二化螟），雌蜂产卵于二化螟卵内，螟卵由于赤眼蜂的寄生而死亡，因此赤眼蜂对抑制这种重要的水稻害虫有不可低估的作用。这种利用生物防治害虫的方法，既避免了农药的污染，又能达到控制以至于消灭害虫的目的。为了不断改良品质培育新品种，也需要动物学与其他学科交叉的先进技术。如自从帕米特（R. D. Palmiter）于 1982 年将大鼠的生长激素基因注入小鼠的受精卵内培育出巨型小鼠以来，转基因鱼、兔、猪、羊等研究成果不断有所报道。

　　（3）在医药卫生方面　动物学及其许多分支学科，诸如动物解剖、组织、细胞、胚胎、生理和寄生虫学等是医药卫生研究不可缺少的基础。有些寄生虫直接危害人体健康，甚至造成严重的疾病，如我国有名的五大寄生虫病（疟疾、黑热病、血吸虫病、钩虫病、丝虫病），对这些疾病的诊断治疗及预防，如果没有动物学研究的配合是难以完成的。只有掌握其形态特征、生活史或中间宿主、终末宿主的各个环节的生物学特点，才有可能考虑如何切断其生活史进行治疗及综合防治措施，以达到控制和消灭的目的。有些动物是流行病病原体的传播媒介，如蚊、蝇、老鼠及一些蜱螨等。可供药用的动物种类繁多，例如动物药牛黄、鹿茸、麝香、蜂王浆等。许多医学难题的解决以及新药物的研制，也必须先在动物体上进行试验或探索。实验动物学已成为专门的学科，为药物试验提供实验对象，还为动物药物的开发利用提供线索，如用于抗血凝的蚂蟥的蛭素，用于医治偏瘫的蝮蛇的抗栓酶，治疗癫痫的蝎毒的抗癫痫肽，用于治疗心脑血管栓塞疾病、能溶解血栓、抑制血栓形成的蚯蚓的蚓激酶等，这方面的工作虽属生物化学和医学范畴，但也需配合以动物学来共同研究。

（4）**在工业工程方面**　许多轻工业原料来源于动物界，例如哺乳动物的毛皮是制裘或鞣革的原料，优质的裘皮如紫貂、水獭等；麂皮为鞣革的上品。产丝昆虫如家蚕、柞蚕、蓖麻蚕所产的蚕丝及羊毛、驼毛、兔毛等为丝、毛纺织提供原料。又如紫胶虫产的紫胶、白蜡虫分泌的虫白蜡均广泛应用于工业。珊瑚的骨骼及一些软体动物的贝壳可加工制成工艺品和日用品，珍珠贝类所产生的珍珠，其经济价值尤为突出。

（5）**现代仿生学的应用**　在工业工程技术方面应用的仿生学，同样也离不开动物学的研究。如模仿蛙眼研制的电子蛙眼，可准确灵敏地识别飞行的飞机和导弹，人造卫星的跟踪系统也是模仿蛙眼的工作原理。根据蜜蜂准确的导航本领制成的偏光天文罗盘，已用于航海和航空，避免迷失方向。模仿海洋中进行漂浮生活的腔肠动物水母的感觉器制成的"水母耳"风暴预测仪，能提前15h预报风暴的方向，装置简单，操作方便。模仿人体的结构与功能研制的人工智能机器人，具有完善的信息处理能力，能按最佳方案进行操作装配等。仿生学正在探索一些意义更为重大而深远的课题，潜力不可估量。

由此可见，包括动物学在内的生物学是农业、医学航空等应用科学的理论基础，是人类改造自然世界的有力武器。无论是提高食物的数量和质量，合理开发和利用自然资源，还是防治疾病、延长寿命、保护环境、控制人口以及进行一些国防科学的研究，都离不开动物学的研究。

第四节　动物学的研究方法

除了指导性的方法外，动物学的学习和研究还有以下几种方法。

1. 描述法

观察和描述的方法是动物学研究的基本方法。传统的描述主要是通过观察将动物的外部特征、内部结构、生活习性及经济意义等用文字或图表如实地、系统地记述下来。例如，光学显微镜使观察深入到组织、细胞水平，而电子显微镜以及分子生物学技术进一步深入到细胞及其细胞器的亚微或超微结构，深入到分子水平。

2. 比较法

通过对不同动物的系统比较来探究其异同，可以找出它们之间的类群关系，揭示出动物生存和进化规律。动物学中各分类阶元的特征概括，就是通过比较而获得的。从动物体宏观形态结构深入到细胞、亚细胞和分子的比较，是当今研究的热点之一，例如，对不同种属动物的细胞、染色体组型、带型的比较，核酸序列的测定和比较，细胞色素 c 的化学结构的测定和比较等，都已为阐明物种的亲缘关系及进化做出重要贡献。

3. 实验法

在一定的人为控制条件下，对动物的生命活动或结构机能进行观察和研究。实验法经常与比较法同时使用，并与方法学及实验手段的进步密切相关。例如用超薄切片透射电镜术与扫描电镜术研究动物的组织、细胞和细胞器的亚微或超微结构等；用放射性同位素示踪法研究动物的代谢过程和生态习性等；电泳、超速离心技术，显微分光光度术，气相色谱和液相色谱分析技术，基因工程技术及电子计算机技术等，均已应用于各有关实验工作的不同方面，从而推动着动物学及相关学科的发展。

以上是三种常常用来研究动物的方法，这三种方法是密切相关的，往往可以同时使用，但不管哪一种，最重要的还是忠于事实，准确认真，思考周密精细，记载详明。将观察到的现象分析、归纳，作出科学的解释，把最本质的问题揭示出来。

第五节　动物分类知识

动物分类的知识是学习和研究动物学必需的基础。任何领域的科学研究，包括宏观的、微观的以及农林牧渔等相关领域，首先都需要正确地鉴定、判明研究材料或对象是哪一个物种，否则，再高水平的研究，也会失去其客观性、对比性、重复性和科学价值。恩格斯曾指出：没有物种概念，整个科学便都没有了。

一、分类的方法和依据

地球上现存的动物约有 150 万种。对于种类如此繁多、情况复杂多样的动物界，必须有一个能描述物种、给予命名、提供辨别物种的科学资料，并根据物种之间亲缘关系远近分门别类的完整的分类系统。

（一）分类方法

（1）**人为分类法**　以动物形态上或生活习性上的易见特征为分类的依据，缺陷在于只求辨认上的便利，不顾及动物的基本结构和彼此间的亲缘关系。其特点是具有一定的实用性，但人为主观因素影响很大。例如把动物分为水生的和陆生的、有血的和无血的、飞翔的和爬行的等，但这种分类不能反映生物之间内在的亲缘关系和演化过程，现在只限于某些应用上的需要才采用。

（2）**自然分类法**　以动物的基本构造及其发育为分类的依据。其依据在于亲缘关系。一般说来，亲缘关系越密切，形态结构越相近。其特点是具有客观性，更能真实地反映亲缘关系。还便于人们分辨各种动物的异同，鉴定动物的类别。

（二）分类依据

近 30 余年来，在分类理论方面出现了几大学派，虽然在基本原理上有许多共同之处，但各自强调的方面不同。支序分类学派（cladistic systematics 或 cladistics）认为最能或唯一能反映系统发育关系的依据是分类单元之间的血缘关系；而反映血缘关系的最确切的标志为共同祖先的相近度；进化分类学派（evolutionary systematics）认为建立系统发育关系时单纯靠血缘关系不能完全概括在进化过程中出现的全部情况，还应考虑到分类单元之间的进化程度，包括趋异的程度和祖先与后裔之间渐进累积的进化性变化的程度；数值分类学派（numerial systematics）认为不应加权（weighting）于任何特征，通过大量的不加权特征研究总体的相似度，以反映分类单元之间的近似程度，借助电子计算机的运算，根据相似系数，来分析各分类单元之间的相互关系。

在分类特征的依据方面，形态学特征尤其是外部形态仍然是最直观而常用的依据。生殖隔离、生活习性、生态环境等生物学特征均为分类依据。细胞学、遗传学、生物化学、数学等领域的理论和技术的应用，使动物分类工作更加精细。如扫描电镜的应用可观察到细微结构的差异，染色体数目变化、结构变化、核型分析等均已应用于动物分类。生化组成也逐渐成为分类的重要特征。DNA、核苷酸、蛋白质和氨基酸的新型快速测序手段及 DNA 杂交等方法均已受到分类工作者的重视和应用。

二、分类的基本单位和等级

（一）分类的基本单位——物种

物种（species）是生物分类的基本单位，通常简称为种。一般来说，指一群有共同祖先，在形态、结构、生理和遗传等特征上彼此相似的个体的组合。

正常情况下，同一物种的个体能进行交配并产生正常发育的后代，而物种之间的个体有生殖隔离现象。

生殖隔离的几种情况：① 不能进行交配，生态条件不同、发情期不同、性器官不相配合、性行为不同；② 能进行交配，但不能产生后代，不能完成受精、受精后胚胎不能正常发育；③ 能进行交配，也能产生后代，但后代无生殖能力。

例如在人工饲养条件下，雌马和雄驴交配可产出骡，但骡不能繁殖后代。染色体研究表明，马有 64 条染色体，驴有 62 条染色体，骡则有 63 条染色体。由于马和驴的染色体形态差异较大，使骡在形成生殖细胞时染色体不能配对，形成不可育配子，这样就完不成正常的受精作用，进而使骡不能形成后代。

由此可见，种间的生殖隔离不仅表现在形态特征上，更重要的是体现在生理上、遗传上的差异。每一个种都是一个相对稳定的遗传体系，是经过长期自然选择形成的，种间的基本区别，是遗传基础的差异。

与种相互区别的还有两个重要的概念，即亚种和品种。

① 亚种（subspecies） 种以下的一个分类阶元，是指种内一部分个体，由于分布在各种不同的地区，通过在地理上和生殖上充分隔离后所形成的群体。有一定的形态特征和地理分布，故亦称"地理亚种"。

在鸟类方面，体形大小，喙形长短、粗细及色泽，翅和尾的长短，飞羽长短比例、飞羽与尾羽的比例，体色深浅，体部色泽的不同，斑纹的多少、疏密、粗细等均是作为亚种的性质和性状上的区别。虎的故乡在中国，最早的虎栖息于亚洲东北部，后来逐渐分为两支，分别向西、南方扩展，形成目前的 8 个亚种。其中生活在东北部和东部的东北虎与产于华南山地的华南虎是虎的"地理亚种"，其差异为东北虎体形大、毛长、毛色较浅、黑纹窄而稀；华南虎体形较小、毛短、毛色深、橘黄色甚至略带赤色，黑纹宽而密。

丰富的亚种保证了物种在各种生活环境中的适应，促进种的繁荣。若消除了地理阻隔，亚种可相互交配。如：东北虎和华南虎。

② 品种（breed） 指种内的部分个体，经过长期的人工选择和定向培育，产生新的与原种形态、结构和功能有差异的性状，所形成的遗传性状比较稳定且具有较高的经济价值的动植物群体。

例如：家鸭分为肉用型（北京鸭）、卵用型（金定鸭）、卵肉兼用型（土北鸭）；牛有役用型（延边牛）、乳用型（荷兰牛）、役肉兼用型（南阳牛）；家鸡分为肉用型、卵用型、卵肉兼用型等不同的品种，九斤黄为一个品种，来航鸡也是一个品种。

（二）分类的等级（分类阶元）

分类学根据生物之间相同、相异的程度与亲缘关系的远近，根据不同等级特征将生物逐级分类。动物分类系统，由大到小为：界（Kingdom）、门（Phylum）、纲（Class）、目（Order）、科（Family）、属（Genus）、种（Species）。有时为了将种的分类地位更精确地表达出来，在种以前的六个基本等级之间加入中间阶元。如：在某一分类等级下可加亚（sub-），即亚门、亚纲、亚科、亚属等；在某一分类等级上可加总（super-），即总纲、总目、总科等。

一般采用的阶元为：界（Kingdom）、门（Phylum）、亚门（Subphylum）、总纲（Superclass）、纲（Class）、亚纲（Subclass）、总目（Superorder）、亚目（Suborder）、总科（Superfamily）、科（Family）、亚科（Subfamily）、属（Genus）、亚属（Subgenus）、种（Species）、亚种（Subspecies）。

例 1：意大利蜜蜂所属的各级分类阶元

动物界（Animal）

节肢动物门（Arthropoda）

昆虫纲（Insecta）

膜翅目（Hymenoptera）

蜜蜂科（Apidae）

蜜蜂属（*Apis*）

意大利蜂（*mellifera*）

例 2：狼所属的各级分类阶元

动物界（Animal）

脊索动物门（Chordata）

哺乳纲（Mammalia）

真兽亚纲（Eutheria）

食肉目（Carnivora）

犬科（Canidae）

犬属（*Canis*）

狼（*lupus*）

三、动物的命名

由于世界各国语言文字不同，即使是一个国家内也有不同的地方方言，因此对每种动物的叫法不一。给动物命名是为了避免同名异物或同物异名现象。

目前国际上统一采用的物种命名法是瑞典科学家林奈（Linne）于 1758 年首创的"双名法"（binominal nomenclature）。它规定每一个动物都应有一个国际通用的科学名称——学名（science name）。这一学名都是由两个拉丁文或拉丁化的单词组成，第一个拉丁单词是名词，为该物种的属名，第一个字母大写；第二个拉丁单词表示该物种的种名，多为形容词，字母要小写。属名在前，种名在后。有时在种名之后，还要加上命名人姓名、姓氏或其缩写。例如黑斑蛙 *Rana nigromaculata* Hallowell；小家鼠 *Mus musculus* Linne；家犬 *Canis familiaris* Linne；意大利蜂 *Apis mellifera* Linne。亚种一般采用三名法来命名，由属名＋种本名＋亚种名三部分组成。例如中华大蟾蜍的学名为 *Bufo bufo gagarizans* Cantor；北狐的学名为 *Vulpes vulpes schiliensis*。我国的野猪有 4 个亚种，如华北野猪的学名是 *S. scrofa moupiensis* Milne-Edwards；华南野猪的学名是 *S. scrofa chirodonta* Heude。

国际动物命名法还规定，任何动物分类单元的正确学名，都应该是最早正确出现的名称，这一规定称为优先律，其目的是保证一物一名。

若后来对原来的属名或种名进行了修改，则需要保留原定名人，并加以括号。如池鹭原名 *Buphus bacchus* Bonaparte 现为 *Ardeola bacchus*（Bonaparte）。

当一个物种在只知其属名而种名不能确定，或者只涉及某一个属而不具体指出是哪一种时，可在属名之后附加 sp.，例如 *Canis* sp.，说明这种动物是犬属的一种，但究竟是哪一个具体种则不能肯定。

总之，懂得各种动物的命名很重要，可以从任何国家出版的科学著作的索引中，查阅到某种动物的有关资料线索。

四、动物的分门

根据细胞数量及分化、体形、胚层、体腔、体节、附肢以及内部器官的布局和特征等，将整个动物界分为若干门，有的门大，包括种类多，有的门小，包括种类少。由于种类繁多，各分类学家对分类的意见还未完全一致。W. A. Johnson 1977 年将动物界分为 28 门，J. E. Webb 1978 年将动物界分为 33 门，R. M. Alexender 1979 年将动物界分为 30 门。近年来根据多数学者的意见，将动物界分为 36 门。

随着科学的发展，动物界的分门系统将会日趋完善。本课程根据学习的时限、专业的要求，只重点介绍在演化上、科学上有价值以及对人类影响较大的一些重要门类，即原生动物门（Protozoa）、多孔动物门（Porifera）、腔肠动物门（Coelenterata）、扁形动物门（Platyhelminthes)、原体腔动物（Protocoelomata）、环节动物门（Annelida）、软体动物门（Mollusca）、节肢动物门（Arthropoda）、棘皮动物门（Echinodermata）、半索动物门（Hemichordata）、脊索动物门（Chordata）。

思 考 题

1. 生物分界的根据是什么？如何理解生物分界的意义？为什么五界系统被广泛采用？

2. 什么是动物学？如何理解它是一门内容十分广博的基础学科？有哪些主要分支学科？学习研究动物学有何意义？

3. 动物分类是以什么为依据的？为什么说它基本上反映动物界的自然亲缘关系？

4. 何谓物种？为什么说它是客观性的？

5. "双名法"命名有什么优点？它是怎样给物种命名的？

第一章　动物的个体发育

教学重点：多细胞动物的胚胎发育经历的几个主要阶段。

教学难点：多细胞动物起源的学说。

在动物界中，除了原生动物是单细胞动物外，其余都是多细胞动物。从单细胞到多细胞是生物从低等向高等发展的一个重要过程，代表了生物进化史上一个极为重要的阶段。一切高等生物虽然都是多细胞，但发展是不平衡的。动物的发展水平远远高于植物，它们进化发展的速度也远较植物为快。动物的基本特点之一是有对称的体形。两侧对称的体形不仅有利于活动，而且促使身体分为前后、左右和背腹；在进化过程中，神经感官和取食器官逐渐向前端集中，形成了头部。对称体型和头部的形成是动物体复杂化的关键，一切高等动物包括人都是在这一体型基础上发展起来的。

第一节　从单细胞到多细胞

单细胞动物在形态结构上虽然有的也比较复杂，但它只是一个细胞本身的分化。它们之中虽然也有群体，但是群体中的每个个体细胞，一般还是独立生活，彼此间的联系并不密切，因此，在发展上它们是处于低级的原始阶段，属于原生动物。大多数多细胞动物叫作后生动物（metazoa），这和原生动物的名称是相对而言的。

长期以来学者们认为还有一类介于原生动物和后生动物之间的中生动物（mesozoa）。有学者将原生动物、中生动物、后生动物并列为3个动物亚界。现在一般认为中生动物为动物界中的一门。中生动物是一类小型的内寄生动物，结构简单，一共50余种，分为菱形虫纲（Rhormbozoa）和直泳虫纲（Orthonecta），菱形虫纲的动物包括双胚虫（dicyemida）和异胚虫（heterocyemida）两类，寄生在头足类软体动物的肾内，体长0.5～10mm，虫体由20～40个细胞组成，细胞数目在每个种内是恒定的。虫体外层是具纤毛的体细胞，包围着中央的一个或几个延长的轴细胞，虫体前端的8～9个体细胞排成两圈，用以附着寄生，其余的体细胞多呈螺旋形排列（图1-1）。体细胞具营养功能，轴细胞具繁殖功能。有无性生殖和有性生殖。生活史较为复杂，尚不完全了解。直泳虫纲的动物寄生在多种无脊椎动物体内（如扁形动物、纽形动物、环节动物、双壳贝类及棘皮动物）。成虫多数雌雄异体（图1-1 C），雌性个体较雄性大，外层亦为单层具纤毛的体细胞，呈环形整齐排列，前端体细胞的纤毛指向前方，其余体细胞的

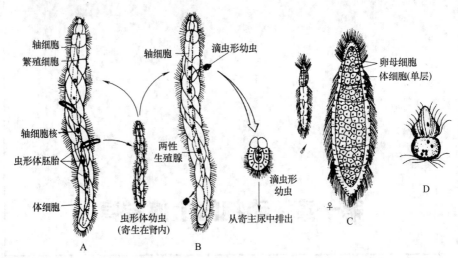

图 1-1　中生动物（仿 Hickman 等）

A、B. 双胚虫（dicyemid）的成体——虫形体（vermiforms）

A. 从繁殖细胞无性生殖发育成虫形体幼虫；B. 在一定条件下，繁殖细胞发育成两性生殖腺，由受精卵发育成滴虫形幼虫（infusoriform），从寄主尿中排出；C. 直泳虫（orthonectid）的成体；D. 直泳虫的幼虫

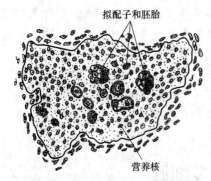

图 1-2　直泳虫（Rhopalure）的多核变形体（仿 Cenllery 和 Mesnil）

纤毛指向后方，体细胞中央围绕着许多生殖细胞（卵子或精子）。少数种类成虫雌雄同体，其精细胞在卵细胞的前方，没有轴细胞。性成熟后，雄性个体释放精子到海水中，精子进入雌性个体内与卵受精，并在雌性个体内发育成具纤毛的幼虫（一层纤毛细胞包围几个生殖细胞，图 1-1D）。幼虫离开母体又感染新寄主。当幼虫侵入寄主组织，其外层具纤毛的细胞消失，生殖细胞多分裂形成多核的变形体（plasmodium）（图 1-2）。变形体由无性的碎裂方法产生很多变形体，然后由它们发育成雌、雄个体。

目前对中生动物的系统发育关系仍存在着争议，且由于中生动物有着长期的寄生历史，是动物界中极为特殊的类群，因此其分类地位很难确定。

第二节　多细胞动物起源于单细胞动物的证据

一、古生物学方面

古代动、植物的遗体或遗迹，经过千百万年地壳的变迁或造山运动等，被埋在地层中形成了化石。已经发现在最古老的地层中的化石种类是最简单的。在太古代的地层中有大量有孔虫壳化石，而在晚近的地层中动物的化石种类也较复杂，并且能看出生物由低等向高等发展的顺序。说明最初出现单细胞动物，后来才发展出多细胞动物。从辩证唯物主义的观点来看，事物的发展是由简单到复杂、由低等到高等，生物的发展也不例外。

二、形态学方面

从现有动物来看，有单细胞动物、多细胞动物，并形成了由简单到复杂、由低等到高等的序列。在原生动物鞭毛纲中有些群体鞭毛虫，如团藻，其形态与多细胞动物很相似，可推测像团藻这类动物是由单细胞动物过渡到多细胞动物的中间类型，即动物的进化历程是由单细胞动物发展成群体以后，又进一步发展成多细胞动物。

三、胚胎学方面

在胚胎发育中，多细胞动物是由受精卵开始，经过卵裂、囊胚、原肠胚等一系列过程，逐渐发育成成体。多细胞动物的早期胚胎发育基本上是相似的。根据生物发生律，个体发育简短地重演了系统发育的过程，可以说明多细胞动物起源于单细胞动物，并且说明多细胞动物发展的早期所经历的过程是相似的。恩格斯说："有机体的胚胎向成熟的有机体的逐步发育同植物和动物在地球上相继出现的次序之间有特殊的吻合。正是这种吻合为进化论提供了最可靠的根据。"

第三节　多细胞动物发育的过程

多细胞动物的胚胎发育比较复杂。不同类型的动物，胚胎发育的情况不同，但是一般来说，发育的过程大致分为胚前发育（pre-embryonic development）、胚胎发育（embryonic development）和胚后发育（post-embryonic development）3 个阶段。胚前发育主要是指生殖细胞（配子）发生和成熟的过程。胚胎发育是指自受精卵开始卵裂、囊胚期、原肠胚期、胚层分化、组织器官发生、直至幼体形成。胚后发育是指幼体形成后的生长发育过程。有些动物幼体出生后，除生殖器官尚未发育成熟外，其形态与成体大致相同，可逐渐直接发育成为成体，这种发育方式称为直接发育。有些动物的幼体与成体有着明显的差异，生活习性和形态结构与成体不同，需要经过一段体制上产生大变化的时期，才能发育成为成体，这种发育方式称为间接发育，即有幼虫期。

一、生殖细胞

生殖细胞（germ cell）是多细胞生物体内能繁殖后代的细胞的总称，包括从原始生殖细胞直到最终已经分化的生殖细胞。物种主要依靠生殖细胞而延续和繁衍。在单细胞生物群体中已有生殖细胞分化的迹象，如纤毛虫类的草履虫。生殖细胞可以分成孢子（spore）和配子（gamete）两类：①孢子，是不需要配合的生殖细胞，通常是无性的，可由减数分裂或有丝分裂产生，见之于原生动物中的孢子虫纲；②配子，是需经配合成合子后方能发育的生殖细胞，也称性细胞，由减数分裂或有丝分裂产生。产生配子的细胞称配子母细胞。这是未分化的原始生殖细胞，可在雄性或雌雄生殖腺中分别分化为精子和卵。

本节主要介绍哺乳动物的生殖细胞的发生。

（一）精子的发生和形态结构

1. 精子的发生

动物的雄配子称为精子，是在睾丸中通过精子发生（spermatogenesis）过程产生的。精子的发生开始于雄性原始生殖细胞——精原细胞（spermatogonia）的有丝分裂，经繁殖期、成熟期和精子形成期 3 个时期，最终形成精子。

（1）**繁殖期**　是雄性中的精原细胞反复进行有丝分裂增殖并迅速增长的时期。精原细胞可分为 A 型、间型和 B 型。A 型又包括活跃型和非活跃型，前者染色浅，它不断进行有丝分裂，首先产生 2 个间型精原细胞，再分裂产生 4 个 B 型精原细胞，B 型精原细胞经 2 次分裂后产生 16 个初级精母细胞。非活跃型 A 型细胞染色较深，是一种处于静止状态的细胞，当活跃型 A 型细胞分裂到初级精母细胞时，这种细胞再进行分裂，产生 1 个非活跃型和 1 个活跃型精原细胞，后者可以继续进行分裂。

（2）**成熟期**　是初级精母细胞经过减数分裂，成熟为单倍体精子细胞（spermatid）的时期。其中，第 1 次减数分裂将初级精母细胞转化为次级精母细胞，经过 2 次减数分裂，次级精母细胞产生成熟的精子细胞。

（3）**精子形成期**　由精子细胞转变为精子的过程叫精子形成，也称为精子变态。此时精子细胞不再分裂，只是发生形态改变，形成精子。这一过程极为复杂，主要是细胞核和细胞器发生急剧变化。核体积缩小，高尔基体演变为帽状顶体。中心粒在高尔基体变化的同时一分为二相互移开，近端中心粒位于核后端的凹陷中，远端中心粒形成鞭毛的轴丝，以后消失。线粒体则重新分布，围绕着轴丝形成螺旋。大部分细胞质聚集到颈部，仅通过一细柄与精子相连。这时精子的尾部已从后端长出，当此细柄断开时，精子即与细胞质脱离进入到曲精细管的管腔中。在哺乳动物中，精子发生与性腺内支持细胞密切相关。精子发育的各个阶段都是发生在支持细胞的表面，支持细胞为发育中的精子提供保护和营养。

2. 精子的形态结构

各种动物精子的形状与一般细胞有很大差异，可以分为典型和非典型两类。非典型的精子形态多样，但共同特点是缺乏鞭毛，这种精子在无脊椎动物中分布很广，如低等甲壳类的精子。典型的一般为蝌蚪状，头部近椭圆形（各种动物不尽相同），尾部细长如鞭毛。如哺乳动物的精子形态似蝌蚪，总长约 $66\mu m$，主要分头、颈、尾 3 部分。尾部又可分为中段、主段和末段（图 1-3）。

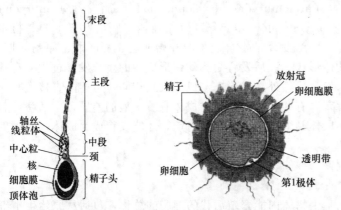

图 1-3　精子和卵子结构示意图

（1）**头部**　正面呈椭圆形，侧面呈梨形，内含 1 个染色质十分致密的细胞核和 1 个顶体。顶体是由双层膜组成的帽状结构，内含多种水解酶如透明质酸酶、顶体酶和酸性磷酸酶，相当于一个巨大的溶酶体，与精子通过卵外各种卵膜有关。

（2）**颈部**　此部最短。位于头部以后，呈圆柱状或漏斗状，又称为连接段。

（3）**尾部**　主要结构是贯串于中央的轴丝。从远端中心粒到环之间称为中段，其长度在哺乳类中差异颇大，但结构大体相似。环位于中段的后端，在线粒体鞘最后一圈之后，是该处质膜向内转折而成，为哺乳类精子所特有，可能与防止精子运动时线粒体后移有关。主段是尾部最长的部分，由轴丝和其外的筒状纤维鞘组成。进入末段后纤维鞘逐渐变细而消失。

（二）卵子的发生和形态结构

卵子（卵、卵母细胞）是雌雄动物的生殖细胞。

1. 卵子的发生

卵原细胞（oogonia）形成成熟卵子的过程称为卵子发生（oogenesis）。卵子形成发生在卵巢，包括三个阶段，即繁殖期、生长期和成熟期。

（1）**繁殖期**　是卵原细胞通过多次有丝分裂迅速增加细胞数量的时期。此过程多发生在胚胎时期，出生前停止。

（2）**生长期**　是初级卵母细胞生长发育的时期。卵原细胞进入生长期后成为初级卵母细胞，初级卵母细胞首先经历小生长期，此时期主要是核物质的变化，DNA 含量增加，但细胞体积不明显增大。接着细胞进入大生长期，此时期由于有大量的营养物质积蓄，细胞体积迅速增大，细胞核偏于动物极。

（3）成熟期　是初级卵母细胞进行成熟分裂形成卵子的时期。为了保证卵子发生具有足够的生长期，减数分裂前期 I 的粗线期或双线期被延长。生长期的延长，主要是让发育中的卵母细胞生长到足够大小的体积，以便能够携带足够的营养物质供胚胎发育之用。直到有适当的激素刺激才能完成第 1 次减数分裂，产生次级卵母细胞和第 1 极体，并排卵。当与精子接触并受精时卵母细胞才进行第 2 次减数分裂，次级卵母细胞分裂产生 1 个大的成熟的卵子和 1 个小的第 2 极体；第 1 极体则退化消失或是分裂为更小的 2 个极体。如未遇到精子，则次级卵母细胞不能达到成熟而最终死亡。马和狗排卵时，卵处于初级卵母细胞阶段，2 次成熟分裂均在排卵后完成。

2. 卵子的形态结构

卵子多为球形或卵圆形，有 1 个圆形核，由卵黄膜包被着。卵子具有极性，即细胞的一端胞质分布较多而卵黄物质较少，为动物极；与之相对的一端卵黄物质多而胞质少，为植物极。高等哺乳动物的卵子由于卵黄少而分布均匀，所以以极性不明显。

卵子的外面除包一层细胞膜外，还有其他卵膜，根据来源可分为 3 种：初级卵膜，由卵细胞本身的细胞质形成，如卵黄膜；次级卵膜，由卵泡细胞分泌或转化而成，如透明带和放射冠；三级卵膜，由输卵管或生殖器官附属部分分泌而成，如禽卵的蛋白、卵壳膜和卵壳。

二、受精

由雌雄个体产生雌、雄生殖细胞，雌性生殖细胞称为卵。卵细胞较大，里面一般含有大量卵黄。根据卵黄多少可将卵分为少黄卵、中黄卵和多黄卵。卵黄相对多的一端称为植物极（vegetal pole），另一端称为动物极（animal pole）。雄性生殖细胞称为精子，精子个体小，能活动。精子与卵结合而成的一个细胞称为受精卵（zygote），这个结合的过程就是受精（fertilization）（图 1-4）。受精卵是新个体发育的起点，由受精卵发育成新个体。

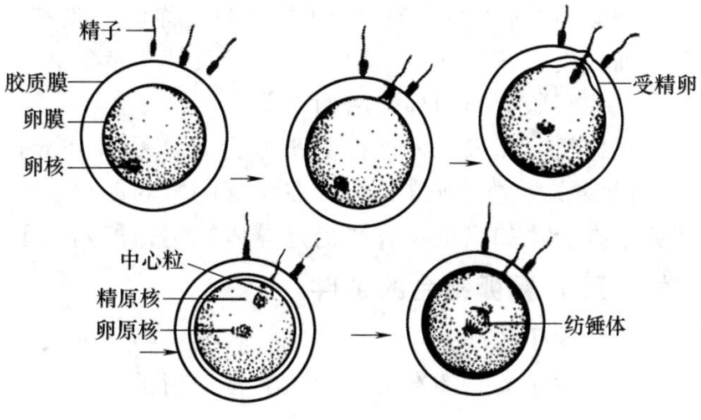

图 1-4　受精过程示意图（仿 Hickman）

（一）受精的基本过程

动物的精子无明显的趋化性，是靠自身主动运动或依靠生殖道上皮细胞的纤毛运动抵达卵子附近。

1. 精子获能和顶体反应

已知许多哺乳动物精子经过雌性生殖道或穿越卵丘时，包裹精子的外源蛋白质被清除，精子质膜的理化和生物学特性发生变化，使精子获能（capacitation）而参与受精过程。

哺乳动物的获能精子接触卵周的卵膜或透明带时，特意地与卵膜上的某种糖蛋白结合，激发精子产生顶体反应（acrosome reaction）。顶体外围的部分质膜消失，顶体外膜内陷、囊泡化，顶体内含物包括一些水解酶外逸。顶体反应有助于精子进一步穿越卵膜。

精子穿越卵膜时，出现先黏着后结合的过程。前者为疏松附着，黏着期间顶体内膜上的原顶体蛋白转化为顶体蛋白，顶体蛋白有加速精子穿越卵膜的作用；后者是牢固地结合，能被低温干扰，具有种的专一性。

2. 卵子的激活

精子一旦与卵子接触，卵子本身也发生一系列的激活变化。在哺乳动物卵上，则表现为皮层反应、卵质膜反应和透明带反应，从而起到阻断多精受精和激发卵进一步发育的作用，皮层反应发生在精卵细胞融合之际，自融合点开始，皮质颗粒破裂，其内含物外排，由此波及整个卵子的皮层。卵质膜反应是卵质与皮质颗粒包膜的重组过程。透明带反应为皮质颗粒外排物与透明带一起形成受精膜的过程，卵膜与质膜分离，透明带中精子受体消失，透明带硬化。同时，卵子的代谢速率迅速提高，并开始合成 DNA。

3. 雌雄原核融合

精卵细胞融合时首先可以看到卵子表面的微绒毛包围精子，可能起定向作用；随即卵质膜与精子顶体后区的质膜融合。许多动物的精子头部进入卵子细胞质后即旋转 180°，精子的中段与头部一起转动，以致中心粒朝向卵中央。接着雄性原核逐渐形成，与此同时中心粒四周产生星光，雄性原核连同星光一起迁向雌性原核。精子中段和尾部不久退化和被吸收。卵子细胞核在完成 2 次成熟分裂之后，形成雌性原核。雌、雄 2 个原核相遇并融合，即 2 核膜融合成 1 个；或联合，两核并列，核膜消失，仅染色体组合在一起，以建立合子染色体组，受精至此完成。

（二）受精发育的基本类型

卵子和精子结合形成受精卵，一个新生命开始。根据受精部位的不同，分为体内受精和体外受精。凡在雌、雄亲体交配时，精子从雄体传递到雌体的生殖道，逐渐抵达受精地点（如子宫或输卵管），在那里精、卵相遇而融合的，称体内受精。凡精子和卵子同时排出体外，在雌体产孔附近或在水中受精的，称体外受精。前者多发生在高等动物如爬行类、鸟类、哺乳类、某些软体动物、昆虫以及某些鱼类和少数两栖类。后者是水生动物的普遍生殖方式，如某些鱼类和部分两栖类等。

根据精、卵来源，可将受精分为自体受精和异体受精。在动物界，有些动物是雌雄同体，但多数动物是雌雄异体。在雌雄同体的动物中，有些是自体受精的，即同一个体的精子和卵子融合，如绦虫；有些仍是异体受精，即两个不同个体的精子和卵子相结合，如蚯蚓。

（三）精卵结合的条件

（1）**配子的准备**　精子健康并获能；卵子健康并充分成熟。

（2）**生殖器官的准备**　生殖器官为精子、卵子的生存及受精提供相应的物质和形态结构准备。

（3）**受精通道通畅**　精子和卵子必须能经过发育健康、畅通无阻的生殖管道；精子与卵子正常相遇。

（4）**受精时机**　精子真正具有受精能力的时间仅 20h 左右，而卵子有受精能力的时间只有 12h，错过这个时间段，精子和卵子衰老死亡。

三、动物的胚胎发育

不论是无脊椎动物还是脊椎动物的胚胎发育，都是按阶段循序进行生物合成、细胞分裂和细胞分化；由组织发生到器官发生，最终在形态建成的基础上出现功能分化。

（一）卵裂

受精卵进行卵裂（cleavage），它与一般细胞分裂的不同点在于每次分裂之后，新的细胞未长大又继续进行分裂，因此分裂成的细胞越来越小。这些细胞也叫分裂球（blastomere）。由于不同类动物卵细胞内卵黄多少及其在卵内分布情况的不同，卵裂的方式也不同。

(1) **完全卵裂**（total cleavage）　整个卵细胞都进行分裂，多见于少黄卵。卵黄少、分布均匀，形成的分裂球大小相等的叫等裂，如海胆、文昌鱼。如果卵黄在卵内分布不均匀，形成的分裂球大小不等的叫不等裂，如海绵动物、蛙类。

(2) **不完全卵裂**（partial cleavage）多见于多黄卵。卵黄多，分裂受阻，受精卵只在不含卵黄的部位进行分裂。分裂区只限于胚盘处的称为盘裂（discal cleavage），如乌贼、鸡的卵。分裂区只限于卵表面的称为表面卵裂（peripheral cleavage），如昆虫卵。各种卵裂的结果，其形态虽有差别，但都进入下一发育阶段。

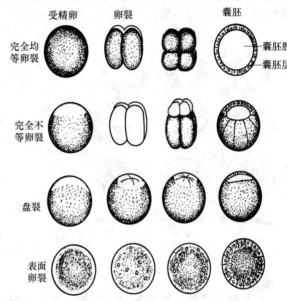

图 1-5　卵裂和囊胚的形成示意图（仿 Meglitsch 修改）

（二）囊胚的形成（blastulation）

卵裂的结果，分裂球形成中空的球状胚，称为囊胚（blastula）（图 1-5）。囊胚中间的腔称为囊胚腔（blastocoel），囊胚壁的细胞层称为囊胚层（blastoderm）。

（三）原肠胚的形成（gastrulation）

囊胚进一步发育进入原肠胚形成阶段，此时胚胎分化成内、外胚层和原肠腔。原肠胚形成在各类动物中有所不同，其方式如下。

(1) **内陷**（invagination）　由囊胚植物极细胞向内陷入。最后形成两层细胞，在外面的细胞层称为外胚层（ectoderm），向内陷入的一层为内胚层（endoderm）。内胚层所包围的腔，将形成未来的肠腔，因此称为原肠腔（gastrocoel）。原肠腔与外界相通的孔称为原口或胚孔（blastopore）（图 1-6）。

(2) **内移**（ingression）　由囊胚一部分细胞移入内部形成内胚层。开始移入的细胞充填于囊胚腔内，排列不规则，接着逐渐排成一层内胚层。有的移入时就排列成内胚层。这样的原肠胚没有孔，以后在胚的一端开一胚孔（图 1-6）。

(3) **分层**（delamination）　囊胚的细胞分裂时，细胞沿切线方向分裂，这样向着囊胚腔分裂出的细胞为内胚层，留在表面的一层为外胚层（图 1-6）。

(4) **内转**（involution）　通过盘裂形成的囊胚，分裂的细胞由下面边缘向内转，伸展成为内胚层（图 1-6）。

(5) **外包**（epiboly）　动物极细胞分裂快，植物极细胞由于卵黄多而分裂极慢，结果动物极细胞逐渐向下包围植物极细胞，形成为外胚层，被包围的植物极细胞为内胚层（图 1-6）。

以上原肠胚形成的几种类型常常综合出现，最常见的是内陷与外包同时进行，分层与内移相伴而行。

（四）中胚层及体腔的形成

绝大多数多细胞动物除了内、外胚层之外，还进一步发育，在内外胚层之间形成中胚层

(mesoderm)。在中胚层之间形成的腔称为真体腔。主要由以下方式形成。

(1) **端细胞法** 在胚孔的两侧，内、外胚层交界处各有一个细胞分裂成很多细胞，形如索状，伸入内、外胚层之间，是为中胚层细胞。在中胚层之间形成的空腔即为体腔（真体腔）。由于这种体腔是在中胚层细胞之间裂开形成的，因此又称为裂体腔（schizocoel），这样形成体腔的方式又称为裂体腔法（schizacoelous method 或 schizacoelic formation），原口动物都是以端细胞法形成中胚层和体腔（图 1-7）。

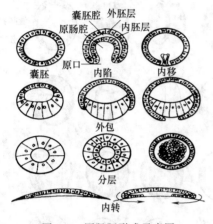

图 1-6　原肠胚形成示意图
（仿 Meglitsch 修改）

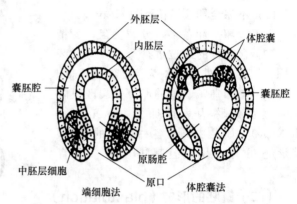

图 1-7　中胚层形成示意图（仿 Hickman 修改）

(2) **体腔囊法** 在原肠背部两侧，内胚层向外突出成对的囊状突起称体腔囊。体腔囊和内胚层脱离后，在内外胚层之间逐步扩展称为中胚层，由中胚层包围的空腔称为体腔（图 1-7）。因为体腔囊来源于原肠背部两侧，所以又称为肠体腔（enterocoel）。这样形成体腔的方式称为肠体腔法（enterocoelous method 或 enterocoelic formation）。后口动物的棘皮动物、毛颚动物、半索动物及脊索动物均以这种方式形成中胚层和体腔。高等脊索动物是由裂体腔法形成体腔，但具体的形成过程比较复杂，各个类群之间的发育细节也有差异。

（五）胚层的分化

胚胎时期的细胞开始出现时，相对比较简单、均质和具有可塑性。进一步发育，由于遗传性、环境、营养、激素以及细胞群之间相互诱导等因素的影响，而转变为较复杂、异质性和稳定性的细胞。这种变化现象称为分化（differentiation）。动物体的组织、器官都是从内、中、外三胚层发育分化而来的。如内胚层分化为消化管的大部分上皮、肝、胰、呼吸器官、排泄与生殖器官的小部分。中胚层分化成肌肉、结缔组织（包括骨骼、血液等）、生殖与排泄器官的大部分。外胚层分化为皮肤上皮（包括上皮各种衍生物如皮肤腺、毛、角、爪等）、神经组织、感觉器官、消化管的两端。

四、动物的胚后发育

在动物个体发育过程中，从卵孵化后，或从母体生出后，经过幼虫或幼体至成虫或成体达到性成熟，最后衰老死亡的发育过程，称为胚后发育。

（一）胚后发育的类型

由于动物的种类不同，胚后发育的情况也有区别。如无脊椎动物中的环毛蚓、蚂蟥和绝大多数脊椎动物的胚后发育，其幼体与成体极为相似，不经变态，逐渐长大成为成体，这种发育方式称为直接发育；另一些无脊椎动物幼体与成体极不相同，要经过形态和生理上的变化后，才能发育成为成体，这种发育方式称为间接发育或变态发育，如腔肠动物、扁形动物、软体动物、环节动物、节肢动物、棘皮动物中的许多种，其中以节肢动物中的昆虫最为特殊，它们从卵孵化后，要经过若虫（蝗虫）或稚虫（蜻蜓）而至成虫。在此过程中，若虫或稚虫随着蜕皮，发生了形态和生理上的变化；还有许多昆虫（蚊、蝇、蝶、蛾、甲虫）的幼虫，尚需经过蛹期才能羽化成为成虫。又如两栖类的蛙，从卵孵化后，要经过蝌蚪期而至成体。

（二）性成熟与体成熟

动物生长发育到一定年龄，生殖器官已经发育完全，生殖机能达到了比较成熟的阶段，基本具备了正常的繁殖功能，称为性成熟。性成熟一般发生在接近成年体重和生长速度开始下降的时期，它受品种、营养水平和气候等因素影响。公羊的体重与性成熟的关系可能比年龄与性成熟的关系更密切。在营养水平低或不良气候条件下，绵羊、山羊的性成熟可能向后延迟到 1 岁以上。

动物体成熟是指动物生长发育基本完成，获得了成年动物应有的形态和结构。在同一品种个体间，体成熟年龄亦受饲养、气候等因素的影响，良种母畜应在体成熟后才能配种，体成熟较性成熟晚。如绵羊的体成熟年龄，公羊在 1.5～2 岁，母羊在 1.5 岁左右。

（三）衰老

从生物学上讲，衰老（senility）是生物随着时间的推移，自发的必然过程，它是复杂的自然现象，表现为结构和机能衰退，适应性和抵抗力减退。在生理学上，把衰老看作是从受精卵开始一直进行到老年的个体发育史。从病理学上，衰老是应激和劳损、损伤和感染、免疫反应衰退、营养不足、代谢障碍以及疏忽和滥用积累的结果。衰老是一种自然规律，因此，我们不可能违背这个规律。但是，当人们采用良好的生活习惯和保健措施并适当地运动，就可以有效地延缓衰老，降低与衰老相关的疾病的发病率，提高生活质量。

第四节　生物发生律

生物发生律（biogenetic law）也叫重演律（recapitulation law），是德国人赫克尔（E. Haeckel，1834—1919）用生物进化论的观点总结了当时胚胎学方面的工作提出来的。当时在胚胎发育方面已揭示了一些规律，如在动物胚胎发育过程中，各纲脊椎动物的胚胎都是由受精卵开始发育的，在发育初期极为相似，以后才逐渐变得越来越不相同。达尔文用进化论的观点曾作过一些论证，认为胚胎发育的相似性，说明它们彼此有亲缘关系，起源于共同的祖先，个体发育的渐进性是系统发展中渐进性的表现。达尔文指出了胚胎结构重演其过去祖先的结构，"它重演了它们祖先发育中的一个形象"。

赫克尔明确地论述了生物发生律。1866 年他在《普通形态学》一书中这样写道："生物发展史可分为两个相互密切联系的部分，即个体发育和系统发展（或系统发育），也就是个体的发育历史和由同一起源所产生的生物群的发展历史。个体发育史是系统发展史的简单而迅速的重演。"如青蛙的个体发育，由受精卵开始，经过囊胚、原肠胚、三胚层的胚、无腿蝌蚪、有腿蝌蚪，到成体青蛙。这反映了它在系统发展过程中经历了像单细胞动物、单细胞的球状群体、腔肠动物、原始三胚层动物、鱼类动物，发展到有尾两栖到无尾两栖动物的基本过程。说明了蛙个体发育重演了其祖先的进化过程，也就是个体发育简短重演了它的系统发展，即其种族发展史。

生物发生律对了解各动物类群的亲缘关系及其发展线索极为重要。因而对许多动物的亲缘关系和分类位置不能确定时，常由胚胎发育得到线索从而解决。生物发生律是一条客观规律，它不仅适用于动物界，而且适用于整个生物界，包括人在内。当然不能把"重演"理解为机械的重复，而且在个体发育中也会有新的变异出现，个体发育又不断地补充系统发展。这二者的关系是辩证统一的，二者相互联系、相互制约，系统发展通过遗传决定个体发育，个体发育不仅简短重演系统发展，而且又能补充和丰富系统发展。

第五节　关于多细胞动物起源的学说

多细胞动物起源于单细胞动物，至于哪一类单细胞动物发展成多细胞动物，以及多细胞动物起源的方式如何，有不同的学说。

一、群体学说

群体学说（colonial theory）认为后生动物来源于群体鞭毛虫，这是后生动物起源的经典学说，且证据日益增多，因而是当代动物学中最被广泛接受的学说。这一学说是由赫克尔首次提出，后来又由梅契尼柯夫（Me，1887）修正，海曼（Hyman，1940）又给以复兴。现分述如下。

（1）**赫克尔的原肠虫学说**　认为多细胞动物最早的祖先是由类似团藻的球形群体，一面内陷形成多细胞动物的祖先。这样的祖先，因为和原肠胚很相似，有两胚层和原口，所以赫克尔称之为原肠虫（gastraea）（图1-8）。

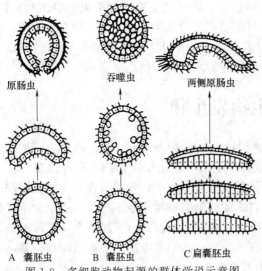

图1-8　多细胞动物起源的群体学说示意图
A. 赫克尔的原肠虫学说；B. 梅契尼柯夫的吞噬虫学说；C. Grell-Butschli 扁囊胚虫学说（Grell 于 1981 年对 Butschli 的图作了很多修改）（自 R. D. Barnes）

（2）**梅契尼柯夫的吞噬虫学说**（实球虫或无腔胚虫学说）　梅契尼柯夫观察了很多低等多细胞动物的胚胎发育，他发现一些较低等的种类，其原肠胚的形成主要不是由内陷的方法，而是由内移的方法形成的。同时他也观察了某些低等多细胞动物，发现它们主要是靠吞噬作用进行细胞内消化，很少为细胞外消化。由此推想最初出现的多细胞动物是进行细胞内消化，细胞外消化是后来才发展的。梅契尼柯夫提出了吞噬虫学说，他认为多细胞动物的祖先是由一层细胞构成的单细胞动物的群体，后来个别细胞摄取食物后进入群体之内形成内胚层，结果就形成二胚层的动物，起初为实心的，后来才逐渐地形成消化腔，所以梅契尼柯夫便把这种假想的多细胞动物的祖先，叫做吞噬虫（phagocitella）（图1-8）。

这两种学说虽然在胚胎学上都有根据，但在最低等的多细胞动物中，多数是像梅契尼柯夫说的由内移方法形成原肠胚，而赫克尔所说的内陷方法，很可能是以后才出现的。所以梅氏的学说容易被学者所接受。同时梅氏的说法更符合机能与结构统一的原则。不能想象先有一个现成的消化腔，而后才进行消化的机能。可能是由于在发展过程中有了消化机能，同时逐渐发展出消化腔的。恩格斯说："整个有机界在不断地证明形式和内容的同一或不可分离。形态学的现象和生理学的现象、形态和机能是相互制约的。"

从现有的原生动物看，其中鞭毛类动物形成群体的能力较强，如果原始的单细胞动物群体进一步分化，群体细胞严密分工协作，形成统一整体，这就发展成了多细胞动物。但是单细胞动物群体多种多样，有树枝状、扁平状和球形的，前两者其个体在群体中的链接一般较疏松。根据多细胞动物早期胚胎发育的形状看，球形群体（类似团藻形状）与之一致，因此，群体学说认为由球形群体鞭毛虫发展成为多细胞动物符合于生物发生律。此外，从具鞭毛的精子普遍存在于后生动物，具鞭毛的体细胞在低等的后生动物中也常存在，特别是在海绵动物和腔肠动物中，这些也可作为支持鞭毛虫是后生动物的祖先的证据。梅契尼柯夫所说的吞噬虫，很像腔肠动物的浮浪幼虫，它被称为浮浪幼虫的祖先（planuloid ancestor）。低等后生动物是从这样一种自由游泳浮浪幼虫样的祖先发展而来的。根据这种学说，腔肠动物为原始辐射对称，可以推断它直接来源于浮浪幼虫样的祖先。扁虫的两侧对称是后来发生的。

现在还有学者（Barnes，1987）认为，团藻样动物虽被作为鞭毛虫群体祖先的原型，但是这些具有似植物细胞的自养有机体不可能是后生动物的祖先，超微结构的证据表明，领鞭毛虫（*Choanoflagellates*）原生动物更可能是后生动物的祖先。领鞭毛虫有些是单体的，有些是群体的。

最近 10 年有一个古老的学说在恢复生机，即 Otto Butshli（1883）所提出的扁囊胚虫（plakula）学说，他认为原始的后生动物是两侧对称的有两胚层的扁的动物，称此动物为扁囊胚虫。根据 Butshli 的看法，扁囊胚虫通过腹面细胞层的蠕动、爬行、摄食，最后该动物背腹细胞层分开成为中空的，这样腹面的营养细胞逐渐地内陷形成消化腔，同时产生了内外胚层，形成了两胚层动物。这里所提的扁囊胚虫与现存的扁盘动物丝盘虫（*Trichoplax*）是相似的。有些学者认为丝盘虫是扁囊胚虫现存种类的证据。

二、合胞体学说

这一学说主要是由 Hadzi（1953）和 Hanson（1977）提出的，认为多细胞动物来源于多核纤毛虫的原始类群（图 1-9）。后生动物的祖先开始是合胞体结构，即多核的细胞，后来每个核获得一部分细胞质和细胞膜形成了多细胞结构。由于有些纤毛虫倾向于两侧对称，所以合胞体学说主张后生动物的祖先是两侧对称的，并由其发展为无肠类扁虫，认为无肠类扁虫是现在生存的最原始的后生动物。对该学说，持反对意见者较多，因为任何动物类群的胚胎发育都未出现过多核体分化成多细胞的现象，实际上无肠类合胞体是在典型的胚胎细胞分裂之后出现的次生现象。最主要的反对意见是不同意将无肠类扁虫视为最原始的后生动物。体型的进化是从辐射对称到两侧对称，如果认为无肠类扁虫两侧对称是原始的，那么腔肠动物的辐射对称倒成为次生的，这显然与已揭明的进化过程是相违背的。

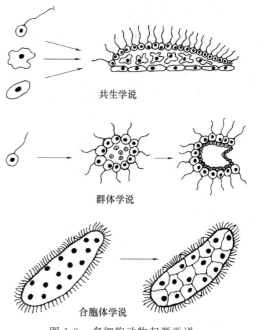

共生学说

群体学说

合胞体学说

图 1-9　多细胞动物起源学说

三、共生学说

共生学说（symbiosis theory）（图 1-8），认为不同种的原生生物共生在一起，发展成为多细胞动物。这一学说存在一系列的遗传学疑问，因为不同遗传基础的单细胞生物如何聚在一起形成能繁殖的多细胞动物，这在遗传学上是难以解释的。

关于多细胞动物的起源，多数进化理论者倾向于"单元说"，但事实上也有一些学者，认为多细胞动物的来源是多元的，即起源于不止一类原生动物的祖先。这些观点的分歧集中在祖先类群是鞭毛虫还是纤毛虫，并仍在找寻从原生动物过渡到多细胞动物的中间类型。

思　考　题

1. 了解中生动物的简要特征以及对其分类地位的不同看法。
2. 多细胞动物起源于单细胞动物的依据是什么？
3. 多细胞动物胚胎发育的共同特征有哪些？
4. 什么叫生物发生律？它对了解动物的演化与亲缘关系有何意义？
5. 关于多细胞动物起源有几种学说？各学说的主要内容包括哪些？哪个学说易被绝大多数人接受，为什么？谈谈你的看法。

第二章 原生动物门

教学重点：原生动物门的主要特征；原生动物门的重要类群；几种重要寄生虫的生活史、危害及其防治原则。

教学难点：原生动物的原始性与特殊性；纤毛虫的有性生殖过程；间日疟原虫的生活史。

原生动物包括眼虫、变形虫、草履虫、疟原虫等，原生动物门（Phylum Protozoa）是动物界中最原始、最低等的类群。它们的个体微小，一般是由单细胞构成的，但是一个完整的有机体。它们具有相当于高等动物的运动、消化、呼吸、排泄、生殖、感应等全部的生活机能，是一个能自营独立生活的个体。除单细胞的个体外，也有由几个以上的细胞聚合而成的群体形态，但与多细胞动物具有明显的区别。原生动物分布广泛，目前已知种类超过30000种。生活在淡水、海水及土壤中，也有寄生的种类。

第一节 原生动物门的主要特征

一、形态结构

（一）形态和大小

原生动物的形态多种多样，大多肉眼难以看到，小的只有 $2\sim3\mu m$，大型的可达几厘米，大多数原生动物在 $300\mu m$ 以下。比较小的如巴贝斯虫（*Babesia*），在 1 个红细胞内可以找到 12 个，甚至更多；更小的如利什曼原虫（*Leishmania*），1 个细胞内可以找到几百个；只有极少数个体较大，如旋口虫（*Spirostomum*），可达 3mm，更大的如簇虫类的 *Porospora gigantea*，可达 16mm；海产种类的 *Foraminifera* sp.，可达 7cm。

（二）结构

原生动物的每个个体就是一个细胞，其结构可以分为细胞膜（表膜）、细胞质和细胞核三大部分。

1. 细胞膜

原生动物的体表具有细胞膜。原生动物的细胞膜称为质膜（plasmalemma）或表膜（pellicle）。有的原生动物的细胞膜极薄，在普通显微镜下几乎不可辨认，这种膜不能使身体保持一种固定的形状，因此身体的外形会随着里面细胞质的流动而不断改变；多数原生动物的细胞膜较厚而且具有弹性，可以保持虫体的特有形状，受到外力时可以改变形状，但当外力取消时，这种弹性表膜可使虫体立即回复到原来的形状。

某些种类的体表除固有的细胞膜外，还有由原生质分泌物形成的外壳。这种外壳由几丁质（表壳虫）、硅质（鳞壳虫）、钙质（有孔虫）、纤维质（植鞭亚纲）等构成。有的原生动物的细胞质中还有骨骼，如放射虫（*Sphaerostyius ostracion*）体内的几丁质中央囊和硅质骨针等。

2. 细胞质

在普通光学显微镜下观察，细胞质由外层较透明的外质和内层含有较多颗粒的内质组成，细胞核存在于内质中。在电子显微镜下观察，细胞质由复杂的胶状基质和包埋在其中的各类细胞器组成，细胞器类似于高等动物体内的各器官。分工承担着各项生理机能，这些执行类似高等动物器官功能的结构称为类器官。如有些种类分化出鞭毛或纤毛来完成运动；有些种类分化出胞口和胞咽，摄取食物后在体内形成食物泡进行消化等。

3. 细胞核

原生动物细胞核的结构同多细胞动物细胞核的结构相同，由核膜、核仁、核基质和染色质组成。一般原生动物只有一个核，也有多个核的种类（多核变形虫、蛙片虫、多核草履虫等）。有些原生动物细胞内还同时具有两种细胞核：一种是大核（macronucleus），与细胞代谢有关；一种是小核（micronucleus），与生殖有关。在生活史的不同时期细胞核的形态结构常有变化。

二、运动

原生动物的运动方式基本上可以分为两大类，一类是没有固定运动类器官的种类，如大变形虫，在细胞各处可以经常发出一些暂时性的突起，这些突起称为伪足（pseudopodium），变形虫可借助伪足在固体物上爬行；簇虫可借虫体的不断伸缩，做"蠕动"而使身体运动。另一类是具有固定运动类器官的种类，虫体具有伸出体表的纤毛（cilium）和鞭毛（flagellum），这些纤毛或鞭毛可以在水中不断摆动，借助水的反作用力推动虫体运动。纤毛和鞭毛的结构相似，只是纤毛较短而多，运动具有规律性；鞭毛较长而少，运动不具有规律性。

三、营养

原生动物包含了生物界的全部营养类型。

1. 植物性营养（holophytic nutrition）

植鞭毛虫类的细胞质内含有色素体，色素体中含有叶绿素（chlorophyll）、叶黄素（xanthophyll）等。这些色素体和植物的一样，能利用光能，将二氧化碳和水合成糖类物质，这种营养方式称为植物性营养。

2. 腐生性营养（saprophytic nutrition）

孢子纲等寄生种类和有些自由生活的种类，能通过体表的渗透作用从周围环境中摄取溶于水的有机物质而获得营养，这种营养方式称为腐生性营养。

3. 动物性营养（holozoic nutrition）

原生动物借助胞口、伪足等细胞器，将外界的食物颗粒摄入体内进行消化的过程称为动物性营养，例如大变形虫、大草履虫的摄食方式。

有的原生动物如绿眼虫，在有光的条件下进行自养，在黑暗的条件下，可利用胞口或渗透性营养方式摄取环境中的有机物质，这种既可自养又可异养的营养方式称为混合式营养。

四、呼吸

原生动物没有呼吸类器官，它们的呼吸方式是通过体表的扩散作用从周围环境中摄取氧和排出二氧化碳。能进行光合作用的种类，可借光合作用产生的氧供自身呼吸作用，呼吸作用产生的能量可供动物体完成各项生理机能。呼吸作用的过程大部分是在线粒体内完成的，线粒体可视为原生动物的呼吸类器官。一些渗透性营养的种类在低氧或无氧的条件下靠糖酵解产生能量，被称为厌氧式呼吸。

五、排泄

原生动物的排泄有多种途径，下面主要介绍 2 种方式。

1. 体表排泄

代谢所产生的二氧化碳和其他一些可溶性代谢废物可以借扩散作用从体表排出。

2. 伸缩泡排泄

在淡水中生活的种类体内有一种重要的排泄类器官，是由类似于细胞膜的结构包围而成，呈泡状，泡内含有水和可溶性废物，称为伸缩泡。在淡水中生活的原生动物体内渗透压高于外界的渗透压，水分会不断地进入体内，伸缩泡就起到不断地收集水分并将水分排出体外的作用，溶于水中的一些代谢废物也随之被排出体外。如果没有伸缩泡，淡水中生活的原生动物就会因体内水分过多而胀破细胞。海水中有大量盐分，其渗透压与细胞内渗透压大致相等，所以海水中生活的种类一般没有伸缩泡。

六、应激性

同其他动物一样，原生动物对外界的各种刺激也会产生一定的反应，这种反应称为应激性（irritability）。当遇到食物时，它们会向有食物的地方趋集；当遇到有害刺激时，它们又会避开。原生动物这种对各种物质、光、温度等的趋避能够帮助它们寻找到食物和逃避敌害，对它们的生存有很大意义。

七、生殖

原生动物的生殖有无性生殖（asexual reproduction）和有性生殖（sexual reproduction）两种方式。

（一）无性生殖

无性生殖存在于所有的原生动物，主要有以下 4 种形式。

1. 二分裂（binary fission）

细胞核先分裂（多为有丝分裂，也有无丝分裂的情况），然后细胞质也分裂为 2 部分，形成 2 个相等的子体（图 2-1）。

2. 出芽生殖（budding）

核先分裂出一个小芽，然后细胞质也发生变形，最后芽脱落或不脱落长成一个新个体。

3. 复分裂（multiple fission）

核先反复分裂，迅速变成许多核，然后每个细胞核连同周围的细胞质分开形成许多单核的子体，是一种能够迅速产生大量后代的繁殖方式。孢子纲种类均具有这种繁殖方式。

4. 质裂（plasmotomy）

一些多核的原生动物，如多核变形虫、蛙片虫所进行的一种无性生殖方式，即核先不分裂，而是由细胞质在分裂时直接包围部分细胞核形成几个多核的子体，子体再恢复成多核的新虫体。

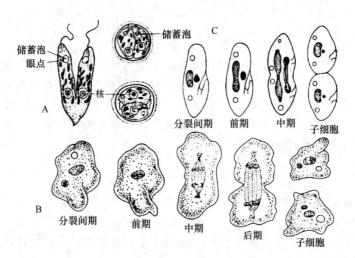

图 2-1　几种原生动物的无性生殖
A. 眼虫的纵二分裂和包囊形成（仿 Woodruff）；B. 变形虫的有丝分裂（仿 Hickman）；
C. 草履虫的横二分裂（仿 Hegener）

（二）有性生殖

原生动物的有性生殖有 2 种方式。

1. 配子生殖（gamogenesis）

大多数原生动物的有性生殖行配子生殖，即经过 2 个配子的融合（syngamy）或受精（fertilization）形成 1 个新个体，这与多细胞动物的精卵结合相似。如果融合的 2 个配子在大小、形状上相似，则称为同形配子，同形配子的生殖称同配生殖；如果融合的 2 个配子在大小、形状上不相同，则称为异形配子，根据其大小不同，分别称为大配子（卵）及小配子（精子），两者受精结合后形成受精卵，称合子。异形配子所进行的生殖称为异配生殖。

2. 接合生殖（conjugation）

原生动物纤毛纲种类特有的一种有性生殖方式。两个虫体腹面贴在一起，每个虫体的小核进行减数分裂，形成单倍体的配子核，互相交换部分小核物质，交换后的单倍体小核与对方的单倍体小核融合，形成 1 个新的二倍体的合子核，然后 2 个虫体分开，各自再行有丝分裂，形成数个二倍体的新个体，如大草履虫的接合生殖。

八、包囊和卵囊的形成

原生动物对环境有着极大的适应能力。许多自由生活的原生动物在不良环境中或由于某种未知原因，其体表能分泌出一些物质，这些物质凝固后会把自己包住，这种较特殊的结构称为包囊（cyst）。一些寄生的原生动物，特别是孢子纲的种类，其受精后的合子也会分泌出一些物质把自己包住，虫体就在其中分裂繁殖，这层保护结构称为卵囊（oocyst）。

包囊和卵囊都可以保护原生动物，使其度过干燥、寒冷等不良环境，等到环境好转时潜伏在其中的原生动物便破囊而出，重新开始生活。可以说，包囊和卵囊的形成是原生动物在生存竞争中的一种有效的适应。

九、群体

虽然大部分原生动物都是单细胞的，但仍有少数种类由多个细胞聚集成群体（colony），如团藻（*Volvox*）（图 2-2）、累枝虫（*Epistylis*）和聚缩虫（*Zoothamnium*）等。这些群体的原生动物与多细胞动物的最大差别在于，群体中的细胞没有形态和功能上的明显分化，有的仅存在有生殖细胞和体细胞的分化。研究者认为群体原生动物应该是单细胞动物向多细胞动物演化的一个过渡类型。

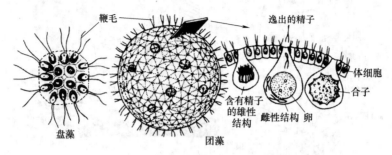

图 2-2　团藻和盘藻（仿刘凌云等）

十、生活环境

原生动物的分布十分广泛，淡水、海水、潮湿的土壤、污水沟、雨后的积水中都会有大量的原生动物分布，甚至从南北极的寒冷地区到 60℃ 左右的高温水域中都可以找到它们。相同的种类可以在差别很大的温度和盐度等条件下生存，说明原生动物具有很强的适应能力。

但是，原生动物的分布也受各种物理、化学及生物等因素的限制，在不同的环境中各有其优势种，说明不同的原生动物对环境条件的要求也是不同的。水及潮湿的环境对所有原生动物的生存及繁殖都是必要的，原生动物最适宜的温度范围在 20～25℃ 之间。

原生动物与其他动物间存在着各种相互关系。例如，共栖现象（commensalism），即一方受益，另一方无益也无害，如纤毛虫中的车轮虫与腔肠动物水螅是共栖关系；共生现象（symbiosis），即双方均受益，如多鞭毛虫与白蚁的共生；还有寄生现象（parasitism），即一方受益，另一方受害，如疟原虫与脊椎动物之间的关系。

第二节　原生动物门的分类

现存的原生动物有 30000 多种，另有化石种约 20000 种。原生动物的分类较复杂，至今对其分类尚存不同意见。本教材采用多数学者的意见，重点介绍本门中的 4 个纲：鞭毛纲、肉足纲、孢子纲和纤毛纲。

一、鞭毛纲

（一）代表动物——绿眼虫

绿眼虫生活在有机质丰富的水沟、池塘或缓流中。温暖的季节里也可以在大雨后暂存的积水中找到。它们在春夏季大量繁殖，常使栖息的水体呈现绿色。

绿眼虫是小的长梭形的单细胞动物。前端钝圆，后端略尖，体长 $60\sim100\mu m$。在虫体中部稍后有一个大而圆的细胞核，生活时是透明的（图 2-3A）。体表有一层表膜，表膜较厚且具有弹性，上面有螺纹状的条纹，条纹是表膜自身形成的嵴状褶（crest）和沟（groove）镶嵌而成的，一个条纹的沟和相邻条纹的嵴相关联（似关节），沟和嵴是表膜条纹的重要结构（图 2-3B、C）。表膜覆盖整个体表、胞咽、储蓄泡、鞭毛等，可以使绿眼虫保持一定形状，又能做伸缩变形运动。

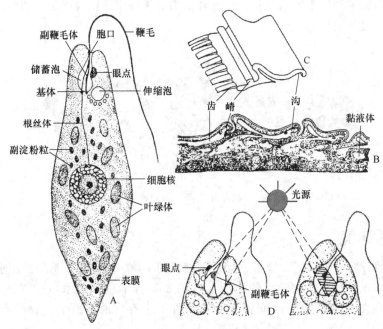

图 2-3 绿眼虫的结构（仿徐润林）
A. 绿眼虫的形态；B. 绿眼虫的表膜超微结构；C. 一条表膜斜纹的图解；
D. 绿眼虫的眼点和副鞭毛体的作用示意图

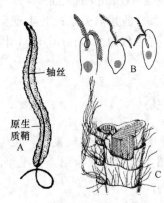

图 2-4 鞭毛的基本结构
A. 光镜下的鞭毛结构；B. 不同种类鞭毛上的鞭绒毛；C. 鞭绒毛的超微结构（仿徐润林）

绿眼虫身体前端有一个胞口，经一条管状的胞咽向后连一膨大的储蓄泡（reservoir）。从胞口中伸出一条鞭毛，鞭毛下连有两条细的轴丝（axoneme），每一条轴丝在储蓄泡底部和一基体（basal bod）相连，从其中一个基体连一条细丝，称为根丝体（rhizoplast），和细胞核相连，这说明鞭毛受核的控制（图 2-4）。绿眼虫靠鞭毛的摆动进行螺旋状运动（图 2-5）。

在鞭毛基部紧贴储蓄泡，有一个红色的感光点，称为眼点（stigma），是由类胡萝卜素的小颗粒埋在无色的基质中组成的。靠近眼点近鞭毛基部有一膨大部分，能接受光线，是光感受器（图 2-3D）。眼点呈浅杯状，光线只能从杯的开口面射到光感受器上，因此绿眼虫必须随时调整运动方向，趋向适宜的光线。眼点和光感受器普遍存在于绿色鞭毛虫，这与它们进行光合作用的营养方式有关。

在绿眼虫的细胞质中，有大量卵圆形的叶绿体（chloroplast），叶绿体内含有叶绿素，因此绿眼虫在有光的条件下进行光合作用行自养的营养方式，制造的过多糖类以淀粉粒形式储存在细胞质中。在无光的条件下绿眼虫也可以进行渗透性的营养方式，所以绿眼虫的营养方式是属于混合型的，但以光合营养为主。绿眼虫如果长期生活在黑暗而富有有机质的环境中，其叶绿体消失，眼点退化，成为无色眼虫，一旦回到有光环境下，它又会恢复叶绿体和眼点。

绿眼虫前端的胞口是否取食食物颗粒目前还有异议，但是可以肯定体内过多的水分是通过胞口排出体外的。在储蓄泡旁边有一个大的伸缩泡，它的主要功能是收集体内过多的水分，排入储蓄泡，再经胞口排出体外，以调节体内水分的平衡，同时也排出了一些溶解在水中的代谢废物。

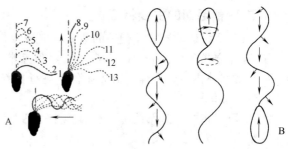

图 2-5　鞭毛的运动模式
A. 鞭毛划动不同方式；B. 鞭毛的划动方式导致的
不同运动方向（仿刘凌云）

绿眼虫在有光的条件下，利用光合作用所放出的氧进行呼吸作用，呼吸作用所产生的二氧化碳，又被利用来进行光合作用，多余的氧和欠缺的二氧化碳可通过体表与水进行交换。在无光的条件下，可通过体表吸收水中的氧、排出二氧化碳。

绿眼虫的无性生殖方式是纵二分裂，可发生在眼虫自由游泳时期，但通常是在其包囊时期进行的。纵二分裂时，核先开始分裂，虫体随即从前端开始沿着中线向后端裂开。一端保有原来的鞭毛，另一端又形成新的鞭毛，也可脱去鞭毛，同时再由基体长出新的鞭毛，之后不久每边都形成一个完整的个体（图2-6A、D）。

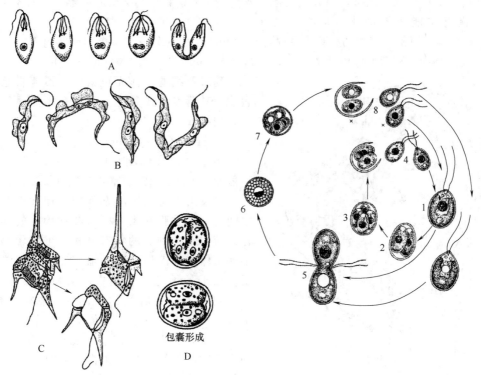

图 2-6　鞭毛虫的二分裂生殖、眼虫的包囊形成及鞭毛虫（衣滴虫）的有性生殖过程
A. 眼虫纵二分裂；B. 锥虫纵二分裂；C. 腰鞭毛虫斜二分裂，每一子细胞生出其失去的部分；D. 眼虫的包囊形成
1. 营养体；2～4 繁殖，分裂成 4 个子体；5. 配子结合形成合子；6～8 繁殖，分裂成 4 个子体
（A. 仿 Ratcliffe；B. 自 Brusca 等；C. 仿 Grell；D. 仿陈义；1～8 仿 Esser）

在不良环境条件下，如水池干涸等，绿眼虫可形成包囊将自己包围起来（图 2-6D）。刚形成的包囊，有绿色眼点，以后逐渐变为黄色，最后眼点消失，整个虫体代谢降低，可以生活很久，随风散布各处。当环境适合时，虫体破囊而出，在出囊前进行一次或几次分裂，从1 个包囊中可能逸出 32 个小的眼虫。

（二）鞭毛纲的主要特征

① 以鞭毛为运动器官，鞭毛的数目一般较少，有1～4条，少数种类具有较多鞭毛。

② 营养方式多样：植物性营养、腐生性营养和动物性营养。有些种类还可行混合性营养，如有的虫体内有色素体，有光条件下进行自养，在富有有机质的环境中也能以渗透方式摄入营养，如绿眼虫。

③ 生殖方式可分为无性生殖和有性生殖两种，无性生殖行纵二分裂，有性生殖为配子结合或整个个体结合（图2-6）。

④ 在不良的环境条件下可形成包囊。

（三）鞭毛纲的重要类群

鞭毛纲主要分为植鞭亚纲和动鞭亚纲两大类。

植鞭亚纲的种类一般具有色素体，能进行光合作用。夜光虫（*Noctiluca*）、裸甲腰鞭虫（*Gymnodinium* spp.）、沟腰鞭虫（*Gonyaulax* spp.）是浮游的种类，体内有金色拟脂物，当海水中这些浮游鞭毛虫大量繁殖时，海水会呈现赤色，形成赤潮，这时因海水缺氧会对鱼类生长带来灾害。小丽腰鞭虫（*Gonyaulax calenella*）产生一种神经毒素，能储存在甲壳类动物体内，对甲壳动物无害，而人或其他动物食用甲壳动物后则会引起中毒。还有不少淡水生活的鞭毛虫能污染水体，如钟罩虫（*Dinobryon*）、尾窝虫（*Uroglena*）、合尾滴虫（*Synura*）等。但是大多数的植鞭毛虫是浮游生物的组成部分，是鱼类的天然饵料。

植鞭亚纲中也有营群体生活的种类，如盘藻（*Gonium*）和团藻（*Volvox*）。

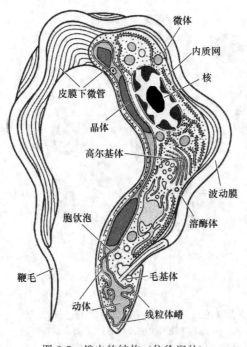

图 2-7　锥虫的结构（仿徐润林）

动鞭亚纲的个体无色素体，不能自己制造食物，其营养方式是异养的。有不少是寄生种类，列举如下。

1. 锥虫（*Trypanosoma*）

多寄生在脊椎动物的血液中，种类很多，一般呈柳叶形，体内有一个核（图2-7）。鞭毛自后方发出，向虫体前方延伸，在鞭毛和虫体之间有原生质膜联系，称为波动膜。波动膜是在血液中寄生种类的特有结构，可以辅助鞭毛推动虫体在黏滞性较大的血浆中运动。锥虫广泛存在于各种脊椎动物中，从鱼类、两栖类，一直到鸟类、哺乳类的马、牛、骆驼甚至人，都有锥虫寄生。寄生在人体的锥虫能侵入到脑脊髓系统，使人发生昏睡，故又名睡病虫，这种病只在非洲被发现，传染媒介是吸血昆虫采采蝇。在我国发现的锥虫，主要危害马、牛、骆驼等，对马危害较重，引起马苏拉病，使马消瘦、身体浮肿发热，有时突然死亡。

2. 利氏曼原虫（*Leishmania*）

是一种很小的寄生虫，寄生在人体的有3种。在我国流行的是杜氏利氏曼原虫（*L. donovani*）（图2-8），能引起人患黑热病，又名黑热病原虫。其生活史有两个阶段，一个阶段寄生在人（或狗）体内，另一个阶段寄生在白蛉子体内。黑热病主要靠白蛉子传染。能够引起肝脾肿大、高热、贫血以致死亡，病死率达90%以上。黑热病原虫为我国五大寄生虫病之一，现已在我国全国范围内基本控制了黑热病的流行。

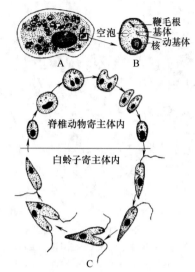

3. 漂游口丝虫（*Ichthyobodo necatrix*）

寄生于淡水鱼的皮肤和鳃丝上，用两条长鞭毛插入寄主鳃丝表皮细胞间，破坏鱼体组织。

4. 鳃隐鞭毛虫（*C.branchialis*）

寄生于鱼的鳃瓣上，破坏鳃表皮细胞，分泌毒素等，引起鳃微血管发炎，影响血液循环。

在动鞭亚纲中也有自由生活的种类，如领鞭毛虫（*Choanoflagellates*）；原绵虫（*Proterospongia*）营群体生活，是一个疏松的群体，外周为领细胞，里边为变形细胞，埋在一团不定形的胶质中，对了解海绵动物与原生动物的亲缘关系有意义。还有一类鞭毛虫既有鞭毛又有伪足，称为变形鞭毛虫（*Mastigamoeba*），这类动物对探讨鞭毛类与肉足类的亲缘关系有意义。

各种植鞭虫动鞭虫见图2-9、图2-10。

图2-8 杜氏利氏曼原虫
A. 巨噬细胞内的无鞭毛体；B. 无鞭毛体放大；C. 生活史（仿中国医大，《人体寄生虫学》稍改）

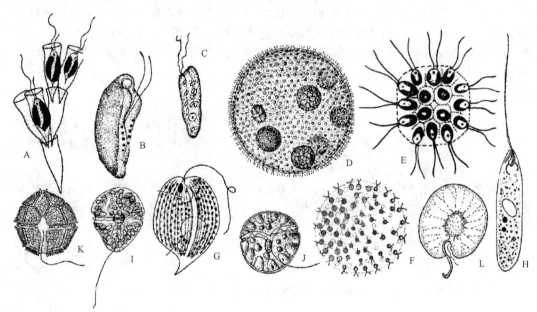

图2-9 各种植鞭虫
A. 钟罩虫；B. 隐滴虫；C. 唇滴虫；D. 团藻；E. 盘藻；F. 杂球虫；G. 扁眼虫；H. 囊杆虫；I. 裸甲藻；J. 薄甲藻；K. 膝沟藻；L. 夜光虫（自徐润林）

二、肉足纲

（一）代表动物——大变形虫（*Amoeba proteus*）

大变形虫分布很广，是变形虫中最大的一种，直径在 $200\sim600\mu m$，生活在清水池塘或在水流缓慢的浅水中，通常在浸没于水中的植物上或其他物体上的黏性物质中能找到它们。它们结构简单，体形不断变化（图2-11）。身体外面为一层薄的质膜，质膜内的细胞质分为

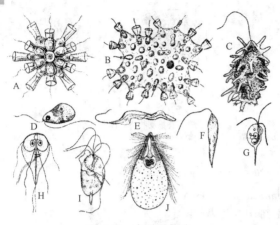

图 2-10　各种动鞭虫

A. 静钟虫；B. 原绵虫；C. 变形鞭毛虫；D. 波豆虫；
E. 锥虫；F. 利氏曼原虫；G. 唇鞭毛虫；H. 贾第虫；
I. 毛滴虫；J. 披发虫；K. 缨滴虫（自徐润林）

两层，分别称为外质和内质。在内质中有很多颗粒，包埋有圆盘形的细胞核、伸缩泡、处于各种消化阶段的食物泡及食物颗粒和其他细胞器。内质中的基质分为两部分，处于外层的是相对固态的凝胶质，在内层的是呈液态的溶胶质。

大变形虫任何部位的细胞质和细胞膜都可以共同发出突起，形成临时性的运动器官，称为伪足。伪足形成时，外质向外凸出呈指状，内质流入其中，溶胶质流向运动方向，流动到突起的前端后又向外分开，溶胶质变为凝胶质，同时后边的凝胶质又转变为溶胶质，继续向前流动，这样虫体就不断地向伪足伸出的方向移动，这种现象称为变形运动（amoeboid movement）。

伪足不仅是运动器官，而且也有摄食的作用。大变形虫主要以单细胞藻类和小的原生动物为食，当它碰到食物时，就伸出伪足将食物和少量的水包裹起来，形成由细胞膜包裹的食物泡，食物泡与质膜脱离后进入细胞质中，破坏的质膜又迅速修复。进入胞质中的食物泡与溶酶体结合，由溶酶体中的各种消化水解酶对食物进行消化，已消化的营养物质进入周围细胞质中，不能消化的物质，随着变形虫的前进，则留于相对后端，最后通过质膜排出体外，这种现象称为排遗（图 2-12）。

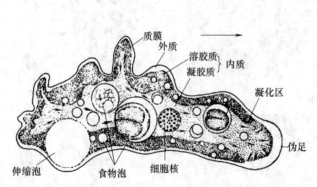

图 2-11　大变形虫的结构（箭头示运动方向）（仿 Hegner）

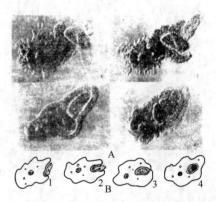

图 2-12　变形虫吞噬食物的过程

A. 大变形虫吞噬草履虫显微照片；
B. 示意图（1～4 示吞噬过程）
（A. 自 Crell；B. 自刘凌云）

大变形虫除了能吞噬固体物质外，还能摄取一些液体食物，这种现象像饮水一样，因此称为胞饮作用（pinocytosis）（图 2-13）。胞饮作用必须在某些物质（如水中含有蛋白质、氨基酸或某些盐类时）的诱导下才会发生。当液体环境中的某些分子或离子吸附到质膜表面时，质膜即发生反应，向下凹陷形成一个细长管道，然后在管道内端断落下来形成一个个液泡，液泡移到细胞质中，与溶酶体结合形成多泡小体，经消化后，营养物质进入细胞质中。

在大变形虫的内质中可以看到一个泡状结构的伸缩泡（图 2-11），伸缩泡有节律地膨大和收缩，排出体内过多的水分和一些代谢废物。海水中生活的变形虫没有伸缩泡的结构，因为它们生活的环境与体内是等渗的，如果把它放入淡水中生活，它们就能形成伸缩泡。如果用实验抑制伸缩泡的活性，则变形虫膨胀，最后破裂死亡，由此可见伸缩泡对调节体内水分子平衡的重要性。

大变形虫呼吸作用所需的氧和产生的二氧化碳是通过质膜渗透的。

当变形虫长到一定大小时，进行二分裂繁殖，分裂成两个变形虫，是典型的有丝分裂。在分裂过程中，虫体变圆，有很多小伪足，首先是核分裂，然后两个新核移开，细胞质在两核之间紧缩，最后缢裂成两个相等的个体，由于变形虫没有固定形状，所以二分裂也没有方向性（图 2-14）。

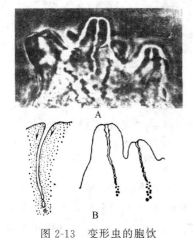

图 2-13　变形虫的胞饮
A. 大变形虫胞饮显微照片；
B. 示意图（A. 自 Holter；B. 仿 Holter）

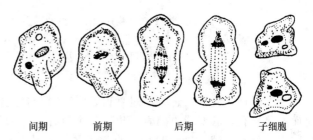

间期　　　前期　　　后期　　　子细胞

图 2-14　变形虫的二分裂生殖（仿 Hickman）

某些变形虫（不是大变形虫）在环境不适宜时，虫体缩回伪足，并形成包囊，在包囊内也能进行二分裂繁殖，在适宜条件下，变形虫从包囊中逸出，进行正常活动。

（二）肉足纲的主要特征

① 以伪足为运动器官，伪足还具有摄食的功能。伪足的形态结构有以下几类：叶状伪足、丝状伪足、根状伪足和轴伪足。

② 体表仅有极薄的原生质膜，不能维持身体固定的形态，加上伪足的伸缩，虫体多无固定形状，有的种类具有石灰质、几丁质的外壳或硅质的骨骼。

③ 细胞质常分化为明显的外质与内质，内质包括凝胶质和溶胶质。

④ 无性生殖一般为二分裂，形成包囊者极为普遍。

⑤ 生活环境为淡水、海水，也有的种类营寄生生活。

（三）肉足纲的常见种类

肉足纲分为根足亚纲（Rhizopoda）和辐足亚纲（Actinopoda）两大类。

根足亚纲伪足呈叶状、指状、丝状或根状。大变形虫、痢疾内变形虫、表壳虫、沙壳虫、球房虫等属根足亚纲。痢疾内变形虫（*Entamoeba histolytica*）也叫溶组织阿米巴，它寄生在人的肠道里，能溶解肠壁组织引起痢疾，痢疾内变形虫的形态按其生活过程可分为三种类型：大滋养体、小滋养体和包囊。滋养体是指原生动物摄取营养阶段，能活动、摄取养料、生长和繁殖，是寄生原虫的寄生阶段。痢疾内变形虫的大、小滋养体的结构基本相同，不同的是大滋养体个大，直径为 $12\sim40\mu m$，运动活泼，能分泌蛋白水解酶，溶解肠壁组织。小滋养体个小，直径 $7\sim15\mu m$，伪足短，运动较迟缓，寄生于肠腔，不侵蚀肠壁，以细菌和霉菌为食物。包囊是动物不摄取养料阶段，是原虫的感染阶段，包囊新形成时具一个核，以后核经两次分裂，形成 2 个核到 4 个核。4 个核的包囊是感染阶段（图 2-15）。

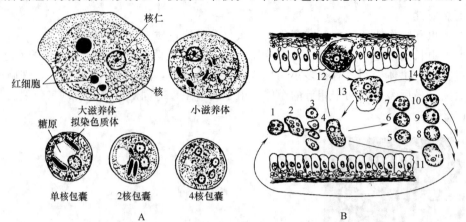

图 2-15　痢疾内变形虫的形态（A）及生活史（B）
1. 进入人肠的 4 核包囊；2～4. 小滋养体形成；5～7. 含 1，2，4 核包囊；8～10. 排出的 1，2，4 核包囊；
11. 从人体排出的小滋养体；12. 进入组织的大滋养体；13. 大滋养体；
14. 排出的大滋养体（A. 仿中国医大；B. 仿上海第二医院）

当人误食包囊后，包囊经过食道、胃时很少有变化，到小肠的下段时，囊壁受肠液的消化而变薄，囊内的变形虫破壳而出，每个核各据一部分胞质形成 4 个小滋养体，小滋养体在肠腔中行分裂生殖，这一时期，小滋养体可形成包囊，随粪便排出体外，又可以感染新寄主。当寄主身体抵抗力降低时，小滋养体就变成大滋养体，分泌溶组织酶，溶解肠黏膜上皮，侵入黏膜下层。大滋养体一般不直接形成包囊，可以在肠腔中生成小滋养体，也可以随粪便排出。

表壳虫、砂壳虫、球房虫伪足呈根状，在质膜的外面覆有外壳，它们构成水中浮游生物的组成部分。辐足亚纲太阳虫属的种类，生活在淡水中，细胞质泡沫状，伪足由球形身体周围伸出，伪足较长，内有轴丝，适于漂浮生活，是浮游生物的组成部分。辐足亚纲等辐骨虫属的种类，具矽质骨骼，身体呈放射状，其虫体死亡后骨骼沉于海底，与根足亚纲的有孔虫共同构成海底沉积物的大部分（图 2-16）。

辐足亚纲具有轴伪足，一般体呈球形，多营漂浮生活，生活在淡水或海水中。常见的如太阳虫、放射虫、等辐骨虫等（图 2-17）。

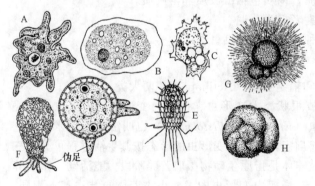

图 2-16　各种根足肉足虫
A. 大变形虫；B. 溶组织内变形虫；C. 棘变形虫；D. 表壳虫；
E. 鳞壳虫；F. 砂壳虫；G. 球房虫；H. 园辐虫（自徐润林）

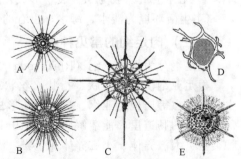

图 2-17　各种辐足肉足虫
A. 太阳虫；B. 辐球虫；C. 等辐骨虫；
D. 环骨虫；E. 光眼虫（自徐润林）

三、孢子纲

（一）代表动物——间日疟原虫

疟原虫是寄生的种类，能引起疟疾，发作时一般发冷发热，而且在一定时间间隔内发作，俗称"打摆子"，是我国五大寄生虫病之一。

疟原虫的分布很广泛，遍及全世界，寄生在人体的有 4 种：间日疟原虫（*Plasmodium vivax*）、三日疟原虫（*Plasmodium malaria*）、恶性疟原虫（*Plasmodium falciparum*）和卵形疟原虫（*Plasmodium ovale*）。流行在我国的有三种：间日疟原虫、三日疟原虫和恶性疟原虫。分别引起间日疟、三日疟和恶性疟。在东北、华北、西北等地区主要为间日疟，三日疟较少；恶性疟主要发生在我国西南（如云南、贵州、四川）以及海南省一带，也就是所谓的"瘴气"。

这 4 种疟原虫的生活史基本相同，下面以间日疟原虫为例，介绍疟原虫的形态结构和生活史。生活史是指寄生虫生长、发育、繁殖的全过程，寄生虫的生活史分为若干阶段，每个阶段有不同的形态特征和生活条件。

间日疟原虫有两个寄主，即人和按蚊（*Anopheles*）。生活史复杂，有世代交替现象。在生命周期中（生活史中），有一个时期进行无性生殖，称无性世代；另一个时期进行有性生殖，称有性世代，这种无性世代和有性世代轮流交替，无性个体与有性个体有规律地连续生活着的现象，称为世代交替现象。间日疟原虫的无性世代在人体内，有性世代在雌按蚊体内，借按蚊传播（图 2-18）。

1. 裂体生殖（schizongony）

裂体生殖在人体内进行。疟原虫在肝细胞和红细胞内发育。在肝细胞发育称为红细胞外期（exoerythrocytic stage），在红细胞内发育称为红细胞内期（erythrocytic stage）。

（1）红细胞外期 当被感染的雌按蚊叮人时，寄生在按蚊唾液

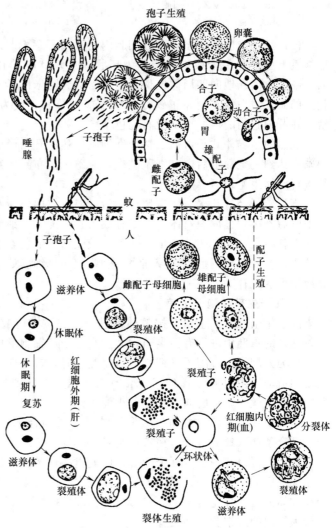

图 2-18　间日疟原虫的生活史——示休眠期

（仿江静波等）

腺中的疟原虫的长梭形子孢子随按蚊唾液进入人体内，随着血液先到肝脏，侵入肝细胞内，摄取肝细胞质为营养。虫体逐渐长大成熟后行裂体生殖，即核首先分裂成很多个，称为裂殖

体，然后细胞质随着核而分裂，包在每个核的外边，形成很多小个体，每个小个体就称为裂殖子或潜隐体。

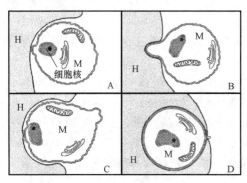

图 2-19　裂殖子入侵红细胞的过程
H. 宿主红细胞；M. 裂殖子（自徐润林）

当裂殖子成熟后，破坏肝细胞而逸出，散发到血液中，其中一部分裂殖子被巨噬细胞所吞噬，一部分侵入红细胞，还有一部分又继续侵入其他肝细胞进行红细胞外期发育（图 2-19）。侵入红细胞的疟原虫就开始了红细胞内期的发育，在疟原虫侵入红细胞以前这段时期是病理上的潜伏期，在此期一般抗疟药物对疟原虫没有什么作用，当疟原虫侵入红细胞后用抗疟药治疗，红细胞内疟原虫虽被消灭，但重新侵入肝细胞内的疟原虫并没有被消灭，当它们在肝细胞内行裂体生殖的裂殖子出来后，侵入红细胞中又可使疟疾复发。

（2）红细胞内期　侵入到红细胞内的裂殖子逐渐长大，细胞中有一空泡，核偏在一边，细胞看上去很像一个戒指，特称为环状体或环状滋养体（ring-form），以后环状体逐渐增大，细胞质活跃地向四周伸出伪足，这时称为阿米巴样体或大滋养体。这时疟原虫摄取红细胞内的血红蛋白为养料，正铁血红素不能被分解，成为色素颗粒沉积于细胞内，称为疟色素。在肝细胞内的疟原虫就没有疟色素。

成熟的滋养体几乎占据了整个红细胞，然后开始形成裂殖体，进而形成很多裂殖子，当裂殖子达到一定数目后，红细胞破裂，裂殖子散布到血浆中，又各自侵入其他的红细胞，重复进行裂体生殖。

当裂殖子经过几次裂体生殖周期后，或机体内环境对疟原虫不利时，有一些裂殖子进入红细胞后不再发育成裂殖体，而发育成大、小配子母细胞。大配子母细胞较大，有时比正常的血细胞要大一倍，核偏在虫体一侧，较致密，疟色素也粗大；小配子母细胞较小，核在虫体的中部，较疏松，疟色素较细小。这些配子母细胞如果不被按蚊吸去，不能继续发育，在血液中可能生存 30～60 天。

2. 配子生殖和孢子生殖

配子生殖和孢子生殖在按蚊体内进行。在按蚊叮咬人时，大、小配子母细胞被按蚊吸去，在蚊的胃腔中进行有性生殖，大、小配子母细胞形成配子，大配子母细胞成熟后变化不大，称为大配子。小配子母细胞形成小配子时，首先核分裂成几小块移至细胞边缘，同时胞质剧烈活动，由边缘突出 4～8 条活动力很强的毛状细丝，每个核进入到一个细丝体内，然后鞭毛状细丝一个个脱离下来形成小配子。

小配子在蚊胃腔内游动与大配子结合而成为合子，合子逐渐变长，能蠕动，称为动合子。动合子穿入蚊的胃壁，在胃壁基膜与上皮细胞之间，体形变圆，分泌卵囊包在外面。在一个蚊胃上可以有一至数百个卵囊，卵囊里的核及胞质进行多次分裂后形成成百上千个子孢子。成熟后的卵囊破裂，子孢子进入体腔中，穿过多种组织，最多的是进到唾液腺中。子孢子在蚊体内可生存超过 70 天，当蚊再叮人时这些子孢子就随着唾液进入人体，又重新开始进行人体内的红细胞外期发育。

疟原虫的结构目前研究得还不很清楚，用电子显微镜观察疟原虫及其他孢子纲的虫体，发现都有一个顶复合器（apical complex）的结构（图 2-20B），顶复合器有一个电子致密度高的环状物称极环（polar ring），位于虫体最前端，其功能不明，可能分泌某种酶或具有吸附作用并摄取养料。在极环下方，有一个类锥体的结构，呈圆锥形的中空构造，是由一个或

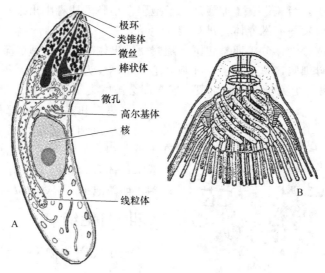

图 2-20　顶复合器类的基本结构
A. 孢子虫的结构；B. 顶复合器的模式结构（自刘凌云）

多个螺旋蜷曲的微管组成，功能不详，有人认为它与侵入宿主细胞有关，还有一种电子致密度高的棒状体结构，呈长管状，前段细长，穿过类锥体直达极环下面，后段膨大呈囊状，数目 2 个或多个，可能有分泌某种物质的功能，也与侵入宿主细胞有关。在细胞膜下和细胞质中还有许多微管和微丝的结构，微管由极环向下延伸，微丝与棒状体紧紧贴在一起，具有支架和运动的作用。在细胞上还有一个或多个微孔，具有吞食、吞饮的功能。

（二）孢子纲的主要特征

① 都是营寄生生活的种类，它们的营养方式都是借体表以渗透方式吸取宿主的有机物作为营养。

② 无运动类器官，只有生活史的一定阶段以鞭毛或伪足为运动器官，这一点可以说明孢子纲、鞭毛纲、肉足纲的亲缘关系。

③ 都具有顶复合器的结构。

④ 生活史复杂，有性世代和无性世代两个世代交替，而且这两个世代多数在两个寄主体内进行，无性世代在脊椎动物体内，有性世代在无脊椎动物体内进行，也有一些种类在同一寄主体内进行。无性生殖是裂体生殖，有性生殖是配子生殖，之后再进行无性的孢子生殖（图 2-21）。

（三）孢子纲的常见种类

孢子纲的主要类群有球虫，如兔肝艾美球虫（*Eimeria stiedae*）；同疟原虫一类的血孢子虫，如牛巴贝斯焦虫等。

球虫主要寄生在羊、兔、鸡、鱼等动物体内。生活史与疟原虫基本相同，不同的是它只寄生在一个寄主体内，卵囊在寄主体外发育，孢子有厚

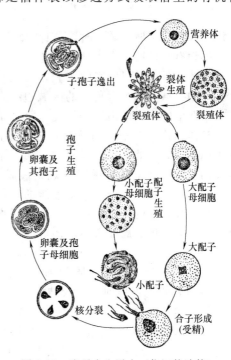

图 2-21　孢子虫生活史（仿江静波等）

壁。如兔肝艾美球虫，当兔误食了卵囊后，子孢子在小肠内从囊中出来，侵入肝胆管的上皮细胞或肠上皮细胞内发育成滋养体，进行裂体生殖，过一段时间后产生大、小配子母细胞，进行配子生殖，形成合子，分泌卵囊包围，随粪便排出体外。在合适的条件下卵囊发育，核分裂形成4个孢子母细胞，每个孢子母细胞分泌外壳，成为4个孢子，每个孢子又分裂成为2个子孢子，如果另一个兔子吞入此阶段的卵囊即会被感染（图2-22）。

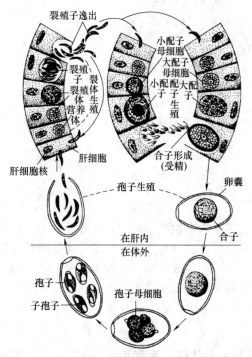

图 2-22　兔肝艾美球虫的生活史（仿江静波等）

一些焦虫和黏孢子虫都是寄生的种类，有的书上把焦虫和黏孢子虫另立两纲。焦虫寄生在家畜体内，如牛巴贝斯焦虫。黏孢子虫寄生在淡水鱼体表，黏孢子虫有极囊和极丝的特殊结构，如碘泡虫（*Myxobolus*）。

四、纤毛纲

（一）代表动物——大草履虫

大草履虫（*Paramecium caudatum*）（图 2-23）生活在淡水中，一般在池沼、小河沟、水稻田中都可能采集到。大草履虫体形较大，体长在 $150\sim300\mu m$ 之间，用肉眼可以观察到，呈白色的小亮点状。在显微镜下观察，大草履虫很像一只倒置的草鞋，整个身体呈圆筒状，前端狭而钝圆，后端稍宽，并逐渐变尖，全身密布纤毛。在前端有一道沟斜着伸向身体中部，在沟后端有口所以称为口沟，沟底有孔为胞口，下连一漏斗状的胞咽，胞咽通到内质，胞咽的背壁有由纤毛黏合而成的波动膜，在口沟里面也长满了纤毛。草履虫游泳时，全身的纤毛有节奏地摆动，由于口沟的存在和在该处的纤毛较长，摆动有力，所以虫体旋转前进。

虫体的外表被以坚实的表膜，在表膜的表面划分为许多六角形的区域，每个六角形的区域边缘隆起，中央陷入呈杯状，在凹陷的中央伸出一条纤毛。每一条纤毛在表膜下都有一个基体相连，在基体间还有错综复杂的横向纤维网相连，纤维网能使纤毛的摆动协调一致，相当于动物的神经，起着传导的功能。在电子显微镜下观察表膜，它由三层膜组成，最外面一层在体表和纤毛上是连续的，最里面一层和中间一层膜形成表膜泡的镶嵌系统，表膜泡可增加表膜的硬度，同时又不妨碍虫体的局部弯曲，还可能是保护细胞质的一种缓冲带。

细胞质分为外质和内质两部分，在表膜下的外质中还有一些与表膜垂直排列的棒状结构，这种结构称为刺丝泡。刺丝泡埋藏在外质中，很整齐地与体表垂直排列，开口于表膜六角形区的隆起边缘上，当虫体受刺激时，刺丝泡将内容物从表膜的小孔压出，内容物遇到水后形成细长而黏稠的线。一般认为刺丝泡具有防御的功能，但据研究刺丝

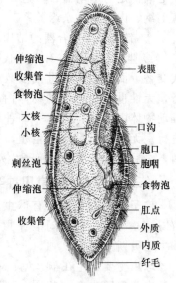

图 2-23　大草履虫的形态
（自刘凌云）

泡的防御功能并不是很强，因为大草履虫很少因放射刺丝而使自己逃避侵犯者的攻击，刺丝泡可能与身体在固着物上固着有关。内质里面有许多能流动的颗粒，还有细胞核、食物泡、伸缩泡等。

大草履虫的核有两个，一大一小，大核在显微镜下为透明略呈肾形的结构，小核位于大核的凹陷处。大核主要负责营养代谢，含有较多量 RNA 和 DNA；小核与生殖有关，只含有 DNA，不含或含有少量 RNA。

大草履虫具有一系列的营养类器官，其营养方式为吞噬营养。大草履虫在取食时，借全身纤毛的摆动，使水中微小的食物如一些细菌和小的有机体浮动起来，借口沟内纤毛和胞咽内波动膜的摆动，使口沟外面的水形成一个涡流，水中的食物便随着水流沉积到胞口，然后进入胞咽，在胞咽末端形成食物泡。食物泡在内质中沿固定的循环路线流动，在循环途径中，与溶酶体结合，溶酶体内的消化水解酶分解食物泡内的有机物质，使其变为可溶性和可渗透性的物质被原生质所吸收和同化，不能消化的食物残渣由胞肛排出体外。胞肛位于口后方，是一个开孔，平时不易看见，将酵母菌或细菌用刚果红染色后饲喂草履虫，可以清楚地看到食物泡的形成过程及其在体内的流动（图2-24）。

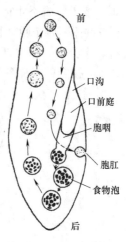

图 2-24　草履虫的消化过程（箭头示食物泡运动路线）（自徐润林）

呼吸作用（吸入氧和排出二氧化碳）是通过体表来完成的。

排泄作用是通过伸缩泡完成的。大草履虫具有 2 个伸缩泡，位于前后两端，位置是固定的。2 个伸缩泡有规律地交替收缩，不断排出体内过多的水分。每个伸缩泡周围有 6～12 个放射状排列的小管，叫收集管。在电子显微镜下观察，这些收集管端部与内质网的小管相通。在伸缩泡的主泡和收集管上有由微管系统组成的收缩丝，由于收缩丝的收缩使内质网收集的水分包括代谢废物排入收集管，注入伸缩泡的主泡，通过表膜上的排泄孔排出体外。收集管和伸缩泡也是交替收缩，当收集管收集废物时，伸缩泡不明显，当收集管中的水分排入伸缩泡时，伸缩泡变得明显，收集管就变得不明显（图2-25）。

大草履虫的生殖方式分无性生殖和有性生殖。

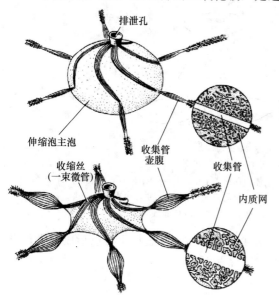

图 2-25　大草履虫的伸缩泡结构

无性生殖：为横二分裂，分裂时小核先行有丝分裂，大核进行无丝分裂，接着虫体横缢，最后分成 2 个新个体。在分裂过程中草履虫运动如常，而构成完整个体的各种构造也逐渐形成。当分裂完成时 2 个草履虫都具有和母体相同的构造，继续摄食并逐渐发育成熟。在合适的情况下分裂通常在 2h 内完成，每 24h 可分裂一次，这样的分裂可以继续几星期至几个月。但是这些都可受到周围环境条件的影响而改变。

有性生殖：为接合生殖（图2-26），当行有性生殖时，首先是 2 个虫体口沟部分相接触，在这个部位表膜逐渐溶解，细胞质相互通连。小核脱离大核，拉长成新月形，大核逐渐溶解消失。小核分裂两次形成 4 个小核，其中有 3 个解体，剩下的一个小核分裂为大小不等的两个核，然后 2 个虫体的较小核互相交换，交换后的小核与对方体内的大核融合在一起。此后 2 个虫体分开，虫体内的核分裂三次，成为 8 个核，4 个成为大核，4 个成为小核。其中有 3 个小核消失，每个虫体内剩下 4 个大核和 1 个小核。小核又分裂为 2 个，接着虫体分裂形成 2 个新虫体，每个虫体内有 2 个大核和 1 个小核。以后虫体内的小核又分裂为 2 个，虫体又进行一次分裂，这时新个体内只有 1 个大核 1 个小核，恢复了原来的结构。接合生殖的结果是，2 个接合的亲体各形成了 4 个新个体。

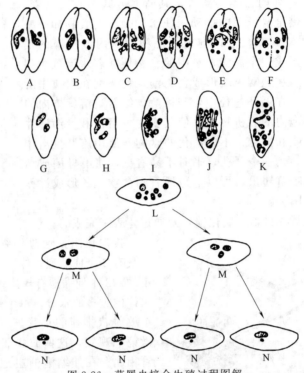

图 2-26　草履虫接合生殖过程图解

A～F. 结合阶段；B～D. 小核进行 3 次分裂；
E. 小核交换部分核物质；G. 接合完成后分开的虫体内保留 1 个小核；G～K. 原有大核裂解，
同时小核进行 4 次分裂；L. 虫体内有 8 个小核，并由小核发育成大核；M. 虫体再次无性分裂；
N. 虫体再次分裂形成 1 大核 1 小核的 4 个个体（仿 Calkins）

当环境不适合时，虫体收缩，脱去纤毛后即分泌包囊物质，草履虫也可以形成包囊，当包囊散布到新的适宜环境时，虫体破壳而出，恢复正常生活。

（二）纤毛纲的主要特征

① 一般都具有纤毛，并以纤毛为运动类器官。纤毛的种类很多，不同种类的纤毛虫，其纤毛的多少和分布位置不同：有的全身有纤毛，如草履虫、小瓜虫等；有的虫体腹面纤毛集合成束，作为水底爬行之用，如棘尾虫、游仆虫等；有些纤毛在围口部形成口缘小带，如钟虫、车轮虫等。

② 一般结构复杂，分化种类多，具两个细胞核（1 个大核和 1 个小核），大多数具取食细胞器。

③ 无性生殖为横二分裂，有性生殖是接合生殖。

④ 不良环境条件下可形成包囊。

（三）纤毛纲的常见种类

纤毛虫种类繁多，可以分化为不同类型，其中也有一些寄生种类。结肠肠袋虫寄生在人的大肠中，是人体寄生原虫中最大的一种，能引起慢性痢疾。鲤斜管虫寄生于淡水鱼的鳃和体表上，腹面左边有9条纤毛线，右边有7条纤毛线，其余部分没有纤毛（图2-27）。

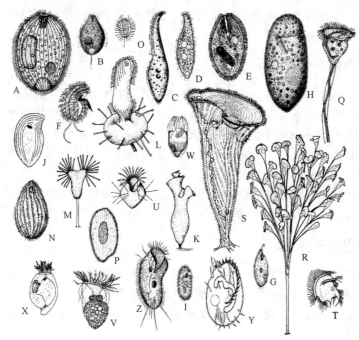

图 2-27　纤毛虫各目的代表种类

A. 前管虫；B. 尾毛虫；C. 漫游虫；D. 半眉虫；E. 肠袋虫；F. 肾形虫；G. 蓝环虫；H. 篮口虫；I. 圆纹虫；J. 斜管虫；K. 旋漏斗虫；L. 足吸管虫；M. 壳吸管虫；N. 四膜虫；O. 膜袋虫；P. 射眉虫；Q. 钟虫；R. 累枝虫；S. 喇叭虫；T. 朽纤虫；U. 弹跳虫；V. 似铃壳虫；W. 急游虫；X. 内毛虫；Y. 游仆虫；Z. 棘尾虫（自徐润林）

第三节　原生动物与人类的关系

原生动物个体虽然微小，但种类和数目极其繁多，它们与人类有着密切的关系，可以概括为以下几个方面。

一、作为病原体引起疾病

据报道，至少有28种原生动物是人体寄生虫，危害人体健康，全世界至少有四分之一人口患寄生虫病。在我国重点防治的五大寄生虫病：血吸虫病、疟疾、黑热病、丝虫病、钩虫病，其中疟疾和黑热病就是分别由疟原虫和利什曼原虫引起的。另外，还有锥虫引起的睡眠病、毛滴虫病、阿米巴痢疾等都是危害较重的人体寄生虫病。焦虫、球虫等危害家畜，黏孢子虫、小瓜虫、车轮虫等危害鱼类。

二、在国民经济中发挥的作用

人体患寄生虫病后会影响发育丧失劳动能力，家畜和其他经济类动物患寄生虫病后会造成直接的经济损失。另外，前面介绍的一些海洋腰鞭毛虫大量繁殖时引起海洋赤潮，危害水产养殖业，造成大量减产。

一些浮游原生动物也为鱼类提供了大量饲料。有孔虫是海洋原生动物的一个重要类群，在现代海底每平方米有多至 1000 个到 250 万个个体，在遥远的地质年代沉积的有孔虫类尸体是形成石油的重要来源。地质学工作者经常用有孔虫来判别底层沉积相，推断地质年代，进行地层对比，还可作为解决有关地质理论问题和寻找各种沉积矿产资源的依据。近年来还发现，土壤原生动物对增加土壤肥力有作用，在土壤群落中以细菌特别是有害细菌为食的原生动物对改良土壤细菌群落起到了一定的作用。

三、与环境保护的关系

在环境保护日益受到重视的今天，许多国家采用微生物处理污水的方法，其中一个重要方面就是利用原生动物纤毛虫来消除有机废物、有害细菌以及对有害物质进行絮化沉淀。据报道，一个四膜虫在 12h 内能吞食 7200 个细菌，类似的纤毛虫存在于生活污水中，就能有效地降低流出物中细菌的数目。也有人发现草履虫能分泌一种多糖到污水介质中，多糖被其中的悬浮颗粒吸收，能改变颗粒的表面电荷，导致颗粒聚合而沉淀。

由于原生动物对环境因素的变化较为敏感，在不同水质的水体中生活着某些相对稳定的类群，在环境监测中，可以用原生动物作为"指示生物"来判断水的污染程度。

四、理想的研究材料

原生动物分布广泛、取材容易，容易在人工条件下大量培养；生命周期短，在一天内可繁殖一至数代；而且原生动物作为一个单细胞来说体积要比多细胞动物的单个细胞大，便于观察处理，这些优点引起了生物学工作者的重视，常将其作为遗传学、细胞生物学、生物化学等领域的研究材料。

思　考　题

1. 原生动物门的主要特征有哪些？理解并掌握原生动物如何完成运动、营养、呼吸、排泄和生殖等各种生活机能。
2. 如何理解原生动物是动物界里最原始、最低等的一类动物？
3. 原生动物群体与多细胞动物有何不同？
4. 原生动物门有哪几个重要的分纲？各纲的特征分别是什么？
5. 掌握眼虫、变形虫和草履虫的主要形态结构与机能特点。
6. 以间日疟原虫为例，掌握孢子虫的生活史，说明生活史对于寄生虫病防治的重要性。
7. 了解原生动物生殖的特殊性，掌握草履虫接合生殖的主要过程。
8. 掌握原生动物与人类生产实践的关系，了解它们在科学研究领域的应用价值。

第三章 海绵动物门

教学重点：海绵动物的原始性和特殊性；海绵动物在多细胞动物中的进化地位。
教学难点：海绵动物胚胎发育的特殊性。

海绵动物门（Phylum Spongia）又称为多孔动物门（Phylum Proifera），是最原始、最低等的二胚层多细胞动物，约有10000种，全部生活在水中（多数在海水中，少数在淡水中），全部营固着生活。

第一节 海绵动物门的主要特征

一、形态结构

（一）体形

海绵动物的体形较为多样，有树枝状、筒状、瓶状、块状及球状等（图3-1）。成体全部营固着生活，附着在水中的岩石、贝壳、水生植物或其他物体上。有单个生长的，也有群体生长的，多数形成辐射对称的体型。所谓的辐射对称，就是通过身体的中央轴，可以有许多的切面把身体纵分为两个对称的部分，身体没有前后左右之分，只有固着端和游离端之分，这是海绵动物对固着生活的一种重要的适应。

海绵的颜色多样，大多呈白色和灰色，也有红、黄、蓝、紫等颜色。不同种类个体差异较大，最小的几毫米，最大的可达1～5m。海绵体表有很多小孔（孔细胞形成），是水流入体内的孔道，与体内的管道相通，水从出水孔排出，海绵依靠水循环完成各种生理活动。

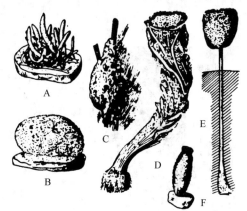

图 3-1 几种海绵动物
A. 白枝海绵在木块上；B. 浴海绵在木片上；
C. 淡水海绵在木柱上；D. 偕老同穴；
E. 拂子介；F. 樽海绵（仿陈义等）

（二）结构

海绵动物体壁的最外层称为皮层，是由一层扁平细胞组成，具有保护作用，在扁平细胞之间还有一些戒指状的孔细胞，孔细胞的孔就是进水小孔，海绵动物体表有很多进水小孔，是外界的水进入中央腔的通道。

海绵体壁的最内层称为胃层，胃层由一层带有鞭毛的领细胞组成（图 3-2），每个细胞有一透明领围绕一条鞭毛，在光学显微镜下像一薄膜，在电子显微镜下，领是由一圈细胞质突起形成的并且各突起间有很多微丝相连。由于鞭毛摆动可引起水流通过海绵体，在水流中的食物颗粒和氧附着在领上，然后落入细胞质中形成食物泡，在领细胞内消化，或将食物传给中胶层的变形细胞内消化，不能消化的残渣由变形细胞排出到水流中。有些淡水生活的海绵细胞中还有伸缩泡。胃层里面的空腔称为中央腔或海绵腔，中央腔的顶端有一个较大的孔，称为出水孔（图 3-3）。

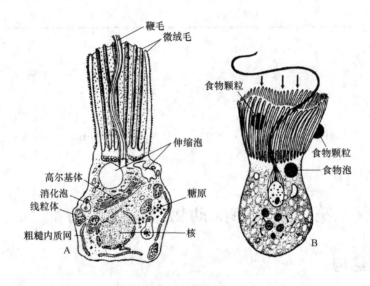

图 3-2　领细胞

A. 淡水海绵领细胞的微细结构图解；B. 海绵动物的领细胞与取食（仿 Welsch）

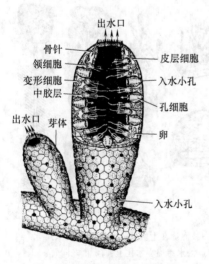

图 3-3　白枝海绵（仿江静波）

在皮层和胃层之间是中胶层，中胶层是胶状物质，其中有钙质和硅质的骨针和类蛋白质的海绵质纤维（或称海绵丝）。骨针的形状有单轴、三轴、四轴等，海绵质纤维分支呈网状，骨针和海绵质纤维都起骨骼支持作用。中胶层中分散着的细胞有：能分泌骨针的成骨细胞，能分泌海绵质纤维的成海绵质细胞（图 3-4）；还有一些游离的变形细胞，这些细胞有的能消化食物，有的能形成卵和精子，有的作为形成其他细胞的原细胞；在中胶层中还有芒状细胞，它具有神经传导的功能。

由上述结构可见，海绵动物的细胞有一定分化，但细胞排列一般较疏松，在细胞之间有些联系但又不是那么紧密协作；身体内外表层的细胞接近于组织，但又不同于真正的组织，可以说是原始组织的

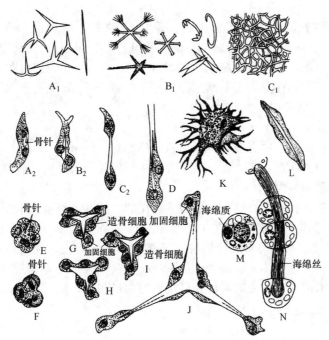

图 3-4　海绵骨骼（上）及其形成（下）

上：A_1. 钙质骨针；B_1. 硅质骨针；C_1. 海绵丝

下：A_2、B_2、C_2、D. 单轴骨针的形成；E～J. 三轴骨针的形成；K. 钙质分泌细胞；
L. 淡水海绵单轴硅质骨针的形成；M，N. 海绵丝的形成（仿江静波等，仿 Hyman）

萌芽。海绵动物的结构除显示了它的原始性之外，还可以看出它对固着生活的适应。

（三）水沟系

水沟系是海绵动物的主要特征之一，对海绵动物适应固着生活有重大意义，因为海绵动物缺乏运动的能力，它的摄食、呼吸、排泄及其他生理机能都要借助于水流的循环来维持。水沟系具有以下三种基本类型。

图 3-5　水沟系

A. 单沟型；B. 双沟型；C. 复沟型（仿江静波）

1. 单沟型（ascon type）

是最简单的水沟系，中央腔的壁衬有一层领细胞，水流的方向是：进水小孔→中央腔→出水孔，如白枝海绵（图 3-5A）。

2. 双沟型（sycon type）

相当于单沟型的体壁凹凸折叠而成，形成两种管，一种与外界相通，称流入管（incurrent canal），一种与中央腔相通，称辐射管（radial canal）。领细胞在辐射管的壁上，两管间的壁上有孔相通，或由孔细胞组成的前幽门孔（prosopyle）相联络。中央腔只由一层扁平细胞铺衬。水流的方向是：流入孔→流入管→前幽门孔→辐射管→后幽门孔（apopyle）→中央腔→出水孔，如毛壶（图 3-5B）。

3. 复沟型（leucon type）

管道分支多，在中胶层中有很多具领细胞的鞭毛室（flagellated chamber），中央腔由扁平细胞构成，水流的方向是：流入孔→流入管→前幽门孔→鞭毛室→后幽门孔→中央腔→出水孔，如浴海绵（图 3-5C）。

上述三种水沟系，代表了海绵动物水沟系进化的三种基本类型。水流在海绵体内的穿行是相当快的，在鞭毛室里，水流速在 10～50mm/s 之间，但是全部鞭毛室比出水孔要大1000～2000 倍，因此出水孔的水流特别快，可能在 8cm/s 以上，喷出的水的高度也可能达体高的 5 倍以上。一个直径 1cm、高 10cm 的海绵，在一天之内能滤过 82kg 的海水，这样海绵就可以在大量水流经过体内的时候获得足够的食料和氧，同时也可以把废物排出体外。

二、生殖和发育

海绵动物的生殖分为无性生殖和有性生殖两种方式。

（一）无性生殖

无性生殖的方式有两种：出芽生殖和形成芽球。

1. 出芽生殖

是由海绵体壁的一部分向外突出形成芽体，芽体逐渐长大，与母体脱离后长成新个体，芽体也可以不脱离母体长成群体。

2. 芽球（gemmule）

在中胶层中，某些变形细胞获得了丰富的营养后聚集成堆，外面分泌一层角质层，把里面的细胞包围而成球状，只留小孔称为胚孔，通常一部分的成骨细胞在角质膜上分泌了很多双盘头或短柱状的小骨针，形成球形的芽球（图 3-6）。当秋冬天气寒冷或干燥时，海绵死去，而芽球仍能够生存，当条件适合时，芽球内的细胞从胚孔出来，发育成新个体。所有的淡水海绵和部分海产种类都能形成芽球。

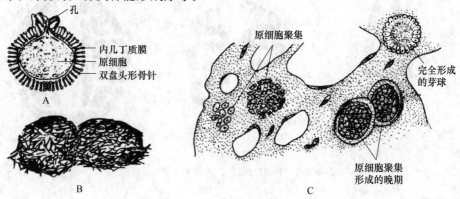

图 3-6 芽球及其形成

A. 淡水海绵的芽球（切面观）；B. 海产硅质海绵的芽球（表面观）；

C. 海产海绵芽球的形成（B. 自 Marshall 等，C. 自 Bayer，Owre）

（二）有性生殖

海绵有的是雌雄同体，有的是雌雄异体，但全部是异体受精。精子和卵都是由中胶层的原细胞发育而来，卵较大，有伪足，能在中胶层移动；精子略似蝌蚪形，随水流经中央腔出体外并进入另一个海绵体内，被该海绵动物的领细胞吞食，领细胞吞食精子后，失去鞭毛和领，变成为变形虫状，移入中胶层，将精子带给卵进行受精（图3-7）。

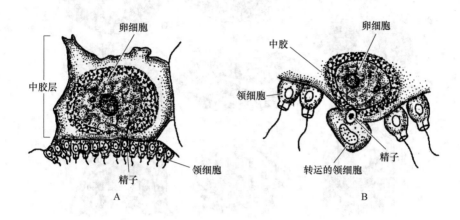

图 3-7　钙质海绵的受精作用

A. 精子被领细胞捕获；B. 领细胞运转精子到卵（转引自 Barnes）

受精卵在中胶层发育，首先进行不等裂，第1～3次的分裂为纵分裂，形成8个分裂球，第4次是横裂，形成8个大分裂球和8个小分裂球，排成上、下两层，呈扁平盘状。之后8个大分裂球暂不分裂，而另外8个小分裂球分裂速度很快，形成囊胚。小分裂球向囊胚腔方向长出鞭毛，将来形成领细胞，而另外8个大分裂球将来形成扁平细胞。不久在囊胚靠近大分裂球一端形成一个孔，后来整个囊胚由口倒翻出来，鞭毛细胞从孔向外翻出，于是鞭毛转向体外，发育成海绵动物的两囊幼虫，此时大分裂球也开始分裂，当大、小分裂球各占幼虫体积一半时，停止细胞分裂。此时两囊幼虫通过水沟系排出体外，在海水中自由游泳，开始进入原肠期，这时鞭毛细胞向腔内陷，同时大分裂球向下包，最后形成一个典型的原肠胚。不久以原口的一端固着在水中的物体上，身体延长，进一步发育为海绵动物成体。大分裂球形成扁平细胞构成海绵动物皮层，鞭毛细胞发育成领细胞构成海绵动物胃层，中胶层中的细胞是由内、外两层细胞分化出来的，外层形成皮层细胞、孔细胞、成骨细胞，内层形成领细胞和变形细胞。

海绵动物胚胎发育最特殊的地方是小的细胞（动物性）陷入里面形成内层，大的细胞（植物性）包在外面形成外层，这和其他所有多细胞动物都不同。其他多细胞动物无一例外都是大的植物性的细胞在内，而小的动物性的细胞在外。因此我们把海绵动物这个胚胎发育中的特殊现象称为胚层"逆转"（inversion），并且把海绵动物内外两层细胞各称为胃层和皮层，以便和其他多细胞动物胚胎发育中的内胚层和外胚层区别开来（图3-8）。

海绵的再生能力很强，如果把海绵切成小块，每块都能独立生活，而且能继续长大；如果我们将海绵动物分离为单细胞，这些单细胞还能聚合起来，重新形成一个海绵，这些实验结果充分说明了海绵动物组织上的原始性。有研究者将不同颜色的橘红海绵与黄海绵分别捣碎制成细胞悬液，两者混合后，各按自己的种排列和融合，逐渐形成了橘红海绵和黄海绵。

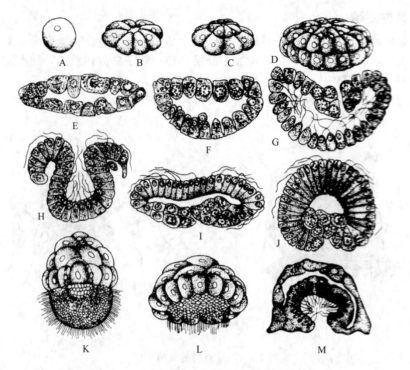

图 3-8　海绵动物的胚胎发育

A. 受精卵；B. 8 细胞期；C. 16 细胞期；D. 48 细胞期；E，F. 囊胚期（切面）；
G. 囊胚的小细胞向囊腔内生出鞭毛（切面）；H，I. 大细胞一端形成一个开孔，并向外包，
里面的变成外面（鞭毛在小细胞的表面）（切面）；J. 两囊幼虫（切面）；K. 两囊幼虫；
L. 小细胞内陷；M. 固着（纵切面）（自江静波等）

三、生活环境

海绵动物中除了淡水海绵一科（Spongillidae）15 属、约 150 种之外，其余都生活在海水中。它们的分布很广，从赤道至两极，从潮间带至 5000m 的深海都有它们的存在。钙质海绵生活在浅海中，由潮间带至 18m 深的地方。六放海绵多生活在 500～1000m 的深海，少数可达 5000m。

第二节　海绵动物门的分类

海绵动物根据其骨骼特点分为三个纲。

一、钙质海绵纲

钙质海绵纲（Calcarea）动物多为小型的灰白色海绵，骨针为钙质，水沟系简单，多生活在浅海。如白枝海绵和毛壶。

二、六放海绵纲

六放海绵纲（Hexactinellida）的动物体型较大，具六放的硅质骨针，复沟型，鞭毛室较大，生活在深海。如偕老同穴（Euplectella）、拂子介（Hyalonema）。

三、寻常海绵纲

寻常海绵纲（Demospongiae）动物体型常不规则，具有硅质骨针（非六放）或角质的海绵质纤维，复沟型，鞭毛室小，海生或淡水生。如浴海绵（*Euspongia*）、淡水的针海绵。

海绵动物组织原始，无消化腔，无神经系统，无疑它是最原始的多细胞动物，由于海绵动物具有领细胞，可以推测它们是由类似原绵虫的领鞭毛虫群体进化而来的。但在漫长的历史中，海绵动物的变化极少，现在的海绵动物和化石种类没有多大差别。而且在胚胎发育中海绵动物有逆转现象，和其他所有多细胞动物都不同，由此可见，海绵动物（图3-9）是很早就分出来的原始多细胞动物的一个侧枝，因此又称它为侧生动物。

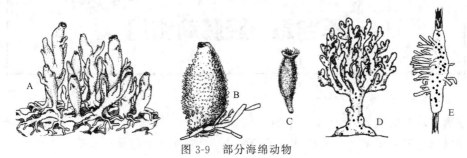

图 3-9　部分海绵动物

A. 樽海绵；B. 白海绵；C. 樽壶；D. 细芽海绵；E. 针海绵

第三节　海绵动物的经济价值

海绵动物的经济价值主要体现在它具有纤维性海绵丝和硅质骨骼，如浴海绵加工后保留下来的海绵丝质地柔软、有弹性、吸收液体的能力强，可供沐浴及医学上吸收药液、血液或脓汁等用，是打捞和养殖的对象。有些种类的海绵丝内含有沙粒质和硅质骨针等，所以它的纤维粗糙，加工后可用作擦洗和清洁等用。有的骨骼加工后可供观赏用，海绵动物体内有多种抗菌成分，如脆弱针骨淡水海绵的干燥群体可供药用。

在牡蛎等贝类养殖场，有些海绵生长在牡蛎等软体动物的贝壳上，不仅与牡蛎争食，而且会将牡蛎等的贝壳盖住，引起牡蛎死亡。还有一种穿贝海绵，它们能分泌碳酸性物质，侵蚀牡蛎等贝壳，也会引起牡蛎等死亡，给贝类养殖业带来一定危害。

淡水海绵分布在溪流、池塘、湖泊中，附着在石头、木桩、倒在水中的树木、水生植物或其他有壳动物的壳上，也有一些生活在各种水利工程和水电工程建筑上，大量繁殖时常阻塞沟道，妨碍渠水畅流。

有些淡水海绵的生存要求一定的物理化学条件，因此可作为水环境的指示生物，另外由于它们在多细胞动物中的分化程度是最低的，也经常被作为发育生物学研究的材料。

思　考　题

1. 海绵动物的体型、结构与机能有何特点？根据什么说海绵动物是最原始、最低等的多细胞动物？
2. 海绵动物分为哪几个纲？各有何特点？
3. 如何理解海绵动物在动物演化上是一个侧支？
4. 收集海绵动物资源利用的最新进展，了解海绵动物与人类的关系。

第四章　腔肠动物门

教学重点：腔肠动物门（Coelenterata）的特征、分类及代表动物水螅形态结构特征。
教学难点：对腔肠动物在动物界系统发育过程中重要地位的理解。

腔肠动物，也称刺胞动物，是真正后生动物的开始，其在动物系统进化过程中占据重要地位，所有后生动物都是从这类动物发展起来的。腔肠动物身体辐射对称、具真正的两胚层、体壁具简单的组织分化、具原始的消化循环腔和原始的神经系统，属低等后生动物。这门动物绝大多数生活在海水中，少数生活在淡水中；体形大小差异较大，小者数毫米，最大的霞水母伞部达 2m。

第一节　腔肠动物门的主要特征

一、具两种体型——水螅型和水母型

腔肠动物大部分种类在生活史中有水螅型和水母型两种基本体型（图 4-1），两种体型或同时存在于群体中形成二态或多态，或交替出现形成世代交替；少数种类只存在水螅型或水母型一种体型。水螅型呈圆筒形，体壁中间层薄，营固着生活，可形成群体；身体固着端称基盘，另一端为摄食的口，向上，口具垂唇，周围有触手；消化循环腔为盲管状（水螅纲）或被垂直隔膜分成小室（珊瑚纲）。水母型呈伞形，体壁中间层厚，营漂浮生活，不形成群体；身体突出的一面称外伞，凹入的一面称下伞，中央悬挂一条垂管，管的末端是口，口向下无垂唇；伞的边缘有触手和感觉器管（平衡囊、触手囊）；消化循环腔分出各级辐管，并一直通到伞部边缘的环管。

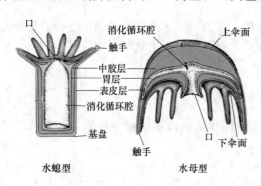

图 4-1　腔肠动物两种基本体型

二、身体呈辐射对称

与多孔动物多数种类体型不对称情况不

同，腔肠动物的身体有了固定的对称形式，无论水螅型或水母型体型，均呈辐射对称（radial symmetry）。所谓辐射对称，是从口面到反口面，通过身体的中央纵轴有许多个切面，均可将身体分为镜像对称的两部分（图4-2）。这是一种原始低级的对称形式，身体只有上、下之分，而没有前后左右之分，只适应于在水中营固着或漂浮生活。利用其辐射对称的器官，动物从周围环境中摄取食物或感受刺激。有些高等种类，如珊瑚纲中的海葵等，出现了介于辐射对称和两侧对称之间的对称体制，即两辐射对称（biradial symmetry），通过身体中央轴只有两个切面，可将身体分为相等的两部分。

三、真正的两胚层动物

与多孔动物相比，腔肠动物是真正的两胚层动物，其体壁由外胚层和内胚层以及内外胚层之间的中胶层构成（图4-3）。从发生上看，外胚层由囊胚期的动物极形成，内胚层由植物极发展而来。中胶层由内外胚层细胞分泌形成，且因种类差异其厚薄有别。

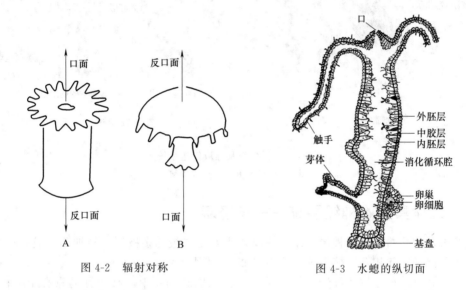

图 4-2　辐射对称

图 4-3　水螅的纵切面

四、具原始消化循环腔

腔肠动物体壁内、外胚层细胞所围成的体内空腔，为胚胎发育过程中的原肠腔，它与海绵动物的中央腔不同，具消化和循环双重功能，故称为消化循环腔（gastrovascular cavity），或称腔肠，腔肠动物即由此而得名（图4-3）。就消化功能而言，腔肠动物开始有了消化腔，并首次出现了细胞外消化，但很原始；其有口、没有肛门，口具有摄食和排遗的功能，消化后的残渣仍由口排出。腔内消化后的食物颗粒，经循环流动，与内胚层细胞接触，被某些内胚层细胞吞入后进行细胞内消化，并最终将消化后的营养物质输送到身体各部分，故腔肠动物有细胞外消化和细胞内消化两种方式。

五、体壁出现细胞和组织分化

从腔肠动物开始，体壁细胞已分化为皮肌细胞、腺细胞、间细胞、刺细胞、感觉细胞和神经细胞等，且已分化出简单的组织。其中，皮肌细胞是内外胚层中的主要细胞，可执行上皮与肌肉的生理机能，所以称为上皮肌肉细胞（epithelio-muscular cell），简称皮肌细胞，这表明腔肠动物开始有了原始的上皮与肌肉组织，也充分说明了腔肠动物组织的原始性。动物组织一般分为上皮、结缔、肌肉、神经四类，而在腔肠动物上皮组织却占优势。就构成体壁的上皮肌肉组织而言，其上皮肌细胞基部延伸出一个或几个细长的突起，其中有肌原纤维分布，其成分和收缩机理与高等动物相似，兼有上皮和肌肉的功能。同时，腔肠动物的上皮还具有像神经一样的传导功能。

刺细胞是腔肠动物所特有的一种细胞，故其又称为刺胞动物。遍布于体表，尤以触手为多；而在珊瑚纲，内胚层也有刺细胞出现。每个刺细胞内有位于一侧的核以及囊状的刺丝囊，囊内储有毒液及一盘曲的管状刺丝。当受刺激时，盘曲的刺丝可以从囊中翻转或射出，将毒素射入捕获物或将被捕物缠绕、黏住（图4-4）。

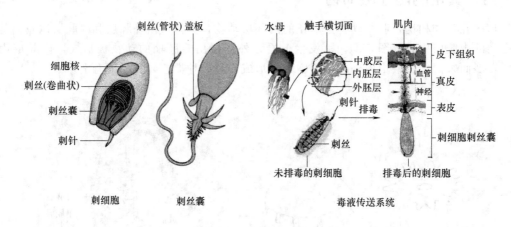

图 4-4　刺细胞及毒液传送系统
（据 Mahdokht Jouiaei *et al* 整理）

六、最早具原始神经系统——神经网

从腔肠动物开始出现了神经系统，它基本上是由二极和多极的神经细胞组成，这些神经细胞彼此以神经突起相互连接形成一个疏松的网，因此称神经网（nerve net），这是动物界中最早、最简单、最原始的神经系统（图4-5）。在腔肠动物中，有些种类只有1个神经网，存在于外胚层基部；有些种类有2个神经网，分别存在于内、外胚层的基部；有些种类除内外胚层中的神经网外，在中胶层中也有神经网。神经细胞与内外胚层中的感觉细胞、皮肌细胞等相连，感觉细胞接受刺激，通过神经细胞传导，皮肌细胞的肌纤维收缩产生动作，形成神经肌肉体系（neuro-muscular system），对外界各种刺激产生有效的反应。腔肠动物神经系统的原始性表现在神经细胞没有轴树突的分化、无神经中枢、神经传导速度慢且无一定方向性。

七、生殖与世代交替

腔肠动物具无性生殖和有性生殖两种方式。无性生殖以出芽或横裂方式进行，出芽的位置一般在动物体中下部，母体体壁的某一部分向外凸出形成芽体，芽体长大到一定大小后基部收缩与母体脱离发育为新个体。柳珊瑚等种类出芽生殖时，芽体不与母体脱离而形成群体。水螅等有很强的再生能力，将水螅体任意切成数段，每一小段都可再生出所失去的部分而形成一个新的个体。

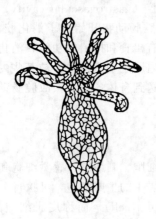

图 4-5　水螅的神经系统

有性生殖种类多为雌雄异体，少数为雌性同体。生殖腺由外胚层（水螅纲）或内胚层（钵水母纲和珊瑚纲）产生，精巢圆锥形，卵巢卵圆形；生殖细胞由内或外胚层的间细胞分化而来。精卵受精后形成合子，经卵裂、囊胚、原肠胚等阶段发育成体表长满纤毛的浮浪幼虫，浮浪幼虫通过游动沉入水底，附着在固体底质上发育成新个体。

多数腔肠动物生活史中出现世代交替现象，即有性生殖与无性生殖有规律地交替进行、无性世代与有性世代有规律地交替出现的现象。在腔肠动物两种体型中，水螅型行出芽生殖，是无性世代；水母型多为雌雄异体，行异配生殖，是有性世代，如薮枝螅（*Obelia*）（图4-6）。

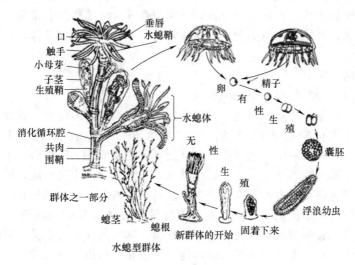

图 4-6　薮枝螅的生活史

许多营群体生活的种类，群体中常含有营养体与生殖体两种形态与机能完全不同的个体，这种现象称为二态现象。若群体中包括两种以上不同形态与机能的个体，则称为多态现象。

第二节　腔肠动物门的分类

腔肠动物10000多种，大部分生活于海洋，少数生活在淡水环境。根据个体大小、生活史特点、世代交替现象等分为水螅纲、钵水母纲和珊瑚纲共3个纲。

一、水螅纲

（一）主要特征与分类

水螅纲（Hydrozoa）动物绝大多数生活在海水中，少数生活在淡水。单体或群体多态，一般是小型的水螅型或水母型个体。水螅型结构简单，只有简单的消化循环腔，内无隔膜；水母型具有缘膜，触手基部有平衡囊。生活史中有世代交替现象，少数种类水螅型发达，无水母型（水螅）或水母型不发达；也有水母型发达，水螅型不发达或不存在（桃花水母）。生殖细胞源于外胚层。消化循环腔胃层没有刺细胞。

本纲3700多种，分为6个目：①水螅目（Hydroida），单体，无水母型，如水螅；②被芽目（Calyptoblastea），共肉外有角质围鞘，围鞘可形成水螅鞘或生殖鞘，水母型扁，如薮枝螅；③裸芽目（Gymnoblastea），共肉有围鞘，但不形成水螅鞘，水螅体裸出，水母型钟形，如筒螅（*Tubularia*）；④硬水母目（Trachylina），水母型发达，水螅型退化，如桃花水母（*Craspedacusta*）；⑤管水母目（Siphonophora），浮游生活，无围鞘，群体，多态，如僧帽水母（*Physalia physalis*）；⑥水螅珊瑚目（Hydrocorallina），固着群体，皮层能分泌石灰质外骨骼，为造礁生物，如多孔螅（*Millepora*）。

（二）常见动物

1. 水螅

（1）外部形态

水螅（*Hydra*）体呈圆筒形，多附着于水草或其他物体上生活，其中固着一端称为基盘，另一端为圆锥形垂唇。垂唇中央有口，口周围有6～10条辐射状排列的细长触手，触手上有发达的刺细胞，具捕食、防御功能。体侧常有1个或数个水螅芽体，行无性生殖；有时可见精巢或卵巢。

（2）体壁结构

水螅体壁由内、外两胚层和中胶层构成。

外胚层较薄，分化出外皮肌细胞、感觉细胞、神经细胞、间细胞、腺细胞和刺细胞6种细胞（图4-7），主要机能是保护、感觉、运动和生殖等。外皮肌细胞呈柱状，数量多，排列紧密，基部有纵行排列的肌纤维，收缩时可使身体变粗变短。间细胞分布在外胚层皮肌细胞之间，大小与皮肌细胞的核差不多，成堆排列，是未分化的小型细胞，可分化成刺细胞和生殖细胞等。刺细胞遍布体表，尤以触手为多。刺细胞内含一个细胞核和一个刺丝囊，外侧有一刺针；细胞核位于细胞底部一侧，囊内有毒液及一条盘旋的刺丝管。水螅有4种刺丝囊，即穿刺刺丝囊、卷缠刺丝囊和两种黏性刺丝囊，都与运动捕食有关，可缠绕、黏住被捕物。当穿刺刺丝囊的刺针受到刺激时，刺丝连同毒液立即射出，射入敌害或捕获物中，使之麻醉或杀死。感觉细胞小，分散在皮肌细胞之间，尤其是口的周围、触手及基盘上最多，其端部具感觉毛，基部与神经纤维相连，接受刺激后，传递给神经。神经细胞位于外胚层细胞的基部，靠近中胶层，其突轴彼此连接形成神经网，传导刺激向四周扩散，因此当水螅身体一部分受到刺激时，全身都会发生收缩反应。腺细胞主要分布在基盘和口周围，可分泌黏液，用以附着、润滑食物和保护；也可分泌气体，协助水螅位移运动。

内胚层较外胚层厚，由内皮肌细胞、腺细胞以及少量感觉细胞和间细胞组成，主要机能是营养。内皮肌细胞长而大，顶端常有2条鞭毛，可摆动激起水流，使消化循环腔内经胞外消化的食物颗粒流向内皮肌细胞，经伸出的伪足吞噬后行胞内消化；另外，内皮肌细胞基部有呈环状排列的肌原纤维，收缩时可使身体或触手变细，故内皮肌细胞兼有营养和收缩的机能，又称营养肌肉细胞。腺细胞分布在皮肌细胞之间，内含许多分泌颗粒，能分泌消化酶。间细胞、感觉细胞和神经细胞数目较少。

水螅体壁中胶层薄而透明，为内、外胚层细胞分泌的胶状物质，似弹性骨骼，内有许多小纤维，起着连接内、外胚层和支持身体的作用。

（3）生活习性与生理特征

① 摄食与消化　水螅多于水质洁净的池塘或小溪流中生活，常附着在水草、落叶或水底岩石上，以小型甲

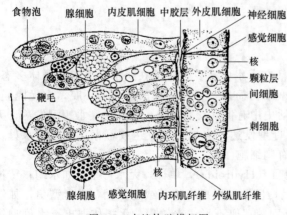

图4-7　水螅体壁横切图

壳类、水栖寡毛类及昆虫的幼虫等为食，利用触手上的刺细胞捕猎食物。捕食时，立即射出刺丝，射入小动物体内，使之麻痹或杀死，再用触手将其送入口内，食物被吞入消化循环腔内后由腺细胞分泌消化酶进行细胞外消化，消化后的食物颗粒被内皮肌细胞伸出的伪足包裹形成食物泡，进行细胞内消化，剩下的食物残渣仍由口排出体外。食物大部分在细胞内消化。

② 生殖与发育　行无性生殖和有性生殖。无性生殖为出芽生殖，出芽位置一般在动物体中下部。当外界条件适宜、食物充足时，体壁某一部分向外凸出，形成芽体，待芽体渐渐长大，游离端生出触手和口，最后基部收缩与母体脱离而独立生活。水螅不形成群体，有性生殖多发生在秋冬季节来临时。生殖细胞由外胚层的间细胞形成。精巢圆锥形位于触手下方，卵巢卵圆形位于螅体中下部。精子成熟后逸出到水中，游近卵子并结合受精，受精卵经多次完全卵裂后，以分层法形成一个实心的原肠胚，其外胚层分泌一层角质膜保护胚胎，之后从母体脱出落入水底，进入休眠期以渡过严冬。待翌春条件适宜时，外壳破裂，胚胎逸出，发育成一个新的个体（图4-8）。

③ 运动　水螅营固着生活，运动方式为尺蠖状爬行，亦可作翻筋斗运动，也可脱离附着部位漂荡到他处。运动一般趋向光线适度、氧气充足、食物丰富的地方。

④ 再生　水螅有很强的再生能力，被任意切成数段的水螅体，每一小段都可再生形成一个新的个体；若经口纵切，也可长成双头水螅（图4-9）。因此，水螅是理想的实验动物材料之一。

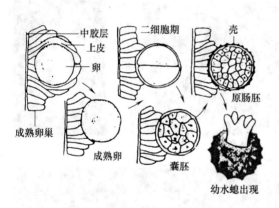

图4-8　水螅发育各时期示意图

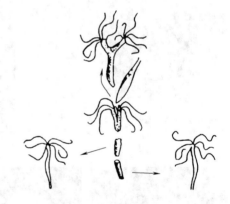

图4-9　水螅的再生

2. 薮枝螅

薮枝螅（*Obelia*）为生活于浅海的小型群体种类，具水母型和水螅型，进行世代交替生殖（图4-6）。

水螅型为无性世代，树枝状群体，营固着生活。整个群体的消化循环腔相通，体壁外包围一层由外胚层分泌的透明角质层，称围鞘（hydrotheca），具保护和支持作用。群体基部结构像树根，称螅根（hydrorhiza），并由此生出许多直立的茎，称螅茎（hydrocaulus）。螅茎形成多态现象，分出有口和触手的水螅体（hydranth）以及无口和触手的生殖体（gonangium），两种个体间相互连接的管状体壁称共肉。水螅体主司营养，结构与水螅基本相同，但触手为实心，垂唇也较水螅的长大，其外有透明的杯形螅鞘。生殖体圆筒形，只有一中空的轴，称子茎（blastostylus），外包透明的瓶状生殖鞘（gonotheca）。子茎以出芽方式生出圆盘状水母芽，其成熟后脱离子茎，由生殖鞘顶端开口逸出到水中浮游，之后发育成水母体。

水母型为有性世代，水螅型水母体微小，伞状，边缘有许多触手，并有 8 个平衡囊；伞下面边缘有一圈薄的缘膜（velum），伞下中央具短的垂唇，中间为口通入胃，再由胃伸出 4 条辐管，与伞缘环管相通。口、胃、辐管和环管构成了水母的消化循环系。

水母体雌雄异体，生殖腺由外胚层形成，悬于口面 4 条辐管上方。成熟的精、卵在海水中受精，受精卵发育成两胚层具纤毛的浮浪幼虫（planula），水中游动一段时间后固着于水底，以出芽方式长成水螅型群体。

3. 桃花水母

桃花水母，又称"桃花鱼"，是地球上最原始、最低等的无脊椎动物之一，也是仅有的一种淡水生活的小型水母。其生殖腺红色，常发生在桃花盛开的季节，水母在水中漂游，白水夹红色，酷似桃花，故名桃花水母（图 4-10）。世界性分布，我国在四川、浙江、湖北等地都有发现，为濒临绝迹、古老而珍稀的腔肠动物种类。

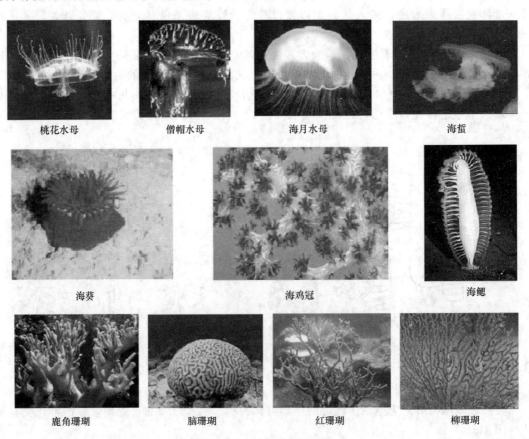

桃花水母　　　　僧帽水母　　　　海月水母　　　　海蜇

海葵　　　　　　　海鸡冠　　　　　　海鳃

鹿角珊瑚　　　脑珊瑚　　　红珊瑚　　　柳珊瑚

图 4-10　腔肠动物常见种类

生活史中具有单体的小型水螅型个体和自由游泳的水母型个体，但以水母型为主。水母型个体呈圆伞形，直径 1～2cm，透明，伞边缘具许多细线状触手，为捕食器官。下伞中央有一长的垂管，末端为口，内通消化循环腔、4 条辐管及伞边缘的环管。由伞边缘向下伞中央伸展出一圈缘膜。胃腔中没有刺细胞。感觉器官为平衡囊，由触手基部的内胚层形成，数目较多。每条辐管下面具外胚层形成的红色生殖腺，雌雄异体。

水螅型个体很小，约 3mm，具很多分枝，上有刺细胞，但无触手，无围鞘，没有口道，胃循环腔中也没有隔膜。在水螅型的一种分枝上着生有水母芽，长大后成为有性的水母，但世代交替现象不甚明显。水螅型及水母型的中胶层中均无细胞结构。

4. 僧帽水母

僧帽水母为暖水种，分布于太平洋各暖海，营浮游生活。其重要特征是具能漂浮于水面上的淡蓝色透明囊状浮囊体，该结构前端尖、后端钝圆、顶端耸起，形似出家修行僧侣的帽子，故取名僧帽水母（图 4-10）。

僧帽水母虽像水母，其实为一包含水螅体和水母体的群落；每一个体都高度专门化，互相紧扣而不能独立生存。在浮囊体下面，悬垂很多营养体以及大小不同的指状体、长短不一的触手和树枝状的生殖体。浮囊体为气泡状，囊内具纵隔，内壁具特殊的气腺，可分泌气体，具漂浮功能；浮囊上有发光的膜冠，能借风力在水面漂行。营养体呈葫芦状，具口，基部触手分枝，主司摄食、营养和消化功能。指状体，无口，基部触手不分枝，具感觉功能。生殖体，具生殖枝产生的葡萄状生殖体丛，司生殖功能。

僧帽水母具发达的触手，最长可达 22m，平均长 10m。触手上分别有大量的刺细胞，可杀死鱼、虾等小型海洋生物，人触到时有剧痛感觉。

二、钵水母纲

（一）主要特征和分类

钵水母纲（Scyphozoa）动物全部海产，生活史过程具世代交替，但水母型发达，构造比水螅纲水母复杂；水螅型不发达或完全消失，且常常以幼虫形式出现。体型较大，一般为大型水母，中胶层发达；结构复杂，胃囊内有胃丝；钵水母具触手囊，无缘膜；生殖细胞源于内胚层；内外胚层均有刺细胞。

钵水母纲中的水母体常称为钵水母，它与水螅纲中的水螅水母区别在于：①钵水母形体较大，而水螅水母小；②钵水母无缘膜而水螅水母有；③钵水母感觉器官为触手囊，水螅水母为平衡囊；④钵水母胃囊内有胃丝，水螅水母无；⑤钵水母生殖腺产生于内胚层，水螅水母生殖腺来源于外胚层。

本纲 200 多种，分为 4 个目：①十字水母目（Stauromedusae），外伞部柄状，无触手囊，无世代交替，如喇叭水母（*Haliclystus*）；②旗口水母目（Semaeostomae），伞部扁平，边缘有触手，有世代交替，如海月水母（*Aurelia aurita*）；③根口水母目（Rhizostomae），伞部半球状，边缘无触手，口腕愈合，如海蜇（*Rhopilema*）；④立方水母目（Cubomedusae），现已独立为一个纲，特征为伞部立方形，具八个触手囊，无世代交替，如灯水母（*Australian box jellyfish*）。

（二）常见动物

1. 海月水母

海月水母营漂浮生活，每年 4～8 月份在我国北方近海海面及沿岸地带成群出现。体呈扁圆形伞状，白色半透明，似水中圆月，故名海月水母；同时，4 条口腕在水中漂荡，酷似旗帜，故又称旗口水母（图 4-10）。

（1）形态构造

伞部直径 10～30cm，身体 98% 是水；伞缘生有无数细丝状触手，并有 8 个缺刻，每个缺刻中有一个感觉器触手囊，囊内有司平衡、嗅觉、感光及感觉位置变化的器官，如平衡石（statolith）、眼点（ocellus）、缘瓣（lappet）、嗅窝等。伞下中央有四角形的口，由口的四角伸出 4 条口腕（oral lobe），通入胃腔，向四方扩大形成 4 个胃囊，在胃囊上和胃囊间伸出分支或不分支的辐管（radial canal），与伞缘环管（ring canal）相通。在胃囊底部边缘，有 4 个由内胚层产生的马蹄形生殖腺，粉红色；在生殖腺内侧，长出许多丝状结构的胃丝，其上具有许多刺细胞，能杀死进入胃腔的猎物，同时也起着保护生殖腺的作用（图4-11）。

（2）生殖与发育

海月水母具世代交替现象，存在水螅体世代和水母体世代两种不同形态，但水母型发达而水螅型退化成了幼体。成熟后精子随水流进入雌体内受精（或在海水中），受精卵经完全均等卵裂形成囊胚，再以内陷方式形成原肠胚，最后发育为浮浪幼虫；在海水中游动4～5天后，附着于物体上发育成很小的螅状幼体（hydrula）。经一段时间后，螅状幼体开始进行横裂生殖，由顶而下分层，其处于不同分裂状态的个体分别称为钵口幼体（scyphistoma）和横裂体（strobila）。横裂体长大后脱离水螅母体，形成碟状体（ephyra），由其发育成水母体（图4-12）。

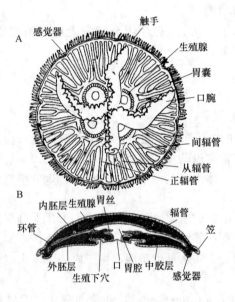

图4-11　海月水母的结构
A. 口面观；B. 剖面观

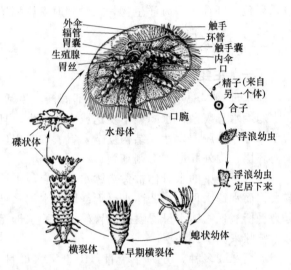

图4-12　海月水母生活史

2. 海蜇

（1）形态结构

体呈伞盖状，通体半透明，白色、青色或微黄色。伞体高，中胶层厚，游泳能力强。伞边缘无触手，具8个缺刻，内有感觉器官触手囊。海蜇幼体有中央口及4条口腕，但生长过程中，中央口逐渐封闭消失，代之以吸盘的次生口；各口腕分枝生长成8个三翼状的口腕，边缘愈合成许多吸口，周围具许多触手，其上有刺细胞和腺细胞，以帮助捕捉食物（图4-13）。食物由吸口、经口腕中分支的小管到达胃腔进行消化。口腕的构造和取食方式像植物的根吸收养料，故将海蜇这类水母称为根口水母（图4-10）。

（2）生殖与发育

海蜇也具世代交替现象，生殖方式包括营

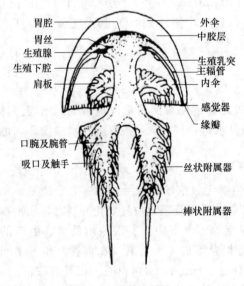

图4-13　海蜇纵剖面

浮游生活的有性世代水母型和营固着生活的无性世代水螅型，生活周期主要经历受精卵、囊胚、原肠胚、浮浪幼虫、螅状幼体、横裂体、碟状体和成蜇等主要阶段。每年秋季至来年夏初，螅状幼体能以足囊生殖，萌发出新的螅状幼体。当水温升至13℃以上时，螅状幼体以横裂生殖方式产生有性世代的碟状幼体，初生碟状幼体在自然海域经2~3个月浮游生活后成为水母成体。

三、珊瑚纲

（一）主要特征与分类

全部为海产，多于暖海及浅海海底单体或群体生活。生活史无世代交替，只有水螅型，没有水母型。身体为两辐射对称。身体结构复杂，有外胚层内陷形成的口道沟，消化循环腔内有内胚层突出形成的隔膜。内外胚层均有刺细胞，生殖细胞源于内胚层。多数具石灰质外骨骼。

珊瑚纲水螅体的构造比水螅纲的螅型体复杂，两者不同之处在于：①珊瑚纲水螅体有口道、口道沟、隔膜和隔膜丝，水螅纲螅型体结构简单，只有垂唇；②珊瑚纲水螅体的生殖腺来源于内胚层，水螅纲螅型体的生殖腺来源于外胚层。

珊瑚纲中的多数种类为群体生活，并有骨骼，即通常所说的珊瑚，是由外胚层细胞分泌形成的。八放珊瑚亚纲中，外胚层细胞移入中胶层成为造骨细胞，每个造骨细胞分泌一条石灰质的骨针或骨片。其中，有的种类小骨片相互连接成管状骨骼，如笙珊瑚（Tubipora）；有的种类骨针存在于中胶层或突出于体表，如海鸡冠（Alcyonium）；也有的种类骨针或骨片愈合成中轴骨，如红珊瑚（Corallium rubrum）。在六放珊瑚亚纲中，骨骼主要由基盘部分与体壁的外胚层细胞分泌的石灰质物质形成，积存在虫体底面、侧面及隔膜间等处形成珊瑚座（corallite），如石芝（Fungia fungites）；有的骨骼是由群体珊瑚虫共同分泌而形成，如鹿角珊瑚、脑珊瑚等。石珊瑚的骨骼是构成珊瑚礁和珊瑚岛的主要成分。

本纲多数动物为珊瑚礁的造礁生物，为国内外有关组织和机构确定的保护动物种类，有6100余种，分为八放珊瑚亚纲（Octocorallia）和六放珊瑚亚纲（Hexacorallia）两个亚纲。其中，八放珊瑚亚纲触手和隔膜各8个，触手羽状分枝，具1条口道沟，分为3个目：①海鸡冠目（Alcyonacea），多为固着群体，体软无中轴，骨骼为散在骨片或结合成骨管，如海鸡冠（Alcyonium）；②海鳃目（Pennatulacea），为群体，部分呈羽状或棒状，有角质或石灰质中轴，如海鳃（Pennatula）；③柳珊瑚目（Gorgonacea），树枝状群体，内部有石灰质或角质的中轴，外部有散在的骨片，如红珊瑚（Corallium）和柳珊瑚（Plexaura）。而六放珊瑚亚纲触手和隔膜一般为6的倍数，触手中空不分枝，具2个口道沟，分为4个目：①海葵目（Actiniaria），体软无骨骼，触手多，如细指海葵（Metridium）；②角海葵目（Ceriantharia），形似海葵，但体较细长，具两圈触手，如角海葵（Cerianthus）；③石珊瑚目（Madreporaria），多为群体，具致密的外骨骼，其形状因群体形状不同而异，如菊花珊瑚（Goniastrea）、鹿角珊瑚（Madrepora）、脑珊瑚（Meandrina）；④角珊瑚目（Antipatharia），树状或羽状群体，具黑色角质管轴，如角珊瑚（Antipathes）（图4-10）。

（二）常见动物

1. 海葵

海葵（Actiniaria）有1000余种，栖息于世界各地的海洋中，从潮间带到超过10000m的海底深处都有分布，多数栖息在浅海和沿岸的水洼或石缝中（图4-10）。

（1）形态构造

海葵无骨骼，身体呈圆柱状，基盘一端附于海中岩石或其他物体上，另一端为口盘，口盘中央有呈裂缝形的口，其周围有几圈触手，触手上有刺细胞。由口入内为口道（stomo-daeum），在口道两端各有一纤毛沟（siphonoglyph）或称口道沟（有些种类只有一个纤毛沟），以保证海葵身体收缩时水流仍可流入消化循环腔。

消化循环腔结构复杂，内胚层向其中延伸突出形成宽窄不一的隔膜（mesentery），起支持和增加消化表面积的作用。根据宽度可将隔膜分为一、二、三级，其中一级隔膜与口道相连。在隔膜游离边缘有隔膜丝（mesenteric filament），丝上具丰富的刺细胞和腺细胞，能杀死摄入体内的猎物，并由腺细胞分泌消化液行细胞外消化和细胞内消化。同时，隔膜丝沿隔膜边缘下行直达消化循环腔底部，有的在底部形成一端游离的毒丝，其中含有丰富的刺细胞，起防御和进攻的作用。在隔膜上，接近隔膜丝部分长有内胚层形成的生殖腺。在较大隔膜上都有一纵肌肉带，称为肌旗（muscle band），隔膜与肌旗的排列方式是分类依据之一（图 4-14）。

（2）生殖与发育

海葵无世代交替现象，终生为单体水螅型，无水母型。一些种类通过纵分裂或出芽行无性生殖，由亲体分裂为 2 个个体，或在基盘上出芽发育为新个体。海葵属于雌雄异体，有性生殖时，成熟精子由口流出，进入另一雌体内（或在海水中）受精，并发育为浮浪幼虫后经口排出母体，游动一定时期后固着下来发育成新个体。但也有的种类，不经浮浪幼虫阶段直接发育为海葵后脱离母体。

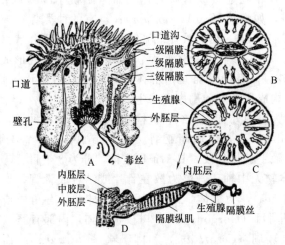

图 4-14　海葵的结构
A. 部分体壁纵横切；B. 过口道横切；
C. 过消化循环腔横切；D. 隔膜放大

2. 石珊瑚

六放珊瑚亚纲石珊瑚目的动物，通称石珊瑚，1000 余种。从生态上可分为两类：一是分布在热带浅海区的造礁石珊瑚，以群体为主，是构成珊瑚礁的主要成分；二是分布在深海冷水的深水石珊瑚或非造礁石珊瑚，以单体为主，不成礁。造礁石珊瑚的内皮层细胞充满共生藻类，主要是单细胞的虫黄藻（Zooxanthella），95％的共生藻类产生的有机物被转化为珊瑚虫食物，光合作用所产生的氧气及共生藻类所制造的多余能量可以帮助石珊瑚生长加快达 3 倍之多。非造礁石珊瑚不与虫黄藻共生，分布在约水深 500m 的地方，以吃浮游生物及悬浮有机粒子来产生能量，生长较慢。

石珊瑚类具分泌碳酸钙形成坚硬群体的能力，绝大部分为造礁珊瑚，其骨骼为白色，呈杯状，成分为碳酸钙，是构成珊瑚礁和珊瑚岛的主要成分。大量珊瑚骨骼堆积在一起形成岛屿，如我国的西沙群岛、印度洋的马尔代夫岛、南太平洋的斐济群岛等。珊瑚礁形成的速度平均每年约 5～28mm，主要取决于珊瑚虫的生长率，其中年龄、食物供应、水温以及种类是主要影响因素。造礁石珊瑚喜生活在温暖（水温 22～30℃）、海水具一定冲击力的浅水（水深 45m 以内）的环境中。

现代珊瑚礁的骨干是造礁石珊瑚，但造礁石珊瑚是海洋中的濒危动物。在濒危野生动植物种国际贸易公约（Convention on International Trade in Endangered Species of wild Fauna and Flora）附录Ⅰ、Ⅱ中，明确指出石珊瑚目的所有种都属二级濒危野生动物。为恢复珊瑚礁生态系统，应严格禁止买卖和贸易，并通过各级政府立法，加大力度保护造礁石珊瑚。

第三节　腔肠动物的经济价值

一、有益方面

1. 食用与养殖

具重要食用价值的主要是钵水母纲的动物，如常见的海蜇，其他还有黄斑海蜇、叶腕水母以及一些海葵等。海蜇营养价值丰富，可供鲜食，或加工成为干制品，伞部为海蜇皮，口腕部为海蜇头。海蜇皮含有较高的蛋白质及钙、磷、碘、铁等无机盐和维生素等营养成分。海蜇皮经凉拌或烹调，食用鲜脆可口，是深受欢迎的佐酒佳肴。目前，有关海蜇的生活史、资源预测预报、捕捞、育苗、人工增殖和放流等已有较深入的研究。

2. 医用和药物开发

许多腔肠动物本身具有药用价值，在中国医药名著《本草纲目》中就对珊瑚和海蜇的药用价值进行了描述。珊瑚含有的碳酸钙达90％以上以及少量的氧化镁、氧化铁、氧化钾、氧化锰及钡、锌、铋、锶等多种微量元素，具有安神镇惊、清热止血的功能。海蜇性咸、平、入肝肾，可消热化痰、消肿解毒、软坚散结，治热痰、气管炎、哮喘、口燥咽干、阴虚便秘、淋巴结核、高血压、矽肺等症；外用冶丹毒、烫伤等；药理研究证明，海蜇头原液有类似乙酰胆碱的作用，能降低血压，扩张血管。

另外，从腔肠动物体内或其代谢产物中提取具特定活性成分的化合物，用于药物开发。在活珊瑚代谢物中，发现多种萜类、甾醇类等有关化合物，具有抗菌、抗癌作用。利用腔肠动物刺丝囊毒素，作为新的药物来源或其他生物医学化合物，已成为当前海洋药物开发研究的热点。

3. 装饰、观赏和工艺品

珊瑚骨骼结构十分精细，形态多样，美如群花，常被加工成为装饰品、工艺品。沿海一带，用石珊瑚盖房子、烧石灰、制水泥、铺路等，坚固耐用、便宜美观。印度和中国西藏的佛教徒，把珊瑚作为祭佛的吉祥物，做成佛珠，是极受珍视的首饰宝石品种。

一些腔肠动物作为水族景观，颇受欢迎。如珊瑚用作造景材料；利用海葵与小丑鱼、小虾、寄居蟹等的共生关系，营造和谐优美的水族景观。

4. 地质学和油气勘探

珊瑚骨骼对地壳形成具有一定作用。珊瑚骨骼的堆积，在地层中形成石灰岩，一般称为珊瑚石灰岩，为地质学、考古学的研究及矿床的利用提供材料，古生物工作者把它们作为划分和对比古生代地层的重要依据之一。有珊瑚石灰岩的地方，说明这里在亿万年以前曾经是温暖的浅海，如我国四川和陕西交界的强宁、广元就有这种石灰岩，考证其地质年代应在志留纪。古珊瑚礁和现代珊瑚礁可形成储油层，对找寻石油也有重要意义。

5. 仿生学研究

水母感觉器官中的平衡石能感觉出人耳听不到的次声波，其在台风来临之前即能探测到而离开沿岸，游向深海，躲避强风巨浪的袭击。人们仿照水母的感觉器官，制造出一种水中测声仪，可提前15h测出台风来临的预兆，并指出风暴来的方向，装置简单，操作方便。海蜇的运动是脉冲式喷射推进，而喷气式飞机是连续不断的气流喷射推进，因此有人设想把海蜇的推进方式用于喷气式飞机的设计，以节省能量，最好地利用其所产生的动力。

6. 维护生态

珊瑚礁是全球生物多样性最为丰富的生境之一，为其他动物的生存提供了多种环境。健康的珊瑚礁系统每年每平方千米渔业产量达 35t，全球约 10％的渔业产量源于珊瑚礁地区；珊瑚礁受到破坏，将不能为鱼类提供栖息的场所和丰富的食物供应，对鱼类的数量和种类都会产生非常大的影响。对人类而言，珊瑚礁是人类所需蛋白质的主要来源，为人们提供了重要的旅游资源和生态旅游基地；同时，珊瑚礁的不断堆积形成陆地，也为人们繁衍生息提供了更多的生存空间。珊瑚礁作为一种特殊的海洋生态系统，还具有重要的防浪护岸作用，为海草、红树林以及人类提供安全的生态环境。但珊瑚礁是一个抵抗力低、非常脆弱的生态系统，易受外界条件变动的影响。目前，受人类活动和全球气候持续变暖的影响，珊瑚礁生态系统正面临前所未有的威胁。

7. 生命科学研究

一些腔肠动物是生命科学研究的重要实验材料。我国已对海蜇的生活史进行了详细报道，这对繁殖生物学和发育生物学研究以及海蜇资源预测预报和增殖都具重要意义。水母绿色荧光蛋白的发现和研究，对化学、生物学、医学等领域以及改善人类健康也产生了重要影响。在多管水母属的维多利亚多管水母（*Aequorea victoria*）体内存在着两种发光蛋白，即光蛋白水母素（aequorin）和绿色荧光蛋白（green fluorescent protein，GFP）。其中，光蛋白作为分子标记及 Ca^{2+} 的生物学指示剂已被成功地应用于哺乳动物、植物、酵母、大肠杆菌细胞，用于检测很多重要的生理学和病理学反应。GFP 作为细胞、发育、分子生物学的活体标记，用于监测各种体系中的基因表达、蛋白定位以及多种细胞活动，被广泛用作细胞骨架、细胞分化、细胞器动力学和囊泡等细胞生物学的基础研究以及器官移植、基因治疗、神经生物学等一些热门前沿学科和技术领域研究的示踪标记。日本科学家下村修（Osamu Shimomura）、美国科学家马丁·沙尔菲（Martin Chalfie）和美籍华裔科学家钱永健（Roger Y. Tsien），基于在绿色荧光蛋白发现和研究方面的贡献，分享了 2008 年的诺贝尔化学奖。

二、有害方面

除海蜇外，大多数的钵水母对渔业生产有害，不仅危害幼鱼、贝类，且能破坏网具。有些种类刺细胞分泌的毒液对人的危害较大，可造成严重创伤。在海底的暗礁，可妨碍航行。

思 考 题

1. 腔肠动物门的主要特征是什么？如何理解它在动物进化中的地位？

2. 掌握水螅的基本结构和内外胚层细胞的分化等，通过它了解腔肠动物的体壁结构、组织分化等基本特征。

3. 腔肠动物分为哪几个纲？各纲的基本特征是什么？有何价值？

4. 了解腔肠动物的经济意义。

5. 比较腔肠动物中水螅型和水母型的结构异同。

6. 举例说明何为世代交替？何为多态？

7. 如何区分水螅纲水母和钵水母纲水母？

第五章　扁形动物门

教学重点：扁形动物门（Platyhelminthes）的主要特征；扁形动物门的分类；吸虫纲和绦虫纲代表动物的生活史；重点掌握寄生蠕虫适应寄生生活的特征。

教学难点：两侧对称和中胚层的生物学意义；寄生蠕虫适应寄生生活的特征；寄生虫更换宿主的生物学意义。

俗称扁虫（platyhelminth），是一类背腹扁平、两侧对称、无体腔的三胚层动物。一般无呼吸和循环系统，消化管有口无肛门。从扁形动物开始有发达的中胚层，并出现两侧对称体制；一般具有较发达的肌肉组织，感受器亦趋完善，摄食、消化、排泄等机能也随之加强；由中胚层形成的实质组织，充满体内各器官之间，能输送营养和排泄废物，组织细胞还有较强的再生新器官系统的能力。扁形动物多数雌雄同体、异体受精，少数种类雌雄异体，开始出现交配和体内受精现象，这些在动物进化上都具有重要的生物学意义。扁形动物一般分为3纲：涡虫纲（Turbellaria）、吸虫纲（Trematoda）和绦虫纲（Cestoidea）。自由生活种类广泛分布在海水和淡水的水域中，少数在陆地上潮湿土中生活，大部分种类为寄生生活。寄生种类在形态、结构和生理机能等方面都表现出适应寄生生活的特征。

第一节　扁形动物门的主要特征

一、两侧对称

从扁形的开始，动物体多拥有两侧对称体制。所谓两侧对称（bilateral symmetry）（或称左右对称），就是通过身体的中央纵轴只有一个切面可以将动物体分成左右相等的两部分，也称为左右对称。这种体制的出现使动物体明显表现了前后、左右、背腹的区分，在功能上也相应有了分化：背部司保护，如具有各种色素和较为发达的各种腺体；腹面主要承担运动和摄食的功能；由于向前的一端总是首先接触新的外界条件，促进了神经系统和感觉器官越来越向体前集中，逐步出现了头部，使得动物的运动由不定向趋于定向，同时也促进了脑的分化和发展，使动物的感应更为准确、迅速而有效，适应范围更为广泛；后端司排遗。两侧对称体制的出现，扩大了动物体空间活动的范围，使虫体不仅能游泳，而且也能在水底爬行。从进化的角度来看，两侧对称为动物从水生生活进入陆地生活创造了一个基本条件。

二、中胚层

从扁形动物开始，在外胚层和内胚层之间出现了中胚层（mesoderm），故扁形动物属于三胚层动物。中胚层的出现，引发动物体分化形成了复杂的肌肉组织，增强了运动机能，使动物体有可能在更广阔的范围内摄取更多的食物。同时，消化管壁上也有肌肉的存在，使消化管蠕动的能力相应加强，这些都无疑促进了新陈代谢水平的提高。新陈代谢水平的提高，就促进了排泄系统的形成，进而引发了动物体结构的发展和机能的完备，使动物体进一步变得复杂完备，达到了器官系统的分化水平。此外，由中胚层所分化的实质组织（parenchyma）具有储存水分和养料的功能，使动物体在一定程度上能够耐旱、耐饿，还能输送营养及代谢废物，并有再生新器官的能力。因此，中胚层的形成也为动物进入陆地生活提供了物质结构基础。

三、皮肤肌肉囊

扁形动物的体壁与肠壁之间，填充着由中胚层形成的实质组织，尚未形成体腔，体内的所有器官都包埋在其中。扁形动物的体壁是由来源于外胚层的单层表皮和中胚层形成的肌肉层所组成，体壁包裹全身，称为皮肤肌肉囊（dermo-muscular sac），简称皮肌囊。皮肤肌肉囊除有保护功能外，还强化了运动机能，它协同两侧对称，强化了动物体的运动机能和摄食能力，更有利于动物的生存和发展。皮肤肌肉囊是扁形动物、线形动物和环节动物的共同特征，但因种类和生活方式的不同而有差异。例如，自由生活种类，其表皮细胞的分生有纤毛和黏液腺，特别是腹面纤毛最多，可以协助运动。寄生的种类则纤毛退化，表皮细胞所分泌的物质形成的角质层，可以抵抗宿主所分泌的消化酶的分解作用。组成体壁的肌肉层可分为环肌（circular muscle）、纵肌（longitudinal muscle）和斜肌（diagonal muscle），属于平滑肌。各类扁虫的体壁构造不尽相同。

四、消化系统

消化系统（digestive system）一般比较简单，有口无肛门，称不完全消化系统（incomplete digestive system），仅单咽目（Haplopharyngida）涡虫，如单咽虫（*Haplopharynx*）有临时肛门。一般种类，消化系统可分为口、咽和肠三部分。肠是由内胚层形成的盲管，通常具有分支，延伸到身体各部分，有助于运输营养至全身各处。寄生生活的吸虫类和绦虫类是以宿主身体的产物为食，因此消化系统趋于退化（吸虫类）或完全消失（绦虫类）。

五、排泄系统（excretory system）

大多数扁形动物的排泄器官为原肾管（protonephridium）。原肾管是指在身体两侧由外胚层内陷而成的网状多分支的管状系统，是由焰细胞、毛细管、排泄管和排泄孔所组成，分布遍及全身。焰细胞（flame cell）为盲管状，由帽细胞（cap cell）和管细胞（tubule cell）组成，帽细胞顶端有两条和多条（约 $35\sim90$ 根）纤毛，由于纤毛不断地摆动，状如火焰，故称焰细胞。而管细胞连到排泄管的小分支上。原肾管的功能主要是调节体内水分的渗透压，同时也排除一些代谢废物。一些真正的排泄废物可通过体表排出体外。

六、神经系统

扁形动物的神经系统（nervous system）比腔肠动物有显著的进步，主要表现在神经细胞逐渐向前集中，在前端形成一对脑神经节，由脑神经节向后发出若干条纵神经索，其中以腹部的两条神经索最为发达，在纵神经索之间有横神经相连，状如梯子，故称梯状神经系统（ladder-type nervous system）。高等种类，纵神经索减少，只有一对腹神经索发达。脑神经节和神经索都有神经纤维与身体各部分联系。与腔肠动物的散漫神经网相比较，可以说扁形动物出现了较集中的原始中枢神经系统。

涡虫等营自由生活的种类常具眼点（eye spots）、耳状突（auricular projection）等感觉器官。其中，眼点具有感光的功能，可以辨别光线的强弱；耳状突具有味觉和嗅觉的功能。另外，在表皮上还分布有许多触觉细胞。

七、生殖系统（reproductive system）

由于中胚层的出现，形成了产生雌、雄生殖细胞的固定生殖腺及一定的生殖导管，如输精管（vas deferens）、输卵管（oviduct）等以及一系列附属腺体，如前列腺（prostate gland）、卵黄腺（vitellaria）等。绝大多数扁形动物为雌雄同体，但多为异体受精，出现了交配行为，生殖器官能够通过交配向对方输送生殖细胞进行体内受精。交配和体内受精，也是动物由水生演化到陆生的一个重要条件。

第二节　扁形动物门的分类

扁形动物约 2 万种，自由生活的种类广泛分布于海水、淡水水域，少数在潮湿的土壤里，大多数种类已过渡到寄生生活，寄生在人和鱼、禽、畜等经济动物体内。根据它们的形态特征和生活方式的不同，分为以下三纲：涡虫纲（Turbellaria）、吸虫纲（Trematoda）和绦虫纲（Cestoidea）。

一、涡虫纲

涡虫纲是扁形动物门中较为原始的类群，多营自由生活，海生种类最多，淡水种类次之，少数在陆地湿土中生活，此外，还有一些种类已经过渡到寄生生活。

（一）代表动物——真涡虫

1. 外部形态

真涡虫（*Euplanaria* 或 *Dugesia gonocephala*，图 5-1）生活在淡水溪流中的石块下面，以小型水生动物如甲壳类、环虫和螺类等为食。身体柔软，体形小，长约 15mm，柳叶状，头端呈三角形，背面有两个黑色眼点，两侧各有一耳突。体后端逐渐变细，末端钝尖，背面微凸，有许多黑色素点。腹面扁平，颜色浅，密生纤毛，并有黏液分泌于附着物上，有利于蠕动。体中部稍后的腹中线上有口，口后方为生殖孔。

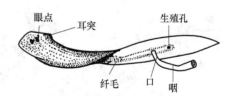

图 5-1　涡虫全形（仿 Hegner）

2. 皮肤肌肉囊

真涡虫是无体腔的三胚层动物，整个体壁是由外胚层所形成的单层表皮和中胚层形成的多层肌肉层所构成。其中，表皮层多为柱状细胞，内有杆状体（rhabdites），当遇到刺激时杆状体被排出体外，于水中溶解为有毒性的黏液，供捕食和御敌之用。腹面有纤毛，由于纤毛的摆动和体壁肌肉的收缩，使虫体能在物体上爬行或在水面上滑行。表皮下是非细胞结构的基膜，再下面是由中胚层形成的多层肌肉层，由外向内依次为环肌、斜肌、纵肌，还有背腹走向的背腹肌。表皮层和肌肉层共同构成体壁，具有保护和运动的机能。真涡虫的体壁与内部器官之间填满了由中胚层所形成的实质组织，包埋着各种器官（图5-2）。

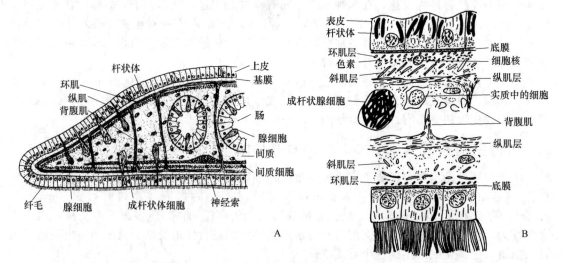

图 5-2 涡虫的横切面（A）及体壁的一部分放大（B）（仿 Storer，Hyman）

3. 消化系统

消化系统包括口、咽、肠，属于不完全消化系统（图5-3）。口位于身体腹面，口后为咽囊，咽囊内有肌肉质的咽，使用时能从口伸出，以捕捉食物。真涡虫的肠分为三支主干，一支向前，两支向后，每条主干又反复分出小支，分布到身体各部分，成为末端封闭的盲管，无肛门。消化管的有无和形态差异是涡虫纲分目的主要依据。

4. 呼吸、循环和排泄系统

涡虫没有专门的呼吸、循环器官，主要依靠体表的渗透作用进行气体交换。体内物质的运输，主要靠实质组织来完成。排泄器官是典型的原肾管（图5-4），纵行在实质组织内。通常有一条或两条主管，从主管分出许多分支的小管，小管末端是焰细胞，焰细胞的纤毛不断摆动，吸收实质组织内的多余水分和废物，经排泄孔排出体外。

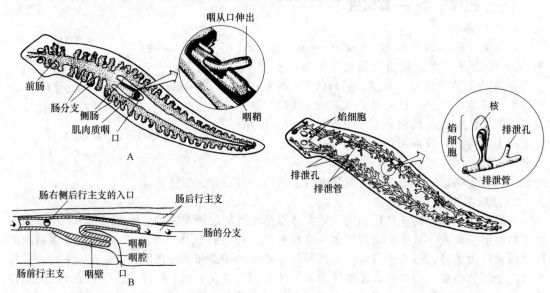

图 5-3 涡虫的消化系统（A）及咽部、肠结构纵切示意图（B）（A. 仿 Moore，Olsen，B. 自 Barnes）

图 5-4 涡虫的排泄系统（自 Moore，Blsen）

5. 神经系统和感官

涡虫身体的前端有一对脑神经节，向后伸出两条粗大的腹神经索，其间有横神经相连，构成梯状神经系统（图 5-5）。感官通常包括位于前端背面的眼点和两侧的耳状突。眼点由色素细胞和感光细胞组成，只能辨别光线的强弱，避强光，趋弱光。耳状突具有丰富的感觉细胞，有味觉和嗅觉的功能，故又称感觉叶。

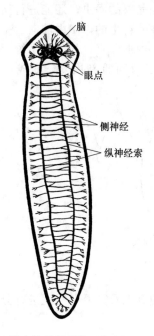

图 5-5　涡虫的神经系统（自 Moore，Olsen）

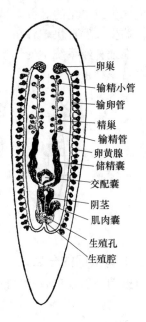

图 5-6　涡虫的生殖系统（仿 R. D. Barnes）

6. 生殖系统

真涡虫的生殖有无性生殖和有性生殖两种。涡虫是雌雄同体，异体受精（cross-fertilization）（图 5-6）。交配时，两涡虫尾部翘起，以腹面相贴，两生殖孔相对，然后将阴茎（penis）插入对方的生殖腔（genital atrium）中，相互输入成熟的精子，数分钟后，虫体分离。精子游至输卵管上部，与卵结合。几个受精卵被包在一个卵袋中，脱离虫体后，以短柄固着于石块上，经 2～3 周孵化为幼体从卵囊中逸出。真涡虫的发育为直接发育，海洋生活的种类为间接发育（多肠类），发育过程中有幼虫期，称牟勒氏幼虫（Müller's larva）（图 5-7）。幼虫呈卵形，有 8 个纤毛瓣可以游动。

淡水及陆地的涡虫以分裂方式进行无性生殖。分裂时以虫体后端粘于底物上，虫体前端继续向前移动，直到虫体断裂为两半。其分裂面常发生在咽后，然后各自再生出失去的

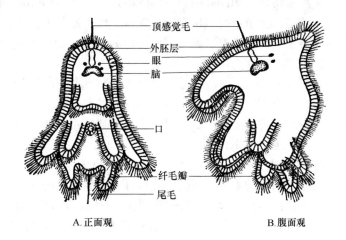

A.正面观　　　　B.腹面观

图 5-7　牟勒氏幼虫（自 Hyman）

一半，形成两个新个体。有些小型涡虫，如微口涡虫（*Microstomum*）经数次分裂后的个体并不立即分离，彼此相连，形成一个虫体链，当幼体生长到一定程度后，再彼此分离独立生活。

7. 再生

涡虫的再生能力强，若将它横切为两段，每一段都会将失去的一半再生长出来，成为一条完整的涡虫，甚至分割为许多段时，每一段也能再生成一完整的涡虫。还能进行切割或移植，产生二头或二尾的涡虫。涡虫的再生表现出明显的极性，再生的速率由前向后呈梯度递减，即前端生长发育快，后端生长发育慢。当涡虫饥饿时，内部器官（如生殖系统等）逐渐被吸收，唯独神经系统不受影响，一旦获得食物后，各器官又可重新恢复，变成正常的体形，这也是一种再生方式（图 5-8）

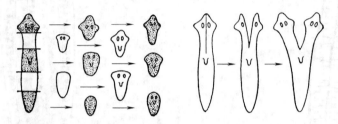

图 5-8　真涡虫的再生与极性（自江静波）

（二）涡虫纲的分目

涡虫纲的分类意见尚不一致，但过去一直根据消化管的有无及其复杂程度进行分类，常可分为 4 个目。

1. 无肠目（Acoela）

小型涡虫，长 1～12mm，通常约 2mm，无明显的肠道，口位于近中央的腹中线上，有的具一简单的咽，只有由口通到体内的一团由内胚层形成的营养细胞进行吞噬和消化，行胞内消化，无原肾管。生殖细胞直接来自实质细胞，无输卵管，螺旋卵裂，直接发育，海产，如旋涡虫（*Convoluta*）。

2. 新单肠目（Neorhabdocoela）

又称单肠目（Rhabdocoela）。体小，长 0.5～15mm，有口、咽，具有呈管状或囊状而不分支的肠。生殖系统结构完全，常行无性生殖。大多生活在海水或淡水中，少数在潮湿土壤或营寄生生活。如直口涡虫（*Stenostomum*）、微口涡虫等。

3. 三肠目（Tricladida）

体长 2～50mm，口在腹面近中央部分，咽具皱褶管状，肠分三条主干，一条向前，两条向后，并有侧盲突，卵巢一对，具分支的卵黄腺。生活于海水或淡水中，一部分在潮湿土壤中，少数营寄生生活。如真涡虫、土笋蛭涡虫（*Bipalium kewense*）。

4. 多肠目（Polycladida）

体长 3～20mm，通常在体之前缘或背部具有一对触手。口位于腹面近后端，有肌肉质咽，肠具不明显的主干，两侧有许多分支。生殖系统完全，无卵黄腺，螺旋卵裂，个体发育中经历牟勒氏幼虫。海产，如平角涡虫（*Planocera*）（图 5-9、图 5-10）。

近年来，许多学者认为以生殖系统为主要依据，并结合消化管的结构进行分类较为确切、合理。但是各学者的意见不完全一致，有学者根据生殖系统卵黄腺的有无，以及是否为典型的螺旋卵裂分为 2 个亚纲：原卵巢涡虫亚纲（Archoophoran turbellarians）和新卵巢涡虫亚纲（Neoophoran turbellarians），其下分为 9 个目或 11 个目不等，有的不列亚纲，直接分为 12 个目。

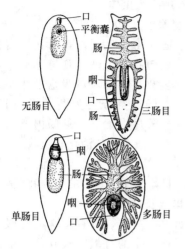

图 5-9　涡虫纲各目消化系统比较（自江静波）

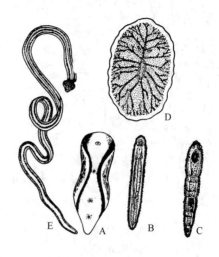

图 5-10　涡虫纲各目的代表（自江静波）
A. 漩涡虫；B. 直口涡虫；C. 微口涡虫；
D. 平角涡虫；E. 土笋蛭涡虫

二、吸虫纲

吸虫纲种类都营寄生生活，少数营外寄生生活，多数营内寄生生活。它们与涡虫类在系统发展上较为接近，表现在体形、消化、排泄、生殖系统等结构有许多一致或相似处。但是由于吸虫的成虫多为人和其他脊椎动物的寄生虫，受寄生环境的影响，吸虫纲种类在形态结构和生理机能上相应地发生了一系列的变化，故具有一些与自由生活的涡虫类不同的特征，如吸附器的加强，运动、消化、排泄和感觉等功能退化等，以适应寄生生活。

（一）外形特征

吸虫类的外形差异很大，但一般都是扁平如叶状，体表无纤毛，无杆状体，有的种类体表为具棘的角质层（cuticle）所覆盖。一般具有两个吸盘（sucker），前吸盘的中央有口，也称口吸盘（oral sucker）；另一个吸盘着生于腹面或后端，前者称为腹吸盘（acetabulum），后者称后吸盘（posterior sucker）。

（二）内部构造

1. 体壁

吸虫类的体壁由皮层（tegument）和肌肉层组成。体壁的最表层过去一直认为是一层角质膜，是由间质细胞分泌的非生活物质。经电子显微镜研究证实，其表层并非分泌物，而是由许多大细胞的细胞质延伸、融合形成的一层合胞体（syncytium）结构（图 5-11）。其中有线粒体、内质网以及胞饮小泡、结晶蛋白所形成的小刺，特称之为皮层。吸虫类的皮层直接与寄生环境接触，已丧失了涡虫所具有的纤毛和杆状体，而生有许多由结晶蛋白形成的皮棘（tegumental spine）。皮层下为基膜，再往下为肌肉层。肌肉层包括环肌、纵肌等，再其下为实质细胞。大细胞的本体（包括细胞核）下沉到实质中，由一些细胞质的突起（或称通道）穿过肌肉层与表层的细胞质相连。整个体壁呈囊状，包裹着虫体的内部器官，亦称皮肤肌肉囊。吸虫的皮层，不仅对虫体具有保护和抵抗宿主分泌的消化酶的功能，而且虫体与环

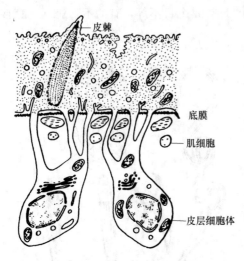

图 5-11　肝片吸虫皮层纵切（电镜观）

（自 Brusca）

境之间的气体交换、含氮废物的排除也通过扩散作用经体表进行。一些营养物质，特别是氨基酸类也通过胞饮作用摄入虫体。

2. 消化与营养

吸虫类由于适应寄生生活，其消化器官简单或退化。消化系统包括口、咽、食道和肠。口除少数在腹面外，多数在体前端口吸盘的中央；咽肌肉质，食道短，肠通常分支为两条纵行盲管，延伸至体后方。电子显微镜下可见肠内壁向腔内伸出许多绒毛样褶，似有助于消化和吸收。

吸虫类的营养物则是宿主的上皮细胞、黏液、组织液、血液、胆汁及消化管内的营养物质等。

3. 呼吸、排泄及神经系统

吸虫类与涡虫类一样，没有特殊的呼吸和循环器官。呼吸由外寄生的有氧呼吸到内呼吸的厌氧呼吸，一般多行厌氧呼吸（anaerobic）。排泄器官为原肾管型，排泄单位是焰细胞。较原始的吸虫有 2 个排泄孔，在体前或体后两侧，但多数成虫仅在体后端有一个排泄孔通体外。

神经系统不如自由生活种类发达，但基本形式仍为梯形。除外寄生种类有些尚有眼点外，内寄生的种类成虫多无眼点，仅某些吸虫的幼虫期（毛蚴、尾蚴）出现眼点。

4. 生殖与发育

吸虫类多为雌雄同体，自体或异体受精。雌雄生殖器官发达，生殖机能发达。生殖腺趋于集中，子宫盘曲迂回，内腔膨大，能容纳大量的卵，有生殖孔通于体外。吸虫的产卵量为涡虫类的 1 万至 10 万倍，具特殊卵壳保护。

生活史趋于复杂，一生中要更换一至多个宿主。外寄生种类生活史简单，通常只有一个宿主，一个幼虫期；内寄生的种类生活史复杂，常有 2 个或 3 个宿主，具有多个幼虫期，从受精卵开始先后经毛蚴、胞蚴、雷蚴、尾蚴、囊蚴到成虫（不同种类吸虫的幼虫期有所差别），且幼虫期（胞蚴和雷蚴）能进行无性的幼体生殖，产生大量的后代，无疑有利于更换宿主，这些特点均是对寄生生活的高度适应。

（三）吸虫纲的亚纲

1. 单殖亚纲

现在有些学者将单殖亚纲（Monogenea）上升为纲与吸虫纲并列。本亚纲为体外寄生吸虫，生活史简单，直接发育，不更换宿主。主要寄生于鱼类、两栖类、爬行类等动物的体表、排泄器官或呼吸器官内，如鳃、皮肤、口腔，少数寄生在膀胱内。常缺少口吸盘，体后有发达的附着器官，其上有锚和小钩。眼点有或无。排泄孔 1 个，开口于体前端。此类吸虫对淡水养鱼危害很大。如三代虫（*Gyrodactylus*）、多盘虫（*Polystoma*）、指环虫（*Dactylogyrus vastator*）等。

2. 盾腹亚纲（Aspidogastrea）

是吸虫类中很小的一类，寄生于软体动物、鱼类、爬行类的体表、排泄器官和消化器官内。其最显著的特征是吸附器官，或者是单个的大吸盘覆盖在整个虫体腹面，吸盘上有纵行及横行肌肉将吸盘纵横分隔成许多小格，或者是一纵行吸盘。消化系统具有口、咽和一条肠盲管。生殖系统基本上像复殖吸虫，直接发育。生活史有 1 个或 2 个宿主，许多种类没有宿主的专一性，这类动物似乎能说明由自由生活到寄生生活的过渡。如盾腹虫（*Aspidogaster*）。

3. 复殖亚纲（Digenea）

营体内寄生，它们主要寄生在内部器官内。生活史复杂，一般需要两个以上宿主。幼虫多寄生于软体动物体内，成虫的宿主为脊椎动物和人，危害性严重。成虫一般有 1 个或 2 个吸盘，后端无复杂的固着器。排泄孔一个，在体后端。成虫无眼点，而幼虫有退化的感光器。这类寄生虫寄生在肠内的，一般称为肠吸虫，如布氏姜片虫（*Fasciolopsis buski*）。寄生在肝脏、胆管内的称为肝吸虫，如华枝睾吸虫（*Clonorchis sinensis*）、肝片吸虫（*Fasciola hepatica*）。寄生在血液中的则称为血吸虫，如日本血吸虫（*Schistosoma japonicum*）。寄生在肺内的称为肺吸虫，如魏氏并殖吸虫（*Paragonimus westermani*）等。

（四）几种重要的吸虫

目前，已知的吸虫中，寄生于人体者有 30 多种，寄生于家畜和鱼类的更多，因而对人体健康及渔、畜牧业的发展，均有不同程度的危害。现仅就几种危害严重的吸虫分述如下。

1. 华枝睾吸虫

成虫寄生于人.猫、狗等动物的肝脏胆管内，可引起肝吸虫病。肝吸虫病是一种非常重要的人兽共患的寄生虫病。华枝睾吸虫于 1875 年在印度一华侨尸体的胆管内首次发现，当时命名为华肝蛭。主要分布于东亚、东南亚及俄罗斯远东地区，韩国和日本是主要流行区。在我国广东、广西、福建和台湾也广为流行，这与当地人们嗜食生的鱼肉有密切关系。另外在四川、江西、湖南、辽宁、安徽、河南、河北和山东部分地区及江苏徐州地区也有散在流行。国内寄生于猫、狗者居多，尤以猫为显著；人体也有感染，患者有软便、慢性腹泻、消化不良、黄疸、水肿、贫血、乏力、胆囊炎、肝肿等症状，主要并发症是原发性肝癌，可引起死亡。

（1）形态结构

成虫扁平叶状，前端较窄，后端钝圆，体长 10～25mm，宽 3～5mm，厚约 1mm。虫体的大小与宿主的大小、寄生胆管的大小和寄生的数量多少有关。一般体表光滑无棘，具有两个吸盘，口吸盘在虫体前端，另一吸盘在虫体前 1/5～1/4 处，称腹吸盘，口吸盘略大于腹吸盘。生活的华枝睾吸虫呈肉红色，固定后灰白色，体内器官隐约可见，在虫体后 1/3 处有 2 个前后排列的树枝状睾丸，为该虫主要特征之一，故称枝睾吸虫。

消化系统包括口、咽、短食道及肠支。口位于口吸盘中央，口下接一球形而富有肌肉的咽，咽下为短的食道，后接二肠支，沿虫体两侧直达后端，无肛门。华枝睾吸虫主要以宿主肝胆管的上皮细胞为食物，有时也摄入一些血细胞和胆管内的分泌物，还可以通过体表吸收一些养料，也可以分泌酶来软化宿主的组织，便于消化，以细胞外消化为主。食物以糖原、脂肪的形式贮藏。

华枝睾吸虫没有特殊的呼吸器官，因为是体内寄生，其周围环境中多缺少游离的氧，所以行厌氧性的呼吸方式，它能利用其体内的某些酶来分解已贮藏的养分（如糖原），而产生几种有机酸和二氧化碳，由此释放能量，供其利用。

排泄系统为分支的原肾管系统，位于身体的两侧，通过焰细胞收集代谢废物，经左右两排泄管送到身体后部，由两管汇合而成略呈"S"形的排泄囊，最后由末端的排泄孔排出体外。

因为寄生，导致其神经系统不发达，基本与涡虫的神经系统相似，也是梯形，咽旁有一对神经节，由此向前后各发出 6 条纵行的神经，向后的 6 条神经有横神经联络。

华枝睾吸虫的生殖系统构造复杂，雌雄同体，同体或异体受精。雄性生殖器官有 2 个分呈树枝状分支的精巢（spermary），前后排列于虫体后 1/3 处。每个精巢发出 1 条输精小管（或称输出管），2 条输出管于体中部汇合成膨大的储精囊（seminal vesicle），前行通连腹吸盘前的雄性生殖孔。无阴茎、阴茎囊（cirrus sac）和前列腺（prostate gland）。雌性生殖器官有一个边缘分叶的卵巢（ovary），位于精巢之前，由输卵管（oviduct）先后与受精囊（seminal receptacle）、劳氏管（Laurer's canal）、卵黄管（vitelline duct）相通，并通入子宫（uterus），其中，劳氏管可能是退化的阴道，或有排出多余卵黄或精子的作用。卵黄腺（vitellaria）分布于虫体两侧，颗粒状，由卵黄管与输卵管相接，输卵管经成卵腔（ootype）入子宫。成卵腔周围有一簇单细胞腺体，称梅氏腺（Mehlis gland）或卵壳腺，其分泌物形成卵壳，并有一定的润滑作用（图 5-12）。

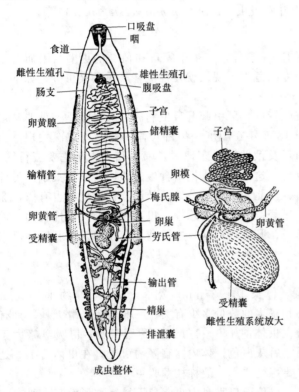

图 5-12　华枝睾吸虫及其雌性生殖系统部分放大
（仿中国医大，人体寄生虫学）

（2）生活史

华枝睾吸虫的生活史复杂。成虫在宿主的胆管内受精。受精卵由子宫经生殖孔排出虫体，随着宿主胆汁经总胆管进入肠内，随粪便排出体外。产生的虫卵内含毛蚴（miracidium）。虫卵呈黄褐色，略似电灯泡形，顶端有盖，盖的两旁可见肩峰样小突起，底端有一个小突起称小疣。虫卵平均大小为 29μm×17μm。

虫卵在一般情况下不能孵化，只有当虫卵落入水中后，并不孵化，1～2天后，如被第一中间宿主（first intermediate host）（纹沼螺、中华沼螺、长角沼螺等）吞食后，即在螺体消化道内孵化出毛蚴。毛蚴体表具纤毛，穿过螺的肠壁后，脱去纤毛，变成囊状胞蚴（sporocyst）。靠体表摄取营养，大部分胞蚴随即移往螺体的直肠外围和鳃部的淋巴间隙中，并在此处继续发育繁殖，体内胚细胞（germ cell）开始分裂，形成许多雷蚴（redia）。雷蚴破囊而出，体长袋形，具有简单消化管。在感染后的第 23 天，雷蚴体内的胚细胞团继续分裂，产生 6～8 个尾蚴（cercaria）。尾蚴形似蝌蚪，分体部和尾部，体部有眼点 1 对、刺入腺 7 对、口吸盘、腹吸盘和排泄囊；尾部长，有似鳍状的背膜和腹膜。尾蚴成熟后破螺体而出，于水中游泳，可存活 1～2 天。遇到第二中间宿主（second intermediate host）——某些淡水鱼或虾等，则侵入其皮肤、肌肉、鳍、鳞片等部位，脱去尾，形成囊蚴（metacercaria）。国内已报道可作为本虫的第二中间宿主的，主要是鲤科鱼类，如鲩、鳊、鲤、鲫、土鲮、麦穗鱼及米虾、沼虾等。囊蚴椭圆形，排泄囊颇大，无眼点，大多数囊蚴寄生在鱼的肌肉中，也可在皮肤、鳍及鳞片上，囊蚴是感染期幼虫。当人或猪、猫、狗吃了未熟（或生食）含囊蚴的鱼、虾时而被感染。囊蚴在终宿主（final host）十二指肠中借胃液和胰蛋白酶的作用而逸出，经宿主的总胆管移至肝胆管发育长大，约 1 个月发育为成虫，并开始产卵。成虫日产卵量达千粒以上，在人体内可存活 15～20 年之久（图 5-13、图 5-14）。

图中标注：口吸盘、咽、食道、雌性生殖孔、雄性生殖孔、肠支、腹吸盘、子宫、卵黄腺、储精囊、子宫、输精管、卵模、梅氏腺、卵黄管、卵黄管、卵巢、受精囊、劳氏管、输出管、精巢、排泄囊、受精囊、成虫整体、雌性生殖系统放大

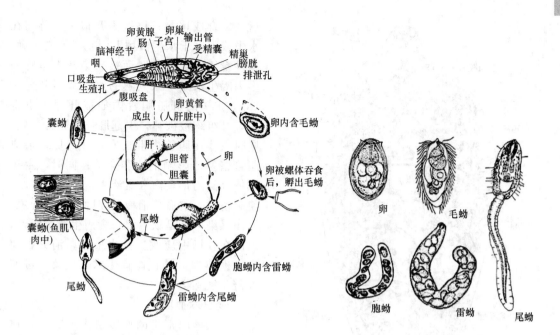

图 5-13 华枝睾吸虫的生活史（自江静波）　　图 5-14 华枝睾吸虫的各期幼虫

囊蚴抵抗力虽然不强，浸在 70℃ 的热水中，经过 8 秒钟即可杀死，但利用冰冻、盐腌或浸在酱油内等方法，均不能在短期内杀死囊蚴。

针对华枝睾吸虫的防治，首先就要考虑切断其生活史的各个主要环节。由于华枝睾吸虫病是经口感染，囊蚴集中在鱼或虾体内，因此不吃生的或不熟的鱼虾，包括喂给猫、狗的鱼虾也应煮熟；其次加强粪便管理，防止未经处理的新粪便落入水中；对患病的猫狗要进行驱虫治疗或捕杀。

2. 肝片吸虫

肝片吸虫最早是在 1379 年被人们首次发现，由于是在羊肝内发现的，故称之为羊肝蛭。1960 年，又在人体内发现了它，因此由它所引发的疾病也是一种严重的人兽共患寄生虫病。它主要寄生在牛、羊等反刍动物的肝脏和胆管内。在低湿地带和沼泽地带放牧的家畜最易被感染，危害相当严重，能引起动物急性或慢性肝炎和胆管炎，并伴有全身性中毒现象和营养障碍，尤其对幼畜和绵羊危害更为严重，可引起大批死亡。肝片吸虫是世界性分布的草食反刍动物的寄生虫，尤以中南美、欧洲、非洲等地比较常见。我国动物虽有感染，但人体感染少见。

① 形态结构　肝片吸虫是世界上最大的吸虫之一，虫体呈叶片状，长 20～40mm，宽 5～13mm，身体结构与华枝睾吸虫基本相似，不同点是：体表有细棘，体前端有一锥形突起，叫头锥。口吸盘小于腹吸盘。两肠干的外侧有呈树枝状的许多肠盲支。子宫很短，盘绕于卵巢和腹吸盘之间，精巢 2 个，大而多分支，约占体积的一半。卵巢 1 个，呈鹿角状分支，在前精巢的右上方，劳氏管细小，无受精囊。虫卵一般椭圆形，淡黄褐色，卵的一端有小盖，卵内充满卵黄细胞（图 5-15）。

② 生活史　成虫寄生在牛、羊、马及其他草食动物和人的胆管内。有时在猪和牛的肺内也可找到。受精卵随胆汁排到肠道里，与粪便一起排出体外落入水中，在温度适宜的条件下经 2～3 周孵出毛蚴，毛蚴借助纤毛在水中自由游动，当遇到中间椎实螺时，进入其体内继续发育，至肝脏后，脱去纤毛变成胞蚴；胞蚴以幼体生殖方式产生 1～2 代雷蚴；长出尾

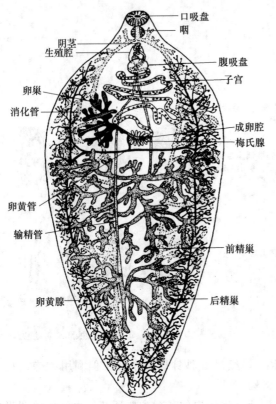

图 5-15 肝片吸虫的构造（仿 Meglitsch）

图中标注（自上而下，左侧）：口吸盘、咽、阴茎、生殖腔、腹吸盘、子宫、卵巢、消化管、成卵腔、梅氏腺、卵黄管、输精管、前精巢、卵黄腺、后精巢

后，发育成尾蚴；尾蚴离开宿主，游离在水中或附着于水生植物上，脱尾形成囊蚴。当牲畜饮水或吃草时而被感染。人体感染多因喝生水或吃未煮熟的水生蔬菜（图5-16）。牛羊的肝脏胆管内如被肝片吸虫寄生，肝组织被破坏，引起肝炎及胆管变硬，同时虫体在胆管内生长发育并产卵，造成胆管堵塞，影响消化和食欲；同时，由于虫体分泌的毒素渗入血液中，溶解红细胞，使家畜发生贫血、消瘦及浮肿等中毒现象。人体感染可能是饮生水、食用生蔬菜所致，因此在牧场中应改良排水渠道，消灭中间宿主椎实螺，禁止饮食生水、生菜，可使人避免被感染。

3. 日本血吸虫

在人体内寄生的血吸虫主要有日本血吸虫、埃及血吸虫（*S. haematobium*）和曼氏血吸虫（*S. mansoni*）。在我国流行的是日本血吸虫，它的流行区遍布亚洲76个国家与地区。由它所引起的疾病，简称血

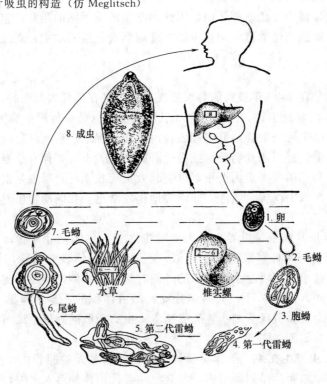

图中标注：8.成虫、1.卵、2.毛蚴、3.胞蚴、4.第一代雷蚴、5.第二代雷蚴、6.尾蚴、7.毛蚴、水草、椎实螺

图 5-16 肝片吸虫生活史（自江静波）

1～2. 在水中发育；2～6. 在椎实螺体内发育；6～7. 在水草上发育；8. 成虫寄生在胆管内

吸虫病，俗称蛊病，是一种严重的人畜共患的寄生虫病。除了人和家畜外，已经发现有二十多种哺乳动物能被感染，成为这种寄生虫在自然界的保虫宿主（reservoir host）。

① 形态结构　又称日本裂体吸虫。成虫寄生在人和其他哺乳动物的门静脉及肠系膜静脉内。雌雄异体，常互相合抱（图5-17），雄虫较粗短，乳白色，大小为（10～22）mm×（0.5～0.55）mm，常向腹面呈镰刀状弯曲。有明显的口吸盘、腹吸盘，自腹吸盘以后虫体两侧向腹、面产生褶襞，形成沟状，延至尾端，称抱雌沟（gynecophorous canal），是雄虫抱住雌虫并行交配的地方。雌虫细长，线形。

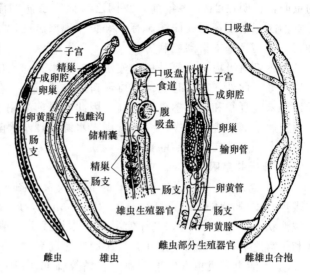

图 5-17　日本血吸虫的成虫及构造

② 生活史　雌虫产卵于宿主肠黏膜下静脉末梢处。成熟的卵内含毛蚴，在毛蚴分泌的酶的作用下，溶解肠黏膜，虫卵随后穿破肠壁，进入肠腔，和粪便一起排出体外。入水后，毛蚴孵出，钻进钉螺体内，并在其中发育，经母、子两代胞蚴而发育成尾部分叉的尾蚴，尾蚴在水中游泳，与人的皮肤接触时，便钻入皮肤，进入人体，脱去尾部发育成童虫（schistosomulum）。童虫侵入毛细血管或毛细淋巴管，随血液循环而达到门静脉发育为成虫（图5-18）。

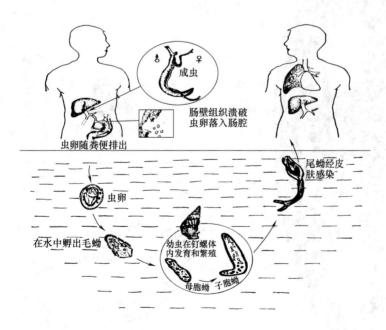

图 5-18　日本血吸虫生活史（自刘凌云）

日本血吸虫病是最广的一种寄生虫病，严重威胁着广大人民的健康和生命。我国医学很早就有类似血吸虫病的记载，1972年在湖南马王堆出土的西汉古尸体内发现了日本血吸虫的虫卵，证明在2100多年前，我国已有血吸虫病的流行。受感染者，成人丧失劳动能力，儿童不能正常发育而成侏儒，有"蛙腹"现象出现，妇女不能生育，甚至丧失生命。目前这种寄生虫病已基本得到控制。

人感染血吸虫，主要是接触疫水，如下水劳动或皮肤接触被尾蚴污染的露水、雨水及潮湿地面等。此外，饮水时尾蚴也可经口腔黏膜侵入人体。感染季节一般是春、夏、秋三季，尤以春末、夏季和早秋感染率最高。因此，目前采用"以防为主"的方针，采取综合措施，包括查病治病、查螺灭螺、粪污管理、水源管理及预防感染等几个方面，以切断血吸虫生活史的各个环节，实现防治的目的。

4. 魏氏并殖吸虫

① 形态结构　魏氏并殖吸虫，俗称肺吸虫（图5-19）。虫体卵圆而肥厚，形似蚕豆瓣，体表生有皮棘，体长7.5～12 mm，宽4～6mm，厚3.5～5mm。口吸盘与腹吸盘等大。肠支波浪状。卵巢5～6叶，与子宫并列于中横线上。精巢一对，分支状，左右并列，位于卵巢和子宫之后，由共同生殖孔开口于腹吸盘的后方。

② 生活史　成虫寄生于人和虎、猫等肺部，形成囊肿。成虫于囊肿中产卵，囊肿破裂后，卵随痰逸出。入水后孵出毛蚴，侵入川卷螺等体内，经胞蚴和母、子两代雷蚴而发育成尾蚴。尾蚴逸出若被淡水虾、蟹等吞食，则于宿主肌肉或内脏中形成囊蚴。人或动物误食含囊蚴而未煮熟或生的甲壳类而被感染。幼虫在宿主十二指肠中破囊而出移行到肺与支气管附近发育为成虫。成虫在宿主体内一般可存活5～6年，多者可达20年之久（图5-20）。

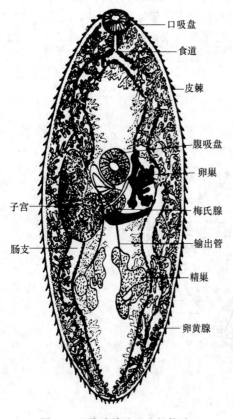

图5-19　魏氏并殖吸虫的构造

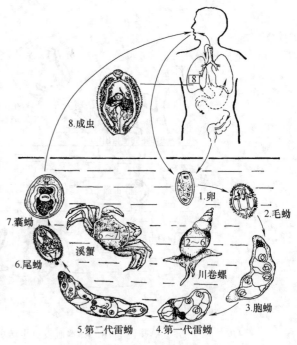

图5-20　魏氏并殖吸虫生活史
1～2. 在水中发育；2～6. 在川卷螺体内发育；
6～7. 在溪蟹体内发育；8. 成虫寄生在肺部（自江静波）

5. 布氏姜片虫

布氏姜片虫是人体寄生吸虫中最大的一种。在我国分布较广，是人、猪常见的寄生虫。

① 形态结构　体形肥大而多肉，酷似姜片，长 20～75mm，宽 8～20mm。腹吸盘接近口吸盘，比口吸盘大 3～4 倍（图 5-21）。

② 生活史　成虫寄生于人或猪的小肠中，多见于十二指肠及空肠上段，偶见于大肠或胃中，使患者贫血、腹痛。生活史与肝片吸虫生活史相似，但中间宿主为淡水隔扁螺。尾蚴逸出螺体，附着在水生植物（如菱角、荸荠、藕、水浮莲等）上形成囊蚴。当人生食含囊蚴的植物，或喝生水时，囊蚴被吞入。在宿主小肠内，经消化液和胆汁作用，幼虫脱囊而出，吸附于十二指肠或空肠黏膜上，三个月后发育成成虫。成虫寿命约 2 年，日产卵量 25000 粒（图 5-22）。

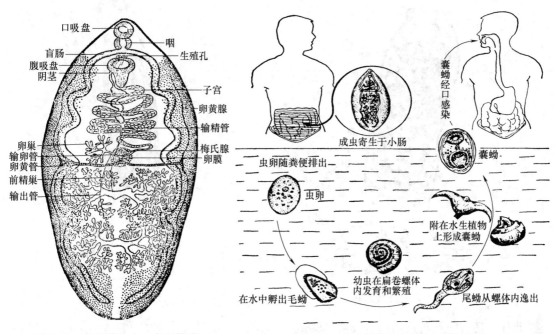

图 5-21　布氏姜片虫（自江静波）　　　图 5-22　布氏姜片虫生活史（自江静波）

6. 三代虫

三代虫是侵害淡水鱼类（鲤、鲫、鳟等）的寄生虫，也寄生于两栖类动物。淡水渔场经常发现鱼类患有三代虫病。三代虫身体扁平纵长，前端有两个突起的头器，能够自由伸缩，又有单细胞腺的头腺 1 对，开口于头器的前端。三代虫没有眼点，口位于头器的下方中央，下通咽、食道和两条盲管状的肠在体之两侧。体后端的固着器为一大型的固着盘，盘中央有 2 个大锚，大锚之间由 2 个横棒相连，盘的边缘有 16 个小钩有秩序地排列。三代虫雌雄同体，有 2 个卵巢和 1 个精巢，位于身体后部。三代虫为卵胎生，在卵巢的前方有未分裂的受精卵及其发育的胚胎，在大胚胎内又有小胚胎，因此称为三代虫（图 5-23）。

三代虫感染的方式主要是靠接触感染，脱离母体的幼虫能在水中自由游泳寻觅宿主。三代虫繁殖最适温度为 20℃，越冬鱼池内放养的当年鲤鱼和鲫鱼易被感染，2 年以上的鱼不会害病，但为三代虫的带虫者。

7. 指环虫

虫体通常为长圆形，动作像尺蠖，寄生在各种鱼类的鳃上。身体前端有 4 个瓣状的头器可以常常伸缩，头部背面有 4 个眼点，在体后端腹面有一个圆形的固着盘，盘中央有 2 个大锚，盘的边缘有 14 个小钩，大锚之间由 2 个横棒相连。口通常呈管状，可以伸缩，位于身体前端腹面靠近眼点附近，口接一圆形的咽，咽下方是食道，接着分成两支的肠，肠的末端通常与后固着盘的前面相连，使整个肠成环状，但也有不相连而呈盲管状的。指环虫也是雌雄同体，有 1 个精巢和 1 个卵巢，卵大而量少，通常在子宫中只有 1 个卵，但能继续不断地产卵，所以繁殖率也相当高（图 5-24）。卵产出后就沉入水底，经数日后即可孵化出幼虫，幼虫在水中游泳，遇到适当的宿主时附于其鳃上，脱去纤毛发育为成虫。

指环虫病通常发生在夏季，流行迅速，对草鱼的鱼苗和鱼种的危害性最为严重。一般在冬季进行清池、杀灭病鱼，引水入池后应静置几天，再放鱼苗鱼种，在放鱼种入池前可用高锰酸钾消毒，发现流行病时也可用此法洗浴治疗。

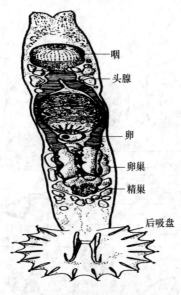

图 5-23　三代虫腹面观

咽
头腺
卵
卵巢
精巢
后吸盘

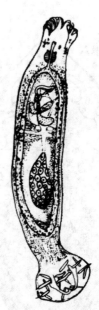

图 5-24　指环虫

此外，还有一些吸虫如血居吸虫（*Sanguinicola*）、湖北双穴吸虫（*Diplostomulum hupehensis* Pan et Wang）和倪氏双穴吸虫（*D. niedashui* Pan et Wang）等，常寄生于草鱼、鲫鱼、鲢鱼、鳙鱼等鱼的体内而致病，严重危害着渔业生产。

三、绦虫纲

绦虫纲种类全部营体内寄生生活，成虫寄生在人及其他脊椎动物的肠腔内。它们的寄生历史可能比吸虫还要长，形态结构有的和吸虫相似，表现出对寄生生活高度适应。

（一）主要特征

1. 外形

成虫乳白色，体长从 1mm 至数 10m。因体形都为扁长的带状，故又称带虫。除少数为单节外，如旋缘绦虫（*Gyrocotyle rugosa*）和日本两线绦虫（*Amphilina japonica*），大多数由多数节片（proglottid）组成，节片分为头节（scolex）、颈部（neck）和节片三部分。头节位于体前端，呈球形或梭形，头节上多数生有吸盘、小钩、裂槽和其他附着器，用以附着在宿主的肠壁上。颈节狭小，后端以横裂法产生许多节片，特称生长区。节片越靠近颈部越幼小，越靠近后端的则越宽大和老熟。节片可按生殖器官的成熟情况分为三类：未成熟节片（immature proglottid）、成熟节片（mature proglottid）和孕卵节片（gravid proglottid）（图 5-25），孕卵节片也称妊娠节片。

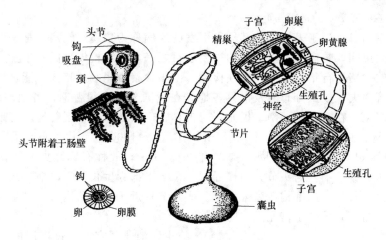

图 5-25　猪带绦虫的全形

2. 内部构造

绦虫体壁的超微结构与吸虫的基本相似，外被皮层，为合胞体结构，但由于缺乏消化道，它们的体壁在形态和生理上都有所改变，在其整个皮层表面有许多微小指状突起，称微毛（microthrix），可以增加吸收面积。同时微毛也可作为附着结构，使虫体在宿主肠内保持一定的位置。另外，皮层中还含有丰富的线粒体，从宿主消化道吸收的物质可能在这里合成、贮存，并通过孔道直接输入实质组织中。皮层细胞的分泌物能增强淀粉酶的活性，而抑制蛋白酶、糜蛋白酶和胰脂肪酶的作用，因此，具有较强的抵抗宿主消化酶的作用。

排泄器官属于原肾管型，由焰细胞和许多小分支汇入身体两侧的两对纵行的排泄管（1 对背排泄管，1 对腹排泄管）组成，主要营渗透压调节的作用（图 5-26），也具有运输排泄废物和从排泄液中再吸取物质的功能。

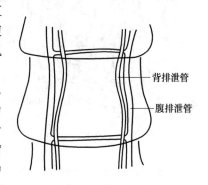

图 5-26　绦虫排泄系统

绦虫纲种类多数为雌雄同体，生殖器官高度发达，在每一节片内都有一套完整的雌雄生殖器官，生殖能力强。孕卵节片的子宫内充满数以万计的成熟的卵。节片脱落后，随宿主粪便排出。绦虫的发育，一般要经历宿主更换的过程，具有幼虫期。终宿主常为脊椎动物，中间宿主一般只有一个，可为脊椎动物或无脊椎动物，其生活史变化颇多，常要经历六钩蚴（*Hexacanth embryo*）、囊尾蚴阶段（cysticercoid）才能发育为成虫。

（二）绦虫纲的亚纲

绦虫纲分为单节亚纲（Cestodaria）和多节亚纲（Eucestoda）。

1. 单节亚纲

种类少，缺乏头节和节片，如旋缘绦虫。仅有雌雄同体的生殖系统，有时存在像吸虫的吸盘，但无消化系统，具有与绦虫相似的幼虫（十钩蚴）。

2. 多节亚纲

体由多个节片构成，幼虫为六钩蚴。成虫全部寄生在人或脊椎动物的消化道内，常见的绦虫多属于此类。

（三）寄生于人畜的几种常见绦虫

1. 猪带绦虫（*Taenia solium*）

成虫及幼虫均可寄生于人体，由其幼虫引发的疾病称为猪囊尾蚴病，是一种非常严重的人畜共患的寄生虫病，是肉品卫生检验的重要项目之一，动物检疫部门和生猪定点屠宰企业都要对屠宰后的生猪进行猪囊尾蚴的专项检验。由于含猪囊尾蚴的猪肉不能食用，给畜牧业造成巨大的经济损失。该虫分布遍及世界各地，在我国分布也很普遍，各地均有散发病例，在东北与华东多见，在云南、河南、黑龙江、吉林、广西壮族自治区等地均有地方性流行。

① 形态结构　虫体白色带状，长 2～4m，有 700～1000 个节片，头节呈圆球形，前端中央为顶突（rostellum），上有两圈小钩，约 25～50 个，故称有钩绦虫。顶突下侧面对称着生有 4 个吸盘。颈节细，与头节无明显界限，颈节下部为生长区。以横裂法产生节片。未成熟节片宽度大于长度，内部构造尚未发育。成熟节片近于方形，内有雌雄生殖器官。孕卵节片长大于宽，内部几乎被子宫充满（图 5-27）。

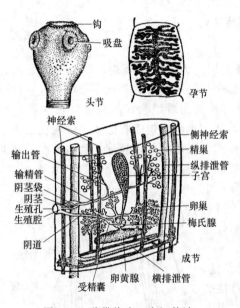

图 5-27　猪带绦虫（自江静波）

绦虫无消化器官，通过皮层的渗透作用吸收宿主小肠内已消化的营养，微毛的存在增加了吸收的面积。吸收的营养物质主要以糖原的形式储藏于实质中，以便进行厌氧性呼吸而获得能量。

排泄器官属于原肾管型，由焰细胞和许多小分支排泄小管汇入身体两侧的两对纵走的排泄管组成。两对排泄管从头节贯穿至体末端在头节处愈合成网状。在成熟节片中，背排泄管消失，每个节片的后端还有一横排泄管连接两条腹排泄管，至末节左右的两腹排泄管汇合成排泄囊，由一个排泄孔通到体外；若末节脱落，则纵管末端各自直接通至体外。

由于绦虫营寄生生活，头节上的神经节不发达，由此发出的神经索贯串整个节片，最大的一对神经索是在两纵行排泄管的外侧，节片边缘之内侧，没有特殊的感觉器官。

绦虫的生殖器官发达，雌雄同体同节，每个成熟节片内都有一套雌雄生殖器官。雄性生殖器官有 150～200 个泡状精巢，散布在实质中，每个精巢各有一输精小管汇合成一条弯曲的输精管，上有球形储精囊，末端为阴茎，阴茎藏在交配囊内，借肌肉的作用可以伸出体外，并由雄性生殖孔开口于生殖腔中，再经生殖腔的开孔通于体外。雌性生殖器官中有一个分叶的卵巢，左右两大叶，在靠近生殖腔的一侧有一小副叶（此为该种特征之一）。由卵巢发出的输卵管与卵黄管汇合后，略膨大为成卵腔，其周围有梅氏腺，由此处向一侧扩大为受精囊，受精囊连接细长的阴道（或称腟），与输精管平行，阴道末端与交配囊共同开口于生殖腔孔。在卵巢后侧有卵黄腺，为网状腺体。此外，在成节中，还有一盲囊状子宫，末端是封闭的。在孕卵节片中，子宫高度发达，外侧有分支，每侧约分成 9 支（7～13 支）内充满虫卵，其他器官萎缩乃至消失。虫体后端的孕卵节片常常数节连在一起，逐渐地与虫体脱离，随着宿主的粪便排出体外。被排出体外的节片中子宫内的卵已发育成六钩蚴，具有 3 对小钩。卵呈卵圆形，直径为 31～43μm，其卵壳在卵排出时已消失，但是在卵外包有较厚的具有放射状纹的胚膜（图 5-28）。

图 5-27 左侧标注：钩、吸盘、头节、神经索、输出管、输精管、阴茎袋、阴茎、生殖孔、生殖腔、阴道、受精囊

图 5-27 右侧标注：孕节、侧神经索、精巢、纵排泄管、子宫、卵巢、梅氏腺、成节、横排泄管、卵黄腺

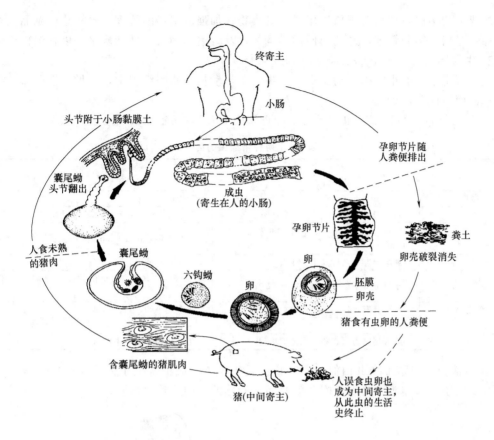

图 5-28　猪带绦虫生活史（仿中国医大，人体寄生虫学）

② 生活史　成虫寄生于人体小肠中，人是该虫的终宿主（图 5-28）。据资料报道有些灵长类动物也可感染。中间宿主最常见的是猪，其次是人，亦可寄生于狗、猫、羊和骆驼的体内。受精卵在子宫内发育，发育成六钩蚴。随宿主粪便排出的孕节或虫卵，无纤毛不能活动，如被吞食，在猪胃内受消化液的作用，胚膜溶解，六钩蚴脱壳而出，借助小钩以及六钩蚴分泌物作用，在 1～2 天内钻入肠壁，经血液或淋巴到达皮下、肌肉间结缔组织或脑等部位，经 60～70 天发育成猪囊尾蚴。囊尾蚴为卵圆形、乳白色、半透明的囊泡，头节凹陷在泡内，可见小钩和吸盘。猪囊尾蚴多寄生在肌肉内，以咬肌、舌肌、膈肌、肋间肌和心肌处最常见，在严重感染时身体各处均存在，脂肪中也有。含囊尾蚴的猪肉，俗称"豆猪肉"或"米猪肉"。当人误食未熟而含囊尾蚴的猪肉时，囊尾蚴即在十二指肠内消化液的作用下，翻出头节，吸取宿主营养，经 2～3 个月发育成熟。有时因肠的逆蠕动可使孕节偶入胃中，待虫卵散出后，卵中的六钩蚴随血液移至皮下肌肉中发育成囊蚴，人即患"囊虫病"，这种感染称自体感染（auto-infection）。有时，人误食猪带绦虫的虫卵，也可在肌肉、皮下、脑和眼等部位发育成囊尾蚴，人即成为中间宿主。囊尾蚴在猪体内可存活数年，年久后即钙化死亡。成虫在人体内寄生可达 25 年之久，通常只寄生 1 条，偶尔有寄生 2～4 条者。

猪带绦虫病可引发患者消化不良、腹痛、失眠、乏力、头痛，儿童可影响发育。猪囊尾蚴如寄生在脑部，则可引起癫痫、阵发性昏迷、呕吐、循环与呼吸紊乱；寄生在肌肉与皮下组织，可出现局部肌肉酸痛或麻木；寄生在眼的任何部位均可引起视力障碍，甚至失明。此虫为世界性分布，但是感染率不高，我国也有分布。该寄生虫病的流行多与人的饮食习惯和猪的饲养管理方法密切关系。因此，在预防上要加强宣传教育，改善饮食和生活习惯，不食未熟的或生的猪肉，注意防止猪囊尾蚴污染食物；加强屠宰场的管理，严格猪肉制品检查制度；加强对猪的饲养管理，避免粪便污染饲料；及时治疗病人，处理病猪，以杜绝传染源。

2. 牛带绦虫（*Taenia saginatus*）

成虫寄生于人的小肠中，幼虫寄生于牛、羊等动物的肌间组织中，为世界性分布。我国西北、西南有此病流行。

① 形态结构　与猪带绦虫在形态上相近（图 5-29），其主要区别见表 5-1。

表 5-1　两种带绦虫的区别

特征 \ 虫种	猪带绦虫	牛带绦虫
体长	2～4m	5～10m
节片	700～1000 节，节片较薄，略透明	1000～2000 节，节片较厚，不透明
头节	球形，直径 1mm，具有顶突和两轮小钩，约 25～50 个	略呈方形，直径约 1.5～2mm，无顶突及小钩
成熟节片	卵巢分左右两叶及中央小叶	卵巢仅有两叶，子宫前端分支
孕卵节片	子宫分支不整齐，每侧约 7～13 支	子宫分支较整齐，每侧约 15～30 支，支端多分叉
囊尾蚴	头节具有小钩，可寄生人体	头节无小钩，不寄生人体
中间宿主	猪或人	牛
幼虫型	猪囊尾蚴寄生在猪或人的肌肉内	牛囊尾蚴寄生在牛肉内

② 生活史　与猪带绦虫相似，中间宿主是牛、羊。成虫寄生于人体小肠的上段，以头节固着于肠壁。人体感染是由于吃含囊蚴而未煮熟的牛肉所致（图 5-30）。

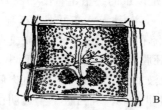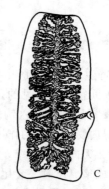

图 5-29　牛带绦虫的构造
A. 头节；B. 成熟节片；C. 妊娠节片；D. 虫卵

3. 细粒棘球绦虫（*Echinococcus granulosus*）

又称单房棘球绦虫。成虫寄生于狗、狼等动物的小肠内，其幼虫为棘球蚴（hydotid cyst），寄生于人及牛、马等草食动物的肺、肝、肾、脑等部位，形成囊肿，是对人体危害严重的一种寄生虫。引起的疾病称为棘球蚴病（又称包虫病），分布广泛，国内、外均流行，尤以牧区为多。人易被感染，尤其是儿童。

① 形态结构　短小，长 2～6mm，头节上有 4 个吸盘和两圈小钩（28～46 个），顶突发达；颈节后共分成三节，即未成熟节片、成熟节片和妊娠节片（图 5-31）。

② 生活史　比较复杂，妊娠节片或虫卵随终宿主的粪便排出体外，当中间宿主——牛、马、羊等动物吞食后，到小肠时，六钩蚴至胚膜中逸出，钻进肠壁血管，然后进入宿主的肝脏、肺及其他组织内，发育成棘球蚴。人如果误食虫卵即被感染。狗、狼等吞食含棘球蚴的

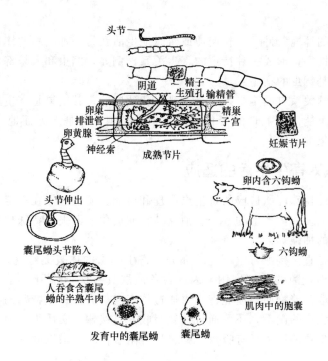

图 5-30 牛带绦虫的生活史

牛、羊内脏时，则进入肠中之后，棘球蚴头节翻出，吸附于肠壁上，发育成成虫。此虫侵入人体后，早期尚无症状，如果侵入重要脏器，可导致严重后果。若进入脑部，能引起癫痫或失明（图 5-32）。

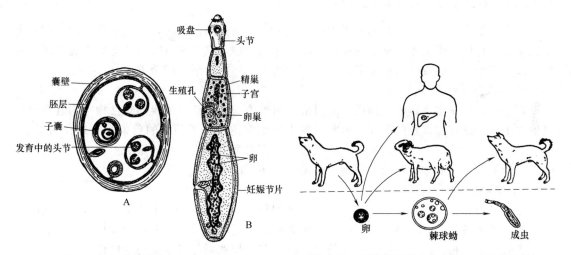

图 5-31　细粒棘球绦虫（仿 Noble）
A. 早期棘球蚴；B. 成虫

图 5-32　细粒棘球绦虫的生活史（自江静波）

第三节　寄生虫与宿主的关系及防治原则

寄生虫的种类繁多，寄生的范围广泛，从低等动物到高等动物甚至人，几乎在各种器官系统中都可以找到它们的踪迹。同时寄生虫自身又是其他寄生虫的宿主，这种重寄生现象也时常发生。

寄生虫在一定的环境条件下，长期地或暂时地生活在另一种动物的体内或体表，以获得营养，使对方受到损害，形成一种特定的寄生关系。例如，蛔虫和人是寄生关系。因此蛔虫是人的寄生虫，人是蛔虫的宿主。

寄生虫和宿主的关系自始至终是既矛盾又互相适应的，其结果是寄生虫可能导致形态与机能的改变，宿主可能出现病理的变化，这种相互影响常常是多方面地、综合地作用于对方，而且是互为因果的。

一、寄生虫对寄生生活的适应

寄生生活环境的特殊性所造成的寄生虫生理和机能上的适应，在一定程度上和某种形式上反应为形态的改变。如体形上的改变、消化器官的退化或消失。特殊功能的需要，导致某些器官如附着器官的加强等。

寄生虫的体表是直接接触寄生环境的部分，寄生蠕虫的体表无纤毛，为角质层所覆盖，以抵抗宿主分泌的消化酶的分解作用，因此，角质层具有保护作用。由于消化系统趋于退化，可通过体表吸取营养物质，因此寄生虫通过体表向外突出形成特殊的结构，以增加吸收营养物的面积，如绦虫的微毛，还可通过孔管吸收并直接输入实质组织中。

此外，许多寄生虫的体表具有吸盘、钩、齿等附着器官，借以固着于宿主，以适应肠的剧烈蠕动。

寄生虫的发育过程一般比较复杂，许多寄生虫有更换宿主现象，这对寄生虫是不利的。但是，在寄生环境中，丰富的营养条件促使寄生虫的生殖器官极为发达，繁殖力大大加强，这就弥补了在自然界和更换宿主中带来的损失。

二、寄生虫对宿主的危害

寄生虫对宿主的危害，有的表现为全身性的，有的是局部性的，有的是剧烈的，有的则比较缓慢，它们在宿主体内寄生的整个阶段，包括"进入"、"移行"与"定居"的过程，对宿主都可能产生影响或造成多方面的损害，大约可以归纳为下列四个方面。

1. 夺取营养物质

寄生虫寄生在宿主体内，以宿主的血液、组织液、上皮细胞或半消化食物等为食，以供寄生虫生长、发育和繁殖的需要。因此，寄生虫给宿主带来了额外的负担。在这种情况下，宿主必须有更多的营养才能满足自身的需要，否则对宿主产生严重的影响。例如，人在幼年时遭受严重的寄生虫感染，便会影响生长发育，还可能导致侏儒症。

2. 化学作用

寄生虫的分泌物和排泄物，或虫体死亡和尸解时，放出大量异性蛋白，被宿主吸收后，可使机体产生各种反应，刺激局部组织发生炎症，引起过敏反应，表现为发热、哮喘、荨麻疹，同时改变血相；血液中嗜酸性颗粒白细胞增多，导致局部或全身的毒性作用。

3. 机械作用

由于寄生虫附着在组织上或寄生于组织中，常可压迫组织和破坏组织或阻塞腔道。如布氏姜片虫大量纠缠成团，可充塞肠腔而形成肠梗阻；猪囊蚴和棘球蚴寄生于人脑，由于脑组织被破坏，因而使患者发生四肢麻痹及癫痫等症状。

4. 传播微生物、激发病变

肠道内寄生蠕虫用吸盘、小钩、裂槽等附着器官附着于肠壁，破坏肠黏膜，使细菌容易侵入，引起溃疡、糜烂感染而产生炎症。如华枝睾吸虫寄生于胆管内，因继发性细菌感染，可引起胆管炎或胆囊炎，或结缔组织增生，使胆管腔逐渐狭窄，发生阻塞，严重的由于纤维组织增生，还可发展为肝硬化，并发胆结石。

三、宿主对寄生虫感染的免疫性

人体对寄生虫具有防御机能，自然免疫对非人体固有的寄生虫表现特别明显，例如，人绝对不会感染鸡疟原虫。获得性免疫一般表现为带虫免疫，即当虫体存在时，寄主对该虫保持一定的免疫作用。虫体减少或消失时，免疫力则逐渐下降，甚至完全不具免疫力。例如，人感染疟疾后就有明显的带虫免疫，这种带虫免疫可以影响寄生虫在人体内的寄生，而使寄生虫被排出。如果带虫者的免疫力较弱，可重复感染，但有的寄生虫病如黑热病在完全康复后，常表现出对该虫的长期免疫力，很少再感染。

总之，寄生虫感染和宿主的免疫是一个矛盾的过程，主要决定于机体的反应性。两者相互作用的结果：或是寄生虫被宿主消灭；或是宿主体内虽有寄生虫寄生，但不出现任何症状，而成为带虫者；或是呈现疾病状态，即患有寄生虫病。

四、寄生现象的起源

动物与动物的生态关系是在漫长的演化过程中形成的，大致可分为以下三种关系。

1. 共栖关系

两种能独立生存的动物以一定关系生活在一起，使一方或双方获利而无害。如偕老同穴、绿毛龟。

2. 共生关系

两种或一种动物不能独立生存而共同生活在一起，或一种生活于另一种体内，互相依赖，各能获得一定利益，如白蚁消化道内的披发虫，以白蚁肠腔为生活场所，帮助消化白蚁所食的木纤维，使白蚁从木质的分解中取得养料，同时自身也获得营养。

3. 寄生关系

两种动物生活在一起，一方获利，另一方受害。

从扁形动物门中各种动物寄生程度的深浅的不同可见，寄生现象首先起源于共栖，其次发展到外寄生，最后是内寄生。

五、寄生虫更换宿主的意义

在扁形动物中，有些寄生蠕虫，发育过程中不需要更换宿主，其开始发育阶段在外界环境中进行，如单殖吸虫。有些蠕虫需要更换宿主才能完成其生活史，如复殖吸虫普遍存在更换宿主现象。更换宿主一方面是和寄生的进化有关，最早的宿主应该是在系统发展中出现较早的类群，如软体动物，后来由于某些原因，这些寄生扁虫的生活史推广到较后出现的脊椎动物体内（如鱼等），这个较早的宿主便成为中间宿主，后来的宿主便成为终宿主。更换宿主另一种意义是寄生虫对寄生生活的一种适应，因为寄生虫对其宿主而言，总是有害的，若是寄生虫在宿主体内繁殖过多，就有可能使宿主迅速死亡，宿主的死亡对寄生虫也是不利的，因为它会跟着宿主一起死亡，如果以更换宿主的方式，由一个宿主过渡到另一个宿主，如由一个终末宿主过渡到中间宿主，再由中间宿主过渡到另外一个终末宿主，使繁殖出来的后代能够分布到更多的宿主体内去。这样会减轻对每个宿主的危害程度，同时也使寄生虫本身有更多的机会生存。但是在更换宿主的时候，会遭受到大量的损失；在长期发展过程中，繁殖率大的、能产生大量的虫卵或进行大量的无性繁殖的种类就能生存下来，反之会被自然淘汰。这种更换宿主和高繁殖率的现象都是寄生虫对寄生生活的一种极其重要的适应，是长期自然选择的结果。

六、寄生虫病的防治原则

寄生虫寄生在宿主体内，给宿主带来多种危害，尤其是寄生在人体内和家禽、家畜和鱼类等体内，给人类的健康带来严重的危害，给畜牧业和渔业生产带来巨大的经济损失。因此，防治寄生虫病具有重要的意义。在防治寄生虫病的时候，必须贯彻"预防为主，治疗为辅，防重于治"的方针，掌握寄生虫的发育史和寄生虫病的流行规律，采取综合性防治措施，才能获得较好的效果。

寄生虫病防治的基本原则关键在于控制寄生虫病流行的三个环节。

1. 消灭传染源

在寄生虫病传播过程中，传染源是主要环节。使用药物治疗病人和带虫者，以及治疗和处理保虫宿主是控制传染源的重要措施。

2. 切断传播途径

不同的寄生虫病其传播途径不尽相同。加强粪便和水源管理，注意环境和饮食卫生，控制和杀灭中间宿主，有效灭杀病媒如节肢动物等是切断寄生虫病传播途径的重要手段。对于人类而言，改变生产方式和生活方式，注意饮食卫生，是切断寄生虫病传播的有效途径。

3. 保护易感动物

动物对各种寄生虫的感染表现出的特异性免疫力各不相同，因此采取必要的保护措施是防止寄生虫感染的最直接方法。对于人类而言，关键在于加强健康教育，改变不良的饮食习惯和行为方式，提高群众的自我保护意识。必要时可服药预防和在皮肤涂抹驱避剂。

思 考 题

1. 名词解释：左右对称、皮肤肌肉囊、不完全消化系统、原肾管。
2. 简述扁形动物门的主要特征。
3. 扁形动物门分成几个纲？各纲的主要特征及代表动物有哪些？
4. 试述两侧对称和中胚层的出现在动物演化上的意义。
5. 比较华枝睾吸虫、肝片吸虫、日本血吸虫的形态结构差别；分别叙述三种吸虫的生活史。
6. 猪带绦虫在形态和结构上有哪些适应寄生生活的特征？
7. 简述猪带绦虫的生活史。
8. 简述寄生虫对寄生生活的适应特征。
9. 通过吸虫和绦虫，理解寄生虫与宿主之间的相互关系。

第六章　原体腔动物门

教学重点：原体腔动物的相似特征；原体腔的分类及代表动物；人蛔虫等的生活史；如何预防蛔虫病。

教学难点：原体腔的含义、特点与生物学意义；各门类原体腔动物的主要特征。

原体腔动物门（Protocoelomata）：原体腔动物，又称线形动物（Nemathelminthes）或假体腔动物（Pseudocoelomata），是动物界中庞大而复杂的一个类群。过去曾包括线虫纲（Nematoda）、线形纲（Nematomorpha）、腹毛纲（Gastrotricha）、轮虫纲（Rotifera）及棘头虫纲（Acanthocephala）五个纲。这几类动物具有一些共同的特点：它们都有原体腔；发育完善的消化管；体表被角质膜；排泄器官属原肾系统；雌雄异体。这些结构上的特点，显示出原体腔动物较以前的各类动物更复杂、更高等。但是，原体腔动物中各类群在演化上的类缘关系不很密切，体形或构造上存在着明显的差异。因此，当今多数学者认为，原体腔动物中各类群应各自列为独立的门。

第一节　原体腔动物门的主要特征

一、外部形态

原体腔动物均具有三胚层，身体不分节，或体表具横皱纹。绝大多数虫体呈线形或圆筒状，两端略尖，无明显头部，体呈两侧对称。

二、体壁

体表通常被有一层非细胞结构的角质膜，厚度一般是身体半径的 0.07 倍，坚韧富有弹性，主要成分为蛋白质。在发育过程中，角质膜有周期性脱落的现象，称之为蜕皮（ecdysis）。角质膜为上皮（也有称表皮层）分泌形成，一般分为皮层（cortex）、中层（median）（基质）、基层（basal layer）（斜行纤维）和基膜，角质膜有保护作用。角质膜下面的上皮为没有明显细胞界限的合胞体；其下只有一层纵肌层，不发达，属典型的斜纹肌。原体腔动物的体壁亦称为皮肤肌肉囊。

三、原体腔

原体腔动物体壁与肠壁之间围成的空腔称为原体腔（primary coelom），是由胚胎时期的囊胚腔发展形成。原体腔位于中胚层形成的体壁肌肉层和内胚层形成的肠壁之间，由于在系统演化上出现早，是系统发生时第一次出现的体腔，故称原体腔或初生体腔。同时这种体腔只有体壁中胚层，而无肠壁中胚层和肠系膜（mesenterium），又称假体腔（pseudocoelom）。原体腔的出现是动物进化上的一个重要特征，具有重要的生物学意义。原体腔的出现，为体内器官系统运动和发展提供了空间；体腔的形成可促进肠道与体壁独立运动，更有效地运输营养物质和代谢产物，有效地维持体内水分平衡；由于体腔内充满着体腔液，可作为流体骨骼参与运动，对体壁肌肉层产生一定的静水压（hydrostatic pressure），能使虫体保持一定的形态；由于体壁有了中胚层形成的肌肉层，从而使原体腔动物大多数类群摆脱了以纤毛为主要运动器官的状态，运动能力得到明显加强。

四、消化系统

原体腔动物具有发育完善的消化管，是一条两端开口的管，前端有口，后端有肛门，称完全消化管（complete digestion system），消化管可分为前肠、中肠和后肠三部分。从结构和功能方面分析，完全消化管要比消化循环腔和不完全消化管更进化、更高等，是一种飞跃的进步，是动物进化的特征之一。另外，从身体横切结构看来，形成了"管中套管"的结构形式，这也是所有高等动物的共有特征。寄生种类的消化管简单，有退化趋势，无消化腺。

五、排泄系统

原体腔动物的排泄器官与扁形动物一样，仍为外胚层演化的原肾系统，但结构特殊，没有纤毛和焰细胞存在，大多数种类演化为腺型（glandular type）和管型（tubular type）两种。腺型排泄器官属原始类型，通常由 1～2 个称为原肾细胞（renette cell）的大的腺细胞构成，海产自由生活种类的线虫（如 Linhomeus）属此，但一般为 1 个原肾细胞，位于咽的后端腹面，排泄孔开口于腹侧中线。小杆线虫（Rhabditis maupasi）具有 2 个肾细胞。原肾细胞吸收体腔液中的代谢产物排出体外。

寄生线虫的排泄器官多为管型，是由一个原肾细胞特化而成，由纵贯侧线内的两条纵排泄管构成，二管间尚有一横管（有的呈网状，如蛔虫）相连，略呈"H"。由横管处伸出一短管，其末端开口即为排泄孔，位于体前端腹侧。溶于体腔中的代谢产物，通过侧线处的上皮进入排泄管。显然管型排泄器官是由腺型排泄器官演变而来。

线虫的排泄器官无纤毛和焰细胞，显然不同于扁形动物的原肾管，但是这种排泄器官也是由外胚层形成，从结构与机能上看，类似原肾系统，可以看成是一种独特的原肾管。

六、神经系统

原体腔动物的神经系统属圆筒状神经系统。结构比较简单，包括神经节、围咽神经环（circumenteric ring），与前后纵神经相连，均镶嵌在上皮内，以背神经和腹神经最发达。感官不发达，但有的种类体前端具有纤毛窝（ciliated pits）、乳突（papillae）、眼点、刺毛（spiny hair）等，末端有尾乳头、尾感器（phasmid）。寄生种类前端的头感器多退化，尾感器发达。

七、生殖与发育

假体腔形动物多数为雌雄异体，并且常常雌雄异形，雄性个体常常小于雌性个体。有极少数种类为雌雄同体，如某些小杆线虫（*Rhabditoid*）和植物线虫。更有一些种类只有雌虫存在，未发现雄虫，营孤雌生殖。雌雄同体常称为共殖（syngony），共殖线虫的外形呈雌性，偶然也有雄虫出现。

生殖器官呈长管状，有单管型和双管型，雄性多单管型，分化成精巢、输精管、储精囊、射精管，通入直肠，精子由肛门排出，故直肠实为泄殖腔（colaca），肛门即泄殖孔，雄性多数种类有交合刺（copulatory spicule）。雌性的生殖器官为双管型，有卵巢、输卵管、子宫，2条子宫汇合成一短的阴道，开口于腹侧中线上的雌性生殖孔。原体腔动物的生殖细胞形态因种而异，精子一般无尾，呈圆形，卵多具壳。卵一般在子宫内受精，个体发育中有幼虫阶段，多有蜕皮现象。线虫的发育因种而异，自由生活的种类产卵量少，直接发育；寄生的种类产卵量巨大，为间接发育。生活史较为复杂。

第二节　原体腔动物门的分类

原体腔动物种类繁多，各类群间的形态差别显著，并且在演化上的类缘关系不很密切，呈现出多系起源现象，所以分类意见不大一致。目前，学者一般把原体腔动物分成线虫动物门（Nematoda）、线形动物门（Nematomorpha）、轮虫动物门（Rotifera）、腹毛动物门（Gastrotricha）、动吻动物门（Kinorhyncha）、棘头动物门（Acanthocephala）和内肛动物门（Entoprocta）7个门。但本教材只选取线虫纲、腹毛纲、轮虫纲和线形纲四个重要的纲和棘头动物门进行介绍。

一、线虫纲

线虫纲是原体腔动物中种类最多、分布最广的一类动物，种类约有 15000 种，与人类的关系较为密切。多数种类自由生活，生存于海水、淡水和潮湿的土壤中，数量极大，农田土壤中每平方米有线虫 1000 万条，重达 10g 以上。植食性线虫以细菌、单细胞藻类、真菌、植物根及腐败有机质为食；肉食性种类以原生动物、轮虫及其他线虫等为食。许多线虫是植物、动物乃至人类的寄生虫，严重危害着人类的健康，影响着农业、畜牧业和渔业的生产。如蛔虫（*Ascaris lumbricoides*）、蛲虫（*Enterolbius vermicularis*）、鞭虫（*Trichuris trichura*）、十二指肠钩虫（*Ancylostoma duodenale*）等。

（一）外部形态

多数线虫呈圆柱形或长梭形，一般前后两端稍尖，虫体末端雌雄有别。雄虫通常弯曲，并有一些乳突及交接膜等（图 6-1）。

线虫个体大小差别较大。自由生活种类中，通常在 1mm 以下，最大的海产种类也不到 50mm。寄生种类差异显著，可从 0.5mm 至 1m 左右，如昆虫体内的肾膨结线

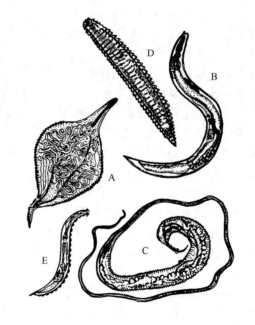

图 6-1　线虫的外形
A. 四棱线虫（*Tetrameres*）；B. 小杆线虫（*Rhabditis*）；
C. 鞭虫（*Trichuris*）；D. 环线虫（*Criconema*）；
E. 瘤线虫（*Bunonema*）

虫（*Dioctophy marenale*）和麦地那龙线虫（*Dracunculus medinensis*）。

线虫无明显头部，前端有口，雌虫腹中线近末端有肛门，雄虫的生殖孔开口于泄殖腔（直肠），泄殖腔通过泄殖孔与外界相通，雄虫的泄殖孔即为肛门，也在近体末端的腹中线上；雌性生殖孔1个，开口于腹中线约体前1/3处。排泄孔一个，位于体前端。线虫体前后各有一对感觉器官，称头感器（amphid）和尾感器（phasmid），这种器官的形态及存在是分类的重要依据。

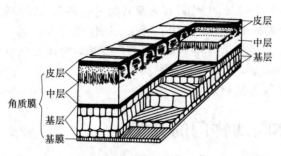

图 6-2　蛔虫成虫角质层构造图解（仿 A. F. Bird）

线虫体壁具有发达的角质膜，有的种类体表光滑而透明，但有的种类具斑纹、鳞片或小刺。从线虫体表的背、腹中央和体两侧中央可以看到四条纵线，分别称为背线（dorsal cord）、腹线（ventral cord）和侧线（lateral cord）。体表具有斑纹的种类，表现出假分节现象，如韧带线虫（*Desmoscolex*）等。

（二）内部构造

1. 体壁及假体腔

线虫的体壁由外向内依次为：角质层、上皮和肌肉层，又称皮肤肌肉囊（图6-2、图6-3）。

角质层是由上皮细胞分泌的胶原物质附于外面形成的，光滑、坚韧而富有弹性，化学成分比较复杂，主要由多种蛋白质所组成。线虫的角质层较厚，具有抵抗宿主消化酶的分解作用，另外，线虫在生长发育过程中，有几次蜕皮现象。线虫在两次蜕皮间及最后一次蜕皮后均可生长。

线虫的上皮为合胞体（syncytial）或细胞结构。上皮在背、腹中线及身体两侧向原体腔突出成脊，形成四条纵线，纵贯身体全长。在背、腹中央形成的纵线分别称为背线和腹线，在身体左右两侧形成的称为侧线。在背、

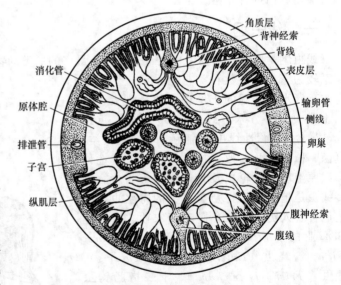

图 6-3　雌性蛔虫的横切面（仿 Sherman）

腹线内各贯穿一条神经索，而两条侧线中各有一条排泄管。纵线中贮存有大量脂类、糖原等物质。

线虫的肌肉只有纵肌，无环肌，区别于扁形动物。肌细胞的构造包括细胞本体和能收缩的纤维部分（图6-4），这与水螅的皮肌细胞相似。线虫的肌肉被背、腹线和两侧线分隔成纵行的4部分。虫体依靠纵肌收缩，沿背腹向弯曲作波浪蠕动，弯曲波由体前向后传递，而进行游泳或爬行。

线虫的体壁与消化管之间的腔隙则是原体腔，内充满体腔液，可将肠道吸收的营养运送

到身体各处，也用于代谢产物的运输，故在生理上有类似循环的功能。同时体腔液还保持体内膨压，致使虫体保持鼓胀饱满，维持一定的形态，起到流体骨骼的作用。

2. 消化系统

线虫的消化管有口和肛门，为完全消化管，可分为前肠、中肠、后肠三段。前肠包括口、口腔和咽（或称食道）。线虫的口一般位于体前顶端。海产线虫的原始种类，口的周围有6个唇瓣，呈放射状排列，唇上有唇乳突和唇刺毛。寄生种类唇愈合为3片（如蛔虫），也有唇退化的种类（如钩虫）。口腔内常形成齿、钩齿、口针（oral stylet）等结构，一些肉食性线虫口腔大而具齿，有的寄生种类口腔角质层向外伸出中空的牙，借以刺入植物或动物体吸取营养。咽前端细长，中部或后端膨大成球形，这种变化是线虫分类上的重要特征。咽外壁有发达的辐射状肌肉，收缩时使咽腔迅速扩大，故有吮吸作用。大多数线虫的咽外有3个或多数单细胞腺体，称咽腺，有导管开口于咽或口腔，能分泌多种消化酶，进行细胞外消化。咽内壁被覆来源于外胚层的角质膜。中肠是由内胚层发育形成，是消化食物和吸收营养的主要部位。后肠包括短的直肠和肛门，由外胚层于胚胎后端内陷形成，内壁也具有角质膜。肠构造简单，特别是寄生线虫。体近末端为肛门，构成完全消化管。完全消化管的演化，使得消化的营养物质和食物残渣不相混合。因此，在演化上有着重要意义，是动物进化的特征之一。

寄生线虫的消化管简单，有退化趋势，一般无消化腺。

3. 呼吸与排泄

线虫无专门的呼吸器官，自由生活种类，利用体表渗透与外界进行气体交换；而寄生线虫则在宿主体内行厌氧呼吸，有的可从宿主的血液中吸取所需的氧。

线虫的排泄系统结构特殊，可分成两种基本类型，即管型和腺型。寄生线虫的排泄器官多为管型，是由一个原肾细胞衍生而成，如蛔虫（图6-5），由纵贯侧线内的2条纵排泄管构成，二管间有横管相连，略呈"H"形。腺型是原始的类型，由它演变成管型，通常由1～2个称为原肾细胞的大的腺细胞构成。具有腺型排泄器官的线虫多通过原肾细胞吸收体腔液中的代谢产物排出体外。无论是腺型，还是管型，均由外胚层细胞所形成，故都属于原肾型。

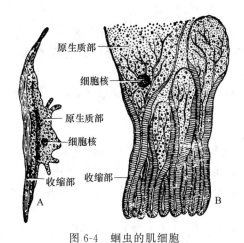

图 6-4　蛔虫的肌细胞

A. 单一的肌细胞和肌纤维；B. 部分肌纤维的横切面

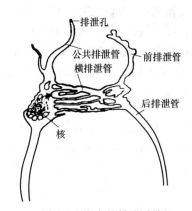

图 6-5　蛔虫的排泄系统

4. 神经系统

线虫的神经系统呈圆筒状，是由一围绕咽部的围咽神经环和由此向前、后发出的各3对

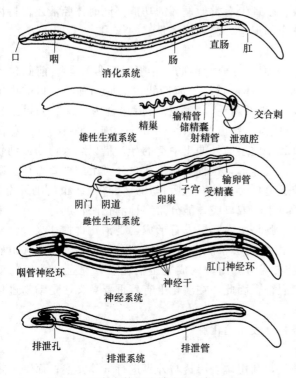

图 6-6　蛔虫内部构造模式图（仿 Noble）

神经干所组成。3 对向前，直达感觉乳突；3 对向后，包括背、腹神经索各 1 条，背侧神经索和腹侧神经索各 1 对。其中以背、腹神经索最为发达（图 6-6）。在 4 条侧神经索之间有横神经相连接，构成了局部梯状。线虫的感官不发达，尤其是寄生种类。一般顶端有头刺毛、唇乳突，为触觉器官；头感器可接受化学刺激。末端有尾乳头、尾感器。

5. 生殖与发育

多为雌雄异体，某些陆生小杆线虫和多种植物线虫为雌雄同体，还有的线虫只有雌虫，未发现雄虫。雄虫小而尾部弯曲。线虫的生殖系统为 1 或 2 条连续的长管。线虫的发育分为卵、幼虫及成虫三个阶段。刚排出的卵，卵壳内的胚胎发育的程度因种而异，蛔虫卵初排出时为单细胞期，钩虫为四细胞期，猪肾虫为多细胞期，蛲虫卵排出时已发育为成虫。幼虫在发育过程中有蜕皮现象，在两次蜕皮之间，幼虫体表的角质层能继续生长。寄生线虫的生活史也较复杂，它们有或无中间宿主。

（三）线虫纲的亚纲和目

线虫纲现已知约 15000 种，过去分成 2 个亚纲：无尾感器亚纲（Aphasmida）和尾感器亚纲（Phasmidia），现均已独立成纲。

1. 无尾感器亚纲

无尾感器，排泄系统退化或消失，雄虫只有 1 个交合刺，多数营自由生活。

① 色矛目（Chromadorida）　咽分 3 部分，前部呈长纺锤状，中部狭，后部膨大呈球形。如韧带线虫和扭曲线虫（*Plectus parietinus*）等。

② 刺嘴目（Enoplida）　咽分前后 2 部分，前半部狭，肌肉性；后半部宽，为腺体。如旋毛虫（*Trichinella spiralis*）和人鞭虫。

2. 尾感器亚纲

体后端具尾感器，排泄系统为成对的纵管，雄虫具一对交合刺。大多数营寄生生活。

① 小杆目（Rhabditida）　咽分 3 部分，幼虫期如此，如小杆线虫（*Rhabditis maupasi*）。

② 圆线虫目（Strongylida）　咽部球形或筒状，口周围无乳突。十二指肠钩虫、美洲板口线虫（*Necator americanus*）等。

③ 蛔虫目（Ascaridida）　咽呈长筒状，口周围有乳突。如人蛲虫、人蛔虫等。蛔虫是世界性肠道寄生线虫，种类很多。寄生在人和猪小肠中的蛔虫；寄生在猫、狗、狐、狼等食肉类动物体内的弓蛔虫（*Toxocara*）；寄生在鸡等家禽体内的禽蛔虫（*Ascaridia*）；寄生在驴马体内的副蛔虫（*Parascaris*）；寄生在蛙、蛇等两栖动物和爬行动物体内的蛇蛔虫（*Ophidascaris*）；多宫蛔虫（*Polydelphis*）寄生在爬行动物体内。

④ 旋尾目（Spirurida）　咽分 2 部分，前部肌肉性，后部为腺体，如班氏丝虫（*Wuchereria bancrofti*）、马来丝虫（*Brugia malayi*）等。

⑤ 垫刃目（Tylenchida）　体小，有口针，咽分 3 部分。如小麦线虫（*Anguina tritici*）等。

（四）几种常见的寄生线虫

1. 人蛔虫（*Ascaris lumbricoides*）

又名拟蚓蛔线虫，是人体最常见的肠道寄生线虫之一，分布世界各地，感染率高，全世界有近三分之一的人口曾感染，尤其是儿童。

（1）形态构造

人蛔虫是寄生于人体肠道中最大的线虫，体呈圆柱形，向两端渐细，全体乳白色，雌大雄小。雌虫长 200～400mm，直径 5～6mm；雄虫较短且细，末端向腹面弯曲，呈钩状。虫体前端顶部为口，外围有三片唇，内缘各有 1 排小齿，背唇（dorsal lip）1 个，上有 2 个乳突，腹唇（ventral lip）2 个，各有 1 个乳突（图 6-7）。口稍后 2mm 处的腹中线上有一个排泄孔。雌性生殖孔位于体前端约 1/3 处的腹侧中线上。雄性生殖孔与肛门合并称为泄殖孔，有时可见自泄殖孔处突出一对交合刺，能够自由伸缩。体表的角质膜上有环状横纹，侧线明显，背、腹线较细（图 6-8）。

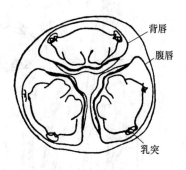

图 6-7　蛔虫头部正面观

背唇
腹唇
乳突

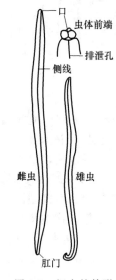

口
虫体前端
排泄孔
侧线
雌虫
雄虫
肛门

图 6-8　蛔虫的外形

蛔虫寄生在宿主的肠腔内，长期适应低氧环境，具有较完善的糖酵解及有机酸盐还原酶系统的代谢途径，在酶的参与下，将体内糖原最终分解成二氧化碳、氢、脂肪酸和其他有机酸，并从中获取能量。蛔虫是以宿主肠内的半消化物质为食，可不经消化，故消化系统简单，由口、咽、肠、直肠、肛门几部分组成，无特别消化腺（图 6-9）。

蛔虫的排泄系统，是由一个原肾细胞衍生而成的"H"形管，一对纵行排泄管分布于侧线内，由后向前，至咽处左右两条排泄管汇合成一条，开口于排泄孔。

蛔虫的神经系统是由围咽神经环以及由它向前、向后各发出的 6 条神经所构成，分别为背神经 1 条、腹神经 1 条，背侧神经 1 对和腹侧神经 1 对。其中背、腹神经分别位于背、腹线中，腹神经较发达，主管运动和感觉，背神经司运动，侧神经司感觉，向前的背侧神经和腹侧神经分别终止于背唇和腹唇的感觉乳突上，可对机械的或化学刺激引起反应；向后发出的神经嵌在上皮中，纵行神经之间都有横的背腹神经连接，使整个神经系统呈圆筒形（图 6-10）。蛔虫唇上的乳突和雄虫尾部的尾乳突有感觉功能。尾乳突又称生殖突，有助于雌雄交配。

蛔虫的生殖系统发达，生殖力强。生殖器官呈管状，盘曲于原体腔中。雌性生殖系统为双管型，一对管状卵巢，卵巢中央有一合胞体的中轴，卵原细胞呈辐射状排列。卵巢后接渐渐变粗的输卵管，卵巢和输卵管长，没有明显的界限，前后盘曲在原体腔内，子宫粗大，两子宫汇合后通入一短的阴道，以雌性生殖孔开口于体表。雄性生殖系统为单管型，精巢一个，经盘曲的输精管、较粗的储精囊和射精管（ejaculatory），通入直肠，以泄殖孔开口于体表。在泄殖腔背侧形成 1 对有交合刺囊（copulatory bursa），内有 1 对交合刺。交配时，二交合刺伸出，可撑开雌性生殖孔，将精子经阴道送入子宫中，精子和卵细胞在子宫远端部受精。

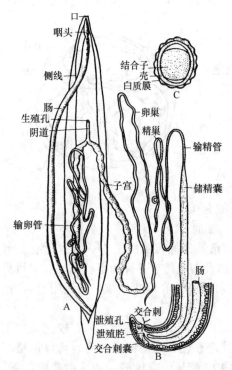

图 6-9　蛔虫的内部解剖

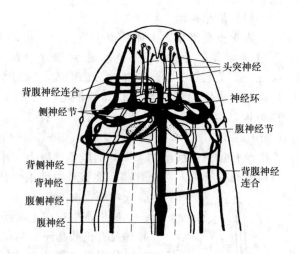

图 6-10　蛔虫的神经系统（仿 Smyth）

（2）生活史

生活史复杂。雌雄成虫在人体小肠内交配。卵在雌虫子宫远端部受精，子宫内充满着卵，有人估计约有 2000 万粒。卵由雌孔排出，日产卵量可达 20 余万粒（包括受精卵和未受精卵），受精卵呈椭圆形，约（45～75）μm×（35～50）μm，外被卵壳，由 4 层组成，最外层为凸凹不平的蛋白膜，可保持水分，防止卵干燥，再向内依次为卵黄膜、几丁质膜和质膜。受精卵在潮湿、荫蔽、氧气充足和 20～24℃ 的环境条件下开始发育，卵裂属于不典型的螺旋式，约经两周发育成内含卷曲仔虫的胚胎卵；再经一周，卵壳内仔虫经过第一次蜕皮后即具有感染性，为感染卵。当感染卵被人吞食后，即在十二指肠内孵出幼虫，幼虫长 200～300μm，直径 10～15μm，幼虫穿入肠壁进入血液或淋巴中，经门静脉或胸导管入心脏，再到肺中，穿过微血管而入肺泡，在肺泡内进行第二、三次蜕皮，此时虫体长达 1～2mm，然后沿气管逆行至喉、咽，再被咽下，经食管、胃到达小肠，经第四次蜕皮，逐渐发育为成虫（图 6-11）。幼虫在移行过程中也有随血液到达其他器官的，但一般不能发育。从感染期卵进入人体到成虫成熟产卵共需 60～75 天。蛔虫的寿命约为一年。

幼虫在人体移行过程中，导致宿主体内组织遭到破坏，因而引发炎症，严重者则出现肺部水肿，引起痉挛性咳嗽、痰中带血，或发生蛔虫性哮喘等症。幼虫还可在脑、脊髓、眼球和肾等器官中停留，造成严重病状。成虫的分泌物中含有消化酶抑制剂，可抑制肠道内消化酶的作用而不受侵蚀，这是寄生虫的一种适应性。蛔虫的成虫夺取人体营养，破坏肠壁，或引起消化不良、腹泻或便秘等，一般危害不大。当虫数过多时，虫体扭结成团，可造成机械性肠梗阻，甚至腹穿孔。成虫有迁移习性，可侵入胆管、胆囊、肝脏和胃等，引起不同症状，如胆管炎、胰腺炎、阑尾炎、胆结石等，造成多种危害。蛔虫的寄生会影响儿童的生长发育。

（3）防治原则

对于寄生虫病的防治就是要始终坚持"预防为主，治疗为辅"的原则。针对蛔虫病，驱除人体肠道内的蛔虫是控制传染源的重要措施，可集体服用驱虫药物，尤其是儿童。驱出的虫和粪便应及时处理，避免其污染环境；每个人都要养成良好的个人卫生习惯，饭前便后洗手，不饮生水，不食用不清洁的瓜果，勤剪指甲。对餐馆及饮食店等，应定期进行

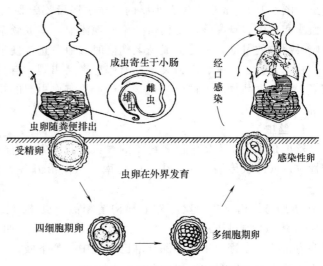

图 6-11　蛔虫生活史（自江静波）

卫生标准化检查，禁止生水制作饮料等；加强粪便管理，搞好环境卫生，对粪便进行无害化处理，不用生粪便施肥，不放牧猪等，使用无害化人粪做肥料，防止粪便污染环境是切断蛔虫传播途径的重要措施。

2. 人蛲虫

又称蠕形住肠线虫，为世界性分布的寄生线虫。在公元前 90 年，《史记》中就有蛲虫的相关记载。主要寄生在人的盲肠、阑尾、升结肠及回肠下段，容易在儿童之间传播。

① 形态结构　成虫细小，乳白色，雌雄大小悬殊。体前端两侧的角质膜膨大形成颈翼膜（cervical alae），雌虫一般 8～13mm，尾部长而尖细，故又称针虫。雄虫长 2～5mm，尾部向腹侧卷曲，有尾翼及数对乳突，尾端仅有一根交合刺。

② 生活史　成虫多寄生于结肠、盲肠、阑尾、回肠下段及直肠处，有时可达小肠上段甚至胃、食道等处。传播途径可为逆行感染和自体感染。前者是指雌虫夜间移至肛门外产卵，虫卵在肛门处孵化，幼虫再爬行入肛门，称逆行感染（retroinfection）；后者特指当患者用手搔抓肛门附近时，虫卵污染手指，造成直接传染。此外，通过衣被和尘埃亦可自口感染。自食入感染卵至成虫，需时约一个月。成虫寿命仅 3～4 周。蛲虫寄生常引起轻度溃疡、阑尾炎、腹泻、阴道炎等症，并使患者烦躁、失眠、消瘦，对儿童危害较大。雌虫在宿主体内的生活期一般为 2 个月左右。

3. 钩虫

寄生于人体的钩虫主要有十二指肠钩虫和美洲板口线虫两种，遍及世界。十二指肠钩虫于 1843 年在意大利发现，属于温带型，在我国的华中、华南、四川等区域有分布。美洲板口钩虫属于热带型，主要分布在热带、亚热带地区，我国南方多于北方。

① 形态结构　两种钩虫大小相似，成虫细小，长约 1cm，微红色，略呈"C"形。唇退化，有发达口囊，十二指肠钩虫口囊腹缘有两对钩齿，背侧有一对三角形齿板。美洲板口钩虫口囊无钩齿，在腹侧有一对半月形齿板。

② 生活史　成虫在小肠内交配并产卵，每只雌虫日产卵近万枚，受精卵随宿主粪便排出，在土壤中发育，经 1～2 天即可孵化成第一期杆状幼虫（rhabditis larva），3 天后蜕皮发育为第二期杆状幼虫，再经过 5～8 天以后发育成丝状幼虫（filariform larva），即感染期幼虫。当人的手或足接触土壤时，即从皮肤钻入，移行过程与蛔虫相似。最终在小肠中发育为

成虫（图 6-12）。成虫寄生在小肠内，通过钩齿咬破肠黏膜，吸食血液。同时虫体可分泌抗凝血酶和乙酰胆碱酯酶，使伤口处不停地渗血，造成肠壁严重的机械损伤。成虫有不断地更换咬吸部位的习性，因此造成新老伤同时渗血不止，使患者严重贫血，患有黄肿病，皮肤蜡黄、眩晕乏力、浮肿、心力衰竭。有些患者会出现"异嗜症"，喜食生米、泥土、纸张、玻璃等非正常食品物质，据研究这是由于严重贫血引起的缺铁症，如单独补充铁剂，异嗜症可缓解。

4. 丝虫

丝虫是寄生于人体淋巴系统中的线虫，我国主要有班氏丝虫和马来丝虫分布，丝虫病由雌性按蚊或库蚊传播。我国山东、河南、东南沿海省、西南各省、湖南等省都有丝虫病流行。

① 形态结构　两种丝虫外形和构造相似，虫体细长如丝，乳白色，表面光滑，长 2～10cm，雌虫较雄虫长一倍以上，尾端直。雄虫尾端卷曲 1/2 到 3 圈，具有交合刺。班氏丝虫略为粗长，多寄生于人体深部淋巴系统中，如下肢、阴囊、腹股沟等部位。马来丝虫多寄生于下肢浅部淋巴管中。

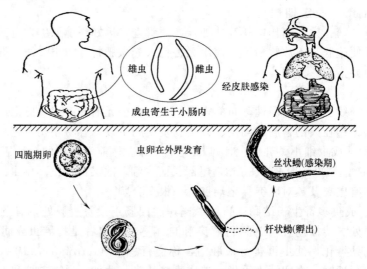

图 6-12　钩虫生活史（自江静波）

② 生活史　成虫交配后，雌虫以卵胎生方式产出微丝蚴（microfilaria），体弯曲，长 200～300μm，体外有一鞘膜，内充满细胞核。随淋巴循环经胸导管入血循环，白天留在肺血管中，夜间移至外周末梢微血管中。微丝蚴在人体内不发育，但可存活 2 周以上。当按蚊或库蚊叮人时，则随血进入蚊体，在蚊体内经 10～17 天即可蜕皮发育为感染性丝状幼虫，到达下唇（口器），当蚊再吸人血时，即侵入人体淋巴系统（图 6-13）。

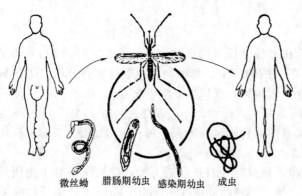

图 6-13　丝虫生活史（自江静波）

丝虫成虫寄生在人体内，首先可引起丝虫热。丝虫热为周期性发热，有时先有寒战、体温可达 40℃，2～3 天后自行消退，亦可持续一周，有的仅有低热、无寒战。丝虫热在班氏丝虫病流行区较常见。急性期突出症状为淋巴结炎、淋巴管炎、丝虫热、精索炎等。特点表现在周期性发作，隔 2～4 天周或每隔数月发作一次。发作时常有发热，体温升高到 39℃左右，多数持续 2～5 天。患者主要表现为畏寒、发热、咳嗽和哮喘等。晚期丝虫病人的上肢、下肢、阴囊、阴茎等身体部位出现异常组织增生，即象皮肿或称象皮病。由于两种丝虫寄生的部位不同，上、下肢象皮肿可见于两种丝虫病，而生殖系统象皮肿则仅见于班氏丝虫病。

由于雌性按蚊和库蚊是传播丝虫病的重要生物媒介，所以在预防丝虫病方面，防蚊灭蚊是主要措施。

此外，小麦线虫（*Anguiua tritici*）、猪肾虫（*Stephanurus dentatus*）和盲肠线虫（*Contracaecum* sp.）等寄生于植物、猪、鱼等体内，严重影响着农业，畜牧业及渔业的生产。

二、腹毛纲

腹毛动物是一类水生小型的多细胞原体腔动物，种类不多，有 200 余种，大多生活于淡水，也有生活于海洋的，是典型的底栖生物。

体呈长圆筒形、带形或卵圆形，不分节，体长一般为 0.07～1.5mm，尾部通常分叉。淡水种类身体尾部分叉处有黏腺，可分泌黏液，使动物可以随时黏着在物体上。体外被一层角质膜，或薄而光滑，或厚呈鳞状、板状，或呈刺状覆盖

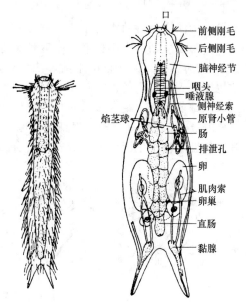

图 6-14　鼬虫的外形和内部构造（自 Sherman）

体表。腹毛动物还保留有发达的纤毛，纤毛仅分布在身体的腹面及头区，它仍用纤毛在黏液上滑行。其纤毛的形态、分布和功能与涡虫腹面的纤毛相似，说明两者之间似有亲缘关系。但也有的种类纤毛排列在身体的两侧或排列成纵列或横排，少数种类纤毛仅存在于头部腹面两侧，其功能不再是运动而变成了感觉器官，纤毛的变化及排列是种的特征之一。上皮层为合胞体，表皮层下有六对纵肌束，收缩时可使身体缩短或弯曲。

消化系统为一纵直的管，包括口、咽、肠、直肠和肛门。口在身体前端腹面，周围有长纤毛束或棘毛丛（bristle），司感觉。口下为富有肌肉的咽，咽背面通有一对唾液腺，咽下连接胃、肠，末端为直肠，开口于肛门，肛门在近体后的腹面。体后端分叉，每叉的末端有黏液腺的开口，分泌黏液起附着作用。

排泄系统为一对具有焰茎球的原肾管，位于消化管中部两侧，开口于腹面中央，主要用以调节体内渗透压，有的海产种类缺排泄系统，具有腹腺。

神经系统有一对脑神经节和一对侧神经索，脑神经节位于咽的前端，与侧神经索相连，没有特殊的感官。

绝大多数（海产种类）为雌雄同体，有些种类的精巢退化（如 *Chaetonotoidea*），只有雌性个体出现，行孤雌生殖。卵巢一个或一对，有子宫、纳精囊（seminal receptacle）、交配囊和雌性生殖孔。精巢一个或一对，有输精管、雄性生殖孔，有的种类输精管通入交配囊。卵具有卵壳，直接发育，无幼虫期，与淡水轮虫相似，具有休眠卵和不休眠卵。常见的动物如鼬虫（*Chaetonotus*）（图 6-14），海产的如头趾虫（*Cephalodasys*）、大趾虫（*Macro-*

图中标注（从上到下）：口、前侧刚毛、后侧刚毛、脑神经节、咽头、唾液腺、侧神经索、焰茎球、原肾小管、肠、排泄孔、卵、肌肉索、卵巢、直肠、黏腺

dasys）及尾趾虫（*Urodasys*）。

　　腹毛纲在演化上占有重要的地位。因为它一方面与扁形动物门的涡虫纲相似，例如，有的腹毛类腹面有纤毛，无完整的皮肌囊。排泄器官有焰茎球。海产种类也是雌雄同体。另一方面它具有原体腔，完全消化道，咽头有辐射状肌肉，中肠由内胚层形成，肛门靠近体后端腹面，这些特征又和自由生活的线虫相似。故在演化上处于涡虫纲和线虫纲之间，和线虫纲一样起源于涡虫纲。同时与轮虫纲也有较近的亲缘关系。

三、轮虫纲

　　轮虫为淡水浮游动物的主要类群之一，体微小，约 2000 种，均为水生，是较小的多细胞动物，与原生动物大小相似。一般种类身体大小为 $100 \sim 500 \mu m$，最小的只有 $40 \mu m$ 左右，最大的可达 4mm。大多自由生活，淡水里最多，在河流、湖沼、水库、池塘甚至雨后的积水中也能见到，海产的种类较少，寄生的更少。大多数轮虫分布广泛，为世界性种类，从浅水到深水都能生存。绝大多数轮虫为单体，少数为群体，如簇轮虫（*Floscularia*）、巨冠轮虫（*Sinantherina*）等。轮虫以细菌、原生动物、藻类、轮虫、有机质碎屑等为食，在微酸性和微碱性水体中生活，大多数轮虫具有高度的生态耐性，是广酸碱性种类。

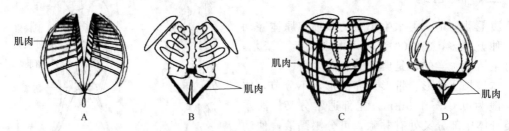

图 6-15　轮虫的咀嚼器及附着肌肉（修改自 Brusca 1990）

A、B. 研磨型咀嚼器不能伸出口外主动捕食；C、D. 捕食型咀嚼器能伸出口外主动捕食

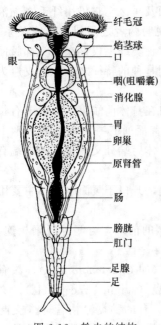

图 6-16　轮虫的结构
（自 Sherman）

　　轮虫体呈长圆柱状，分头、躯干和尾三部分。头部较宽，前端有能伸缩的、具有 1～2 圈纤毛的轮盘（trochal disc）或称头冠（corona），形状因种而异，是轮虫的形态特征之一。头冠外侧的一圈纤毛称纤毛带，内侧的一圈称纤毛环（ciliary ring），纤毛有节奏地摆动，似车轮，故名轮虫。轮盘具游泳和取食的功能。有些种类头冠上的纤毛特化成粗壮的刚毛，有感觉作用。头冠的形式不一，有些种类的头冠上半部完全裂开，形成 2 个纤毛轮器（trochus）。躯干部一般是虫体直径最大的部位。躯干部和尾部的体表常有很多明显的环纹，这些环纹是些有规则的环状褶皱，能使身体收缩。尾部又称足，末端常有分叉状附着器一对，称趾（toe），有的种类有 3 或 4 趾内有黏腺（adhesive）或称足腺（pedal gland），能分泌黏性物质。趾在爬行时有固着于底层的作用。少数浮游种类无足。

　　轮虫体表被角质膜，常在躯干部增厚，称兜甲（lorica），其上往往形成棘或刺。一些部位的角质膜因硬化程度不同而形成折痕，形似体节。当身体收缩时，前后端的节可向中部缩入，如套筒状。角质膜下为合胞体的上皮，环肌及纵肌呈束状，较发达，因此轮虫伸缩自如。轮虫有原体腔，腔内充满体腔液。

消化管分为口、咽、胃、肠、肛门等。口位于头部腹面，咽部特别膨大，肌肉发达，又称咀嚼囊（mastax），咽内有咀嚼器（trophi）（图 6-15），这也是轮虫的特征之一。咀嚼器是由角质膜硬化形成的多块坚硬的咀嚼板构成，咀嚼器不停地运动，可磨碎食物。此外，还有唾液腺开于咽内，咽由管状食道通入膨大的胃，胃囊状，内壁上有纤毛，一般胃前有一对胃腺，可分泌酶，有开口入胃。胃是消化和吸收的主要部位。肠管状，较短，连于泄殖腔，以泄殖孔开口于躯干与尾交界处的背侧。

排泄器官为一对由排泄管和焰茎球组成的原肾管，位于体两侧，为合胞体细胞衍生而成，细胞核位于排泄管的管壁上，这点与涡虫显然不同。2 个排泄管通入膀胱，与肠汇合入泄殖腔，由泄殖孔开口于体外。

轮虫的神经系统主要由位于咽背侧的双叶状脑神经节及伸向体后的 2 条腹神经组成，脑神经节向体前端和背侧发出许多神经。轮虫的神经系统与涡虫的极为相似。感官位于头部，有头冠上的感觉毛，眼点 1～2 个（一般为 1 个），1 条背触手及 2 条侧触手，触手为短棒状突起，其末端具感觉毛。

轮虫为雌雄异体，但雄性个体不常见且体小，仅有雌性的 1/8～1/3，寿命短。体内的生殖腺及导管一般都是单个的，少数种类左右成对（图 6-16）。有些种类从未发现过雄性个体。轮虫的生殖周期特殊，生活史包括两种不同的生殖方式，一般在适宜条件下行孤雌生殖，经过多代孤雌生殖之后，当环境条件变劣，行两性生殖。轮虫自卵孵出后，细胞核即不再分裂。身体部分受损，也不能再生。

当轮虫生活的水体干枯时，有些种类仍能生存。轮虫的身体失去大部分水分，高度蜷缩，进入假死状态，耐干燥能力极强，抵抗干燥的环境可达几个月到几年。再入水后，即可复活。这种状态维持生存，称为隐生（cryptobiosis）。

总之，轮虫的构造和胚胎发生，均与涡虫相似，具有原肾系统；同时表皮层的细胞及细胞核数目又与线虫相同；故轮虫和线虫可能是由涡虫演化而来的两个分支。

四、线形纲

线形纲种类有 230 余种，大多数种类分布在热带和亚热带的淡水水域和潮湿的土壤中，少数种类分布于海洋营游走生活。体细长呈线形，体长 0.5～1m 或更长，直径只有 1～3mm，粗细一致，无侧线。前端钝圆，体表角质膜很坚硬，上皮分界明显，内为纵肌。原体腔内充满间质。消化管在成虫及幼体内均退化，常常无口，不能摄食，以体壁吸收宿主的营养物质。肠壁为一层单层细胞的上皮，在组织学上与昆虫的马氏管相似，可能具有排泄功能；消化管后端与生殖导管相连，形成泄殖腔，具有角质膜衬里；排泄孔开口于体后端腹面，无排泄器官；神经与上皮相连，体前端有一个神经环，向后伸出一条腹神经；雌雄异体，雄体较小，向腹侧蜷曲。生殖腺数目很多，成对排列在身体两侧，不与管相接。线形纲动物的成虫自由生活于河流和池塘等淡水中，多在春季雌雄交配产卵，卵黏成索状。孵出的幼虫具有能伸缩的有刺的吻，消化管完全，但不进食，仅用体表吸取宿主的脂肪体，并分泌一种物质，形成孢壳，在水底生活。幼虫钻入宿主体内或被宿主吞食，即营寄生生活。寄生在昆虫类的螳螂、蝗虫、龙虱等体内，逐渐发育成成虫，离开宿主，在水中营自由生活。如宿主身体过小，幼虫即停止发育，当这个宿主被更大的宿主吞食，再在新宿主体内继续发育。如此出现了更换宿主现象。

形似细铁丝的铁线虫（*Gordius aquaticus*）是常见种类，又名发形蛇（hair snake）或马尾毛虫（horsehair worm），自由生活在沼泽、池塘、溪流、沟渠等水底或缠绕在水底植物上，产卵于水中。虫体细长，圆线形，似铁丝，黑褐色，成虫长 10～50cm，直径 0.3～2.5mm。铁线虫为雌雄异体，雄虫体末端分两叉。交配时雄虫环绕雌虫，在雌性生殖孔周围产出精子，精子主动游入雌性受精囊内。交配季节常多条虫体缠绕在一起，雌虫不善运动，交配后即产卵于水中。卵内幼虫孵出进入蝗虫、螳螂、蟑螂、蚱蜢等昆虫发育成稚虫，昆虫入水，稚虫离开宿主在水中发育成成虫。

铁线虫成虫主要在水中营自由生活，偶尔感染人体，引起铁线虫病。人体消化道感染铁线虫可能是通过接触或饮用含有稚虫的生水，或食用含有稚虫的昆虫、鱼类和螺类等食物而引起。尿道感染是由于人体会阴部接触了含有稚虫的水体，经尿道侵入，上行至膀胱内寄生。虫体侵入人体后可进一步发育至成虫，并可存活数年。寄生尿道的患者，以女性为多，均有明显的尿道刺激征，如下腹疼痛、尿频、尿急、尿痛、血尿、放射性腰痛、会阴和阴道炎，虫体排出后，症状缓解。防治铁线虫感染的关键是不饮不洁之水，不生吃昆虫、鱼类和螺类等食物，下水时避免口腔与不洁水体直接接触。

线形动物的体形和某些结构似线虫动物，但体无侧线，有原体腔，腔内充满间质，消化管退化，无排泄管，神经结构特殊，因此，线形动物的演化关系尚不明确。

第三节 原体腔动物的经济意义

原体腔动物的许多种类与人类的生产和生活有着密切的关系，总的来说，有害面大于有利面。

许多线虫寄生在人、动物和植物体内，给人类健康和畜牧业生产及农作物栽培带来很大危害。寄生于人或猪小肠内的蛔虫，除堵塞肠道、破坏肠壁外，其幼虫在肺内生长和移行时，常引起蛔虫性哮喘和肺炎。慢性蛔虫病还可引起消瘦、生长停滞或发育不良，对儿童或仔猪危害尤重，甚至死亡。寄生在人体内的蛲虫可使患者失眠、精神过敏等，降低工作效率。钩虫病能使患者智力衰退、反应迟钝、精神不振等，对生长发育和工作学习都有很大影响。丝虫侵入动物的血液和淋巴系统，引发丝虫病，使患者出现丝虫热乳糜尿和象皮肿，严重威胁着患者的身体健康，导致患者丧失劳动力。寄生于家畜、家禽的线虫（如鸡蛔虫）能破坏肠壁，引起出血和发炎，严重影响产肉和产蛋。小麦线虫寄生于小麦的麦穗或叶腋中，可使植株枯萎，形成虫瘿，不结麦粒，严重影响小麦产量，此外，猪肾虫（*Stephanurus dentatus*）和盲肠线虫（*Contracaecum* sp.）等寄生于猪、鱼等动物体内，严重影响着农业、畜牧业及渔业的生产。

本门的许多动物也直接或间接对人体有利。轮虫是鱼类的天然饵料，并以水中的有机碎屑或藻类及原生动物为食，有净化池塘的作用，对维持水环境的生态平衡很重要。许多线虫可用作生物防治，是很多农业害虫（如蝗虫、金龟子、蝼蛄等）的寄生虫。线虫对金龟子幼虫的毁灭率高达 80%，对防治农业害虫有很大作用。此外，土壤中许多自由生活的线虫，是土壤生物的主要组成部分，据估计，每克土壤有 1～60 个线虫。它们常以腐败的有机物为食，通过消化可使这些有机物降解，从而增加土壤肥力。

思　考　题

1. 名词解释：原体腔、完全消化系统、蜕皮、合胞体。
2. 原体腔动物门的主要特征是什么？
3. 线虫纲的主要特征是什么？

4. 试述蛔虫的形态和结构特征。

5. 阐述蛔虫的生活史，说明其感染率高的主要原因。

6. 简单比较蛲虫、钩虫、丝虫生活史的不同。

7. 试述寄生线虫对寄生生活的适应。

8. 简述腹毛纲、轮虫纲、线形纲及棘头动物门的特征及代表动物。

9. 棘头虫表现出适应寄生生活的特征是什么？

10. 试述原体腔动物与人类的关系。

教学重点：环节动物门（Annelida）的主要特征；身体分节和次生体腔出现在动物演化上的重要意义。

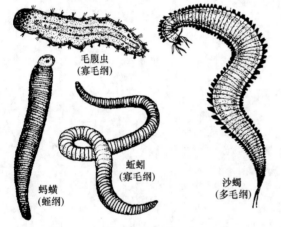

图 7-1　环节动物门的代表动物

毛腹虫（寡毛纲）

蚂蟥（蛭纲）

蚯蚓（寡毛纲）

沙蠋（多毛纲）

教学难点：次生体腔的形成过程；蚯蚓适应土壤穴居生活的特征。

环节动物是身体分节的高等蠕虫。在蠕虫类中，无论是有机结构，还是生理功能都达到了完善和高度发展的程度，在动物演化史上发展到较高的水平，是高等无脊椎动物的开始，全世界大约有环节动物 9000 种，生活在淡水、海水或陆地上。最常见的种类有蚯蚓、蚂蟥和海产的沙蚕等（图 7-1），其中许多种类的成虫和幼虫都与人类的生产、生活密切相关，在农业生产、动物养殖、医药开发、疾病防治等方面具有重要的研究意义。

第一节　环节动物门的主要特征

一、分节现象

环节动物的身体由许多彼此相似而又重复排列的体节（metamere）组成，这种现象称为分节现象（metamerism）。分节现象是无脊椎动物在演化过程中的一个重要标志，体节与体节间以体内的隔膜（septum）相分隔，体表相应地形成节间沟（intersegmental furrow），为体节的分界。它不仅是外部特征，同时许多内部器官如循环、排泄、神经等也表现出按体节重复排列的现象（图 7-2），这对促进动物体的新陈代谢、增强对环境的适应能力有着重大意义。环节动物中的原始种类的体节界限不明显。

环节动物多数是同律分节（homonomous metamerism），除前两节和最后一节外，其余各体节在形态上都基本相同。体节的出现促进了形态构造和生理功能向高级水平分化和发展，增强了运动机能，也是生理功能分工的开始。如体节再进一步分化，各体节的形态结构发生明显差异，身体不同部分的体节完成不同功能，内脏各器官也集中于一定体节中，这就从同律分节发展到异律分节（heteronomous metamerism），促使动物体

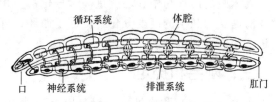

图 7-2　环节动物的循环、排泄和神经系统
图解，示分节现象（自江静波）

向更高级发展，为进一步分化为头、胸、腹部提供了可能性。因此分节现象是动物发展的基础，在系统演化中具有重要意义。

　　分节现象的起源问题，一般认为可能来源于低等蠕虫（如涡虫、纽虫）的假分节现象（pseudo metamerism）。它们的消化、生殖等内脏器官成对按体节重复排列，当动物体作左右蠕动时，于各器官之间的体壁处产生了褶缝，以后在前后褶缝间分化出肌肉群，于是形成了体节。

二、次生体腔（真体腔）的发生及意义

　　环节动物体壁和消化道之间有一个很大的空隙，即体腔。从胚胎发育过程来看，在原肠后期最先形成两条中胚层带，突入囊胚腔，中胚层带中央裂开形成体腔囊，逐渐扩大，最终其内侧中胚层与内胚层结合成肠壁，外侧中胚层与外胚层结合形成体壁，中央的腔则为体腔。由于该体腔是由中胚层带裂开形成的，故称裂体腔（schizocoel）。这种体腔在肠壁和体壁上都有中胚层发育的肌肉层和体腔膜或称体腔上皮（peritoneum），由于该体腔比初生体腔出现的晚，故又称次生体腔（secondary coelom）或真体腔（true coelom）。环节动物的体腔由隔膜（diaphragm）隔成一个个的小室，彼此有孔道相通，而各小室通过排泄管与体外相通。隔膜前后，肠壁外侧和体壁内侧，都有一层体腔膜包围。在低等种类的背面和腹面，都有肠系膜与体壁相连，在体腔膜外面或肠系膜之间，有背血管（dorsal blood vessel）和腹血管（ventral blood vessel），血管腔即为胚胎时期的原体腔。在蛭纲中，由于中胚层组织的填充，体腔相应缩小，其中血管消失，变成血窦（blood sinus）。体腔内除有神经、循环、排泄、生殖等器官外，还充满体腔液。体腔液与循环系统共同完成体内运输的机能，并使身体具有一定形状。同时与肌肉系统共同完成身体运动机能（图 7-3）。

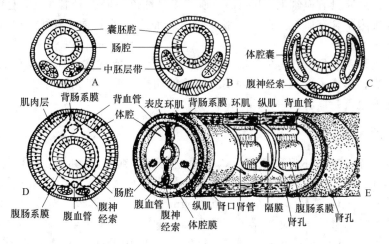

图 7-3　环节动物的体腔形成（A～D. 仿 Karschels；E 仿 Barnes）
A、B. 中胚层带的出现；C. 体腔囊的形成；D、E. 真体腔的形成

真体腔的出现与中胚层的进一步分化密切相关，是动物向更复杂、更高等的阶段发展的重要前提。中胚层的高度分化，促进了循环、排泄、生殖等器官系统的进一步发展，同时也促进了相应生理机能的完善。

三、刚毛和疣足

刚毛（setae）和疣足（parapodium）是环节动物的运动器官，由体壁衍生而来。大多数环节动物体节上有刚毛，海产种类一般有疣足。刚毛是表皮细胞内陷形成的刚毛囊（setal sac），囊底部一个大的形成细胞（formative cell）分泌几丁质物质，形成刚毛。在肌肉牵引下，刚毛发生伸缩，致使动物可爬行运动。其次刚毛在生殖交配时有一定作用。每一体节所具有的刚毛数目、刚毛着生位置及排列的方式等因种而异。有的种类每体节刚毛多，呈环形排列，称环生；有的刚毛少，每体节只有4对，为对生；有的刚毛成束。从环节动物开始出现了原始的附肢——疣足，位于体的两侧，是体节两侧体壁向外突出的扁平片状突出的双层结构，一般每个体节一对。典型的疣足分成背肢（notopodium）和腹肢（neuropodium），背肢的背侧具有一指状的背须（dorsal cirrus），腹肢的腹侧有一腹须（ventral cirrus），有触觉功能。有些种类的背须特化成疣足鳃（parapodial gill）或鳞片等。背肢和腹肢内各有一起支撑作用的足刺（aciculum）。背肢有一束刚毛，腹肢有2束刚毛。刚毛有分节与不分节之分，形态各异。疣足划动可游泳，有运动功能。疣足内密布毛细血管网，可进行气体交换。

环节动物的刚毛和疣足的出现，增强了运动功能，使环节动物的运动更加敏捷、更加迅速。无疣足和刚毛的种类，依靠吸盘及体壁肌肉的收缩进行运动。

四、闭管式循环系统

环节动物开始具有较完善的循环系统，结构复杂，由纵行血管和环行血管及其分支血管构成。各血管以微血管网相连，血液始终在血管内流动，不流入组织间的空隙中，构成了闭管式循环系统（closed vascular system）。血液循环有一定方向，流速较恒定，提高了运输营养物质及携氧功能。

环节动物的循环系统的形成与次生体腔的发生有密切关系。由于次生体腔逐渐扩大，使原体腔逐渐缩小，在消化管背、腹侧残余空隙，便形成了背血管、腹血管和环行血管的管腔。环节动物的血浆具有血红素（heme），血液多呈红色，但血细胞多是无色的；多毛纲中极少数种类血细胞中含有血红蛋白。一般在身体表面或疣足上通过血红蛋白（hemoglobin）和外界进行气体交换。

在蛭纲，循环系统复杂，有的具有真正的血管系统，有的次生体腔被间质填充而缩小，血管已完全消失，形成了血窦。这些血窦有血管的功能，但一般无肌肉壁。因为它是体腔的残余，所以血液也就是体腔液（coelomic fluid）。

五、排泄系统

环节动物的原始种类还保留原肾管，不同点是由管细胞（solenocyte）代替了焰细胞。绝大多数种类随着次生体腔的产生，排泄系统也发生了很大的变化，具有按体节排列的后肾管（metanephric duct）或体节器（organum segmentale），每体节一对或很多，后肾管来源于外胚层。典型的后肾管是一条两端开口迂回盘曲的管。一端开口于前一节体腔的多细胞纤毛漏斗，叫肾口（nephrostome）；另一端开口于该节腹面的外侧，叫排泄孔或肾孔（nephridiopore）（图7-4），这样的肾管称大肾管（meganephridium）。有些种类（寡毛类）

的后肾管发生特化，成为小肾管（micronephridium），有的小肾管无肾口，肾孔开于体壁；也有的开口于消化管，称消化肾管。后肾管除排泄体腔中的代谢产物外，因肾管上密布微血管，故也可排除血液中的代谢产物和多余的水分，有些环节动物（多毛类）由体腔上皮形成管子，称体腔管（coelomoduct），多开口于体表，有排除代谢产物功能的称排泄管，排除生殖细胞的称生殖管。有些种类的后肾管与体腔管合并，形成混合肾（nephromixium），除排除代谢产物外，在生殖季节可排出生殖细胞。

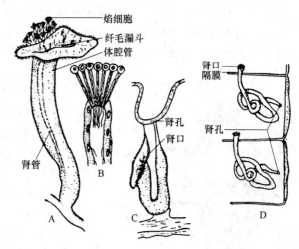

图 7-4　多毛类的各种肾管（A、B、C. 自 Goodrich；D. 仿 Hichman）

A. 原混合肾；B. 叶须虫属（*Phyllodoce*）的一个原肾分支和有管细胞群；C、D. 不同类型的后肾

六、神经系统

环节动物的神经系统比低等蠕虫的梯形神经系统更为集中。在身体最前端背侧有一对咽上神经节（suprapharygeal ganglion）愈合成的"脑"，左右由一对围咽神经索（circumpharyngeal connective）与一对愈合的咽下神经节（subpharygeal ganglion）相连。自此向后伸出的腹神经索（ventral nerve cord）纵贯全身。腹神经索是由 2 条纵行的腹神经合并而成，在每个体节内形成一个神经节，整体形似链状，故称链状神经系统（chain-type nervous system）。"脑"发出的神经到前端的感觉器官，同时，也分出神经到消化道等内脏器官来控制全身的感觉和运动的机能。各个神经节又分出若干对神经至体壁等处，调节本体节的感觉和运动的反射动作。腹神经节发出神经至体壁和各器官，司反射作用。所以，环节动物的神经系统明显地分为中枢神经系统（central nervous system）、交感神经系统（sympathetic nervous system）和外周神经系统（peripheral nervous system）（图7-5）。环节动物的神经系统进一步集中，致使动物反应迅速，动作协调。

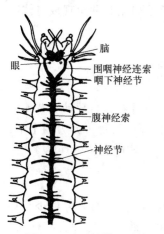

图 7-5　沙蚕的神经系统（仿 Buchsbaum）

环节动物的感官发达（多毛类），有眼、项器（nuchal organ）、平衡囊（statocyst）、纤毛感觉器（ciliated sence organ）及触觉细胞（tactile cell）。眼一般位于口前叶的背侧，2～4 对，有的构造简单，有的发育良好。平衡囊位于头后体壁内，有管开口于体表（如沙蠋）。项器位于头后，实为一对纤毛感觉窝，为化学感受器。纤毛感觉器位于体节背侧或疣足的背腹肢之间，又称背器官或侧器官。触觉细胞分布于体表。有些种类（寡毛类及蛭类）感官不发达，有的无眼，体表有分散的感觉细胞、感觉乳突及感光细胞（photoreceptor cell）等。

七、生殖系统

环节动物大都进行有性生殖。淡水和陆地的种类多为雌雄同体，直接发育，无幼虫期。海产的种类大多为雌雄异体，经螺旋式卵裂、囊胚，以内陷法形成原肠胚，发育过程中有变态（metamorphosis）。

海产种类分化少，每个体节有由体腔上皮产生的生殖腺和体腔管。体腔管内端开口于体腔，外端开口于体外，有时与肾管相连，有输精、输卵或排泄的功能。较高级的类群，其生殖腺常集中在某个体节内，由输精管或输卵管通出。少数由肾管作为输出管（如沙蚕）。

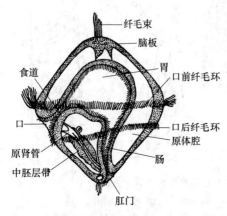

图 7-6　担轮幼虫（仿 Barnes）

八、担轮幼虫

海产的环节动物的卵裂与扁形动物相似，属于螺旋式卵裂。胚胎发育终止于担轮幼虫（trochophore）（图 7-6）。担轮幼虫形似陀螺，在体中部有两圈纤毛环，中间有口，位于体侧口前的一圈称口前纤毛环（anterior-oral ciliary ring）或原担轮（protroch），体侧口后的一圈称口后纤毛环（postoral ciliary ring）或后担轮（metatroch）。口通食道，后接膨大的胃，胃后为肠，末端为肛门。消化管内具有纤毛，只有肠来源于内胚层。

担轮幼虫前端顶端有一束纤毛，有感觉作用，其下有神经组织构成的感觉板（sensory plate，又称顶板 apical plate）和眼点。担轮幼虫具有很多原始特点：体不分节，具有原体腔，内有分散的间充质细胞、肌细胞，具有一对有管细胞的原肾管，神经、神经索与上皮相连。担轮幼虫在海水中游泳，变态时幼虫落于海底，口前纤毛环前面部分形成成体的口前叶，口后纤毛环以后的部分逐渐延长形成体节，近体末端的体节最早形成。中胚层带增长并出现成对体腔囊演变成的真体腔，最后幼虫的结构萎缩退化而发育成成体。

第二节　环节动物门的分类

环节动物约有 17000 种，在海水、淡水、陆地、潮湿土壤中均有分布，少数种类营暂时性寄生生活，极个别营内寄生生活，如化索沙蚕科（Arabellidae）。环节动物可分为四个纲：多毛纲（Polychaeta）、寡毛纲（Oligochaeta）、蛭纲（Hirudinea）和螠纲（Echiurida）。

一、多毛纲

多毛纲动物是环节动物中比较原始和数量最多的一类，种类约有 10000 种。除极少数种类外，一般生活于沿海浅滩至 40m 深的海底，是典型的海生环虫，最常见的种类有沙蚕、背鳞沙蚕等。

（一）外部形态

多毛纲的动物形态差异很大，体长可从 1mm 至 3m。一般呈长圆柱形，背腹略扁，体节数目较多，分为头部和躯干部，常有各种鲜艳的颜色。如沙蚕科（Nereidae）的沙蚕，头部明显，由口前叶（prostomium）和围口节（peristomium）所组成。口前叶略呈梨形，背面有眼两对，具有感光功能。前缘有一对短的口前触手（prostomial tentacles），两侧具一对触条（palp），有触觉和味觉的作用。围口节是身体的第一体节，两侧各有 4 条细长的围口触手（peristomial tentacle），腹面有口。吻（proboscis）能从口翻出来，口前端具一对几丁质的颚（jaw），吻可以分为近颚的颚环和近口的口环，划分为 1~4 区，上具有乳突、小齿或平滑，这在鉴定属种上有重要意义。围口节后为躯干部，每一体节两侧均具有一对薄片状疣足，疣足分背、腹两叶，为双叶型。每叶有一束刚毛和 1～2 根足刺，具有运动和支持疣足的作用。背叶的背侧有背须，腹叶的腹侧有腹须，背、腹须均有触觉和呼吸作用。背、腹叶的末端常内陷形成刚毛囊，刚毛囊中的单细胞分泌形成刚毛，具有防卫、感觉及支持身体等多种功能。疣足的主要功能为游泳器官，也可进行气体交换，在疣足的腹侧基部有一极小的排泄孔。沙蚕的体末节有一对肛须（anal cirrus），肛门位于肛须之间（图 7-7）。

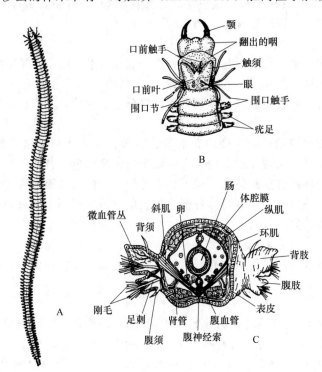

图 7-7　沙蚕
A. 外形；B. 头部背面观；C. 通过肠的横切

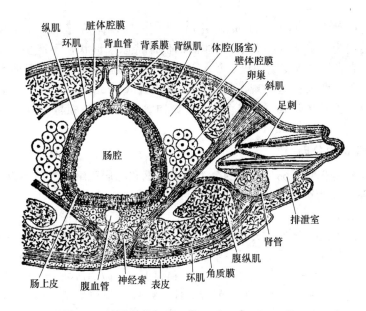

图 7-8　沙蚕的横切面（仿 Parker & Haswell）

（二）内部构造

1. 体壁

沙蚕的体壁最外层是角质层，其内有柱形表皮细胞。有些种类的表皮细胞能分泌含发光物质的黏液。在表皮细胞之内有1层薄的结缔组织，其内为1层环肌和1层厚的纵肌，常分为4束，2束在背部，2束在腹部，最里层就是壁体腔膜（parietal peritoneum）。另外，每节都有2条腹背斜肌，可以牵动疣足（图7-8）。

2. 消化系统

沙蚕的消化系统，呈一直管，包括口腔、咽、食道、胃、肠、肛门六部分。口腔很大，背、腹面有排列成细齿状的拟颚（paragnatha），在咽的前侧有一对几丁质的强大颚，为捕食器官，食道两侧有一对食道腺或称食道盲囊，能分泌蛋白酶，具有消化腺的功能。

3. 循环系统

沙蚕的循环系统比较简单，主要由背血管、腹血管及各体节连接背腹血管的环血管组成，为典型的闭管式循环系统。血液内含有血红蛋白，呈红色。背血管具有收缩能力，使血液由后向前流动，经环血管达到体壁、疣足、肾等处，并由此达腹血管，腹血管又有血管经肠血管回到背血管。环血管分支到身体各部，扩大形成微血管网，使血液在体壁上进行气体交换，在肠壁上吸收养分。

4. 排泄系统

除了前后少数体节外，每体节中有一对后肾管，通过肾管将体腔中的水分、尿素和死细胞由排泄孔排出体外。

5. 生殖与发育

沙蚕为雌雄异体，生殖系统较为原始，无固定的生殖腺，生殖腺只在生殖季节出现。生殖季节，生殖器官发达，每节有卵巢一对，精巢位置不固定，集中在19～25节内，生殖细胞来源于体腔上皮，但无生殖导管。卵细胞成熟后，游离在体腔内，由体壁临时破裂或由背纤毛器（体腔管的遗迹）出的临时开口排出体外。精子由后肾管排出，在水中受精，卵经螺旋式卵裂，形成实心囊胚，以外包法形成原肠胚，最后经担轮幼虫期形成成虫。

沙蚕科中有的种类（如 *Nereis pelagica*）性成熟时，体后部具有生殖腺部分的体节形态发生改变，转变为生殖节（epitoke）；体前部仍保持原来形状，不产生生殖细胞，称无性节（atoke）。生殖节各体节变宽，疣足扩大，生出特殊的新刚毛；体壁肌肉细胞、消化管等发生组织分解；眼点变大；这种现象称为异沙蚕相（heteronereis phase）。这种个体性成熟时，当月圆之夜，受月光刺激，雌雄个体大量游向海面，群集一起，进行排卵和撒精，沙蚕的这种习性称群浮（swarming）。

（三）多毛纲的分目

近年来对其分类意见不统一，有的分为游走亚纲和隐居亚纲；有的不设亚纲，直接分为23个目；多数学者认为可把多毛纲分为3个目。

1. 游走目（Errantia）

自由游走，体为同律分节。头部明显，感官发达；咽有颚，能外翻，能伸缩；全部体节均有成对的疣足。如沙蚕（*Nereis*）、疣吻沙蚕（*Tylorrhynchus heterochaetus*）、背鳞沙蚕（*Lepidonotus*）、日本沙蚕（*Nereis japonica*）和裂虫（*Syllis fasciata*）等（图7-9）。其中，裂虫较为特殊，具有3触手，2触角，可行无性生殖称为匍枝生殖（stolonization），即体后部生出许多芽体，芽体再分枝，后形成许多匍枝，匍枝断离母体，发育成新个体。

2. 隐居目（Sedentaria）

穴居，常有栖管，异律分节；头部不明显，口前叶小，无触手；咽无颚，不能伸出，疣足退化。如毛翼虫（*Chaetopterus*），俗称燐沙蚕（*Chaetopterus variopedatus*），头部不明显，躯干部柔软，分为前、中、后三区。前区疣足单叶型，中后区为双叶型。穴居泥沙内"U"形管中，虫体可发燐光；另外，还有龙介虫（*Serpula*）、盘管虫（*Hydroides*）、螺旋虫（*Spirorbis*）和沙蠋（*Arenicola cristata*），又名海蚯蚓（图 7-9）。

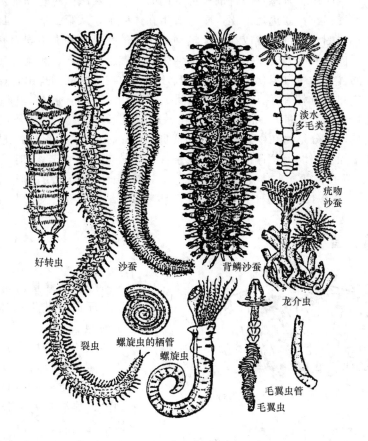

图 7-9　多毛纲各目的代表（仿陈义）

3. 吸口虫目（Myzostomaria）

有的列为一个科（Myzostomidae），属于游走目。寄生在海百合类体外或海星类体内生活，体小，呈扁平盘状，体不分节，具有吸盘和疣足。如吸口虫（*Myzostoma*），有疣足 5 对，具钩；4 对吸盘；体周缘有 10 对触须，有感觉功能，雌雄同体。

二、寡毛纲

寡毛纲种类头部不明显，感官不发达；具有刚毛，无疣足，有生殖带。雌雄同体，直接发育。本纲动物约有 80% 是蚯蚓，因此蚯蚓的一般构造是有代表性的。大多数陆地生活，穴居在土壤中，称陆蚓；少数生活在淡水中，底栖，称水蚓。

蚯蚓是一种常见的陆生环节动物，生活在土壤中，昼伏夜出，以腐败有机物为食，连同泥土一同吞入，也摄食植物的茎叶等碎片。蚯蚓可使土壤疏松、改良土壤、提高肥力、促进农业增产。世界的蚯蚓有 1800 多种，我国已记录 229 种。环毛属（*Pheretima*）种类多，我国有 100 多种。

（一）蚯蚓的外部形态

蚯蚓体长呈圆柱状，由百余相似的体节组成，节与节之间为节间沟。蚯蚓生活在潮湿的土壤中，在土壤中穴居生活。因此，它的身体构造表现出对土壤生活的高度适应：①体表生有黏液腺，可以分泌黏液；从 11/12 节节间沟开始，于背中线处有背孔（dorsal pores），可排出体腔液来湿润体表，使其在土壤中钻洞时，有润滑作用，并有利于皮肤呼吸。②头部退化，因为在土中钻洞时用不着感觉敏锐的头部，同时，一些灵敏的感官如触须、触手、眼点在土壤中摩擦时易受损伤。③疣足退化，刚毛着生在体壁上，从第二节开始具有刚毛，环绕体节排列，故称环毛蚓。支持身体或在地上蠕动，刚毛的数目随种类不同而有变化。④口前叶富有肌肉，由于体腔液压力的作用，可向前伸张，有掘土、摄食、触觉等功能。由口前叶掘食的夹杂泥土的食物，通过消化道的消化吸收，剩余的泥土由肛门排出，这样既可摄食又利于钻洞。⑤性成熟的蚯蚓在第 14～16 节之间无节间沟，色暗，肿胀，围绕以蛋白质管，如戒指状，称为生殖带（环带）（clitellum），生殖带的形态和位置，因属不同而异。生殖带的上皮为腺质上皮，其分泌物在生殖时期可形成卵袋（cocoon），可保证蚯蚓个体在陆地上受精，为胚胎在干燥的陆地上发育提供有利的条件。生殖带的第一节，即第 14 体节腹面中央，有一雌性生殖孔；第 18 体节腹侧两侧为一对雄性生殖孔；受精囊孔（seminal receptacle opening）2～4 对，随种类不同而异，环毛蚓有纳精囊孔 3 对，位于第 6/7、7/8、8/9 节各节间沟的腹面两侧。

（二）内部构造

1. 体壁

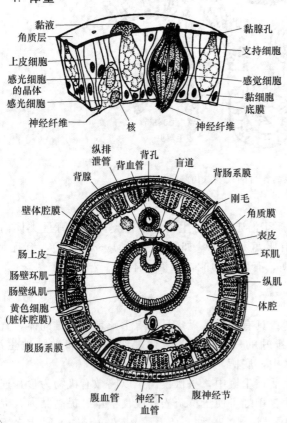

蚯蚓的体壁是由角质膜、上皮细胞层、环肌、纵肌和体腔膜等组成。上层细胞层只有一层单层柱状细胞，这些细胞的分泌物形成角质膜，上有小孔。柱状细胞间杂以腺细胞，能分泌黏液，可使体表湿润。蚯蚓遇到剧烈刺激，腺细胞大量分泌黏液，包裹身体呈黏液膜，有保护作用，可顺利地在土壤中穿行运动。另有感觉细胞和感光细胞分散在上皮细胞之间。上皮下面为狭的环肌层与发达的纵肌层。蚯蚓的体壁和消化管壁之间，包在体腔膜中的腔，即为体腔（真体腔或称次生体腔）。体腔中容纳体腔液。当肌肉收缩时，体腔液即受到压力，使蚯蚓体表的压力增强，身体变得很饱满，有足够的硬度和抗压能力（图 7-10）。

图 7-10 环毛蚓的表皮和体中部横切图解（仿陈义）

2. 消化系统

环毛蚓的肠壁包括组成脏体腔膜（visceral peritoneum）的黄色内脏细胞（chloragogen cell）、肌肉层（纵肌层和环肌层）和内胚层形成的肠上皮细胞。蚯蚓的消化系统包括消化道和消化腺。消化道包括口腔、咽、食道、嗉囊（crop）、砂囊（gizzard）、胃、中肠、盲肠、后肠和肛门（图 7-11A），口腔发达，位于 1～2 节，无齿和颚，但有纵褶，可翻出口外摄食。咽位于 2～5 节，肌肉发达，咽肌收缩时使咽腔扩大，用以吸进食物，咽头外围有单细胞的咽头腺，能分泌黏液湿润食物，使食物结成块状；也能分泌蛋白酶，初步分解食物中的蛋白质。食道位于 6～7 节，短而细，其壁分布有食道腺或称钙质腺，能分泌钙质，调节酸碱平衡，主要是中和土壤酸度，调节体内组织中钙质的含量。嗉囊位于 7～8 节，是食道后膨大的薄囊，为贮藏食物的场所，暂时储存并软化食物。砂囊位于 9～10 节，是多肌肉的球囊，内衬一层较厚的角质膜，用以磨碎食物。胃位于 11～14 节，是富有血管和腺体的狭长部分，前面有一圈胃腺，能分泌消化液，促使食物消化，功能类似咽头腺。从 15 节起消化道扩大为肠，分泌、消化、吸收等功能都在肠中进行。在肠的背侧中央凹入成一盲道（typhlosole），由肠壁或肠上皮凹陷而成，借以增加消化吸收面积。在 26 节肠两侧向前伸出一对尖锥状盲肠（caeca），富含腺体，能分泌多种酶，为重要的消化器官。消化道的末端为肛门。此外，脏、壁体腔膜分化的上皮细胞（黄色细胞），能贮藏脂肪，合成糖原，并把氨基酸分解成氨和尿素，故其功能与脊椎动物的肝脏类似。

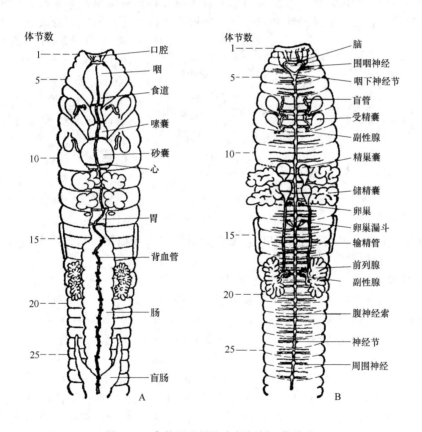

图 7-11　参状环毛蚓的内部解剖（仿陈义）

3. 呼吸与循环系统

蚯蚓无专门的呼吸器官，通过血液在体表进行皮肤呼吸（cutaneous respiration）。环毛蚓皮下分布丰富的微血管，组成血管丛，通过扩散作用进行气体交换，再由血液运送到全身，供全身各部组织作呼吸之用，完成体内呼吸。蚯蚓的循环系统属闭管式循环，结构也比较复杂（图 7-12、图 7-13），主要有五条纵血管：背血管、腹血管，一条神经下血管（sub-neural vessel）和二条食道侧血管（lateral oesophageal vessesl）。另外还有四对连接背、腹血管的环血管，环血管内有心瓣（semilunar valve），能节律性搏动，功能相似于心脏。

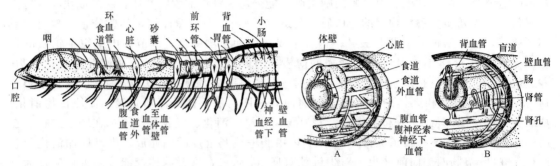

图 7-12 环毛蚓的循环系统和消化系统（仿 Bahl）

图 7-13 环毛蚓的循环系统示意图（仿 Bahl）
A. 第 XIII 节；B. 第 XX 节

血液循环途径主要由背血管收集每节二对背肠血管和一对壁血管的血液，向前流动，至前端分布于口腔、食道、咽及脑等处，一部分血液直接或间接流入食道侧血管。而大部分血

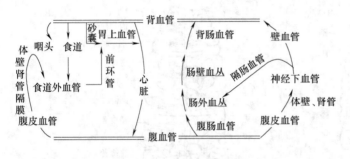

图 7-14 环毛蚓血流图解左侧示前十四节，右侧示肠部循环

液经四对环血管流入腹血管，向后流，在每节都分支到体壁、隔膜、肠和肾管等处，在体壁进行气体交换，多氧血在 14 节以前流入食道侧血管，由环血管和背血管相通；在 14 节后流回神经下血管，经每节壁血管流回背血管。这样反复循环，完成气体和营养物质的交换（图 7-14）。

蚯蚓的血液由血浆组成，血浆中有无色的变形细胞或血细胞。血浆中溶解有血红蛋白，使血液呈红色，有助于氧气的传递。

4. 排泄器官

蚯蚓的排泄器官为肾管，除前 3 节和最后 1 节外，其余每节都有一对肾管。按其分布部位不同可分为三类：体壁小肾管（parietal micronephridium）、咽头小肾管（pharyngeal micronephridium）和隔膜小肾管（septal micronephridium）。体壁小肾管位于体壁内侧，极小，每体节有 200～250 条，内端无肾口，肾孔开口于体外；咽头小肾管位于咽头和食道两侧，无肾口，开口于咽；隔膜小肾管位于 15 节后每一个隔膜的两面和小肠的两侧，一般每一侧有 40～50 条，有肾口，呈漏斗形，具纤毛，下连内腔有纤毛的细肾管，通入肠上纵排泄管后再分别在各节开口于肠内。后两种肾管又称消化肾管。各类小肾管富有微血管，有的肾口开口于体腔，故可排除血液中和体腔内的代谢产物。肠外的黄色细胞可吸收代谢产物，后脱落在体腔液中，再入肾口，由肾管排出（图 7-15）。另外，一些含氮废物亦可通过体表排出。

5. 神经系统

环毛蚓神经系统分为中枢神经系统、外围神经系统和交感神经系统三部分。中枢神经系统为典型的链状神经，是由位于第 3 体节咽背侧的一对咽上神经节、围咽神经环、位于在第

3～4 体节间腹侧的咽下神经节，由咽下神经节向后发出的腹神经索，及每节内的腹神经节所构成。外周神经系统包括由咽上神经节前侧发出的 8～10 对神经，分布到口前叶、口腔等处；咽下神经节分出神经至体前端几个体节的体壁上；腹神经索的每个神经节均发出 3 对神经，分布在体壁和各器官。由咽上神经节发出到消化管的神经构成交感神经系统。外周神经系统的每条神经都含有感觉纤维和运动纤维，有传导和反应机能，感觉神经细胞，能将上皮接受到的刺激传递到腹神经索的调节神经元（adjustor neuron），再将冲动传导到运动神经细胞，经神经纤维连于肌肉等反应器，引起反应，这是简单的反射弧（reflex arc）（图 7-16）。腹神经索中的 3 条巨纤维（giant fiber），贯穿全索，传递冲动的速度极快，故蚯蚓受到刺激反应迅速。

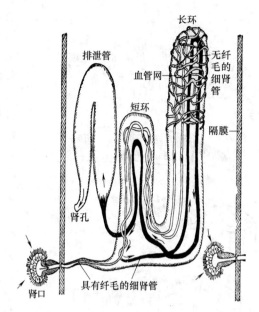

图 7-15　环毛蚓肾管图解（仿陈义）

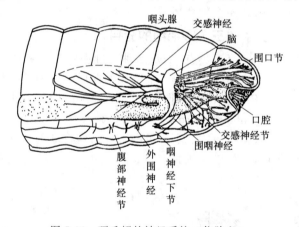

图 7-16　环毛蚓的神经系统（仿陈义）

由于环毛蚓适应穴居生活，感觉器官不发达，主要分三类：口腔感受器，又称化学感受器，司嗅觉和味觉功能；皮肤感受器，为体壁上的一些小突起，司触觉作用；光感受器，分布身体表面，口前叶及体前几节较多，腹面无，可辨别光的强弱，具有避强光、趋弱光的作用。此外，体表还具有对温度、湿度、空气振荡产生感觉的感受器。

6. 生殖系统

环毛蚓雌雄同体，生殖器官仅集中于身体的某几个体节内。雄性生殖器官仅集中于 10～12 节，具有 2 对精巢囊（seminal sac）（位于 10～11 节）和 2 对储精囊（位于 11～12 节）。精巢囊内有精巢和精漏斗（sperm funnel）各一个，通过输精管，与下一节中的储精囊相通。精子在精巢囊中产生后，先入储精囊中，发育成熟后再回精巢囊，由精漏斗经输精管，与前列腺汇合后，从一对位于 18 节腹面两侧的雄性生殖孔排出体外。前列腺（prostate gland）及副性腺（accessory gland）的分泌物为精子的活动提供营养。雌性生殖器官有一对掌状卵巢，很小，由许多极细的卵巢管组成，位于第 13 体节前隔膜后侧，输卵管漏斗 1 对，位于第 13 体节后隔膜前侧，后接短的输卵管。卵成熟后，落入体腔，由两侧的输卵管漏斗收集，两输卵管汇合后通连 14 体节腹面中央的 1 个雌性生殖孔。此外，在雄性生殖器官的前方，尚有 2～3 对受精囊，有孔通向体外。受精囊由坛（ampulla）、坛管和一盲管（diverticulum）构成，为储存精子之处，受精囊孔开口于第 6/7、7/8、8/9 节各节间沟的腹面两侧（图 7-11B）。

虽然环毛蚓是雌雄同体，但由于雌雄性器官成熟时期不同，雄先于雌，故必须异体受

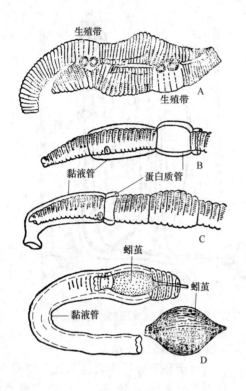

图 7-17　环毛蚓的交配与卵茧的形成

（仿 Store & Usinger）

A. 两条蚯蚓在交配；B. 分泌黏液管和蛋白质管；

C. 黏液管和蛋白质管往前滑出；

D. 游离黏液管包着蚓茧和脱离出的蚓茧

精，有交配现象。蚯蚓可以在任何季节繁殖，但在温暖潮湿的气候条件下更多。交配时，两个个体的前端相向，借助生殖带分泌的黏液将腹面紧贴（图 7-17），各自的雄性生殖孔靠近对方的受精囊孔，以生殖孔突起将精液从各自雄性生殖孔排出，输入对方的受精囊内。交换精液后两虫体分开，此过程常在晚上进行，历时 2h，待卵成熟时（约 7 天），环带分泌黏稠物质形成黏液管（mucilage duct），并将卵产于管中。蚯蚓向后做波浪式运动时推引黏液管向前移动，经受精囊孔时，精子逸出使管中的卵受精，最后脱离虫体，两端封闭，即成蚓茧。蚓茧较小，如绿豆大小，色淡褐色，内含 1～3 个受精卵，受精卵在蚓茧中发育。

蚯蚓的个体发育，为直接发育，无幼虫期。受精卵经完全不均等卵裂，发育成囊胚，以内陷法形成原肠胚（图 7-18）。经 2～3 周即孵化出小蚯蚓，破茧而出，在性未成熟时，小蚯蚓不会发育环带。

（三）寡毛纲的分目

寡毛类有 6700 多种，过去一直是根据雄性生殖孔在精巢体节隔膜的前后而分为近孔目（Plesiopora）、前孔目（Prosopora）及后孔目（Ophisthopord）三个目。1978 年，Jamieson 根据生殖腺、环带及刚毛等结构将寡毛类分为带丝蚓目（Lumbriculida）、颤蚓目（Tubificida）和单向蚓目（Haplotaxida）。但本书仅对传统的分目做以简单介绍。

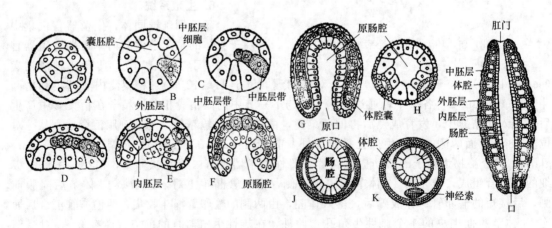

图 7-18　环毛蚓的神经系统（自江静波）

A. 卵裂（外有一膜）；B、C. 囊胚（切面）；D～H. 原肠胚（F 由 E 切，示中胚层细胞；

H. 由 G 横切，示原肠及体壁）；I. 幼期的纵切；J. 为 I 的横切；K. 更晚期的横切

1. 近孔目

体小，水生，底栖；体小型；雄性生殖孔 1 对，开口在最后具精巢、精漏斗这一体节的后一节。例如颤蚓（*Tubifex*）体细长，微红色，有体节和刚毛，通常生活在各种淡水水体的泥沙底质中，前端藏在垂直突出的泥沙质管子里，尾部露在水中摇曳，也常常盘绕成紧密的螺旋状。颤蚓能忍耐有机物污染引起的缺氧。颤蚓是河流、小溪、湖泊、池塘和河口底栖动物的重要组成部分。头鳃蚓（*Branchiodrilus*）体细长，微红色，自第 4 或 5 体节起具有鳃。前端鳃较长，向后端渐短，末几节无鳃。尾鳃蚓（*Branchiura*）体细长，微红色，自体后部约 1/3 处始，每节具丝状鳃 1 对，前面短，向后逐渐增长。

2. 前孔目

水生或寄生，雄性生殖孔通常 1～2 对，末对开口在最后具有精巢、精漏斗的体节上。例如，带丝蚓（*Lumbriculus* sp.）体细长，红褐色，无鳃。每节有刚毛 4 束，体末端呈喇叭状。蛭蚓（*Branchiobdellidae*）体圆柱状，末端有一吸盘，寄生在虾类体表。我国东北鳌虾体上发现 2 属 7 种，其中蛭蚓属一种，冠蚓属（*Stephanodrilus*）6 种。

3. 后孔目

陆生，雄性生殖孔通常一对，开口在有精巢漏斗隔膜的后一节或后几节。例如环毛蚓、杜拉蚓（*Drawida* sp.），体圆筒状，身体分节明显，刚毛按节着生呈环状或成对，体内有砂囊 2 个，生殖带位于第 10～14 体节，生殖带背侧稍隆起，腹面能见体节沟。长异唇蚓（*Allolobophora long*）身体呈圆柱形，背腹末端扁平，体色为灰色或褐色，背部微红色。体长 90～150mm，直径 6～9mm，有 150～222 个体节，对环境适应力强，寿命较长，又能耐高温，因此，可选为人工养殖对象（图 7-19）。

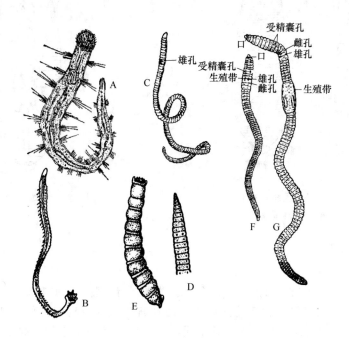

图 7-19　寡毛纲的代表动物（仿陈仪）

A. 颤体虫；B. 尾盘蚓；C. 水丝蚓；D. 带丝蚓前端腹面；
E. 蛭形蚓；F. 杜拉蚓；G. 异唇蚓

赤子爱胜蚓（*Eisenia foetida*）、毛里巨蚓（*Megascolex mauritii*）和无锡微蠕蚓（*Mi-*

croscolex wuxiensis）为我国著名的发光蚯蚓。

三、蛭纲

蛭类，一般称之为蚂蟥或水蛭，是环节动物中营暂时性寄生生活的种类，大部分生活在淡水中，少数栖息于海水或潮湿的土壤中。常见的种类有金线蛭（*Whitmania*）、医蛭（*Hirudo*）、扬子鳃蛭（*Ozobranchus yantseanus*）等。

（一）外部形态

蛭类（图 7-20）身体略呈扁筒状，体节数目一定，一般胚胎时是 34 节，成体仅可见 27 节，相邻体节间中又有若干反复折叠着的体环（3～5，或更多）。因为前后有一部分体节（7节）愈合成吸盘。体长大多数在 2～6cm 之间，并且具有黑色、褐色、红色或橄榄绿色等不同的颜色。水蛭前后着生吸盘，口位于前吸盘的中央，也称口吸盘，后吸盘略大，背面有肛门。蛭类利用其前后吸盘在物体上作伸屈运动。前吸盘背面有若干对小眼点，如金钱蛭有 5 对。有些种类（如扬子鳃蛭）在身体两侧有成对的鳃。

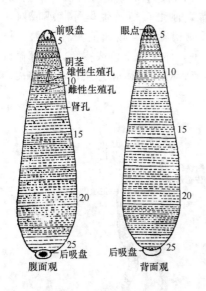

图 7-20　光润金线蛭的外形
（图中数字表示体节数）

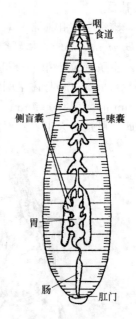

图 7-21　蚂蟥的消化系统

（二）内部构造

1. 消化系统

蛭类的消化管分化为口、口腔、咽、食管、嗉囊、胃、肠、直肠和肛门等。吸血性的蛭类如颚蛭目的医蛭、蚂蟥等消化系统适应于暂时性寄生生活，高度特化。口内具有 3 块颚片，背面 1 个，腹侧面 2 个，颚片上有几丁质细齿，用以咬破宿主的皮肤。咽部肌肉发达，有强大的吸吮能力，咽周围分布单细胞的唾液腺，能分泌防止宿主血液凝固的蛭素（hiru-din），它是由 65 个氨基酸组成的低相对分子质量的多肽，为一种最有效的天然抗凝剂，有抗凝血、溶解血栓的作用。食管短，嗉囊极其发达，其两侧生有数对盲囊（医蛭有 11 对），蚂蟥有 5 对，一次可以大量吸血和其他汁液，供胃肠长时间消化和吸收（图 7-21）。

大多数蛭类都以吸食无脊椎动物的体液或脊椎动物的血液为生，但也有某些陆生的水蛭是以昆虫的幼虫、蚯蚓和蛞蝓为食的。

2. 循环系统

蛭类的次生体腔多退化，大多数由于肌肉、间质或葡萄状组织（botryoidalis tissue）的扩大而缩小形成一系列腔隙（lacuna）。棘蛭目较原始，次生体腔发达，血管系统存在，为闭管式，如寡毛纲一样。吻蛭目部分种类（舌蛭科 Glossiphoniidae）体腔形成背腔隙（内含背血管）、腹腔隙（内含腹血管和腹神经索）及侧腔隙等，背腹腔隙由网状结构的连接腔隙连接，皮肤下尚有皮下腔隙。颚蛭目部分种类（医蛭科 Hirudinidae）体腔进一步被间质占据而退化缩小，真正的血管系统已消失，代之以背血窦、腹血窦和侧血窦，形成血窦系统，各血窦间有横血窦相连。窦（sinus）是血管系统的内腔。血窦中的血液实际为血体腔液（haemocoelomic fluid），通过源出于体腔的管道循环，即一系列血体腔管（haemocoelomic channel）。因此血体腔系统（haemocoelomic system）代替了血循环系统（图 7-22）。

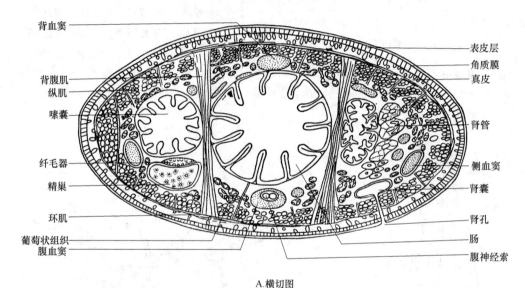

A.横切图

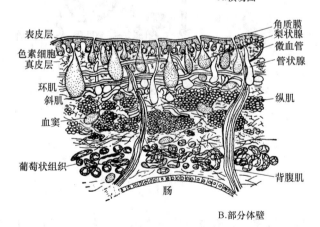

B.部分体壁

图 7-22　医蛭体层图解（仿 Marshall Hurst）

3. 排泄器官

与寡毛纲相似，从 7 节后每节都有一对后肾管，共 17 对，一端称初叶（initial lobe），附于精巢囊上的纤毛器外，另一端开口于体腔变成的肾囊（nephridial vesicle）内（图 7-23），然后再由肾孔开口于体外。另外，体腔细胞和一定的其他特殊细胞也具有排泄功能。

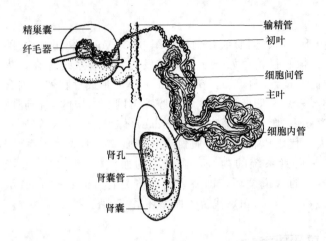

图 7-23　医蛭右侧——肾管图

4. 神经系统

神经系统位于腹窦内，为链状神经系统，但前后端神经节有愈合现象。感官除眼点外，每节还有皮肤突起，有触觉和辨别水质的功能（图 7-24）。

5. 生殖系统

蛭类为雌雄同体，异体受精，有交配现象，具有生殖带，这些特点似蚯蚓。雌雄生殖器官均为体腔残余。雄性生殖器官有数对至 10 余对精巢（医蛭为 10 对），位于 12～21 节内，各以输精小管通至输精管，左右输精管前行至储精囊、射精管进入阴茎，阴茎可自雄性生殖孔伸出，具有前列腺。雌性生殖器官有 1 对卵巢，包在卵巢囊（ovarian sac）中，2 输卵管在中间汇合成总输卵管，经阴道开口于生殖孔，阴道基部有蛋白腺（albumen gland）（图 7-25）。

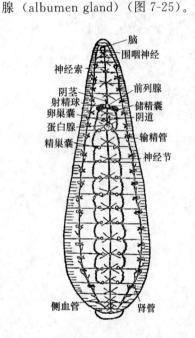

图 7-24　蚂蟥的内部解剖（仿 Mann）

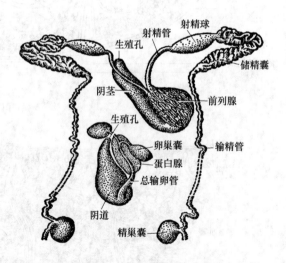

图 7-25　蚂蟥的生殖系统

（三）蛭纲的分目

蛭类大部分栖于淡水中，少数陆生或海产，有 500 多种，我国已报道 5 科 25 属 62 种。蛭纲一般分成 4 个目。

1. 棘蛭目（Acanthobdellida）

体腔发达，身体前 5 节有背腹成对的刚毛，只有后吸盘，种类少，只有棘蛭科（Acanthobdellidae）。棘蛭（Acanthobdellida）常寄生于鲑鱼（Salmo）鳃中。目前，只在西伯利亚地区发现。

2. **吻蛭目**（Rhynthobdellida）

具有可伸出的管状吻，无颚，前吸盘或有或无，体腔退化，有循环系统。多数终生寄生于蚌、鱼、鳖等动物体上。如喀什米亚扁蛭（*Hemiclepsis kasmiana*）寄生在无齿蚌体上，体小，棍状。扬子鳃蛭体两侧具鳃，寄生在一种淡水龟体上。此外还有舌蛭（*Glossiphonia*）、中华颈蛭（*Trachelobdella sinensis*）等。

3. **颚蛭目**（Gnathobdellida）

体前无吻，口腔内具颚板，有前吸盘，无循环系统，肉食性或吸食脊椎动物及人的血液，大多数栖于淡水、山林或陆地上。如日本医蛭（*Hirudo nipponica*），是常见种类，分布广，河流、池沼、稻田中多有分布。体狭长，略呈圆柱状，具眼5对，后吸盘腕状，吸食人及牲畜的血液。宽身蚂蟥（*Whitmania pigra*）体宽大，棕褐色，背侧具5条黑黄斑点组成的纵纹，眼点5对，吸盘发达。日本山蛭（*Haemadipsa japonica*）体圆柱形，背侧有褐色纵纹3条，有吸血习性，栖于山林间等。

4. **石蛭目**（Herpobdellida）

种类少，无角质颚，只有肉质伪颚，咽长。如带状石蛭（*Herpobdella lincata*）茶褐色，体两侧成深浓二纵纹，分布于池塘、河流中。勃氏齿蛭（*Odontobdella blanchardi*）体长圆柱形，似蚯蚓状，背侧有不规则的黑斑点，眼点1对，口腔具有小齿3对。通常生活在潮湿土壤中，食小昆虫和蚯蚓等。

四、螠纲

本纲动物种类较少，但分布广，全部生活在海中，常见于潮间带或深海底泥沙中，形成"U"形管状洞穴，栖于管内或海底石缝里。

成体不分节，无疣足，体前端腹面具有一对刚毛，着生于吻附近的躯干上。体后端围肛门处，有一圈刚毛或无，表现了种间差异。整个身体分成囊状躯干和柔软而能伸缩的吻两部分，体腔发达，无隔膜。发育过程中，有类似担轮幼虫期。幼虫有分节现象，至成体时消失。雌雄异体且异形。雌体大，营自由生活；雄体小，寄生于雌体肾管中。目前，国外学者已把此类动物从环节动物中分出，单列一门，故分类地位尚无定论。但有一点是大家一致的见解：螠虫可能是由原始的多毛类在演化过程中较早分出的一支。常见的种类有绿叉螠（*Bonellia viridis*）、刺螠（*Urechis*）、短吻螠（*Listriolobus brevirostris*）等。

第三节　环节动物的经济意义

环节动物种类多，数量少，分布面积广，与人类的关系密切。

多毛纲中的很多种类的成虫和幼虫可以作为一些经济鱼类的天然饵料，担轮幼虫为幼对虾的食物。沙蚕类又可作为钓饵，已大量向日本出口，又因其营养价值高，制成的沙蚕粉对鲤鱼幼体增重效果明显，是一种动物性蛋白质饲料。沿海居民将沙蚕、疣吻沙蚕等盐渍、烤煎或制酱，做成美味的食物，深受沿海居民的喜爱。日本沙蚕科溯长江而上，可引入内湖繁殖，为鱼类养殖提供饵料。有些多毛类可作为海洋污染及水体冷暖的指示动物。但是很多沙蚕，如矶沙蚕（*Eunice*）等能够钻居贝壳中或食幼贝、竹蛏、牡蛎、海扇等，对贝类养殖业危害很大，龙介科的石灰虫附着于船底，影响航行速度。螺旋虫、龙介虫等附着在海藻上，危害海藻的养殖。若干沙蚕进入淡水稻田，切断根部，影响农业生产。才女虫（*Polydora*）蚀透珍珠贝壳，导致珍珠贝死亡，对育珠业危害甚大。

寡毛类的经济意义更加广泛。水蚓类都可作为淡水鱼的饵料，但是它们繁殖过多时，可损害鱼苗或堵塞输水管道。蚯蚓有改土、作饲、除废、入药和食用等功用。蚯蚓是一种优良的蛋白质饲料，其蛋白质的含量可占干重的 $50\%\sim65\%$，含有 $18\sim20$ 种氨基酸，其中有 10 余种为畜禽所必需，因此是一种动物性蛋白添加饲料，对家禽、家畜、鱼类产量提高的效果明显。蚯蚓生活在土壤中，在土中钻洞，对疏松土壤，改善团粒结构，改变土壤的酸碱度，增加氮、磷、钙速效成分等，以及提高土地经济效益和作物产量均有很大作用；蚯蚓食性广，食量大，可吞食大量的各种有机废物，有处理生活及商业垃圾、净化土壤、消除公害的作用。近几年来，据国外报道，蚯蚓可作为土壤中重金属污染的监测动物；蚯蚓还可以入药，中药又称"地龙"，有多种药用成分，如地龙素、多种氨基酸、维生素及多种酶类，具有解热（蚯蚓解热碱）、溶血（蚓激酶）、镇痉、通络、平喘、降压和利尿等功效；水栖寡毛类是淡水底栖动物的主要组成部分之一，它可将湖底腐殖质疏松并转变为淤泥，有些种类亦可作为水质污染情况的指示生物。另外，蚯蚓可以制成人们所喜爱的食品，国外有利用蚯蚓制作饼干、面包等供人们享用。鉴于这些优点，目前国内外的蚯蚓人工养殖业正在蓬勃发展，为人类创造了一定的经济效益。过去一直认为蚯蚓是有益的动物，目前看来，也有有害的一面，它能破坏河岸，使河道淤塞；也能损坏幼苗，为害烟草和蔬菜。蚯蚓又是猪肺线虫与家禽的某些绦虫的中间宿主，对猪与家禽的生长发育影响很大。有人还认为蚯蚓有毒，如被猪大量吞食，能使猪的神经功能紊乱。

除少数肉食性的蛭类以外，大多数蛭类具有吸血习性，是有害于人类或经济动物的。被蛭类吸血的伤口血流不止，易感染细菌，引起化脓溃烂。一些种类在吸血过程中还可以传播皮肤病病原体和血液寄生虫，或为其中间宿主。内侵袭吸血蛭类可随人畜饮水进入鼻腔、咽喉、气管等部位营寄生生活，造成更大的危害。有些蛭类，如鱼蛭和湖蛭寄生在鱼体上，影响鱼的生长发育，或发生细菌性溃烂，严重时可引起鱼的死亡；有的还吸食蚯蚓、螺类、河蚌、青蛙、龟鳖的血液，对这些动物产生很大的危害，严重影响着水产生产。

水蛭在医药上也有特殊功效，中国药典记载，水蛭的功能是破血、逐瘀、通经。用于症瘕痞块、血瘀闭经、跌打损伤。近年来，医务工作者试用活水蛭与纯蜂蜜加工制成外用药和注射液，治疗角膜斑翳、老年白内障。蛭素还有降血压的作用，也有人以水蛭配其他活血解毒药剂，试用主治肿瘤。在整形外科中，利用医蛭吸血，消除手术后血管闭塞区的瘀血，减少坏死发生；再植或移植组织器官中，用医蛭吸血，可使静脉血管畅通，从而提高手术的成功率。蛭素为最有效的天然抗凝剂，具有抗凝血、溶解血栓的作用，人们用其来治疗血栓。目前，美国已创立水蛭养殖场，生产蛭素及一种酶（orglas R），销往欧洲及日本等国。蛭类的干燥全体入药，含有蛭素、肝素等，有破血通经、消积散结、消肿解毒之功效。不同的水蛭对水中铅、锌等毒物的种类和浓度的忍耐力和反应状态的不同，因此，可把水蛭作为水域污染的指示动物。

思 考 题

1. 名词解释：同律分节、分节现象、刚毛、疣足、真体腔、后肾管、闭管式循环。
2. 环节动物门的主要特征有哪些？
3. 分节现象和次生体腔的出现在动物演化上有何重要意义？
4. 比较沙蚕、蚯蚓和水蛭的主要结构异同。
5. 蚯蚓的外形对土壤生活是如何适应的？
6. 了解蛭类的次生体腔的演变与血液循环系统的关系。
7. 试述环节动物的经济意义。

第八章 软体动物门

教学重点：软体动物门（Mollusca）的主要特征，无齿蚌的形态结构，外套膜的形成及机能，蚌体内的水流途径及生理意义，以及头足纲动物适应快速运动的形态结构变化特征。

教学难点：软体动物呼吸器官鳃的结构。

软体动物身体柔软不分节，多数具有贝壳，故又称贝类。至今已记载的软体动物有150000多种，其中化石种类有35000种，是动物界仅次于节肢动物的第二大门，常见的软体动物有田螺、蜗牛、河蚌、石鳖、乌贼及章鱼等。

第一节 软体动物门的主要特征

一、体制和躯体的划分

软体动物身体柔软而不分节，大多数种类都具有左右对称的体制。身体由头、足、内脏团、外套膜和贝壳五部分组成，各部分的结构和功能因动物种类不同而具有较大变异（图8-1），有些种类贝壳则完全退化，如蛞蝓。

1. **头**

头位于身体的最前端，具有摄食及感觉器官，软体动物头部发达的程度与其生活方式密切相关。快速游泳的种类（如乌贼），头部非常发达，且具有发达的感觉器官；运动虽缓慢，但仍具有一定活动的种类（如蜗牛），也具明显的头部；不活动的种类（如河蚌），头部完全退化。

2. **足**

足一般位于内脏团的下方，肌肉质。软体动物足的形状常因种类及其生活习性的不同而有很大的差异，如匍匐爬行的螺类，足形宽扁，发达；穴居及埋栖的蚌类或角贝，足呈斧状或柱状；行动敏捷的乌贼，足部绕至头部前方，分裂为腕；固着生活的牡蛎，足退化。

3. **内脏团**

内脏团是软体动物足部背面隆起的部分，包括大部分的内脏器官，如呼吸系统、循环系统、消化系统以及排泄系统等。除腹足类外，其他软体动物内脏团均左右对称。

4. **外套膜**

外套膜是由内脏团背侧皮肤的一部分向外延伸而成，由内、外表皮和结缔组织以及少数

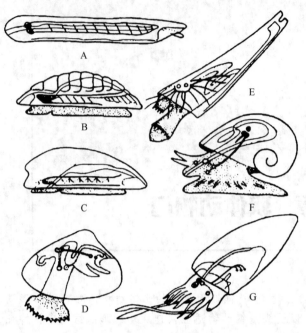

肌肉纤维组成（图 8-2），外套膜包裹着整个内脏团。外套膜与内脏团之间有一狭小的空腔，称为外套腔，腔内具有鳃、消化、排泄、生殖等器官的开口。水生种类的外套膜表面多密生纤毛，借助其摆动，可激动水流在外套腔内流动，使鳃不断与新鲜水流接触，进行气体交换；陆生种类的外套膜常富有血管，可以进行气体交换。多数软体动物的外套膜较薄，而乌贼的外套膜，肌肉发达，收缩时能压迫水流从漏斗喷出，推动身体作反向运动。此外，外套膜还能分泌物质形成贝壳，用以保护柔软的身体。

图 8-1　软体动物各纲模式图（粗线示神经系统）（自张玺）

A. 无板纲；B. 多板纲；C. 单板纲；D. 双壳纲；

E. 掘足纲；F. 腹足纲；G. 头足纲

5. 贝壳

多数软体动物有 1～2 个或多个贝壳，但在不同种类中，贝壳的数目、形态差别很大，如多板类贝壳大多为 8 块呈覆瓦状排列的贝壳；腹足类贝壳为单一的螺旋状贝壳；瓣鳃类两片贝壳呈左右合抱状；掘足类贝壳

呈管状；头足纲除原始种类保留外壳外（鹦鹉螺），多数种类的贝壳退化为内壳，藏于背部外套膜下面（乌贼）。

贝壳的成分主要由碳酸钙（占 95％）和少量贝壳素所构成，这些物质是由外套膜上皮细胞间隙的血液渗透出来形成的，贝壳一般由 3 层结构组成，由外向内分别是角质层（periostracum）、棱柱层（primatic layer）和珍珠层（peral layer）（图 8-3）。最外一层为角质层，由贝壳素构成，很薄，透明，具有色泽，其由外套膜边缘上皮细胞分泌而成，随动物体的生长而逐渐增大，起着保护外壳的作用；中间一层为棱柱层，较厚，占壳的大部分，故又称壳层，由柱状的方解石构成，是由外套膜边缘背面表皮细胞分泌而成；角质层和棱柱层都

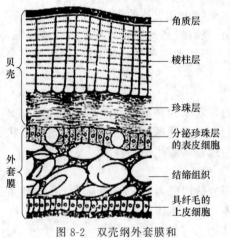

图 8-2　双壳纲外套膜和
贝壳横切图（仿 Claus）

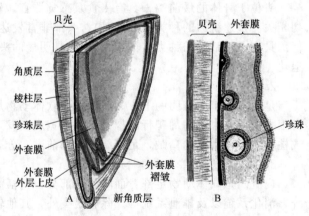

图 8-3　贝壳结构与珍珠的形成（自 Hickman）

A. 贝壳和外套膜纵切图；B. 珍珠的形成

是由外套膜边缘上皮细胞分泌而形成的，只能增大而不能加厚，因此，同一种软体动物无论大小，贝壳的厚度几乎相同；最内一层为珍珠层，由叶状的霰石构成，又称壳底，表面光滑，是由外套膜整个外表皮细胞分泌而成，随着动物的生长其厚度不断增加。

珍珠就是珍珠贝、河蚌等的外套膜分泌物质包裹进入外套膜和贝壳之间的异物而形成的。角质层和棱柱层的生长不是连续不断的，在繁殖期、食物不足或气温低等情况下，外套膜边缘停止分泌，因而在贝壳表面形成很多宽窄不一的类似植物年轮的生长线，借此可判断软体动物的年龄。

二、消化系统

软体动物的消化系统由消化管和消化腺组成。软体动物的消化管发达，由口、咽、食道、胃、肠和肛门组成，少数寄生种类退化。口位于头的前端，口后为口腔，多数种类口腔内具有颚片和齿舌，除瓣鳃类外，口腔内均有角质颚和齿舌。颚片一个或成对，可辅助捕食。口腔后端有一袋形齿舌囊，齿舌囊的底部是一条可前后活动的膜带，膜带上分布有排列整齐的几丁质细齿，齿尖向后，似锉刀状，膜带及齿构成齿舌（图8-4）。这种齿舌的结构在大多数现存软体动物中是存在的，齿舌的伸缩可将食

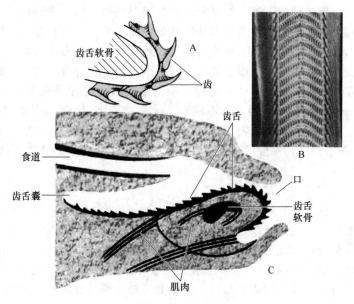

图 8-4　齿舌的构造
(A、B. 自 Hickman；C. 自 Sandved)
A. 齿舌放大；B. 齿舌显微摄影图；C. 齿舌结构模式

物锉碎并舔食。齿舌是软体动物特有的器官，齿舌上小齿的形状、数目和排列方式在不同种间变化很大，但各个类群较稳定，为软体动物分类鉴定的重要依据之一。口腔的背面有一对唾液腺的开口，其分泌物可以滑润齿舌，并将进入口中的食物颗粒黏着在一起，形成食物索，食物索经食道进入胃。胃的前端呈半球形，胃内壁的一侧具有几丁质板，称胃楯，胃的后半部分成囊状，称晶杆囊，其中有一胶质棒状结构，称晶杆。食物在口腔中被黏液黏着形成食物索后，不断地进入胃内，在胃酸的作用下除去食物索的黏滞性，使索中的食物颗粒游离，同时靠胃内纤毛的作用对食物进行筛选，将细小的食物颗粒经胃上端的消化腺管送入消化腺中，消化腺是食物进行胞内消化及吸收的场所；较大的食物颗粒在胃内进行细胞外消化；未能消化的食物经胃壁的褶皱而进入肠道，由肠道再进行部分的消化作用，不能消化的食物残渣最终在肠道中形成粪便，经位于外套腔后端的肛门排入外套腔，随水流排出到体外。

三、体腔和循环系统

软体动物的初生体腔和次生体腔同时存在，但次生体腔极度退化，仅留围心腔和生殖器官、排泄器官的内腔。代表初生体腔的微血管和部分动脉、静脉腔扩大，且无血管壁包围，成为器官组织之间的空腔，称为血窦。血液由心室发出，流经一段短的动脉之后，进入血窦

中，然后回流于静脉，流回心脏，动脉与静脉之间无直接连续，为开管式血液循环系统，但软体动物中高等类群头足类动脉和静脉之间通过微血管连接，血液始终在血管中流动，发展为闭管式血液循环系统，借此适应快速运动的生活方式。

软体动物的血液一般无色，内含变形虫状的血细胞，有些种类血液中含有血红素或血青素，血液呈现出红色或青蓝色。

四、呼吸器官

软体动物用鳃、外套膜或外套膜形成的"肺"进行呼吸，是首次出现专门呼吸器官的动物类群，鳃是由外套腔内壁皮肤延伸而成的，其内有血管、肌肉和神经末梢。不同的鳃，在形状、构造和数目上有所不同，原始种类的鳃左右成对，栉状，故称栉鳃，由鳃轴及其两侧交互着生的三角形鳃丝组成。有的由栉鳃进化为丝状或瓣状的鳃；有的栉鳃消失而用皮肤或皮肤表面形成的次生鳃进行呼吸。鳃的数目往往是成对的，除多板类动物较多外，一般为1～2对，但腹足类的鳃不成对。陆生种类则以外套膜形成的"肺"呼吸，是由外套腔内一定区域的微细血管密集形成肺，可直接摄取空气中的氧，是对陆地生活的适应。不过这种"肺"只能在潮湿的环境条件下发挥作用，所以陆生软体动物多数只能在夜间或阴天活动。

五、排泄器官

软体动物的排泄器官为一个两端开口的肾管，与环节动物的后肾管同源，均属后肾管型。其一端为肾口，具有纤毛，开口于围心腔，用以收集围心腔中的代谢废物，肾管近肾口部分特化形成黑褐色的腺体部，由腺细胞组成，能从血液中提取代谢废物，其后经囊状部（膀胱）由肾孔开口于外套腔。在腹足类、瓣鳃类以及头足类的许多种类中，由围心腔壁上皮分化形成的围心腔腺以及腹足类后鳃亚纲的肝脏部分细胞，都具有排泄作用。

六、神经系统和感觉器官

原始种类的神经中枢，包括一围食道神经环及由此向后伸出的两条足神经索和两条侧神经索。较高等种类的神经中枢，一般由4对神经节及联络它们之间的神经索组成。这4对神经节分别是：脑神经节，发出神经到达头部和身体的前端；足神经节，发出神经到达足部；侧神经节，发出神经到达外套膜和鳃；脏神经节，发出神经到达消化管和其他脏器。头足类的主要神经节集中在食道周围，外包以软骨匣，形成脑，是无脊椎动物中最高级的神经中枢。

软体动物的皮肤、外套膜内面和触角等部位都分布有感觉神经末梢，具有感觉作用。视觉器官为眼，腹足类眼生在头部触角的基部或顶端，称为头眼；多板类、瓣鳃类和掘足类，在贝壳或外套膜上常有微眼或外套眼；头足类的眼与脊椎动物的眼在构造上极相似，是无脊椎动物中结构和功能最发达的眼；多数软体动物在足部附近还有一对平衡器，司平衡作用。

七、生殖和发育

软体动物大多为雌雄异体，少数为雌雄同体，多为异体受精。生殖腺由体腔膜形成，雌雄生殖细胞均由生殖上皮产生，生殖导管内端通向生殖腔，外端开口于外套腔或直接与外界相通。除头足类和一部分腹足类的胚后发育为直接发育外，其他许多海产的种类都为间接发育，需要经过担轮幼虫和面盘幼虫两个时期。首先由卵孵化为担轮幼虫，担轮幼虫的发育与环节动物幼体发育相似，随后由担轮幼虫进一步发育为面盘幼虫，最后面盘幼虫发生变态发育为成体，某些淡水种类（如河蚌）还必须经过钩介幼虫期，在鱼类体表营一段寄生生活后，才能发育为成体（图 8-5）。

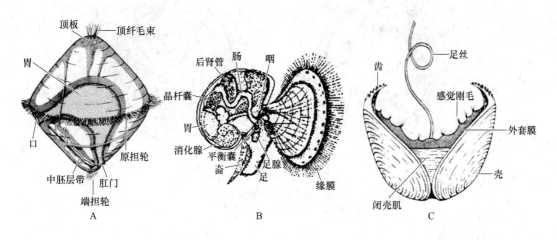

图 8-5　软体动物的幼虫（A. 自 Sherman；B. 自 Barnes；C. 自 Lefeure）
A. 担轮幼虫；B. 面盘幼虫；C. 钩介幼虫

第二节　软体动物门的分类

软体动物主要是根据其贝壳、足、鳃和神经系统等方面的特征进行分类，一般分为 7 个纲：无板纲（Aplacophora）、单板纲（Monoplacophora）、多板纲（Poiyplacphora）、掘足纲（Scaphopoda）、腹足纲（Gastropoda）、瓣鳃纲（lamellibranchia）和头足纲（Cephalopoda），其中仅腹足纲和瓣鳃纲两个类群的种类合起来就超过了软体动物总数的 95％ 以上，也仅仅在这两个类群中有淡水种，其他各纲均为海洋生活，腹足纲还有陆生种类。

一、无板纲

无板纲动物体呈圆柱形，蠕虫状，左右对称，无贝壳，足退化，但外套膜极发达，是最原始的软体动物。身体表面有角质层和各种石灰质骨针，头部不明显，无触角和眼等器官，口位于头部前端或前部腹面的一个凹陷中，口腔内有齿舌。全世界大约有 300 种，种类少，但分布广泛，海产，体长多在 5cm 以下，大多为雌雄同体，间接发育，具担轮幼虫期。常见种类有龙女簪（*Proileomenia*）、新月贝（*Neomenioida*）及毛皮贝（*Chaelodermioda*）等（图 8-6），其中龙女簪产于我国南海。

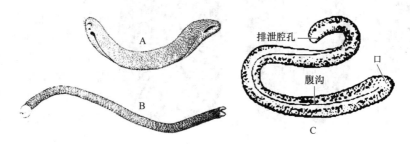

图 8-6　无板纲动物（A. B. 仿 Ruppert；C. 自张玺）
A. 新月贝；B. 毛皮贝；C. 龙女簪

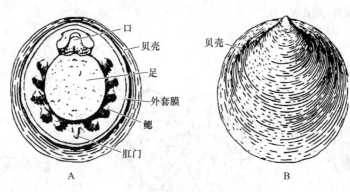

图 8-7　新碟贝（自 Hickman）

A. 腹面观；B. 背面观

二、单板纲

单板纲动物是软体动物中比较原始的类群，长期以来，人们一直认为该类是已灭绝的一类软体动物，因为只有在寒武纪及泥盆纪的地层中发现过它们的化石种类。但 1952 年，丹麦"海神号"调查船（Galathea Expedition）在哥斯达黎加（Costa Rica）海岸 3350m 深处的海底发现了 10 个生活的单板类动物——新蝶贝（*Neopilina galathea*）（图 8-7）标本，引起了人们对单板类动物极大的兴趣。在此之后，人们又在太平洋及南大西洋等许多地区 2000～7000m 深的海底先后又发现了 7 个不同的种，使这种原始的软体动物又具有了新的研究价值。新蝶贝体长 0.3～3cm，身体为两侧对称，具一近圆而扁的壳，因此称单板类。腹面是宽大的足，足四周为外套沟，沟内有 5 对栉鳃，前后排列。头部不明显，口位于足的前端，末端为肛门。心脏 2 对，位于围心腔内，每一心脏由 1 心室 2 心耳组成，肾 6 对。生殖腺 2 对，雌雄异体。围食道还有一神经环，向后伸出侧神经索和足神经索。丹麦学者 H. 莱姆克发现它们的内部器官有假分节现象，这加强了许多学者关于软体动物与环节动物同源的说法。

三、多板纲

多板纲动物身体一般呈椭圆形，背腹扁平。背侧具 8 块石灰质贝壳，多呈覆瓦状排列，最前面的一块称为头板，最后一块呈元宝形，称为尾板，中间的六块称中间板，板片的形状、大小和板片上的纹饰均随种类而异，是分类的重要依据。壳片周围为一圈外套膜。腹面前端为不发达的头，口位其腹面。头后为宽大的足，掌状，宽大，可吸附于岩石表面或缓慢匍匐运动。足四周为外套沟，沟内有多对栉鳃；真体腔发达，开管式循环，心脏具 1 心室 2 心耳，位于围心腔内，肛门位于身体后端。一般雌雄

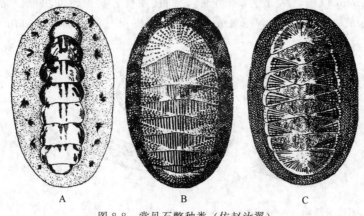

图 8-8　常见石鳖种类（仿赵汝翼）

A. 毛肤石鳖；B. 鳞带石鳖；C. 锉石鳖

异体，个体发生中有一担轮幼虫期。多板类约 1000 种，全海产，常见种类如毛肤石鳖（*Acanthochiton*）（图 8-8）等，常以足吸附于潮间带岩石裂隙中或藻类上，以藻类、有孔虫等小动物为食。

四、掘足纲

掘足纲动物全部为海产，自潮间带至 4000m 深海都有分布，仅 2 科，约 300 种。营埋栖生活，用圆筒形的足挖掘泥沙埋于底质中，顶端露在底质之上。贝壳 1 个，象牙状，呈稍弯曲的管状，两端开口（图 8-9），故又名管壳纲（Siphonoconchae），足圆柱形，适于挖掘泥沙。本纲动物在我国分布广，种类多。常见的代表为角贝（*Dentalium*），生存时代为奥陶纪至今。

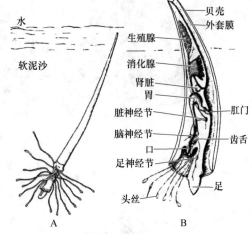

图 8-9　掘足纲模式图（自 Hickman）
A. 外形图；B. 内部结构图

五、腹足纲

（一）代表动物

中国圆田螺（*Cipangopa ludina chinensis*），俗称螺蛳、田螺等，是淡水中习见的大型螺类，以宽大的肉质足在水底爬行，以水生植物叶片、藻类等为食，可食用。

1. 分布

中国圆田螺一般生活在水草茂盛的湖泊、池沼、河流、沟渠和稻田等淡水内，群集，喜冬暖夏凉、底质松软、饵料丰富、水质清新的水域。对干燥、寒冷、酷暑有极大的适应能力，干燥时身体缩入壳内，以厣封住壳口或钻入泥中。冬季潜入泥中冬眠，次年春暖时再出土活动。喜夜间活动和摄食，食性杂，主要吃水生植物嫩茎叶、有机碎屑等。四季繁殖，生长最适宜温度为 20～27℃。为世界性分布，国外在朝鲜、北美分布居多，我国各地均有分布和繁殖。

2. 外部形态

壳大，圆锥形，薄而坚固，表面光滑，黄褐色到深褐色，壳顶尖。壳高 40～60mm，宽 25～40mm，螺层膨胀，6～7 层。缝合线深，生长线明显。壳口薄，近卵圆形，边缘完整，具黑色框边。头、足、内脏团均可藏于壳内，壳口有角质厣，薄片状，小于壳口，控制壳口的开闭，头、足可自由伸出。头部发达，前端有一圆形突起的吻，吻腹侧为口。吻基部两侧生有一对长圆锥形的触角，雄性右触角短粗，有交配器的功能，顶端有雄性生殖孔。眼一对，位于触角基部外侧突起上。头后方两侧有褶状颈叶，右侧发达卷成出水管，左侧较小，贴在外套膜上，形成入水管。足叶状，宽大，肉质，前缘平直，后端较狭，位于头后、内脏团下方。外套膜薄膜状，边缘较厚，围绕头、足，背缘及侧缘游离，腹缘与足愈合（图 8-10）。

3. 结构与机能

① 消化与摄食　以水生植物和藻类为食。口内为膨大的咽，具齿舌，用来刮取食物。唾液腺一对，自咽后两侧开口于口腔，分泌黏液，无消化作用。咽后连以细的食管，伸至围心腔下，通入膨大的胃。胃周围有肝脏，为发达的管状腺体，是体内主要的消化腺，可以分泌消化酶。胃后为肠，扭转 180° 后向前伸，末端以肛门开口于外套腔右侧，临近出水孔（图 8-11）。

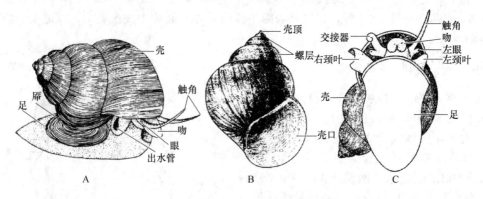

图 8-10　中国圆田螺（仿张明俊）

A. 外观；B. 贝壳；C. 腹面观♂

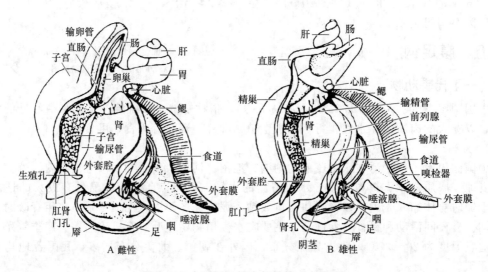

图 8-11　中国圆田螺内部结构（自张明）

② 呼吸与排泄　栉鳃一个，位于外套腔左侧，入水管内侧。鳃上皮细胞具纤毛，内有血管。水流经过外套腔时，通过鳃部毛细血管壁的渗透作用交换水中的溶解氧，同时产生的二氧化碳随水流与排泄终产物——氨一同排出体外。

后肾管一个，略呈三角形，浅黄褐色，位于围心腔前，直肠左侧。肾口开口于围心腔底部，肾右侧为一薄壁的输尿管，有孔与之相通，输尿管与肠平行，右侧壁与生殖器官（子宫或精巢）外壁愈合。肾孔开口于出水管的内侧，排泄物随水流经出水管排到远离入水管的体外。

③ 循环系统　开管式循环。由心脏、血管和血窦组成。心脏位于围心腔内，胃和肾之间，由一心室一心耳构成。心室壁厚，位于后方，心耳壁薄，位于前方，二者间有瓣膜。心室伸出一主动脉，分 2 支，一支为头动脉，通入头、足和外套膜等处；另一支为内脏动脉，通到内脏器官，各血管末端通于血窦。血液回心耳有 2 个途径：一个是经肾入鳃回心耳，另一个直接入鳃回心耳。血液无色，含变形细胞。

④ 神经与感官　神经系统由神经节和神经索构成，主要神经节有 4 对：脑神经节较大，位于咽背侧，之间有神经索相连，发出神经到触角、眼、口等部位；侧神经位于脑神经节后，较小，不对称，发出神经到外套膜等部位；足神经节长带状，位于内脏团与足交界处，

之间有神经索相连，发出神经到足。脏神经节较小，位于食管末端，彼此有神经索发出神经到内脏器官。侧脏神经节间的神经连索于食管上下左右交叉形成"8"字形（图8-12）。

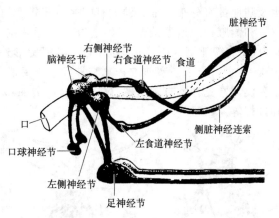

图8-12　中国圆田螺的神经系统（自张明）

感官比较发达。眼1对，位于触角基部外侧的突起上，为视觉器官，具感觉细胞和色素细胞构成的视网膜，并有晶体。触角1对，为感觉器官。嗅检器一个，是化学感受器，位于鳃近端部左侧，色黄，呈弯曲线状。平衡囊1对，位于足神经节内侧，由纤毛上皮内陷形成，囊内有细小的耳石，由脑神经节发出的神经支配，可维持身体平衡。

⑤ 生殖与发育　雌雄异体，雄性右侧触角较粗大，有交配器的作用，是鉴别雌雄的主要特征。雄性具精巢一个，较大，肾形，位于外套腔右侧。精巢后端左侧连一输精管，较短，向左横行后向前伸，膨大成贮精囊（前列腺），最后变细成射精管，入右侧触角中，其顶端的开口为雄性生殖孔（图8-13A）。雌性卵巢一个，细长带状，黄色，与直肠上部平行。后接输卵管，后端膨大通入子宫。子宫位于右侧，为腺质壁的大形薄囊，可分泌蛋白质液包裹卵。子宫末端变细成管状，顶部为雌性生殖孔，位肾孔的右侧（图8-13B）。体内受精，卵胎生，是腹足类中特有的。受精卵10～100个不等，在子宫内发育成仔螺后，排出体外。幼螺在水中自由生活，一年左右达性成熟。

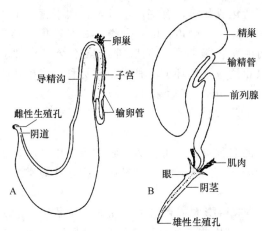

图8-13　中国圆田螺的生殖系统（仿金志良）
A. 雌性；B. 雄性

（二）腹足纲的主要特征

① 头部发达　头部有口、眼及1～2对触角，口中有齿舌，足扁平、发达、宽阔且位于身体腹面，故称腹足类，适于爬行。

② 内脏团左右不对称　内脏团随螺壳发生扭转，一般呈螺旋形，受旋压一侧的内脏整个消失，仅剩一侧的鳃、肾和心耳。因此，内部器官不对称。

③ 贝壳　腹足类一般有一个螺旋形的贝壳，又称螺壳。螺壳的顶端称为壳顶，由壳顶往下，每旋转一周称为一个螺层。各螺层之间的界线称缝合线，和缝合线垂直的细线则称生长线。此外，在螺层表面常常还有突起、肋、棘和各种花纹。螺壳最后一层特别大，容纳动物的头和足，称体螺层，其开口为壳口，壳口有时有石灰质、角质或膜质的厣，是足的分泌物，有保护作用。不同的种类，螺壳的形状有不同程度的特化，有的退化甚至消失，是腹足纲动物分类的重要依据之一。

（三）腹足纲的分类

本纲动物现存种类有7万余种，是软体动物中最繁盛的一类，分布非常广泛，海水、淡水及陆地都有分布，常见种类有蜗牛、田螺和钉螺等。依据贝壳的形态、呼吸器官类型及其位置和侧脏神经连索是否交叉成"8"字形等主要特征，可分为三个亚纲。

① 前鳃亚纲（Prosobranchia） 具螺旋形外壳，外套膜位于体前部，头部具 1 对触角；鳃 1～2 个，位于心室前方，侧脏神经索交叉成"8"字形，雌雄异体。多数海产，少数为淡水种类。常见种类有圆田螺（*Cipangorpaludina*）、笠贝（*Acmaea*）、马蹄螺（*Trochidae*）和红螺等。

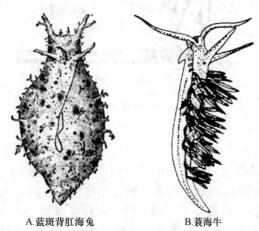

A.蓝斑背肛海兔　　　　B.蓑海牛

图 8-14　常见后鳃类（A. 自齐钟彦；B. 自 Hirase）

② 后鳃亚纲（Opisthobranchia） 也称直神经亚纲（Euthyneura）。常见种类有泥螺、蓝斑背肛海兔（*Notarchus leachiis*）、壳蛞蝓（*Philine*）和蓑海牛（*Doris*）等（图 8-14）。海兔成体贝壳完全退化成为内壳，体呈卵圆或蛞蝓形，身体肥厚。触角 2 对，较大，形似兔，故名。足宽大，有的体长达 1m。雌雄同体。含有毒素，食用常会引起头晕、呕吐、双目失明等症，严重者有生命危险，医药上用以治疗眼炎或作清凉剂。

③ 肺螺亚纲（Pulmonata） 无鳃，外套膜特化成肺囊，有些水生种类具次生鳃。水生种类具 1 对触角，陆生种类具 2 对触角，第二对触角顶端具眼。侧脏神经索不交叉成"8"字形。无厣。雌雄同体，直接发育。肺螺类是真正适应陆地环境的种类。常见种类有椎实螺（*Lymnaea*）、扁卷螺（*Segmentina*）、蜗牛（*Fruticicola*）和蛞蝓（*Limar*）等。

根据腹足纲动物和人类的关系，又可分为以下几大类。

1. 医学螺类

许多腹足类动物可作药用，如螺类中宝贝科的多种贝壳，可作为传统的重要中药材，也有许多种类能传播寄生虫病、细菌性和病毒性传染病，间接影响人类健康，把这些螺类统称为医学螺类。

① 蝾螺（*Turbinidae*） 壳厚，螺层较少，体螺层膨大，壳口宽，壳面有珠状突、瘤突或肋纹等结构。可作贝雕工艺材料，厣可入药，名"甲香"。海产，我国沿海皆有分布，有 20 余种（图 8-15A）。

② 福寿螺（*Ampullaria*） 与田螺相似，体螺层膨大，螺旋部小，食性广、适应性强、生长繁殖快，每卵块数十至数百粒卵，呈粉红或紫红色，可食用。原产于南美亚马逊河流域，1981 年引入我国，是广州管圆线虫的中间寄主，并危害水稻等农作物，给农业生产带来严重危害，被列入我国首批外来入侵物种（图 8-15B）。

③ 沼螺（*Parafossarulus*） 淡水产，禽类和鱼类的天然饵料，危害绿肥水浮莲和凤眼莲的栽培，是华枝睾吸虫和抱茎棘隙吸虫等寄生虫的中间宿主（图 8-15C）。

④ 钉螺（*Oncomelania*） 贝壳较小，壳质厚而坚硬，壳面光滑或纵肋，底螺层较膨大。壳面淡灰色，壳口卵圆形，具有黑色框边，外唇背侧有 1 条粗隆起的唇嵴。水陆两栖，幼体多生活在水中，成体一般生活在水线以上潮湿地带，是血吸虫的中间寄主（图 8-15D）。

⑤ 马蹄螺（*Trochus*） 壳表面有颗粒、瘤结或棘等结构。壳底平坦，多具同心肋，壳口马蹄形，具角质厣。壳为制作纽扣的优质原料，也可入药，俗称"海决明"。海产，我国沿海已发现 80 余种（图 8-15E）。

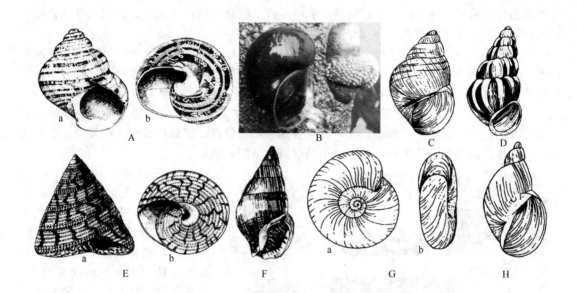

图 8-15　常见医学腹足类（A、E. 自董正之；其余自刘月英）

A. 蝾螺（a. 侧面观，b. 腹面观）；B. 福寿螺和卵块；C. 沼螺；D. 钉螺；

E. 马蹄螺（a. 侧面观，b. 腹面观）；F. 织纹螺；G. 扁卷螺（a. 顶面观，b. 腹面观）；H. 椎实螺

⑥ 织纹螺（*Nassariidae*）　海洋潮间带螺类，尾部较尖，细长，长度 1cm 左右，口腔内有毒腺，食用后可引起头晕、呕吐、口唇及手指麻木等中毒症状，若被蜇伤，严重时会有生命危险（图 8-15F）。

⑦ 扁卷螺（*Planorbidae*）　壳小，扁圆盘状，螺旋在一个平面上旋转。头部大，触角细长，眼睛在触角基部内侧。淡水产，栖息于静水和缓流的水域，在水草上附着生活，是姜片虫、血吸虫等的中间宿主（图 8-15G）。

⑧ 椎实螺（*Lymnaea*）　壳薄，暗色，半透明，螺旋部一般低矮。肺呼吸，部分外套膜延伸成次生性鳃。淡水产，常成群栖息在小水洼、池塘、湖泊、水库、浅水小溪及灌溉沟渠内，是肝片吸虫等寄生虫的中间宿主（图 8-15H）。

2. 农业螺类

一般称蜗牛，多为肺螺亚纲，少数为前鳃亚纲。分布在世界各地，体形大小各异，在较潮湿的地方生活。寒冷地区种类有冬眠，热带生活种类旱季会休眠，休眠时分泌出黏液形成一层干膜封闭壳口，全身藏在壳中，当气温和湿度适宜时出来活动。雌雄同体，多异体受精，直接发育。普通蜗牛将卵产在潮湿的泥土中，一般 2～4 周后小蜗牛就会破土而出，一次可产 100 个卵。多以植物叶和嫩芽为食，危害农林作物。

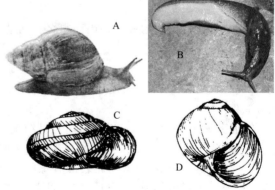

图 8-16　常见陆生腹足类（A. 自张云雁；

B. 自 Wirch；其余自陈德牛）

A. 褐云玛瑙螺；B. 蛞蝓；C. 条华蜗牛；D. 灰巴蜗牛

① 褐云玛瑙螺（*Achatina fulica*）　中大型螺类，又称非洲大蜗牛、白玉蜗牛，是许多寄生虫和病原菌的中间宿主，传播结核病和嗜酸性脑膜炎。原产于东非，被列入我国首批外来入侵物种。杂食，危害农作物（图 8-16A）。

② 蛞蝓（*Agriolimax*）　贝壳退化，有些退化为一体内片状结构，成一列颗粒，有些完全消失。雌雄同体，长叶状，体表湿润有黏液。生活在潮湿环境，世界性分布，具有一定药用价值，危害农作物（图 8-16B）。

③ 条华蜗牛（*Cathaica fasciola*）　贝壳中等大小，黄褐色，无光泽，呈矮圆锥形，壳口呈椭圆形，口缘完整。体螺层膨大，其他各螺层增长缓慢，螺旋部低矮，壳顶尖，缝合线明显，体螺层周缘有一条黄褐色色带。全国性分布（图 8-16C）。

④ 灰巴蜗牛（*Bradybaena ravida*）　贝壳呈圆球形，壳质稍厚，壳面黄褐色或琥珀色，具有细致而稠密的生长线和螺纹，壳顶尖，缝合线深，个体大小、颜色变异较大。各地均有分布，是我国常见的为害农作物的陆生软体动物之一（图 8-16D）。

3. 观赏螺类

许多腹足类动物外形美观奇特，具有观赏及收藏价值。

① 黑星宝螺（*Cypraea tigris*）　又称虎斑宝贝，贝壳浑圆平滑而富有光泽，螺层内卷，壳口狭长，外唇和内唇有细齿，螺旋部至成体时几乎消失，成体无厣。背面白色至浅褐色，缀有大小不同的黑褐色斑点，是国家二级保护动物（图 8-17A）。

② 唐冠螺（*Cassis cornuta*）大型海螺，贝壳大而厚重，螺

图 8-17　常见观赏腹足类（A、B. 自白庆笙；
C、D、F. 自赵玥琪；E. 自黎跃成；其余自张玺）
A. 虎斑宝贝；B. 唐冠螺；C. 凤尾螺；D. 水字螺；E. 骨螺；
F. 万宝螺；G. 红螺；H. 荔枝螺；I. 织锦芋螺；J. 斑玉螺

旋部低矮，形状似唐代的冠帽，因而得名。活动较慢，常以海藻及微小生物为食，国家二级保护动物（图 8-17B）。

③ 凤尾螺（*Trumpet Triton*）　又称大法螺，螺塔高而尖，螺顶常缺损，螺层常有两条纵肋。壳表面乳白色，有深褐色、新月形斑纹，似孔雀尾羽。可作号角，也可作工艺品（图 8-17C）。

④ 水字螺（*Harpago chiragra*）　壳呈纺锤形，质地厚实，表面有 6 条均匀的长棘状突起，呈"水"字排列。生活于热带和亚热带海区的岩礁地、砂质底和低潮线下（图 8-17D）。

⑤ 骨螺（*Muricidae*）　贝壳表面有螺肋、结节、刺、长棘或纵肋等多种结构，并具有螺带和板块。贝壳可供观赏，也可作为贝雕工艺原料，经济价值较高。种类多，我国沿海已知有 150 种左右，肉食性，对滩涂贝类养殖有害（图 8-17E）。

⑥ 万宝螺（*Cypraecasis*）　大型螺类，壳厚重，螺塔低，壳口大，红褐色和少量白色溶合。具观赏性，多分布于热带地区珊瑚礁周围，我国的多产于海南岛东北海域（图 8-17F）。

⑦ 红螺（*Rapana bezona*） 贝壳大而坚厚，呈球状，灰黄色或褐色，壳面粗糙，表面有肋纹及棘突，壳口宽大，壳内面光滑呈红色或灰黄色。分布广泛，以渤海湾产量较高，肉可以食用，贝壳可加工制作成工艺品（图 8-17G）。

⑧ 荔枝螺（*Thais*） 贝壳呈纺锤形，厚而坚实，壳顶尖。螺旋部低于体螺层，体螺层中部较膨大，基部较尖细。分布广泛，沿海均有分布，生活在潮间带中潮区的上区岩石缝内。危害牡蛎养殖，壳可入药（图 8-17H）。

⑨ 织锦芋螺（*Conus textile*） 贝壳呈纺锤形，厚实，螺塔高度适中，缝合面较平至微凹。体螺层靠基部有弱螺肋，壳底色为白色，花纹清晰，主要分布于热带沿海珊瑚礁、沙滩，肉可食用，贝壳可供观赏，但体内有毒腺，毒性强，人被伤及严重时危及生命（图 8-17I）。

⑩ 斑玉螺（*Natica maculosa*） 贝壳近球形，螺旋部小，体螺层大而膨圆，灰白色，密布紫褐色斑点。常见于潮间带至水深 10m 泥、泥沙海底，肉质鲜美可食用，壳可制作工艺品，同时也是重要的经济螺类（图 8-17J）。

4. 经济螺类

腹足纲的一些种类由于肌肉肥大而鲜美，富含维生素 A，蛋白质、铁和钙等营养元素，具有较高的营养价值，成为人们喜爱的食品，把这些种类往往称为经济螺类，如黑鲍（Haliotus cracherodii）、中华圆田螺（Cipangopaludina cahayensis）和福寿螺等。

鲍鱼，单壳，贝壳大而坚厚、扁而宽，体螺旋部退化，壳口大，无厣，壳边缘有一列孔，孔数随种类不同而异，是分类依据之一。壳内侧紫、绿、白等色交相辉映，光泽度亮。足肥大，肌肉极发达，头部发达，其上一对触角细长，触角基部背侧各有一个短突起，突起的末端着生眼睛。口内有发达的齿舌，草食性。鲍营养价值极高，是传统的名贵食材，壳可入药，称"石决明"，是重要的经济贝类，在我国沿海约有 8 种，常见的种类有皱纹盘鲍和红鲍（图 8-18）。

A. 皱纹盘鲍　　　　　B. 红鲍

图 8-18　常见鲍类（A. 自马福恒；B. 自 Hickman）

六、瓣鳃纲

贝壳两瓣，左右合抱，无头部，足斧状，也称为双壳纲（Bivalvia）、斧足纲（Pelecypoda）、无头纲（Acephala）。瓣鳃纲的常见种类有河蚌、蛤、扇贝和牡蛎等多个种类，鳃多呈瓣状，故名瓣鳃类。本纲现存动物约 2 万种，全部水生，多为海洋底栖动物，此类动物大多可以借助斧足的一伸一缩带动身体，慢慢地将整个身体钻入海底泥沙中，营穴居生活，也有些种类利用两片贝壳突然关闭时喷射水流所产生的动力，把身体向后弹生，这是斧足纲类在水中移动位置的另外一种方法。少数种类淡水生活，也有个别种类固着生活，凿石或凿木而栖，极个别寄生生活。瓣鳃纲动物经济价值较高，富含蛋白质，多数种类可食用，有些可入药，有些可育珠，贝壳还可作为工业原料，此外，也有部分种类危害渔业生产。

（一）代表动物——无齿蚌

1. 分布

无齿蚌 *Aaodonta* 又称河蚌、河蛤蜊、鸟贝等，生活在淡水湖泊、池沼、河流等水流缓慢和静水水域水底，半埋在泥沙中，体后端出、入水管外露，水可流入、流出外套腔，借以完成摄食、呼吸及排出粪便、代谢产物等各项生理机能。以过滤水中藻类、轮虫和鞭毛虫及小甲壳类等微小生物及有机质颗粒等为食。

图 8-19　无齿蚌外壳（A. 自白庆笙；B. 自 Hickman）

2. 外部形态

体侧扁，具两瓣卵圆形外壳，左右同形，壳顶突出。壳前端较圆，后端略呈截形，腹线弧形，背线平直。绞合部无齿，其外侧有韧带，依靠其弹性，使两壳张开。壳内面有肌痕。壳面光滑，具明显同心圆的生长线（图 8-19A）。外套膜两片，较薄，紧贴壳内面，外套膜间为外套腔。外套膜内面上皮具纤毛，纤毛摆动有一定方向，引起水流。两片外套膜于后端处稍突出，合抱成出水管和入水管。腹侧的为入水管，开口长，边缘褶皱，上有许多乳突状感觉器。位于背侧的为出水管，开口小，边缘光滑。足呈斧状，侧扁，富肌肉，位内脏团腹侧，向前下方伸出，为运动器官。

3. 结构与机能

① 摄食与消化　口位于前闭壳肌下，足背侧，两侧各有一对三角形唇片（labial palp），密生纤毛，进行感觉和摄食。口摄食后经短宽的食道、膨大的胃和盘曲于内脏团中的肠，进入围心腔，直肠穿过心室，肛门开口于后闭壳肌上、出水管附近（图 8-20）。胃中的消化酶来自周围一对不规则的消化盲囊和后胃肠间晶杆囊壁上皮分泌形成细长的晶杆（图8-21）。在缺乏食物条件下，24h 晶杆即消失；重新获喂食物后，数天后晶杆恢复。胃壁有几丁质的胃盾和纤毛分选区，胃盾与晶杆相对，减少摩擦保护胃壁，食物经纤毛分选区后，小颗粒进入消化盲囊，进行细胞内消化和吸收，大颗粒进入肠内进行细胞外消化。

② 肌肉与运动　肌肉包括闭壳肌（adductor）、缩足肌（retractor）、伸足肌（protractor）。闭壳肌分为前闭壳肌（anterior adductor）和后闭壳肌（posterior adductor），是粗大的柱状肌，连接左右壳，收缩使壳关闭。缩足肌前后各一，前缩足肌（antenor retractor）、后缩足肌（posterior retractor）及伸足肌（protractor）一端连于足，一端附着在壳内面，控制足的缩入和伸出（图 8-19B）。

③ 呼吸与循环　呼吸器官为两片瓣鳃（lamina）（图 8-22）。鳃及外套膜上纤毛摆动，引起水流，水由入水管进入外套腔，经鳃孔到达鳃腔内，沿水管上行达鳃上腔，向后流动，经出水管排出体外，完成气体交换。每 24h 流经蚌体内的水可达 40L，鳃表面的纤毛可过滤食、水中的微小食物颗粒，送至唇片再入口。因此鳃尚可辅助摄食。外瓣鳃的鳃腔又是受精卵发育的地方，直至钩介幼虫形成。外套膜也有辅助呼吸的功能。

心脏位于内脏团背侧围心腔内，由一肌肉质的长圆形心室和左右两薄膜三角形心耳构成。心室向前向后各伸出一条大动脉。前大动脉（aorta）沿肠的背侧前行，后大动脉沿直肠腹侧后行，各分支成小动脉（artery）至套膜及身体各部。经血窦入静脉，然后入肾、鳃，代谢废物和气体交换，经出鳃静脉回到心耳。外套膜静脉不经过肾、鳃直接入心耳（图 8-23）。

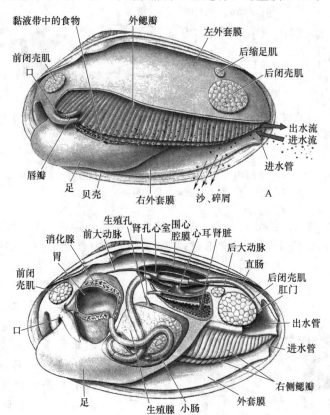

图 8-20　无齿蚌内部结构图（A. 自白庆笙；B. 自 Hickman）

A. 外形图；B. 内部结构图

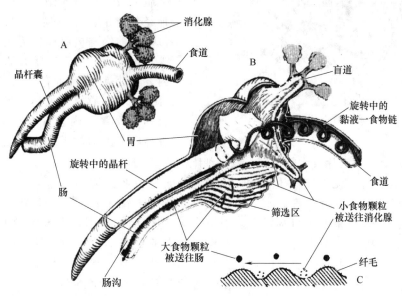

图 8-21　消化道和晶杆囊的关系（自 Hickman）

A. 胃和晶杆囊外观；B. 食物流；C. 纤毛的筛选

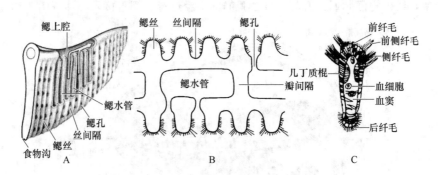

图 8-22 瓣鳃的结构（A. 仿 Hickman；B. 仿 Miller；C. 自 Peck）

A. 结构模式图；B. 横切面模式图；C. 鳃丝的结构

血液中含血蓝蛋白（haemocyanin），氧化时呈蓝色，还原时无色，其与氧结合能力不及血红蛋白，100mL 血液中含氧通常不超过 3mg。血液中含变形虫状细胞，有吞噬作用，具排泄功能。

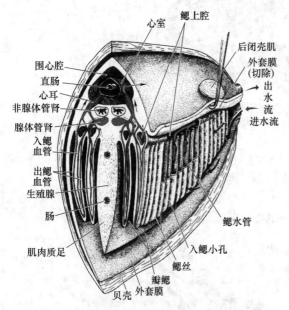

图 8-23 围心腔与肾的切面图（自 Hickman）

④ 排泄　排泄器官包括 1 对肾（后肾管特化形成，呈"U"形）和围心腔腺（凯伯尔氏器）。围心腔腺位于围心腔前壁，收集血液中的代谢废物，排入围心腔，再由肾口经围心腔腹面的肾体重吸收后，由膀胱和肾孔排入到鳃上腔的顶部，最后经鳃上腔随水流由出水孔排出体外。

⑤ 神经和感官　具 3 对神经节。脑神经节（脑侧神经节）较小，位于前闭壳肌下方、食道两侧，由脑神经节和侧神经节合并形成。足神经节结合在一起，位于足前缘与内脏团交界处。脏神经节蝶状，较大，位于后闭壳肌腹侧的上皮内，3 对神经节间有神经连索相连接（图 8-24）。感官不发达，足神经节附近有一平衡囊，内有耳石，司平衡作用。脏神经节上面的上皮为感觉上皮，为化学感受器。外套膜、唇片及水管周围有感觉细胞。

⑥ 生殖和发育　无齿蚌雌雄异体，生殖腺位足背方肠的周围，葡萄状腺体，精巢乳白色，卵巢淡黄色。生殖导管短，生殖孔较小，开口于肾孔后下方。多夏季繁殖，精卵在鳃腔内受精。受精卵由于母体的黏液作用，不会被水流冲出，在鳃腔中发育成幼体，于鳃腔中越冬。次年春季，幼体孵出，发育成特有的钩介幼虫。幼虫具双壳。有发达的闭壳肌，壳的腹缘各生有一强大的钩，且具齿。腹部中央生有一条有黏性的细丝，称足丝。壳侧缘生刚毛，有感觉作用，幼虫可借双壳的开闭而游泳。鳑鲏鱼（*Rhodaus sinensis*）产卵时，将长长的产卵管插入无齿蚌的入水管中，产卵产于其外套腔中。钩介幼虫借以附着在鳑鲏鱼体上，寄生在鳃、鳍等处，鳑鲏鱼皮肤受其刺激而异常增殖，将钩

介幼虫包在其中，形成囊。钩介幼虫以外套膜上皮吸取鱼的养分，经 2～5 周，变态成幼蚌，破囊而出，沉入水底生活，历经 5 年时间方达性成熟。

（二）瓣鳃纲的主要特征

① 无明显头部　瓣鳃类身体左右侧扁，由内脏团、足、外套膜和贝壳四部分组成，无明显的头部，因此触角、眼、颚片和齿舌等构造也随之消失，故又称无头类。足位于身体腹

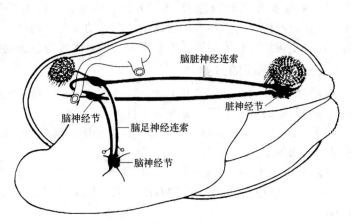

图 8-24　无齿蚌的神经系统模式图（自 Buchsbaum）

面，一般斧状，故又称斧足类。但有的种类（如贻贝）成体足退化，由足丝腺分泌足丝附着在其他物体生活。有的种类（如牡蛎）成体营固着生活，足完全消失。足的背面为内脏团。内脏团背面的皮肤自左右两侧下垂，形成外套膜，包裹内脏团和足。它与身体之间的空腔即为外套腔。

瓣鳃类两瓣贝壳通常大小、形状相同，但长期卧倒或固着生活的种类一般下面一侧的贝壳较大。左右贝壳由背面角质韧带相连。韧带黑色，具弹性，可使贝壳张开。在每瓣贝壳的背面有一特别突出的小区，称壳顶，是最早形成的部分。贝壳表面有以壳顶为中心，呈环形的生长线，或有自壳顶向腹缘放射状排列的放射肋。在壳顶的内下方，两壳相衔接部分称铰合部。铰合部一般具齿，齿的数量及排列方式等是瓣鳃纲动物分类的重要依据。

② 呼吸器官　瓣鳃类以鳃和外套膜进行呼吸，鳃由外套膜内侧壁延伸而成，因动物种类的不同而有不同的类型。最原始的为羽状栉鳃（如胡桃蛤）；其次为丝鳃（如日月贝）；有的又分别折向背侧形成"W"状（如蚶）；有的鳃丝之间以纤毛相连接而形成鳃瓣（如贻贝）；最高等的种类相临各鳃丝之间以丝间隔相连，从而形成了完整的鳃瓣（如河蚌），称真瓣鳃。另有一种叫隔鳃，鳃退化成肌肉质横隔膜，这类鳃已无呼吸作用，呼吸完全靠外套膜进行（如孔螂）。

③ 消化系统　瓣鳃类的消化系统包括口、食道、胃和胃盲囊（晶杆囊）、肠、肝脏和肛门等。口位于前闭壳肌下方，其两侧各有一对三角形的触唇，触唇上有纤毛着生，具有感觉、滤食、激动水流的作用。海产瓣鳃类的胃盲囊内和河蚌的肠内有透明胶质的杆状物分布，称为晶杆，它有机械搅拌、分泌消化酶和贮存营养等多种功能。

④ 循环系统　瓣鳃类的循环系统为开管式，心脏位于内脏团背方和围心腔内，由一心室和两心耳组成。其循环途径分为内脏循环和外套循环两部分，外套膜上有大量的血管或血窦分布，也可与水中的氧气进行气体交换，具有辅助呼吸的使用。

⑤ 排泄系统　瓣鳃类的排泄系统由后肾管来源的肾脏和围心腔腺（又称凯伯尔氏器）两种组成。围心腔腺位于围心腔的前壁，是一对网状结缔组织，将从血液中收集的含氮废物直接排入围心腔中，再由肾口经围心腔腹面的腺体部重吸收后由膀胱和肾孔（排泄孔）排入到鳃上腔的顶部，最后经鳃上腔随水流由出水孔排出体外。

⑥ 神经系统　瓣鳃类的神经系统退化为 3 对神经节（脑神经节、脏神经节和足神经节）及其连接它们之间的神经索。由于长期适应底栖生活，活动少甚至不活动，一般无明显的头部及相应的感觉器官。

⑦ 生殖系统　瓣鳃类多为雌雄异体、同形。受精作用在水中或鳃水管中进行，多为间接发育，海产种类一般具有担轮幼虫和面盘幼虫两个幼虫期，淡水蚌类一般还具有钩介幼虫期，通过小钩挂在鱼体表面，短暂寄生一段时间后变态为幼蚌，落入水中营自由生活。

（三）瓣鳃纲的分类

瓣鳃纲动物约 3 万种，其中含化石种类约 15000 种，根据贝壳铰合齿的形态、闭壳肌的发达程度和鳃的构造不同，分为 3 个目。

① 列齿目（Taxodonta），全海产，具栉鳃，前后闭壳肌相等，滤食。常见种类有泥蚶、毛蚶和魁蚶等。

② 异柱目（Anisomyaria），全部深海生活，鳃退化，外套膜呼吸，着生鳃的部位出现肌隔板。常见种类有贻贝（*Mytilus*）、珍珠贝（*Pteria*）、牡蛎和栉孔贝（*Chlamys farreri*）等。

③ 真瓣鳃目（Eulamellibranchia），鳃发达，丝状或瓣状，鳃丝间及鳃瓣间有纤毛，滤食。常见种类有河蚌（*Anodonta woodiana*）、三角帆蚌（*Hyhopsis cumingii*）和缢蛏（*Sinonovacula constricta*）等。

从瓣鳃纲动物和人类的关系来看，其又可分为以下两大类。

1. 瓣鳃类经济动物

① 毛蚶（*Arca subcrenata*）　贝壳卵圆形，两壳不等大，左壳稍大，壳顶突出，壳具放射肋 30～34 条，放射肋稍宽于放射沟，生长线明显，壳表面被有棕褐色绒毛状壳皮，是重要的经济贝类（图 8-25A）。

② 贻贝（*Mytilus edulis*）　壳呈三角形，呈青黑褐色或淡紫色，具有珍珠光泽，壳发达。壳顶尖，略向腹侧弯曲。放射肋不明显，生长线明显。生活在海滨岩石上，干制品称淡菜，中国北方俗称海虹，具有较高药用和食用价值，已进行人工养殖（图 8-25B）。

③ 泥蚶（*Tegillarca granosa*）　卵圆形贝壳，两壳等大，坚厚，放射肋粗壮，18～21 条，肋上具明显的结节，放射沟稍宽于放射肋，生长线明显。壳褐色，易脱落，肉可制成干品，壳可入药，是我国重要的养殖贝类（图 8-25C）。

④ 栉孔扇贝（*Chlamys farreri*）　壳扇形，壳薄，表面颜色变化较大，左壳较深。两壳略相等，左壳凸，右壳稍平，放射肋和生长线明显，闭壳肌干制品称"干贝"，为名贵海珍品，是我国北方沿海重要的养殖贝类，产量大，经济价值高（图 8-25D）。

⑤ 栉江珧（*Atrina pectinata*）　贝壳大，三角形，壳质脆，两壳等大，表面黄绿色。壳顶尖细，生长线明显，自壳顶有 15～20 放射肋，营半埋栖生活，干制品为"江珧柱"，是我国重要的经济贝类（图 8-25E）。

⑥ 马氏珍珠贝（*Pteria martensii*）　贝壳斜方形，壳质薄而脆，两壳不等，内表面珍珠层发达，可产珍珠，栖息于风浪较为平静的内湾。是世界著名的生产珍珠的母贝，分布于我国南海，以广西合浦所产量大质优，有"南珠"之称，具有较高的经济价值（图 8-25F）。

⑦ 牡蛎（*Ostrea gigas*）　俗称蚝、海蛎子，两壳不等，形状不同，表面粗糙，暗灰色。左壳大，用于固着，右壳小而平。世界性分布，具有食用和药用价值，经济价值高，是重要的海产养殖贝类（图 8-25G）。

⑧ 文蛤（*Meretrix meretrix*）　壳圆形略呈三角形，壳内面为瓷白色。两壳相等，壳面有花纹、生长线、放射肋或棘刺等多种结构，肉质鲜美，是重要的经济贝类，我国北方沿海已开展人工养殖（图 8-25H）。

⑨ 库氏砗磲（*Tridacna gigas*）　又名大砗磲，壳大而厚重，两壳等大，壳表面白色，十分粗糙，有 5 条粗大的覆瓦状放射肋，生长线明显，形成重叠的皱褶，壳内面也为白色，

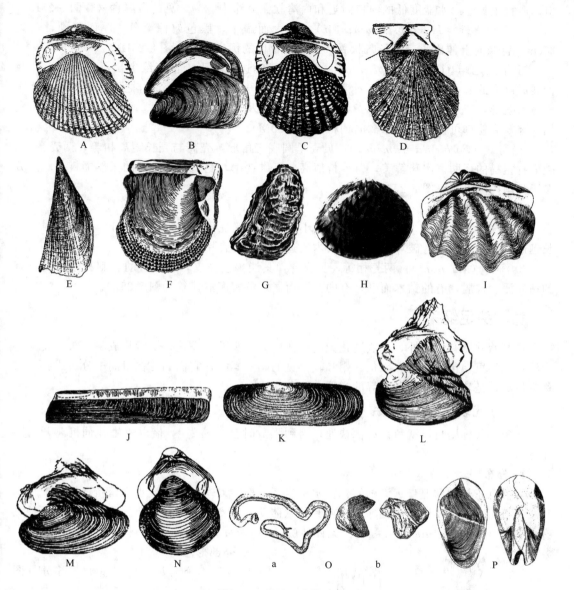

图 8-25　常见双壳类种类

（A、C、K. 仿赵汝翼；G. 自郭冬生；H. 自李殿伟；M. 自钱名全；N. 自刘月英；其余自张玺）

A. 毛蚶；B. 贻贝；C. 泥蚶；D. 栉孔扇贝；E. 栉江珧；F. 马氏珍珠贝；G. 牡蛎；H. 文蛤；
I. 库氏砗磲；J. 竹蛏；K. 缢蛏；L. 三角帆蚌；M. 褶纹冠蚌；N. 河蚬；O. 船蛆；P. 海笋

富有光泽。生活于热带珊瑚礁浅海区，喜高盐度环境，属狭盐性贝类，喜栖息于低潮线附近的珊瑚礁间，是国家一级重点保护野生动物（图 8-25I）。

⑩ 竹蛏（*Solen strictus*）　贝壳呈细长的竹筒状，壳质较薄，背、腹缘平行，前、后缘呈截形或圆形。利用肌肉质的足挖掘泥沙并潜入洞穴中生活，遇到危险时，迅速将身体全部埋入泥沙中。分布广泛，我国南北沿海均有分布，其肉味鲜美，鲜食、干制均可，具有较高的食用价值（图 8-25J）。

⑪ 缢蛏（*Sinonovacula constrzcta*）　贝壳脆而薄呈长扁方形，自壳顶到腹缘，有一道斜行的凹沟，故名。背腹缘平直，几乎平行，前后缘均为圆形，两壳闭合时，前后端均有开

口。适宜生长于海水盐度低的河口附近和内湾软泥海涂中，为常见的海鲜食材（图8-25K）。

⑫ 三角帆蚌（*Hyriopsis cumingii*） 壳大而扁平，黑色或棕褐色，厚而坚硬，长近20cm，背缘向上伸出一三角形帆状翼，是淡水育珠的优良品种（图8-25L）。

⑬ 褶纹冠蚌（*Cristaria plicata*） 贝壳呈不等边三角形，前背缘突出不明显，后背缘伸展成巨大的冠，壳后背部有一列粗大的纵肋。我国著名的淡水育珠蚌之一，珍珠质量略次于三角帆蚌，产量高，成珠快。壳可作纽扣、镶嵌及贝雕等工艺原料，也可作中药；肉可食用，肉及壳粉都可作家畜和家禽的饲料（图8-25M）。

⑭ 河蚬（*Corbicula fluminea*） 贝壳呈圆底三角形，壳高与壳长距离相等，两壳膨胀，壳面有粗糙的环肋。肉味鲜美，营养价值高，可供食用，是鱼类和水禽的天然饲料，广泛分布于我国内陆水域（图8-25N）。

2. 有害瓣鳃类

① 船蛆（*Teredo*） 体呈蠕虫状，壳小而薄，只遮住身体前端一小部分，繁殖力强，生长迅速，多钻木而栖，破坏木船和码头木质建筑物，可食用（图8-25O）。

② 海笋（*Martesia*） 两壳相等，贝壳薄，具淡褐色壳皮，壳面有肋、刺和生长纹，有的钻入泥沙穴居，有的钻木而栖，有的凿石而居，危害海港建筑（图8-25P）。

七、头足纲

除原始种类有贝壳外，一般退化为内壳或消失，头部极发达，足特化成腕。头足类全部生活在海洋里，包括乌贼、柔鱼、蛸和较罕见的鹦鹉螺等，它们的足在口周围分裂成腕，故称头足类，是软体动物中最高等的类群。

（一）代表动物——乌贼

乌贼，又称墨鱼、鱿鱼。游泳快速，遇到强敌时会"喷墨"，借以逃生并伺机离开，因而得名。

1. 分布

喜栖息于热带和温带远海的海洋深水中生活，春、夏季在沿海浅水中繁殖，把卵产在木片或者海藻上。主要以甲壳类、小鱼或其他软体动物为食。世界性分布。我国沿海常见种类有金乌贼（*Sepia esculenta*）和曼氏无针乌贼（*Sepiella maindroni*）。

2. 外部形态

乌贼身体分为头、足和躯干3部分（图8-26）。头球形，位于身体前端，顶端中央为口，周围有5对腕。头两侧具一对发达的眼，构造复杂。外套膜非常发达，肌肉质，筒状，包裹着整个内脏团，形成躯干部，外套膜与内脏团之间为囊状外套腔。快速游泳的种类躯干部较长，且躯干两侧或后部外套的皮肤延伸成鳍，具有平衡的作用。具石灰质内壳。外套膜腹面前缘游离，与头足之间形成一缝隙，称外套膜孔。躯干两侧具鳍，鳍在末端分离。足特化成腕和漏斗。腕10条，左右对称排列，背部正中央为第一对，向腹侧依次为2～5对，其中第4对腕特别长，末端膨大呈舌状，为触腕（tentacular arm）。能缩入触

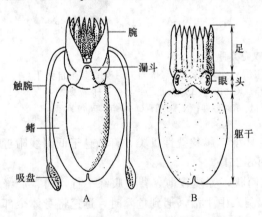

图8-26 乌贼的外形结构（自曾丽谨）
A. 腹面观；B. 背面观

腕囊内。腕内侧均具 4 列带柄的吸盘，触腕只在末端舌状部内侧有 10 行小吸盘。雄性左侧第 5 腕的中间吸盘退化，称茎化腕（hectocotylized arm），可输送精子入雌体内，起到交配器的作用。根据茎化腕可鉴别雌雄。漏斗位于身体腹面，为喇叭形水管，前端游离于外套膜之外，基部宽大，位于外套腔之内，其腹面两侧各有一椭圆形的软骨凹陷称闭锁槽（adhering groove），与外套膜腹侧左右的闭锁突（adhering ridge）相吻合，呈子母扣状，称闭锁器（adhering apparatus），可控制外套膜孔的开闭。内具舌瓣防止水逆流。当闭锁器开启，肌肉性套膜扩张，海水自套膜孔流入外套腔；闭锁器扣紧，关闭套膜孔，外套膜收缩，外套腔内的水急剧由漏斗喷出，身体便可以借水的反作用而快速游泳，乌贼通过改变漏斗的方向来调整运动方向，此外，还可通过鳍的波浪式摆动进行游动。

3. 结构与机能

① 摄食与消化　主要依靠腕来捕食，食物经腕基部中央的口和其后肌肉质口球内的口腔，经 1 对喙状的鹦鹉颚（图 8-27A）进行切碎后，再经口球底部的齿舌辅助吞咽，进入食道，通过食道壁肌肉的伸缩将食物运输到胃，在胃内经压碎和研磨形成食糜，进入胃盲囊和小肠内，肛门开口于漏斗基部后方的外套腔。消化腺有唾液腺、肝脏和胰脏，唾液腺位于口腔内，前、后各 1 对，可以分泌消化酶和毒液，用以杀伤、麻痹和消化猎物。肝一对，为黄色腺体，前端圆，后端尖，位于食道两侧，各发出一条导管，沿肠两侧后行后会合，通入胃盲囊。胰脏（图 8-27B）弥散在肝导管周围。肝、胰脏可分泌消化酶进入胃盲囊。在内脏团后端，有一梨形小囊即墨囊（ink sac），有一导管（墨囊管）通直肠末端近肛门处，墨囊和墨囊管是特化的直肠盲囊（图 8-27C），囊内腺体可分泌墨汁，经导管由肛门排出，使周围海水成黑色，并利用墨汁中的生物碱麻痹鱼类和天敌的化学感受器，借以捕食或逃生。

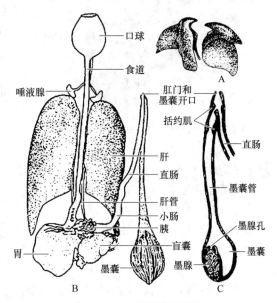

图 8-27　乌贼的消化系统

（A. 自张雁云；其余仿南京师范学院《无脊椎动物学》）

② 呼吸与循环　呼吸器官为一对栉鳃，位外套腔前端两侧。鳃有一鳃轴，两侧有鳃叶，鳃叶是由许多鳃丝组成。鳃上密布微血管，水流经鳃，完成气体交换。鳃轴背缘有鳃腺，富血管，可能与鳃的营养有关。

乌贼的循环系统基本为闭管式，仍残存有一些血窦。心脏由一心室二心耳构成（图 8-28），位于后端腹侧中央围心腔内。心室菱形，不对称，壁厚，心耳长囊状，壁薄。心室向前、后分别伸出前大动脉和后大动脉，并发出分支以毛细血管进入组织细胞间。身体前端血液汇集成前大静脉，前大静脉末端分成两支与身体后端、外套膜及内脏的静脉汇集后，汇入鳃心（branchia heart）。鳃心位于鳃基部，肌肉质，通过收缩增加血液入鳃的压力，血压高，经鳃心的血液由入鳃静脉入鳃后，再由出鳃静脉入左右心耳，返回心室，血液含血蓝蛋白（又称血蓝素）。

③ 排泄　排泄器官为一对囊状肾，来源于后肾管，通过肾围心腔管与围心腔相通，一对肾口位于围心腔，一对肾孔位于直肠后部两侧。肾可自围心腔内收集代谢产物，经重吸收

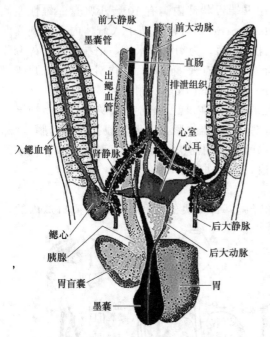

图 8-28 乌贼的循环系统（自白庆笙）

图中标注：前大静脉、前大动脉、墨囊管、直肠、排泄组织、出鳃血管、入鳃血管、肾静脉、心室、心耳、鳃心、胰腺、胃盲囊、墨囊、后大静脉、后大动脉、胃

后，形成终尿（final urine），再由肾孔排到外套腔。

④ 神经与感官　乌贼神经系统（图8-29）发达，结构复杂，由中枢神经系统、周围神经系统及交感神经系统组成。中枢神经系统由食管周围的脑神经节、侧脏神经节和足神经节等 3 对神经节组成，外有一软骨包围。食管背侧为一对侧脑神经节，腹侧为一对足神经节和一对侧脏神经节，二者前后排列。

周围神经系统由中枢神经发出的神经和神经节组成。交感神经系统由口球下神经节发出两条沿食管后行达于胃，形成胃神经节，由此发出盲囊神经、胃神经和肠神经等。

感官发达，有眼、平衡囊、化学感受器等。眼结构复杂，与脊椎动物类似。平衡囊一对，位于头软骨内，介于足神经节和侧脏神经节之间。囊内充满液体，有一耳石，囊内前端背面有平衡斑（macula statica），另有突起称平衡嵴（crista statica），为感觉作用部分。嗅觉感受器位于眼后下方，为上皮下陷形成，具有感觉细胞，为化学感受器，相当于腹足类的嗅检器。

⑤ 生殖与发育　乌贼为雌雄异体，雄性有茎化腕。雌性具卵巢一个，由体腔上皮发育形成，位内脏团后端生殖腔中，被体腔囊包围着。卵成熟后落入腔内，经输卵管输出，生殖孔开口于鳃基部前方外套腔内。雌性生殖器官除卵巢和输卵管外，多数具有一对发达的缠卵腺，开口于外套腔，其分泌物形成卵的外壳及一种遇水变硬的黏性物质，将卵黏成卵群。缠卵腺前有一对小形副缠卵腺，功能不明（图 8-30A）。生殖季节，卵分批成熟，分批产出，产卵后母体多大批死亡。雄性有精巢一个，位体后端生殖腔中，来源于体腔上皮。由许多

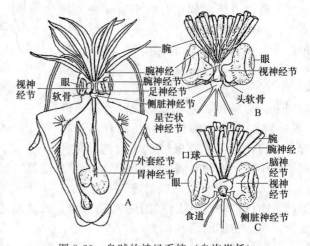

图 8-29 乌贼的神经系统（自许崇任）
A. 神经系统；B. 头部神经腹面；C. 头部神经背面

小管集成，精子成熟后，由小管落入生殖腔中。输精管长，曲折盘旋，管上有储精囊和前列腺，端部膨大成精荚囊（spermatophoresac），生殖孔开口于外套腔左侧（图 8-30B）。精子到达精荚囊内，包被几丁质鞘形成许多精荚，雄性将精荚以茎化腕送入雌性外套腔内，精荚进入雌体后能自行弹裂，射出精子，完成受精，受精卵排出体外，黏附于他物上，直接发育。乌贼有生殖洄游习性，春夏之际，由深水洄游到浅水内湾繁殖。

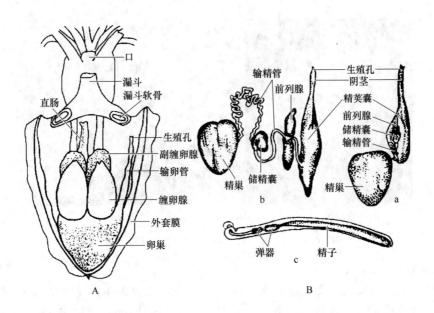

图 8-30　乌贼的生殖系统（A. 仿江静波；B. 仿江静波、张玺）
A. 雌性；B. 雄性（a. 自然状态；b. 器官展开；c. 精荚）

（二）头足纲的主要特征

① 体分为头、足、躯干三部分　头足纲动物均左右对称，身体可分为头、足、躯干三部分。头部极发达，其神经节愈合成发达的脑，外被软骨所包围。头的两侧各有一发达的眼，构造与高等动物的眼相似，眼的后方有嗅觉窝，口中除有齿舌外，还有上下合抱的角质颚。足分化为腕和漏斗两部分。腕环生在头前口的四周，为 8 或 10 条（亦有多达 90 条的）。鹦鹉螺等原始种类具发达的螺旋形外壳，乌贼等种类具内壳，称为海螵鞘，可入药；章鱼等壳退化消失。

② 闭管式循环系统　头足类动物大多数种类的循环系统接近于闭管式循环系统（仅有少量小血窦残余），血压高，可超过脊椎动物，血液循环效率高，能够满足快速运动所需的氧气和营养条件，同时还有鳃循环，从而保证了所有离开心室的血都得到氧化。

③ 具墨囊　大多数的头足类具有墨囊。墨囊为直肠的分支，由墨囊腺和墨囊腔组成。两者有壁隔离，经墨腺孔相通。墨腺分泌的墨汁可存于墨囊腔中，当受刺激时，墨腺收缩，墨汁经墨囊管射入直肠，再经肛门、漏斗喷出体外，染黑四周的海水，动物得以乘机逃逸。墨汁也含有毒素，对敌害有进攻作用。

④ 生殖与发育　头足类雌雄异体，两性异形。除某些种类雌雄个体大小相差悬殊外，一般雌雄性的区分，在于雄性有 1～2 个形态不同的茎化腕。直接发育。

（三）头足纲的分类

现存的头足类约 400 种，主要依据鳃和腕的数目以及其形态方面的特征，分为两个亚纲。

1. 四鳃亚纲（Tetrabranchia）

又称外壳亚纲（Ectocochlia）、鹦鹉螺亚纲（Nautiloidea）。具外壳，腕数十个，腕无吸盘；鳃、心耳、肾各 2 对。非常古老，绝大多数为化石种，现存种类仅有鹦鹉螺（*Nautilus pompipilus*）（图 8-31），为"活化石"，是国家一级重点保护动物。

A.活体　　　　　　　　　　　　　　　　B.贝壳

图 8-31　鹦鹉螺（A. 自 Gabbi，B. 自赵玥琪）

2. 二鳃亚纲（Dibranchia）

两侧对称，具内壳或无壳，腕 8 或 10 条，具吸盘，鳃、心耳和肾均为一对，雌雄异体、体外受精，不完全卵裂。根据腕的数目，分为十腕目（Decapoda）和八腕目（Octopoda）。

(1) 十腕目（Decapoda）

腕 5 对，右侧第 5 腕为茎化腕，吸盘有柄，具石灰质内壳。

① 金乌贼　身体卵圆形，长 20cm 左右。腕 5 对，4 对较短，腕上长有 4 个吸盘，1 对触腕超过体长。内壳末端有粗大的骨针。我国沿海均有分布，以黄、渤海产量较大（图 8-32A）。

② 曼氏无针乌贼　体卵圆，一般体长 15cm，腕 5 对，第 4 对腕较其他腕长。石灰质内壳长椭圆形，末端无骨针，鳍前窄后宽，位于胸部两侧全缘，末端分离。盛产于我国东南沿海，产量大（图 8-32B）。

③ 玄妙微鳍乌贼（*Indiosepius paradoxa*）　略呈方形，贝壳退化，体长约 10mm，鳍微小，位于体末端，雄性第 5 对腕为茎化腕。我国沿海均有分布（图 8-32C）。

④ 中国枪乌贼（*Loligo chinensisi*）　体长 40cm 左右，鳍呈三角形，占体长 1/2 以上，内壳角质，体浅红色。为食用种类，是枪乌贼科中最重要的经济种类（图 8-32D）。

⑤ 柔鱼（*Ommatostrephes*）　身体细长，呈长锥形，鳍三角形，不及体长的 1/2，内壳角质，触腕前端有吸盘，吸盘内有角质齿环，喜群聚，尤其在春夏季交配产卵期（图 8-32E）。

⑥ 日本大王乌贼（*Architeuthis japonica*）　体巨大，达 10m 以上，腕长 4m，栖息在深海地区，为无脊椎动物中体型最大者（图 8-32F）。

(2) 八腕目（Octopoda）

腕 4 对，大小相同，吸盘无柄，无角质环及小齿，具腕间膜。身体略呈球形，鳍小或缺，内壳退化或消失，雌体无缠卵腺。

① 长蛸（*Octopus variabilis*）　身体短小，卵圆形，腕长，第一对腕极长，腕上有大小不一的吸盘，无鳍，壳退化。常作为钓捕大型经济鱼类的饵料（图 8-32G）。

② 短蛸（*Octopus ocellatus*）　一种小型章鱼，体长一般在 15～27cm，胴部卵圆形或球形。腕较短，其长度大体相等，背部两眼间具一浅色纺锤形或半月形的斑块，两眼前方由第 2 对至第 4 对腕的区域内各具一椭圆形的金色圈。腕吸盘 2 行。体黄褐色，背部较浓，腹部较淡。鳍退化，内壳完全退化，可食用（图 8-32H）。

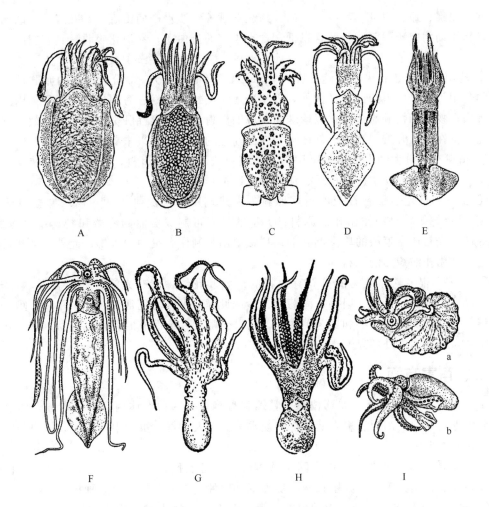

图 8-32　常见头足类（F. 自张玺，其余自董正之）

A. 金乌贼；B. 曼氏无针乌贼；C. 玄妙微鳍乌贼；D. 中国枪乌贼；E. 柔鱼；
F. 日本大王乌贼；G. 长蛸；H. 短蛸；I. 船蛸（a. 具壳雌性；b. 无壳雌性）

③ 船蛸（*Argonauta argo*）　是一种雌雄异形的软体动物。口的周围有八只腕，二行吸盘。雌性体大，第一对腕极膨大，具有很宽的腺质膜，用以分泌和抱持贝壳。雄性没有外壳，体小，只有雌性的 1/20～1/15。变色能力超强，体色连同体表斑纹会随环境快速改变，堪称海中变色龙（图 8-32I）。

第三节　软体动物的经济意义

软体动物种类繁多，分布广泛，与人类的关系密切。有些可食用和药用，有些可作为农肥和饲料，也有一些危害农林渔业生产，传播疾病，或者属于生态入侵种，造成严重的生态问题。

一、有益方面

① 食用　软体动物中除掘足纲和多板纲中的大部分种类以外，其他几乎都可食用，海

产的鲍、泥螺、蚶、扇贝、牡蛎、文蛤、蛏、乌贼等，淡水产的田螺、蚌和蚬等，陆栖的蜗牛等，软体动物肉味鲜美，脂肪含量低，含有丰富的蛋白质，易消化吸收，具有很高的营养价值。

② 药用　珍珠、石决明（鲍的壳）、海螵蛸（乌贼内壳）、海粉（海兔的卵群）和乌贼墨等的药用价值早已得到证明。此外，近年来还从文蛤、牡蛎、海蜗牛、乌贼等体内提取出许多抗病毒物质和抗肿瘤药物，以珍珠粉制成的注射液对病毒性肝炎有一定的疗效，这方面的研究还正在深入开展，总之，软体动物在医药上的应用正方兴未艾。

③ 饵料　产量大的小型贝类可用作家禽饲料或淡水鱼的饵料，如淡水螺、蚌、蛤可用作家畜家禽的饲料；淡水产的田螺、河蚬等可以饲养淡水鱼类。

④ 工业　贝壳是烧制石灰的良好原料，为建筑用石灰提供来源；珍珠层较厚的贝壳（如蚌、马蹄螺等）是制作钮扣的原料；大型的贝壳可制成美丽的容器和餐具；大马蹄螺、夜光蝾螺的壳粉还是喷漆的珍贵调和剂；乌贼墨用于制作名贵的中国墨；此外，某些贝类的足丝还曾被用作纺织品的原料。

⑤ 工艺　很多软体动物的贝壳有独特的形状和花纹，富有光泽，绚丽多彩，如宝贝、芋螺、凤螺、梯螺、骨螺、扇贝、海菊蛤、珍珠贝等，可作为玩赏品。蚌、贻贝、鲍、唐冠和瓜螺等可制作螺钿、贝雕和工艺美术品。用贝壳雕刻装饰而成的各种工艺品，有其独特的艺术魅力，深受国内外各界人士的赞赏。

二、有害方面

① 危害人和动物健康　如荔枝螺、骨螺和盘鲍等一些种类体内含有毒素，人体摄食后可引起中毒；钉螺、沼螺、扁卷螺等许多淡水螺类是人体寄生虫的中间寄主，能引起寄生虫病，危害人类健康。

② 危害农产品　蜗牛、蛞蝓等陆生软体动物危害农作物；玉螺、章鱼等海产肉食性种类，危害牡蛎、贻贝等贝类养殖；锈凹螺等草食性种类危害海带、紫菜种植。

③ 危害建筑和航运　海洋中的船蛆、海笋等专门穿凿木材或岩石穴居，对于海中的木船、木桩及海港的防波堤和木、石建筑物等为害甚大。牡蛎、贻贝等营固着生活的贝类，大量固着于船底时，影响船只的航速。当它们固着在沿海、沿江工作的管道系统中时，可使管道堵塞，影响生产。

④ 破坏生态系统　福寿螺和褐云玛瑙螺等属于危害严重的生态入侵种，危害农作物和生态系统，同时也是人畜寄生虫和病原菌的中间宿主。

三、有害软体动物的防治

对有害软体动物的防治可利用人工防治、机械或物理防除、化学药物防治、生物防治和综合防治等多种方法。如陆生种类的危害常施用化学药物毒杀，也可利用寄生生物控制和昆虫等天敌的捕食等生物防治的方法进行控制，均具有较好的应用价值。对于作为寄生虫中间宿主的淡水螺，通过切断寄生虫生活史各主要环节、因地制宜地查螺灭螺进行防治，同时应注意饮食卫生。危害贝类养殖的肉食性螺类和章鱼等，可根据各种软体动物的生活习性特点，采取产卵期集中采捕卵群或个体等方法。船蛆和海笋等软体动物幼虫，对低盐度海水的适应能力差，可以采用降低海水含盐量使幼虫致死的方式进行防治。对福寿螺等的防治要以化学防治为主，辅以人工防治（采捕卵块和成螺、翻耕土地）和生物防治方法（鸭稻共育、改种作物）。

思 考 题

1. 软体动物具有哪些主要特征？
2. 软体动物与环节动物的相似特征有哪些？
3. 软体动物分几个纲？简述各纲的主要特征。
4. 头足类适应生活环境的结构特点有哪些？

第九章 节肢动物门

教学重点：节肢动物门（Arthropoda）的主要特征和分类；甲壳纲、昆虫纲和蛛形纲等重要纲的主要特征及重要目的简要特征；具有经济意义的节肢动物种类；以及昆虫种类多、分布广与其体制、结构的关系。

教学难点：节肢动物各类群的附肢及昆虫的足、翅、触角、口器的结构类型。

节肢动物是躯体分部、附肢分节的无脊椎动物。节肢动物种类繁多，分布广泛，适应性强。已知种类多达 120 万种以上，约占动物界总数的 85%，是动物界最大的一个门，常见的虾、蟹、蜘蛛、蜱螨、蜈蚣和昆虫等都属于节肢动物，其中约 86% 是昆虫。与人类的关系极为密切，有益和有害的种类不胜枚举。

第一节 节肢动物门的主要特征

一、节肢动物具有几丁质的外骨骼

节肢动物的体壁一般由基膜、单层柱状上皮细胞和含几丁质的表皮三部分组成。表皮由上皮细胞分泌形成，具有保护和支撑的作用，由外向内又分为上表皮、外表皮和内表皮（图 9-1）。表皮主要成分是几丁质和蛋白质，几丁质是节肢动物所特有，由醋酸酰胺葡萄糖组成的高分子聚合物，分子式为 $C_{32}H_{54}N_4O_{21}$，几丁质比较柔韧，能被水渗透，但不溶于水、酒精、弱酸和弱碱。上表皮具有蜡层，使体壁具有不透水性，外表皮经过蛋白质的柔化作用颜色变深成为坚硬的骨片，因此，体壁具有保护内部器官及防止体内水分蒸发的功能。体壁的某些部位向内延伸，成为体内肌肉的附着点，故有外骨骼之称，正因为节肢动物具有外骨骼，使其对陆地上复杂生活环境的适应能力远远超过其他各门动物。节肢动物的外骨骼

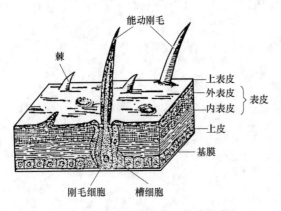

图 9-1 节肢动物的体壁（仿姜云垒）

一经硬化，便不能继续扩大，而使节肢动物体内组织器官的生长受到了限制。因此，当虫体发育到一定程度时，必须蜕去旧骨骼，虫体才能长大，此现象称为蜕皮。蜕皮时表皮细胞分泌一种酶，将几丁质溶解，同时使蜡质层破裂，节肢动物幼体就可以从外骨骼中钻出来，并且由表皮细胞重新分泌新的外骨骼。在新的外骨骼未完全硬化之前，身体可以快速增大。通常是每蜕一次皮即增长一龄，在每次蜕皮之间的生长期称为龄期，节肢动物的龄期因种类而异。通常甲壳纲等动物可以终生蜕皮，昆虫变态为成虫后不再蜕皮，也就意味着不再继续长大了。

二、异律分节和身体分部

在环节动物同律分节的基础上，节肢动物的一些形态和功能相似的若干体节进而愈合在一起，不同部位的体节在形态和结构上都不同，称此现象为异律分节。异律分节的结果使节肢动物形成了不同的体部，身体分化为头部、胸部和腹部，如大多数昆虫纲动物；但也有些节肢动物头、胸两部进而愈合而成为头胸部，如甲壳纲和蛛形纲动物；有些胸部与腹部进而愈合而成为躯干部，如多足纲动物。伴随着身体的分部，机能也相应地有所分化，如头部主要用于捕食和感觉，胸部用于运动和支持，腹部用于营养和生殖。各部虽有分工但又相互联系和配合，从而保证了节肢动物个体的生命活动及种族的繁衍。

三、分节的附肢

节肢动物不仅身体分部，而且附肢也是分节的，故名节肢动物。附肢各节之间以及附肢和体躯之间都有可动的关节，从而加强了附肢的灵活性，能够适应更加复杂的生活环境。伴随着体部的分化，附肢形态也高度特化，不同体部的附肢，形态、机能变化很大。如头部附肢特化形成触角和口器，用以感觉和取食；胸部附肢特化形成运动足以及辅助呼吸器官，用以运动和呼吸，部分附肢还特化形成螯肢等结构用以防卫；腹部部分附肢特化形成游泳足，用以游泳和爬行外，还有部分特化为交配器，用以交配，或部分完全退化消失。身体分部和附肢分节是动物进化的一个重要标志。

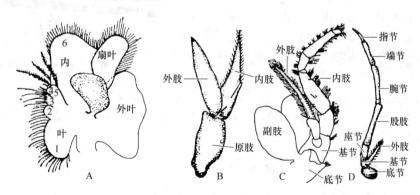

图 9-2 节肢动物的附肢
（C. 仿 Bumes，其余仿刘瑞玉）
A. 叶状肢；B、C. 杆状肢（双肢型）；D. 杆状肢（单肢型）

节肢动物的附肢根据其构造特征，可分为双肢型和单肢型两种基本构造（图 9-2），双肢型附肢结构最为原始，由着生于体壁的原肢和同时连接在原肢上的外肢与内肢所构成。原肢常由 2～3 节组成，分别为前基节、基节和底节，前基节常与体壁愈合在一起而不明显，因而一般为 2 节，原肢内、外两侧常具有突起，分别称为内叶和外叶。内肢从原肢顶端的内

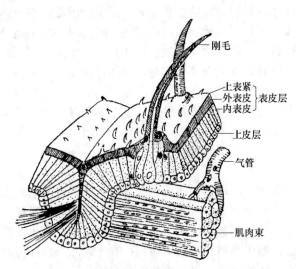

图 9-3 节肢动物的横纹肌（仿三院合编）

（图中标注：刚毛；上表紧、外表皮、内表皮（表皮层）；上皮层；气管；肌肉束）

侧发出，一般具有 5 节，分别为座节、长节、腕节、掌节和指节，外肢由原肢顶端的外侧发出，一般节数较多。由于适应不同功能，有些节肢动物附肢的外肢节退化，只剩下内肢节，附肢就由双肢型附肢演变为单肢型了。适于陆地生活的多足纲和昆虫纲的附肢都是单肢型附肢，甲壳纲除第一对触角是单肢型外，其余都是双肢型或由双肢型的附肢演变而来的。

四、发达的横纹肌

节肢动物的肌肉由肌纤维组成，呈束状，着生于外骨骼的内壁或表皮内突之上，肌纤维为横纹肌（图 9-3），根据肌肉着生的部位和功能，可分为体壁肌和内脏肌。体壁肌一般是按体节排列，有明显的分节现象。内脏肌包被于内脏器官之上，一般分横向排列的环肌和纵向排列的纵肌。体壁肌一般是伸肌和缩肌成对地排列，相互起拮抗作用。当这些肌肉迅速伸缩时，就会牵引外骨骼产生敏捷的运动。

五、呼吸器官多样性

节肢动物的呼吸器官多种多样，水生种类用鳃或书鳃呼吸，陆生种类为气管或书肺呼吸。不管是鳃还是气管，其本质上都是体壁的衍生物，只是形成的方式不同，鳃是体壁外突而形成的，扩大了和水的接触面积，适于充分呼吸水中的溶解氧，而气管则是体壁内陷而形成的，可以有效减少暴露在外界中的面积，但和空气接触的有效面积在增加，适于呼吸空气中的氧气。气管是陆生节肢动物一种高效的呼吸结构（图 9-4）；书鳃是腹部附肢的书页状突起；书肺是书鳃内陷而成的呼吸结构。有

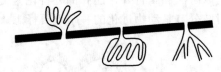

图 9-4 节肢动物的三种呼吸器官模式

一些陆生的昆虫，其幼虫生活在水中，因而具有气管鳃，即鳃里面含有气管。此外，体型较小的节肢动物，无论是水中的剑水蚤，还是陆上的蚜虫或恙螨等，都可以靠全身体表进行呼吸，因此没有专门的呼吸器官。

六、混合体腔和开管式循环系统

节肢动物的体腔内充满血液，故又名血腔。这种体腔一般是由囊胚腔（初生体腔）和真体腔（次生体腔）混合而形成的，所以又称为混合体腔。心脏和血管位于消化道的背方，血液在心脏中由后向前，流经血管进入体腔；血液在体腔中由前向后流动，而后汇入围心窦，由心孔流回心脏，这种往复过程属于开管式循环（图 9-5）。

节肢动物循环系统的复杂程度与呼吸系统的构造有密切的关系，若呼吸器官只局限在身体的某一部分（如虾的鳃、蜘蛛的书肺），其循环系统的构造和血流路径就比较复杂；若呼吸系统分散在身体各部分（如昆虫的气管），它的循环系统构造和血流路径就比较简单；而靠体表呼吸的小型节肢动物，循环系统则完全退化，如剑水蚤、恙螨和蚜虫等，没有专门的

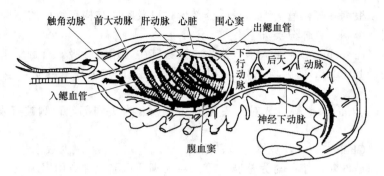

图 9-5　虾类循环系统结构模式（引自堵南山）

循环系统。

七、神经系统和感觉器官

节肢动物的神经系统与环节动物相同，属于链索状神经系统，与身体的异律分节相适应，体节愈合的地方，神经节也相对集中，如头部的形成促使脑进一步向前集中。节肢动物的脑由头部前 3 对神经节愈合而成，成为节肢动物感觉和统一协调各项活动的中枢。脑借围食道神经环，与食道下 3 对神经节愈合形成的咽下神经节相连，其后腹面两条神经索融合形成一条腹神经链，腹神经链上每个体部都愈合形成一个大的神经节。例如蜘蛛身体分节不明显，各体部高度愈合，而神经节也发生愈合，都集中在食道的背方和腹方，形成一个大的神经团。

节肢动物的感觉器官完善多样，主要有触觉、视觉、嗅觉、味觉和听觉等器官，并受神经系统支配，可以产生各种复杂的活动和行为。

八、排泄系统

节肢动物的排泄器官，可分为两种类型：一种是后肾管来源的腺体结构，如甲壳纲的下颚腺和触角腺、蛛形纲的基节腺、原气管纲的肾管等都属于此种类型，和环节动物的后肾管同源；另一类如昆虫或蜘蛛的马氏管，是由肠壁向外突起而成的细管，开口于中、后肠交界处，吸收血腔中的代谢废物，进入后肠，回收水分，经肛门排出残渣，马氏管是高度适应陆地生活环境的一种排泄器官。

九、生殖和发育

多数节肢动物是雌雄异体，只有蔓足类和一些寄生性的等足类是雌雄同体。生殖方式大多为两性生殖，主要有卵生，也有少数卵胎生，此外，节肢动物还有孤雌生殖、幼体生殖和多胚生殖等多种生殖方式。节肢动物的胚后发育方式很多，有直接发育和间接发育，间接发育者又具有多个不同阶段的发育期和不同形式的幼体或蛹期。

第二节　节肢动物门的分类

节肢动物门是动物界最大的一个门，种类繁多，既包括人们熟知的虾、蟹、蜘蛛、蚊、蝇以及蜈蚣等常见种类，也包括地球上早已绝灭的三叶虫等种类。节肢动物分布范围极其广泛，无论是海水、淡水、土壤、空中都有它们的踪迹，还有些种类寄生在其他动物的体内或体外营寄生生活。有益有害的种类不胜枚举，与人类关系极为密切，对人类经济生活影响颇大。各学者对于节肢动物分类系统存在着不同的意见，尤其是对纲以上的高级分类阶元，有些学者认为节肢动物门分两个亚门，也有些分三个亚门、五个亚门，不同学者意见大相径庭。本教材主要根据呼吸器官类型、身体分部形式以及附肢结构等特征的不同，将节肢动物分为三个亚门七个纲，具体分类如下。

有鳃亚门（Branchiata）：绝大多数水生，少数陆生，用鳃呼吸，有触角1对或2对。

三叶虫纲（Trilobita）：触角一对，身体背部中央隆起，形成三叶状，本纲全为化石种类，如三叶虫。

甲壳纲（Crustacea）：触角2对，头和胸部常愈合为头胸部，背侧被有发达的头胸甲，如虾、蟹等。

有螯亚门（Chelicerata）：身体分节，附肢分节。多数陆生，少数水生；头胸部紧密愈合，无触角，附肢6对，第一对为螯肢，第二对为脚须；陆生种类用书肺或气管呼吸，水生种类用书鳃呼吸。

肢口纲（Merostomata）：海产，头胸部的附肢包围在口的周围两侧，故名肢口，肢口纲动物用腹部附肢内侧的书鳃呼吸，如分布于我国南海的中国鲎（*Tachypleus tridentus*）。

蛛形纲（Arachnida）：多数陆生。头胸部除螯肢和脚须外有步足4对，腹部无附肢，用书肺或气管呼吸，如蜘蛛。

有气管亚门（Tracheata）：多陆生，少数水生，用气管呼吸。

原气管纲（Prototracheata）：体呈蠕虫形，体外分节不明显，仅有体表环纹，用气管呼吸，如栉蚕等。

多足纲（Myriapoda）：身体分节明显，体分头部与躯干两分，每体节具1～2对足，如蜈蚣、马陆和蚰蜒等。

昆虫纲（Insecta）：体分头、胸、腹三部，胸部具3对足，一般具2对翅，如蝗虫等。

图9-6　三叶虫化石

一、三叶虫纲

触角一对，身体背部中央隆起，被两条纵沟分为三叶，身体划分为头部、胸部或躯干、腹部或尾甲，附肢为双肢型附肢（图9-6）。卵生，经过脱壳生长，在个体发育过程中，形态变化很大。全部种类在2亿年前即已灭绝，现全为化石种类，迄今为止全世界已发现19个种的三叶虫纲化石，其中，中国三叶虫化石是早古生代的重要化石之一，也是划分和对比寒武纪地层的重要依据。

二、甲壳纲

甲壳纲动物由于它们的表面包被着一层比较坚硬的外壳而得名，其种类有3万多种，包括常见的虾、蟹、蚤和鼠妇等种类。绝大多数水生，而且多数是海产，少数是陆生或半陆生，主要营自由生活，但也有一些营寄生生活或固着生活。甲壳纲动物和人们的关系非常密切，如甲壳纲动物虾、蟹类等营养丰富，味道鲜美，具有很高的经济价值；有些甲壳还是鱼类等经济动物的饵料；也有一些固着生活的种类如藤壶等对贝类的养殖是有害的。

（一）代表动物——日本沼虾

日本沼虾（*Macrobrachium nipponense*）通称青虾或河虾，属于十足目长臂虾科沼虾属，该属有100多种，我国有20余种，是我国重要的淡水食用虾，体呈青绿色，带有棕色斑点，体长40～80mm，体外被有甲壳，全身由20个体节构成，分为头胸部和腹部（图

9-7）。日本沼虾 20 个体节中，第 1 体节的附肢完全退化，故可见有 19 对附肢，分别为 5 对头肢、8 对胸肢和 6 对腹肢。

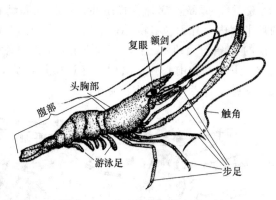

图 9-7　日本沼虾（引自刘瑞玉）

1. 外部形态

（1）头胸部

由头部的 6 体节与胸部的 8 体节愈合而成，节间界限完全消失，背面包被一块特别发达的外骨骼，称为头胸甲，有保护躯体、附肢和鳃的功能。头胸甲略呈圆筒形，前端是剑形突起额剑，可在游泳时发挥平衡身体的作用。头胸甲前缘在第 1 触角基部有 1 对触角刺，触角刺之后，头胸甲左右两侧各有 1 对肝刺。

头部第 1、2 对触角（小触角和大触角）细长，形成触鞭，上面着生很多嗅毛和触毛，司感觉作用。第 3 对口肢为大颚，原肢不分节，大而坚硬，边缘齿形，分切齿部和臼齿部，司咀嚼作用，外肢完全退化，内肢变成大颚须，细小，包括 3 个肢节。第 4、5 对口肢为小颚（第 1、2 小颚）扁平，呈叶片状，可抱持食物，第 2 小颚的原肢内叶形成 2 个小颚突起；外肢发达。形成扁平宽大的呼吸板，也称颚舟叶，有激起水流的作用；使鳃室内外的水不断交换，内肢变成不分节的小颚须。

胸部第 6、7、8 对胸肢为三对颚足，双肢型，每对颚足的原肢都有 2 个肢节，第 1 对颚足有内叶，后 2 对无内叶，内肢自第 1 对颚足至第 3 颚足渐次发达，第 1 对颚足内肢不分节，第 2 对颚足内肢分 5 节，第 2 对颚足内肢由于第 1 节和第 2 节愈合、第 4 节和第 5 节愈合而只见 3 节，外肢都不分节，颚足与大颚和小颚组成口器，有触觉、味觉和抱持食物的功能。胸部第 9、10、11、12、13 对附肢为五对步足，外肢退化，内肢发达。步足主要用于爬行，前 3 对步足有钳，特称螯足，雄虾的螯足长度甚至超过身体的长度，有捕食和御敌的作用；后 2 对步足末节似爪。

（2）腹部

长柱形，肌肉发达，由 6 个体节构成。第 2 腹节的侧甲覆盖在第 1 腹节的侧甲上。第 6 腹节末端还有 1 个尾节，尾节呈长三角形，肌肉不发达，背面有 2 对短的活动刺。腹部 6 对附肢为双肢型，扁宽，前 5 对是游泳足，后 1 对称尾肢。游泳足为扁平片状，原肢 2 节，内外肢均不分节，周缘密生刚毛，用以游泳。内肢内侧有 1 个小棒状的内附肢，具小钩，游泳时，同一腹节的左右腹肢借小钩相互勾连，同步划水。雄虾第 2 对游泳足内肢内缘在内附肢背面还有 1 个细棒状带刺的小突起，称为雄性附肢，具有协助交配的功能。尾肢只有 1 节，内外肢不分节，扁平宽大。外肢外缘有 1 个小刺，从小刺基部直到内缘有 1 个横纹。尾肢伸向后方，与尾节共同组成尾扇，可以增强腹部搏击的力量。

2. 内部结构与机能

① 消化系统　节肢动物的消化系统复杂，包括消化管和消化腺。消化管由口、食道、贲门胃、幽门胃、中肠、后肠和肛门组成。口位于头胸部的腹面，周围有大颚和小颚，组成口器，是节肢动物的摄食器官。食道短，后接胃，节肢动物的胃结构复杂，分为贲门胃和幽门胃，两者在结构上不同，发挥的作用也不同，贲门胃大、壁薄，其内壁有角质突起，形成骨板和硬齿等，借肌肉附着于头胸甲上，肌肉收缩使齿移动以碾磨食物，称胃磨。幽门胃内壁密生刚毛，互相交错形成滤器，可将食物滤入中肠。中肠很短，是消化、吸收和贮藏养料的场所。后肠的后端是膨大的直肠，肛门开口于尾节基部下方。消化腺为 1 对肝胰脏，位于胃的两侧，由多数分支盲管组成，注入中肠腹侧（图 9-8）。

② 循环系统 属开管式循环，由心脏和动脉组成，心脏略呈三角形，位于头胸部背侧的后半部内，外面包有围心窦，有 3 对心孔，背面、腹面、侧面各一对，并发出 7 条动脉，向前的 1 条前大动脉、1 对触角动脉、1 对肝动脉，向后的 1 条后大动脉，向下的 1 条下行动脉。下行动脉由心脏发出后，穿过腹神经索，分为前后 2 支，前支称胸下动脉，后支称腹下动脉，二者合成神经下动脉。

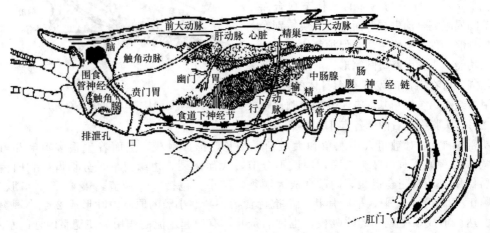

图 9-8 虾内部结构模式图（引自堵南山）

③ 呼吸系统 鳃 7 对，着生于后 2 对颚足和 5 对步足的基部，由鳃室包围。鳃室由头胸部和头胸甲左右两侧所形成，有 1 对入水孔和 1 对出水孔与外界相通。因第 2 小颚呼吸板可以拨动，鳃室内的水不停地内外循环，于是鳃就一直浸浴在新鲜的水中，这样，血液流经鳃部时，可以获得足够的氧气。

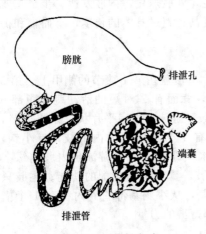

图 9-9 虾的触角腺

④ 排泄系统 主要靠 1 对触角腺来完成。触角腺位于食道之前、头胸部左右两侧，一端是盲端，为黑褐色的腺体部，相当于残留的体腔囊与体腔管；另一端为膀胱部，以排泄孔开口于大触角基部。触角腺因内含绿色的鸟氨酸，呈绿色，故又称绿腺（图 9-9）。

⑤ 神经系统与感官 中枢神经系统由脑、咽下神经节和腹神经索构成。脑较发达，由头部前 3 对神经节愈合而成，以围食道神经与咽下神经节相连。咽下神经节由头部后 3 对神经节和胸部前 3 对神经节愈合而成。腹神经索共 11 个神经节，即 5 个胸神经节和 6 个腹神经节。感觉器官多样，小触角主司味觉；大触角和触毛主司机械刺激；平衡囊 1 对，主司平衡；复眼 1 对，位于眼柄顶端，眼柄共 2 节，可活动，故复眼又称柄眼，主司视觉作用。

⑥ 生殖与发育 日本沼虾雌雄异体，生殖腺位于头胸部内中肠的上方、心脏的下方。雄性个体有 1 对精巢，两精巢前部分离，后部愈合。输精管较长，末端开口于第 5 步足的基部内侧。雌性个体有 1 对卵巢，两卵巢左右愈合。输卵管短而直，末端开口于第 3 步足的基部内侧。日本沼虾多在春夏两季进行繁殖，交配后，受精卵一般黏附在雌性个体后 4 对游泳足上，也称虾仔，经 2～3 周的孵化，受精卵孵化为蚤状幼体，后经 8 次蜕皮，蚤状幼体发育为九龄的蚤状幼体，再蜕皮 1 次，九龄的蚤状幼体变为末期幼体。末期幼体是完

成变态的仔虾，体长约 5mm，其活动姿势与前面各龄蚤状幼体显著不同，游泳或爬行时都是背面在上，腹面在下，完全和成虾一样。

（二）甲壳纲的主要特征

1. 躯体划分

原始的甲壳动物体节较多，而且分节明显，高等的甲壳类体节趋向于减少并愈合成几部分，有的动物体节愈合成头、胸、腹三部分；有的头部和胸部进一步愈合形成头胸部或胸部与腹部愈合形成躯干部；有的只分体前部和体后部；有的甚至完全为石灰质壳片所包囊。

2. 附肢形态

甲壳动物的附肢尽管形态各异，功能不同，但从胚胎发育过程来看，除第 1 对触角为单肢型外，其余都为双肢型，而后者按其形态可区分为叶状肢和杆状肢两大类。叶状肢比较原始，它们都是扁平的，而且不具关节，外面的角质膜也很薄，有呼吸和拨水的功能。这种附肢与环节动物的疣足相似，低等的鳃足亚纲的附肢就属这种类型。杆状肢一般比较细长而且具有关节，有时外肢退化或消失。甲壳动物附肢的特化多种多样，不同形态的附肢具有不同的功能。

3. 呼吸系统

许多小型甲壳动物（桡足类）没有专门的呼吸器官，而以身体表面直接进行气体交换。完全陆生的种类（鼠妇），其腹部附肢的体表内陷，形成与气管相似的构造——伪气管，适应于陆上呼吸。而高等甲壳类（虾），主要是用鳃进行气体交换。有的鳃是附肢基部的突起，称足鳃；有的是附肢与身体相连地方的突起，叫关节鳃；有的是体壁的突起，称胸鳃或侧鳃。

4. 排泄系统

甲壳动物除像虾一样以触角腺排泄外，低等甲壳类的排泄器官开口在小颚的基部或背甲的褶缝处，称颚腺。有些种类可以通过鳃把代谢废物排出去，或通过过滤从血液中分离出来，也可以沉积在体壁中通过蜕皮而排出。

5. 神经系统

甲壳动物的神经系统与环节动物基本相同，中枢神经系统包括咽上神经节（脑）、围食道神经、咽下神经节和腹神经索，但神经节一般有不同程度的愈合。等足类除脑外，其他神经节很少合并，2 条神经索是分开的；十足类的虾，2 条腹神经索在腹部已合并，但在围食道神经和胸神经索等处，仍可见分开的情况，其前后神经节也有合并情况，如脑是头部前 3 对神经节合并而成，食道下神经节是头部后 3 对神经节和胸部前 3 对神经节愈合而成。而蟹类，除食道上方 3 对神经节合并成脑外，其他各神经节高度愈合形成一个大的神经团。

6. 生殖发育

甲壳动物除蔓足类及少数的寄生等足类外，都是雌雄异体，需要经过交配、体内受精的方式进行生殖，如对虾交配时，雄虾抱雌虾而将精子送到雌体的纳精囊内。一些种类行单性生殖，卵不必受精仍可发育。甲壳类典型的发育方式是间接发育，要经过复杂的变态，经历几个不同的幼虫期，如对虾要经过从身体不分节、具三对简单附肢的无节幼体，到有头胸部和腹部之分的原蚤状幼体，再到其腹部有明显分节的蚤状幼体，最后分化成基本与成幼虾相似的糠虾幼体等期。在整个发育过程中，要不断地进行蜕皮，与昆虫不同的是，甲壳动物成虫阶段也要蜕皮。

（三）主要亚纲及重要种类

甲壳纲是节肢动物中很重要的一个纲，可分为 8 个亚纲：头虾亚纲（Cephalocarida）、鳃足亚纲（Branchiopoda）、介形亚纲（Ostracoda）、须虾亚纲（Mystacocarida）、桡足亚纲

（Copepoda）、鳃尾亚纲（Branchiura）、蔓足亚纲（Cirripedia）和软甲亚纲（Malacostraca）。常见种类有鳃足亚纲的丰年虫（*Chirocephalus*）和蚤（*Daphnza*）（又名水蚤）等；桡足亚纲的剑水蚤（*Cyclops*）等；蔓足亚纲的藤壶等；软甲亚纲的糠虾（*Mysis*）、鼠妇（*Porcellio*）、淡水中的栉水虱（*Asellus*）、虾蛄（*Squilla*）、对虾（*Penaeusorientalis*）、中华米虾（*Caridinadenticulatasinensis*）、寄居虾（*Pagurus*）（又称寄居蟹）、三疣梭子蟹（*Portunusstriuberculatus*）和中华绒螯蟹（*Eriocheir sinensis*）等。

三、肢口纲

海产，身体背腹扁平，分头胸部、腹部和尾剑（tail spine）3 部分（图 9-10），头胸部和腹部之间有关节。头胸部由顶节和前 6 个体节愈合而成，背覆宽大半圆形的厚甲，特称盾甲（peltidium）。盾甲背面有 3 条纵嵴，中嵴前端两侧有 1 对单眼，侧嵴外侧各有 1 个复眼。腹部中体由 7 个体节愈合而成，其左右侧缘各列生 6 枚活动刺。尾节向后延长为尾剑。头胸部有 6 对圆柱形附肢，分别为 1 对螯肢，5 对步足。5 对步足的第一肢节均形成额基，辐射排列于口的左右两侧，由于附肢着生在口的周围两侧，故名肢口，用来咀嚼食物。第 2 对步足的脚须，在雄性末端呈钩状，用以抱握雌体。第 5 对步足较长，结构独特，共分 7 个肢节：第 5 肢节末端有 4 片扁平的附属物，第 6 和第 7 肢节形成细长的钳，适于在海底掘洞和爬行，第 7 肢节还有 1 上肢，特称扇叶，用于阻止杂物进入鳃室和激起呼吸水流。腹部共有 7 对附肢，第 1 对形成 1 块唇瓣（chilarium），第 2 对左右愈合形成 1 片生殖厣，后 5 对腹肢是扁平的游泳足，均由原肢和宽大的上肢构成。每个上肢的后壁突起形成扁平状书鳃（book gill），用于呼吸。血液中含有血蓝蛋白和鲎素（limulin），从鲎血液中提取的"鲎试剂"，可以准确、快速地检测人体内部组织是否因细菌感染而致病，在制药、生物制品和食品工业中，可用它对毒素污染进行监测，是必备的生物制剂。

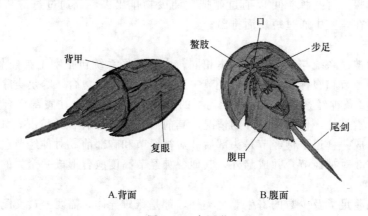

图 9-10　中国鲎

夏季繁殖季节，雌雄聚集潮间带，雄鲎用脚须抱握雌体，雌体挖坑产卵，每穴产卵 200～300 粒，体外受精，完全卵裂，间接发育，有三叶幼体。生活在浅海海底，或爬行，或腹面朝上仰泳，也可钻入泥沙中，以蠕虫和薄壳的螺类与蚌类为食。摄食时，先用步足的小钳夹住食物，随即转送到额基之间咀嚼，最后借螯肢送入口中。

本纲为残遗动物，约有 120 种化石种类，现存仅 1 目即剑尾目（Xiphosura），1 科即鲎科（Limulidae），3 属即美洲鲎属（*Limulus*）、鲎属（*Tachypleus*）和蝎鲎属（*Lepidurus*），共 4～5 种，如分布于我国南海的中国鲎（*Tachypleus tridentatus*），也称三刺鲎、日本鲎（图 9-10）。

四、蛛形纲

本纲动物约有 66000 种，是节肢动物门中仅次于昆虫纲的第二大类群。它们的生活习性复杂，绝大多数陆生，也有水生和寄生的种类。

（一）蛛形纲的主要特征

大多数蛛形纲动物身体分为头胸部和腹部，有些种类分为头、胸、腹三部，也有些种类三部分完全愈合为一体，蝎类等的腹部又可分为宽大的前腹部和狭长似尾的后腹部。

头胸部通常不分节，有 6 对附肢，第 1 对为螯肢，第 2 对为脚须，螯肢和脚须可抓住落网昆虫注入毒液并将其撕裂、灌注中肠消化酶，溶解成液体供吸胃吮吸。后 4 对为步足，一般分为 7 节。腹部由 12 个体节愈合而成，蜘蛛腹部大多不分节，与头胸部之间以腹柄相连，残存的 10、11 腹肢演变为特有的前、中、后纺器（spinneret），其顶部由刚毛演变形成的纺管（fusule）（图 9-11）与各种丝腺（silk gland）相连，腺体细胞分泌丝心蛋白（fibroin）等液体物质经纺管抽出，遇到空气就变成固体的蛛丝，纺出不同韧性的丝织成各种形式的蜘蛛网。

蛛形纲动物多为肉食性动物，以吮吸式口器或强大的吸胃将捕获物的体液和软组织吮吸入消化道中。寄生类型的口器更为特化，以适应穿刺寄主的体表和吮吸寄主的汁液。

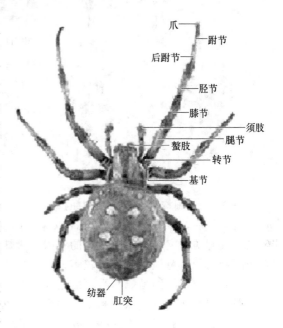

图 9-11　蜘蛛外部形态

以马氏管和基节腺排泄。用书肺或气管，或兼用两者呼吸。

不少种类能结网营巢，因此具有丝腺和纺绩器，纺绩器是腹部附肢的遗迹。蝎目的栉状器也是附肢特化形成的。

雌雄异体，卵生，但蝎目为卵胎生。大多数直接发育，无变态，但蜱螨目具有六足若虫和八足幼虫两种幼体，可视为间接发育。

（二）主要目及重要种类

蛛形纲除已绝迹的 5 个目外，现存种类共分 11 个目，我国已知 8 个目。和人类关系密切的有蜱螨目（Acarina）、蜘蛛目（Araneida）和蝎目（Scorpionida）3 个目（图 9-12）。

① 蜱螨目　分布广泛，是蛛形纲中最大的目，已报道种类有 5 万多种，包括螨类和蜱类。螨类体型较小，体长为 0.5～2mm，圆形或椭圆形，全身不分节，头胸部和腹部也愈合在一起，通常两性生殖，间接发育，一生要经过卵、幼虫、若虫和成虫 4 个时期，幼虫只有 3 对步足，而若虫和成虫均有 4 对步足，螨类生活环境极为广泛，食性极其多样。栖息于土壤中的螨类是三大土壤动物之一，也是陆生土壤动物的重要类群，比如农田土壤动物中，螨类可占 60%～70%，危害农作物、果树和森林、仓储粮，寄生螨类引起疥疮，还有些种类传播多种疾病，可引起人体过敏性疾病等。蜱类包括硬蜱和软蜱，均营寄生生活，主要吸食

哺乳类、鸟类和爬行类动物的血液，也刺吸人血，传播多种疾病。蜱螨目动物对植物和人畜危害严重，如植物害虫红蜘蛛（*Tetran chus*）、传播森林脑炎病毒的全沟硬蜱（又称草爬子）、牛蜱（*Boophilus*）、波斯锐缘蜱（*Argas persicus*）、棉叶螨（*Tetranychus cinnabarinus*）、人疥螨（*Sarcoptes scabiei*）和恙螨（*Trombicula deliensis*）等。

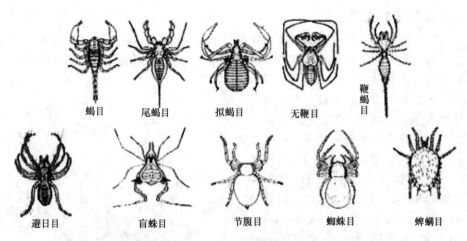

图 9-12　蛛形纲各代表目

② 蜘蛛目　蜘蛛目是蛛形纲中的第 2 大目，约 3 万种，食性广，主要以昆虫为食，卵生，求偶交配后，雄蛛常被雌蛛吃掉以保证卵受精并获得丰富的营养。身体分头胸部和腹部，腹部具有纺绩突，螯肢具发达的毒腺。蜘蛛几乎全部为陆栖，仅有少数水栖（水蛛）一般在潮间带的盐碱草地和农田中较多，多数种类活动于地面，不少种类织网悬栖于空中，甚至还可飞翔。纺丝织网是蜘蛛重要的生物学特性，也是适应陆地生活的结果，但并非所有蜘蛛都织网，织网蛛只占蜘蛛总和数的一半。常见有圆蛛（*Araneus*）、水狼蛛（*Pirata*）、蝇虎（*Salticidae*）、螳蟷（*Ctenicidae*）、草间小黑蛛（*Erigonddiu*）、大腹圆蛛（*Araneus ventricosus*）、络新妇（*Nephila*）和水蛛（*Argyroneta aquatica*）等。

③ 蝎目　为原始类群，头胸部和腹部直接相连，二者之间无细腹柄。腹部较长，前腹部较宽 7 节，后腹部狭长如尾，6 节，最后一节特化成尾刺，尾刺内有成对的毒腺，毒腺连接细的输出管，开口在毒刺末端。头胸部有中眼 1 对（极简单的复眼），侧眼 3 对（单眼），第 1、2 对附肢末端钳状，螯肢较小，肢须粗壮，步足 4 对。腹部附肢退化，前腹部腹面第 1 节的附肢左右愈合成生殖厣，盖在生殖孔之上。第 2 节附肢特化成栉状器，有一列梳状齿，是蝎类特有的一类感觉器。第 3～6 节腹面两侧各有 1 对书肺的开孔。蝎目遍布全球，以温带和热带为主，北纬 50° 以北的地区极为少见，而且温带种类有冬眠的习性。蝎目动物性喜干燥，多生活在山坡石砾间、近地面的洞穴以及墙隙内，昼伏夜出，捕食昆虫等动物，是蛛形纲中唯一进行卵胎生的动物，有互残习性。蝎毒多属神经毒素，是一种重要的中药，有祛风、止痛和镇惊等功效。全世界约有 600 种，我国记载的有 15 种，最常见的为东亚钳蝎（*Buthus martensii*）。

五、原气管纲

身体呈蠕虫状，体长在 1.5～15cm 之间，分头部和躯干部，身体分节不明显，仅有体表环纹，附肢有爪但不分节，头部着生一对触角，以短而不分支的气管呼吸，和其他节肢动物都有着密切的亲缘关系，但同时还兼有环节动物的一些特征，如皮肌囊终生保留，附肢短而不分节，后肾管按体节排列等，因此原气管纲动物是环节动物向节肢动物过渡的一个中间类群。现存约有 70 种，主要分布在热带及亚热带的雨林地区，隐藏在石下、树桩下等潮湿土壤中，如栉蚕（*Peripatus*）（图 9-13），栉蚕是夜行性的猎食动物。它会从头部两侧的触须喷出白色液体裹住猎物（通常是其他小昆虫），液体一接触空气就会硬化，使得猎物无法挣脱，接着再以下颚在猎物的外骨骼上开洞，注入消化酶，最后吸食已半消化的猎物糜液。

图 9-13　栉蚕

六、多足纲

本纲动物大多数身体细长，体长 2 ～ 280mm。体形多样，有圆筒形、带状或球形。体节从 11 节至几十节不等，身体分头和躯干部，一般背腹扁平，头部有 1 对触角，多对单眼，口器由 1 对大颚及 1～2 对小颚组成。躯干部由许多基本相似的体节组成，每节有 1～2 对足。用气管呼吸，排泄为马氏管。多足类为陆生动物，栖息隐蔽，已知 10000 多种，常见的包括蜈蚣（*Scolopendra subspinipes*）、马陆（millipede）和蚰蜒（*Scutiger coleoptrata*）等（图 9-14）。

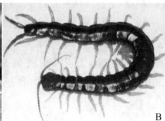

图 9-14　多足纲代表
A. 少棘蜈蚣；B. 马陆；C. 花蚰蜒

雌雄异体，交配时，雄性以生殖肢转移精子。雌性产卵数量多少不等，少则 1、2 个，多至数百个结成卵团。卵粒经 2～4 周变成第 1 期幼虫，刚破卵的幼虫一般具有 3 对步足。幼虫在继续生长发育中随着蜕皮次数的增加而增加体节和步足数，直至成体。

七、昆虫纲

昆虫纲是动物界中最大的一个纲，世界现已知的种类约 100 万种，占节肢动物门种数 94％以上，占整个动物界的 3/4 以上。每种昆虫均有多个不同的发育期或形态期（各龄幼虫、蛹、成虫），因而更增加了虫体的多样性。昆虫不仅种类繁多，个体数量惊人，而且分布广泛，适应性强，几乎分布于地球的任何地方。大多数昆虫都是陆生的，少数种类在其一生中有 1～2 个发育阶段为水生或终生水生，海产种类稀少。

（一）代表动物——中华稻蝗

中华稻蝗（*Oxya chinensis*），隶属于昆虫纲（Insecta），直翅目（Orthoptera），蝗科（Acrididae），稻蝗属（*Oxya*），蝗科昆虫均为植食性昆虫，蝗虫极喜温暖干燥，蝗灾往往和严重旱灾相伴而生，有所谓"旱极而蝗"、"久旱必有蝗"等说法，干旱年份常发生蝗灾。中华稻蝗分布广泛，主要以禾本科植物为食，危害水稻、玉米、高粱、小米和甘蔗等农作

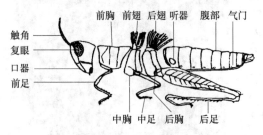

图 9-15　中华稻蝗外形

物，常栖息在这些植物的茎叶上。

1. 外部形态

成虫雌性体长为 36～44mm，雄性体长为 30～33mm，全身绿色或黄绿色，有保护色现象。左右两侧从复眼向后直到前胸背板的后缘有暗褐色的纵纹。身体分头部、胸部和腹部三部分（图 9-15）。

(1) 头部

卵圆形，较小，成体头部被覆外骨骼愈合形成一坚硬的头壳，两侧有成对的触角和复眼，头前端为额部，上有 3 个单眼，额部下方为上唇基，两侧为颊部。触角和口器为头部附肢特化形成的，触角 1 对，丝状，共 26 节，基部第 1、2 节分别为柄节、梗节，其余为鞭节，位于两复眼之间，是嗅觉和触角器官（图 9-16）。口器为摄食器官，由大颚、小颚、上唇、下唇和舌构成，中华稻蝗为原始型的咀嚼式口器，适于取食固体食物。大颚 1 对，位于口的左右两侧，完全几丁质化，不分节，十分坚硬，左右大颚不对称，闭合时左右齿突相互交错嵌合，在肌肉的牵引下，大颚可以左右摆动。小颚 1 对，位于大颚之后，用于协助大颚咀嚼食物，同时还可以探测食物，每个小颚基部都包括 2 节：轴节和茎节，茎节内前侧有 2 片内叶，即内颚叶和外颚叶。茎节外侧发出小颚须，由 5 节组成，司触觉和味觉。下唇 1 片，可用于托盛食物、与上唇协同钳住食物、探测食物。下唇的基部是后颏，后颏又分为亚颏和颏，颏与能自由活动的前颏相连接。前颏前端有 1 片唇舌，外侧有 1 对分 3 节而司味觉的下唇须。上唇 1 片，是头壳的延伸物，与下唇对应，组成口的前壁。舌 1 个，是口前腔底壁的 1 个膜质袋形突起，表面有刚毛和细刺，唾液腺开口于舌基部的下方，有搅拌食物和感知味觉的功能。

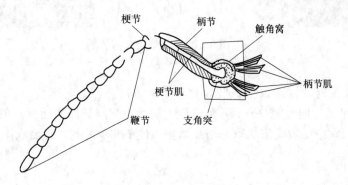

图 9-16　蝗虫触角

(2) 胸部

由 3 个体节组成，分别为前胸、中胸和后胸，每一胸节都着生有 1 对足。前胸背板发达，马鞍形，向后延伸，覆盖中胸，着生的足称前足（foreleg），中胸和后胸两侧各有一条横缝，将中胸和后胸分开，上面着生的足分别称为中足（median leg）和后足（hind leg）。前足、中足和后足均是步足，均由 6 个肢节构成，即基节（coxa）、转节（trochanter）、腿节（femur）、胫节（tibia）、跗节（tarsus）及前跗节（pretarsus），基节、转节短，腿节发达，胫节细长、带刺，跗节分为 3 个小节，前跗节变成 1 对爪（claw），爪间有 1 个扁平的中垫（arolium）、吸盘状（图 9-17），中华稻蝗的后足特别强壮，适于跳跃，又特称跳跃足。除了足外，中胸和后胸背部还各着生 1 对翅，分别为前翅和后翅。前翅革质，狭长，长于后翅，比较坚硬，可以用于保护后翅，特称为覆翅。后翅膜质，宽大，柔软，飞翔时起主要作用，静栖时如折扇，折叠在前翅下面。

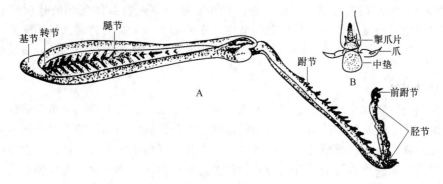

图 9-17　蝗虫的后胸足
A. 胸足侧面观；B. 前跗节放大

（3）腹部

由 11 个体节组成，其附肢几乎完全退化，第 1 腹节较小，左右两侧各有 1 个鼓膜听器，第 2～8 腹节发达，第 9～11 腹节退化，其形态因性别而差别较大。雌性中华稻蝗的第 9、10 腹节小，相互愈合。第 11 腹节的背板称为肛上板，位于肛门上方，腹板分成左右 2 片，称为肛侧板，其上 1 对附肢演变成短小的尾须。雌性腹部末端还有 2 对坚硬的瓣状产卵器，是由附肢退化形成的，产卵时，雌蝗弯曲腹部，以产卵器钻掘泥土，将卵产于其中。雄性中华稻蝗的第 9 和第 10 腹节退化并愈合，但第 9 腹节的腹板发达，直达身体末端，称为生殖下板。

2. 内部结构与机能

（1）消化系统

中华稻蝗的消化道包括前肠、中肠和后肠三部分。前肠包括口、咽、食道、嗉囊和砂囊 5 部分，咽外有肌肉，借助肌肉的收缩，咽缩小或扩大，进而吞咽食物，嗉囊可以暂时储存食物。砂囊也称前胃，囊壁的肌肉特别发达，囊壁内表面又有纵向排列的几丁质小齿，可进一步粉碎食物。中肠也就是中华稻蝗的胃，粗管状，是消化和吸收的主要场所，前端有 3 对突出物，称为肠盲囊，肠盲囊向前后延长，可扩大中肠消化和吸收的面积。后肠的末端膨大称为直肠，直肠的壁因细胞增多而加厚，形成 6 个纵向排列的直肠垫，能够从食物残渣中回收水分，后肠末端是肛门，故后肠具有将食物残渣连同由马氏管排出的排泄物一起排出体外的功能（图 9-18）。

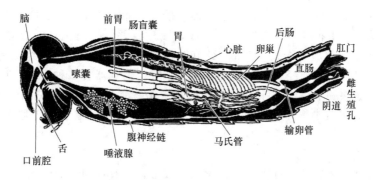

图 9-18　中华稻蝗的内部结构（仿刘玉素等）

(2) 排泄器官

马氏管是一种适应于陆地生活的排泄器官，为开口于中、后肠交界处的许多丝状盲管，共计 200 多条，游离在腹血窦内，浸浴在血液中，能收集来自身体各部的代谢废物，运至肠内，随粪便由后肠排出体外，并具有调节体内水分和盐分平衡的功能。马氏管的主要排泄产物是尿酸，尿酸是极不溶于水的结晶，所以排出时不需要伴随大量的水分，是昆虫对陆地干燥环境的适应。

(3) 循环系统

中华稻蝗为开管式循环，由心脏、大动脉和血窦组成，血液无色，只负责运送养料、激素和代谢废物，不负责气体的运输。中华稻蝗的体壁与内脏之间的体腔为混合体腔，内充满血液，也称血体腔。在腹部最宽大处，血体腔被 2 片水平的隔膜分成 3 部分，上方的隔膜称为背隔，下方的隔膜称为腹隔，背隔与背侧体壁之间的血体腔称为背血窦，因内有心脏，背血窦也称围心窦，背隔和腹隔之间的血体腔称为围脏窦，腹隔与腹侧体壁之间的血体腔称为腹血窦，背隔和腹隔的左右侧缘及后缘均有裂缝，是血窦间血液的通道。心脏由一系列膨大呈囊状的心室组成，后端封闭，前端发出大动脉。每个心室有 1 对心孔，心孔边缘向内延长，形成心瓣，在前后心孔之间的左右两侧均有 1 对翼肌，可控制心室的收缩。大动脉由心脏前端发出后，贯穿胸部，直达头部，开口于脑后，将血液从身体后端运送到前端，之后血液即在围脏窦和腹血窦内从前端回流到身体后部，到达围心窦，通过心孔进入心脏。当一个心室收缩时，其前方的心瓣使心孔关闭，阻止这一心室的血液注入背血窦。

(4) 呼吸系统

由发达的气管系统组成，包括气门、气管和气囊，能够直接将氧气供应给身体各部分的组织和细胞。气管是由体壁内陷形成的，所以管壁的结构与体壁的结构相同而反向，纵贯身体的有侧、背、腹 3 对气管干，并由横气管相互连接，同时，气管干和横气管还发出很多分支，到达身体各部，末端伸达一掌状的端细胞内成为不含螺旋丝的微气管。微气管常在体壁内面和器官表面盘根错节，有些也伸入细胞之间，甚至穿透细胞。气管干或气管的某一部分扩大形成气囊，气囊的壁很薄，没有螺旋丝支撑，其功能是增大气管系统进出的气体容量。从中胸开始，直到第 8 腹节，左右侧气管干按节向外发出 1 对短气管，并开口于体表，使得气管系统可以与外界相通。短气管在体表的开口就是气门，也称气孔，共 10 对，即中胸和后胸各 1 对，前 8 个腹节各 1 对。氧气以扩散的方式由气门进入气管系统，最后借助气管系统的输送直接供应给组织和细胞。此外，中华稻蝗还靠前 4 个气门和后 6 个气门的开闭进行呼吸，吸气时，前 4 个气门开放，后 6 个气门关闭；呼气时，前 4 个气门关闭，后 6 个气门开放。

(5) 神经系统和感觉器官

中华稻蝗的神经系统发达，分化为中枢神经系统、外周神经系统和植物性神经系统。中枢神经系统由脑、咽下神经节和腹神经索构成，腹神经索位于消化管的腹侧，由 8 个神经节组成（胸部 3 个，腹部 5 个）；脑和神经节发出的神经到身体各部，组成外周神经系统；植物性神经系统包括交感神经系统和副交感神经系统。感觉器官多种多样，1 对触角司触觉和嗅觉作用，小颚须和下唇须司味觉。单眼和复眼是视觉器官，单眼 3 个，可辨别光线的明暗，复眼 1 对，可辨别物体的大小和形状。鼓膜听器 1 对，位于第 1 腹节腹面，司听觉作用。

(6) 生殖系统

中华稻蝗雌雄异体，发育过程经卵、跳蝻到成虫，没有蛹期，幼体和成体形态相似，生活习性完全一样，属于不完全变态发育类型。

① 雌性生殖系统　由 1 对卵巢、1 对输卵管、1 条阴道、1 个受精囊和 1 对摄护腺组成。卵巢由多个卵巢管组成，卵巢管直接开口于输卵管，1 对输卵管汇合成 1 条宽大的阴道，开口于第 8 腹节后方的雌性生殖孔。受精囊位于身体末端，与阴道相连（图 9-19A）。1 对摄护腺也开口于阴道，其分泌物可将受精卵黏合在一起，形成卵块。

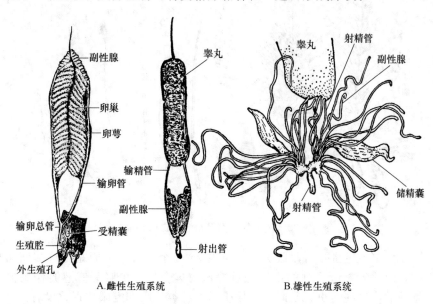

A.雌性生殖系统　　　　　　　B.雄性生殖系统

图 9-19　蝗虫的生殖系统

② 雄性生殖系统　由 1 对精巢、1 对输精管、1 条射精管以及一些附属腺组成。每个精巢都有多个精巢管构成，精巢管呈梳齿状，横列在精巢内，各以较短的输精小管汇入同侧的输精管中，左右输精管汇合成 1 条射精管，其开口即为雄性生殖孔，位于第 9 腹节生殖下板的背侧基部（图 9-19B）。附属腺开口于输精管内，精子在输精管内接受附属腺所分泌的物质，形成精荚。

③ 生殖与发育　交配后，雌性蝗虫接受的精荚先暂时储存于受精囊内，等到卵产生时，精荚才破裂，释放出精子，进入阴道，与卵会合，使卵受精。卵受精后多产在田埂上，形成卵块，受精卵经越冬，在翌年 5 月上旬开始孵化。跳蝻要经过 5 次蜕皮，到 7 月中下旬羽化为成虫。中华稻蝗每年生殖 1 代，可产 1～3 个卵块，每个卵块含有 35 粒左右的卵，产卵时间可以持续到 9 月份。

（二）昆虫纲的主要特征

昆虫的身体一般分头、胸、腹三部分，头部具有一对触角，胸部具有 3 对足，也称为六足纲，昆虫胸部除了足外，大多数种类一般还有 2 对翅。

1. 外部特征

昆虫身体是高度异律分节的，且部分体节又相互愈合而成为头、胸、腹三部分。

(1) 头部

昆虫的头部由 4 或 6 个体节愈合而成，成体已无任何分节的痕迹。头部主要发挥着感觉和摄食的作用，着生有触角、眼和口器等结构。

① 触角　昆虫的触角只有一对，一般着生在两复眼之间。触角是由头部的附肢特化形成的，不同种类的昆虫，触角形态变异极大，同种昆虫的雌雄之间，触角的形态往往也有不同，但其基本结构是相同的，都是由柄节、梗节及鞭节构成的，柄节和梗节结构基本相似，

只是在鞭节上有较大的变化，各种触角的命名，往往也以鞭节的形状而定的。常见的触角有刚毛状、丝状、念珠状、锯齿状、双栉齿状、膝状、具芒状、环毛状、球杆状、锤状和鳃片状等形式（图9-20）。

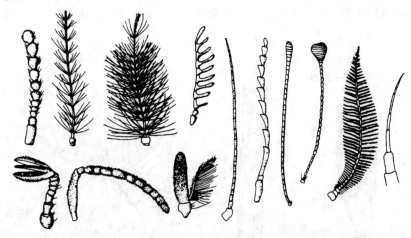

图9-20　昆虫的各类触角（引自张训蒲）

复眼和单眼　大多数昆虫具有复眼2个和单眼2~3个，每个复眼是由许多断面呈6角形的小眼构成的，因此复眼所看到的物体是重叠像或集合像。单眼只有感光作用但无视觉作用。有些原始种类或某些幼虫无复眼，穴居生活的种类单眼和复眼均退化没有。

②口器　口器是昆虫的摄食器官，位于头部前端的腹面，昆虫的口器由头部后面的3对附肢和一部分头部结构联合组成，包括上唇一个，大颚一对，小颚一对，舌、下唇各一个，其中大颚、小颚和下唇是由头部的3对附肢特化形成的，上唇和舌是头壳的一部分。常见的口器类型有以下几种。

a. 咀嚼式　是最原始的口器形式（图9-21），有一对左右对称、又大又硬的大颚，位于上唇之后，是头部第四体节附肢形成的一对坚硬的几丁质结构，前端的两侧相对面具粗齿，用以切碎食物，叫切齿叶（incisor Lobe），后端具细齿，用以研磨、咀嚼食物，叫白齿叶（moLar Lobe）；小颚1对，位于大颚之后，由头部第五节附肢形成，具把持及刮取食物的功能，小颚须有嗅觉与味觉作用；下唇1片，位于小颚之后，形成口器的底盖，由头部第六节附肢愈合形成，形态与小颚相似，舌是头壳腹面的一个肉质突起，位于两小颚之间，基部有唾液腺开口，具搅拌及运送食物的作用。咀嚼式口器适于取食固体食物。由于各类昆虫的食性和取食方式不同，口器发生了很大的变化，分化形成了不同类型的口器，但这些类型的口器都是由原始的咀嚼式口器演变而来的。

b. 刺吸式　上颚和下颚特化成细长针管状的口针，口针末端常有倒刺，是刺入组织的工具，左右下颚互相嵌接，合成食物道和唾液管道，粗的为食物道，细的为唾液道（图9-21），取食时由口针刺破皮肤深入其中，由唾液膜分泌唾液，再经过消化道的抽吸作用，血液沿食物道进入其消化道，具有这类口器的昆虫都以植物汁液或动物体液为食，因此包括很多农业害虫和传播疾病的吸血昆虫，如蝉、虱、椿象和蚊等，具有此类口器的昆虫在取食时常伴随着疾病的传播。

c. 虹吸式　其特点主要是上颚退化，下颚发达，下颚的外叶极度延长，左右合抱成长管状，中间形成食物道，除下唇须尚发达外，口器的其他结构均已退化或消失，形成一个既能卷曲又能伸展的喙（图9-21），就像钟表发条一样盘卷在头部前下方，用时可伸长，伸进花里吮吸花蜜等液汁，蝶类和蛾类成虫的口器即属此类口器。

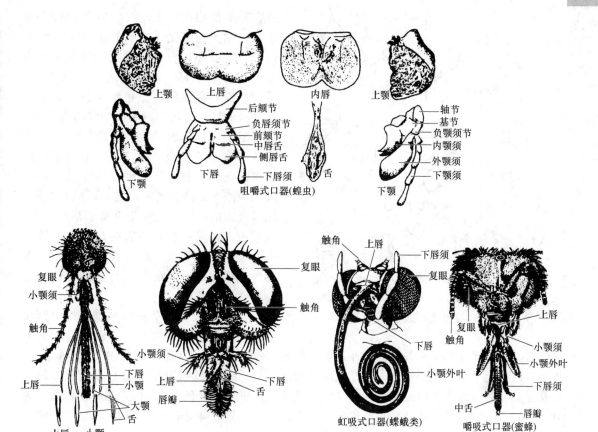

图 9-21　昆虫的口器类型

d. 舐吸式　其特点是上下颚退化，仅上下唇和舌三部分（图 9-21）。上唇和舌形成食物道，舌中还有唾液管。下唇延长成喙，包在食物道之外，末端特化为一对唇瓣，瓣上有许多环沟，两唇瓣间的基部有一小孔，取食时，两唇瓣展开平贴到食物，使环沟的空隙与食物接触，被唾液分解后的液体食物由沟的缝隙进入沟内，再由小孔进入食物道，某些蝇类的口器属于此种类型。

e. 嚼吸式　其上颚发达，与上唇一起保持咀嚼式类型，用以筑巢、防卫或切断花瓣，以便接近花蜜；除大颚可用作咀嚼外，下颚和下唇变长，形成吸吮花蜜的喙，中唇舌延长并愈合成可以弯曲的长舌，用于在花中收集花蜜和在巢中处理花蜜（图 9-21），因此这类口器兼有咀嚼固体食物和吸收液体食物两种功能，为一些蜂类所具有的口器。

了解昆虫的口器类型，对于识别昆虫类群和了解食性及取食方式，都有重要的意义。此外，根据口器类型正确选用农药，在防治害虫上有重要的指导作用。

(2) 胸部

是昆虫的运动中心，由前胸、中胸和后胸 3 节组成。

① 足　昆虫的每一胸节都生有 1 对足。昆虫最基本的足是步足，但由于生活环境和取食方式等不同，足在形态构造上有很大的变化，分化形成了具有高度适应性的各种类型的足（图 9-22）。如蝼蛄前足粗扁状，胫节特别膨大，外缘具齿，适于掘土，称为开掘足。螳螂前足既长且粗，腿节有一凹槽，槽的边缘皆具刺，胫节腹面亦具刺两列，当弯折时，恰好嵌

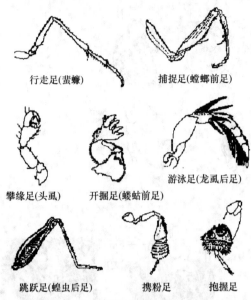

行走足(蜚蠊)　　捕捉足(螳螂前足)

攀缘足(头虱)　　开掘足(蝼蛄前足)　　游泳足(龙虱后足)

跳跃足(蝗虫后足)　　携粉足　　抱握足

图 9-22　昆虫足的种类（仿各作者）

合在腿节的槽内，故能有效地夹持猎物和捕食，称为捕捉足。虱子的足，胫节的一部分与跗节和爪合抱成钳状，适于夹住毛发，称为攀缘足。蝗虫的后足特别强大，适于跳跃，称跳跃足。龙虱、松藻虫等水生昆虫的后足，各节扁平，后缘缀有长毛，适于划水，称为游泳足。蜜蜂的后足，胫节端部宽扁，外侧凹陷，边缘上长毛，构成携带花粉的花粉篮，第一跗节也特别扁大，内侧有数排横列的硬毛，形成花粉刷，用以梳集粘在体毛上的花粉储于花粉篮内，这种用以采集和携带花粉的足，称为携粉足。雄龙虱的前足，跗节特别膨大，上面有吸盘状的构造，在交配时抱握雌体，称为抱握足。

② 翅　大多数昆虫的成虫，在中胸和后胸背侧还着生有两对翅。翅为昆虫的飞行器官，它是体壁自中后胸背面向外延伸而形成的两层极薄的膜状物，随着虫体发育而不断扩展，最终上下两层紧密黏合，便形成扁平的翅。上下两层膜在黏合时，中间留有许多纵横的孔道，气管、血液及神经贯穿其中，便形成翅脉。翅脉对翅有支持作用，翅脉在翅面上的分布形式，因种而异，这种分布形式称为脉相。从翅基部通向翅边缘的脉称为纵脉。不同的昆虫脉相变化很大，是昆虫分类的重要依据之一。

昆虫的翅，除原始无翅种类外，随着生活方式及所处环境的不同而发生不同程度的特化。如蝗虫的前翅为覆翅，后翅为膜翅。甲虫的前翅，角质加厚而硬化，称为鞘翅。蝽象的前翅基部为角质或革质，端部为膜质，称为半翅。蝶蛾类的前后膜质翅上覆有鳞片，称为鳞翅。蓟马的翅缘上着生很长的缨状毛，称为缨翅。蚊、蝇的后翅退化，变为一对棍棒状，称为平衡棒。石蛾的膜质翅上生有密毛，称为毛翅。有些昆虫如笨蝗、跳蚤、虱、臭虫和雌介壳虫等，原始有翅，在进化过程中则逐渐退化成无翅型。

在无脊椎动物中，只有昆虫具翅，这对于扩展其分布范围、寻觅适宜生境和食物，以及寻找配偶和逃避天敌的伤害等，都具有重大意义。

(3) 腹部

原始种类腹部具有 12 个体节，其他种类多为 9～11 个体节；有的种类由于腹节的合并或退化，仅有 3～5 节（如青蜂）或 5～6 节（如蝇类）。昆虫大部分内脏器官和生殖器官都包于腹部之内，所以腹部是代谢活动和生殖的中心。腹部常无附肢，但末节多有尾须一对，有时很长还分为多节，腹部末端具肛门及外生殖器。雌性外生殖器由腹部第 8、第 9 节的附肢演化而成，雄性的外生殖器则由第 9 节的附肢变成。

2. 内部构造

① 体壁与肌肉　昆虫的体壁结构与其他节肢动物基本相同，由内向外分为基膜、表皮细胞层和表皮层（外骨骼）三个主要层次。体壁含有几丁质和骨蛋白，质地坚硬而富弹性，以保护体内构造。体壁中还有蜡质层，用以防止水分渗透，保证体壁的不透水性，并能够防止外界病原微生物的侵入，所以昆虫能很好地适应陆地干燥生活，甚至可以生存于人迹罕至的干旱和沙漠地区。

昆虫的肌肉无论是随意肌或不随意肌都是横纹肌，其体壁肌纤维端部直接着生在体壁或体壁内陷而成的"内骨骼"上。昆虫肌肉的数目达 4000 多条，这些肌肉的力量非常强大，与身体的环节及附肢关节配合起来，就产生了飞行、爬行、跳跃、游泳、取食和交配等各种复杂的运动。

② 消化系统　昆虫的消化道可分为前肠、中肠和后肠。前、后肠起源于外胚层，其内壁具几丁质衬膜，衬膜与表皮一样随蜕皮而更换。中肠由内胚层形成，无几丁质衬膜，大多数中肠具有一层管状的、将食物与肠壁细胞隔开的围食膜。围食膜为昆虫中肠所特有，具有防止食物直接摩擦肠壁细胞而致使肠壁受损伤的作用。

昆虫的消化系统随食性不同又各有差异，植食性昆虫消化道一般较长，而吸血性昆虫的消化道都比较短。吮吸昆虫的咽特别发达，其功能犹如唧筒。蜜蜂的嗉囊则特化为"蜜胃"，是唾液与吞入的花蜜充分搅拌并使花蜜转化为蜂蜜的地方。

昆虫的食性广，能适应各种类型的食物，其食物几乎包括所有的一切有机物质。食性差异大，种间食物竞争压力小，再加上个体小，只需很少的食物便能满足完成个体发育所需的营养，因而昆虫繁殖快，代数多，在种类和数量上远远超过其他所有动物。

③ 循环系统　昆虫的血液循环系统都是开管式，血液自背面的心脏流出，经一段动脉后便在血腔中运行，经腹窦、围脏窦返回围心窦，通过心孔再进入心脏。心脏常呈管状，位于腹部的背方，心室（心脏上的膨大部分）数目 1～12 个，因种类不同而变化，各室有一对心孔。血液（血淋巴）由血浆及血细胞所组成，血液大多无色，有些为黄色或绿色，无呼吸色素，故不携带氧，其主要功能是运输营养、激素和代谢废物等。

④ 呼吸系统　除一些个体微小的昆虫直接利用体表进行气体交换外，大多数昆虫以气管进行呼吸。气管呼吸是昆虫的一种特殊的呼吸方式，它可以直接输送气体，代替血液携带气体。一些水生昆虫形成气管鳃（含有丰富的体壁薄片或丝状突起），可以利用溶解在水中的氧气进行呼吸；但大部分水生昆虫仍需露出水面呼吸大气中的氧气。

⑤ 排泄系统　昆虫的排泄器官为马氏管，为开口于中、后肠交界处的细长盲管，少则几条，多则 200 多条，成对存在。马氏管是一种高度适应陆地生活的排泄器官，游离在血腔之中，因此，主要功能是从血液中收集代谢废物，并把它们运送至肠管腔内，最后随粪便排出。马氏管除了排泄作用外，还可以调节昆虫体液的水分和盐分平衡。马氏管的主要排泄产物是尿酸，为不溶于水的结晶，所以排出时不需要伴随多余的水分，这对于生活在陆地干燥环境中的昆虫保持体内水分平衡是非常有利的。此外，有些昆虫还可以将尿酸堆积于体内脂肪体的尿盐细胞中，也有"排泄"作用，即堆积排泄。

⑥ 神经系统和感觉器官　昆虫具有一套典型的节肢动物型的神经系统，即由脑、围咽神经、咽下神经节和腹神经索组成。神经节的合并程度则各有不同，如棉蝗后胸内的神经节就是由后胸神经节及前三个腹神经节合并而成的，而家蝇却是胸部和腹部的所有神经节全部愈合形成了一个很大的神经团。脑是昆虫感觉和统一协调各项活动的主要神经中枢，但并非重要的运动中心，切除脑的昆虫，如给以适当刺激，仍能行走，但不能觅食。

昆虫的感觉器官发达，对于光波、声波、气味等直接或间接的刺激，都能感受并产生反应。昆虫的复眼能形成像，分辨近距离特别是运动的物体，还能辨别颜色。昆虫的听觉器一般存在于能发音的昆虫，在不同的昆虫中位于不同的部位，如蝗虫的鼓膜听器位于腹部第一节两侧，螽斯及蟋蟀的鼓膜听器位于前足胫节上，此外，几乎所有昆虫（尤以雄蚊最发达）触角的梗节中都有能辨别音调和感受声波的听觉器官（如江氏器）。触觉器（感触器）突出于体表，呈毛状、鳞片状、板状、钟状等，大多位于触角、口器、颚须、唇须、足及尾须等处，基部有感觉细胞并与神经元相连。味觉器分布于昆虫的口器和足等处。嗅觉器则主要分布在触角、下唇须等部位，数量很多，如雄性蜜蜂的一根触角上就有嗅觉器 3 万多个，故能敏锐地感受化学的刺激、协助寻找食物、发现配偶及产卵场所等。

⑦ 生殖与发育　大多数昆虫行两性生殖，卵生，也有卵胎生的。但有些昆虫的卵不需要受精，就可以孵化发育为个体，这种生殖方式称为单性生殖（或孤雌生殖），如蜜蜂等昆虫产下的受精卵发育成雌蜂（蜂王、工蜂），而未受精卵发育成雄蜂。蚜虫进行周期性的孤雌生殖，棉蚜从春季始，连续多代都进行孤雌生殖，而且未受精卵在母体内孵化后产出子蚜，此现象称为卵胎生。孤雌生殖产生的新个体皆为雌虫，而在冬季来临时，才产生雄蚜，雌雄蚜进行交配之后，所产的受精卵到第二年才发育成雌蚜。有些昆虫一个卵可以产生两个或更多的胚胎，每个胚胎都可发育成一个新个体，称此现象为多胚生殖，此种生殖方法常见于膜翅目小蜂科、细蜂科、小茧蜂科以及姬蜂科的一部分寄生蜂类。还有少数昆虫（如瘿蚊科的种类）可以进行幼体生殖，即在幼虫期就可产卵，卵在体内发育为幼虫，所以幼体生殖既是孤雄生殖又是卵胎生的一种生殖方式。昆虫的卵属中黄卵，胚胎发育完成后，幼虫即破卵而出，刚孵出后的幼虫称为一龄幼虫，第一次蜕皮后的幼虫称二龄幼虫，其他以此类推，最末一期蜕皮的幼虫习惯上称老龄幼虫。从孵化后的一龄幼虫到成虫，昆虫在外部形态和内部结构上往往会发生一些大的变化，这些变化就称为变态。

昆虫的变态包括增节变态、表变态、原变态、不全变态和完全变态五种基本类型。增节变态是无翅亚纲原尾目昆虫具有的变态类型，其特点是幼虫期和成虫期之间，昆虫除了个体大小和性器官发育程度有差别外，只是腹节有所增加。

表变态是无翅亚纲的弹尾目、缨尾目和双尾目昆虫所具有的变态类型。幼虫期与成虫期的特征基本相似，只是成虫期还可继续蜕皮。

原变态是在有翅亚纲中较原始的变态类型，仅见于蜉蝣目，主要特点是增加了一个亚成虫期。亚成虫与成虫完全相似，仅体色较浅、足较短，呈静止状态。

不完全变态是有翅亚纲外生翅类（幼虫期的翅在体外发育）中，除蜉蝣目外所有昆虫的变态类型。只有三个虫期，即卵、幼虫（若虫或稚虫）和成虫期，此种变态昆虫又可分为两种类型：一类是幼虫期与成虫的形态特征差别不大，只是性器官尚未发育成熟，翅未长成，该幼虫称为若虫，若虫与成虫的生活习性相似，称此不完全变态为渐变态，如蝗虫、蝼蛄和椿象等昆虫；另一类是半变态，幼虫与成虫不仅形态差别较大，而且生活习性也不同，幼虫一般水生，而成虫陆生，称其幼虫为稚虫，如常见的蜻蜓和蚊等昆虫。

完全变态包括有翅亚纲的所有内生翅类（翅芽在幼虫体内发生，直到化蛹时才露出体外）昆虫，具有卵、幼虫、蛹和成虫四个虫期，如蛾蝶类、甲虫类、蜂类和蝇类等。

⑧ 内分泌系统　内分泌系统是昆虫体内又一个调节控制的中心，协助中枢神经系统共同调节昆虫生长、发育、蜕皮、变态以及代谢等各项生理机能。昆虫体内的重要内分泌腺体有脑神经分泌细胞、咽侧体和前胸腺等，脑神经分泌细胞位于昆虫脑内背面，能分泌脑激素。脑激素经心侧体（有人认为它也有分泌作用）释放入血液中，激活前胸腺分泌蜕皮激素，咽侧体分泌保幼激素，所以脑激素又称为活化激素。在蝗虫等渐变态昆虫中，保幼激素和蜕皮激素同时存在于若虫，若虫蜕皮仍为若虫，到若虫最后一龄期时，咽侧体的活动减退，体内的保幼激素浓度很低，而蜕皮激素相对较高，所以蜕皮后成虫性状出现。成虫期前胸腺退化或活动降低，致使蜕皮激素含量甚微或没有，故成虫便不再蜕皮（但无翅亚纲昆虫的前胸腺终生存在，故成虫可继续蜕皮）。同样，全变态昆虫的末龄幼虫，保幼激素分泌量减少，在大量蜕皮激素的影响下，蛹的性状出现，最后在蜕皮激素的单独控制下蜕皮为成虫。总之，上述三种激素（称内激素）在昆虫个体发育过程中周期性地产生，并且具有相互刺激或抑制作用。

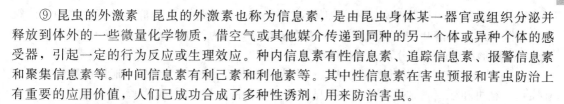

⑨ 昆虫的外激素　昆虫的外激素也称为信息素，是由昆虫身体某一器官或组织分泌并释放到体外的一些微量化学物质，借空气或其他媒介传递到同种的另一个体或异种个体的感受器，引起一定的行为反应或生理效应。种内信息素有性信息素、追踪信息素、报警信息素和聚集信息素等。种间信息素有利己素和利他素等。其中性信息素在害虫预报和害虫防治上有重要的应用价值，人们已成功合成了多种性诱剂，用来防治害虫。

（三）昆虫的生物学习性

1. 昆虫的休眠和滞育

昆虫在其生活史中往往有一段或长或短的生长发育停滞时期，即通常所说的休眠和滞育。休眠常常是不良环境条件直接引起的一种暂时性适应，当不良环境消除时，就可恢复生长发育。滞育通常不是由不利的环境条件直接引起的，在自然界中当不利的环境条件还未到来以前，昆虫即已进入滞育，这说明它已经具有一定的遗传稳定性。光周期的变化是引起滞育的重要因素之一，有些种类在短日照条件下正常发育，在长日照条件下滞育的百分率增加，这一类为长日照滞育型昆虫（如家蚕、大地老虎）；还有一些种类在长日照条件下发育，短日照可引起滞育的百分率增加，这一类就属于短日照滞育型昆虫（如棉铃虫、多种瓢虫）。此外，温度也影响着昆虫的滞育。

滞育是由激素控制的，激素是引起和解除滞育的内因。以卵滞育的昆虫取决于成虫；以幼虫或蛹滞育的昆虫，则是由于脑神经分泌细胞停止活动，使前胸腺停止分泌蜕皮激素而使幼虫（蛹）处于滞育状态；以成虫滞育的昆虫主要是由于成虫缺少咽侧体分泌的保幼激素所致。

2. 多态现象和社会性生活

有些昆虫不仅雌雄不同形（称雌雄二型），且在同一个种群内有三种或更多不同形态的个体，称为多态现象。例如蚜虫类不仅有雌、雄性蚜之分，而且在同一季节还出现有翅和无翅的胎生雌蚜，入冬前又出现有翅的雄蚜和无翅的卵生雌蚜；稻飞虱的雌、雄两性中各有长翅型和短翅型；蜜蜂在一蜂群中有蜂后（雌）、工蜂（雌）和雄蜂之分；蚂蚁的多态现象更是惊人，群体内有 20 多种不同类型的个体。

营社会性生活的昆虫家族中，其成员分为几种类型，它们在形态和生理机能上都不相同，不同的个体在群体中担负不同的职责，不能互相代替，形成一个有机和谐的整体。如在一个蜂群中，工蜂担任筑巢、采粉、酿蜜和养育幼蜂等工作；蜂后结构高度特化，专司产卵，不能离开工蜂独立生活；雄蜂的职能则是与蜂后交配。蚂蚁和白蚁也有高度分工的社会生活现象。

3. 昆虫的生活习性

昆虫的习性包括昆虫的活动与行为，是种或种群的生物学特性。昆虫的重要习性主要表现在以下多个方面。

① 活动节律　绝大多数昆虫的活动表现为不同的昼夜节律。如蝶类和蜂类等昆虫在白昼活动，称为昼出性昆虫；而蛾类和蟋蟀等则在夜间活动，称为夜出性昆虫；有些昆虫如蚊类常在黎明、黄昏时的弱光下活动，称为弱光性（晨昏性）昆虫。

② 食性　按昆虫食物的性质分为植食性、肉食性、腐食性和杂食性等。另外，按昆虫取食范围的广狭，可进一步区分为单食性、寡食性和多食性三类。

③ 趋性　是昆虫对环境刺激表现出来的"趋"或"避"的反应，趋向刺激的反应称为正趋性，避开刺激的反应则为负趋性。如许多夜出活动的昆虫（蛾类、蟋蟀、叶蝉等）有很强的负趋光性。趋化性则是昆虫通过嗅觉器官感受某些化学物质的刺激而趋向的行为，如菜粉蝶趋向于含有芥子油气味的十字花科蔬菜，常常在其表面产卵。此外，昆虫还有趋向于适宜一定温度条件的趋温性。

④ 群集性　有些昆虫在一定的面积上能快速聚集起大量的个体，此现象称为群集性，

群集性有暂时群集和长期群集两种，如蝽象（*Pantatomidae*），冬季群集在石块缝中、建筑物的隐蔽处或地面落叶层下越冬，来年春天分散活动，为暂群集；飞蝗（*Locustamigratoria*），群集形成后便不再分开，为长期群集。

⑤ 迁移性　有些昆虫有成群结队从一个发生地长距离地迁飞到另一地区的特性，如东亚飞蝗、粘虫和稻褐飞虱等。还有一些昆虫能在小范围内扩散、转移为害的习性。

⑥ 自卫性　昆虫体色具有与其生活环境颜色相似的特性，如生活在青草中的蚱蜢体色为绿色，而生活在枯草中就变成了枯黄色，这样不易被敌害发现，因此在生物学上称为保护色。有些昆虫具有与背景不同而又特别鲜艳的颜色和花纹，对其捕食者有警戒作用，称为警戒色，如有的毛虫具有颜色鲜明的毒刺毛，使鸟类望而生畏，不敢吞食。拟态则是昆虫在形态上与其他物体或其他动物相似的适应现象，如食蚜蝇的体形和颜色与有毒刺的蜜蜂或胡蜂相似，竹节虫则酷似其为害的植物的枝条，其形态、翅色以及翅脉都极像树叶，足上也有叶片状的附属物。枯叶蝶静止时两翅竖立合拢，完全形似一片枯叶。有些昆虫，如金龟子等还具有假死性。

（四）昆虫纲的分类

昆虫纲的分类由于所依据的论点不同，而出现了多种不同的分类系统，分类上比较混乱，但不管是哪种分类系统，翅是昆虫分类在形态方面最主要的鉴别特征之一。一般是依据翅的有无及翅的性质，把昆虫分为 2 个亚纲 33 或 34 个目。现仅就若干常见且和人类关系密切的目介绍如下。

1. 无翅亚纲（Apterygota）

比较原始的昆虫，体细小，原始无翅，增节变态或表变态，腹部除生殖肢及尾须外，多具其他腹肢或有附肢的痕迹。主要包括原尾目（Protura）、双尾目（Diplura）、弹尾目（Collembola）和缨尾目（Thysanura）4 个目。

① 原尾目　体微小，体长在 2mm 以下，增节变态。无复眼和单眼，无触角，前足长，面向前伸，代替触角的作用，腹部 12 节，第 1～3 节各有 1 对附肢，无尾须。原尾虫终生在土壤中生活，主要以寄生在植物根须上的根菌为食。全世界已知 649 种，我国已发现 164 种，如原尾虫（蚖）（*Proturans*）（图 9-23A）。

② 双尾目　体细长，约 2～5mm，少数种可达 50mm，如藏铗尾虫可达 49mm。口器咀嚼式，触角丝状或念珠状。缺单眼和复眼。腹部 10 节，第 1～7 节或第 2～7 节上有成对的刺突和泡囊。尾须或细长多节，或呈铗状不分节，发育为表变态。双尾虫极怕光，喜生活在阴湿的土表腐殖质层的枯枝落叶中、倒木下、腐烂的树干中或石缝内，有些生活在蚁穴或洞穴中，遇惊扰就转入缝隙内。一般在离地表 0～30cm 范围内活动。已知 800 余种，我国约 40 种，其中伟铗趴（*Atlasjapyx atlas*）为国家二级保护动物（图 9-23B）。

③ 弹尾目　体长一般 1～3mm，少数可达 10mm。口器嚼吸式，适于咀嚼或刺吸。触角 4 节，少数 5～6 节。无真正的复眼，缺单眼。足的胫节与跗节愈合成胫跗节。腹部不超过 6 节，具 3 对附肢，即第 1 节的腹管，第 3 节的握弹器，第 4～5 节腹面的弹器。有些种类取食孢子、发芽的种子及活植物，也有些栖息在水面，取食藻类，还有极少数种类为肉食性。全世界已知约 8000 种，我国有 400 多种，如跳虫（*Collembola*）（图 9-23C）。

④ 缨尾目　外口式，表变态，足的基节和腹部第 2～9 节上有刺突或泡囊，腹部 11 节，这类昆虫的尾部除有 1 对长尾须外，还有 1 根中尾丝，故名缨尾。如石蛃（*Archaeognatha*）（图 9-23D），体长常短于 2cm，被鳞片。咀嚼式口器。触角长丝状。复眼 1 对，单眼 2 个。胸部较粗且背面拱起，主要栖息于阴湿处，以腐败的植物、藻类、地衣、苔藓和菌类等为食，个别种类取食动物性产品，已知石蛃 280 多种，我国有 13 种。如衣鱼

（*Leptisma saccharina*）（图 9-23E），体长常在 0.5～2cm，生活在暗湿的土壤、苔藓、朽木、落叶、树皮和砖石的缝隙或蚁巢内，以及室内衣服、书画、谷物、糨糊以及厨柜内的物品间，已知衣鱼全世界有 300 多种，我国有 20 多种分布，常见种类有石蛃毛衣鱼。

图 9-23　无翅亚纲的重要昆虫
A. 原尾虫；B. 伟铗虭；C. 跳虫；D. 石蛃；E. 衣鱼

2. 有翅亚纲（Pterygota）

较高等的昆虫，多数具翅或翅在发育中消失，成虫腹部除生殖器和尾须外，无其他附肢。变态有原变态类、不全变态类和完全变态类。

① 蜉蝣目（Ephemerida）　原变态，产卵于水中，稚虫腹部有气管鳃，为水中生活的呼吸器官，老熟稚虫一般浮升到水面，爬到石块或植物茎上，羽化为"亚成虫"，幼虫期较长，一般为 2～3 年时间，成虫身体柔软，寿命很短，仅有 1 天左右。头部小，触角刚毛状，口器咀嚼式但退化。翅膜质，前翅大，后翅小或退化。尾须长丝状，通常有长的中尾丝（尾刚毛），如蜉蝣（*Ephemeroptera*）等（图 9-24）。

② 蜻蜓目（Odonata）　虫体多为大中型，头大，可活动，复眼发达且大。触角短，刚毛状。口器咀嚼式。翅两对，膜质多脉，翅前缘近翅顶处常有翅痣。腹部细长，雄性外生殖器生在腹部第二节上，尾须仅一节。半变态，稚虫（俗称水虿）水生，成虫捕食蚊类和叶蝉等，稚虫捕食蚊类幼虫等昆虫，故为重要的益虫。常见的有蜻蜓，休息时翅平置于体两侧；还有豆娘，休息时翅束立于体背（图 9-25）。

图 9-24　蜉蝣

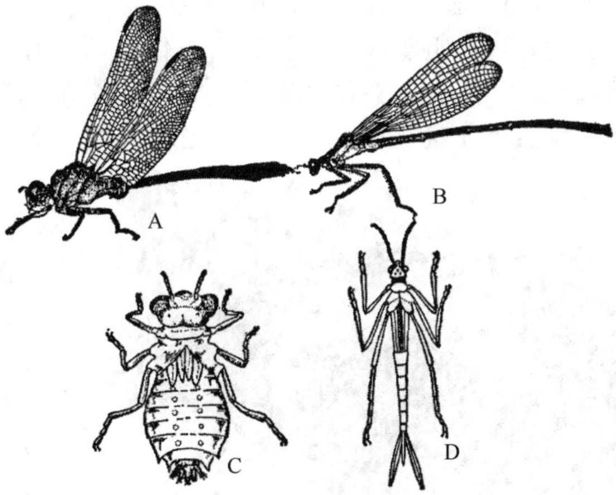

图 9-25　蜻蜓目的代表
A. 蜻蜓；B. 豆娘；C. 红蜻的稚虫；D. 绿河蟌的稚虫

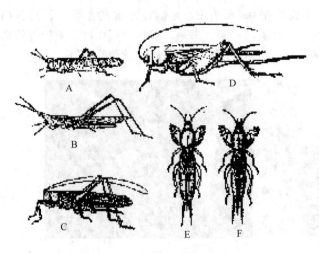

图 9-26　直翅目见习种类

A. 东亚飞蝗；B. 中华蚱蜢；C. 螽蟖；
D. 油葫芦；E. 华北蝼蛄；E. 非洲蝼蛄

③ 直翅目（Orthoptera）　体中型或大型，咀嚼式口器，触角丝状。前胸发达，中、后胸愈合。前翅革质，狭长，覆翅；后翅膜质，宽大，休息时作纸扇状折叠在前翅下。后足腿节粗壮，适于跳跃，如蝗虫和螽蟖等。有的前足发达，适于开掘，如蝼蛄。腹部末端具有尾须，产卵器发达，呈剑状、刀状或凿状。腹部常具听器，雄虫一般还有发音器。渐变态发育，一般有 5 龄幼虫，若虫的形态、生活环境和取食习性与成虫基本相似，多数为植食性，并且为典型的杂食性，螽蟖科部分种类为肉食性或杂食性。本目许多种类是农业上的重要害虫，如东亚飞蝗（*Locusta migratoria manilensis*）、中华蚱蜢（*Acrida chinensis*）、华北蝼蛄（*Gryllotalpa unispina*）、蟋蟀（*Gryllus chinensis*）和螽蟖（*Tettigoniidae*）等（图 9-26）。

④ 螳螂目（Mantodea）　体中到大型，1～11cm，头部呈三角形，可活动，咀嚼式口器，前胸长，前足为捕捉足，中后足为步行足，跗节 5 节。前翅为覆翅，后翅为膜翅，臀区大，休息时平放于腹背上。尾须 1 对，雄虫第 9 节腹板上有一对刺突，渐变态，卵产于卵鞘中，卵鞘（中药中叫螵蛸）常附于树干上，螳螂有互残习性，交尾后，雌虫常嚼食雄虫。全世界已知 2200 余种，主要分布于热带地区；我国分布有 112 种，如大刀螳螂（*Tenodera aridifolia* Stoll）等种类（图 9-27）。

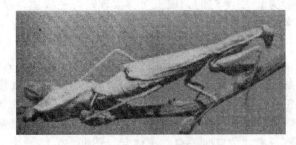

图 9-27　产卵中的大刀螳螂

⑤ 蜚蠊目（Blattaria）　体中到大型，头宽扁，口器咀嚼式，前胸大，盖住头部。有翅或无翅，有翅的前翅为覆翅，后翅膜质。臀区大，休息时翅平置于体背。足长，多刺，善疾走。腹部 10 节，第 6～7 节背面有臭腺开口，雄虫第 9 腹节有 1 对刺突。尾须 1 对，较短且分节。渐变态，成虫和幼期生活于阴暗处，卵粒为卵鞘所包裹。生活在石块、树皮、枯枝落叶、垃圾堆下、朽木和各种洞穴内，多白天活动，室内种类喜夜间活动，以各种食品、杂物及粪便和痰汁为食。一些种类可传播痢疾、伤寒、霍乱、结核、阿米巴原虫和蛔虫病等。但土鳖或地鳖是常用中药，有破血散瘀之功效，用于跌打损伤、妇女闭经等症。已知 3800 余种，主要分布于热带、亚热带和温带地区，我国约 250 种，如蜚蠊（蟑螂）（*Blattodea*）（图 9-28）。

图 9-28　蜚蠊

⑥ 虱目（Anoplura） 俗称虱子，体小而扁平，无翅，一般白色或灰白色、骨化部分为黄色或褐色。头小，向前突出，刺吸式口器，触角 3～5 节，复眼退化或消失，无单眼。足粗，攀登式，爪 1 个，长而弯曲，与胫节下方的一指状突对握，适于攀缘夹持寄主毛发，称为攀缘足。腹部 9 节，气门背生，无尾须，渐变态。卵椭圆形，端部有盖，黏附于寄主的毛发或人的衣服上。成虫终生外寄生于哺乳动物及人体上，吸食寄主血液并传播疾病，如斑疹伤寒等。已知 7 科 500 余种，我国约 65 种，如人体上的体虱（*P. h. corporis*）（图 9-29A）和头虱（*Pediculus humanus capitis*）等（图 9-29B）。

图 9-29 虱目
A. 人体虱；B. 人头虱

⑦ 等翅目（Isoptera） 体小到大型，白色柔软，多为多态性社会昆虫。咀嚼式口器，触角连珠状，常有复眼和单眼，有翅型具翅 2 对，前后翅在大小和形状上相似，翅基有"肩缝"，故称等翅目。繁殖季节，产生大量有翅繁殖蚁，成群出巢，婚飞扩散，个体交配后，选择适合地产卵并筑巢建立群体，翅蜕落。渐变态发育。木栖性白蚁在建筑物的木材中作巢，取食木质，是居室的重要害虫，其肠道内有共栖的原生动物披发虫和细菌帮助其消化木质纤维。已知 6 科，种类超过 3000 种，主要分布于热带，我国 474 种。其中，常见的是木白蚁科（Kalotermitidae）、鼻白蚁科（Rhinotermitidae）和白蚁科（Termitidae）。如白蚁（*Termites*）（图 9-30）。

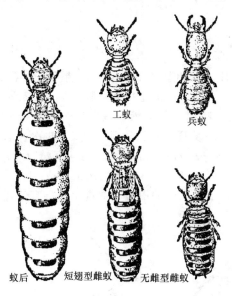

工蚁　兵蚁

蚁后　短翅型雌蚁　无雌型雌蚁

图 9-30 白蚁的多型现象

⑧ 同翅目（Homoptera） 身体小型至大型。口器刺吸式，从头的后方生出，喙通常 3 节。大多数具 2～3 个单眼，触角刚毛状或丝状。后翅膜质，前翅膜质或革质，休息时常在背上呈屋脊状。繁殖方式多样，有有性生殖和孤雌生殖等多种生殖方式，有卵生，也有卵胎生，个体发育为渐变态。多为植食性，若虫和成虫均刺吸植物汁液，许多种类为农业害虫，既直接危害农作物，又传播疾病。多数种类有群聚性，如蚜虫，有较强的趋光性，因其液体排泄物中含有大量糖分（蜜露），而与蚂蚁形成和谐的共生关系。还有多数种类体内有蜡腺，可以分泌胶或蜡，被广泛应用于轻纺工业，因此本目动物多为益虫。代表种类有蚱蝉（*Cryptotympana atrata*）（俗称知了，体长约 50mm，为最大的蝉）、棉蚜（*Aphis gossypii*）、角倍蚜（*Melaphiss chinensis*）（又名五倍子蚜、吹棉蚧）、白蜡虫（*Ericerus pela*）、灰飞虱（*Laodelphax striatellus*）和黑尾叶蝉（*Nephotettix cincticeps*）等（图 9-31）。

⑨ 半翅目（Hemiptera） 体小型至大型，身体扁平。口器刺吸式，喙从头的前端伸出，不用时贴附在头胸腹面，触角 3～5 节，通常 4 节，也有 3 节或多或少节的，丝状或棒状。

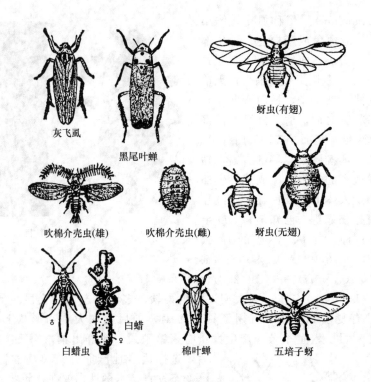

图 9-31　同翅目的代表

单眼 2 个或无。前胸背板发达，中胸有发达的小盾片。前翅基部革质坚硬、端部膜质柔软，称为半鞘翅；后翅膜质，静止时平覆于腹部上；少数无翅。蝽类昆虫有臭腺（fetid glands），能分泌挥发性油，后胸腹面有臭腺开口，受惊遇袭时喷出大量臭液，散发出类似臭椿的气味，具防御和报警等作用，故名蝽象或臭板虫。渐变态发育。若虫通常蜕皮 5~6 次。陆生或水生。多为植食性的农林大害虫，如稻蛛缘蝽（*Leptocorisa acuta*）、三点盲蝽（*Adelphocoris taeniophorus*）、绿盲蝽（*Lygus lucorum*）和梨蝽（*Urochela luteovaria*）等；少数种类为肉食性，捕食其他小动物，如猎蝽能捕食害虫，水生的田鳖则捕食鱼苗；有的还吸食人血，传染疾病，如臭虫（*Cimex*）等（图 9-32）。

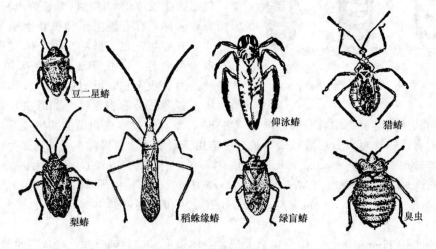

图 9-32　半翅目的代表

⑩ 鞘翅目（Coleoptera） 鞘翅目通称甲虫，全世界已知约 33 万种，中国已知约 7000 种，该目是昆虫纲中乃至动物界种类最多、分布最广的第 1 大目。体型分化大，小型至大型者都有。口器咀嚼式，无单眼。触角 10 节或 11 节，形状变化极大，如丝状、锯齿状、锤状、膝状和鳃片状等。前胸背板发达，中胸小盾片三角形，露于体表。前翅角质，硬化成鞘翅，一般很坚硬且无翅脉，停息时在背中央左右翅成一直线。后翅膜质，用于飞翔，静止时褶于前翅之下。足跗节 5 节或 4 节，少数种类 3 节。完全变态。大多数为陆生种类，也有部分水生。多为植食性，也有肉食性和粪食性的。大多有趋光性和假死性。许多种类是农林作物重要害虫，与人类的经济利益关系十分密切，如黑绒金龟（*Serica orientalis*）、铜绿金龟（*Anomala corpulenta*）、星天牛（*Anoplophora chinensis*）、黄守瓜（*Aulacophora femoralis*）和沟叩头虫（*Pleomomus canaliculatus*）等；瓢虫则主要捕食介壳虫、蚜虫、螨类等节肢动物，可用于害虫的生物防治，如澳洲瓢虫（*Rodolia cardinalis*）等（图 9-33）。

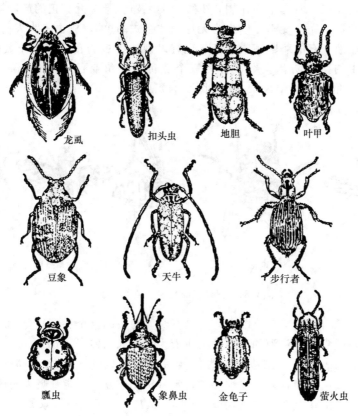

龙虱　扣头虫　地胆　叶甲
豆象　天牛　步行者
瓢虫　象鼻虫　金龟子　萤火虫

图 9-33　鞘翅目的代表

⑪ 鳞翅目（Lepidoptera） 包括蝶和蛾两大类，是昆虫纲的第二个大目，已知种类约有 14 万种。体型有小有大，颜色变化很大，有的非常美丽。体表及膜质的翅上密被扁平细微的鳞片，组成不同颜色的斑纹。触角多节，为丝状、栉齿状、羽状或球杆状。复眼发达，单眼 2 个或无。口器虹吸式，前胸小，背面生有 2 小型的领片（翼片），中胸很大，生有一对肩板。完全变态。幼虫毛虫式，或称蜗型。头部坚硬，每侧一般有 6 个单眼。咀嚼式口器，上颚发达，下颚和下唇合成一体，下唇叶变成一中间突起，叫吐丝器，能吐丝。幼虫一般 5 个龄期，蛹主要为被蛹。多数为植食性，是重要的农林害虫，幼虫期是其主要危害期。本目分为蝶亚目（锤角亚目）（Rhopalocera）和蛾亚目（异角亚目）（Heterocera）。

a. 蝶亚目　多体细而翅宽大，休息时两对翅竖立在背上；触角细长，末端呈鼓槌状；白天活动。如凤蝶（*Papilio*）、菜粉蝶（*Pieris rapae*）和蛱蝶科（Nymphalidae）等多种蝶类。

b. 蛾亚目　多体粗而翅较窄，休息时翅平放在背上，触角类型多样，但不呈鼓槌状，多在夜间活动。如二化螟（*Chil uppressalis*）、玉米螟（*Ostrinia rnacalis*）、粘虫（*Leucaniase rata*）、棉铃虫（*Heliotk rmzgera*）和甘薯天蛾（*Herse convolwdi*）等是农业上重要的害虫；家蚕（*Bombyx mori*）、柞蚕（*Antheraea pernyi*）和蓖麻蚕（*Philosamia cynthia ricing*）等则是重要的资源昆虫。

⑫ 双翅目（Diptera）　本目种类和数量很多，已知种类约 9 万种，包括蚊、虻和蝇等常见种类。体小型至中型，口器刺吸式或舐吸式，复眼较大，有的左右互相连接，单眼 3 个。触角有丝状（蚊类）、念珠状（瘿蚊）或具芒状（蝇类）等。仅有一对发达的膜质前翅，后翅特化为平衡棒，在飞行时起平衡作用，少数种类无翅。雌虫无真正的产卵器，末端数节能伸缩，成为伪产卵器。完全变态，幼虫为无足的"蛆式幼虫"，成虫多为人畜疾病的传播者。有的吸食人畜的血液，有的刺吸植物汁液，也有以别的害虫为食或寄生于其他昆虫体内的，故可用以进行害虫的生物防治。本目分为三个亚目：长角亚目（Nematocera）、短角亚目（Brachycera）和芒角亚目（Aristocera）（图 9-34）。

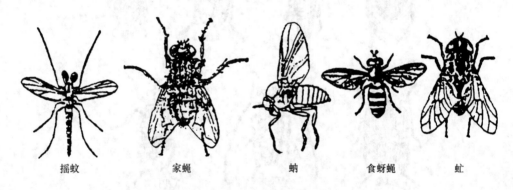

摇蚊　　　　　家蝇　　　　　蚋　　　　食蚜蝇　　　　虻

图 9-34　双翅目的代表（仿各作者）

a. 长角亚目　触角较长，6 节以上，幼虫有明显的头部（全头型）。此亚目昆虫通称蚊，具有刺吸式口器，吸食植物汁液和脊椎动物血液为食，如白蛉子（*Phlebotomus*），吸食植物汁液；大蚊（*Tipulidae*），成虫吸血，为传播黑热病的媒介；摇蚊（*Chironomus*），静止时，成虫的前足一般向前伸，并不停地摇动；蚋（*Simulium*），能刺吸人畜的血液；最常见且与人类关系最密切的蚊有按蚊属（疟蚊）（*Anopheles*）、库蚊属（家蚊）（*Culex*）和伊蚊属（黑斑蚊）（*Aedes*），此三属蚊是重要的医学害虫，雌蚊吸食人畜血液，是传播乙型脑炎、疟疾等多种传染性疾病的重要媒介。

b. 短角亚目　触角短，一般 3 节，无芒，幼虫半头型。此亚目昆虫通称虻，如牛虻（*Tabanus*），以吸食脊椎动物的血液为生。

c. 芒角亚目　触角短，3 节，第 3 节背面具触角芒，幼虫头部退化（无头型），包括各种蝇类。食蚜蝇（*Episyrphus balteatus*），其幼虫捕食蚜虫，为农业上的重要益虫；果蝇（*Drosophila*），常作为遗传学研究材料；舍蝇（*Musca domestica vicina*），为最常见的蝇类，是重要的医学昆虫；大头金蝇（红头蝇），成虫栖于厕所及粪堆，也侵入人屋，污染食物；丝光绿蝇（*Lucilia sericata*）、麻蝇（*Sarcophaga*）等也是常见的医学害虫；粘虫寄蝇（*Cuphocera varia*），寄生在粘虫的幼虫及蛹上，是粘虫的主要天敌。

⑬ 蚤目（Siphonaptera） 体微小，左右侧扁，无翅。头小，复眼小或无，无单眼。触角短。口器刺吸式。后足发达，善跳跃。腹部大，末节有一背感觉器称臀板。雄性有一对抱握器。完全变态。成虫为恒温动物的外寄生虫，刺吸人畜血液，并传播鼠疫等疾病。如人蚤（*Pulex irritans*），多寄生于人与狗，偶尔也寄生于猫、猪和羊等脊椎动物（图 9-35）。

蚤目昆虫

图 9-35　蚤

⑭ 膜翅目（Hymenoptera） 本目昆虫种类较多（图 9-36），仅次于鞘翅目和鳞翅目，已知种类约有 12 万种。成虫体微小至中等大小，口器为咀嚼式或嚼吸式，触角丝状、锤状、栉齿状或膝状，雄性触角通常 12 节，雌性 13 节。翅为膜质，前翅大而后翅小，后翅前缘有一列钩刺，可与前翅后缘连接。腹部第一节并入胸部，称为胸腹节，第二节常缩小成"细腰"，称腹柄。雌性都有发达的产卵器，多数成针状或锯齿状。两性生殖，发育为完全变态发育。食性复杂，有植食性、捕食性和寄生性等，除少数种类为害虫外，大部分为益虫。本目分广腰亚目（*Symphyta*）和细腰亚目（*Apocrita*）两个亚目。

a. 广腰亚目　腹部较宽，连接在胸部，不收缩成腰状，后翅至少有三个基室，幼虫植食性，如为害小麦的麦叶蜂等。

b. 细腰亚目　腹部基部紧缩成细腰状，或延伸成柄状，后翅最多有两个基室，幼虫营寄生或捕食性生活，是许多农林害虫的天敌。如姬蜂，寄生于鳞翅目的幼虫和蛹内；赤眼蜂，则寄生于鳞翅目等害虫的卵中，人工大量养殖后释放到自然界，用以消灭松毛虫、棉铃虫等农作物害虫，已被广泛应用于害虫生物防治；此外，本亚目昆虫还有和人类关系非常密切的种类——蜜蜂，不仅为人们产蜂蜜、蜂蜡和蜂王浆等营养和保健品，还能为植物传粉，我国是传统的养蜂大国；另外，本亚目还有捕食性的胡蜂和蚂蚁等多个种类。

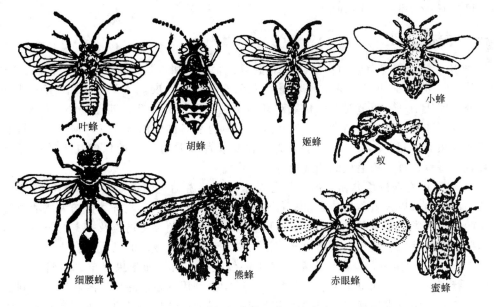

叶蜂　胡蜂　姬蜂　小蜂　蚁　细腰蜂　熊蜂　赤眼蜂　蜜蜂

图 9-36　膜翅目代表（仿三院合编）

⑮ 脉翅目（Neuroptera）　体小到大型，复眼发达，单眼 3 个或无，触角细长，形状多样，咀嚼式口器。前后翅都为膜质，形态和大小基本相似，胸足大多为步行足，仅螳蛉前足为捕捉足。腹部通常 10 个体节，末端无尾须。幼虫寡足型，但胸足发达。陆生，也有少数种类幼虫水生或半水生，如水蛉、泽蛉和溪蛉等。脉翅目昆虫大多数为肉食性种类，其幼虫和成虫均以捕食蚜虫、介壳虫、木虱、粉虱、叶蝉、叶螨及鳞翅目和鞘翅目的低龄幼虫和各种昆虫的卵为食，是多种农林害虫的重要天敌，因此属于益虫。大多数为完全变态发育，但螳蛉比较特殊，其幼虫寄生于蜘蛛卵袋里或胡蜂的蜂巢内发育，为复变态。全世界已知 2 亚目 5 总科 20 科 4500 余种，中国有 14 科 64 余种，如草蛉（*Myrmeleontidae*）（图 9-37）和蚁蛉（*Chrysopa perla*）。

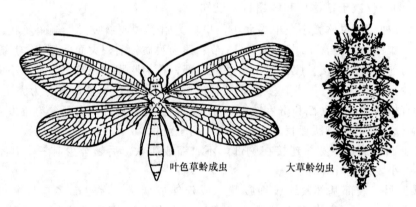

叶色草蛉成虫　　　　　大草蛉幼虫

图 9-37　脉翅目代表（仿三院合编）

第三节　节肢动物与人类的关系

本门动物种类繁多，数量浩大，分布广泛，与人类的关系十分密切，依据对人类的利害关系，可分有益和有害两个方面。

一、有益之处

① 食用　虾、蟹等节肢动物是富含维生素、无机盐和微量元素的高蛋白食品，深受人们的青睐。20 世纪 80 年代以来，虾、蟹类人工养殖迅速发展，主要养殖品种有中国对虾、斑节对虾、罗氏沼虾、墨节对虾、长毛对虾、南美白对虾、青虾、红螯鳌虾、河蟹等 20 余品种。而昆虫作为一种高蛋白食品，近年来也受到世界各国的深入开发，据统计，目前开发可食用的昆虫有 8 目、63 属、373 种，这些昆虫食品还具有一定的保健功效，如蝗虫、白蚁、蚂蚁、蚕蛹、蝉、松毛虫蛹和蜜蜂等。

② 饵料　甲壳纲枝角类和桡足类是各类水域中浮游动物的重要组成部分，特别是枝角类，我国渔民自古以来就称为鱼虫，是各种幼鱼、虾、蟹等水产经济动物的天然活饵料。昆虫纲中的许多种类幼虫及其成虫富含蛋白质，也可以作为鱼类、鸟类及家禽的饵料，如目前人工养殖的摇蚊幼虫、黄粉虫及蝇蛆被广泛用作水产动物及畜禽的高蛋白食物。

③ 药用　很多昆虫，自古以来都是名贵的传统中药材，如冬虫夏草、斑蝥、蝉蜕、蜈蚣、蝎、蜂毒、蜂王浆和虫茶等多个种类。在医学上利用蝇蛆清除伤口的腐肉，有利于创伤的愈合；随着生物技术等现代新技术的广泛应用，目前已开创出昆虫资源综合开发利用的新途径，如将桑蚕、蓖麻蚕等昆虫作为基因载体，导入外源基因，用于生产干扰素、乙肝疫

苗；利用昆虫独特的免疫系统和免疫机制，在柞蚕、麻蝇等虫体细胞内诱导产生抗菌肽、抗菌蛋白、凝集素、免疫肽等，用于生产广谱性抗菌、抗病毒、抗肿瘤生物制剂；提取鲎血液制成的鲎试剂，可以快速而简便地检测体内细菌内毒素和热源物质；利用从节肢动物体内所提取的甲壳素和壳聚糖作为药物载体用于医药保健。目前，药用昆虫涉及 300 余种，甲壳类、蛛形类涉及的药用动物近 30 种。

④ 工业　桑蚕、柞蚕和蓖麻蚕的蚕丝是丝织品的原料，桑蚕业在我国已有上千年的历史；白蜡虫分泌的白蜡是工业用的绝缘和防雨剂；蜂蜡则被广泛应用于铸造、光学仪器、制革、电气等工业中；紫胶虫分泌的紫胶可制作高级绝缘体；五倍子蚜的虫瘿含鞣酸，可鞣制皮革、制墨水和染料等；甲壳素和壳聚糖又可广泛应用于轻纺工业中的造纸和日用化学品等方面。

⑤ 传粉　许多昆虫以花蜜和花粉为食，在采食的同时也完成了植物之间的传粉作用。据统计，在显花植物中，80%属于虫媒传粉，利用昆虫给植物传粉可以显著提高作物产量。如今有不少温室大棚开始租用蜂箱，利用蜜蜂代替以往的人工授粉，一方面节约人力，另一方面使农作物产量获得大幅提高。

⑥ 生物防治　在昆虫中，有 1/3 的种类属于捕食性或寄生性昆虫，为天敌昆虫。捕食性天敌昆虫多以植食性昆虫为食，如瓢虫的成虫及幼虫主要捕食蚜虫、介壳虫、粉虱和棉红蜘蛛；而寄生性天敌昆虫如赤眼蜂，将卵产于寄生在水稻等作物体表的二化螟、玉米螟及棉铃虫卵中，使寄主卵发生瓦解而不能孵化。目前人工繁殖节肢动物用于害虫生物防治的主要有寄生蜂、瓢虫、食蚜蝇、草蛉、螳螂、蜻蜓和蜘蛛等多个种类，利用昆虫天敌防治害虫效果显著，不伤害其他动物，不造成环境污染，是长期有效控制有害生物的一个趋势，目前已在农业生产中得到广泛使用。

⑦ 环境保护　枝角类小型甲壳动物在水域中利用附肢不停地滤取细菌和有机物腐屑等悬浮物，在促进水质净化的同时，其大触角及附肢的不断打动也增加了水中的溶氧量，使污染有机物的氧化加速，从而起到清洁水域环境的作用；有些水生昆虫幼虫可作为环境监测的指标，如受到严重污染的水体中仅有摇蚊幼虫，而有充足的溶解氧的水体中往往有石蝇幼虫的存在；陆地上摄食腐烂动植物尸体及动物粪便的节肢动物，能将这些废物分解，再送回土壤进行物质循环，不仅起到保护环境和美化自然的作用，而且是保持生态平衡中必不可缺少的一大食物链组成。

⑧ 仿生　节肢动物，尤其是昆虫，有着复杂的感官和机能，为仿生学提供了许多素材，如人造纤维就是受家蚕吐丝的启迪而研制成功的；航海用偏振光天文罗盘是仿照蜜蜂复眼能看见太阳偏振光的机理研出的；一种仿照蝇眼的蜂窝型的新型照相机，1 次可拍摄上千张照片。仿生学为人类做出的贡献是无尽的，随着现代科技手段的日新月异，相信会有越来越多的仿生成果造福于人类。

⑨ 观赏　昆虫种类繁多，形态各异、色彩斑斓、生机勃勃，深受人们的喜爱，常常被人们作为休闲观赏、艺术绘画的材料。如争奇斗艳的蝴蝶和蜻蜓、鸣声悦耳的螽蟖、熠熠发光的萤火虫以及勇猛善斗的蟋蟀等。

二、有害方面

① 危害农、林业产品　昆虫是人类生存的主要竞争者，通过对植物啃食和传染疾病等方式，可以大量地毁掉人类的粮食及农林产品（收获前与收获后）。如历史上的蝗灾，大量的蝗虫聚集起来，吞食禾田苗，寸草不留，引发严重的经济损失以致因粮食短缺而发生饥荒。2016 年 5 月份，俄罗斯南部暴发了一场 30 年来最严重的蝗灾，受灾面积高达 7 万公

顷，至少有 10% 的农田被毁，大量农作物被毁；蜱螨类中的棉红蜘蛛以其刺吸式口器刺入植物叶片内吮吸汁液，破坏叶绿素，导致叶片呈现灰黄点或斑块，叶片枯黄、脱落甚至落光，严重危害粮食作物、豆类、瓜果及蔬菜等农产品。世界上每年有不少于 20%～30% 的农、林产品被昆虫吃掉或破坏。

② 危害人和动物健康　一些吸食人和脊椎动物血液的节肢动物，能传播病原体，而引起多种疾病。人类传染病的 2/3 均通过昆虫媒介，例如人虱传播斑疹伤寒和回归热；跳蚤传播鼠疫；蚊子传播疟疾、乙型脑炎和丝虫病等。还有一些甲壳动物作为寄生虫的中间宿主而传播寄生虫病，如已报道的 20 多种淡水虾、蟹等以第二中间宿主传染肝吸虫病；还有如蜘蛛、蜈蚣、蝎子及马蜂可直接致人和动物死亡，严重威胁人和动物生命。

③ 危害建筑、航运和仓储物　等翅目的昆虫啃食建筑物中的木质材料，破坏房屋建筑和堤坝，如白蚁；甲壳类等足目的昆虫在水下部分的木材内钻孔作穴，破坏木质港湾建筑物，如蛀木水虱；甲壳类的藤壶和苟荷附着于舰、船底部，影响其航行速度。

④ 危害仓储物　鞘翅目、鳞翅目和衣鱼目等节肢动物是收储的粮食、皮毛、木材、衣物、干果及动植物标本的害虫，如米象、豆象、大谷盗、麦蛾、印度谷螟和衣鱼等。

思 考 题

1. 节肢动物有哪些主要的特征？
2. 节肢动物可以分为哪几个纲？简述各个纲的主要特征。
3. 理解为什么昆虫纲动物种类多、分布广？与其体制、结构等有何关系？
4. 节肢动物和人类有哪些关系？

第十章　棘皮动物门

教学重点： 棘皮动物门的主要特征；棘皮动物的进化地位。

教学难点： 棘皮动物门在特征及进化地位上的特殊性和重要性。

棘皮动物门（Phylum Echinodermata）为古老而特殊的一个门类，大约始于 5 亿年前的古生代寒武纪，到志留纪、石炭纪、泥盆纪时期最繁盛。全部为海生生活。它们的有些特征很像脊椎动物，如为后口动物，骨骼是由中胚层形成的内骨骼等。它们的内骨骼包在外胚层的表皮下，并且经常向外突出成为棘，故得名棘皮动物。生存种类共约 6000 种，我国记录 300 多种，如海边常见的海星、蛇尾、海参、海胆、海百合等（图 10-1）。

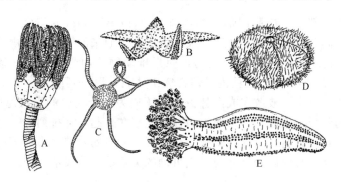

图 10-1　棘皮动物的各种外形比较

A. 海百合；B. 海星；C. 蛇尾；D. 海胆；E. 海参（自徐润林）

第一节　棘皮动物门的主要特征

一、体制——次生性辐射对称

棘皮动物的成体形态多种多样，有星形、球形、筒形、放射形等，身体为辐射对称，且大多数为五辐射对称，即通过身体的中轴（口面与反口面的轴）有五个面把身体分成对称的两部分。有的种类在五辐射形的基础之上分出更多枝（如海百合和一部分海星），由于具有该种辐射对称的体制，以前动物学家曾把这类动物与腔肠动物放在一起，列为辐射对称动物门。但后来通过对棘皮动物胚胎发育过程的研究，证实其幼虫期是左右对称的，即它们的辐射对称是后来形成的，故称为次生性辐射对称。这和腔肠动物原始的辐射对称完全不同。这种幼体左右对称、成体辐射对称的特点，是由于长期适应生活环境而形成的，在动物界只有棘皮动物是这样的（图 10-2）。

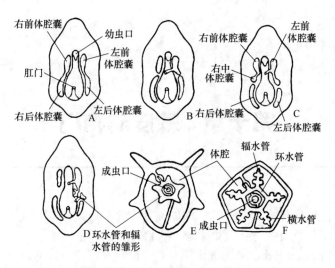

图 10-2　棘皮动物由两侧对称发育为五辐射对称的过程

（仿 Buchsbaum 和 Korschelt）

二、具有内骨骼

棘皮动物的体内都有由中胚层形成的内骨骼（endoskeleton），这与其他无脊椎动物的外骨骼来源截然不同，后者是由外胚层形成的表皮分泌而来的。棘皮动物的内骨骼是由初级间质细胞（primary mesenchyme）形成的，而脊椎动物的内骨骼是由次级间质细胞（secondary mesenchyme）形成的。这些内骨骼常突出体表，形成刺或棘，显得皮肤很粗糙。棘皮动物的内骨骼或大或小，或散在或由骨板相互镶嵌为一个完整的囊（海胆）；海星和蛇尾的内骨骼为分散的骨板，借肌肉和结缔组织彼此连接在一起，并排列成一定的形式，具有较强的活动性，但一旦肌肉腐烂后这些骨板就会散开；海参的骨骼只形成了许多小骨片，没有形成较大的骨板；海百合的内骨骼之间形成可动的关节，十分灵活（图 10-3）。

三、体腔和水管系统

棘皮动物的体腔发达，是由体腔囊（又称肠腔囊）发育形成，即在原肠胚期，于原肠的背侧凸出成对的囊，以后囊脱落形成中胚层发育成的，为次生体腔。

棘皮动物次生体腔的一部分特化成了水管系统和管足（图 10-4），这是该类动物所特有的结构。水管系统是由围在口周围的环管（ring canal）和由环水管发出的 5 条辐管（radial canal）所构成。在辐管上分出成对的小管，与管足相通。管足一端是罍（ampulla），罍压缩可将水压入管足中，使其伸长；相反的，若扩张则会使管足缩短。管足末端有吸盘者可吸附在固体物上，海星即借此可以拉动身体。管足除行动外一般还有呼吸和排泄的功能。有些棘皮动物的管足退化，只司呼吸、排泄和感觉（蛇尾）。环管上有 1 条含石灰质的石管（stone canal），和筛板（madreporite）相连，借筛板上的许多小孔，水管系统中的水得以和外界或体腔中的液体相通。环管上有 9 个或 10 个帖窦曼氏体（Tiedemann's bodies），是产

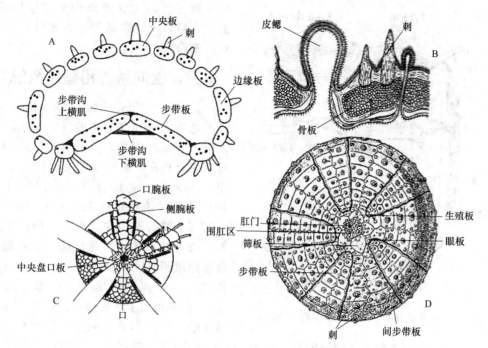

图 10-3　棘皮动物内骨骼的排列

A. 海星过臂示骨板排列；B. 过骨板横切放大示棘刺和皮鳃；C. 蛇
尾的骨板排列（局部）；D. 海胆骨板排列（自徐润林）

生变形细胞的地方。有些种类环管上还有波里氏囊（Polian vesicle），是储水的地方，有调节水压的功能。依管足的分布，棘皮动物的身体可以分为 10 个带区，有管足的带区称步带，无管足的带区称间步带，二者相间排列。

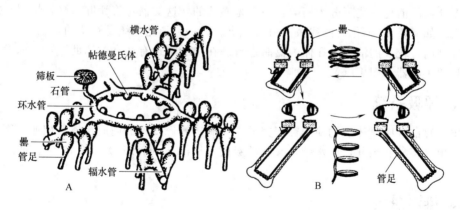

图 10-4　海星的水管系统（A）与管足运动机理（B）（仿刘凌云）

四、后口动物

棘皮动物的口不同于其他大多数无脊椎动物的口起源于原口（胚孔），而是在原肠期的后期，在原口相对的一侧重新开口，以此口形成动物的口，而原口形成肛门或关闭（重新开口形成肛门）。这种在胚胎发育过程中胚体另行形成的口称为后口，这样形成口的动物即为后口动物。后口动物包括所有的脊索动物和棘皮动物、半索动物等少数无脊椎动物。而其他

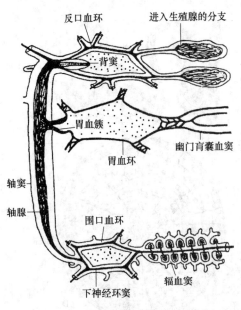

图 10-5　海星的围血和循环系统（自刘凌云）

图中标注：反口血环　进入生殖腺的分支　背窦　胃血簇　幽门肓囊血窦　胃血环　轴窦　轴腺　围口血环　下神经环窦　辐血窦

大多数三胚层无脊椎动物都是原口动物。此外，后口动物以肠腔法形成体腔，受精卵行辐射卵裂。

五、围血系统和循环系统

围血系统（perihaemal system）是由体腔的一部分演变而来的。它在水管系统的下方，有环围血窦，也有辐围血窦，其排列完全和水管系统相同（图 10-5）。围血窦中有隔膜（将血窦分隔成两个并行的窦），隔膜中有循环系统的血窦，因此血窦也有环血窦和辐血窦。血窦是原体腔的残留，由许多不规则的葡萄状空隙构成，又称腔隙组织（lacunar tissue），其所含的液体内含有游离的细胞（在海参是红血细胞），因此相当于其他动物的血管。在围血系统的环管上形成了轴体，其内腔称轴窦（axial sinus），包裹着循环系统的轴器（axial organ）（许多小血窦组成的海绵状结缔组织索）和水管系统的石管，中轴窦到达反口面之后，也形成一个反口极的环管，再分 5 支和血窦一起入生殖腺内。

海星、海胆、海参和蛇尾都有围血系统和循环系统，尤其海胆和海参的循环系统较为明显，而其他种类的循环系统处于退化状态。

六、消化系统

棘皮动物的消化系统可分为两类：一类是囊状的，这类消化管无肛门（如蛇尾）或有肛门但不用（如海星），消化后的残渣仍由口排出。另一类消化系统是管状的，如海参、海胆，有口也有肛门，较长的消化道在体内盘曲走行。在口的附近有取食的辅助器官，如海参的触手和海胆的咀嚼器（图 10-6）。

七、呼吸系统

棘皮动物的呼吸靠体表的薄膜突起完成，叫做皮鳃，皮鳃的内腔与体腔相通。海参的直肠末端发出许多枝状突起，叫水肺，又称呼吸树（respiratory tree）（图 10-6），能进行呼吸和排泄。

八、排泄系统

棘皮动物没有像肾管那样的排泄器官，排泄是由体腔内的变形细胞完成的，排泄物先形成围体颗粒，然后由变形细胞搬运到体外。

九、神经系统和感觉器官

棘皮动物一般运动迟缓，故神经系统和感官不发达。神经系统有 3 个中枢，均与水管系统平行，各个中枢都不与该位置的上皮细胞隔离，而相连部分的上皮细胞还有传导刺激的作用，这个特征与腔肠动物较为相似。1 个神经系统是由外胚层形成的，称外神经系统（epi-

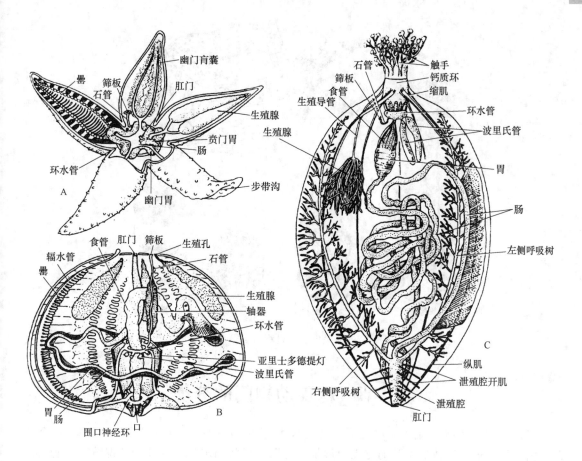

图 10-6　棘皮动物的消化系统
A. 海星；B. 海胆；C. 海参（仿江静波）

neural system）。在围血系统的下方，由口周围的 1 个神经环（nerve ring）和步带沟内的 5
条辐神经（radial nerve）构成。在腕的横切面，辐神经成"V"形。另 1 个神经中枢，是在
围血系统的管壁之上，也是有 1 个神经环和 5 条辐神经所构成，称下神经系统（hyponeural
system），因它在身体的内部，故又称为深在神经系统（deep nervous system）。还有 1 个神
经中枢是在反口极体壁内的体腔上皮处，称内神经系统（entoneural system），又称体腔神
经系统（coelomic nervous system），因它在反口极的一面，故没有神经环，只有辐神经。
上述的 3 个神经中枢，只有外神经系统是起源于外胚层。而下神经系统和内神经系统是起源
于中胚层。中胚层形成神经系统，这在动物界是唯一的一例。

十、生殖和发育

除少数海参和蛇尾雌雄同体外，棘皮动物都是雌雄异体的。生殖腺一般有 5 对或 5 的倍
数对（海参纲除外），一般卵巢黄色，精巢白色。生殖细胞成熟后经生殖管由反口面的间步
带区通体外。受精作用在水中进行。发育多是变态的，经一个能游泳的左右对称的幼虫期，
经变态发育为辐射对称成体（图 10-7）。各纲幼虫的基本构造是相同的，但形态有所不同。
如海星的幼虫为羽腕幼虫；蛇尾的幼虫称蛇尾幼虫；海参的幼虫称短腕幼虫或耳状幼虫；海
胆的幼虫叫海胆幼虫；海百合的幼虫叫桶状幼虫。

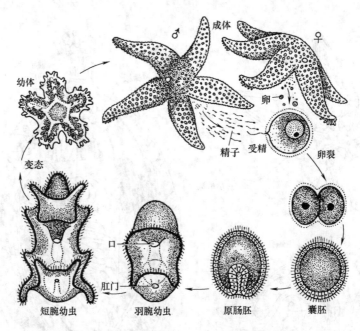

图 10-7　海星的发育过程（自徐润林）

第二节　棘皮动物门的分类

现存的棘皮动物已知的约 6000 种，化石种类有 2000 多种。我国已记录 300 多种，全部营海生生活。根据其体形、腕的有无及形状、骨骼的形状和步带沟的开合情况分为 2 亚门 5 个纲。

一、游在亚门

游在亚门（Eleutherozoa）动物生活史没有固着用的柄，包括以下 4 个纲。

1. 海星纲（图 10-8）

海星纲（Asteroidea）动物，体扁平，多为五辐射对称，体盘和腕分界不明显。生活时口面向下，反口面向上，腕腹侧具步带沟，沟内伸出管足。因骨骼的骨板以结缔组织相连，柔韧可曲。体表具棘和叉棘，为骨骼的突起。从骨板间突出的膜质泡状突起，外覆上皮，内衬体腔上皮，其内腔连于次生体腔称为皮鳃，有呼吸和使代谢产物扩散到外界的作用。水管系统发达。个体发育中经羽腕幼虫和短腕幼虫。

本纲约有 1200 种，生活在各地的沿海地区。常见的有砂海星（*Luidia quinaria*）、海燕（*Asterina*）、太阳海星（*Solaster daw-*

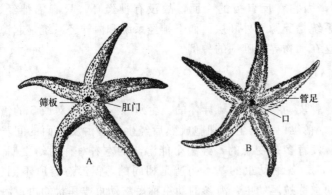

图 10-8　海星的外形（自刘凌云）

soni）等。

2. 蛇尾纲

蛇尾纲（Ophiuroidea）动物，体扁平，星状，体盘小，腕细长。骨间有可动关节，肌肉发达。腕上常被有明显的鳞片，无步带沟。管足退化，呈触手状，无运动功能。消化管退化，食道短，连于囊状的胃。无肠，无肛门。以藻类、有孔虫、有机质碎屑为食，也食多毛类、甲壳类等小动物。个体发生中经蛇尾幼体，有少数种类雌雄同体，胎生。本纲约 1800 种，常见的有筐蛇尾（*Gorgonoce phalus*）、刺蛇尾等。

3. 海胆纲

海胆纲（Echinoidea）动物约 700 种，生活在岩石裂缝中，少数穴居泥沙中。海胆纲动物的 5 条腕向反口面翻卷愈合，形成球形、心形或盘形。骨板相互嵌合成"壳"，由多行子午线排列的骨板构成，步带区和间步带区交替排列，较窄的为步带区。步带沟闭合，但骨板上有许多小孔，管足由这些小孔伸出，管足有吸盘。体表多有许多长棘，其基部有肌肉附着在骨板的瘤状突起上，活动自如。棘和管足都能完成运动，海胆的壳上生有疣突及可动的细长棘，有的棘很粗。多数种类口内具结构复杂的咀嚼器称亚里士多德提灯（Aristotle's lantern），其上具齿，可咀嚼食物，许多棘钳可帮助取食。消化管长管状，盘曲于体内，以藻类、水娘、蠕虫等为食。口位于口面，有肛门，位于反口面。

常见的有马粪海胆（*Hemicentrotus pulcherrimus*）、哈氏刻肋海胆（*Temnopleurus hardwickii*）、细雕刻肋海胆（*Temnopleurus toreumaticus*）、心形海胆（*Echinocardium cordatum*）、紫海胆（*Anthocidaris crassispina*）、中华釜海胆（*Faorina chinensis*）、曼氏孔海胆（*Astriclypeus manni*）、石笔海胆（*Heterocentrotus mammillatus*）等。

4. 海参纲

海参纲（Holothuroidea）动物 500 多种，均在海中营底栖生活，一般埋于泥沙中，两端露在外面，用触手捕食小有机物。本纲动物呈长筒形，横卧海底，口面是前端，反口面的肛门是后端。贴地的一面是腹面，颜色较浅，相对一面是背面。因此，本纲动物又由辐射对称转向左右对称。无腕，口的周围有由管足特化而成的触手借以捕食。腹面的管足排列得不规则，背面的管足退化。骨板微小，体表没有棘。体壁有 5 条肌肉带，借此肌肉的张缩和管足的作用可作蠕虫状运动，肉质柔软可食。

我国沿海常见的食用海参 20 多种，如刺参（*Stichopus japonicus*）、柯氏瓜参（*Cucumaria chronhjelmi*）、荡皮海参（*Holothuria uagabunda*）、梅花参（*Thelenota ananas*）、海棒槌（俗称海老鼠）等。

二、有柄亚门

有柄亚门纲（Pelmatozoa）在生活史中至少有一个时期具有固着用的柄。除海百合纲外，有许多化石种类（图 10-9、图 10-10）。

海百合纲（Crinoidea）动物是棘皮动物中最原始的种类，在太古代十分繁荣，后来逐渐消失。口面向上，反口面向下。大多有固着用的柄或卷枝。具 5 或 5 的倍数个腕，每腕又可再分支。腕中具步带沟，步带沟内管足只是简单的小突起，无运动能力。靠步带沟内纤毛的打动取食。腕的两侧各有一行羽枝（毛枝）。无筛板也无棘或棘钳（叉棘）。海百合类多生活在深海中，底栖，营固着生活。一类终生具柄，称海百合类；一类成体无柄，为海羊齿类。海羊齿类多栖息于沿岸浅海岩礁底，可附着外物或自由游泳生活。本纲化石种类极多，约 5000 种。现存约 630 种，如海羊齿（*Antedon*）、海百合（*Crinoidea*）、小卷海齿花（*Comanthus parvicirra*）等。

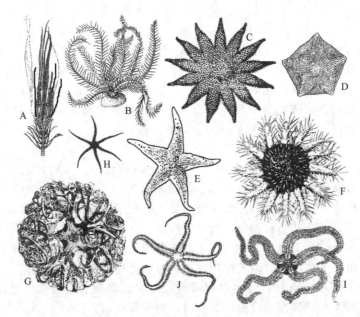

图 10-9　棘皮动物的代表种类（一）

A. 海百合；B. 锯羽丽海羊齿；C. 太阳海星；D. 海燕；E. 海盘车；F. 长棘海星；

G. 筐蛇尾；H. 真蛇尾；I. 滩栖阳遂足；J. 刺蛇尾（自徐润林）

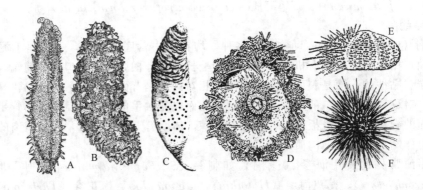

图 10-10　棘皮动物的代表种类（二）

A. 刺参；B. 梅花参；C. 海棒槌；D. 马粪海胆；E. 雕刻肋海胆；F. 紫海胆（自徐润林）

第三节　棘皮动物的经济意义

　　棘皮动物中有些种类对人类有益，海参类中有 40 多种可供食用，现已经进行大量的人工养殖，所以产量大大增加。我国的刺参、梅花参等为常见的食用参，刺参含蛋白质丰富，有很大的营养价值。海参又可入药，有益气补阴、生肌止血之功。海胆卵为发育生物学的良好实验材料。海胆壳入药，海胆生殖腺可制酱，为酱中上品，海星卵是研究受精及早期胚胎发育的好材料。棘皮动物可作为鱼类的饵料，如蛇尾是一些冷水性低层鱼（鸡鱼）的天然饵料，黄花鱼喜食蛇尾、海胆和海参。海星（如海盘车、海燕）可用作肥料。

　　棘皮动物对海水养殖业也造成危害，如海盘车喜食软体动物，是牡蛎等的敌害；海胆喜食海藻，故为藻类养殖之害；有些种类的棘有毒，可造成对人类的危害。

思 考 题

1. 棘皮动物门的主要特征有哪些？
2. 以棘皮动物为例，分析动物在形态结构变化上是如何适应生活环境的。
3. 棘皮动物的内骨骼有何特点和生物学意义？
4. 如何理解棘皮动物为无脊椎动物中的高等类群？
5. 棘皮动物分为哪几个纲？各有什么特征？
6. 了解棘皮动物的经济意义。

第十一章 无脊椎动物门类形态结构和生理功能的总结

教学重点： 无脊椎动物各门类各生理特征的比较。

教学难点： 无脊椎动物体腔的多样性及进化特征。

无脊椎动物是背侧没有脊柱的动物，种类较多，占动物界的 95％以上，它们是动物的原始形式，是动物界中除脊索动物门外的全部门类的统称。在前面的章节中，我们介绍了各无脊椎动物类群的特点。虽然它们形态结构多种多样，但它们并不是彼此孤立、毫不相干的，而是有着千丝万缕的内在联系，是统一的整体，是有规律可循的。本章将利用比较解剖学的原理，从各大系统出发，横向比较各门无脊椎动物的特点。

第一节 无脊椎动物躯体结构的形态比较

一、体制

所谓体制是指动物身体的几何对称形式，即通过身体的中心点或中心轴，能有多个平面将动物的身体分成相等的两部分。在动物多种多样的形态中，对称方式是最基本的特征。动物的对称方式主要有无对称（不对称）、辐射对称和两侧对称。

1. 无对称（不对称）

一些原生动物（如变形虫）没有一个对称面能将其分为两部分，这称为无对称或不对称。一些多细胞动物，如海绵动物和腔肠动物的一些种类，由于群体的形成，也产生不对称的特征。

2. 辐射对称

辐射对称有三种不同的形式。最原始的是球形辐射对称（等轴无极对称），即通过身体的中心点有无数个对称面，如原生动物中的团藻、太阳虫、放射虫等。其次是柱形辐射对称，动物有了固着端和游离端之分，如海绵动物和腔肠动物。只有通过它们的中轴，才能将其分成对称的两部分，但这样的对称面仍有许多，所以仍为辐射对称。棘皮动物由幼体时适于游泳的两侧对称发展为成体的适于固着生活的辐射对称，但这是后来形成的，因此称为次生性辐射对称，与腔肠动物的原始辐射对称完全不同。从扁形动物开始，由于运动的加强，动物形成了两侧对称，即通过身体的中轴，只有一个对称面。

3. 两侧对称

最为高等的动物对称形式是两侧对称，也称左右对称，即通过身体的中轴（头尾轴），只有一个对称面将身体分为相等的两部分。软体动物腹足类幼虫期为两侧对称，发育过程中由于身体扭转，一侧器官被压迫趋于退化，产生了左右不对称的特征（头和足仍为两侧对称）。棘皮动物的辐射对称，也是在两侧对称的基础之上，为进一步适应生活环境而演变产生的。某些腔肠动物如珊瑚纲和栉水母则是左右辐射对称（两辐射对称）的，它们介于辐射对称和两侧对称之间。

二、胚层

胚层是指动物由胚胎直至成体的细胞分层。

1. 单细胞或单层细胞

原生动物均为单细胞，即使像团藻这样的群体鞭毛虫也只有一层细胞，无需探讨胚层的问题。

2. 两胚层动物

多细胞动物都有胚层分化，较低等的形式为两胚层，即外胚层和内胚层。两胚层动物有海绵动物和腔肠动物。但海绵动物的内、外胚层在发育过程中发生逆转，跟其他动物不同。两胚层动物在内、外胚层之间还形成中胶层，是由内、外胚层细胞分泌而成的，不是一个胚层。两胚层动物的身体结构都比较简单。

3. 三胚层动物

在内外两个胚层中间形成了第三个胚层（中胚层）。从扁形动物开始，都是三胚层动物，但是栉水母门，由于胚胎发育过程中形成了中胚层芽，中胚层芽还会形成一些肌肉纤维，也可以说是中胚层的开端，不过这些细胞是外胚层游离而来的，和扁形动物以后的中胚层起源于内胚层有所不同。

三、体腔

体腔是指体壁与消化道之间的腔（图 11-1）。

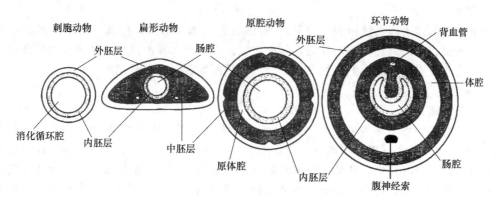

图 11-1　无脊椎动物胚层和体腔的比较

1. 无体腔

海绵动物中央的腔叫中央腔，只是水流的通道。腔肠动物中间的空腔具有消化和循环作用，叫消化循环腔。中央腔和消化循环腔都不是体腔。扁形动物虽出现了肠道，但身体扁平，内、外胚层之间由中胚层形成的肌肉层和实质填充，故没有体腔。

2. 假体腔

从线虫动物开始，体壁和消化道（单层内胚层细胞构成）之间出现了假体腔（原体腔），假体腔没有体腔膜，肠壁无肌肉层，来源为胚胎发育时期的囊胚腔。

3. 真体腔

从环节动物开始形成了真体腔，真体腔是体壁与消化道之间的腔，但有由中胚层形成的体腔膜包被内外，肠壁具有肌肉层，相当于胚胎发育时期的体腔囊（中胚层带裂开的空间）。环节动物以上的无脊椎动物都不同程度地存在真体腔。有些种类如软体动物、节肢动物等，真体腔退化，与假体腔混在一起形成混合体腔，混合体腔中充满血液故又称血腔，血腔是血管延续中的中断和膨大（未形成血管），因此，也称血窦。环节动物（蛭纲除外）、棘皮动物、半索动物都有发达的真体腔。

四、体节和身体分部

1. 同律分节

环节动物出现了分节现象，各体节在外部形态、内部构造及生理功能上很接近，叫同律分节。

2. 异律分节

节肢动物在同律分节的基础上各部分体节进一步特化和愈合，形成了异律分节，使身体产生了头、胸、腹 3 部分。

3. 不分节或其他形式

扁形动物绦虫纲和动吻动物分别有节片和节带结构，但由于这些结构并非是在真体腔的基础上发展起来的，故不能认为是体节结构。

软体动物身体不分节，分为头、足和内脏团 3 部分。半索动物的体腔前后分 3 部分，可视为 3 个体节。棘皮动物成体虽不分节，但其胚胎发育中有 3 对体腔囊，可能是由三体节的祖先演化而来的。

五、体表和骨骼

1. 体表

原生动物的体表即是细胞膜（质膜），有的较薄，如变形虫，使其没有固定形状；有的较厚，如眼虫；有的具有角质的外壳，如表壳虫。多细胞无脊椎动物的体表仅由外胚层而来的单层上皮（表皮）构成，但多数在其表皮细胞外覆盖着由表皮分泌的角质层。

2. 骨骼

(1) 外骨骼

无脊椎动物的骨骼多为外骨骼，有的虽也在体内（如海绵动物的骨针、头足纲的内壳等），但都是由外胚层（或海绵动物的变形细胞）分泌形成的。原生动物一般无骨骼，但有些种类有外壳（如有孔虫）和伪足内的骨质轴丝（如放射虫），海绵动物体内有骨针或纤维丝，腔肠动物珊瑚纲多有钙质骨骼，软体动物有坚硬的贝壳（外骨骼），节肢动物有几丁质外骨骼。

(2) 内骨骼

少数无脊椎动物还有由中胚层形成的内骨骼，如软体动物头足类体内包着脑和存在于眼窝、腕、鳍及闭锁器上的软骨，是无脊椎动物中唯一具有软骨的类群；还有棘皮动物的内骨骼，与脊椎动物的内骨骼一样起源于中胚层细胞。

半索动物的口索曾被称为不完全的脊索，现在认为它不是脊索，应该与真正的脊索加以区别。

六、运动系统

原生动物的运动类器官为鞭毛、纤毛或伪足。海绵动物营固着生活，无任何运动结构（只在胃层的领鞭毛细胞层有鞭毛激动水流），但海绵动物的两囊幼虫以鞭毛运动。腔肠动物开始有了肌原纤维，分布于上皮细胞内而形成皮肌细胞，可使身体伸缩产生运动。腔肠动物的浮浪幼虫以纤毛运动。腔肠动物中的栉水母类已开始具有由间细胞分化的独立肌纤维（肌细胞）。

从扁形动物开始才真正有了由中胚层形成的肌肉组织，肌肉层与表皮层形成了皮肤肌肉囊（还包括线虫动物和环节动物），可使身体作蠕形运动。自由生活的种类，体表腹面有纤毛用以游泳或爬行，如涡虫；寄生生活的吸虫和绦虫纤毛退化，用小钩和吸盘附在寄主体内，只能蠕动，但其幼虫以纤毛运动，如毛蚴。纽形动物的幼虫和成虫均具有纤毛。线虫动物的肌肉只有纵肌，加上体腔液的膨压作用而使其能作拱曲扭动而不能作伸缩运动。环节动物具疣足（体壁外凸形成，无关节）和刚毛，肌肉不仅有纵肌而且有环肌。环节动物的消化管壁也产生了肌肉层（包括环肌和纵肌）。

节肢动物具分节的附肢，称为节肢。节肢具有关节使其活动异常灵活，加上节肢动物的肌肉成束排列，附着在坚硬的外骨骼上，且是横纹肌，这就使节肢动物肢体活动和整体运动灵活而迅速，对环境的适应能力大大增强。节肢动物昆虫纲的大多数种类还有两对翅，是中胸和后胸的体壁向两侧扩展而成，昆虫是无脊椎动物中唯一能飞翔的动物类群。软体动物以其多肉的足做缓慢的爬行或固着，但头足类运动迅速而敏捷，足形成腕状，体侧常有外套膜延伸成的鳍，还有漏斗的喷水作用共同完成运动。棘皮动物的管足和腕司运动，有的棘（海胆纲）也能活动，其幼虫则以纤毛运动。半索动物的肠鳃类靠吻腔和领腔的充水和排水，使身体作伸缩运动。

七、消化系统

动物的消化方式有细胞内消化和细胞外消化两种基本类型。

1. 细胞内消化

原生动物都进行细胞内消化。变形虫利用伪足将食物颗粒摄入体内，纤毛虫则通过胞口将食物捕获，然后在细胞内进行消化，所剩的食物残渣由体表或胞肛排出体外。海绵动物通过领细胞鞭毛的摆动将食物吞入领细胞内，进行类似原生动物那样的细胞内消化。

2. 细胞外消化

从腔肠动物开始，动物界形成消化腔，出现了细胞外消化。腔肠动物内胚层的腺细胞分泌的消化酶释放到消化循环腔中，使食物在此消化，同时，内皮肌细胞也能吞噬食物颗粒进行细胞内消化。所以，腔肠动物既能进行细胞内消化，也能进行细胞外消化。但消化后食物残渣由于没有肛门，仍要由口排出，这种有口无肛门的消化系统称为不完全消化系统。扁形动物的消化系统与腔肠动物类似，也是不完全消化系统；寄生种类的消化系统趋于退化或消失。

线虫动物开始形成了完整的消化系统，有口也有肛门。这使得新鲜食物和粪便彻底分开，大大提高了消化效率。消化管道虽较完善，但消化腺缺乏，消化管也无任何凹陷、盘曲和膨大，管壁上也无肌肉支配的和系膜固定，使肠本身不能蠕动。这样的消化系统仍有待于进一步发展。

到了环节动物，由于真体腔的出现，不仅使消化管具有肌肉（环肌及纵肌）、肠系膜、盲道、膨大（胃）等，而且形成了发达的消化腺，并使消化管分化为前肠、中肠和后肠。前肠进一步分化为口腔、咽、食道、前胃（嗉囊）和胃（砂囊），以进行摄食、储存、研磨食物的机能；中肠进行消化和吸收；后肠储存和排出粪便。从此，消化作用除了化学性消化外，又新增了物理性消化。软体动物的消化系统复杂，消化管增长（盘曲），有极发达的消化腺。节肢动物的消化系统有各种各样的适应。高等甲壳类分化出贲门胃和幽门胃，前者用以研磨食物，后者有过滤作用。蛛形纲的食道膨大成吸吮胃。昆虫纲依食性的不同，具有各种复杂的口器。棘皮动物的消化管完善，但有些种类没有肛门（蛇尾）或有而不用（海星）。

八、呼吸系统

1. 体表呼吸（无专门的呼吸器官）

低等的无脊椎动物没有专职的呼吸器官，但仍需要呼吸（与外界进行气体交换）。它们的呼吸通过体表直接进行，即水中（低等无脊椎动物多生活在水中，少数在陆地上或寄生）的氧气通过体表直接扩散到体内，体内的二氧化碳直接扩散到水中，原生动物、海绵动物、腔肠动物、扁形动物、线虫动物都是如此。环节动物的疣足（多毛类）虽具呼吸功能，但仍以体表呼吸为主（寡毛类和蛭类更是如此）。

2. 呼吸器官

从软体动物开始形成了专职的呼吸器官。水生种类为鳃，陆生种类为"肺"。大多数软体动物、甲壳类都有发达的鳃。陆生的蜗牛以外套膜形成的肺呼吸。蜘蛛类以体表内陷形成的书肺呼吸，昆虫则主要用气管呼吸。棘皮动物以管足和皮鳃呼吸。半索动物有与脊索动物相同的咽鳃裂进行呼吸。

3. 无氧呼吸

寄生种类如吸虫、绦虫、线虫等进行无氧呼吸。

九、排泄系统

1. 伸缩泡及体表排泄

原生动物的淡水种类有伸缩泡，在调节体内渗透压时能排出代谢废物。扁形动物以下的无脊椎动物没有专职的排泄器官，仍以体表直接渗透。

2. 原肾管

扁形动物开始出现了专司排泄的结构，即来源于外胚层的原肾管，在体内一端是盲端，另一端开口体外。线虫动物也是这样的原肾管。

3. 后肾管

环节动物具有两端开口的后肾管，以漏斗状具纤毛的肾口开口于体腔内，另一端为肾孔开口体外，来源于中胚层及外胚层。软体动物的肾脏（肾管）也是由后肾管演变而成，一端通围心腔，一端通体外。节肢动物的排泄器官有两类，一类是由体腔管（后肾管）演化而来的绿腺、颚腺、基节腺等。

4. 其他方式

节肢动物的另一类排泄器官为肠壁外突形成的马氏管。棘皮动物的管足有排泄功能。脉球是半索动物的排泄器官。

十、循环系统

1. 原始方式（未出现循环系统）

单细胞动物即以细胞质的流动完成循环。海绵动物中央腔是水流的通道，同时可将食物和氧气带到各处。腔肠动物的消化循环腔具循环功能。扁形动物分支的肠（涡虫纲）可将营养物送到全身各部。线虫动物体腔内充满体腔液，体腔液的流动可把溶于其中的养料送到身体各处。

2. 循环系统

专职的循环系统是从环节动物开始产生的。环节动物的血管系统发达，由较粗大的背部血管和各级微血管支配到全身各处，血液始终在封闭的血管中流动，称为闭管式循环。大多数软体动物和节肢动物体内形成血窦（血腔），血液经有限的动脉后便进入此腔隙而成为开管式循环。软体动物头足类适应快速运动而为闭管式循环。以体外呼吸的小型节肢动物（如蚜虫等）循环系统完全消失。棘皮动物的循环系统不发达，在围血窦的隔膜内与水管系统平行呈辐射排列。半索动物是开管式循环。

十一、神经系统和感觉器官

1. 神经系统

原生动物没有神经系统，只有高等类群纤毛纲的种类具有纤维系统联系纤毛，具有感觉传递的功能。海绵动物也没有出现神经系统，可借助于细胞质传递刺激，反应较为迟钝。海绵动物中胶层中散在的星芒状细胞很像神经细胞，有人认为它们是极原始的神经细胞。腔肠动物的神经细胞弥散性地分散在身体的各个部位，形成了弥散的（网状）神经系统（如水螅），不具有中枢，神经传导无方向性且传导刺激的速度较慢，这种神经系统是最原始的形式。

扁形动物开始神经细胞体向身体的前端集中，形成了雏形的神经中枢，即最原始的"脑"，由此向后发出两条纵神经索，在这两条粗大的纵神经之间还贯穿着很多横神经，整个形状类似梯形，故称梯形神经系统（如涡虫）。线虫动物同扁形动物处于同一水平，只是纵神经较多（6条神经干），形成圆筒状的神经系统。环节动物的神经系统有脑、围咽神经环和由此向后走行于消化道腹面的两条纵神经（两条靠得很近），纵神经上在每一体节中有一膨大的神经节，使整个神经似链索状（或索状）神经系统（如蚯蚓）。节肢动物的神经也是链状的（如蝗虫），不过与环节动物相比，各体节的神经节向前愈合，使中枢趋于集中。软体动物的神经系统较特殊，一般由脑、侧、脏、足4对神经节和联络其间的神经索组成。头足类的神经系统特别发达，神经节集中成脑，并有软骨（中胚层形成的内骨骼）包被，是无脊椎动物中最高级的神经中枢。棘皮动物有3套神经系统，即下、外、内3个神经系统，都和水管系统一样作辐射排列（如海星）。半索动物已经具备了类似脊索动物的雏形背神经管，这在无脊椎动物中是独一无二的。

2. 感觉器官

除海绵动物由于适应完全固着生活而没有特殊的感觉器官外，其他各门动物均有感觉器官。原生动物眼虫具感觉用的眼点；腔肠动物的水母有触手囊起平衡作用；栉水母的反口极有感觉器。扁形动物、环节动物、软体动物、棘皮动物都具有各式的眼。节肢动物常有单眼和复眼，昆虫还有听器。软体动物中头足类（如枪乌贼）的眼是无脊椎动物最高等的形式。此外，各门不同的动物还有其他各自司平衡、触觉、嗅觉、味觉的结构。

十二、生殖与发育

1. 生殖

低等无脊椎动物一般都有无性和有性两种生殖方式。原生动物的无性生殖方式有二裂、出芽、复分裂（裂体生殖和孢子生殖）及质裂；有性生殖包括受精（孢子虫等）和接合（纤毛虫），受精有同配和异配等。有些原生动物的生活史中有无性生殖和有性生殖世代交替现象。海绵动物能进行无性生殖和有性生殖，无性生殖除出芽外，还能形成芽球（可增殖）。腔肠动物行无性的出芽生殖（也有的种类二分裂）和有性生殖，并常有世代交替现象（如薮枝螅、海月水母等），其生殖腺由外胚层或内胚层产生，多为临时性生殖腺。扁形动物的生殖腺由中胚层产生，生殖系统趋于复杂，有了固定的生殖管和附属腺，多为雌雄同体。线虫动物多为雌雄异体，生殖腺与生殖管相连呈管状。自环节动物以后，所有生殖腺都是由体腔上皮形成的，由生殖管通向体外。

水中生活的无脊椎动物行体外受精或体内受精，陆生种类全部体内受精。某些节肢动物和轮虫可进行孤雌生殖。大多数无脊椎动物为卵生，少数为卵胎生如田螺、蝎、蚜虫等。

2. 发育

无脊椎动物除了节肢动物的卵裂是表裂、头足类是盘裂外，一般是完全卵裂，其中扁形动物、环节动物、软体动物的卵裂是螺旋式的，腔肠动物、棘皮动物和触手冠动物等以辐射卵裂为主要方式。胚胎发育过程中，原口（胚孔）成为将来的口者，就属原口动物；原口成为肛门或封闭，口重新形成者即为后口动物。后口动物中胚层（体腔）的形成是腔肠法，受精卵行辐射卵裂等特点。后口动物包括棘皮动物、毛颚动物、须腕动物、半索动物和脊索动物5个门。苔藓动物、帚虫动物和腕足动物可能在原口和后口之间，其余的均属于原口动物。

动物的发育有直接发育（即幼虫与成虫形态无大差异，不须要经过变态）和间接发育（即幼虫和成虫形态不同，须经过变态）两种基本类型。间接发育的动物其幼虫也有各自不同的形式（图11-2）。海绵动物有两囊幼虫，腔肠动物有浮浪幼虫，扁形动物的涡虫纲有牟勒氏幼虫，纽形动物有帽状幼虫，环节动物、苔藓动物、腕足动物和帚虫动物以及软体动物都有担轮幼虫或类似担轮幼虫的幼虫。牟勒氏幼虫、帽状幼虫和担轮幼虫形状颇为相似，说明亲缘关系很近。软体动物有的还有面盘幼虫和钩介幼虫。节肢动物的幼虫，甲壳类幼虫不分节，但有3对附肢，因此代表3个体节（有螯亚门4节；有气管亚门幼虫7节）。节肢动物昆虫纲的变态发育又有渐变态、半变态和完全变态的不同程度之分。棘皮动物的幼虫是两侧对称的，附着后经变态成为辐射对称。半索动物的柱头幼虫与棘皮动物的短腕幼虫形态结构非常相似，说明这两门的亲缘关系是很近的。

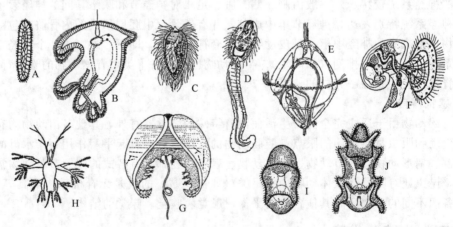

图 11-2　各种无脊椎动物的幼虫

A. 腔肠动物的浮浪幼虫；B. 涡虫的牟勒氏幼虫；C. 吸虫的毛蚴；D. 吸虫的尾蚴；

E. 环节动物的担轮幼虫；E. 软体动物的面盘幼虫；G. 软体动物的钩介幼虫；

H. 甲壳动物的无节幼虫；I. 海星的羽腕幼虫；J. 海星的短腕幼虫

第二节　无脊椎动物各个系统的功能概述

一、体制

体制与动物的生理机能和生活方式较为一致，如球形辐射对称的动物身体各部分的机能无任何分化，营水中漂浮生活，没有上下、左右、前后之分，与它们的生活方式高度适应；柱形辐射对称是动物长期适应于固着生活的结果；两侧对称是动物加强运动的必然结果，也是动物进化中由不运动到运动、由水生到陆生的必然结果。两侧对称使动物身体有了前后、背腹之分，前端主要司感觉和摄食，后端可司营养，背面司保护，腹面司运动。

二、胚层

胚层是动物发育过程中出现的重要结构，特别是中胚层的产生对动物器官系统的复杂化有很大的意义，也是动物由水生生活到陆生生活的一个重要基础。

三、体腔

无脊椎动物的体腔内充满了体腔液，体腔液可维持身体的形状，也可输送营养物质和代谢废物，体腔为内脏器官的发展提供了空间。真体腔的形成使动物的结构进一步复杂化，如产生了专门的循环系统（心血管系统）、形成了肠系膜及生殖、排泄等管道。

四、体节和身体分部

身体分节也是高等无脊椎动物的重要标志之一。分节的出现使身体的灵活性大大加强，有利于运动，并为身体各部功能的进一步分化奠定了基础。异律分节动物（如节肢动物）的头部司感觉和摄食，胸部司支持和运动，腹部司营养和生殖。异律分节使身体各部分的功能高度分化，能更好地适应环境。

五、体表和骨骼

体表是动物身体与外界接触的界面，体表与动物的生活环境和生存方式形成高度的适应，如某些种类原生动物的体表有利于保持虫体形状；有的具有角质的外壳，具有保护功能；多细胞无脊椎动物的表皮细胞分泌的角质层具有耐腐蚀的特点，寄生虫表现的犹为明显；节肢动物体表的外骨骼兼有皮肤的功能；软体动物的体表则由外套膜分泌了一层厚厚的保护结构——贝壳（头足类除外）。骨骼的主要作用是支持身体并供肌肉附着以完成运动。无脊椎动物的骨骼多为外骨骼，具有支持作用。少数无脊椎动物还有由中胚层形成的内骨骼，如软体动物头足类体内包着脑的软骨，具有保护功能。

六、运动系统

无脊椎动物借助于运动器官（类器官）完成生命活动所需要各种运动，如捕食、防御敌害和生殖活动等。从环节动物开始，消化管壁也产生了肌肉层（包括环肌和纵肌），加强了消化管的蠕动，提高了消化吸收的效率。

七、消化系统

无脊椎动物消化系统（消化类器官）的功能是捕食、消化、吸收、储存和排出食物残渣。存在细胞内消化和细胞外消化两种方式。

八、呼吸系统

无脊椎动物通过呼吸系统（未出现呼吸系统的类群依靠体表的渗透作用）从外界环境中吸入氧气并排出二氧化碳，从而维持动物体的新陈代谢活动。寄生种类进行无氧呼吸。最为原始低等的类群（植鞭亚纲）进行光合作用。

九、排泄系统

无脊椎动物依靠排泄器官（类器官）（伸缩泡、原肾管和后肾管等）排出体内的代谢废物，并调节体内的水分平衡，从而维持动物体内的渗透压平衡，保证新陈代谢活动的正常进行。

十、循环系统

低等的无脊椎动物未出现专门的循环系统，依靠细胞质流动、水流和体腔液等进行氧气和营养物质的供给及代谢废物的运输。专职的循环系统是从环节动物开始产生的，环节动物及以后的动物依靠循环系统完成体内物质的运输。

十一、神经系统和感觉器官

无脊椎动物依靠感觉器官接受外界的各种刺激信息，通过神经系统进行信息的整合和处理，使动物体与外界环境协调统一。

十二、生殖与发育

无脊椎动物在生活环境较好时通过无性生殖增加种内的数量，使种群得以壮大；环境条件不适宜的时候，产生雌雄配子或其他方式（接合生殖和孤雌生殖等）等进行有性生殖，使种群得以延续下去。

思 考 题

1. 简述无脊椎动物体制的演化过程及与动物生活方式的相关性。
2. 简述无脊椎动物胚层和体腔的类型及特点。
3. 何为同律分节和异律分节？简述其特点及对动物进化的作用。
4. 简述无脊椎动物体表和骨骼的类型。
5. 简述无脊椎动物附肢的类型及演化过程。
6. 简述无脊椎动物消化系统的发生与发展。
7. 简述无脊椎动物循环系统的演化过程。
8. 无脊椎动物的呼吸方式有几种？分别说明其特点。
9. 简述无脊椎动物的排泄方式。
10. 阐明无脊椎动物神经系统的演化和发展。
11. 阐明无脊椎动物的生殖方式及特征。列举无脊椎动物幼虫的类型。

第十二章 半索动物门

教学重点：半索动物的代表动物柱头虫的躯体结构；半索动物在动物界的位置。

教学难点：半索动物在动物界的位置。

半索动物门（Phylum Hemichordata）：半索动物（Hemichorda），又称隐索动物（Adelochorda），是一些口腔背面有一条短盲管（口盲囊 buccal diverticulum，俗称口索 stomochord）前伸至吻内的海栖类群。1825 年黄殖翼柱头虫（*Ptychodera flava*）最早被发现和命名，至今全世界至少发现有 90 余种，包括肠鳃纲（体呈蠕虫状，占已知种类的77%）和羽鳃纲两大类。最常见的代表动物是各种柱头虫（图 12-1）。本门动物的体长由2.3mm～2.5m（巴西沿海的巨柱头 *Balanoglossus gigas*）不等，大多数种类广泛分布在热带海和温带海的沿海，只有极少数种类能生存在寒带海中。主要栖息在潮间带或潮下带的浅海沙滩、泥地或岩石间，营单体自由生活或集群固着生活，40m 以下的海域中种类甚少，西非大西洋 4500m 深海中发现的粗吻柱头虫（*Glandiceps* sp.）是迄今所知生活在海底最深的半索动物。

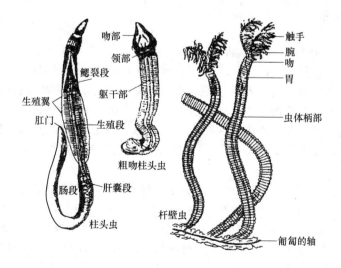

吻部
领部
鳃裂段
躯干部
生殖翼
生殖段
肛门
粗吻柱头虫
肠段
肝囊段
柱头虫

触手
腕
吻
胃
虫体柄部
杆壁虫
匍匐的轴

图 12-1 半索动物的代表（引自 Newman）

第一节 半索动物门的主要特征

半索动物门的典型代表是柱头虫，其栖息于浅海海底的沙土中，在沙中掘出孔道，营少活动的生活。

一、柱头虫的外形和生活习性

柱头虫（*Balanoglossus*）属于肠鳃纲（Enteropneusta），是半索动物门中分布甚广的类群，产于我国的三崎柱头虫（*B. misakiansis*）具有本门动物的主要特征，其身体呈蠕虫形，两侧对称而背腹明显，全身由吻（proboscis）、领（collar）和躯干（trunk）三部分组成，吻位于最前端，稍后是指环状的领，吻和领的肌肉组织发达，且吻能缩入领中，躯干部最长，又可分为鳃裂区、生殖区、肝囊区和肠区，末端为肛门。虫体内的各部均有空腔，即由体腔分化而成的吻腔、领腔和躯干腔。这三部分形成的腔均有隔膜分开。吻腔和领腔可进水和排水，柱头虫凭借富含肌肉和腔内充满海水的圆锥形吻部，在浅海沙滩中运动和挖掘成 U 字形洞道（图 12-2），并藏身在洞道内营少动的生活，人们可在退潮时于其洞口看到盘曲成条的粪便。吻充满水时变饱满，强直，像柱头一样，由此命名为柱头虫（图 12-3）。

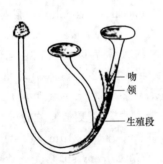

图 12-2 柱头虫的洞穴（自 Adof，Remane 等）　　图 12-3 柱头虫的外形图（自 Hickman）

二、主要特征

① 体壁和体腔　体壁由表皮、肌肉层和体腔膜构成。表皮位于外层，是由单层较厚的上皮组成，外被纤毛，除肝囊区外，上皮内含有形状各异的多种腺细胞，均可分泌黏液至体表，粘牢洞道壁上的沙粒，使之不致坍塌。神经层位于中层，为神经细胞体及神经纤维交织而成，底部则为薄而无结构的基膜。基膜肌肉层是由环肌、纵肌和结缔组织合成的平滑肌层组成，紧贴其内的为体腔膜。吻内有一吻腔，后背部一吻孔与外界相通，可容水流进入和废液排出。领和躯干部被背、腹隔膜分为成对的领腔和躯干腔，这 5 个腔都是由体腔分化而来的。

② 消化和呼吸　柱头虫的消化道是从前往后纵贯于领和躯干末端之间的一条直管。口位于吻、领的腹面交界处，口腔背壁向前突出一个短盲管至吻腔基部，盲管的腹侧有胶质吻骨（proboscis skeleton），但尚无坚硬结构，因此过去曾被视作雏形脊索而称为口索（stomochord），也有人认为短盲管可能是脊椎动物脑垂体前叶的前身。由于口索形甚短小，所以把具有这一结构的动物称为半索动物。口后是咽，在外形上相当于鳃裂区，其背侧排列着许多（7~700）成对的外鳃裂，每个外鳃裂各与一 U 字形内鳃裂相通，然后再由此通向体

表。彼此相邻的鳃裂间布有丰富的微血管，虫体在泥沙里掘进的过程中，水和富含有机物质的泥沙被摄入口内，水经内鳃裂从外鳃裂排出时，就完成了气体交换的呼吸作用（图12-4）。胃的分化不明显，在肠管靠后段的背侧有若干对肝盲囊（hepatic caecum），故称肝囊区，是柱头虫的主要消化腺。肠管直达虫体末端，开口于肛门。

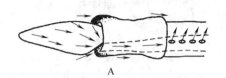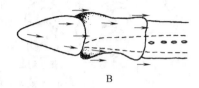

图 12-4　柱头虫的呼吸、摄食与水流进出（自 Hickman）

A. 张口进水和摄食、呼吸；B. 闭口时的水流方向

③ 循环和排泄　循环系统属于原始的开管式，主要由纵走于背、腹隔膜间的背血管、腹血管和血窦组成。循环方式（循环途径）与蚯蚓类似，背血管的血液向前流动，腹血管的流向往后。背血管在吻腔基部略为膨大呈静脉窦，再往前则进入中央窦；中央窦内的血液通过附近的心囊搏动，注入其前方的血管球（脉球 glomerulus），由此过滤排出新陈代谢废物至吻腔，再从吻孔流出体外。自血管球导出 4 条血管，其中有 2 条分布到吻部，另 2 条为后行的动脉血管，在领部腹面两者汇合成腹血管，将血管球中的大部分血液输送到身体各部。

④ 神经系统　除身体表皮基部布满神经感觉细胞外，还有 2 条紧连表皮的神经索，即沿着背中线的一条背神经索和沿着腹中线的一条腹神经索。二者在领部相连成环。背神经索在伸入领部处出现狭窄的空隙，由此发出的神经纤维聚集成丛，这种结构曾被认为是雏形的背神经管，该特点表明它们似乎与更高等的脊索动物具有一定的亲缘关系（图 12-5）。

⑤ 生殖和发育　雌雄异体。生殖腺的外形相似，均呈小囊状，成对地排列于躯干前半部至肝囊区之间的背侧。性成熟时卵巢呈现灰褐色，精巢呈黄色。体外受精，卵和精子由鳃裂外侧的生殖孔排至海水中。柱头虫的卵小，卵黄含量也少，受精卵为均等卵裂，胚体先发育成柱头幼虫（tornaria），然后经变态成为柱头虫。柱头幼虫体小而透明，体表布有粗细不等的纤毛带，营自由游泳生活，它们无论在形态和生活习性均与棘皮动物海参的短腕幼虫（bipinnaria）极为相似（图 12-6）。变态期间，幼虫沉入海底，身体逐渐转为黄色，纤毛带也相继消失，前后两端分别延伸成吻部和躯干部，最终发育成柱头虫。美国沿海的有些种类（纤吻柱头虫 Saccoglossus）在胚胎发育过程中不经过幼虫时期和变态即可直接发育为柱头虫。

我国沿海分布的柱头虫有殖翼柱虫科（Ptyroboderidae）的三崎柱头虫和玉钩虫科（Harrimaniidae）的黄岛长吻柱

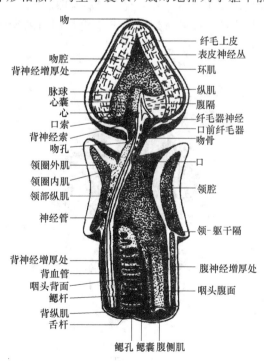

图 12-5　柱头虫身体前端纵剖（自 Parker and Haswell）

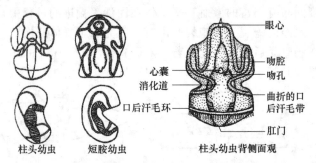

眼心

心囊
消化道

吻腔
吻孔

曲折的口
后汗毛带

口后汗毛环

肛门

柱头幼虫　　　短肱幼虫　　　柱头幼虫背侧面观

图 12-6　柱头虫幼虫与棘皮动物幼虫的比较（Parker and Haswell）

头虫（*Dolichoglossus hwangtauensis*）。

第二节　半索动物门的分类

半索动物门分为肠鳃纲（Enteropneusta）羽鳃纲（Pterobranchia）两大类。

已知羽鳃纲约有 20 种，大多是固着于深海海底营群居生活的小型半索动物，体长 2～14mm，代表动物有头盘虫（*Cephalodiscus dodecalophus*）和杆壁虫（*Rhabdopleura*）等（图 12-7）。头盘虫的体长仅 2～3mm，群栖于一个有许多小孔的公共管鞘内，彼此营独立生活。头盘虫的身体分吻、领、躯干三部分，因吻形状扁平似盘而得名。该虫与柱头虫的主要区别是领背部有腕状突起，腕上附生有 5～9 对羽状触手，可由此摆动造成水流，使食物沿着腕和触手上的食物沟导入口内；领部只有大神经节以及分布到吻部和腕状触手的神经，但神经并不形成管状，也无空隙；咽部只有一对鳃裂；肛门因肠道弯向背面呈 U 形而在领背面开口；雌雄异体，有生殖导管输送卵和精子至体外受精，除有性生殖外，也以出芽方式进行无性生殖。杆壁虫是群居于角质管鞘内的羽鳃纲动物，其主要特征是：虫体彼此以柄相

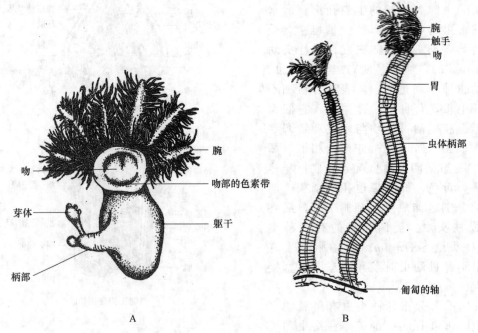

吻

芽体

柄部

腕

吻部的色素带

躯干

A

腕
触手
吻

胃

虫体柄部

匍匐的轴

B

图 12-7　头盘虫（A）、杆壁虫（B）（自惠利惠、Davi 等）

连；领背部仅有腕状突起一对；无鳃裂。

我国海域中至今尚未发现本纲动物。

第三节　半索动物在动物界的地位

半索动物在动物界的地位直到现在仍有争论。

过去，有人认为半索动物的口索相当于脊索动物的脊索，半索动物的背神经索前端有空腔，相当于脊索动物的背神经管，再加上彼此相同的咽鳃裂，因此长期以来将半索动物列入动物界中最高等的一个门即脊索动物门之中，是脊索动物门最低等的一个亚门。

现在，大多数动物学家认为半索动物缺乏真正的脊索，在结构和功能上，口索与脊索几乎没有相同之处，口索很可能是一种内分泌器官，所以把口索直接看成是与脊索相当的构造还欠说服力；半索动物还具有一些非脊索动物的结构，如腹神经索、开管式循环、肛门位于身体末端等，因此把半索动物视为无脊索动物中的一个独立的门较为合适。

现有的动物学文献表明，半索动物和棘皮动物的亲缘关系更近，它们可能是由一类共同的原始祖先分支进化而成。根据是：

① 半索动物和棘皮动物都是后口动物；

② 半索动物和棘皮动物的中胚层都是由原肠以肠腔法形成；

③ 柱头幼虫与棘皮动物的短腕幼虫形态结构非常相似；

④ 有人认为，脊索动物肌肉中的磷肌酸（phosphagen）含有肌酸［creatine，$NH：C(NH_2)N(CH_3)(CH_2CO_2H)$］的化合物，非脊索动物肌肉中的磷肌酸含有精氨酸$\{[arginine，H_2NC(：NH)NH(CH_2)_3 \cdot CH(NH_2)CO_2H]\}$的化合物；而海胆和柱头虫的肌肉中都同时含有肌酸和精氨酸，说明这两类动物有较近的亲缘关系，从生化方面也可以得到证明。

现在看来，半索动物的存在为棘皮动物和脊索动物间的进化关系提供了一定的依据；其本身应属于非脊索动物和脊索动物之间的过渡类型，是棘皮动物和脊索动物之间的古老连接的现代代表。

半索动物门的两个纲，在外形上差别很大。肠鳃纲的动物像蚯蚓，羽鳃纲的动物像苔藓虫。凡是分类地位很近的动物，由于分别适应各种生活环境，经长期演变终于在形态结构上造成明显差异的现象，特称为适应辐射（adaptive radiation）。在动物界，像肠鳃纲和羽鳃纲这样的例子还有很多。

思　考　题

1. 以柱头虫为代表，简述半索动物门的主要特征。
2. 半索动物和什么动物的亲缘关系最近？有什么理由？
3. 半索动物的分类地位如何确定？根据是什么？
4. 何谓适应辐射？用半索动物为例来说明。

第十三章　脊索动物门

教学重点：脊索动物门主要特征，脊索出现的意义，脊索动物的分类及主要特征。

教学难点：脊索动物门主要特征。

脊索动物门（Chordata）是动物界最高等的门类，在其生命周期中的某一阶段或一生具有纵贯全身的脊索，并因此而得名。本门分为 3 大亚门：尾索动物亚门、头索动物亚门和脊椎动物亚门。尾索动物亚门动物和头索动物亚门动物并称原索动物。棘皮动物、半索动物和脊索动物可能有共同的生活在前寒武纪的祖先。因此，半索动物和原索动物属于无脊椎动物到脊椎动物的过渡类群。脊椎动物亚门动物具有由脊椎骨组成的脊柱作为支持结构，伴随其他系统的完善，使脊椎动物有很强的适应性。

第一节　脊索动物门的主要特征

脊索动物在外部形态、内部结构以及生活方式方面，都存在着明显差异，但作为同一门的动物，在个体发育的某一时期或整个生活史中具有共同的特征（图 13-1），这些特征完全区别于无脊椎动物。

一、主要特征

1. 脊索

脊索（notochord）是位于消化道背部、神经管的腹面的一条不分节的棒状结构。脊索细胞是活细胞，富含液泡，外围以纤维组织和弹性组织组成的脊索鞘（图 13-2）。脊索既具弹性，又有硬度，起到了骨骼的基本作用，是原始的中轴骨，使得身体的纵轴获得了有效的支持。脊索起源于内胚层，由胚胎时原肠背壁中央经加厚、分化、外突、脱离原肠而成。低等脊索动物的脊索终生存在（例如文昌鱼）或仅见于幼体时期（例如尾索动物），高等脊索动物中的圆口类脊索终生保留，其他类群只在胚胎期出现脊索，发育完全时即被分节的脊柱所取代，成体的脊索完全退化或保留残余。

脊索的出现是动物进化历史上的重大事件，它强化了对机体的支持与保护功能，提高了定向、快速运动的能力和对中枢神经系统的保护功能，也使躯体的大型化成为可能，是脊椎动物头部以及上下颌出现的前提条件。

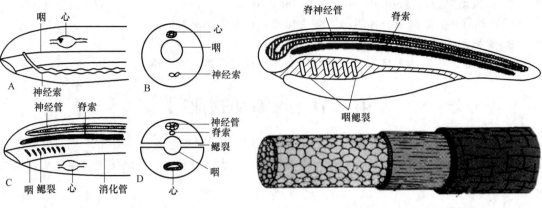

图 13-1 脊索动物与无脊索动物主要
特征比较（自丁汉波）

图 13-2 脊索及其外围的脊索鞘（自丁汉波）

2. 背神经管

背神经管（dorsal tubular nervecord）位于脊索背方，是一条由胚体背中部的外胚层下陷卷折而成的管状中枢神经系统。低等脊索动物神经管前端膨大成脑泡。在高等种类，背神经管分化为脑和脊髓，神经管腔分别形成脑室和脊髓中央管。无脊椎动物神经系统的中枢部分为一条由外胚层分层形成的实心腹神经索。

3. 咽鳃裂

咽鳃裂（pharyngeal gill slits）为消化道咽部两侧壁的裂隙状构造，直接或间接与外界相通；在咽鳃裂之间的咽壁上充满毛细血管，具有呼吸作用。低等水生脊索动物类群，咽鳃裂终生存在；高等类群，咽鳃裂仅出现在胚胎期或幼体期。裂缝由咽部外胚层内陷，内胚层外突，最后打通而形成。

二、次要特征

凡是脊索动物，在其生活史的某些阶段一定具有脊索动物三大特征，并以此区别于无脊索动物。大多数脊索动物还具有以下几个次要特征。

① 心脏如存在，总是位于消化道的腹面，称为腹位心脏；循环系统为闭管式（不包括尾索动物）。大多数脊索动物血液中具有红细胞。

② 尾部如存在，总是在肛门的后方，即肛后尾（post-anal tail）。肛后尾在水中起推进作用。

③ 骨骼如存在，则属于由中胚层形成的内骨骼，可随动物体的发育而不断生长。

三、一般特征

脊索动物还具有两侧对称、三胚层、真体腔、后口及身体分节等特征，这些特征是某些较高等的无脊椎动物也具有的，这些共同点表明了脊索动物与无脊索动物之间的联系。

第二节　脊索动物门的分类概况

根据脊索的情况，现存的脊索动物分属于 3 个亚门，即尾索动物亚门、头索动物亚门、脊椎动物亚门。尾索动物亚门动物和头索动物亚门动物是低等的脊索动物，总称为原索动物。

1. 尾索动物亚门（Subphylum Urochordata）

幼体脊索在尾部，变态后脊索消失。成体具被囊，大多营固着生活。现存约 2200 种。

2. **头索动物亚门**（Subphylum Cephalochordata）

脊索和背神经管纵贯身体纵轴，终生保留，现存约 30 种。

3. **脊椎动物亚门**（Subphylum Vertebrata）

有脊椎骨，脑发达，具颅骨。现存约 39000 种，分属于 6 个纲。

第三节　尾索动物亚门

尾索动物亚门（Subphylum Urochordata）动物是一群构造特殊、分布广泛、以单体或群体生活的海产动物。少数种类终生自由游泳生活，大多数种类只在幼体期自由生活，经过变态发育为成体后，即营固着生活。

一、主要特征

① 大多数成体无脊索，但幼体的尾部有脊索存在，故名尾索动物（Urochordata）。

② 成体呈囊状，体外被覆被囊，又称被囊动物（tunicata）。被囊是由体壁分泌的一种近似纤维质的被囊素形成的。

③ 成体无背神经管，开管式循环，血液无色，血流方向不定。

④ 多数为雌雄同体，但同一个体的精子与卵并不同时成熟，故不自体受精。其生殖方式除有性生殖外，还有无性的出芽生殖，有些种类有世代交替现象。

二、代表动物——海鞘

柄海鞘（*Styela clava*）是尾索动物亚门中最常见的类群，常固着在码头、船体、船坞、贝壳及海底岩石上。

（一）成体的外部形态

海鞘的成体外形呈长椭圆形，似囊袋，基部以长柄附生在海底或被海水淹没的物体上，顶部有两个相距不远的孔，顶端是入水孔，位置略低的是出水孔（图 13-3）。从其发生上

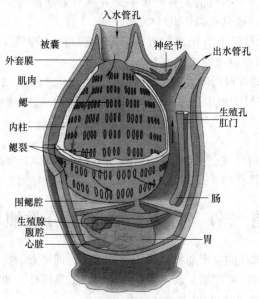

图 13-3　海鞘（仿 Newman）
内部构造模式图（箭头示水流方向）

看，出、入水管之间为背侧。

（二）成体的内部结构

1. 体壁

体壁由内外两层构成。外层是粗糙而厚的被囊，内层是柔软的外套膜。被囊是由半透明的基质和其中零星分布的外胚层及中胚层细胞组成，外套膜是一层上皮细胞与源于中胚层的肌肉纤维和结缔组织组成，因此，体壁可支配身体及出、入水孔收缩与开关。

2. 围鳃腔

外套膜内有围鳃腔围绕咽部（以及咽壁上的鳃裂）。宽大的围鳃腔是由身体表面陷入内部所形成的空腔，其内壁是外胚层。因其不断扩大，从而将身体前部原有的体腔逐渐挤小，最终在咽部完全消失。

3. 消化和呼吸系统

口位于入水管孔的底部，向内为宽大的咽，咽壁有许多鳃裂，鳃裂间隔的咽壁组织分布着大量的毛细血管。从口进入咽内的呼吸水流经过鳃裂流到围鳃腔时，即可在咽处进行气体交换，完成呼吸作用。最终水流经过出水管孔排出。

咽的内壁背、腹侧中央各有一沟状结构成为背板和内柱，具腺细胞和纤毛细胞。腺细胞分泌黏液将由水流带来的食物颗粒形成食物团，纤毛摆动使水定向流动。内柱与背板在咽前部以围咽沟相连。在内柱形成的食物团经围咽沟到达背板，然后进入胃、肠，食物残渣经肛门排入围鳃腔，随水流经出水管孔排出体外。

4. 循环系统

心脏位于身体腹面靠近胃的围心腔内，心脏两端各发出一条血管，前端为鳃血管，分支于鳃裂壁上；后端为肠血管，分布于内脏器官并开放于血窦。海鞘为开管式循环，而且具有一种特殊的可逆式血液循环流向，即心脏收缩有短暂的停歇，当它的前端连续搏动时，血流不断地由鳃血管压出至鳃部；接着心脏有短暂停歇，容纳鳃部的血液流回心脏，然后心脏后端开始搏动，将血液注入肠血管而分布到内脏器官的组织间隙。海鞘的血管无动脉和静脉之分，血液双向流动，这种循环方式在动物界是绝无仅有的。

5. 排泄系统

无专门的排泄器官，只在肠的附近堆积有一团具排泄功能的细胞，称为尿泡，其中常堆积尿酸结晶。排泄物进入围鳃腔随水流排出体外。

6. 生殖系统

雌雄同体，异体受精。精子与卵子不同时成熟，从而避免自体受精。精巢与卵巢紧贴在一起，位于胃的附近，分别以单一生殖导管开口于围鳃腔。成熟卵子与由水流带来的另一海鞘的精子在围鳃腔内结合、受精，受精卵再由出水管孔排出，在海水中发育。

7. 神经系统和感官

由于营固着生活，神经系统和感觉器官都很退化。神经系统只是一个位于入、出水管孔之间的外套膜上的神经节，由此分出若干神经分支到身体各部。没有集中的感觉器官，但在触手、缘膜、外套膜、入水管孔、出水管孔等处有散在的感觉细胞。

（三）幼体及变态过程

海鞘的幼体形似蝌蚪，长约1～5mm，尾内有脊索；脊索背方有背神经管，其前端膨大成脑泡，并具有眼点和平衡器；消化道前端分化为咽，有数目不多的鳃裂。这样，海鞘的幼体就具备了脊索动物的三大主要特征。此外，还有位于身体腹侧的心脏。

幼体经过几小时的自由生活后，就用身体前端的附着突起吸附在水中物体上，开始变态：尾部连同其内部的脊索逐渐被吸收而消失；神经管缩小而残存为一个神经节；相反，咽部大为扩张，鳃裂数目急剧增多，并形成了围绕咽部的围鳃腔。由于口孔与附着突起之间生长特别快，使身体各部分的位置发生了相对变化，口孔的位置转到与吸附端相对的顶端，内脏器官跟着转了角度。最后，体壁分泌出被囊，于是，自由生活的幼体变为固着生活的成体（图 13-4）。海鞘经过变态，失去了脊索和背神经管等一些重要的结构，形体变得更为简单，这种变态称为逆行变态。

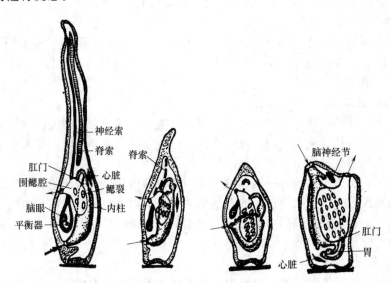

图 13-4　海鞘幼体及其变态过程（仿 Hickman）

　　早在 2000 多年前，尾索动物就已经被记载和描述，但由于其结构与生活的特殊性，其分类地位一直没有被真正搞清楚。对海鞘幼体进行研究后才确定了其脊索动物的地位。因为它们的脊索位于尾部或仅见于幼体的尾部，故称尾索动物。

三、尾索动物亚门分类

　　本亚门有 2000 多种，分为三个纲，我国已知有 14 种左右。体呈袋状或桶状，包括单体和群体两个类型，绝大多数无尾种类只在幼体时期自由生活，成体于浅海潮间带营底栖固着生活，少数终生有尾种类在海面上营漂浮式的自由游泳生活。

　　1. 尾海鞘纲

　　尾海鞘纲（Appendiculariae）是尾索动物中的原始类型，体小，形如蝌蚪，自由生活。因无逆行变态，终身保持着有尾的幼体状态，又称为幼形纲（Larvacea），如住囊虫（*Oiko-pleura dioica*）（图 13-5）。住囊虫包藏在由皮肤分泌的胶质囊中。

　　2. 海鞘纲

　　海鞘纲（Ascidiacea）大多数尾索动物均属本纲。单体或群体，成体无尾，多固着生活，幼体

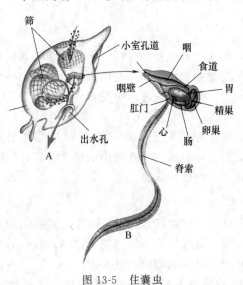

图 13-5　住囊虫

有尾，自由生活，有变态。如柄海鞘（*Styela clava*）、菊花海鞘（*Botryllus schlosseri*）（图 13-6）。

3. 樽海鞘纲

樽海鞘纲（Thaliacea）自由漂浮生活，体呈桶形，被囊透明，被囊上有环状肌肉带。出、入水管分别位于身体的前、后端。单体或群体，生活史复杂，有世代交替。如樽海鞘（*Doliolum deuticulatum*）（图 13-7）。

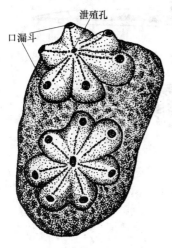

图 13-6　菊花海鞘（自 Herdman）

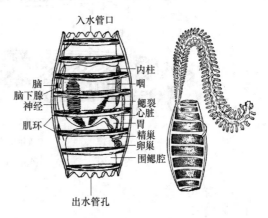

图 13-7　樽海鞘有性个体（左）及其带有性及无性个体的芽茎（自 Herdman）

第四节　头索动物亚门

头索动物是一类不善于运动的海栖动物。种类仅 30 种左右。头索动物的脊索不但终生保留，且纵贯身体的全长，并一直延伸至背神经管的前方，故名。分布在热带和亚热带的浅海，尤其是北纬 48°至南纬 40°之间的沿海地区。我国所产的文昌鱼为头索动物的典型代表。

一、主要特征

① 脊索发达，且纵贯身体的全长，并一直延伸至背神经管的前方，故名头索动物或全索动物。

② 脑和感觉器官不发达，无明显的头部和附肢。

③ 身体细长，肌肉分节明显，全为单体。

④ 咽鳃裂数目多，典型种类具有围鳃腔。

⑤ 闭管式循环，未形成心脏。

二、代表动物——文昌鱼

文昌鱼生活于浅海水质清澈的沙滩，平时很少活动，常将身体后部埋入泥沙中，只前端露出沙外或者左侧贴卧沙面，借水流携带硅藻等浮游生物进入口内。夜间较为活跃，可作短时的游泳。寿命 2 年 8 个月左右。5～7 月份为繁殖季节，一年中可繁殖 3 次。

1. 外部形态

文昌鱼（*Branchiostoma belcheri*）体型似鱼，无明显头部，左右侧扁，半透明，两端较尖，故有双尖鱼之称。一般体长约 50mm。无成对偶鳍，仅有奇鳍。背鳍、尾鳍和臀前鳍彼此相连。臀前鳍之前身体的腹部较扁平，左右两侧有皮肤下垂形成的腹褶。腹褶与臀前鳍的交界处有一腹孔或称围鳃腔孔（图 13-8）。身体前端腹面有漏斗状的口笠，其周围有触须环绕，能防止较大的沙粒进入口中。

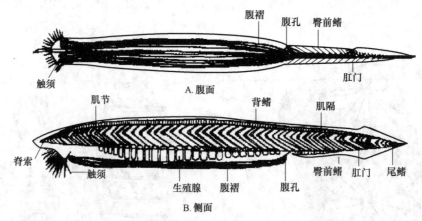

图 13-8　文昌鱼的外形（仿 Parker 和 Haswell）

2. 内部结构

(1) 体壁

文昌鱼的皮肤由表皮和真皮组成，表皮外覆一层角皮层，表皮为单层柱状上皮细胞，真皮为表皮下极薄的一层冻胶状结缔组织。透过半透明的皮肤，可见"<"形的肌节。

(2) 骨骼和肌肉

文昌鱼主要是以纵贯全身的脊索作为支持结构。脊索外围有脊索鞘，并与背神经管的外膜、肌节之间的肌隔、皮下结缔组织等相连。脊索细胞呈扁盘状，超微结构显示与双壳类软体动物的肌细胞相似，收缩时可增加脊索的硬度。此外，在口笠、缘膜触手、轮器内部有类似软骨的结构支持；奇鳍内的鳍条和鳃裂之间的鳃棒由结缔组织支持。

文昌鱼背部的肌肉厚实，而腹部比较单薄，与无脊椎动物周身体壁肌肉均匀分布不同。全身肌肉主要是 60 多对按体节排列于体侧的"<"字形肌节，尖端朝前；肌节之间被结缔组织的肌隔所分开。肌节的数目是分类特征之一，我国厦门所产的文昌鱼肌节数为 63～66 个。两侧的肌节交错排列互不对称，有利于文昌鱼躯体摆动。此外，在围鳃腔腹部有属于平滑肌的横肌，收缩时可使围鳃腔缩小，以控制排水；口缘膜上有括约肌控制口的大小。

(3) 消化和呼吸器官

消化系统包括口、咽、肠、肛门等。文昌鱼以硅藻为食，被动滤食，因而形成一套特化的取食和滤食器官。身体前端有触须和口笠，触须上有感觉细胞。口笠内是前庭，前庭后方通向口。口位于身体前端腹侧，周围是一环形的缘膜，缘膜边缘向前方伸出指状突起，称轮器，缘膜边缘向口中央伸出缘膜触手。口笠触须和缘膜触手具有过滤的作用；轮器的摆动搅动水流变为漩涡，使带有食物的水流进入口中。咽部约占消化管全长的 1/2，肠为一直管，肛门位于尾鳍前方腹面左侧。与海鞘相似，咽的内壁也具纤毛、背板、内柱等结构，其作用也与海鞘相似。在肠前端腹面有 1 个向前右方伸出的盲囊，称为肝盲囊，能分泌消化液，相当于高等动物的肝脏。

咽部两侧有 7～180 多对（随年龄增加）鳃裂，鳃间隔中有鳃条支持。鳃裂壁上有大量毛细血管。文昌鱼幼体的鳃裂直接开口于体表，待围鳃腔形成后则开口于围鳃腔中，以腹孔与外界相通。水流经鳃裂时与血管中血液进行气体交换。水流最后进入围鳃腔，经腹孔排出体外。

(4) 循环系统

文昌鱼没有心脏，位于消化管腹面的腹大动脉和每一个入鳃动脉基部具搏动能力，称为鳃心。从腹大动脉向上分出许多鳃动脉，经过气体交换后的血液汇入背大动脉根，向前供给身体前端新鲜血液，向后合并为背大动脉，由背大动脉发出至体壁和脏壁的动脉。

从身体前端返回的血液通过体壁静脉注入一对前主静脉；尾静脉与体壁静脉一起收集大部分身体后部的血液流进后主静脉。左、右前主静脉和后主静脉的血液汇流至一对横行的总主静脉，左、右总主静脉会合处为静脉窦，然后通入腹大动脉。从肠壁返回的血液由毛细血管网集合成肠下静脉，尾静脉的部分血液也注入其中；肠下静脉前行至肝盲囊处血管又形成毛细管网，称肝门静脉。肝盲囊的毛细血管汇合成肝静脉离开肝，将血液注入静脉窦（图 13-9）。

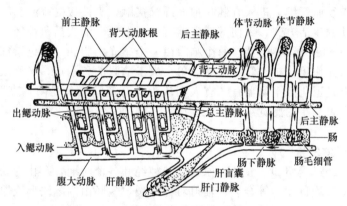

图 13-9　文昌鱼的循环系统（仿丁汉波）

血液循环属于闭管式，血液流动的方向在腹面为由后向前，在背面一般为由前向后。文昌鱼的血液无色，氧气靠渗透进入血液。

(5) 排泄和生殖系统

没有集中的肾脏，排泄器官为 90～100 对肾管，位于咽壁背方的两侧。每一肾管是一弯曲的小管，腹侧一端的肾孔开口于围鳃腔，另一端有多簇有管细胞，其突入体腔，紧贴血管，渗入代谢废物（图 13-10）。此外，在咽部后端背面两侧有一对褐色漏斗体的盲囊，有人认为有排泄功能，也有人推测可能是一种感受器。

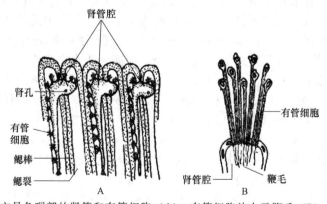

图 13-10　文昌鱼咽部的肾管和有管细胞（A）；有管细胞放大示鞭毛（B）（仿 Boveri）

文昌鱼为雌雄异体，生殖腺约 26 对，按节排列于腹侧围鳃腔壁的两侧，并向腔内突起。卵巢呈淡黄色方形小块，精巢呈白色方形小块。不具生殖导管，成熟的生殖细胞突破生殖腺壁进入围鳃腔，随水流由腹孔排出，在水中受精发育。

(6) 神经系统和感觉器官

文昌鱼的背神经管几乎无脑和脊髓的分化。神经管的前端内腔略为膨大，称为脑泡。幼体的脑泡顶部有神经孔与外界相通，成体封闭，所残留的凹陷称嗅窝，功能不清楚。神经管的背面并未完全愈合，尚留有一条裂隙，称为背裂。

周围神经包括由脑泡发出的 2 对"脑神经"和自神经管两侧发出的、按体节分布的脊神经。神经管在与每个肌节相应的部位，分别由背、腹发出一对背神经根及几条腹神经根，简称背根和腹根。背根和腹根在身体两侧的排列形式与肌节一致，左右交错而互不对称，且背根和腹根之间也不像脊椎动物那样合并成一条脊神经。背根无神经节，是兼有感觉和运动机能的混合性神经，接受皮肤感觉和支配肠壁肌肉运动。腹根内不包含神经纤维，而是一束细肌丝，来自体壁横纹肌纤维，进入脊髓与神经纤维接触，直接接受刺激。

文昌鱼少活动的生活方式，致使其感觉器官很不发达。沿文昌鱼神经管两侧有一系列黑色小点，称为脑眼，是光线感受器。每个脑眼由一个感光细胞和一个色素细胞构成，可通过半透明的体壁起感光作用。神经管的前端有单个大于脑眼的色素点，又称眼点，但无视觉作用，有人认为眼点是退化的平衡器官，有人则认为其有使脑眼免受阳光直射的作用。此外，全身皮肤中还散布着零星的感觉细胞，尤以口笠、触须和缘膜触手等处较多，可感觉水流的化学性质。

3. 文昌鱼的个体发生

文昌鱼的发育经过受精卵、囊胚、原肠胚、神经胚各个时期，孵化为幼体，再发育为成体。卵小，卵黄少，均黄卵。等全裂和辐射对称卵裂，囊胚由内陷法形成原肠胚。

原肠胚形成后，胚胎背部沿中线的外胚层细胞下陷，形成神经板，并在背部愈合，形成中空的神经管。在神经管形成过程中，逐渐进入胚胎内部并与表面分离（图 13-11）。

神经管形成的同时，原肠的背面中央沿身体纵向隆起，并逐渐与原肠分离，成为脊索中胚层。脊索中胚层向前延伸，越过神经管一直到吻的前端，最终成为支撑身体的脊索。

文昌鱼前部（14 体节之前），原肠背方的两侧形成一连串互相连接的、按节分布的肠体腔囊。其最终与原肠分离，肠体腔囊的壁就是新发生的中胚层。在文昌鱼的第 14 对体节以后，体腔形成是由从原肠上脱落下来的实心细胞索，然后中央出现裂隙发育而成。而脊椎动物的中胚层也是以这种方式形成的。文昌鱼前部（14 体节之前）中胚层的产生与棘皮动物、半索动物相似，以肠体腔法形成。文昌鱼中后部（14 体节之后）中胚层的产生与脊椎动物相似，以裂体腔法形成。由此可见，文昌鱼在两大类动物中处于中间的过渡地位。体腔向腹侧扩大，位于背侧的叫体节，位于腹侧的叫侧板。体节分化为三部分：内侧分化为生骨节，将来形成脊索鞘、神经管外面的结缔组织和肌隔；中间分化为生肌节，将来形成肌节；外侧分化为生皮节，将来形成真皮。侧板内的腔互相连通，形成一个完整的体腔。侧板的外侧壁叫体壁中胚层，将来形成紧贴着体腔壁的腹膜或体腔膜；内壁叫脏壁中胚层，以后形成肠管外围组织。脏壁中胚层在肠管前端背侧形成指状突起叫生肾节，以后发育成肾管。体壁中胚层背侧形成突起成为生殖节，以后发育成生殖腺。

内胚层形成原肠及其衍生物。原肠在胚体的前端与原口相对处向外突出，此处外胚层同时内陷，相遇穿孔而形成后口。身体后端的原口形成肛门。

经过 20 多个小时，文昌鱼的胚胎发育基本结束。全身被纤毛的幼体就能突破卵膜，到海水中活动。此时的生活规律是：白天游至海底，夜间升上海面，进行垂直洄游。幼体期约 3 个月，然后沉落海底进行变态。幼体在生长发育和变态的过程中，身体日益长大，出现前庭，鳃裂的数目因发生次生鳃棒而增加，并由原来直接开口体外而变为通入后来形成的围鳃

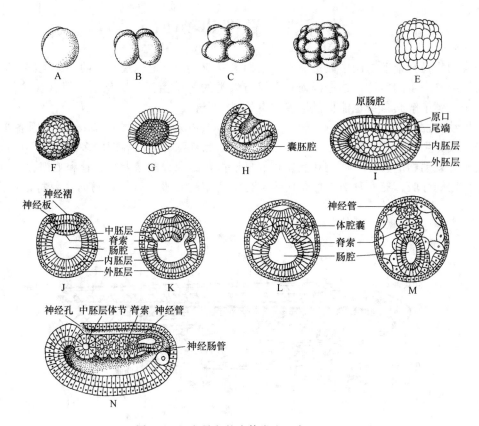

图 13-11 文昌鱼的个体发生（自 Romer）

A～D. 卵裂期；E. 桑椹期；F、G. 囊胚及剖视；H、I. 原肠期剖视；

J～M. 神经胚各阶段横切面；N. 神经管、脊索、中胚层体节的形成（纵切面）

腔中。1年龄的文昌鱼体长约 40mm，性腺发育成熟，可参与当年的繁殖。

三、头索动物亚门分类

头索动物亚门仅包含一纲一科二属，约 25 种，即头索纲（Cephalochorda），又名狭心纲（Leptocardii），鳃口科（Branchiostomidae），文昌鱼属（*Branchiostoma*）和偏文昌鱼属（*Asymmetron*）。偏文昌鱼体长明显小于文昌鱼属，生殖腺仅存在于身体右侧，不对称。头索动物分布很广，遍及热带和温带的浅海海域。

四、研究文昌鱼的理论意义

文昌鱼终生保留脊索动物的脊索、背神经管、咽鳃裂，是典型的脊索动物的缩影。同时它又区别于脊椎动物，具有一系列原始性特征，无脊椎骨、无头、无脑、无成对附肢、无心脏，终生保持原始分节排列的肌节，以分节排列的肾管排泄等。所以，从比较解剖学上看，文昌鱼是介于无脊椎动物和脊椎动物之间的过渡类型。

在胚胎发育方面，文昌鱼在一些方面与棘皮动物和半索动物相似，另一些方面又与脊椎动物一致，这也说明文昌鱼在两大类动物中处于过渡性质的居中地位。

所以，对文昌鱼的形态结构和胚胎发育的基本理论研究，在理解和说明动物界系统发展的许多问题中，具有很大的理论意义。

第五节 脊椎动物亚门

脊椎动物是脊索动物门中数量最多、结构最复杂、进化地位最高等的一大类群，因而也是动物界中最进步的类群。这一群动物不但与人类的物质生活、文化生活等有直接的关系，而且对于人类了解其自身也能提供许多宝贵的科学资料。

脊椎动物虽只是一个亚门——脊椎动物亚门（Subphylum Vertebrata），但因各自所处的环境不同，生活方式就千差万别，形态结构也彼此悬殊。然而高度的多样化并不能掩盖它们都属于脊索动物的共性，即在胚胎发育的早期都要出现脊索、背神经管和咽鳃裂。有些种类的幼体用鳃呼吸；有些种类即使是成体，也终生用鳃呼吸。脊椎动物的主要特征如图13-12所示。

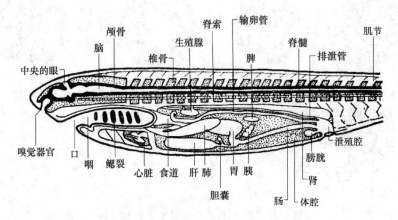

图 13-12 脊椎动物的主要结构模式图（仿 Storer）

一、主要特征

① 出现了明显的头部。神经管的前端分化成脑和眼、耳、鼻等重要的感觉器官，后端分化成脊髓。这就大大加强了动物个体对外界刺激的感应能力。由于头部的出现，脊椎动物又有"有头类"之称。相对而言，无头类指脊索动物中脑和感觉器官还没有分化出来，无头骨，因而还没有明显头部的类群，即原索动物。

② 脊柱代替脊索。在绝大多数的种类中，脊索只见于发育的早期，以后即为脊柱所代替。脊柱由单个的脊椎连接组成。脊椎动物就是因为具有脊椎而得名。脊柱保护着脊髓，其前端发展出头骨保护着脑。脊柱和头骨是脊椎动物特有的内骨骼的重要组成部分，它们和其他的骨骼成分一起，共同构成骨骼系统以支持身体和保护体内的器官。

③ 原生的水生种类（即在系统发展上最多只达到鱼类阶段的动物）用鳃呼吸，次生的水生种类（即在系统发展上已超过鱼类阶段，因适应环境的关系又重新过水中生活的种类，例如鲸类）及陆生种类只在胚胎期间出现鳃裂，成体则用肺呼吸。

④ 除了圆口类之外，都具备了上、下颌。颌的作用在于支持口部，加强动物主动摄食和消化的能力。以下颌上举使口闭合的方式，为脊椎动物所特有，不见于其他类群。

⑤ 心脏结构进一步完善，由低等的一心房一心室发展到高等的两心房两心室，循环系统由单循环发展为完全双循环，有利于生理机能的提高。在高等的种类（鸟类和哺乳类）中，心脏中的多氧血与缺氧血已完全分开，机体因得到多氧血的供应，所以能保持旺盛的代

谢活动，使体温恒定，形成脊椎动物中所特有的恒温动物（温血动物）。

⑥ 用构造复杂的肾脏代替了简单的肾管，提高了排泄系统的机能，使新陈代谢所产生的大量废物更有效地排出体外。

⑦ 除了圆口类之外，都用成对的附肢作为运动器官。即水生种类的鳍和陆生种类的肢。这种成对的附肢，在整个脊椎动物中，数量不超过两对。所以，作为成对的鳍，只有胸鳍和腹鳍；作为成对的肢，也只有前肢和后肢。有少数种类失去了一对附肢（如河鲀没有腹鳍，鳗鲡没有后肢）或甚至两对附肢都全部失去（如黄鳝、蛇）。这是一种次生现象，因为在它们的身上还不同程度地留有附肢的痕迹，说明它们是从有成对附肢的祖先演变而来的。

二、脊椎动物亚门分类概况

脊椎动物亚门分为 6 个纲。

① 圆口纲（Cyclostomata） 无颌，无成对附肢，单鼻孔，脊索终生保留，只出现脊椎骨的雏形。

② 鱼纲（Pisces） 出现上、下颌，大多体表被鳞，鳃呼吸，有成对附肢。

③ 两栖纲（Amphibia） 由水上陆的过渡种类，幼体以鳃呼吸，成体出现 5 指（趾）型四肢，皮肤裸露，以肺和皮肤呼吸。

④ 爬行纲（Reptilia） 陆生，皮肤干燥，缺乏腺体，被以角质鳞、角质骨片或骨板。肺呼吸，胚胎发育过程中有羊膜出现。心脏有二心房，一心室或近于两心室。

⑤ 鸟纲（Aves） 体表被羽毛，前肢特化为翼，适应于空中飞翔生活。血液循环为完全双循环，恒温，卵生。

⑥ 哺乳纲（Mammalia） 体外被毛，恒温，胎生（单孔类除外），哺乳（具乳腺）。

脊椎动物还常用到以下分类。

根据上、下颌的有无，可将脊椎动物亚门分为无颌类和颌口类。无颌类指没有颌的脊椎动物，现存的类群只有圆口纲。颌口类指有上、下颌的脊椎动物，包括鱼纲、两栖纲、爬行纲、鸟纲和哺乳纲。

根据在胚胎发育过程中有无羊膜的发生，可将脊椎动物分为无羊膜类和羊膜类。无羊膜类指在胚胎发育中不具备羊膜的脊椎动物，包括圆口纲、鱼纲和两栖纲。羊膜类指在胚胎发育过程中具备羊膜的脊椎动物，包括爬行纲、鸟纲和哺乳纲。

根据动物身体的体温是否恒定，可将脊椎动物分为变温动物和恒温动物。变温动物指体温不能保持相对稳定，随环境温度的变化而变化，包括圆口纲、鱼纲、两栖纲、爬行纲。恒温动物指体温能够保持相对稳定，不会随环境温度的变化而变化，包括鸟纲、哺乳纲。

思 考 题

1. 脊索动物的三大主要特征是什么？试各加以简略说明。
2. 脊索动物还有哪些次要特征？
3. 论述脊索动物与无脊索动物的区别与联系。
4. 脊索动物门可分为几个亚门？几个纲？试扼要简述一下各亚门和各纲的特点。
5. 何谓逆行变态？试以海鞘为例来加以说明。
6. 尾索动物的主要特点是什么？
7. 头索动物何以得名？为什么说它们是原索动物中最高等的类群？
8. 试述脊索动物门中亚门的分类及各类群的主要特征。

第十四章 圆 口 纲

教学重点：圆口纲动物的原始特征、寄生生活适应特征。

教学难点：圆口纲动物的原始特征（与高等动物比较）、寄生生活适应特征。

圆口纲（Cyclostomata）动物是最原始的有头但无颌的脊椎动物，包括盲鳗和七鳃鳗。与原索动物相比，明显头部的形成和雏形脊椎骨的出现代表动物演化进入新的历史阶段；与其他脊椎动物相比，无成对附肢，无上、下颌，具口吸盘以吮吸方式取食，营寄生或半寄生生活，在身体结构和适应等方面仍处于低级水平。

第一节　圆口纲的主要特征

圆口纲是现存脊椎动物中最原始的一纲。外形似鱼，但比鱼类要原始或低等得多。标志性特征是没有上、下颌，故又名无颌类（Agnatha）。世界上已知现存的圆口纲动物有 70 余种，包括七鳃鳗（*Petromyzon*）和盲鳗（*Myxine*）（图 14-1），均生活于海水或淡水中。

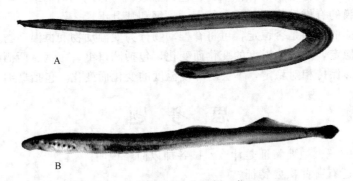

图 14-1　A. 盲鳗；B. 七鳃鳗（仿 Storer）

一、没有上、下颌

七鳃鳗有头部但无上、下颌。头部腹面有一漏斗状的吸盘，称口漏斗。口漏斗不能启闭，可吸附在鱼体上（图 14-2），其周边有细小的皮褶，内壁和舌上有黄色的角质齿，可以借此刺破鱼体皮肤，喝血吃肉，往往使受害鱼体变成一只空皮囊。

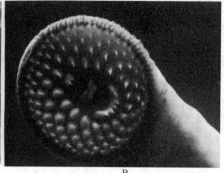

图 14-2　七鳃鳗在鱼体上的寄生（A）和口漏斗（B）（仿 storer）

二、只有奇鳍，没有偶鳍

七鳃鳗的身体呈棍棒形，如鳗。体分为头、躯干和尾三部分。躯干部背中线上有背鳍两个，后背鳍常与尾鳍相连，没有偶鳍。

三、皮肤裸露无鳞片

皮肤由表皮和真皮组成。表皮是由多层上皮细胞组成的，表面光滑无鳞，内有许多单细胞的黏液腺，可分泌大量黏液使体表保持润滑。盲鳗类表皮内具有独特的腺细胞，在数分钟内分泌出的黏液就可使清水变成胶体。真皮由致密的结缔组织构成，内有色素细胞、神经和血管分布。色素细胞中的色素可以移动，使体色变深或变浅，幼体更易变色。

身体两侧和头部腹面具有侧线，侧线是由许多感觉小孔排列而成的，是水生脊椎动物特有的感觉器官。

四、脊索终生存在

骨骼全部是软骨，具有弹性且起支持作用。这种软骨是脊椎动物胚胎时期的一种骨骼，发育到成体时，除圆口类和软骨鱼外，其他脊椎动物的软骨绝大部分被硬骨所取代。

骨骼系统包括头骨和雏形的脊椎骨——神经弧，是在脊髓的背部两侧按体节成对排列的极小的软骨弧片，尚未形成椎体，无任何支持作用，但代表着雏形的脊椎骨。脊索终生存在，有结缔组织鞘包被，用于支持体轴，也向上延伸包围脊髓。

头骨包括不完整的软骨脑颅和鳃笼。软骨脑颅仅在脑的底壁和侧面形成了保护脑和头部感觉器官的软骨板，顶部尚未形成软骨颅。鳃笼是鳃弓和软骨条连接在一起形成的一种筐笼状结构，包在鳃囊外侧，不分节，起支持和保护作用，其末端构成保护心脏的围心软骨。

五、躯干部肌肉具有分节现象

肌肉分化原始，基本上与文昌鱼相似。躯干部的肌肉由一系列按节排列的"Σ"形原始肌节构成，各肌节间均无水平隔膜分隔，故不能分为轴上肌和轴下肌。鳃囊部位的环肌以及与吸附和摄食有关的口漏斗和舌部的肌肉略复杂，支持口漏斗和舌的活动。

六、舌活塞式运动，引导食物入口

口位于口漏斗的底壁，口不能启闭，只能以舌做活塞式运动，引导食物入口。口腔后面为咽，之后依次是食道、肠和肛门。咽分为背和腹两部分，背面较狭窄的管道为食管；腹面较宽的一条为呼吸管。胃肠分化不明显，肠是主要的消化吸收器官，肠内有纵行的螺旋状垂膜，称为螺旋瓣，其作用在于延缓食物的通过和增加肠道的吸收面积。肠末端以肛门开口于躯干部与尾部的交界处。

消化腺有肝脏和胰脏，其中肝脏结构独立；胰脏不发达，仅为一些胰细胞群。

七、呼吸器官是鳃囊

鳃呈囊状，内有鳃丝（图 14-3）。七鳃鳗的鳃囊在结构形式上是呼吸管上的球形结构。消化道在口腔的后部向腹面分出一条盲管即呼吸管，呼吸管的左右两侧各有 7 个内鳃孔，每

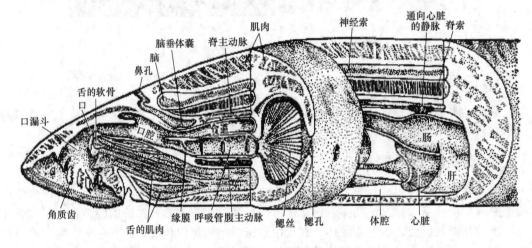

图 14-3 七鳃鳗前部纵剖图（仿 Parker）

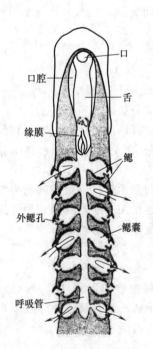

图 14-4 七鳃鳗鳃囊的
呼吸过程（自 Moyle）
（箭头表示水流方向）

个内鳃孔各自连通一个球状的鳃囊。鳃囊是鳃裂的一部分膨大形成的，鳃囊壁为由内胚层演变而来的鳃丝，上有丰富的毛细血管，是进行气体交换的部位。鳃囊两端有两小管，近呼吸道的叫内鳃管（入），近外鳃孔的叫外鳃管（出），两管内不具鳃丝。鳃囊以外鳃孔与外界相通。当七鳃鳗自由生活时，水由口进入呼吸管，再经内鳃孔进入鳃囊，最后由外鳃孔排出体外；但当七鳃鳗以口吸盘吸附于鱼体上营半寄生生活时，口部无法进水，此时，便依靠鳃囊壁肌肉的收缩而将水由外鳃孔吸入鳃囊，水在鳃囊内完成气体交换后，再经外鳃孔排出体外（图14-4）。盲鳗则无呼吸管，有多对鳃囊和鳃管，但只有一对鳃孔。其内鳃孔直接开口于咽部，每个鳃囊都有一条出鳃管，汇集成一条总鳃管后，在皮下向后延伸，以一对外鳃孔开口于体外。鼻孔与口腔是相通的，所以，盲鳗可通过口和鼻孔进水来呼吸。水经由咽部的内鳃孔进入鳃囊，完成气体交换后，再经外鳃孔排出体外。

八、血液循环途径为单循环

圆口纲的心脏仅由一心房、一心室和静脉窦组成，无动脉圆锥。心室发出一条腹主动脉，前行，并发出多对入鳃动脉，分布于鳃囊壁上，形成毛细血管。血液在鳃囊内经过气体交换

后注入多对出鳃动脉，集中为一对背动脉根。背动脉向前各发出一条颈动脉至头部；向后汇合而成为背大动脉。背大动脉向后发出分支到体壁和内脏各器官。静脉包括一对前主静脉、一对后主静脉，共同汇入总主静脉，然后注入静脉窦内。圆口纲具有肝门静脉，但还没有形成肾门静脉。

血液中有白血细胞和圆形有核的红血细胞，红细胞中有呼吸色素，即血红蛋白，加强了血液携带氧气的能力。血液循环途径为单循环，代谢水平较低。为变温动物。

九、成体中肾排泄

排泄器官胚胎前期为前肾，发育到成体时，出现一对狭长的中肾，通过腹膜固着在体腔背壁上。中肾各通出1条输尿管（前肾管），沿体腔后行，汇合后开口于泄殖腔，尿液经泄殖窦排出体外。输尿管仍停留在前肾管阶段，只有输尿的功能。

圆口纲动物的前肾很发达，有些种类甚至到成体阶段仍然留在体腔前端，形成头肾。七鳃鳗的幼体，前肾和中肾同时存在，同时行使泌尿功能。

十、生殖腺分化为原始状态

七鳃鳗一般为雌雄异体，盲鳗一般是雌雄同体。生殖腺单个，但在幼体时为两个。在盲鳗的幼体阶段，生殖腺的前部是卵巢，后部是精巢，以后，如果前端发达，后端退化，则发育为雌性；反之，则为雄性。七鳃鳗的幼体也有精巢与卵巢同时存在的现象，成体也偶有雌雄同体者，说明这类动物性腺分化较晚，表现出原始的状态。无生殖导管。繁殖季节，生殖腺破裂，精子或卵子溢出，进入腹腔，经由尿殖孔排出体外。

十一、无脑弯曲，内耳只有1或2个半规管

神经管的前端分化为脑，后端分化为脊髓。脑体积小，由端脑、间脑、中脑、小脑和延脑组成，排列在一个平面上，没有形成脑弯曲。脑发出脑神经10对。

嗅觉器官有鼻1个，单鼻孔开在头部背面中央或吻端，呈短管状。视觉器官有眼1对或退化；听觉器官只有内耳，内耳只有一个（盲鳗）或两个（七鳃鳗）半规管，为感觉平衡的器官；体表有侧线感觉器，能感觉水流和低频振动。具有松果眼，为半退化的感觉器官，位于鼻孔后方的皮下，松果体延长，末端形成泡状物，内有水晶体和网膜层。

第二节　圆口纲的分类

现存的圆口纲动物种类约有75种，可分为两个目：七鳃鳗目（Petromyzoniformes）和盲鳗目（Myxiniformes）。

一、七鳃鳗目

该目只有1科，即七鳃鳗科（Petromyzonidae），全世界已知现存有41种，中国有3种：日本七鳃鳗（*Lampetra japonica*）、东北七鳃鳗（*Lampetra morii*）和雷氏七鳃鳗（*Lampetra reissneri*）。日本七鳃鳗栖于海中，成熟个体冬季游向河口，翌年4～5月份进入黑龙江、图们江、松花江等水系产卵，产卵后即死亡，幼鳗仍游回海中生活。东北七鳃鳗和雷氏七鳃鳗分布在松花江、黑龙江等水域。

七鳃鳗具有两个明显的背鳍；吻部无须，吸附型口漏斗较发达，口位于口漏斗深处，内有许多角质齿；眼1对，较发达，具松果眼；单鼻孔开口于头顶两眼之间，鼻孔与口腔不

通；内耳有两个半规管；脑垂体囊为盲管，鳃囊 7 对，内鳃裂通呼吸管，鳃笼发达；具泌尿生殖乳突，且雄性个体乳突较长，呈管状；整个脊索皆有成对的软骨弧片；雌雄异体，体外受精，卵小数量大，间接发育，幼体期长，发育经过变态。

二、盲鳗目

盲鳗全部海生，栖息于温带和亚热带水域。该目仅 1 科，即盲鳗科（Myxinidae），包括粘盲鳗属（*Eptatretus*）、盲鳗属（*Myxine*）、线盲鳗属（*Nemamyxine*）、新盲鳔属（*Neomyxine*）、双孔盲鳗属（*Notomyxine*）5 属，全世界已知现存的有 32 种。中国有 5 种：蒲氏粘盲鳗（*Eptatretus burgeri*）、深海粘盲鳗（*Eptatretus okinoseanus*）、陈氏副盲鳗（*Paramyxine cheni*）、杨氏副盲鳗（*Paramyxine yangi*）、台湾副盲鳗（*Paramyxine taiwanae*）。

盲鳗无背鳍；吻部有 1～2 对口须，无口漏斗，口呈裂孔状位于身体最前端，肉质舌发达，其上有强大的栉状齿；眼退化，隐于皮下，不具晶体及松果眼；单个鼻孔开口于吻端，鼻孔与口腔相通；内耳仅一个半规管；脑垂体囊与咽相通，无呼吸管，鳃囊 6～15 对，鳃笼不发达；肛门几乎位于身体最后端；仅在尾部脊索背面有软骨弧片；皮肤黏液腺极为发达，沿体侧有一系列的黏液孔，受刺激后分泌黏液的能力更强；盲鳗的个体既有卵巢又有精巢，但只有一种生殖腺有生殖功能。深海产卵，卵大，量少，一般为 10～30 枚，外有角质囊，相互钩连，直接发育，无变态。

盲鳗营寄生生活，是脊椎动物中唯一的体内寄生动物。一般在晚上袭击鱼类，盲鳗数量较多，对鱼类危害较大，但它们也食腐肉，在清除海底动物尸体中起了很大作用。

第三节　圆口纲的经济意义

七鳃鳗的肉肥而鲜美，可作食用，还可入药，有通经活络、明目之功。主治口眼歪斜、角膜干燥、夜盲症。盲鳗常由鱼的鳃部钻入鱼体，吸食血肉及内脏，最后将鱼体吃成只剩下皮肤和骨骼的空壳，对渔业有害。但多数种类以穴居的多毛类及其他无脊椎动物为主要食物，也食沉入海底的死鱼及已被网、钩捕获的死鱼，或袭击病鱼。其清除死鱼、病鱼的作用大于其寄生的危害。

思　考　题

1. 以七鳃鳗的结构特点说明它是最原始的脊椎动物。
2. 归结七鳃鳗因生活方式而具有的特殊性结构特征。
3. 比较七鳃鳗和盲鳗的异同。
4. 查阅相关资料解释为什么沙隐虫的结构模式可被认为是原始脊椎动物的身体模式。
5. 查阅相关资料并论述甲胄鱼的进化地位及与圆口类的关系。

第十五章 鱼 纲

教学重点：鱼类适应水生生活的基本特征，鱼类的重要类群及主要经济鱼类的特征。
教学难点：鱼类进化特征所体现出的先进性和多样性。

鱼是体表被鳞、用鳃呼吸、用鳍游泳以及用上、下颌摄食的变温水生脊椎动物，广泛分布于世界各地的水域中，在长期的适应进化中，演变出色彩绚丽、千姿百态、生活方式各异的众多种类，现记录种类约 31000 种。与圆口纲相比，鱼类采用更积极主动的生活方式，器官系统发展水平明显比圆口纲完善，表现出对水生生活的适应；同时，因适应不同水环境，又表现出形态结构的多样性。与陆生脊椎动物相比，鱼类的进化局限于水中，在体制结构等方面仍处于低级水平。

第一节　鱼纲的主要特征

鱼类是生活于水中的脊椎动物。与陆地环境相比，水体环境在密度、比重、温度等理化因素上显著区别于空气，在长期进化中，鱼类形成了一系列适应水生环境的形态特征和生理机能。同时，地球表面水域生态多种多样，生活于不同水域环境中的鱼类在形态上也存在显著差异。

一、外部形态特征

（一）身体划分

鱼体可分为头、躯干和尾 3 部分（图 15-1），没有颈部是鱼类与陆生脊椎动物区别的特征之一。头部与躯干部的分界为鳃盖骨后缘（具鳃盖骨的硬骨鱼类）或最后一对鳃裂（板鳃类等没有鳃盖的种类）；躯干部与尾部分界为肛门或尿殖孔的后缘，但肛门移至身体前部的鱼类，如比目鱼类，则以体腔末端或最前一枚具脉弓的尾椎骨为分界线；躯干部以后的部分为尾部。

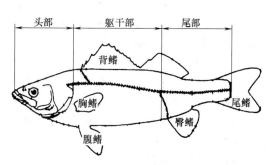

图 15-1　真骨鱼类身体分区

（二）体型

鱼类具有多种多样的体形，不同体形均是对不同生活方式和栖息环境的一种适应。了解鱼类体形对渔业生产有着重要的意义，与渔具设计、捕捞技术改进、渔获产量提高等有着密切关系。一般通过鱼体可确定三条轴线，分别是自鱼体头部到尾部贯穿体躯中央的头尾轴、

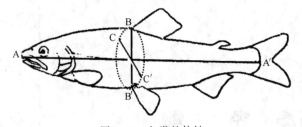

图15-2　鱼类的体轴
AA′. 头尾轴；BB′. 背腹轴；CC′. 左右轴

自鱼体最高部起贯穿背腹且与头尾轴垂直的背腹轴、贯穿鱼体中心且与头尾轴和背腹轴垂直的左右轴（图15-2）。根据体轴长短比例变化，大致可以将鱼类体形分为纺锤型、侧扁型、平扁型和棍棒型四种基本类型（图15-3）。另外，对于生活在特殊环境或有特殊生活习性的鱼类，可形成一些特殊的体形（图15-4）。

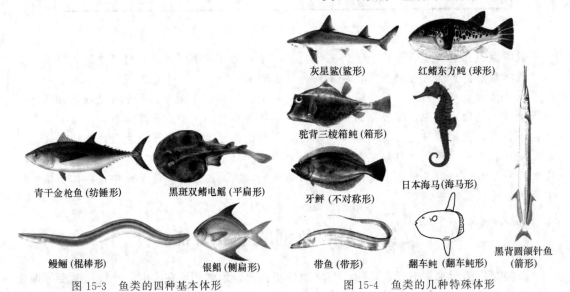

灰星鲨（鲨形）　　红鳍东方鲀（球形）

驼背三棱箱鲀（箱形）

青干金枪鱼（纺锤形）　　黑斑双鳍电鳐（平扁形）　　牙鲆（不对称形）　　日本海马（海马形）

鳗鲡（棍棒形）　　银鲳（侧扁形）　　带鱼（带形）　　翻车鲀（翻车鲀形）　　黑背圆颌针鱼（箭形）

图15-3　鱼类的四种基本体形　　　　　图15-4　鱼类的几种特殊体形

1. 纺锤形（fusiform）

属于鱼类中最常见、最典型的一种体形，其头尾轴＞背腹轴＞左右轴，身体左右对称，中段肥大，头尾稍尖细，呈流线形。这种体形适于快速游泳，可将水的阻力减至最低限度。常见的鲤鱼、青鱼、鲻、梭、鲐、马鲛鱼等都属这种体形。

2. 侧扁形（compressiform）

头尾轴缩短，背腹轴相对延长，左右轴最短，这种体形的鱼类多栖息于水体中下层和水流较缓水域，运动不甚敏捷，较少作长距离洄游，如武昌鱼、银鲳、绿鳍马面鲀等。

3. 平扁形（depressiform）

背腹轴缩短，左右轴特别发达，形成背腹扁平、左右宽阔的平扁型，这类体形的鱼类大部分栖息于水体底层，如硬骨鱼类中的鮟鱇鱼，软骨鱼类中的如鳐、魟、鲼鲼等。

4. 棍棒形（anguilliform）

也称鳗形、圆筒形，其头尾轴特别地延长，左右轴和背腹轴特别地缩短，形如一根棍棒。这种体形的鱼类适于穴居或穿绕水底礁石岩缝间，如黄鳝、鳗鲡、海鳗等。

5. 常见的特殊体形

主要有不对称形、带形、箱形、球形、海马形、翻车鲀形、箭形等。其中，不对称体形

鱼类长期适应于一侧平卧于水底生活，两眼长在头的一侧，如鲽形目鱼类的比目鱼。球形体形鱼类体短而圆，近似圆球形，如东方鲀、刺鲀等。海马形鱼类头部和躯干部几乎成直角相交，头形似马头状，如海马。翻车鲀形体短而侧扁，背鳍和臀鳍相对且很高，尾部很短，如翻车鲀。箭形体形鱼类吻部向前延长，头和躯干部亦相应延长，呈圆筒状，背鳍和臀鳍位于体后端且对称，如颌针鱼、鱵鱼、银鱼等。箱形鱼类身体外部为骨质板包被，仅尾部、吻部和鳍露在外面，体近似方形，如箱鲀。

（三）鳍

鳍（fin）是鱼类特有的器官，用鳍运动和维持身体平衡是鱼类适应水生生活的重要特征之一。鱼类的鳍由位于基部起支持作用的支鳍骨和露于体外使鳍成为一定形状的鳍条两部分组成。

1. 鳍条种类

鱼类鳍条有两种类型：一是软骨鱼类所特有的角质鳍条，其不分支也不分节，"鱼翅"即为该种鳍条所组成的鱼鳍；另一种是骨质鳍条，为硬骨鱼类所特有，是由鳞片衍生而来。骨质鳍条可分为软条和棘（spine）两类。其中，软条有分支鳍条（branched fin-rays）和不分支鳍条（unbranched fin-rays）之分，棘有真棘和假棘之别。

2. 各鳍形态

鱼类的鳍分奇鳍（median fin）和偶鳍（paired fin），其中具偶鳍是鱼类相对于圆口纲的进步性特征。奇鳍包括背鳍、臀鳍和尾鳍，偶鳍包括胸鳍和腹鳍（图15-1）。

（1）胸鳍

胸鳍（pectoral fin）位于鳃孔后方，具有控制身体前进方向和行进中"刹车"的功能。不同鱼类胸鳍位置、形态和组成差异较大。鲨鱼类胸鳍镰刀状或宽圆形，很大；鳐类胸鳍宽大，前缘与头侧相连。硬骨鱼类胸鳍形状各式各样，一般由软鳍条组成，但鲇形目胸鳍有硬棘（黄颡、海鲇）；同时，在形态上具有很多变态类型，如四指马鲅、飞鱼、红娘鱼、弹涂鱼等胸鳍下部有2～3枚粗而分离的鳍条，形如指头，可以爬行；少数种类（鳗鲡、海鳝科、合鳃目的黄鳝、鲽形目的舌鳎）则没有胸鳍。

（2）腹鳍

腹鳍（ventral fin）具平衡、稳定鱼体的功能。软骨鱼类均有腹鳍，且雄性腹鳍内侧特化为交配器官——鳍脚。硬骨鱼类腹鳍位置、组成和形态比较复杂，其中软鳍鱼类腹鳍由分支鳍条组成；棘鳍鱼类多数由1枚棘和数枚分支鳍条组成；鰕虎鱼类、鲽形目、蓝子鱼、三刺鲀科、鳗鲡目等腹鳍变异为吸盘；鲽形目有眼侧腹鳍大而低，无眼侧腹鳍小而高；舌鳎科仅一侧有腹鳍。硬骨鱼类腹鳍位置变化代表了鱼类进化地位的高低，分类地位较低的鱼类腹鳍多为腹位，如鲱形目和鲤科鱼类；金眼鲷目、海鲂目、鲈形目等分类地位较高的鱼类，腹鳍多为胸位；腹鳍喉位的鱼类进化地位最高，如犀鳕科、鳚亚目等。

（3）背鳍

鱼类背鳍（dorsal fin）有维持身体直立和平衡以及攻击或自卫的功能，通常数量有1个、2个或3个，由鳍条和/或棘组成。鲭科鱼类等背鳍后方常常具有一系列小鳍，每一小鳍均由1枚分支鳍条组成。鲇科鱼类等背鳍之后尾柄之上常有脂鳍，形状肥厚，内无鳍条，由脂肪组成。鱼类背鳍常有特化现象，如斑鳍和大海鲢等鱼类背鳍的最后一个鳍条延长成丝状；鮣鱼第一背鳍在头顶部特化成吸盘；鮟鱇鱼第一背鳍特化为细长的钓丝。

（4）臀鳍

臀鳍（anal fin）位于鱼体后下方肛门与尾鳍之间，形态与功能类似于背鳍，但形状、大小因种类而异。角鲨目、锯鲨目、扁鲨目、鳐类等软骨鱼类没有臀鳍。硬骨鱼类一般都有臀鳍，且与第二背鳍形态相似、位置相对；多数鱼类具有一个臀鳍，但鳕等鱼类具有两个。软鳍鱼类臀鳍由软条组成；有些鱼类臀鳍具若干坚硬程度不同的棘，其中鲤科鱼类的一些种类有 1～3 枚不分支的假棘。鳉形目一些种类（如食蚊鱼）臀鳍一部分鳍条特化为雄鱼的交配器。

（5）尾鳍

鱼类尾鳍（caudal fin）具有推进鱼体运动和转变方向的作用，由鳍条组成。多数鱼类具有发达的尾鳍，少数种类尾鳍退化或消失，如鳐类尾鳍退化或缩小，虹类尾鳍完全消失。鱼类尾鳍形状、大小因种类而变化很大，常见有三种尾型：原形尾（幼鱼具有）、歪形尾（软骨鱼类特有）和正形尾（硬骨鱼类特有）。歪形尾分为上下不对称的两叶。正形尾外观上分为上下对称的两叶，但有不同的外形，如新月形（金枪鱼、东方旗鱼）、深叉形（马鲛）、浅叉形（大斑石鲈）、圆形（鰕虎鱼、某些石斑鱼）、截形（波纹石斑鱼）、楔形（石首科鱼类）等（图 15-5），这些不同形状的尾鳍与鱼的游泳速度密切相关。

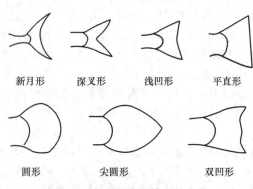

新月形　深叉形　浅凹形　平直形

圆形　尖圆形　双凹形

图 15-5　硬骨鱼类尾鳍形状分类

（四）头部器官特征

鱼类头部集中有吻、口、须、眼、鼻、鳃裂、喷水孔等器官，其外部形态多种多样。

吻部（rostrum）是鱼类上颌前端至眼前缘的部分，与鱼类摄食和防御密切相关。板鳃类、鲟类、颌针鱼、旗鱼、箭鱼等的吻延长，如锯鲨和锯鳐吻部向前伸长，两侧着生由盾鳞衍生的锐齿。

口（mouth）是鱼类捕捉食物的主要工具以及呼吸时水流进入鳃腔的通道。鱼类口的形状、位置生活习性和食性密切相关。凶猛肉食性鱼类口裂较大，齿尖锐锋利，如带鱼、大黄鱼等；深海鱼类口更大，齿尖锐，如鮟鱇、大喉鱼等；温和肉食性鱼类一般口裂较小，如烟管鱼、海龙、海马等；一些食浮游生物的鱼类口裂很大，如鲸鲨和姥鲨；烟管鱼等口延长呈管状，口很小。硬骨鱼类的口可分为上位口、下位口和端位口三种类型（图 15-6）。

须（barbel）是鱼类发现和觅取食物的辅助器官，其形状、位置、长短和数目是鱼类分类特征之一。有的鱼类无须，如鲫鱼；有的鱼类具须，如鲇形目和鳅科鱼类。须因所在位置不同而有各种命名，例如颐须、颌须、鼻须和吻须（图 15-6）。

眼（eye）一般位于鱼类头部两侧，身体侧扁的鱼类眼转到头顶；鲽形目眼睛扭转在身体一侧；弹涂鱼眼十分突出且能左右转动；有些深海鱼类的眼退化，有的则变得特别大。鱼类眼无泪腺，无眼睑，完全裸露，但鲭形目和鲻形目则有脂眼睑，鲨鱼有可眨眼的瞬膜。

鼻（nose）是鱼类主要的嗅觉器官，由多褶的嗅觉上皮组成嗅囊，以外鼻孔与外界相通。鱼类仅有外鼻孔，因此鼻一般不与口腔相通。鱼类鼻孔形状、位置和数目因种类而异。软骨鱼类鼻孔位

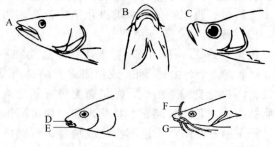

图 15-6　硬骨鱼类的口型和胡须类型
A～C 为口型：A. 端位口，B. 下位口，C. 上位口；
D～G 为胡须类型：D. 吻须，E. 颌须，F. 鼻须；G. 颐须

于头部腹面口的前方，其中鲨鱼类有连接鼻和口隅的口鼻沟。硬骨鱼类绝大多数头部顶端两侧均有两个鼻孔，由鼻瓣隔开，前鼻孔进水，后鼻孔出水；少数种类每侧只有一个鼻孔。

鳃裂（gill cleft）位于鱼类头部后方两侧，与呼吸有关。其中，板鳃类共5~7对鳃裂，鲨类的鳃裂则分别开口于头部两侧，鳐类的鳃裂则开口于头部腹面；全头类具有假鳃盖，外观似一对鳃孔；所有硬骨鱼类都具有骨骼支持的鳃盖，外观仅有一对鳃孔，鳃盖边缘具有皮质鳃盖膜，但黄鳝左右鳃孔在腹面愈合为一。另外，大部分软骨鱼和少数硬骨鱼类在眼的后方具一对喷水孔（spiracle）。

二、皮肤及其衍生物

（一）结构与功能

鱼类皮肤由表皮层和真皮层组成。表皮分为生发层和腺层，都是由活细胞组成，区别于陆生脊椎动物，鱼类表皮角质化不明显。生发层位于表皮基部最内面，为长柱形细胞，具有分生新细胞的能力。表皮层除去生发层，其余都是腺层，腺层中具各种腺体细胞，分为单细胞腺和多细胞腺。单细胞腺有杯形细胞、棒状细胞、颗粒细胞、浆液细胞等，其中杯状细胞是最常见的一种腺细胞，绝大多数鱼类都具有，可释放黏液物质，形成鱼类体表黏液。真皮层位于表皮之下，较表皮层厚，由纵横交错的纤维结缔组织构成，分布有血管、神经等。鱼类真皮分为外膜层、疏松层、致密层，其中外膜层薄，由结缔组织纤维呈片状均一排列；疏松层在外膜层内方，较薄，结缔组织纤维呈海绵状疏松而不规则排列，富含血管。致密层结缔组织纤维丰富，致密而平行排列。在鱼类真皮疏松层中以及致密层下，含有色素细胞，常见的有黑色素细胞、黄色素细胞、红色素细胞和光彩细胞四种，这些细胞的数量和排列方式决定了鱼类的体色。

鱼类皮肤与外界水环境密切接触，具有润滑、保护、凝结、沉淀、调节渗透压、修补、辅助呼吸、感觉、吸收等多方面机能。尤其是体表黏液层，具有保护身体不受病原体侵袭、凝结和沉淀水中悬浮物质、调节渗透压、减少鱼体与水摩擦等功能，是鱼类适应水生生活的重要特征。鱼类体表黏液分泌的多寡与鳞被状况密切相关，凡无鳞或鳞片细小的种类，黏液分泌就多，反之则少。

（二）衍生物

1. 鳞片

鳞片是皮肤衍生物，体表被覆鳞片是鱼类最显著的特征之一。多数鱼类都具有鳞片，仅有少数种类无鳞片，此为次生现象。根据外形、构造和发生特点，鱼类鳞片可分为盾鳞、硬鳞和骨鳞三种基本类型（图15-7）。

① 盾鳞（placoid scale） 由表皮和真皮共同形成，为板鳃鱼类所特有，由基板和鳞棘两部分组成。基板呈菱形，埋于皮肤中，由齿质构成。鳞棘露于皮肤外面，尖端朝后，由釉质、齿质和中央的髓腔构成，髓腔内有结缔组织、血管、神经等穿过。盾鳞和牙齿在结构上同源，其进入上下颌便成牙齿。

② 硬鳞（ganoid scale） 由真皮产生，成行排列，为硬骨鱼类中的硬鳞鱼类所特有。硬鳞典型的结构包括四层，即硬鳞质层、科司美层、管质层和内骨层。

③ 骨鳞（bony scale） 由真皮产生，为真骨鱼类所具有，多呈圆形，亦有椭圆形、方形、多角形或不规则形。整个鳞片被鳞囊包裹，后部扇形区露出体外，周围有皮肤包被，相邻鳞片相互覆盖，作覆瓦状排列。在组织结构上，骨鳞由上层的骨质层和下层的纤维层两部分构成，使鳞片既坚固又富有柔韧性。骨鳞表面可划分为基区、顶区、上侧区和下侧区四个

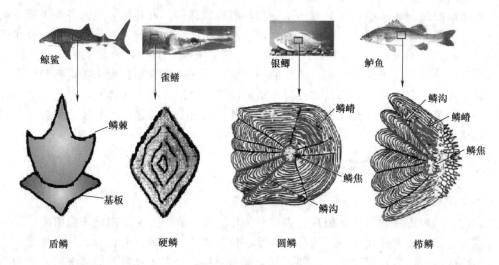

鲸鲨　雀鳝　银鲫　鲈鱼

鳞棘
基板

鳞沟
鳞嵴
鳞焦
鳞沟

鳞沟
鳞嵴
鳞焦

盾鳞　　　　硬鳞　　　　　圆鳞　　　　　　栉鳞

图 15-7　鱼类鳞片类型

区域，基区埋于鳞囊内，顶区露于皮肤外。在鳞片中间，最先形成鳞片的部分，称为鳞片中心或鳞焦，从鳞片中心向四周有辐射排列的凹状沟，称辐射沟或鳞沟。在鳞片表面，有许多骨质突起物，形似山嵴，环绕鳞焦作同心圆排列，称之为鳞嵴或环片。随鱼类季节性生长，环片形成疏密相间的年轮，可作为年龄测定的标志。根据后区环片变态情况，骨鳞可分为栉鳞和圆鳞。栉鳞后区环片呈齿状构造，鲈形目等高等真骨鱼类多具栉鳞；圆鳞后区边缘光滑无栉齿，鲱形目、鲤形目等低等真骨鱼类多为圆鳞。骨鳞在一些鱼类中形成变态鳞，常作为分类的依据，主要变态鳞有棱鳞、腋鳞、骨板和骨环等。另外，在真骨鱼类身体两侧有侧线管穿过鳞片，形成侧线鳞，常用侧线鳞数、侧线上鳞数和侧线下鳞数组成鳞式，作为分类的重要依据之一。

2. 毒腺

毒腺是由鱼类表皮细胞聚集成坛罐状陷入真皮层，外包结缔组织，特化而成的能分泌有毒物质的单细胞或多细胞腺体，常分布在棘刺一侧，或包在棘刺周围，或埋于棘刺基部。鱼类具毒腺，对攻击、捕食或自卫具重要作用。生产上，常将具毒腺的鱼类称为刺毒鱼类，我国有 100 余种，如软骨鱼类的虎鲨、角鲨、魟、鳐、银鲛等以及硬骨鱼类的蓑鲉、鬼鲉、鳜、黄颡鱼等。

3. 发光器

一些鱼类具有由皮肤衍生而成的发光器，典型的发光器由腺体、水晶体、反射器和色素体四部分组成。能发光的鱼类有 240 多种，多生活在深海。鱼类发光现象对种类识别、引诱食饵、惊吓敌害等具有重要的生物学意义。

4. 珠星

一些鲤科鱼类，在生殖季节由于受生殖腺激素刺激，头部、鳍等处表皮往往发生角质化，形成圆锥形突起，此结构称为追星或珠星。世界上已知有 4 目 115 科中的一些鱼类存在这种结构。珠星只在生殖季节出现，且雄性个体一般表现得粗壮，数量多，而雌性个体往往缺少，这种特征在鱼类性别鉴定上具有意义。

三、内部构造特征

从系统上看，鱼类内部构造与其他脊椎动物基本一致，包括骨骼、肌肉、消化、呼吸、循环、尿殖、神经、感觉和内分泌等系统。

（一）骨骼系统

鱼类骨骼多埋于肌肉内，具有支持、保护、运动、造血、代谢等机能，根据性质分为软骨和硬骨，其中软骨鱼的骨骼为软骨质；硬骨鱼的骨骼为硬骨，少数为软骨。骨骼起源于中胚层间叶细胞，形成过程经历膜质期、软骨期和硬骨期三个阶段。根据发生过程，可将硬骨分为两种类型：一是软骨化骨，即经过软骨化阶段然后经骨化而形成；二是膜骨，即不经软骨化阶段直接形成硬骨。在形态结构和化学成分等方面，软骨化骨和膜骨难以区分。根据功能和位置，可将骨骼分为中轴骨骼（头骨、脊柱、肋骨）和附肢骨骼（带骨、支鳍骨）。本节介绍以硬骨鱼类为主。

1. 中轴骨骼

（1）头骨

头骨包括脑颅和咽颅两部分。脑颅位于上部，保护脑和感觉器官；由许多骨片组成，既有软骨化骨，也有膜骨；分为鼻区、眼区、耳区和枕区四个区域，分别包围嗅囊、眼球、内耳和枕孔。围绕眼眶四周的一组骨片称为围眶骨系，包括眶前骨、前额骨、眶上骨、眶下骨和眶后骨（后额骨）等；构成鳃盖的鳃盖骨、下鳃盖骨、鳃条骨、间鳃盖骨和前鳃盖骨等称为鳃盖骨系。咽颅位于下部，包围口咽腔及食道前部，又称咽弓，共7对，包括1对颌弓、1对舌弓和5对鳃弓，分别支持口、舌及鳃片。

（2）脊柱和肋骨

脊柱由许多脊椎骨组成，在支持身体以及保护脊髓和主要血管上具重要作用。依据着生部位和形态，鱼类脊椎骨可分为躯椎和尾椎。典型躯椎结构是由椎体、髓弓、髓棘、椎管、椎体横突、关节突构成（图15-8）。硬骨鱼类椎体前后两端均内凹，成为漏斗状凹面，称为双凹椎体，内有退化的脊索残存。髓弓中间为三角形椎管，有脊髓通过。椎体腹面向外突出部分即为椎体横突，与肋骨相关节。椎体背前方有两个短棒状的前关节突，背后方具一对短棒状后关节突，前一椎体的后关节突与后一椎体的前关节突相互关节，使椎骨连成一条长的脊椎。在鲤形总目鱼类，第1~3椎体发生变异，形成与听觉有关的韦伯氏器（Weber'sorgan），其组成由前向后依次为带状骨、舶状骨、间插骨和三脚骨。韦伯氏器在分类上是鲤形总目区别于其他鱼类的主要特征。

尾椎结构由椎体、髓弓、髓棘、椎管、前关节突、脉弓、脉管和脉棘组成，与躯椎相比无椎体横突和肋骨，而有脉弓和脉棘（图15-8）。脉管内藏尾动脉和尾静脉。硬骨鱼类最后几个尾椎的脉棘或髓棘发生特化，常和尾鳍基部连接，起到支持尾鳍的作用。

肋骨与椎体横突相关节，起到支持身体、保护内脏器官的作用。鱼类肋骨分为背肋（dorsal rib）和腹肋（ventral rib），其中背肋位于轴上肌与轴下肌之间，腹肋长在肌隔与腹膜相切的地方。硬骨鱼类中，鲈形目和鲤形目等一些鱼类既具有背肋，也有腹肋，而鲤科鱼类只有腹肋。

2. 附肢骨骼

（1）奇鳍支鳍骨

包括背鳍、臀鳍和尾鳍的支鳍骨。硬骨鱼类背鳍和臀鳍鳍条

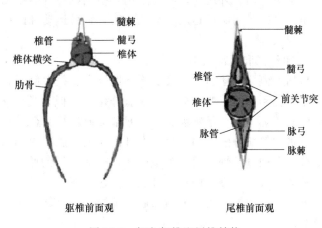

躯椎前面观　　　　尾椎前面观

图15-8　鲤鱼躯椎和尾椎结构

基部有 1～3 节支鳍骨，高等真骨鱼类趋于减少，多为 2 节或 1 节（图 15-9）。一般真骨鱼类支鳍骨数目多于鳍所在的椎骨或肌节数，而鳍条数目与支鳍骨数目相一致。尾鳍支鳍骨后端骨骼发生特殊变化，形成歪型尾、原型尾、正型尾、等尾鳍等尾型。

（2）偶鳍支鳍骨和带骨

包括带骨、支鳍骨和鳍条。支持胸鳍的骨骼为肩带（shoulder girdle），支持腹鳍的骨骼为腰带（pelvic girdle）。真骨鱼类肩带由肩胛骨、乌喙骨、中乌喙骨及上匙骨、匙骨、后匙骨等组成，附于头骨（图 15-9）；胸鳍鳍基骨消失，支鳍骨数较少，一般不超过 5 枚，所有支鳍骨直接与肩带相连。真骨鱼类腹鳍的鳍基骨也消失，支鳍骨减少为 1 对，每侧 1 枚；腰带由一对无名骨组成（图 15-9）。

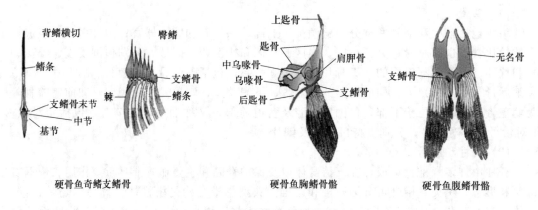

图 15-9　硬骨鱼奇鳍和偶鳍骨骼结构

（二）肌肉系统

肌肉可分为平滑肌、横纹肌和心肌三类。其中，横纹肌又称骨骼肌或随意肌，是构成鱼体体壁、附肢、食管、咽部以及眼球等部的肌肉。本处按着生部位和生理作用分别介绍鱼类的横纹肌。

1. 头部肌肉

主要是支配眼部和咽弓运动的肌肉。眼部肌肉包括司眼球转动的眼肌和司瞬膜运动的瞬膜肌，其中眼肌共有上斜肌、下斜肌、上直肌、下直肌、内直肌和外直肌 6 对，分别调控瞳孔的上、下、内、外旋转。咽弓肌肉是控制咽弓骨骼运动的一系列肌肉，依着生部位和功能分 4 组，分别是司颌弓运动、鳃孔运动、舌弓运动和鳃弓运动的肌肉，它们因鱼类类群不同而变化很大。

2. 躯干部和尾部肌肉

包括大侧肌和棱肌。鱼类躯干部肌肉主要是大侧肌，分布在鱼体两侧从头后直至尾柄末端，是人类利用的主要部分。大侧肌分化程度低，类似于圆口纲动物，由分节的肌节组成，肌节间有肌隔；肌节呈锯齿状，各肌节彼此互相套合在一起。在体侧中央有结缔组织的水平隔膜，将大侧肌分隔成两部分，背部的叫轴上肌，腹部的叫轴下肌。鱼类大侧肌有红肌和白肌之分。在硬骨鱼轴上肌与轴下肌间，有呈条形的暗红色肌肉，称红肌。红肌行需氧代谢，运动持久，故运动缓慢的鱼类红肌不发达，而性情活泼善游泳、尤其是大洋洄游性鱼类的红肌十分发达。大侧肌大部分为白肌，色淡白，行乏氧代谢，是短促而急速运动的基础，但不能持久。

在硬骨鱼背部中央和腹部中央以及左右大侧肌之间，有纵行细长的棱肌，其中背部的为上棱肌，由背鳍引肌、背鳍间引肌、背鳍缩肌组成；腹侧的为下棱肌，由腹鳍引肌、腹鳍缩肌、臀鳍缩肌组成。

3. 附肢肌肉

分奇鳍肌肉和偶鳍肌肉。硬骨鱼类背鳍和臀鳍每一鳍条基部在身体每侧均有 3 条束状肌肉附着，分别是背（臀）鳍倾肌、背（臀）鳍竖肌和背（臀）鳍降肌；尾鳍肌肉复杂，除大侧肌伸达尾鳍基部外，浅层有尾鳍腹收肌和尾鳍条间肌，深层有 5 块曲肌。硬骨鱼类偶鳍肌组成复杂，如梭鱼肩带内外侧各有 3 块肌肉（肩带浅层展肌、肩带深层展肌、肩带浅层收肌、肩带深层收肌、肩带伸肌、肩带内层伸肌），腰带包括背面 4 块肌肉（腰带深层展肌、腰带深层收肌、腰提肌、腰带深肌）和腹面 3 块肌肉（腰带浅层展肌、腰带浅层收肌、腰带降肌）。

4. 肌肉的变异——发电器官

一些鱼类具有发电器官，如电鳗、电鳐、电鲇和电瞻星鱼等。除电鲇外，鱼类发电器官是肌肉组织的变异，由肌纤维演变而成的发电细胞（或电板）构成。其中，电鳗、鳐属、中国团扇鳐、象吻鱼、裸臀鱼、裸背鳗等的发电器官由尾部肌肉变异而来，电鳐发电器官由鳃肌变异而来，电瞻星鱼发电器官由眼肌变异而来。发电现象在鱼类防御、猎食、定向和联络信号等方面具重要生物学意义。

（三）消化系统

鱼类消化系统由消化管和消化腺组成，消化管包括口咽腔、食道、胃、肠和肛门与泄殖腔等（图 15-10），消化腺有胃腺、肝脏和胰脏。

1. 消化管

（1）口咽腔

鱼类口腔与咽无明显界线，故合称口咽腔。鱼类口裂和口咽腔大小与食性相关，一般凶猛肉食性鱼类及一些滤食性鱼类的口咽腔较大，如鳜、鲈鱼、带鱼、鳡、鲇以及鲢、鳙、鲸鲨、姥鲨等。在口咽腔内，通常有齿、舌及鳃耙等构造。依着生部位不同，鱼类的齿分为口腔齿和咽齿

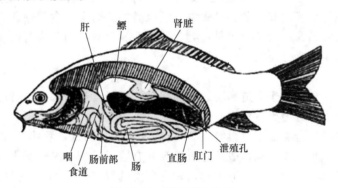

图 15-10　鲤鱼消化系统

两种，且齿的形状、大小、数目、利钝和排列情况随鱼种类而异（图 15-11）。硬骨鱼类中，上下颌、犁骨、腭骨、舌骨、鳃弓等处均有可能着生齿，分别称为颌齿、犁齿、腭齿、舌齿、咽齿。鲤科鱼类无颌齿，其第五对鳃弓角鳃骨扩大，上生咽齿，其形态、数目、排列状态是分类的主要依据（图 15-11）。常用齿式表示。如草鱼齿式为"2，5/4，2"，表示左右两侧第五对鳃弓各有两列齿，左边鳃弓外列为 2 个、内列 5 个，右边鳃弓外列为 2 个、内列为 4 个。齿的形状因种类和食性而异，软骨鱼类具梳形齿、异形齿、三峰齿、多峰齿、单峰齿、铺石状齿、颗粒状齿等（图 15-11）。硬骨鱼类有犬牙状齿、锥状齿、臼齿、门牙状齿等，肉食性鱼类齿多尖利坚硬，浮游生物食性鱼类齿多不发达呈绒毛状、刷状，草食性鱼类齿多呈栉状或镰刀状。鱼类的舌比较原始，位于口腔底部，没有弹性，不能活动，肌肉不发达，有三角形、半椭圆形和长方形等不同形态，上有味蕾分布。鳃耙是鱼类的一种滤食器官，着生于鳃弓朝口腔一侧，每一鳃弓长有内、外两列鳃耙。鱼类鳃耙数目、形状与食性有关。板鳃鱼类一般没有鳃耙，但以浮游生物为食的一些种类有发达的鳃耙，如姥鲨和鲸鲨。

硬骨鱼类的鳃耙较复杂，分为无鳃耙、有鳃耙痕迹、鳃耙发达、鳃耙变异等类型，常用第一鳃弓外列鳃耙数代表某种鱼类的鳃耙数，作为分类的标志。一些鱼类，口咽腔内还有腭褶、鳃上器官与鳃耙管等结构。

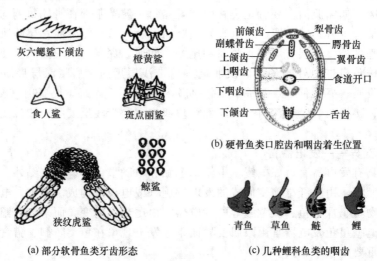

图 15-11　鱼类牙齿形态与位置

（2）食道

食道紧接在口咽腔后面，其后为胃。大部分鱼类食道短而宽、直、壁厚、环肌发达、具纵行黏膜褶和味蕾、可膨胀。喉鳔类的鳔管穿过食道壁通入食管腔内。银鲳等鲳科鱼类食道具食道囊；河鲀等鲀科鱼类食道一侧具气囊，遇危险时可吸入空气或水而使囊膨大，这些特殊结构是分类的重要特征。

（3）胃

胃是介于食道和肠之间的部分，靠近食道的部分称贲门部，连接肠的一端称幽门部。鱼类可区分为无胃鱼和有胃鱼。鲤科、鳅科、海龙科、颌针鱼科、鱵科、飞鱼科、银汉鱼科、鲻科、全头亚纲（银鲛）、肺鱼等没有明显的胃，食物在此仅短时间停留，每次进食间隔较短。板鳃亚纲和多数硬骨鱼类等具有明显的胃，其中硬骨鱼类的胃在形态上有 I 形、U 形、V 形、Y 形、卜形五大类，软骨鱼类的胃多数是 U 形或 V 形（图 15-12）。

直筒型　　弯曲型　　盲囊型

图 15-12　鱼胃的类型

（4）肠

肠位于胃之后，是消化和吸收的重要部位，分小肠（十二指肠和回肠）和大肠（结肠和直肠），但多数鱼类肠的各部分分界不明显。不同鱼类在肠道形态和结构上存在差异。许多硬骨鱼类在胃后方和小肠开始处有幽门盲囊，其组织构造与小肠基本一致，开口于小肠，可扩大消化吸收食物的表面积，该结构的有无与数量常作为分类的主要依据。一些鱼类肠的黏膜层形成许多黏膜褶，可区分为纵褶、横褶、横向锯齿状褶、网状褶等，能有效扩大肠道面积。软骨鱼类及少数硬骨鱼类的肠管比较直，其小肠壁的黏膜层和黏膜下层常向肠管腔内突出形成螺旋形褶膜，称螺旋瓣，而肠管十分盘曲的种类一般无螺旋瓣。在真骨鱼类中，肠的长度与食性相关，肉食性鱼类肠较短，为直管状或有一弯曲，肠长仅为体长的 1/4～1/3；植物性鱼类，肠较长，有较多盘曲，肠长为体长的 2～5 倍，甚至更长；杂食性鱼类肠长介于上述两者之间。

（5）肛门与泄殖腔

肠道的最后开口为肛门，通常位于臀鳍前方，有的种类则前移至腹鳍或喉部。一般鱼类消化管末端以肛门单独开口与外界相通；但软骨鱼类和一些低等硬骨鱼类具有泄殖腔，排泄、生殖和肠末端均开口于泄殖腔。真骨鱼类及软骨硬鳞类无泄殖腔。

2. 消化腺

鱼类主要的消化腺有胃腺、肝脏和胰脏。胃腺是一种单盲囊状构造的腺体，埋于黏膜下层，开口于黏膜表面，能分泌胃蛋白酶。鲤科、隆头鱼科、海龙科等少数无胃鱼无胃腺。肝脏是鱼体内最大的消化腺，前端系于心脏腹后方。多数鱼类肝脏分两叶，有些硬骨鱼类呈三叶，有的则为多叶，少数硬骨鱼类不分叶；但鲤科鱼类肝脏大多分散，无固定形状，散布在肠系膜上与胰脏组织相混杂，称肝胰脏。肝脏主要功能是分泌胆汁、储存糖元和解毒。胰脏是鱼类的重要消化腺，能分泌含蛋白酶、脂肪酶和糖类酶的胰液，分解蛋白质、脂肪和糖类；同时也是内分泌腺，其组织结构的内分泌部具胰岛细胞，胰岛细胞能分泌胰岛素，可调节血糖平衡。板鳃鱼类胰脏发达，与肝脏分离，呈单叶或双叶；硬骨鱼类胰脏大多呈弥散状，埋于肝脏。

（四）呼吸系统

鳃是鱼类的主要呼吸器官，由胚胎期咽部后端两侧的内胚层和外胚层发生而成的。鱼类主要利用鳃在水中进行气体交换。此外，鱼类的鳃还具有排泄小分子代谢废物、协助调节渗透压、参与机体免疫等功能。一些鱼类除了用鳃呼吸外，还具有辅助呼吸器官，常见有皮肤（鳗鲡、鲶鱼、弹涂鱼等）、鳃上器官（攀鲈、斗鱼、乌鳢等）、肠管（泥鳅）、口腔黏膜（黄鳝等）、气囊（双肺鱼）等。幼鱼主要借助外鳃、皮肤、鳍褶及卵黄囊等结构在水中吸收氧气。另外，许多真骨鱼类鳃盖内侧长有伪鳃，多数板鳃类在喷水孔前壁长有喷水孔鳃，这些结构均与呼吸无关。

1. 鳃的构造

鱼类在胚胎时期形成鳃裂，开裂于咽部一侧的为内鳃裂，开裂于体外一侧的称为外鳃裂。前后鳃裂间为鳃间隔，软骨鱼类的鳃间隔明显，硬骨鱼类的鳃间隔退化。鳃间隔基部为鳃弓，鳃间隔两侧为鳃片。一般鱼类咽喉两侧具有五对鳃弓，每个鳃弓外缘各着生两列鳃片，内缘着生有两行鳃耙。鳃弓上的每一鳃片，称为半鳃，同一鳃弓上的两个半鳃合称为一个全鳃，一般鱼类都有四对全鳃。鳃片由无数平行排列的鳃丝组成，鳃丝一端固着在鳃弓上，另一端游离，呈梳状。每一鳃丝两侧长有薄片状突起，称鳃小片，它是鳃的基本结构单位和功能单位，具有如下特征：一是壁薄表面积大，鳃小片由上下两层单层上皮细胞及一些支持细胞构成，相邻鳃丝的鳃小片交错排列，呈犬牙状相嵌，极大地增加了有效呼吸面积；二是两层上皮细胞间的窦状隙内具管壁极薄的微血管网，利于小分子物质穿透；三是鳃的血管分布样式是呼吸时水流与血流反向配置，提高了呼吸效率（图 15-13）。鳃小片的结构是鱼类适宜水中进行气体交换的特殊装置，是"鱼儿离不开水"的真实原因。板鳃鱼类没有鳃盖，多数具 5 对鳃裂孔，均单独开口于体外，共有 9 个半鳃；全头类具 4 对鳃裂，第 5 对鳃裂已封闭，共 8 个半鳃，外覆皮膜状假鳃盖，后方仅有一开孔；真骨类有 5 对鳃裂，5 对鳃弓，前 4 对鳃弓上长鳃，第 5 对鳃弓无鳃，鳃腔外面覆以骨质鳃盖。

2. 鳔及其功能

绝大多数硬骨鱼类消化管背方及腹膜外方、紧贴肾脏和脊椎骨处有一大而中空的囊状器官，即为鳔，多呈银色或白色。鱼类鳔形状多种多样，有圆形、圆锥形、心形、马蹄形、管状（颌针鱼）、长卵形（鲈鱼）、纺锤形（香鱼）等，多数鳔单个，不少种类可分两室或三室，肺鱼、多鳍鱼等的鳔左右分两叶。根据有无鳔管，将鱼类的鳔分为管鳔和闭鳔

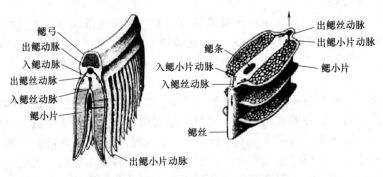

图 15-13　鳃丝和鳃小片结构

（图 15-14）。具有管鳔的鱼类称为喉鳔类，如鲱形目、鲤形目等鱼类，它们的鳔管与食道相通；具有闭鳔的鱼类称闭鳔类，如鲈形目等鱼类，它们的鳔管退化。闭鳔类的前腹面内壁有红腺（red gland）及微血管网，能分泌气体到鳔内；后背方有卵圆窗（oval），是气体吸收区。肺鱼类鳔的构造和作用已与陆生脊椎动物的肺相类，已成为真正的呼吸器官，可以直接呼吸空气。

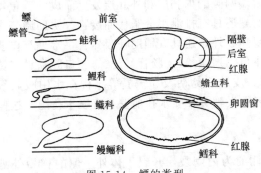

图 15-14　鳔的类型

鱼鳔的机能主要有四种：通过鳔容积的改变来调节身体比重；肺鱼、多鳍鱼、弓鳍鱼和雀鳝等的鳔构造特殊，具呼吸作用；少数鱼类的鳔与平衡听觉器官相联系，具感觉作用，尤其是听觉；通过鳔管放气，或借助特定的肌肉，或与肩带中的匙骨和后匙骨以及咽齿相互摩擦，具发声作用。

（五）循环系统

鱼类的循环系统包括管道和液体两部分。其中，液体部分包括血液和淋巴；管道包括血管系统和淋巴系统。

1. 心脏

鱼类心脏位置比较靠前，位于体腔最前端和最后一对鳃弓后下方的围心腔中，后方以结缔组织的横隔与腹腔分开。包在心脏外面的为围心膜（心包），除去围心膜，即可看到心脏。鱼类心脏在演化上比较原始，由前到后分为动脉圆锥或动脉球、心室、心房和静脉窦四部分（图 15-15）。静脉窦位于心脏后背侧，近似三角形，壁甚薄，与总主静脉（即古维尔氏管）相连，接受身体前后各部分回心的静脉血。心房位于静脉窦的腹下方，腔较大，壁薄。心室位于心房的腹前方，呈圆球状，壁厚，为心脏主要的搏动中心。在心室前方为动脉圆锥或动脉球，两者的区别为：动脉圆锥为软骨鱼类心脏结构所具有，与心室同源，能自动收缩，辅助心脏推动血流；动脉球为真骨鱼类心脏结构的一部分，为腹主动脉基部膨大，不能搏动，可缓冲血压保护鳃丝毛细血管。另外，在鱼类心脏中，窦与房、房与

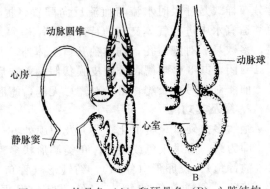

图 15-15　软骨鱼（A）和硬骨鱼（B）心脏结构

室、室与动脉干之间的交界处都有结缔组织瓣膜存在，各瓣膜都有提高血压、防止血液倒流的功能。

2. 血液循环

鱼类血液循环方式属于单循环，只有体循环；气体交换在鳃内进行，心室内均为缺氧血。此处结合鱼类血管分布，将血液循环过程简述如下。

心室收缩，将缺氧的静脉血压入腹大动脉。进入腹大动脉的血液在咽部下方前行，经入鳃动脉、入鳃丝动脉、入鳃小片动脉、出鳃小片动脉、出鳃丝动脉、出鳃动脉，在鳃部完成气体交换，富含氧气的新鲜血液通过鳃上动脉汇入背大动脉，由背大动脉再分送到身体各部和内脏器官。其中，头部血液供应经颈总动脉、内颈动脉和外颈动脉完成，躯干部和尾部经锁骨下动脉、体腔系膜动脉、髂动脉、肾动脉、背主动脉、体节动脉和尾动脉到达相应器官，并在这些部位的毛细血管网内进行气体和物质交换。同时，上述这些部位的毛细血管网又将头部静脉血输入前主静脉，躯干部回心静脉血输入后主静脉，前后两条主静脉汇合成总主静脉；此外，内脏毛细血管网将静脉血输入肝门静脉，肝门静脉内的血液和肝动脉血经过肝毛细血管汇入肝静脉，肝静脉和总主静脉血均进入静脉窦，最后流回心脏，从而完成血液循环。

3. 淋巴系统

鱼类淋巴系统不发达，由淋巴液、淋巴管和淋巴心组成。淋巴心1对，圆形，位于最后一枚尾椎下方，能不断地搏动，内有瓣可防止淋巴液倒流。淋巴管始于组织间隙，盲端尖细与外界不通，后逐渐汇合，管径变粗，引导淋巴液回心。鱼类淋巴管分浅层淋巴干管和深层淋巴干管，前者包括背干管、腹干管和侧干管，后者包括椎下淋巴干管、髓上干管和深腹干管。板鳃鱼类淋巴系统只有淋巴管，没有淋巴心和淋巴窦，主要淋巴管为椎下淋巴干管及腹淋巴管。淋巴液具有供给细胞营养、清除废物、保护防御以及修补组织、辅助幼鱼骨骼发育的功能。淋巴系统是辅助的循环系统，血液经毛细血管渗入组织成为组织间液，一部分含有代谢物质的组织间液进入毛细淋巴管成为淋巴液，身体各部组织之间的淋巴液汇流到淋巴管，最后进入静脉回到心脏中，参加血液循环。

4. 造血器官

鱼类血细胞可以在不同器官内形成，胚胎早期阶段血管能形成血细胞，成体后则形成了一些更重要的造血中心，主要有脾脏、淋巴髓质组织、赖迪氏器官（Leydig's organ）、头肾等。脾脏位于胃后面、肠前部背面的系膜上，脾脏形状因鱼种类而异。鱼类脾脏具有造血、过滤血液和破坏衰老的红细胞等功能，其组织结构可分为外层（红色）的皮质区和内层（白色）的髓质区，皮质区制造红血球和血栓细胞，髓质区制造淋巴细胞及白血球。鱼类没有高等脊椎动物的淋巴结，但有能制造各种血细胞的淋巴髓质组织，除脾脏外，这种组织分布于鱼体消化管黏膜下层、肝脏、生殖腺及中肾等不同部位。一些硬骨鱼类肾脏前部有前肾的残余组织，称为头肾，其变为拟淋巴组织，具有制造白细胞与毁灭衰老红细胞的功用。板鳃类食道黏膜下层与肌肉层之间，有扁平的赖迪氏器官，能制造淋巴细胞。

（六）泌尿系统

鱼类泌尿系统包括肾脏（kidney）、输尿管、膀胱，具有排除代谢终产物和维持体液理化因素恒定的功能。

1. 泌尿器官

（1）肾

鱼类肾脏有前肾和中肾。前肾是鱼类胚胎时期的主要泌尿器官，位于体腔最前端背面，由前肾小管和肾小球组成；成鱼时，前肾退化，失去泌尿功能，一些真骨鱼类的前肾则变成头肾，为淋巴髓质组织，具造血功能。中肾是鱼类成体的泌尿器官，位于体腔背壁、鳔的背方，由中肾小管和肾小体组成，两者合成肾单位（图15-16）。其中，肾小体（马氏体）由肾小球囊（鲍氏囊）和肾小球（血管小球）组成，具过滤功能；中肾小管分颈节、近球弯曲肾小管、远球弯曲肾小管、集合细管4部分，具重吸收功能。

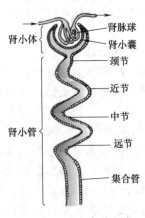

图 15-16　淡水真骨鱼类肾单位结构

在肾基本单位中，血管具有特殊的分布形式，首先由肾动脉分支来的毛细血管在肾小体中形成第一个毛细血管网，出肾小体后口径变小的小动脉再分布于中肾小管形成第二个毛细血管网，血液两次通过毛细血管网后才汇集到肾静脉，这种特殊的血管分布形式提高了血液流入肾小体时的过滤效率以及通过中肾小管时物质的重吸收效率。

（2）输尿管和膀胱

鱼类具有1对输尿管，胚胎期为前肾管，成体后前肾管纵裂为中肾管（吴夫氏管）和米勒氏管。其中，中肾管与中肾小管相通，承担输尿管任务；米勒氏管退化或在某些鱼类成为输卵管。膀胱是贮藏尿液的薄壁囊状器官，鱼类膀胱有输尿管膀胱（大多数鱼类）和泄殖腔膀胱（内鼻孔亚纲）两种类型，前者由输尿管后端扩大而成，后者由泄殖腔壁突出而成。

2. 泌尿机能及渗透压调节

鱼类排泄主要通过鳃和肾脏来完成，鳃主要排泄容易扩散的物质，如二氧化碳、水、无机盐以及氨和尿素等易扩散的含氮化合物，而肾脏主要排泄氮化物分解产物中比较难扩散的物质，如尿酸等。肾脏泌尿机能主要通过肾小体的过滤作用和肾小管的重吸收作用来完成。当血液流过肾小球毛细血管时，除蛋白质和血细胞外，血液中的水分和其他物质均由肾小球过滤至肾小球囊内，形成原尿；原尿流经肾小管时，水分、葡萄糖、氨基酸及有关离子等大部分被肾小管重吸收回血液，剩余部分形成终尿，经输尿管、膀胱排出体外。不同鱼类尿液成分存在差异，淡水硬骨鱼类尿中氨的含量很少；海水硬骨鱼类尿中水分少，氨多以尿素、尿酸等形式排出；海水软骨鱼类尿液中尿素含量较高。

生活在不同水域中的鱼类，具有不同的渗透压调节机制。淡水鱼类体液盐分浓度高于外界水环境，通过排水、保盐和吸盐的方式调节机体渗透压，肾脏通过泌尿排水，因此淡水鱼类肾小体数目多，尿量大；同时，鳃上吸盐细胞从水中吸收盐分，亦从食物中补充盐分。海水硬骨鱼类体液浓度低于外界水环境，其渗透调节方式是排盐、保水和补水，因此海水硬骨鱼类的肾小体数目较少，排尿量较少，它们通过吞食海水和从食物中获取水分，同时，鳃上泌盐细胞可将多余盐分排出体外，粪便和尿液也能排除多余盐分。海水软骨鱼类体液浓度稍高于海水，但血液中尿素含量高，达2%～2.5%，主要依靠尿素来维持渗透压的动态平衡。

（七）生殖系统

鱼类生殖系统由生殖腺和生殖导管组成。生殖腺是生殖细胞成熟的地方，包括雄性精巢和雌性卵巢；生殖导管是用来向外输送成熟生殖细胞的导管，分输卵管和输精管。此外，进行体内受精的鱼类，雄性还有特殊的交配器。

1. 生殖腺

（1）卵巢

雌鱼生殖腺为卵巢，是卵子产生的地方，未受精的卵子俗称鱼子。卵巢多成对存在，未成熟时呈带状，成熟时多呈长囊状，黄色或灰色。鱼类卵巢有游离卵巢（或裸卵巢）和封闭卵巢（或被卵巢）两种类型。游离卵巢不被腹膜形成的卵巢膜（或称卵囊）包围，裸露在

图中标注：肾脉球、肾小囊、颈节、近节、中节、远节、集合管；肾小体、肾小管

外，卵子成熟后自卵巢脱落到腹腔，经输卵管排出体外。板鳃类、全头类、肺鱼类、圆头类、全骨类及部分真骨鱼类均为游离卵巢。封闭卵巢被腹膜所形成的卵巢膜包围，不裸露在外，成熟卵子落于卵巢腔后，经输卵管输出体外，大多数真骨鱼类为此种类型卵巢（图15-17）。

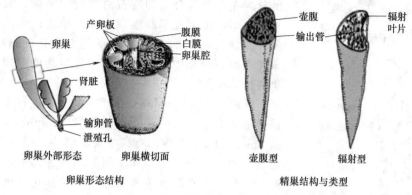

图 15-17　硬骨鱼类生殖腺形态结构

（2）精巢

雄鱼生殖腺为精巢，是精子产生的地方，多数成对存在，黄鳝等少数种类为单个。精巢未成熟时呈浅红色，成熟时为纯白色，俗称鱼白。各种鱼类精巢形态结构不一，板鳃类精巢多数成对，借精巢系膜连于体腔背壁，精巢壶膜在精巢内平行排列；全头类精巢也成对，呈卵圆形。真骨鱼类精巢大多成对，细线状，逐渐发育成带状或囊状；有的一侧发达，另一侧退化（黄鳝），有的后端或全部愈合在一起（玉筋鱼）。根据显微结构，真骨鱼类精巢分为壶腹型和辐射型。壶腹型精巢在组织结构上是由圆形或长形的壶腹所组成，精细胞成熟过程在壶腹中进行，精巢背侧有输精管，多见于鲤科、鲱科、鲑科、狗鱼科、鳕科及鳉科等鱼类。辐射型精巢，其精子发育成熟地方呈辐射排列的叶片状，底部有输精管，见于鲈形目鱼类（图 15-17）。

2. 生殖导管

雄性生殖导管为输精管，呈分枝状分布在精巢边缘，与精小叶腔相通。软骨鱼类以中肾管（吴夫氏管）作为输精管，真骨鱼类由腹膜褶连接形成的管道作为输精管，与肾管无关。板鳃类、全头类雄性的腹鳍内侧生有交接器，也称鳍脚，精液可顺此流出；真骨鱼类中的鳉科鱼类多数体内受精，可形成比较简单的交配器。

雌性生殖导管为输卵管。软骨鱼类输卵管为米勒氏管，左右输卵管在肝脏前方延伸汇合为输卵管腹腔口，然后形成壳腺、子宫，最后开口于泄殖腔。全骨类、肺鱼类、部分真骨鱼类等游离卵巢鱼类，其输卵管也是米勒氏管。大部分具有封闭卵巢的真骨鱼类，输卵管由腹膜褶连接而成，与卵巢直接连接，与米勒氏管无关。有些真骨鱼类，输卵管退化或消失；雌鳑鲏鱼等少数种类，其输卵管延伸到体外形成延长的产卵管。

（八）神经系统与感觉器官

1. 中枢神经系统

（1）脑

鱼类的脑已分化为五部分，即端脑、间脑、中脑、小脑和延脑；大脑中具左右侧脑室（第一、第二脑室），间脑中具第三脑室，中脑内腔称中脑导水管，延脑内腔形成第四脑室（图 15-18）。

端脑（telencephalon）位于脑最前面，由嗅脑和大脑两部分组成。其中，嗅脑包括嗅

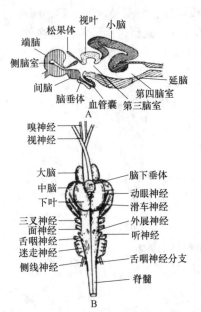

图 15-18　鱼类脑及脑神经

A. 脑及脑室；B. 脑神经

球、嗅束及嗅叶等三部分，软骨鱼类嗅脑具以上三个部分；硬骨鱼类中的鲤形目鱼类等嗅脑由嗅球及嗅束组成，鲈形目鱼类嗅脑不分化，仅具嗅叶。大脑紧接嗅脑后方，已分为左右两部分，即左右两个大脑半球；大脑背壁无神经组织，由上皮细胞组成，称古脑皮；大脑腹壁有许多神经细胞集中而形成纹状体，这是真正的脑组织所在。鱼类端脑是嗅觉中枢，其纹状体是运动的高级中枢，与鱼类行动有关。

间脑（diencephalon）位于大脑后方的凹陷部分，常被中脑所遮盖。间脑背面具脑上腺（epiphysis 或称松果腺 pineal gland），腹面有视交叉、漏斗、脑垂体、下叶、血管囊和第三脑室等结构。间脑与脑各部分有复杂的联系，一般认为它具有重要的综合交换作用，也是感觉中枢和暗化中枢；下丘脑能分泌神经激素；血管囊在深海鱼类中特别发达，是一种压力感受器。

中脑（mesencephalon）由腹面的被盖及背面的顶盖两部分组成，顶盖分为两个半球，称为视叶。中脑是鱼类最高视觉中枢，上有视神经末梢；中脑有通向延脑的神经纤维，对鱼体的运动和平衡有调节作用。

小脑（cerebellum）位于中脑后方，许多硬骨鱼类小脑向前突出的小脑瓣伸入中脑腔，有些鱼类小脑两侧具耳状或球状突起的小脑鬈。小脑是鱼类活动的主要运动协调中枢，运动激烈的鱼类小脑发达。小脑鬈与内耳及侧线器官有密切联系，兼为听觉和侧线的汇同中枢。

延脑（medulla oblongata）是脑的最后部分，后部通出头骨枕孔后即为脊髓。许多鱼类延脑前部有一个面叶和一对迷走叶；板鳃类延脑前端两侧为绳状体；延脑背面有脉络丛。延脑是第 V 到第 X 对脑神经的发出处，被称为生命中枢，听觉侧线感觉中枢、呼吸中枢、味觉中枢、皮肤感觉中枢、色素细胞调节中枢等均位于延脑。

鱼类脑的构造存在生态适应，如主要借视觉觅取饵料的外海上层鱼类，视叶特别发达，小脑比较大；底栖生活鱼类，具发达的纹状体，小脑通常较小；浅海活泼游泳鱼类，小脑比上层鱼类小而比底层鱼类发达，视叶比底层鱼类发达，嗅叶比上层鱼类发达。

（2）脊髓

鱼类脊髓是一条扁椭圆长柱状管子，位于椎体上方的髓弓内，紧接在延脑之后，向后伸达尾椎末端。脊髓背面正中具背中沟，腹面正中有腹中沟，中间有中空的髓管或中心管。在肩带胸鳍以及腹鳍和臀鳍所在部位，分别形成肩膨大和腰膨大。脊髓横切观察，中央部分为灰质，属神经原本体所占据区域；灰质中央为中心管；灰质向腹面突出两个腹角，为脊神经腹根发出处；灰质向背面突出两个背角，为脊神经背根通入处。灰质四周为白质，为神经纤维。

脊髓在功能上是神经传导路径和简单反射中枢，其神经纤维一部分留在脊髓内，具反射机能，另一部分则连接脊髓和脑部的上行纤维和下行纤维。

2．外周神经系统

外周神经系统由中枢神经系统发出的神经和神经节组成，包括脊神经和脑神经，其作用是传导感觉冲动到中枢神经或由中枢神经向外周传导运动冲动。

（1）脑神经

鱼类脑神经共 10 对，从功能上分感觉神经、运动神经和混合神经（图 15-18）。非洲肺鱼等少数鱼类还具有一对端神经。

嗅神经：第Ⅰ对脑神经，由嗅觉细胞发出的神经纤维达到端脑嗅叶上，仅包括感觉神经元的轴突，没有树突，为纯感觉性神经，专司嗅觉。

视神经：第Ⅱ对脑神经，细胞分布于视网膜，神经纤维穿过眼球到达间脑腹面形成视交叉，神经末端达到中脑，为纯感觉性神经，专司视觉。

动眼神经：第Ⅲ对脑神经，由中脑腹面发出，分布到眼球上直肌、下直肌、内直肌及下斜肌，为纯运动性神经，专司眼球运动。

滑车神经：第Ⅳ对脑神经，由中脑后背缘发出，分布到眼球上斜肌，是运动神经中唯一由中枢神经系统背面发出的一对，为纯运动性神经，专司眼球运动。

三叉神经：第Ⅴ对脑神经，起于延脑前侧面，通出脑匣前称为半月神经节，半月神经节后分为四支：深眼支、浅眼支、上颌支及下颌支，分别分布到嗅黏膜、头顶和吻端的皮肤以及上下颌各部，为混合神经，主司颌部动作，同时接受来自头部皮肤、唇部、鼻部及颌部的感觉刺激。

外展神经：第Ⅵ对脑神经，由延脑腹面发出，分布到眼球外直肌，为纯运动性神经，专司眼肌运动。

面神经：第Ⅶ对脑神经，由延脑侧面发出，十分粗大，分为浅眼支、口部支、舌颌支及口盖支共四大支，为混合神经，支配头部各肌与舌弓各肌，并司皮肤、舌根前部及咽部等处感觉，与触须上味蕾和头部感觉管也有密切联系。

听神经：第Ⅷ对脑神经，源于延脑侧面，分布到内耳椭圆囊、球状囊以及各壶腹，是纯感觉性神经，专司听觉与平衡。

舌咽神经：第Ⅸ对脑神经，源于延脑侧面，主干上有一神经节，节后分出两支，一支为第一鳃裂前的孔前支，一支为第一鳃裂后的孔后支，它们分布到口盖、咽部以及头部侧线系统，为混合性神经，司口盖及咽部的感觉。

迷走神经：第Ⅹ对脑神经，源于延脑侧面，是脑神经中最粗大的一对，分出鳃支、内脏支及侧线支共三大分支，系混合性神经，支配咽区和内脏动作，并司咽部味觉以及躯干部皮肤的各种感觉和侧线感觉。

(2) 脊神经

在结构上，分节排列，由脊髓按体节成对地向两侧发出，其数目与脊椎和肌节数目相对应。每对脊神经均包括 1 个背根和 1 个腹根。其中，背根含感觉神经纤维，来自皮肤和内脏；腹根含运动神经纤维，分布到肌肉和腺体。背根和腹根在穿出椎骨前相互合并，穿出椎骨后即分为背支、腹支和内脏支三个分支，它们均包含有感觉神经纤维和运动神经纤维。背支分布到背部肌肉和皮肤；腹支分布到腹部肌肉和皮肤；内脏支分布到肠胃和血管等内脏器官上。

3. 植物性神经系统

植物性神经系统是专门管理平滑肌、心肌、内分泌腺和血管扩张收缩等活动的神经，与内脏生理活动、新陈代谢有密切关系。它由中枢神经系统发出，不直接到达所支配器官，通过神经节交换神经原后再到达支配器官。植物性神经系统包括交感神经和副交感神经两部分，两者在分布上相一致，同时分布到所支配的内脏器官，但在作用上则相反，一组兴奋，另一组则阻遏，通过这种相互拮抗、相辅相成的作用，维持所支配器官的功能平衡。

鱼类交感神经主要是躯干部脊髓发出的内脏离心神经纤维，硬骨鱼类有两条交感神经干，位于脊柱两旁腹侧，于脊神经相应位置处有交感神经节。交感神经自脑及脊髓发出后分为两段，自脑、脊髓到神经节的一段称为节前纤维，自神经到平滑肌、心肌及内分泌腺的一段称为节后纤维。交感神经干向前伸达第V对脑神经，与第V、Ⅶ、Ⅸ、Ⅹ脑神经的神经节相连。副交感神经是头部发出的内脏离心神经纤维，也具有节前和节后纤维，但神经节则位于其作用的器官上或其紧邻处，这一点不同于交感神经。硬骨鱼类副交感神经与第Ⅲ和第Ⅹ对脑神经相联系，分布到眼球睫状体平滑肌和虹膜、食道、胃、肠以及附近的一些器官上。

4. 感觉器官

鱼类感觉器官主要有皮肤感觉器官、听觉器官、视觉器官、嗅觉器官及味觉器官等。

(1) 皮肤感觉器官

鱼类皮肤感觉器官有感觉芽、神经丘、侧线器官和罗伦氏壶腹（软骨鱼类特有）。神经丘是鱼类皮肤感觉器官的基本单位，由几个感觉细胞和一些支持细胞所组成。其中，感觉细胞低于四周支持细胞，上都有1根粗而长的动毛和数个多而细短的不动毛；支持细胞分泌物在感觉器外表凝结成一长的胶质顶，包藏着感觉毛。神经丘在板鳃类和硬骨鱼类头部和躯干部均能见到，且头部较多；由第Ⅶ、第Ⅸ对脑神经分支支配，具感觉水流、水压及盐度变化的功能。

侧线是鱼类及水生两栖类所特有的皮肤感觉器，沟状或管状，分布在头部及身体两侧。侧线管在体侧穿过鳞片，在头部则埋在膜骨内。侧线在鱼类身体两侧一般各有1条，少数每侧有2条、3条或更多；在头部则分成眶上管、眶下管、鳃盖舌颌管、横枕管等若干分支。侧线主管形成很多分支小管，至体外开孔；在相邻两个分支小管间，均分布有1个感觉结节点，其感觉细胞上的神经末梢通过侧线神经与延脑发出的迷走神经相连。鱼类侧线具有测定方位、感觉水流、感受低频率声波、感应温度、辅助趋流性定向以及对鱼类摄食、避敌、生殖、集群和洄游等活动具有作用。另外，侧线的发达程度与鱼的生活方式和栖息场所有密切关系。

(2) 听觉器官

鱼类听觉器官只有内耳，没有中耳及外耳。内耳埋藏在头骨听囊内，由椭圆囊和球囊两部分构成。上部椭圆囊前、后及侧壁各连一条半圆形的半规管，即前半规管、后半规管和侧半规管，它们相互垂直；每个半规管一端与椭圆囊相接处膨大形成球形壶腹，共3个。下部球状囊与椭圆囊内部相通，其后方突出一瓶状囊，并通出一条内淋巴管穿过椭圆囊。内耳各腔内面有感觉细胞，在壶腹内的感觉上皮形成听嵴，在椭圆囊和球囊内的感觉上皮称为听斑，它们与第Ⅷ对脑神经的末梢相联系，具有平衡和听觉功能。内耳腔内各囊内壁常分泌石灰质，形成耳石，与听斑紧密相贴，可感受压力变化。椭圆囊、球囊和瓶状囊中的耳石分别为微耳石、矢耳石和星耳石，它们常用作鱼类年龄鉴定的材料。

(3) 视觉器官

鱼类视觉器官是眼，位于脑颅两侧的眼眶内，由被膜及调节结构组成。被膜包括巩膜、脉络膜和视网膜三层，具保护眼球的作用。巩膜位于眼球最外层，在眼球前方部分是透明的角膜。紧贴巩膜内的一层为脉络膜，由银膜、血管膜及色素膜三层组成，富含血管和色素；脉络膜向前延伸到眼球前方即为虹膜，其中央的孔为瞳孔。眼球最内层为视网膜，有神经分布，是视觉产生的部位；视网膜由色素上皮层、视杆细胞和视锥细胞、双极细胞和节细胞共4层结构构成；在视网膜上视神经通过的地方不发生感觉，此处称为盲点。鱼眼内部调节结构主要有晶状体、水状液、玻璃液、镰状体、铃状体和悬韧带等；晶状体与角膜之间为透明而流动性大的水状液，晶状体与视网膜之间为黏性很强的玻璃液。

鱼眼无眼睑和泪腺；晶状体圆球状，缺乏弹性，硬而难变形，双眼视野小、近视；具有感觉颜色和光线强弱以及辨别形状的功能。

(4) 嗅觉器官

鱼类嗅觉器官是嗅囊，位于鼻腔中，以外鼻孔与外界相通。嗅囊由多褶的嗅觉上皮组成，其分化为支持细胞和嗅觉细胞；支持细胞较粗壮，感觉细胞呈线状或杆状，基部有神经末梢分布。鱼类嗅囊形状因鼻腔形状而异,有圆形、椭圆形或不规则形。除内鼻孔亚纲外,鱼类仅具外鼻孔,鼻腔不与口腔相通,其功能主要有感觉气味、识别同种和不同种鱼类的身体气味、辨别水质。

(5) 味觉器官

鱼类味觉器官是味蕾,为化学感觉器,具有感觉味道的能力。味蕾分布很广,从体侧到尾部,其在口腔、舌、鳃弓、鳃耙、体表皮肤、触须及鳍上都有分布;调控中枢在延脑。

四、鱼类的洄游

洄游(migration)是指某些鱼类在生命周期的一定时期发生的定期、定向、周期性集群迁移活动。洄游是鱼类长期适应环境条件而形成的固有特性,具有明显的规律性,通过洄游得以完成鱼类生活史中生殖、索饵、越冬、成长等各个重要环节。掌握鱼类洄游规律,对发展海洋捕捞、鱼类资源保护、海水鱼类增殖、养殖等具有重要意义。

按照鱼类洄游目的,可划分为生殖洄游(breeding migration)、索饵洄游(feeding migration)和越冬洄游(overwintering migration)。在同一鱼类生活史中,三种洄游类型是密切联系、互相连贯而又具不同程度的交叉(图15-19)。

1. 生殖洄游

从越冬场或索饵场向产卵场定期、定向、沿固定路线的集群性迁徙,称生殖洄游。根据产卵场地不同,有下列三种类型。

① 由深海游向浅海或近岸　见于大黄鱼、小黄鱼、鳓鱼、鲐鱼、马鲛、鲔、鲣等多数海洋鱼类,成鱼生活在海洋,但其产卵场多在天然饵料丰富、温度和盐度适宜的浅海近湾或河口附近。

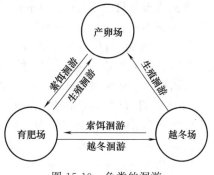

图 15-19　鱼类的洄游

② 溯河洄游　成鱼在海洋中生活,繁殖期间到江河产卵,如鲥、鯮、银鱼、鲟鱼、大马哈鱼等鱼类。溯河产卵洄游的鱼类相当普遍。大马哈鱼逆水上游能力很强,途中会克服重重困难,奋力到达目的地,另外大马哈鱼产卵洄游的"回归"性很强,世世代代都不会忘记从海洋回到原出生淡水河流里进行繁殖。

③ 降河洄游　成体平时栖息在淡水,性成熟后离开索饵和生长的水域,向江河下游移动,并游向深海,典型代表如鳗鲡。

2. 索饵洄游

鱼类追随或寻找饵料所进行的迁徙,称为索饵洄游。产卵后的鱼群或接近性成熟和准备再次性成熟的鱼群,索饵洄游表现较为明显。因索饵洄游是基于饵料为基础,所以洄游路线、方向和时间变动较大。

3. 越冬洄游

暖水性鱼类于冬季温度下降时避开冷冻寒流,游到温度适宜的地方度过严冬,称为越冬洄游。其开始的时间、线路和地点受水温、海流等诸多水文条件影响较大。

第二节　鱼纲的分类

鱼纲是脊椎动物中种类最多的一个类群,最新记录种类已达31000多种。关于鱼类分类的历史比较长,不少鱼类学家均提出了不同特点的分类系统。目前,世界上普遍接受的是前苏联学者拉斯（Rass T. S.）和林德贝尔格（Greenwood P. S.）提出的拉斯体系，将现存鱼类分为软骨鱼纲和硬骨鱼纲，软骨鱼纲分为 2 个亚纲、2 个总目、13 个目，硬骨鱼纲分为 2 个亚纲、11 个总目、39 个目。为方便教学，本节依据拉斯体系，将"软骨鱼纲"和"硬骨鱼纲"分类单位作为"软骨鱼类"和"硬骨鱼类"进行对待，分别介绍了目以上的分类概况以及硬骨鱼类中具重要渔业价值的科。

一、鱼纲的分类概况

（一）软骨鱼类

内骨骼全为软骨，外骨骼为盾鳞、棘刺或退化消失；角质鳍条；头部每侧具鳃裂 5～7 个，各自开口于体外，或具鳃裂 4 个，外被一膜状鳃盖；雄性具鳍脚；肠短，具螺旋瓣；歪型尾；体内受精，卵生、卵胎生、胎生。软骨鱼类世界性分布，多数种类生活在海洋，以低纬度海洋为主要栖息场所，个别种类生活于淡水，包括 2 亚纲。

1. **板鳃亚纲**（Elasmobranchii）

鳃孔 5～7 对，各自开口体外；雄性无腹前鳍脚和额上鳍脚，共 2 个总目。

(1) **侧孔总目**（Pleurotremata）

也称鲨形总目（Selachomorpha），体呈纺锤形，鳃裂位于头部两侧，胸鳍前缘游离，与体侧和头侧不愈合，共有 8 个目。

① 六鳃鲨目（Hexanchiformes）　鳃孔 6～7 对；背鳍 1 个，无硬棘；有臀鳍；有喷水孔；眼侧位，无瞬膜；鼻孔近吻端，不与口相连；卵胎生。我国仅产六鳃鲨科（Hexanchidae），如扁头哈那鲨（*Notorynchus cepedianus*）（图 15-20A）。

② 锯鲨目（Pristiophoriformes）　体纺锤形，头显著平扁；吻很延长，呈剑状，两侧有齿形结构；鼻孔前方腹面具 1 对皮须；眼上侧位，具瞬褶；喷水孔大；鳃孔 5～6 个，均位于胸鳍起点的前方；背鳍 2 个，无硬棘；无臀鳍。我国仅产锯鲨科（Pristiophoridae），如日本锯鲨（*Pristiophorus japonicus* Gunther）（图 15-20B）。

③ 扁鲨目（Squatiniformes）　体平扁，吻短宽；胸鳍扩大，前缘游离；鳃裂宽大；背鳍 2 个，无棘，无臀鳍；眼上位。仅扁鲨科（Squatinidae），如星云扁鲨（*Squatina nebulosa* Regan）（图 15-20C）。

④ 角鲨目（Squaliformes）　体呈纺锤形或卵圆形；背鳍 2 个，多数各具 1 棘；无臀鳍；鳃裂 5 对，位于胸鳍基底前方。小型或中小型底栖近岸鲨类，共 3 科 90 余种，如长吻角鲨（*Squalus mitsukurii*）（图 15-20D）。

⑤ 虎鲨目（Heterodontiformes）　体前部粗壮，几呈三菱形，头厚且高；鳃孔 5 对；背鳍 2 个，各具 1 硬棘；具臀鳍；具鼻口沟；均为海产。如宽纹虎鲨（*Heterodontus japonicus*）和狭纹虎鲨（*Heterodontus zebra*）（图 15-20E）。

⑥ 真鲨目（Carcharhiniformes）　眼有瞬膜或瞬褶；肠道螺旋瓣呈螺旋形或画卷形；背鳍 2 个，无硬棘；具臀鳍；鳃裂 5 个。本目共 8 科 200 余种，我国产猫鲨科（Seyliouhinidae）、皱唇鲨科（Triakidae）、拟皱唇鲨科（Pseudotriakidae）、真鲨科（Carcharhinidae）和双髻鲨科（Sphyrnidae）共 5 个科，如阴影绒毛鲨（*Cephaloscyllium umbratile*）、皱唇鲨（*Triakis scyllium*）、黑印真鲨（*Carcharhinus menisorrah*）、白斑星鲨（*Mustelus manazo*）（图 15-20F）、路氏双髻鲨（*Sphyrna lewini*）（图 15-20G）。

⑦ 须鲨目（Orectolobiformes）　具鼻口沟，或鼻孔开口于口内；前鼻瓣常具 1 鼻须或喉部具 1 对皮须；眼小，无瞬膜或瞬褶；有臀鳍和 2 个背鳍，前无硬棘。分须鲨科（Orectolobidae）、橙黄鲨科（Cirrhoscylliidae）和鲸鲨科（Rhincodontidae）3 个科，如斑点须鲨

（*Orectolobus maculatus*）和鲸鲨（*Rhincodon typus*）（图 15-20H）。

⑧ 鲭鲨目（Isuriformes）　鳃孔 5 个；背鳍 2 个，无硬棘；具臀鳍；无瞬膜或瞬褶；无鼻口沟、鼻孔不开口于体内。依据第二背鳍的大小与形状、尾鳍形状、鳃孔大小，可分为锥齿鲨科（Carchariidae）、鲭鲨科（Lamnidae）、姥鲨科（Cetorhinidae）和长尾鲨科（Alopiidae）4 个科，如大西洋锥齿鲨（*Odontaspis taurus*）、细尾长尾鲨（*Alopias vulpinus*）、噬人鲨（*Carcharodon carcharias*）（图 15-20I）、姥鲨（*Cetorhinus maximus*）（图 15-20J）。

（2）下孔总目（Hypotremata）

也称鳐形总目（Batomorpha），鳃裂位于头部腹面，体平扁而宽，呈菱形或盘形，胸鳍前缘与体侧或头侧愈合，共有 4 个目。

① 电鳐目（Torpediniformes）　体平扁，体盘圆或卵圆形，前部不尖；头与胸鳍间每侧有一发电器官；尾部短，基部宽，向后渐窄；背鳍 2 或 1 或全无；尾鳍存在。我国仅产电鳐科（Torpedinidae）和单鳍电鳐科（Narkidae），如丁氏双鳍电鳐（*Narcine timlei*）、日本单鳍电鳐（*Narke japonica*）（图 15-21A）。

② 锯鳐目（Pristiformes）　体纺锤形，头与躯干平扁；吻平扁狭长，剑状突出，边缘具坚大锯齿；鳃孔 5 个，腹位；背鳍 2 个，无棘；尾粗大，尾鳍发达。仅锯鳐科（Pristidae），如尖齿锯鳐（*Pristis cuspidatus* Latham）（图 15-21B）。

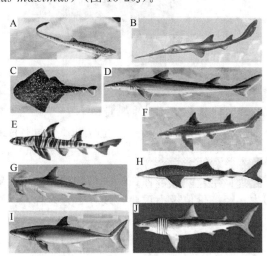

图 15-20　侧孔总目代表种类
A. 扁头哈那鲨；B. 日本锯鲨；C. 星云扁鲨；
D. 长吻角鲨；E. 狭纹虎鲨；F. 白斑星鲨；
G. 路氏双髻鲨；H. 鲸鲨；I. 噬人鲨；J. 姥鲨

③ 鳐形目（Rajiformes）　胸鳍扩大，向前延伸至头侧中部或吻端，形成体盘；体平扁，体盘呈犁形、宽菱形或圆形；吻三角形突出、尖突或钝圆；背鳍 2 个，无硬棘；尾鳍发达、不甚发达或缺如。如斑纹犁头鳐（*Rhinobatos hynnicephalus*）和中国团扇鳐（*Platyrhina sinensis*）（图 15-21C、D）。

④ 鲼形目（Myliobatiformes）　胸鳍前延伸达吻端或前部，分化为吻鳍或头鳍；体平扁，盘状或菱形；头不突出；尾细长如鞭；背鳍 1 个或无，常具尾刺。常见科有魟科（Dasyatidae）、燕魟科（Gymnuridae）、六鳃魟科（Hexatrygonidae）、扁魟科（Urolophidae）、鲼科（Myliobatidae）、鹞鲼科（Aetobatidae）、牛鼻鲼科（Rhinopteridae）和蝠鲼科（Mobulidae），代表动物有赤魟（*Dasyatis akajei*）、日本燕魟（*Gymnura japonica*）、斑点鹞鲼（*Aetobatus guttatus*）、日本蝠鲼（*Mobula japonica*）、聂氏无刺鲼（*Aetomylaeus nichofii*）（图 15-21E）等。

2. 全头亚纲（Holocephali）

鳃裂 4 对，外被膜状假鳃盖，鳃孔 1 对；雄性具腹前鳍脚和额上鳍脚。现存仅银鲛目（Chimaeriformes），3 科近 30 种。我国只产银鲛属（*Chimaera*）和兔银鲛属（*Hydrolagus*）共 2 个属。代表动物黑线银鲛（*Chimaera phantasma* Jordan et Snyder）（图 15-21F）。

（二）硬骨鱼类

内骨骼为硬骨；体被骨鳞或硬鳞，或裸露无鳞；骨质鳍条；鳃裂外覆骨质鳃盖，鳃孔 1

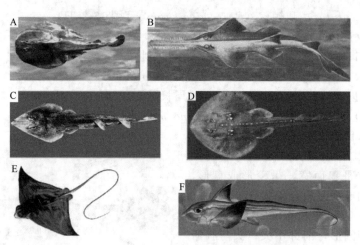

图 15-21　下孔总目和全头亚纲代表动物
A. 日本单鳍电鳐；B. 尖齿锯鳐；C. 斑纹犁头鳐；D. 中国团扇鳐；E. 聂氏无刺鲼；F. 黑线银鲛

对；正形尾；鳔通常存在，大多数种类肠内无螺旋瓣；心脏没有动脉圆锥；多为体外受精和卵生。经济价值极为重要，现存 2 万多种，共分 2 个亚纲。

1. 内鼻孔亚纲（Choanichthyes）

一般具内鼻孔，偶鳍中有多节的中轴骨，偶鳍基部呈肉质桨叶状，也称肉鳍亚纲（Sarcopterygii）。

(1) 总鳍总目（Crossopterygiomorpha）

一群古老原始的鱼类，现存仅 1 目（腔棘鱼目）1 科（矛尾鱼科）1 种，无内鼻孔，尾鳍三叶，圆鳞；鳔骨化，失去肺的功能。矛尾鱼（*Latimeria chalumnae Smith*）是现存唯一种类。

(2) 肺鱼总目（Dipneustomorpha）

具内鼻孔；有动脉圆锥；鳔可在陆上呼吸；尾鳍与背鳍、臀鳍相连。现存 2 目、3 科、5 种，分布于南美洲、非洲及澳洲的热带水域里，我国没有分布。如澳洲肺鱼（*Neoceratodus forsteri*）、美洲肺鱼（*Lepidosiren paradoxa*）和 3 种非洲肺鱼。

2. 辐鳍亚纲（Actinopterygii）

无内鼻孔，偶鳍中不存在多节的中轴骨，偶鳍基部不呈肉质浆叶状（多鳍鱼例外），分为 42 目、428 科、3678 属，约 21485 个种和亚种。

(1) 硬鳞总目（Ganoidomorpha）

仍保留着一些原始性状，腹鳍腹位，胸鳍位低，尾鳍歪尾型；大多数喉部具喉板；菱形硬鳞；肠内有螺旋瓣。共分 4 个目：鲟形目和多鳍鱼目，为软骨硬鳞鱼类（Chondrostei），存在喷水孔；弓鳍鱼目和雀鳝目，为硬骨硬鳞鱼类（Holostei），无喷水孔。其中，经济价值大的鲟形目（Acipenseriformes）分鲟科（Acipenseridae）和白鲟科（匙吻鲟科，Polydontidae）。鲟科体具 5 行骨板，吻中长，胸鳍第一鳍条已演变为棘，常见鳇（*Huso dauricus*）、史氏鲟（*Acipenser schrenckii Brandt*）、达氏鲟（*Acipenser dabryanus*）和中华鲟（*Acipenser sinensis*）。匙吻鲟科体无成行骨板，吻长如汤匙状，胸鳍无棘，常见有白鲟（*Psephuyrus gladius*）。白鲟与中华鲟均被列入国家一级重点保护野生动物。

(2) 鲱形总目（Clupeomorpha）

腹鳍腹位，鳍条常不少于 6 枚；胸鳍基部低；鳍无棘；圆鳞。分为 6 个目。

① 海鲢目（Elopiformes）　颏下中央具喉板；背鳍 1 个，偶鳍基有腋鳞。分为海鲢亚目

（Elopoidei）和北梭鱼亚目（Albuloidei），前者有喉板，后者无喉板。常见有大海鲢（*Megalops cyprinoides*）、北梭鱼（*Albula vulpes*）和海鲢（*Elops saurus Linnaeus*）。

②鼠鱚目（Gonorhynchiformes）　圆鳞或栉鳞；有侧线；各鳍无鳍棘，背鳍1个，腹鳍腹位；偶鳍基有腋鳞；许多种类有鳃上器官。分为鼠鱚亚目（Gonorynchoidei）和遮目鱼亚目（Chanoidei），前者头体被小的栉鳞，后者头体被圆鳞。常见鼠鱚（*Gonorhynchus abbreviatus*）和遮目鱼（*Chanos chanos*）。

③鲱形目（Clupeiformes）　各鳍均无鳍棘，偶鳍基有腋鳞，背鳍1个，腹鳍腹位；口裂上部边缘由前颌骨和上颌骨组成；圆鳞，无侧线；鳔有管，通食道。该目是当今世界渔业产量最高的一类，分4科约330种，如世界产量最高的秘鲁鳀（*Engraulis ringens*）、居第二位的远东拟沙丁鱼（*Sardinops melanostictus*），以及我国重要的经济鱼类鲥（*Iisha dlongata*）、鲚（*Tenualosa reevesii*）、凤鲚（*Coilia mystus*）等。

④鲑形目（Salmoniform）　许多种类背鳍后方具1脂鳍；具侧线；部分种类偶鳍基有腋鳞。该目包括在世界渔业中占重要地位的鲑鳟鱼类，经济价值很高，分为9个亚目，常见有鲑亚目（Salmonoidei）、胡瓜鱼亚目（Osmeroidei）和狗鱼亚目（Esocoidei）。鲑亚目大多数种类溯河洄游性鱼类，分鲑科（Salmonidae）和茴鱼科（Thymallidae），前者背鳍条17条以下，后者背鳍条17条以上，常见的大马哈鱼（*Oncorhynchus keta*）、虹鳟（*Oncorhynchus mykiss*）、黑龙江茴鱼（*Thymallus arcticus grubei* Dybowsky）等都是名贵经济鱼类。胡瓜鱼亚目中银鱼科（Salangidae）和香鱼科（Plecoglossidae）中的多数也是重要的养殖鱼类。

⑤灯笼鱼目（Myctophiformes）　口裂上缘仅由前颌骨组成；有脂鳍；很多种类有发光器官；多为深海鱼类。常见狗母鱼科（Synodontidae）中的长蛇鲻（*Saurida elongata*）、龙头鱼科（Harpodontidae）中的龙头鱼（*Harpodon nehereus*）、灯笼鱼科（Myctophidae）中的七星鱼（*Benthosema pterotum*）。

⑥鲸口鱼目（Cetomimiformes）　体裸露或有小棘；背鳍1个，位于臀鳍之上；腹鳍条2～6，或完全不存在；多为深海鱼类。

(3) 鳗鲡总目（Anguillomorpha）

体延长；腹鳍腹位或无；背鳍与臀鳍通常很长，且与尾鳍相连；仔鱼体似柳叶，个体发育中经过明显变态。分3个目，我国仅产鳗鲡目（Anguilliformes）。鳗鲡目体呈鳗形，各鳍均无鳍棘，体裸露；多为营沿岸性生活的海产鱼类，少数种类进入淡水生活；均可食用，具重要的经济价值，常见的科有鳗鲡科（Anguillidae）、康吉鳗科（Congridae）、海鳗科（Muraenesocidae）、海鳝科（Muraenidae）、蛇鳗科（Ophichthyidae）等，常见的经济种类有鳗鲡（*Anguilla japonica*）和花鳗（*Anguilla mauritiana*）。

(4) 鲤形总目（Cyprinomo pha）

腹鳍腹位，背鳍1个，有些种类具脂鳍；通常无硬棘，有时背鳍、臀鳍及胸鳍具1～3枚假棘；鳔有管通于消化管；具韦伯氏器，亦称骨鳔类（Ostariophysi）。分为2个目。

①鲤形目（Cypriniformes）　体被圆鳞或裸露；上颌骨发达，许多种类上下颌无齿，下咽骨具齿。均为淡水鱼类，全世界共3000多种，分鲤亚目（Cyprinoidei）、脂鲤亚目（Characinoidei）和电鳗亚目（Gymnotoidei）。其中，鲤亚目下咽骨扩大呈镰刀形，是淡水鱼的主要类群，世界性分布，大多数栖息于热带、亚热带水域，常见有双孔鱼科（Gyrinocheilidae）、胭脂鱼科（Catostomidae）、鲤科（Cyprinidae）、裸吻鱼科（Psilorhynchidae）、鳅科（Cobitidae）和平鳍鳅科（Homalopteridae）共6个科。胭脂鱼（*Myxocyprinus asiaticus*）和双孔鱼（*Gyrinocheilus aymonieri*）属易危或濒危鱼类，为我国国家级保护野生

动物。

② 鲇形目（Siluriformes） 体裸露或被骨板；上颌骨退化；口须 1～4 对；两颌有齿，咽骨正常具细齿；无下鳃盖骨及顶骨，无肌间骨；常具脂鳍；胸鳍和腹鳍常具 1 强大硬棘；无幽门盲囊。广泛分布于淡水中，生活习性十分多样，为重要食用鱼类，共有 30 余科 1000 余种。常见的科有鲇科（Siluridae）、胡子鲇科（Clariidae）、鳗鲇科（Plotosidae）、海鲇科（Ariidae）、鲿科（Bagridae）、鮡科（Sisoridae）。

(5) 银汉鱼总目（Atherinomorpha）

腹鳍腹位或亚胸位；胸鳍位高，基底斜或垂直；背鳍 1 或 2 个；体被圆鳞；鳔无管。包括 3 个目。

① 颌针鱼目（Beloniformes） 体延长，被圆鳞，侧线位低；鳍无棘，背鳍 1 个，位于臀鳍上方，腹鳍腹位，胸鳍位于近体背方；口裂上缘仅由前颌骨组成；左右下咽骨完全愈合。分 4 科，主要为海洋鱼类，如竹刀鱼（*Cololabis saira*）。

② 鳉形目（Cyprinodontiformes） 鳍无棘；背鳍 1 个，位于臀鳍上方；腹鳍腹位，具 6～7 个鳍条；体被圆鳞，无侧线。生活在热带及亚热带的小型淡水鱼类，为名贵观赏鱼类。雌性大于雄性；食蚊鱼科（Poeciliidae），多卵胎生，雄鱼具交配器。常见有食蚊鱼（*Gambusia affinis*）。

③ 银汉鱼目（Atheriniformes） 背鳍 2 个；腹鳍小，亚胸位；体侧有银白色纵带。暖温性近海小型鱼类，常见有白氏银汉鱼（*Atherina bleekeri* Gunther）和福氏银汉鱼（*Atherina forskali* Ruppell），前者眼较小，第一背鳍与肛门垂直线间有 5～6 鳞，后者眼较大，第一背鳍与肛门垂直线间有 2～3 鳞。

(6) 鲑鲈总目（Parapercomorpha）

腹鳍亚胸位或喉位；圆鳞或栉鳞；有些种类具脂鳍；鳔无管；奇鳍有棘或无。包括鲑鲈目（Percopsiformes）和鳕形目（Gadiformes）2 个目。其中，鳕形目大多数种类鳍无棘，背鳍 1～3 个，臀鳍 1～2 个，胸鳍位高，尾鳍等尾型，许多种类颏部有 1 须。该目多为冷水性鱼类，为世界渔业重要捕捞对象，产量仅次于鲱形目而占据第二位，如狭鳕（*Theragra chalcogramma*）、大西洋鳕（*Gadus morhua*）、挪威鳕（*Trisopterus esmarkii*）、青鳕（*Pollachius virens*）、黑线鳕（*Melanogrammus aeglefinus*）以及鳕鱼（*Gadus macrocephalus* Tilesius）等。

(7) 鲈形总目（Percomorpha）

腹鳍胸位或喉位，通常具鳍棘；体常被栉鳞；口裂上缘仅由前颌骨组成；鳔无管或无鳔。共有 10 个目。

① 金眼鲷目（Beryciformes） 体稍侧扁；有眶蝶骨，无中乌喙骨；腹鳍胸位，具 1 鳍棘、6～13 鳍条；尾鳍鳍条 18～19。常见有红金眼鲷（*Beryx splendens* Lowe）、骨鳞鱼（*Ostichthys japonicus*）、松球鱼（*Monocentris japonica*）。

② 海鲂目（Zeiformes） 体极侧扁而高；上颌显著突出；腹鳍腹位；鳞细小或无。常见种类有海鲂（*Zeus japonicus* Cuvier et Valenciennes）和菱鲷（*Antigonia rubescens*），前者腹部有一系列骨片，后者腹部无骨板或锯齿。

③ 刺鱼目（Gasterosteiformes） 背鳍 1 或 2 个，一些种类第一背鳍为游离的棘；腹鳍胸位或亚胸位，或全无；吻多数呈管状；许多种类被骨板。常见种类有管口鱼（*Aulostomus chinensis* Gunther）、鳞烟管鱼（*Fistularia petimba* Lacepede）、玻甲鱼（*Centriscus scutatus* Linnaeus）、斑海马（*Hippocampus trimaculatus*）、尖海龙（*Syngnathus acus* Linnaeus）、中华多刺鱼（*Pungitius sinensis*）等，其中海龙和海马为重要药用鱼类。

④ 合鳃目（Synbranchiformes）　体鳗形；鳍无棘；无胸鳍；腹鳍很小，2 鳍条，喉位或无腹鳍；背鳍、臀鳍与尾鳍连在一起；左右鳃孔愈合为一横裂，位于喉部；无鳔；口咽腔及肠具呼吸空气能力。常见有黄鳝（*Monopterus albus*），重要经济鱼类，有性逆转现象。

⑤ 鲉形目（Scorpaeniformes）　也称杜父鱼目（Cottiformes），第二眶下骨后延与前鳃盖骨连接；头部常具棱、棘或骨板；体被栉鳞或圆鳞、绒毛状细刺或骨板、或光滑无鳞；胸鳍宽大。广泛分布于热带、温带及寒带海洋沿岸水域，近岸底层鱼类，共 7 个亚目，包括鲉亚目（Scorpaenoidei）、豹鲂鮄亚目（Dactylopteroidei）、杜父鱼亚目（Cottoidei）、六线鱼亚目（Hexagrammoidei）、鲬亚目（Platycephaloidei）、前鳍鲉亚目（Congiopodoidei）、棘鲬亚目（Hopliphthyoidoi）。其中，鲉亚目中的毒鲉科为重要的刺毒鱼类。常见种类有褐菖鲉（*Sebastiscus marmoratus*）、许氏平鲉（*Sebastes schlegeli*）、短鳍红娘鱼（*Lepidotrigla micropterus*）、鬼鲉（*Inimicus japonicus*）、毒鲉（*Synanceia verrucosa*）、鳄鲬（*Cociella crocodilus*）、大泷六线鱼（*Hexagrammos otakii*）。尤其，松江鲈（*Trachidermus fasciatus* Heckel）头部每侧鳃膜上有 2 条橙红色条纹，有"四鳃鲈"之称，为国家二级保护动物。

⑥ 鲈形目（Perciformes）　鳍一般具棘；背鳍 2 个，第一背鳍由鳍棘组成，第二背鳍由鳍条组成；腹鳍一般胸位，鳍条少于 6 枚；无脂鳍；无肌间骨。该目是真骨鱼类中种类最多的一个目，主要分布在温带、热带海洋内，许多种类具重要经济意义。共分为 20 亚目，我国产 15 亚目，包括鲈亚目（Percoidei）、隆头鱼亚目（Labroidei）、龙䲢亚目（Trachinoidei）、鳚亚目（Blennioidei）、绵鳚亚目（Zoarcoidei）、玉筋鱼亚目（Ammodytoidei）、鱼䲅亚目（Callionymoidei）、刺尾鱼亚目（Acanthuroidei）、带鱼亚目（Trichiuroidei）、鲭亚目（Scombroidei）、鲳亚目（Stromateoidei）、鰕虎鱼亚目（Gobioidei）、攀鲈亚目（Anabantoidei）、刺鳅亚目（Mastacembeloidei）、鮣亚目（Echeneoidei）。其中，石首鱼类和金枪鱼类在全世界鲈形目鱼类生产中占主要地位，其次为鲭科、鲹科等。常见种类有鲈鱼（*Lateolabrax japonicus*）、尖吻鲈（*Lates calcarifer*）、赤点石斑鱼（*Epinephelus akaara*）、鳜鱼（*Siniperca chuatsi*）、蓝圆鲹（*Decapterus maruadsi*）、卵形鲳鲹（*Trachinotus ovatus*）、红鳍裸颊鲷（*Lethrinus haematopterus* Temminck et Schlegel）、真鲷（*Pagrosomus major*）、大黄鱼（*Pseudosciaena crocea*）、小黄鱼（*Pseudosciaena polyactis*）、子陵栉鰕虎（*Ctenogobius giurinus*）、弹涂鱼（*Periophthalmus cantonensis*）、蓝点马鲛（*Scomberomorus niphonius*）、东方旗鱼（*Histiophorus orientalis* Temminck et Schlegel）、银鲳（*Pampus argenteus*）、攀鲈（*Anabas testudienus* Linnaeus）、圆尾斗鱼（*Macropodus ocellatus*）、乌鳢（*Channa argus*）等。

⑦ 鲽形目（Pleuronectiformes）　俗称比目鱼。身体甚为侧扁，成鱼左右不对称；各鳍均无棘（鳒类例外）；成鱼一般无鳔。几乎都是海洋鱼类，是重要的经济鱼类，分为鳒亚目（Psettodoidei）、鲽亚目（Pleuronectoidei）和鳎亚目（Soleoidei）。其中，鳒亚目背鳍始于头后；鲽亚目前鳃盖骨后缘常游离，背鳍起于眼上方；鳎亚目前鳃盖骨后缘均埋入皮下，背鳍起于吻背侧。常见种类有牙鲆（*Paralichthys olivaceus*）、高眼鲽（*Cleisthenes herzensteini*）、木叶鲽（*Pleuronichthys cornutus*）、半滑舌鳎（*Cynoglossus semilaevis* Gunther）。

⑧ 鲀形目（Tetraodontiformes）　体常短而粗笨，裸出或被以刺或骨板；上颌骨常与前颌骨相连或愈合，口小；鳃孔小，侧位；腹鳍如存在，则为胸位或次胸位；多为海水鱼类。分为鳞鲀亚目（Balistoidei）、箱鲀亚目（Ostracioidei）、鲀亚目（Tetraodontoidei）、翻车鲀亚目（Moloidei）共 4 亚目，常见种类有绿鳍马面鲀（*Navodon septentrionalis*）、红鳍东方鲀（*Fugu rubripes*）、翻车鲀（*Mola mola*）等。所谓的河鲀，泛指鲀科的各属鱼类，是近年海水养殖的主要发展对象；河鲀内脏含有毒素——河鲀毒素。

⑨ 月鱼目（Lampridiformes）　体延长呈带状，侧扁；口小；体被圆鳞或无鳞；各鳍无真正鳍棘，或具1～2棘（背鳍）；腹鳍胸位，鳍条1～17；臀鳍有或无。多为大洋性鱼类，共4个亚目，常见旗月鱼（*Velifer hypselopterus* Bleeker）和勒氏皇带鱼（*Regalecus russellii*）等。

⑩ 鲻形目（Mugiliformes）　背鳍2个，分离，第1背鳍由鳍棘组成；腹鳍亚胸位或腹位；体被圆鳞或栉鳞；鳃孔宽大，鳃盖骨后缘无棘或具细锯齿。分3个亚目，常见种类有油舒（*Sphyraena pinguis* Günther）、鲻鱼（*Mugil cephalus*）、棱鲛（*Liza carinatus*）、四指马鲅（*Eleutheronema tetradactylum*）等，均为优质食用鱼类。

(8) 蟾鱼总目（Batrachoidomorpha）

体粗短，肥壮，平扁；皮肤裸露，有小刺或小骨板；鳃裂小；腹鳍喉位、胸位或亚胸位，阔展；闭鳔或无鳔。包括4个目，其中，海蛾鱼目（Pegasiformes）头及躯干被骨板，胸鳍大水平状，鳍条下部坚硬如棘但末端软而分节，具1短的背鳍，现知有飞海蛾（*Pegasus volitans* Cuvier）、海蛾（*Pegasus laternarius*）和龙海蛾（*Eurypegasus draconis*）共3种。鮟鱇目（Lophiiformes）第1背鳍常具1～3个独立鳍棘，生于头背侧；胸鳍向适应海底爬行方向特化，分3个亚目，常见种类有黄鮟鱇（*Lophius litulon*）、角鮟鱇（*Ceratias holboelli*），均为底栖鱼类，经济价值不大。

二、具重要渔业价值的科属分类

（一）鲟科（Acipenseridae）

属鲟形目。体具5行骨板，背面1行，体侧和腹侧各2行；吻尖长，尾鳍歪型；口前吻须4条；口裂位于头腹面，能伸缩，无颌齿；胸鳍第一鳍条变为棘。本科为北半球的淡水或溯河性鱼类，我国有两属，即鳇属和鲟属，前者鳃膜互连且游离，后者鳃膜连鳃峡但分离。常见种类有鳇（*Huso dauricus*）、鲟鱼（史氏鲟）（*Acipenser schrencki* Brandt）（图15-22A）、长江鲟（达氏鲟）（*Acipenser dabryanus*）和中华鲟（*Acipenser sinensis*）（图15-22B），其中长江鲟和中华鲟均为国家一级保护动物。

（二）鲱科（Clupeidae）

属鲱形目。体侧扁；口小，口裂不超过眼的后缘；体被薄圆鳞，易脱落；无侧线；腹部常具棱鳞；背鳍位于臀鳍的前方；鳃盖膜彼此不相连；大多生活在热带水域。根据棱鳞、臀鳍条数目、口位、辅上颌骨、上颌中间的缺刻等性状，本科分6个亚科，我国产4个亚科。

1. **圆腹鲱亚科**（Dussumieriinae）

腹部圆，无棱鳞。常见圆腹鲱（*Dussumieria hasseltii* Bleeker）（图15-22C）和脂眼鲱（*Etrumeus. micropus* Temminck et Schlegel），为近海暖水中上层鱼类。

2. **鲱亚科**（Clupeinae）

腹部侧扁，有棱鳞；臀部鳍条15～28；口前位，辅上颌骨2块，上颌中央无显著缺刻。该亚科鱼类分布面广，有些为世界性分布，且分布在高纬度的种类往往产量较高。共有16属72种，常见种类太平洋鲱（*Clupea pallasi*）、大西洋鲱（*Clupea harengus*）、远东拟沙丁鱼（*Sardinops sagax*）、斑点莎瑙鱼（*Sardinops melanosticta*）、金色小沙丁鱼（*Sardinella aurita* Valenciennes）等，均为重要的海洋捕捞鱼类。

3. **鲥亚科**（Alosinae）

上颌中央有缺刻；脂眼睑发达；腹部有棱鳞；偶鳍基部有腋鳞。我国仅产鲥属（*Macrura*）2种，即鲥（*Tenualosa reevesii*）和花点鲥（*Clupanodo kelee*），为著名的经济鱼类。

4. 鲦亚科（Dorosomatinae）

辅上颌骨1块，口下位，无齿；有棱鳞；具砂囊胃。我国产3属4种，常见种类斑鲦（*Konosirus punctatus*）（图15-22D），其背鳍最后鳍条延长为丝状，体侧有1黑斑，为小型食用鱼类。

5. 鳓亚科（Pristigasterinae）

臀鳍条30以上；腹鳍或有或无；体长，很侧扁，腹部棱鳞很强；口上位。我国产2属3种，常见种类鳓鱼（*Ilisha elongata*）（图15-22E）。

（三）鳀科（Engraulidae）

属鲱形目。体侧扁，腹部有棱鳞；口裂超过眼的后缘；口较大，常腹位；吻突出，牙细小；鳃盖膜彼此微相连，但不与峡部相连；圆鳞，易脱落；臀鳍基底大多较长。本科为热带、亚热带及温带海洋鱼类，少数种类可进入淡水生活；多为中小型鱼类，分布很广，产量很高，其中以鳀属产量最高。我国现知有5属19种。

1. 鳀属（*Engraulis*）

体长近圆筒形，腹部无棱鳞；鳞大，易脱落；臀鳍不与尾鳍相连，胸鳍上部无游离的鳍条；尾鳍基部有膨大的鳞；口大，腹位，吻突出，上颌骨末端不过鳃孔。本属为世界性分布，产量很高，各地常有特有地方种，如欧洲鳀（*Engraulis encrasicolus*）、日本鳀（*Engraulis japonicus*）（图15-22F）、秘鲁鳀（*Engraulis ringens*）等。

2. 鲚属（*Coilia*）

体侧扁而延长，尾长而细尖，臀鳍与尾鳍相连；胸鳍上部有6～7条游离的丝状鳍条；口较大，下位；上颌骨后缘通常过鳃孔。该属为我国沿海常见经济鱼类，经济价值较高，我国有七丝鲚（*Coilia grayi*）、刀鲚（*C. ectenes* Jordan et Seale）（图15-22G）、短颌鲚（*Coilia brachygnathus*）和凤鲚（*Coilia mystus*）4种。

3. 黄鲫属（*Setipinna*）

体长，很侧扁，腹缘具棱鳞；臀鳍基底长，但不与尾鳍相连，尾叉形；胸鳍上方有1延长鳍条。我国仅产黄鲫（*Setipinna taty* Cuvier et Valenciennes）一种。

4. 棱鳀属（*Thrissa*）

体长，侧扁，腹缘具棱鳞；吻较突出，口腹位，下斜，上颌骨末端或不过鳃孔，或过鳃孔达胸鳍基底，或达臀鳍基底；圆鳞，无侧线；背鳍始于臀鳍起点前，胸鳍上方无延长鳍条。我国现知6种，温热带海滨小鱼，经济价值不大。

（四）鲑科（Salmonidae）

属鲑形目鲑亚目。各鳍无棘；背鳍1个，鳍基短，鳍条不超过16条；背鳍后有1脂鳍；部分种类偶鳍基有腋鳞；侧线完全；口裂大，上缘由前颌骨和上颌骨组成，齿锥形。以淡水和溯河种类为主，现知11属66种。大马哈鱼属常见有大马哈鱼（*Oncorhynchus keta*）、驼背大马哈鱼（*Oncorhynchus gorbuscha*）、马苏大马哈鱼（*Oncorhynchus masou*）；鲑属仅有河鳟（*S. trutta fario* Linnaeus）和引进种虹鳟（*Oncorhynchus mykiss*）；红点鲑属有红点鲑（*Salvelinus leucomaenis*）和白斑红点鲑（*S. leucomaenis* Pallas）；哲罗鱼属有哲罗鱼（*Hucho taimen*）；细鳞鱼属有细鳞鱼（*Brachymystax lenok*）；白鲑属有乌苏里白鲑（*Coregonus ussuriensis*），这些均为冷水性名贵经济鱼类，具较高的经济价值。

（五）银鱼科（Salangidae）和香鱼科（Plecoglossidae）

均属鲑形目胡瓜鱼亚目。有脂鳍，多为名贵鱼类。

银鱼科鱼类为我国的固有鱼类，体细长透明，前圆后扁，体无鳞或局部被鳞，头长，有一尖而平扁的吻部，口裂大，两颌、犁骨及舌上有牙，无幽门盲囊。现有银鱼4属15种，常见有海水生活的居氏银鱼（*Salanx cuvieri*）（图15-22H）；河口及近海洄游性生活的大银鱼（*Protosalanx hyalocranius* Abbott）；纯淡水生活的太湖新银鱼（*Neosalanx taihuensis* Chen）。香鱼科鱼类为溯河性中小型鱼类，一龄成熟，只有香鱼（*Plecoglossus altivelis* Temminck et Schlegel）（图15-22I）一种，我国从辽宁一直到福建沿海都产此鱼，而日本人工养殖香鱼事业十分发达。

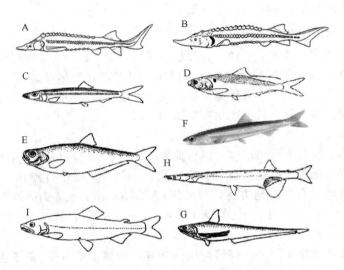

图 15-22　鲟科、鲱科、鲲科、银鱼科和香鱼科代表种类

A. 鲟鱼（史氏鲟）；B. 中华鲟；C. 圆腹鲱；D. 斑鰶；E. 鲥鱼；F. 日本鳀；G. 刀鲚；H. 居氏银鱼；I. 香鱼

（六）鳗鲡科（Anguillidae）

属鳗鲡目，为珍贵的食用鱼类。体延长，圆筒形；牙针状，舌明显；奇鳍彼此相连；体被小鳞，埋于皮下。分布极广，除南北极外全世界各洲均有，主要生活在温热带，为降河性洄游鱼类；发育过程经过柳叶鳗和线鳗。我国只产1属2种，即鳗鲡和花鳗。

（七）鲤科（Cyprinidae）

属鲤形目。鲤科是鱼类中种类最多的一个科，占淡水鱼种类的一半；温水性鱼类，多生活在平原地区湖泊、池塘等静水环境，是北半球温带和热带淡水地区最重要的捕捞对象，也是我国淡水天然捕捞以及池塘和大水面养殖的主要对象，产量占全国总鱼产量的1/4～1/3。

主要特征有：口裂上缘仅有前颌骨组成；咽齿1～3行，每行不超过7枚，具咽磨；口须有或无，若有则不超过2对；上颌可伸出；鳔扩大而游离；背鳍具不分支鳍条2～4，臀鳍具不分支鳍条2～3，末根不分支鳍条或成硬棘，后缘或带锯齿。共有12亚科220属2420种。

1. 鱼丹亚科（Danioninae）

臀鳍分支鳍条一般在6根以上；围眶骨系发达，下眶骨普遍较大，第五眶下骨与眶上骨相接触；下颌前端具突起与上颌凹口相嵌合；体长，侧扁。我国有14属28种，多为小型鱼类，常见种类有马口鱼（*Opsariichthys bidens*）（图15-23A）、宽鳍（鱲）（*Z. platypus* Temminck et Schlegel）和唐鱼（*Tanichthys albonubes*）等。

2. 雅罗鱼亚科（Leuciscinae）

围眶骨系不发达，第五眶下骨不与眶上骨相接触；体细长，圆筒形或侧扁；背鳍短，起点一般与腹鳍起点相对；臀鳍起点在背鳍基部之后；臀鳍鳍条 7 根以上；腹部无腹棱；腹鳍骨分叉很深，叉深到达或超过骨长的 1/2。本亚科多为杂食性或草食性鱼类，少数为肉食性，具较高经济价值。我国有 15 属 32 种，常见种类有青鱼（*Mylopharyngodon piceus*）（图 15-23B）、草鱼（*Ctenopharyngodon idellus*）（图 15-23C）、瓦氏雅罗鱼（*Leuciscus waleckii*）、鲸（*Luciobrama macrocephalus*）、赤眼鳟（*Squaliobarbus curriculus*）、鳡（*Elopichthys bambusa*）等。其中，草鱼和青鱼为我国的"四大家鱼"。

3. 鲌亚科（Cultrinae）

体侧扁，长形或高而呈菱形；腹部具腹棱；口端位、亚上位或上位；无口须；鳃盖膜与峡部相连；背鳍多数具硬棘；侧线完全；咽齿 2～3 行；鳔 2 或 3 室。本亚科多为中上层鱼类，种类甚多，是常见的食用鱼类。我国现有 17 属 63 种，常见有团头鲂（*Megalobrama amblycephala*）、鳊（*Parabramis pekinensis*）（图 15-23D）、鲂（*Megalobrama skolkovii*）（图 15-23E）、红鳍鲌（*Culter erthropterus*）、翘嘴红鲌（*Erythroculter ilishaeformis*）等。

4. 鲴亚科（Xenocyprininae）

下咽齿 1～3 行，主行 6 枚以上；下颌前缘具锋利的角质，常以此刮取藻类为食；体长而侧扁，前腹圆；多数种类肛门到腹鳍基间有或长或短的腹棱；口下位；背鳍第三枚不分支鳍条成为粗大而光滑的硬刺，后缘无锯齿；腹鳍基部具腋鳞。为中小型鱼类，栖息于流水的中下层。我国有 4 属 10 种，常见有银鲴（*Xenocypris argentea* Gunther）（图 15-23F）、细鳞斜颌鲴（*Xenocypris microlepis*），均为常见经济鱼类。

5. 鲢亚科（Hypophthalmichthyinae）

体侧扁，腹棱完全或不完全；头大、口大、眼小、无须；鳃孔宽大，左右鳃盖膜彼此相连，但不与峡部相连；鳃靶细长而密呈海绵状，有螺旋形鳃上器官；咽齿 1 行；鳞细小，侧线完全；背鳍短，无硬刺。广泛分布于我国各江河、湖泊等水域，为我国特有经济鱼类，仅 2 属 3 种，即鲢（*Hypophthalmichthys molitrix*）（图 15-23G）、鳙（*Hypophthalmichthys nobilis*）（图 15-23H）和大鳞鲢（*Hypophthalmichthys harmandi*）。其中，鲢、鳙为我国"四大家鱼"，前者腹棱完全，后者腹棱不完全，为重要的虑食性鱼类。

6. 鮈亚科（Gobioninae）

体长形，腹部圆；背鳍大多无硬刺，不分支鳍条 3；臀鳍短，分支的鳍条 6；尾鳍分叉，上下叶几乎等长；下咽齿多为 2 行或 1 行；口角一般具须 1 对；眼中等大，侧上位。本亚科鱼类通称鮈，为中小型鱼类，以亚洲东部水域种类较多，我国有 22 属 90 余种。常见属有铜鱼属、麦穗鱼属、棒花鱼属、蛇鮈属和鰁属等，如花（鱼骨）（*Hemibarbus maculatus* Bleeker）（图 15-23I）、麦穗鱼（*Pseudorasbora parva*）、铜鱼（*Coreius heterodon*）。

7. 鳅鮀亚科（Gobiobotinae）

体长形，前部圆，后部细而稍侧扁；头胸部腹面平坦；唇发达，唇后沟仅限于口角处；口下位，马蹄形；口须 4 对，口角 1 对，颏部 3 对；眼侧上位；咽齿 2 行；小型底栖鱼类，多栖息于江河底质为沙石的流水处。主要有平鳍鳅鮀（*Gobiobotia homalopteroidea*）（图15-23J），属濒危物种。

8. 鱎鲏亚科（Rhodeinae）

体呈卵圆形或菱形；头短，口小；须 1 对或无；臀鳍始于背鳍基下方，背、臀鳍颇长，有或无硬刺；侧线鳞完全或不完全；下咽齿 1 行；鳔有鳔管，分 2 室。雌鱼具产卵管，可将卵产于蚌的体内孵化。为小型淡水鱼类，常见有大鳍鱊（*Acheilognathus macropterus*）（图 15-23K）。

9. 鲃亚科（Barbinae）

体长形或梭形，头锥形，腹圆无棱；吻钝，上唇紧包在上颌的外表，口端位或亚下位；须 2 对，颌须末端可达眼径后缘；咽齿 3 行；侧线完全；背鳍有的粗壮成为后缘光滑或有锯齿状的硬棘，有的背鳍起点前有一向前平卧的倒刺。本亚科鱼类通称鲃，多栖息于底层多乱石而水流较湍急的江河中下层。我国有 14 属 80 余种，常见有刺鲃（*Spinibarbus caldwelli*）、倒刺鲃（*Spinibarbus sinensis*）（图 15-23L）等。

10. 野鲮亚科（Labeoninae）

体长，侧扁或前段近圆筒形，腹部圆或平坦，无腹棱；上唇与上颌分离或上唇消失；口下位；须短，1~2 对或缺如；下咽齿 3 行或 2 行；侧线完全；背鳍无硬刺，分支鳍条多数为 8~12 根，有达到 18 根；臀鳍分支鳍条一般为 5 根；尾鳍叉形。本亚科鱼类通称野鲮，现知 26 属近 300 种，常见有鲮（*Cirrhinus molitorella*）、东方墨头鱼（*Garra orientalis*）。

11. 裂腹鱼亚科（Schizothoracinae）

体延长，略侧扁或近似圆筒形；被细鳞或裸露，肛门和臀鳍两侧各有 1 列特化的大型臀鳞，在两列臀鳞之间的腹中线上形成 1 条裂缝，因而名为裂腹鱼。下咽齿行数趋于减少，通常 2~3 行，个别 1 行或 4 行；背鳍末根一般具锯齿或锯齿痕迹；口下位、亚下位或端位。为亚洲高原地区特有鱼类，种类甚多。我国有 11 属，约 97 种和亚种，常见有齐口裂腹鱼 [*Schizothorax*（*schizothorax.*）*prenanti*]、青海湖裸鲤（*Gymnocypris przewalskii*）、新疆裸重唇鱼（*Gymnodiptychus dybowskii*）、厚唇裸重唇鱼（*Gymnodiptychus pachycheilus*）、软刺裸裂尻鱼（*Schizopygopsis malacanthus*）等。

12. 鲤亚科（Cyprininae）

体纺锤形或侧扁，腹部无棱；口亚下位，部分端位，少数下位；须多为 2 对，或 1 对或

图 15-23　鲤科代表种类

A. 马口鱼；B. 青鱼；C. 草鱼；D. 鳊；E. 鲂；F. 银鲴；G. 鲢；H. 鳙；I. 花（鱼骨）；
J. 平鳍鳅鲃；K. 大鳍鳠；L. 倒刺鲃；M. 鲫

无；背鳍、臀鳍末根不分支鳍条均为带锯齿的假棘；鳃部连于峡部；咽齿 1~3 行，个别 4 行，形状不一；肛门紧贴臀鳍起点。本亚科包括鲫属、须鲫属、鲤属、鲃鲤属和原鲤属共 5 个属 24 种和亚种，均为重要的经济鱼类。常见有鲤 (*Cyprinus carpio*)、鲫 (*Carassius auratus*)（图 15-23M）、银鲫 (*Carassius auratus gibelio*) 等。

（八）鳅科（Cobitidae）

属鲤形目。体延长呈圆筒状；口小，下位；须 3 对以上；上颌边缘仅由前颌骨组成；咽齿 1 行；鳔小。为小型底栖鱼类，我国特产 19 属 100 余种，常见的有泥鳅 (*Misgurnus anguillicaudatus*)、花鳅 (*Cobitis taenia* Linnaeus)、长薄鳅 (*Leptobotia elongata* Bleeker)、花斑副沙鳅 (*Parabotia fasciata*) 和北方条鳅 (*Nemacheilus toni*)。泥鳅为重要的养殖对象。长薄鳅为我国易危野生动物。

（九）鲇科（Siluridae）、胡子鲇科（Clariidae）和鲿科（Bagridae）

均属鲇形目。无鳞鱼类。

1. 鲇科

背鳍仅 1 个且短、无棘，或无背鳍；无脂鳍；臀鳍长，分支鳍条 50~85 根；胸鳍通常有硬刺；腹鳍腹位；尾鳍圆形、内凹或叉形；头平扁，口大，上下颌齿绒毛状；须 1~3 对；鳃盖膜不与峡部相连。本科 8 属 97 种，分布广泛，为重要的食用鱼类。常见有鲇 (*Silurus spp.*) 和南方大口鲇 (*Silurus meridionalis* Chen)，其中大口鲇俗称河鲇，鲇俗称土鲇。

2. 胡子鲇科

背鳍、臀鳍均很长，背鳍无棘刺；无脂鳍；胸鳍具 1 硬棘；尾鳍圆形；须 4 对；具鳃上器官；鳃盖膜不与峡部相连。我国仅产胡子鲇属 (*Clarias*) 胡子鲇 (*C. fuscus* Lacepede) 1 种（图 15-24A）。

3. 鲿科

体长形，侧扁；背鳍短，有硬刺；具脂鳍；胸鳍有硬刺，通常具锯齿；须 4 对，头顶多被皮肤；鳃盖膜不与峡部相连；口下位或次下位。我国产 4 属约 29 种，常见有黄颡鱼 (*Pelteobagrus fulvidraco*)（图 15-24B）和长吻鮠 (*Leiocassis longirostris*)，重要养殖对象。

（十）鳕科（Gadidae）

属鳕形目鳕亚目。胸鳍胸位或喉位，5~17 鳍条；背鳍 2~3 个；背鳍、臀鳍与尾鳍不相连；犁骨具齿，头顶部无鳍条。鳕鱼类为寒带性鱼类，是世界渔业重要的捕捞对象，其产量仅次于鲱形目而占第二位，多数分布于太平洋和大西洋北部海区。其中，以分布于北太平洋的狭鳕（明太鱼）(*Theragra chalcogramma*) 产量最高，年产近 500 万吨。北大西洋经济鳕鱼类甚多，主要有大西洋鳕 (*Gadus morhua*)、挪威鳕 (*Trisopterus esmarkii*)、青鳕 (*Pollachius virens*) 和黑线鳕 (*Melanogrammus aeglefinus*)，以大西洋鳕产量最高。我国有分布于黄海北部的鳕鱼 (*Gadus macrocephalus* Tilesius) 以及营冷水性淡水生活的江鳕 (*Lota lota*)（图 15-24C），均为重要的经济鱼类。

（十一）海龙科（Syngnathidae）

属刺鱼目海龙亚目。无腹鳍，背鳍通常 1 个；鳃孔小，鳃退化成球形；每侧鼻孔 2 个；体被环状骨片。海龙鱼种类较多，广泛分布在海洋各处，多生活在沿海多海藻水域，雄鱼腹部常有育儿囊或育儿袋。常见种类有克氏海马 (*Hippocampus kelloggi*)、斑海马 (*Hippocampus trimaculatus*)、尖海龙 (*Syngnathus acus* Linnaeus)、刀海龙 (*Solegnathus hardwicki*)（图 15-24D）等，皆为重要为药用鱼类。

（十二）鮨科（Serranidae）

属鲈形目鲈亚目。背鳍鳍棘发达；腹鳍1鳍棘、5鳍条，胸位或喉位；臀鳍具3鳍棘；前鳃盖骨一般具锯齿，犁骨和腭骨具齿。为栖息于温热带海藻茂盛的近岸区大型肉食性种类，有的可生活于淡水，食用经济鱼类。我国产11亚科、35属。常见的有：①鲈属的鲈鱼（*Lateolabrax japonicus* Cuvier et Valenciennes）（图15-24E），凶猛肉食性鱼类，喜栖息于河口咸淡水中下层，亦可进入淡水生活；②尖吻鲈属的尖吻鲈（*Lates calcarifer* Bloch），分布于我国南方的凶猛肉食性鱼类；③石斑鱼属的青石斑鱼（*Epinephelus awoara*）（图15-24F）、赤点石斑鱼（*Epinephelus akaara*）、点带石斑鱼（*Epinephelus coioides*）等，均为珍贵食用鱼类，经济价值很高；④驼背鲈属的驼背鲈（*Chromileptes altivelis*），俗称老鼠斑，名贵食用鱼；⑤鳜属的鳜鱼（*Siniperca chuatsi*）（图15-24G），为淡水珍贵食用鱼类。

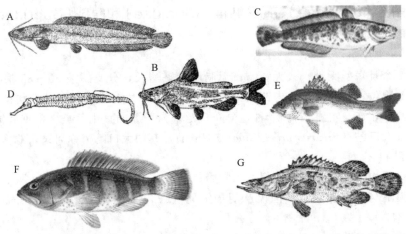

图15-24　鳅科、鮎科、胡子鮎科、鲿科、鳕科、海龙科和鮨科代表种类
A. 胡子鮎；B. 黄颡鱼；C. 江鳕；D. 刀海龙；E. 鲈鱼；F. 青石斑鱼；G. 鳜鱼

（十三）鲹科（Carangidae）

属鲈形目鲈亚目。体多少侧扁，头侧扁；尾柄细；鳞小，圆鳞；侧线完全，常有棱鳞着生在侧线的全部或一部，亦有无棱鳞者；背鳍2个，多少分离，第一背鳍短，棘细弱，第二背鳍长；臀鳍与第二背鳍同形，前方常有二分离棘，有时第二背鳍及臀鳍后方有一个或几个小鳍。本科为大型或中型海水鱼类，俱善于游泳。我国现知16属约62种，都有食用价值，是重要的经济鱼类。常见有圆鲹属的蓝圆鲹（*Decapterus maruadsi*）（图15-25A）、竹筴鱼属的竹筴鱼（*Trachurus japonicus*）（图15-25B）、鲳鲹属的卵形鲳鲹（*Trachinotus ovatus* Linnaeus）、鲯鲹属的长颌鲯鲹（*Scomberoides lysan*）以及鰤属的黄条鰤（*Seriola aureovittata* Temminck et Schlegel）、五条鰤（*Seriola quinqueradiata*）和杜氏鰤（*Seriola dumerili*）。

（十四）石首鱼科（Sciaenidae）

属鲈形目鲈亚目。体方长而侧扁，被有栉鳞或薄的圆鳞，侧线完全；颐部有黏液孔或小须；两颌齿细小，呈绒毛状，或有犬齿；鳃孔大，鳃膜与峡部不连；背鳍连续，具一缺刻；腹鳍胸位；尾鳍一般契形，尖长或圆形等。石首鱼类为暖水性鱼类，多生活在亚热带和热带近岸泥沙底质的浅海中，有的栖息于江口近处或进入江河的潮汐带，少数定居于淡水。一般为肉食性鱼类，以能发声著称，是我国重要的经济鱼类。我国现知16属34种，常见有叫姑鱼属的皮氏叫姑鱼（*Johnius belangerii*）、黄姑鱼属的黄姑鱼（*Nibea albiflora*）（图15-25C）、白姑鱼属的白姑鱼（*Argyrosomus argentatus* Houttuyn）和日本白姑鱼（*Argyosomus* japonicus)、鮸属的鮸（*Miichthys miiuy*）、黄鱼属的大黄鱼（*Pseudosciaena crocea*）（图15-25D）和小黄鱼（*Pseudosciaena polyactis*）、梅童鱼属的棘头梅童鱼（*Collichthys lucidus*）、毛鲿属的褐毛鲿（*Megalonibea fusca* ChuLo et Wu）、黄唇鱼属的黄唇鱼（*Bahaba flavol-abiata* Lin）等，均为重要经济鱼类。

（十五）丽鲷科（Cichlidae）

属鲈形目鲈亚目。身体多长椭圆形，被中大栉鳞；侧线前后中断为二，上侧线止于背鳍鳍条末端之下，下侧线位于尾柄中部；口不大，两颌齿呈锥形，前颌骨能伸缩；背鳍连续，鳍棘发达。本科鱼类主要生活于热带淡水水域，分布在南美、中美、非洲及西南亚。我国没有自然分布，多由国外引入，现知有莫桑比克罗非鱼（*Oreochromis mossambicus*）和尼罗罗非鱼（*Tilapia nilotica* Linnaeus）（图15-25E），为重要的淡水池塘养殖对象。

（十六）带鱼科（Trichiuridae）

属鲈形目带鱼亚目。体延长如带状，很侧扁；体裸露或具小圆鳞；口裂大，上下颌具强大犬齿；前颌骨固着于上颌骨，不能向前伸突；背鳍与臀鳍后方无小鳍；胸鳍位低。我国现知有4属4种。其中，小带鱼（*Eupleurogrammus muticus*）侧线在胸鳍上方不弯曲；沙带鱼（*Lepturacanthus savala*）侧线在胸鳍上方向下弯曲，折向腹部，臀鳍第一鳍棘相当发达；带鱼（*Trichiurus lepturus*）（图15-25F）侧线特征同沙带鱼，臀鳍第一鳍棘不发达。均为我国最重要的经济鱼类。

（十七）鲭科（Scombridae）

属鲈形目鲭亚目。体纺锤形，尾柄细，被小圆鳞；口前位，前颌骨固着于上颌骨，不能向前伸出；背鳍2个，背鳍及臀鳍后方有小鳍；尾鳍叉形或新月形，尾柄两侧有2～3隆起嵴。本科鱼类多为快速游泳种类，具较高的经济价值，是世界渔业重要的捕捞对象。我国现知11属。其中，金枪鱼属、狐鲣属、舵鲣属、裸狐鲣属、鲣属和鲔属统称金枪鱼类，共同特征是有发达的皮肤血管系统，其体温通常略高于水温。常见种类有鲐鱼（*Pneumatophorus japonicus* Houttuyn）（图15-25G）、羽鳃鲐（*Rastrelliger kanagurta* Cuvier）、刺鲅（*Acanthocybium solandi*）、蓝点马鲛（*Scomberomorus niphonius*）、青干金枪鱼（*Thunnus tonggol*）（图15-25H）、扁舵鲣（*Auxis thazard* Lacépède）、东方狐鲣（*Sarda orientalis* Temminck et Schlegel）、鲣（*Katsuwonus pelamis*）、白卜鲔（*E. yaito* Kishinoye）。

（十八）鳢科（Ophiocephalidae）

属鲈形目攀鲈亚目。具鳃上器官；被圆鳞，鳞较小；背鳍及臀鳍无鳍棘。常见有乌鳢（俗称黑鱼、生鱼，*Channa argus*）（图15-25I）和月鳢（*Channa asiatica*），前者有腹鳍，后者无腹鳍，均为经济价值较高的食用鱼类。

（十九）鲆科（Bothidae）和鲽科（Pleuronectidae）

均属鲽形目鲽亚目。背鳍起点至少在上眼上方或更前；鳃盖膜相连，前鳃盖骨边缘多少呈游离状（木叶鲽属例外）；胸鳍发达，眼侧胸鳍较无眼侧长或相等；腹鳍无棘，有鳍条6枚。其中，鲆科鱼类两眼均位于头部左侧，分19属约54种，常见种类有桂皮斑鲆（*Pseudorhombus cinnamomeus*）和牙鲆（*Paralichthys olivaceus*）（图15-25J），均为冷水性底层名贵鱼类，重要的海水养殖对象；鲽科鱼类两眼均位于头部右侧，我国现知有16属25种，多分布于海洋，有些可进入淡水，常见种类有高眼鲽（*Cleisthenes herzensteini*）（图15-25K）、木叶鲽（*Pleuronichthys cornutus* Temminck et Schlegel）、黄盖鲽（*Pseudopleuronectes yoko-*

hamae）等。

（二十）鳎科（Soleidae）和舌鳎科（Cynoglossidae）

均属鲽形目鳎亚目。背鳍起点至少在上眼的上方或更前；各鳍均无鳍棘；前鳃盖骨边缘不游离；成鱼胸鳍多退缩或不存在。其中，鳎科眼位于头的右侧，口前位，我国现有 9 属 16 种，常见种类有条鳎（*Zebrias zebra*）和卵鳎（*S. ovata* Richardson）；舌鳎科眼位于头的左侧，口腹位，有眼侧侧线多为 2 条或 3 条，我国现知 3 属，尤其舌鳎属中的半滑舌鳎（*Cynoglossus semilaevis* Gunther）、焦氏舌鳎（*Cynoglossus joyneri* Günther）和三线舌鳎（*Cynoglossus trigrammus* Gunther）（图 15-25L）等均为名贵的食用鱼类。

（二十一）鲀科（Tetraodontidae）

属鲀形目鲀亚目。体短，长椭圆形；无第一背鳍，无腹鳍；体无鳞或有许多小鳞刺；有气囊；上下齿板有中央缝。该科鱼类常统称为河鲀，江浙一带俗称"河豚"，内脏及血液常含河鲀毒素，加工或食用不当可致人死亡，但河鲀毒素亦有重要的药用价值。常见种类有虫纹东方鲀（*Takifugu vermicularis*）、豹纹东方鲀（*Fugu pardalis*）、弓斑东方鲀（*Takifugu ocellatus*）、星点东方鲀（*Takifugu niphobles*）、黄鳍东方鲀（*Takifugu xanthopterus*）、红鳍东方鲀（*Takifuga rubripes*）（图 15-25M）、假睛东方鲀（*Takifugu pseudommus*）、铅点东方鲀（*Takifugu alboplumbeus*）等，有的是重要海水养殖对象。

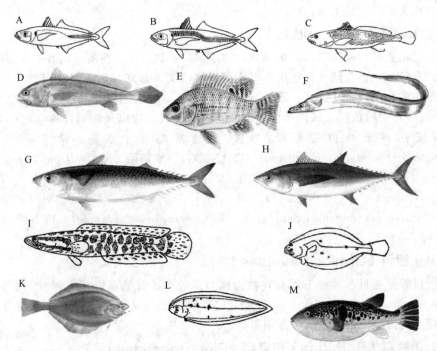

图 15-25 鲹科、石首鱼科、丽鲷科、带鱼科、鲭科、鳢科、鲆科、鲽科、舌鳎科和鲀科代表种类
A. 蓝圆鲹；B. 竹笑鱼；C. 黄姑鱼；D. 大黄鱼；E. 尼罗罗非鱼；F. 带鱼；G. 鲐鱼；
H. 青干金枪鱼；I. 乌鳢；J. 牙鲆；K. 高眼鲽；L. 三线舌鳎；M. 红鳍东方鲀

第三节　鱼类的经济意义

鱼类的价值体现在许多方面。鱼类肉味鲜美，是高蛋白、低脂肪、高能量、易消化的优质食品，具有较高的食用价值，是动物性蛋白的主要来源之一，因此鱼类成为渔业生产的直接对象。鱼类的工业用途亦较多，如鱼鳞提炼的鳞胶可用于电影胶片、黏合剂、造纸、火柴、印刷、药丸的外衣、食品工业、糖果等，鱼油可用作机械润滑剂、制肥皂、油墨、油漆等。在畜牧业中，鱼粉是饲料生产的重要原料。在科研上，斑马鱼（*Brachydanio rerio*）是重要的模式动物和实验动物，在生命科学各领域应用很广。有些鱼类在毒理学研究、环境评价、仿生学研究等方面具重要意义。在自然水域中，鱼类是生态系统的重要一环，对稳定生态系统有着极为重要的作用。另外，有些鱼类极具观赏价值。

一、鱼类与渔业

渔业是大农业的重要组成部分。

在自然界中，鱼类是自然产量最高的动物，一直在水产业中占主体地位。我国有丰富的鱼类资源。其中，内陆土著淡水鱼类共804种，隶属13目39科232属，种类最多为鲤形目，有6科160属632种，占内陆水域土著鱼类的77.2%，其次为鲶形目、鲈形目、鲱形目、鲟形目鱼类。这些内陆土著淡水鱼类种类繁多，多为温带鱼类，分布广、适应性强。过河口洄游性及入河口的海水鱼类共有238种，隶属22目73科144属，分布在各江河水系下游河口水域，如溯河产卵洄游鱼类有中华鲟、大马哈鱼、鲥（*Tenualosa reevesii*）、刀鲚、滩头雅罗鱼（*Leuciscus brandti*）、香鱼、大银鱼、暗纹东方鲀（*Fugu obscurus*）等，降河产卵洄游鱼类有鳗鲡（*Anguilla*）、松江鲈鱼（*Trachidermus fasciatus*）等。目前，在海水、淡水水体中已开展养殖的鱼类已接近100余种。

二、毒鱼与药用鱼类的经济价值

具有毒刺及体内有毒素的鱼类，称为有毒鱼类。有些有毒鱼类可提取各种不同的药物，故有些有毒鱼类也是药用鱼类。目前，世界现知有毒鱼类1100余种，根据毒棘的有无，可分为刺毒鱼类和毒鱼类两大类。

（一）刺毒鱼类

体有毒刺和毒腺，包括背鳍棘、腹鳍棘、臀鳍棘。毒液含多种具溶血活性的毒素蛋白质，同时还含有多种酶类及小分子化合物，一般为外毒素，不稳定，能被加热和胃液破坏。世界上刺毒鱼类有500余种，中国有100余种，分属虎鲨类、角鲨类、虹类、银鲛类、鲶类、蓝子鱼类、刺尾鱼类、鲳类、鳜鱼类及鲉类等10大类，多营底栖生活，行动较缓慢，体态往往与周围环境相似。粗毒液具有心血管毒性、神经毒性和细胞毒性，有的单一毒素表现出与粗毒液相似的综合毒性，如引起毛细血管扩张、水肿、血压下降、心律失常、心脏停搏等心血管毒性，以及剧痛、肌肉无力、痉挛、呕吐、幻觉等神经毒性和溶血（细胞毒性）。因此，对这些刺毒鱼类毒素的研究，可以获得某些具有心血管和肌肉松弛效应的药物。目前，人们针对刺毒鱼类毒素基因、蛋白质及药理特性开展了研究，已从石头鱼、狮子鱼、鲉属、赤鲉、鲶鱼、鲈鱼等多种刺毒鱼中分离纯化了毒素蛋白或克隆了其基因。

（二）毒鱼类

身体肌肉或内脏、皮肤、血液等部位含有毒素的鱼类称为毒鱼类，所含毒素一般较稳定、不易被热或胃液所破坏，为内毒素。我国毒鱼类有170余种，分布于沿海及各淡水水域。主要类型如下。

1. 肉毒鱼类

某些生活于热带海域鱼类，其肌肉或内脏含有"雪卡"毒素，其为神经毒，对热十分稳定、不溶于水而溶于脂肪，具有对胆碱脂酶的阻碍作用，与有机磷农药性质相似。肉毒鱼类含毒原因十分复杂，有些鱼类在某一地区为无毒的食用鱼，但在另一地区则成为有毒鱼类；也有平时无毒，生殖期则毒性加强；有的幼体无毒，大型个体有毒。一般认为，肉毒鱼类毒素的形成与其摄食习性有关。我国肉毒鱼类有 20 余种，主要分布于南海诸岛、广东沿岸、东海南部和台湾，如花斑裸胸鳝（*G. pictus*）、黄边裸胸鳝（*G. fimbriatus*）等。利用其毒素可提取具有特定效应的神经或胃肠药物药源。

2. 鲀毒鱼类

鲀形目鱼类肝脏、卵巢、血液、皮肤和肠内含有河鲀毒素，可分为河鲀素、河鲀酸、河鲀卵巢毒素和河鲀肝脏毒素四种。其中以河鲀卵巢毒素毒性最强，理化性质稳定，不溶于乙醇和有机溶剂，对酸类、盐类和热均稳定，不易被分解和破坏。河鲀毒素的毒理作用主要是阻遏神经和肌肉的信号传导，可用于局部麻醉和降压剂的开发。我国鲀毒鱼类主要分布于沿海，如虫纹东方鲀（*Takifugu vermicularis*）、弓斑东方鲀（*Takifugu ocellatus*）、翻车鲀（*Mola mola*）、星斑叉鼻鲀（*Arothron stellatus*）等。

3. 卵毒鱼类

该类鱼的卵巢含有卵巢毒素，毒素为一种球朊型蛋白质，可用作消化系统的催吐剂或泄剂。我国卵毒鱼类共有 70 余种，分布于各地淡水中，如青海湖裸鲤（*Gymnocypris przewalskii*）、云南光唇鱼（*Acrossocheilus yunnanensis*）、鲶鱼（*Silurus asotus*）等。

4. 胆毒鱼类

该类鱼的胆内含有胆汁毒素，主要见于我国的一些鲤科鱼类，如草鱼（*Ctenopharyngodon idellus*）、青鱼（*Mylopharyngodon piceus*）、鲢（*Hypophthalmichthys molitrix*）、鳙、鲤（*Cyprinus carpio*）、鲫（*Carassius auratus*）、团头鲂（*Megalobrama amblycephala*）、鲮（*Cirrhinus molitorella*）、翘嘴（*Culter alburnus*）、拟刺鳊（*Paracanthobrama guichenoti*）、赤眼鳟（*Squaliobarbus curriculus*）、圆口铜鱼（*Coreius guichenoti*）等。对这些鱼类胆汁及其毒素进行研究，可能获得某些对消化系统、泌尿系统、神经系统或心血管系统有一定作用的药物。

5. 血毒鱼类

该类鱼血清含有鱼血毒素，毒素可作用于神经系统，同时具有溶血和抗凝固作用。对血毒鱼类的研究有望获得某些作用于神经系统和血液的药物。我国血毒鱼类仅见鳗鲡和黄鳝两种。

6. 肝毒鱼类

这类鱼肝脏有毒，在肝油中含有鱼油毒、痉挛毒和麻痹毒。可能获得作用于神经系统的药物。我国肝毒鱼类常见有蓝点马鲛（*Scomberomorus niphonius*）。

7. 含高组胺鱼类

这类鱼肌肉内组胺酸含量较高，若保藏不善，被脱羧酶作用强的细菌污染后，在弱酸条件下，鱼肉中的组胺酸脱羧基而分解，产生大量组织胺（histamine）和秋刀鱼毒素（saurine），它们在鱼肉内积聚到超过人体中毒量时，食用时就会引起过敏性食物中毒。引起组胺中毒的常见鱼类有竹笑鱼（*Trachurus japonicus*）、蓝圆鲹（*Decapterus maruadsi*）、鲐鱼（*Pneumatophorus japonicus*）。

（三）药用鱼类

许多供食用的鱼也可以做药，即药用鱼类。如海洋鱼类普遍含有甘碳五烯酸，现已证实它具有防治心血管疾病的功用。鲨鱼中的角鲨烯（squalene）具有抗癌用途。海马（*Hippocampus*）、海龙（*Syngnathus*）是早已闻名的中药，具有补肾壮阳、散结消肿、舒筋活络、止血止咳等功能，主治神经衰弱、妇女难产、乳腺癌、跌打损伤、哮喘、气管炎、阳痿、疔疮肿毒、创伤流血。棱鲻（*Liza carinatus*）有健脾益气，消食导滞的效能，用于消化不良、小儿疳积、贫血等。

因此，对有毒鱼类和药用鱼类进行深入研究，对药物开发、治病防病等具重要价值。

思 考 题

1. 从形态结构方面解释鱼类是如何适应水生生活的？
2. 鱼类骨骼系统有什么特点？
3. 鱼类消化系统与其食性有什么关系？
4. 鱼类是如何调节体内渗透压的？
5. 鱼类洄游的类型有哪些？
6. 与圆口纲相比，鱼类有哪些进步性特征？
7. 鱼类的基本体型有哪几种？
8. 鱼类的分类情况怎样？列举一些重要经济鱼类。
9. 硬骨鱼类鳔的类型和功能有哪些？
10. 简述硬骨鱼类鳃的结构特征。

第十六章 两栖纲

教学重点：两栖类由水生过渡到陆地生活所面临的主要问题；两栖类的主要特征。

教学难点：两栖类对陆地环境的初步适应和不完善性。

两栖类幼体水生，以鳃呼吸、以尾运动，成体大多陆生，以肺呼吸并辅以皮肤呼吸，以五趾型四肢运动，发育过程中经过变态。最早的两栖类化石——鱼石螈（鱼头螈）出现在距今 3.5 亿年前的古生代泥盆纪，由古代总鳍鱼类（Crossopterygii）中的真掌鳍鱼类（Eusthenopteron）演化而来。在晚泥盆纪时期，气候潮湿温暖，大量植物生长，落叶和残枝腐烂，使水中缺氧，从而促使淡水中具有内鼻孔和肉质偶鳍的古总鳍鱼类在水塘间爬行。因此，两栖类是脊椎动物从水生到陆生演化过程中的过渡类群，被称为"桥梁动物"，既有从鱼类继承下来的适于水生的性状，如卵和幼体的形态及产卵方式等；又有新生的适应于陆栖的性状，如感觉器官、运动器官及呼吸和循环系统等，它的出现是脊椎动物演化史上的一个重要飞跃。

第一节 两栖纲的主要特征

一、外部形态

两栖类的体型与其生活习性、活动方式有密切关系。现存两栖类的体型可分为 3 种（图 16-1），其中蚓螈型适应穴居生活，眼和四肢退化，身体呈蠕虫状；鲵螈型适应游泳生活，四肢趋于退化，尾部发达；蛙蟾型适应跳跃和爬行，躯体短宽，四肢强健、无尾。

两栖类头部扁平，略呈三角形，口裂宽阔，吻端两侧有外鼻孔 1 对，具鼻瓣，可随意开闭控制气体吸入和呼出，外鼻孔经鼻腔以内鼻孔开口于口腔前部。大多数陆栖种类在头部两侧各有 1 只大而突出的眼，有眼睑和瞬膜，眼后常有 1 个圆形的鼓膜覆盖在中耳外壁上。有的种类在眼后方有 1 对毒腺，有些种类雄性的咽部或口角有 1～2 个内声囊或外声囊。

两栖类躯干部宽而短，与头部无明显界限，从颅骨后缘至泄殖孔。

鲵螈类的尾部侧扁，为游泳器官，蛙蟾类的尾部退化。附肢 2 对，前肢多为 4 指，后肢 5 趾，趾间有蹼。鲵螈类的四肢细弱，有些种类仅有细小的前肢或四肢退化，适于水中生活而不在陆地上运动；蛙蟾类的前肢短小，后肢发达，适于跳跃；树蛙类的指、趾末端膨大成吸盘，适于攀爬。

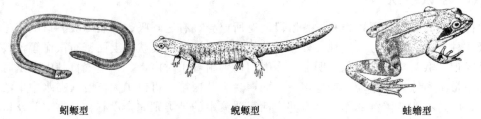

蚓螈型　　　　　　　　　鲵螈型　　　　　　　　　蛙蟾型

图 16-1　两栖类的 3 种体型（引自费梁等，2009）

二、皮肤

　　两栖类的皮肤裸露、薄而湿润，少数低等种类皮肤中还有骨质细鳞或小骨质板。为了适应陆地上干燥和多变的环境，表皮有轻微角质化（仅 1～2 层细胞）。但是，这样轻微角质化的皮肤还不能完全防止体内水分的蒸发，因此，两栖类必须生活在温暖潮湿近水的环境中。有的种类可以在离水较远、比较干燥的环境中活动，但不能长时间缺水，如蟾蜍。两栖类皮肤的真皮层中有大量的多细胞腺体、神经末梢、色素细胞和丰富的血管，皮肤与肌肉层之间有大量的空隙为皮下淋巴间隙，因此，两栖类的皮肤容易剥离。皮肤的黏液腺经常分泌黏液使皮肤保持湿润，这样两栖动物就能通过皮肤上丰富的血管吸收溶于皮肤表面的氧气、排出二氧化碳，以完成皮肤呼吸。有些种类的皮肤内具有毒腺，有保护作用，在一定程度上保护自身免于被食肉动物所食。色素细胞在神经和体液的调节下使色素扩散或集中，体色可随环境的变化形成保护色。

三、骨骼系统

　　两栖类头部的骨片少，骨化程度低，头颅扁平而短，枕骨髁 2 个。脊柱分化为颈椎（1块）、躯椎、荐椎（1块）和尾椎，低等椎体为双凹型，高等椎体为后凹型或前凹型。出现胸骨，但因为无肋骨而未能形成胸廓。颈椎环状，无横突，与头骨的枕髁构成可动关节，使头部有背腹活动的可能。肩带与头骨分离，腰带和脊柱直接相连。四肢为五趾型（多为指4、趾 5），还处于比较原始的状态。

四、肌肉系统

　　两栖类登陆后的运动方式更加复杂，如游泳、爬行和跳跃等。因此，其附肢的肌肉发达，由复杂的肌肉群构成，环绕在带骨及肢骨四周。幼体（蝌蚪）的体肌分节，似鱼，而成体绝大部分肌肉不分节，仅背腹部位的一些肌肉保留有分节现象的痕迹。随着鳃的消失，鳃弓分化，鳃肌也随着演变，少部分鳃肌转移到咽喉部，调节咽喉和舌的运动。

五、消化系统

　　两栖类的消化系统由消化道和消化腺组成。消化道包括口腔、咽、食道、胃、小肠、大肠、泄殖腔等部分，口腔中有一肉质的舌，还有内鼻孔、耳咽管孔、喉门和食管等开口，分别与外界、中耳、呼吸道、消化管相通。多数种类舌根固着在口腔底部的前端，舌尖游离位于口腔后方，因此，舌可以迅速翻出口外进行捕食。上颌上的齿和犁骨齿无咀嚼功能，但可以防止大的食物脱落。消化腺主要为肝脏和胰脏。陆生种类出现了唾液腺而水生种类没有，其分泌物可湿润食物，但不含消化酶，所以无消化功能。

六、呼吸系统

两栖类的呼吸方式因种类和发育阶段而有所差异，有鳃呼吸、皮肤呼吸、口咽腔呼吸和肺呼吸4种方式。除部分水生种类外，成体均有肺，肺呈薄囊状，上面密布微血管，接1个短的呼吸道，喉头与气管分化不明显。在喉门内侧附着1对声带，当空气自肺中冲出时，就会引起声带游离缘发生振动，产生声音，而声囊为共振箱，可以扩大声音。在水中生活的有肺种类，肺还有调节浮沉的作用。有些生活于溪流中的种类则完全没有肺，靠皮肤及口腔黏膜进行呼吸。有些种类在陆地生活时以肺呼吸为主；潜入水中时则以皮肤呼吸为主。冬眠期主要依靠皮肤呼吸，随着温度的升高，逐渐转为肺呼吸为主。幼体以鳃呼吸，少数种类终生有鳃。两栖类的鼻腔不仅有外鼻孔和外界相通，而且还有内鼻孔和口腔相通。呼吸动作一般是靠口咽底部的上举和下降来完成，由肺中呼出的气体并不立即排出口外，而是在口腔中与新鲜空气混合再压入肺部进行气体交换。

七、循环系统

两栖类蝌蚪的心脏与鱼类一样为一心房一心室，而成体的心脏位于围心腔内，由静脉窦、动脉圆锥、心房、心室组成，心房出现分隔，即两心房（左心房和右心房）一心室，由单循环变为闭管式不完全的双循环，体动脉含有混合血液。

八、排泄系统

两栖类的排泄器官是肾脏、皮肤和肺，但以肾脏最为重要，由中肾、输尿管、膀胱和泄殖腔组成。雌性的输尿管只有输尿的功能；而雄性的输尿管兼有输尿和输精的功能，称为精尿管，睾丸所产生的精子由输精小管输入中肾小管、再到中肾管，经泄殖腔排出体外。膀胱多属泄殖腔膀胱，由泄殖腔腹壁突出而成，具有暂时贮存尿液和重吸收水分的作用。因此，输尿管与膀胱不直接相通，尿液经泄殖腔入膀胱，待贮满后排出体外。两栖类的肾脏除泌尿功能外，还有调节体内水分、维持渗透压的作用。

九、生殖系统

两栖类的生殖方式多为卵生。雌性有卵巢和输卵管各1对，卵小而多，外包卵胶膜而无石灰质壳；雄性有1对精巢和1条精尿管，无交接器，多为体外受精，体外发育。雄性蟾蜍具有退化的输卵管，生殖腺前端有一黄褐色的圆形结构，称毕氏器，相当于残余的卵巢，去除精巢后，雄性毕氏器可发育成为卵巢，且有产卵功能。毕氏器为内分泌器官，可以促进生殖细胞成熟。生殖腺前方有淡黄色或橘红色分支状的脂肪体，为提供生殖腺发育的营养体，在生殖前发达，生殖后相对缩小。

两栖类雌雄个体在体形、色斑、前肢或后肢的基部、刺等方面都有差异，一般雄性个体小于雌性个体。蛙蟾类雄性前肢内侧第一、第二指的基部局部隆起形成婚垫，垫上富有黏液腺或角质刺，起到加固抱对的作用。

十、神经感官

两栖类的大脑已开始分为明显的两个半球，脑半球的分化较鱼类明显，顶部散有一些神经细胞，称为原脑皮，司嗅觉。视叶较为发达，小脑很小，不发达，与其运动方式简单有关。脑神经10对。眼较大，有眼睑和瞬膜，角膜突出，晶体扁圆，有助于看到较远的物体。除内耳外，还出现了中耳，由鼓膜、鼓室及耳柱骨构成。蝌蚪的感觉器官是侧线，变态后消失，但有些成体（水栖鲵螈类）终生保留侧线。

第二节　两栖纲的分类

两栖纲的分类主要是依据其外部形态和内部构造等特征来进行的，其他特征如成体、幼体的身体颜色，皮肤褶的情况，体表疣、瘰粒的类型及分布，雄性婚垫的着生部位，指、趾顺序，关节下瘤及指基下瘤的类型和有无，蝌蚪出水孔的位置等情况也可以作为分类依据。

① 体型　根据成体的体型将现存的两栖动物分为 3 大类群，其中蚓螈型身体细长，形似蚯蚓，四肢及带骨退化，无尾或尾极短，为蚓螈目；鲵螈型四肢细弱，少数种类仅有前肢，终生有发达的尾，尾褶较厚，为有尾目；蛙蟾型体形短宽，四肢强健，成体无尾，为无尾目。

② 犁骨齿　犁骨齿的形状是两栖纲的重要分类依据。在有尾目中，隐鳃鲵科的犁骨齿为一长列，与上颌齿平行呈弧形，而小鲵科和蝾螈科的犁骨齿不呈弧形，小鲵科的犁骨齿或为两短列或呈"U"字形，蝾螈科犁骨齿呈"∧"形。

③ 眼睑　眼睑的有无是有尾目的分类依据，如隐鳃鲵科不具眼睑，而小鲵科和蝾螈科具有眼睑。

④ 椎体的类型　有尾目中隐鳃鲵科和小鲵科的椎体是双凹型，蝾螈科椎体为后凹型。无尾目的铃蟾科、负子蟾科椎体为后凹型，蟾蜍科为前凹型，而蛙科比较特殊，其椎体为参差型。

⑤ 指、趾数　小鲵科的指、趾数因种类不同而不同，极北鲵属和山溪鲵属指、趾各 4，而其他各属指为 4、趾为 5。

⑥ 肋沟　有尾目当中肋沟数也随种类不同而有所变化，小鲵属、肥鲵属肋沟多为 13条，爪鲵属的 14～15 条，北鲵属多为 11 条。

⑦ 囟门　囟门的有无及大小、形状也是有尾目的分类特征，小鲵属和肥鲵属无囟门，极北鲵属的囟门窄长，爪鲵属的肋沟如囟门大而圆。

⑧ 唇褶　小鲵科的肥鲵属、北鲵属有唇褶，但不如山溪鲵属和巴鲵属的唇褶显著，而其他的种类无唇褶。

⑨ 指、趾末端　有尾目小鲵科爪鲵属的指、趾末端具有黑色角质锐爪，蟾蜍科趾端不膨大，锄足蟾科趾端尖细，蛙科的趾端直，树蛙科与雨蛙科趾端均膨大呈吸盘状。

⑩ 肩带类型　蟾蜍科、锄足蟾科、雨蛙科的肩带为弧胸型，而姬蛙科、蛙科和树蛙科的肩带为固胸型。

⑪ 舌　有尾目中极北鲵的舌大，几乎占满全部口腔底，舌两侧游离；而爪鲵的舌圆，整个粘连于口腔底。无尾目铃蟾科的舌为盘状，周围与口腔黏膜相连，不能自由伸出，而其他科的舌不呈盘状，舌端游离，能自由伸出。

⑫ 牙齿　蟾蜍科与姬蛙科上颌不具齿，而锄足蟾科、雨蛙科、蛙科和树蛙科等种类上颌具齿。

⑬ 声囊　在无尾目中，许多种类雄性个体具有声囊，如花背蟾蜍具单咽下内声囊，东北林蛙具成对咽侧内声囊，东北雨蛙具有单咽下外声囊，黑斑侧褶蛙具有成对颈侧外声囊，而东方铃蟾、中华蟾蜍、黑龙江林蛙的雄性没有声囊。

⑭ 蹼　大蹼铃蟾为满蹼，棘蛙具有全蹼，棘指角蟾趾间具有半蹼，而淡肩角蟾具有微蹼，东方铃蟾雄性的蹼较雌性的发达。

⑮ 耳后腺　花背蟾蜍的耳后腺大而扁，而中华蟾蜍的耳后腺长圆形。

⑯ 胫跗关节的长度　东北林蛙的胫跗关节贴体前伸可达眼部，个别超过吻端，而黑龙江林蛙的胫跗关节贴体前伸不达眼部。

⑰ 皮肤　雨蛙科和蛙科的皮肤较光滑，而蟾蜍科的皮肤较粗糙，其上具有疣、瘰粒。

现存的两栖类是脊椎动物中种类较少的一个纲，包括蚓螈目、有尾目和无尾目3个目约46科447属近5500余种。

一、蚓螈目

蚓螈目（Gymnophiona）体细长似蚯蚓，皮肤光滑，其下隐有细小的骨质鳞；腺体丰富，分泌物能减少水分蒸发，并降低体表与洞壁的摩擦。眼多埋于皮下，听觉器官非常发达。四肢及带骨退化，无尾或尾极短，椎体双凹型，多具长肋骨，但无胸骨。穴居。本目有6科33属约165种，分布区以环球热带为主，大体以南、北回归线为其南北限，中国仅有1属1种。

版纳鱼螈（*Ichthyophis bannanicus*），雄性有由泄殖腔形成的交配器，体内受精，卵生或卵胎生。繁殖期间雌体常以躯体将卵缠绕进行保护，以皮肤表面的黏液避免卵干燥，孵出后的幼体在水中发育。

二、有尾目

有尾目（Urodela）头部平扁，一般具上、下眼睑；身体呈圆筒形，终生具长尾，体表裸露无鳞，体侧常具肋沟；椎体在低等种类为双凹型，高等种类为后凹型，具分离的尾椎骨，上、下颌均具细齿，有犁骨齿。通常有四肢，少数种类终生具鳃，肺很不发达或无肺。无中耳和鼓膜。一般卵生，体外或体内受精，体外受精种类在水中由两性几乎同时排出卵子和精液，完成受精作用；体内受精种类的雄性先排出由胶质形成的精包，雌体以泄殖腔壁的外缘将精包纳入其泄殖腔的受精器内，精包释放出精子，在输卵管中与卵子完成受精作用。变态不明显。栖息于潮湿环境，用皮肤、口咽腔呼吸。有尾目全世界共10科约61属502种，主要分布于北半球，以北温带为主要分布区，少数种类进入南半球，我国3科15属42种。主要代表种类有东北小鲵、极北鲵和爪鲵（图16-2）。

东北小鲵　　　　　　　　极北鲵　　　　　　　　　爪鲵

图16-2　两栖纲有尾目代表种类（引自赵文阁等，2008）

1. 隐鳃鲵科

身体一般为扁筒形，前后肢都存在。成体不具有外鳃，上、下颌都具齿，眼小，无活动的眼睑。体外受精。该科仅有2属3种，分别产于亚洲东部和美国东部，呈断裂分布。中国只有1属1种。

大鲵（*Andrias davidianus*），俗称娃娃鱼，为现存两栖类中体形最大的类群，体长可达1.8m。体外受精，有护卵行为（围卵或缠在身上）。栖息于华南、西南地区海拔200～1600m，水质清澈的山间溪流或深潭中。

2. 小鲵科

体较小，全长不超过 300mm。皮肤光滑无疣粒；有眼睑和颈褶；躯干多为圆柱状，体侧有明显肋沟；四肢较发达，指 4、趾 5 或 4；犁骨齿位于犁骨后半部，排成左右两短列或呈 "U" 字形。鳃弓 2 对，成体不具外鳃，多数属、种具肺。椎体为双凹型或后凹型，躯椎一般为 16 枚，具横突和肋骨。体外受精，卵袋成对，略成弧形，卵袋一端黏着在附着物上（树枝、水草或石块），另一端游离。现已知 8 属约 42 种，是亚洲特有科，主要分布在北温带比较湿润的地区，我国 8 属 21 种。

东北小鲵（*Hynobius leechii*），俗称水马蛇子、小娃娃鱼。指 4，趾 5。指、趾末端圆钝，内侧掌、跖突显著，无黑色角质爪。体呈灰褐色或黄褐色，头及体侧色淡，密布均匀的黑斑点，尾部斑点密集，腹面色浅。皮肤光滑，富有腺体。无唇褶，尾鳍褶明显。体侧有肋沟 11～13 条。生活在丘陵山地，栖息在陆地上阴暗潮湿的石缝、石块下、土穴及洼地边的枯枝落叶下。

极北鲵（*Salamandrella keyserlingii*），俗称水马蛇子、小娃娃鱼，指 4，趾 4，无蹼。头部扁平，有囟门，吻端圆而高，无唇褶。体呈棕褐或深褐，背面从头后至尾有一条浅褐或黄棕色纵条纹，在阳光下闪金属光泽，腹部乳白色。体侧肋沟 13～14 条。生活在潮湿的环境中，大多在沼泽地带的烂草丛下、翻耕过的泥土或洞穴中，也常隐伏在草垛、枯木下。

爪鲵（*Onychodactylus fischeri*），俗称水马蛇子。体形较瘦长，尾极长。头较扁平，吻端圆钝，吻棱明显，无唇褶，颈褶清晰。体前段圆柱形，后段侧扁。皮肤光滑，富有黏液。头部背面棕褐色，散有不规则的小黑点斑，体背棕褐或橄榄褐色，有深色云斑，体侧淡褐色。肋沟 14～15 条。指 4，趾 5，末端均具黑色角质锐爪，无蹼。喜栖息在石块较多、水清澈且水温低的山涧溪流中，为典型森林冷水溪流性物种。

3. 蝾螈科

全长小于 200mm，躯体比较丰满，尾长。具有能动的眼睑。椎体后凹型。雌螈具一个受精器，体内受精，以精包的形式传递精子。蝾螈科目前已知有 15 属约 61 种，主要分布在古北界和东洋界。我国有 6 属 20 种，分布于秦岭以南。

东方蝾螈（*Cynops orientalis*），皮肤较光滑，背脊扁平或略隆起，腹部红黑两色相间。现作为观赏动物进行饲养。

4. 洞螈科

水栖类型，终生具有 3 对外鳃，肺基本退化，眼退化，四肢非常细弱，不具眼睑。椎体双凹型。雌螈具受精器，体内受精。现已知 2 属 6 种，分布于北美及南欧。

洞螈（*Proteus anguinus*），是终生保持幼体形态的水生种类。身长 30cm，全身呈白色，四肢细小，指 3、趾 2。有发达的 3 对外鳃和 2 对鳃孔，羽状鳃红色。头狭小，头骨多软骨。吻钝，无眼睑，眼退化，隐于皮下，但感光灵敏。终生底栖在地下水形成的暗洞内，时常将鼻孔伸出水面呼吸空气。在光照下肤色可变成黑色，回暗洞后肤色又恢复原状。

5. 鳗螈科

身体细长，似蛇，终生具有 3 对外鳃，无眼睑，无齿，不具后肢，体外受精。现在 2 属 4 种，主要分布在北美洲。

大鳗螈（*Siren lacertina*），体全长 60～70cm。身体圆柱状，成体有 3 对外鳃和 3 对鳃裂，有肺。眼小，无眼睑。无后肢和骨盆，前肢短小，具 4 指。尾短而末端尖细。体背暗灰绿色，腹部色淡。

6. 钝口螈科

成体穴居于地下，只在繁殖期返回水中，有些种类有幼体持续现象。现已知 2 属 30 余种，是北美洲特有科。

美西钝口螈（*Ambystoma mexicanum*），俗称六角恐龙。成体 20～28cm，头部宽大，眼小。有明显的肋间沟。穴居，不好动，终生具外鳃，成体细长，四肢细弱，尾褶较为厚实。皮肤光滑无鳞，表皮角质层薄并定期蜕皮。无鼓室和鼓膜；舌椭圆形，舌端不完全游离，不能外翻摄食；两颌周缘有细齿；有犁骨齿。雄性无交配器，体外或体内受精。求偶时皮肤腺或泄殖腔腺分泌特殊气体可识别同类。幼体水栖，有 3 对羽状外鳃，2～3 龄开始不明显的变态，外鳃消失、鳃裂封闭和颈褶形成。

三、无尾目

无尾目（Anura）是两栖纲种类最多、分布最广、结构最复杂的一类。皮肤裸露，含丰富的黏液腺，有些种类形成毒腺。体短宽，头扁平，有眼睑和瞬膜，具鼓室及鼓膜。成体无尾，四肢强壮，适于跳跃和游泳，胸骨发达，肩带分为弧胸型和固胸型（左右两侧的上乌喙骨在腹中线处相互平行固着在一起为固胸型；左右两侧的上乌喙骨均为弧形，并彼此重叠为弧胸型）。具尾杆骨。体外受精，发育要经过变态。本目共 30 科约 361 属 4840 种，广布于全球各大陆（南极除外），其中以热带和亚热带地区最为丰富。我国有 7 科 43 属约 282 种。主要代表种类有东方铃蟾、中华蟾蜍等（图 16-3）。

东方铃蟾	中华蟾蜍	花背蟾蜍
东北雨蛙	黑斑侧褶蛙	黑龙江林蛙
东北林蛙	东北粗皮蛙

图 16-3　两栖纲无尾目代表种类（引自赵文阁等，2008）

1. 铃蟾科

皮肤粗糙，具有大小不等的瘰疣。舌盘状，四周与口腔黏膜相连，不能自由伸出，其舌尖端不分叉，后端无缺刻。无鼓膜。鼻骨大，左右相触。上颌有齿，下颌无齿。犁骨齿位于内鼻孔之间或横于腭骨之间。肩带弧胸型，胸骨极小或缺如，正胸骨向后分叉，软骨质。椎体后凹型，荐椎前有椎骨8枚，前3枚躯椎终生有短肋骨，荐椎横突宽大，尾杆骨髁1或2个。已知2属10种左右，我国只有1属5种，分布于东北、华北、华东和西南等地区。

东方铃蟾（*Bombina orientalis*），俗称红肚皮蛤蟆。舌圆呈盘状，周围与口腔黏膜相连，不能自由外翻。体形中等，较扁平。吻略圆，无吻棱，无鼓膜，无耳后腺。皮肤粗糙，头上、背部及四肢背面布满大小不等的刺疣，疣顶部色浅，中央有黑刺。生活时背部灰棕色或绿色，具不规则黑色斑点，腹面有橘红或橘黄色与黑色相杂的鲜艳花斑。喜栖山溪及附近的草丛中。

2. 蟾蜍科

皮肤粗糙，一般有毕氏器。肩带为弧胸型，前凹型椎体，无肋骨。头骨骨化程度很高，大部分种类头部皮肤与骨骼粘连，舌长椭圆形，后端无缺刻，能自由伸出，上颌无齿。瞳孔横置，抱对时抱握腋部。荐椎横突宽大，尾杆骨髁2个。趾间具不发达的蹼，关节下瘤显著。后肢不发达，常常以爬行为主要运动方式，不善跳跃。成体多营陆栖，穴居，常见于潮湿环境，如农田、森林和水域附近，有些种类可较长时间生活于干旱环境，广泛分布于温带、热带地区。目前已知35属450种左右，我国3属18种左右，遍布各省区。

中华蟾蜍（*Bufo gargarizans*），俗称癞蛤蟆。体大，皮肤极粗糙，背部布满大小不等的圆形瘰粒，头顶无瘰粒，身体腹面有显著的黑斑。鼓膜显著，近似圆形。耳后腺发达，长圆形。前肢长而粗壮，后肢粗短，胫跗关节前达肩部。指序为3，1，4，2。雄性无声囊。体色随不同季节和不同性别而有差异，身体腹面有明显的黑斑。繁殖季节前后，雄性背部黑绿色，体侧有浅色花斑，雌性色浅。日间常居于石下、草丛或土洞中，黄昏时常在路旁或草地上出现。卵交错成双行或四行排列于胶质卵带内，缠绕于水草上。

花背蟾蜍（*Bufo raddei*），俗称癞蛤蟆。头宽大于头长。吻钝圆，吻棱显著。鼓膜显著，椭圆形。耳后腺大而扁。前肢粗壮，第4指短，约为第3指长的一半。雄性皮肤粗糙，上眼睑以及背面密布大小不等疣粒，体背呈橄榄黄色，有不规则的花斑，灰色疣粒上有红点。雌性背面疣较小，体背浅绿色，有明显的酱色花斑，疣粒上也有红点，腹面乳白色，后部略有黑斑。夏季及秋初的白昼多匿居于杂草中、石块下或土洞中，黄昏外出觅食。冬季则成群地穴居在水域附近的沙土中。在静水池中产卵，卵在胶质卵带中大多成双行排列。

3. 雨蛙科

体细瘦，背部多为青绿色，腿较长，指（趾）末端膨大为指垫或吸盘，弧胸型肩带。前凹型，舌分叉。雄性有单个声囊，雨后高声鸣叫。攀爬能力很强，可上树。现有42属844种，分布范围广，中国有1属8种。

东北雨蛙（*Hyla ussuriensis*），俗称绿蛤蟆。背部光滑，纯绿色，体侧及四肢背面无斑点或斑纹。指、趾末端膨大为吸盘，足长大于胫长，第3趾长于第5趾。体小，头宽小于头长，吻圆，短而高，吻棱明显，鼻眼之间有深色线纹，鼓膜圆。雄性体略小，有单咽下外声囊。一般生活在灌丛、水塘及一些植物叶片上。晚间在静水面上连续鸣叫，音高而急。

4. 蛙科

肩带为固胸型，肩胛骨长，前端不与锁骨重叠；椎体为前凹型或参差型（第8枚为双凹型，荐椎为双凸型），荐椎前椎骨8枚，无肋骨（少数例外），荐椎横突圆柱状。大多数类群上颌有齿，具有腭骨和耳柱骨。瞳孔多横置，抱对时抱握腋部。皮肤光滑或有疣粒，舌呈长卵圆形，后端有缺刻，能自由伸出口外。鼓膜明显或隐于皮下。指间无蹼，趾间具蹼，外侧发达。蝌蚪口部有唇齿和角质颌，出水孔位于体左侧，为有唇齿左孔型；体背及腹面一般无腺体。成体有水栖、陆栖、树栖和穴居等多样的栖息习性，生活在水域附近的潮湿环境。现有 54 属 640 种，广泛分布于热带、温带和寒带的草原、高山、水域、湖泊、沼泽、湿地等不同生境。我国约有 19 属 115 种。

黑斑侧褶蛙（*Pelophylax nigromaculatus*），俗称青蛙、田鸡。体较大，头长大于头宽。吻略尖，突出于下颌，吻棱不显著。鼓膜大，近圆形。皮肤不光滑。背面有 1 对背侧褶，较宽，两背侧褶间有 4～6 行短肤褶。雄性有 1 对颈侧外声囊，雌性无，繁殖期雄性有婚垫，雌性无。生活时颜色变异较大，背面为黄绿、深绿、灰绿、灰褐及棕褐等色，背部与腿部有大块不规则黑斑。主要栖息在稻田、池塘、水渠和小河附近。白天隐匿在农作物、草丛或水生植物之间，夜间活跃。4～6 月份均能产卵，蝌蚪体肥大，背部灰绿色，杂有深色斑点。

黑龙江林蛙（*Rana amurensis*），俗称哈什蟆、红肚皮蛤蟆。皮肤较粗糙。背面体侧、后肢背面及后腹部密布圆形大疣。背部常有 1 条浅色较宽的脊中线。胫跗关节贴体前伸不达眼部。雄性无声囊。鼓膜上三角形黑斑大而显著。体背多棕褐、黑褐色，咽、胸和腹部有朱红色与深灰色花斑。栖居于山林、沼泽、水塘、水坑、水沟等静水附近及草甸草地。多在较清澈、富含有机质的水坑、水塘底冬眠，也可以在江、河湾石块下或沙砾底越冬。4 月中旬至 5 月上旬为产卵季节。

东北林蛙（*Rana dybowskii*），俗称哈什蟆、林蛙。皮肤较光滑，背部及两侧有少量的分散的圆疣或长疣。胫跗关节贴体前伸达眼部，个别超过吻端。雄性有 1 对咽侧下内声囊。背面、体侧及四肢上部为土灰色或棕红色，散有黄色及红色小点。前后肢的背面均具黑色横纹，腹面乳白色，腹部和股外侧为黄绿色。雌雄股内侧均为肉红色。生活在山区森林植被较好的山沟里，以山溪、河流等水源为中心，在我国东北部分布广泛。4 月初至 5 月初是其出蛰、抱对、产卵的时期。

东北粗皮蛙（*Rugosa emeljanovi*），皮肤极粗糙，几乎全身布满形状和大小不一的疣粒，小白点状。体背有间断的长形疣粒纵向排列。头扁，吻端钝圆。无背侧褶，颞褶清晰。胫跗关节贴体前伸达眼部。雄性有 1 对咽侧内声囊。背部及体侧棕褐色，有不规则绿色斑纹。生活在丘陵、山地，流水缓慢的河流、水渠岸边石块下、石缝中和水底。感觉灵敏，隐蔽较好，不易发现。

5. 姬蛙科

头狭而短小，口小。上颌一般无齿，除少数种类外，大多种类无犁骨齿。固胸型肩带，椎体为参差型，无肋骨，尾杆骨髁 2 个。成体多营陆栖穴居或树栖生活，树栖类群的指、趾末端膨大，繁殖季节在静水中产卵。姬蛙科的属种较多，约有 68 属 378 种，主要分布在北美、非洲东南部、亚洲南部、东部以及大洋洲北部，中国有 5 属 15 种。

北方狭口蛙（*Kaloula borealis*），体较小，体长一般不超过 45mm。皮肤光滑而厚实，体背仅有少量的小疣粒。头小而尖，略成三角形。口小，吻部短圆，吻棱不显。后肢短粗，指、趾端钝圆且末端不膨大，除第 4 趾外，趾间为半蹼。背部浅褐色，有不规则的黑色斑点，腹部肉紫色。雄性有单咽下外声囊，喉部黑色，胸部有一大而显著的皮肤腺。栖居在房屋及水坑附近的土穴内或草丛中或石缝间。产卵期依雨季到来的迟早而定，鸣声大。

6. 树蛙科

指趾端膨大成吸盘，固胸型肩带，椎体参差型。前后肢都有蹼，一般多树栖。现有约 8

属 207 种，分布于旧大陆热带界、东洋界的亚热带和热带地区，中国有 6 属 47 种左右，分布于秦岭以南。

大树蛙（*Rhacophorus dennysi*），头部扁平，雄蛙头长、宽几乎相等，雌蛙头宽大于头长。背面皮肤较粗糙，腹部密布较大扁平疣。指、趾端均具吸盘和边缘沟，指间蹼发达，后肢较长，胫跗关节前伸达眼部或超过眼部，趾间全蹼。整个背面绿色，体背部有镶浅色线纹的棕黄色或紫色斑点，沿体侧一般有成行的白色大斑点或白纵纹，咽喉部为紫罗兰色，腹面其余部位灰白色，指、趾间膜有深色纹。雄蛙第 1、2 指基部有浅灰色婚垫，具单咽下内声囊。

7. 负子蟾科

无舌，有肋骨，繁殖期雌性背部形成许多褶被，把受精卵埋于褶被中，终生水栖类型。已知有 5 属约 30 种，分布区仅限于旧热带界和新热带界，呈间断分布。

非洲爪蟾（*Xenopus laevis*），头部及身体扁平，头三角形，口两侧有触手状突起。无外耳或舌，用前肢搅动水流以便取食水中的脊椎动物。眼小且位于头上方，有助于侦测来自水面的天敌。指游离，无蹼，手指前端有分支成 4 星状的突起，为感觉器官。后肢粗壮，发达的趾蹼利于游泳，3 趾具有短爪，用来挖泥以躲避掠食者。非洲爪蟾的白化品种俗称"金蛙"，作为科研对象或宠物售卖，也是一种重要的模式生物。

第三节　两栖类的繁殖

两栖类雌雄个体间的两性异形现象与两性性成熟时间、寿命、资源分配模式的差异以及食性分离等因素有关。无尾两栖类中约有 90% 的物种为雌体大于雄体，这种偏雌的个体大小的两性异形被认为是生育力选择作用的结果，使雌体获得产更多卵的选择利益。雄性为增加交配机会而将更多的能量用于鸣叫、争斗等与繁殖相关的一些活动，从而减少了摄食和生长的机会，这是其个体小于雌性的主要原因。此外，两性在体形、体色、声囊和婚垫的有无等方面也存在差异。

环境温度是两栖类生存的重要条件之一。当温度降到 7～8℃ 以下时，两栖类大多都进入休眠状态，不食不动，低代谢，称为冬眠，包括进入水底、在陆地掘洞和耐冻结 3 种方式。冬眠结束后，一般雄性先从越冬地出来，寻找合适的繁殖场，一般为林区的河流、小溪两岸附近的小型水泡子或沼泽性草甸子，这里水源充足，多有地下水渗出或有涌泉，能常年存水，尤其是春季和夏季水量充足；田边水坑、路旁水坑、车辙积水等静水处，也可以成为两栖类的产卵场；还有一些种类选择流水中或植物枝叶上产卵，卵具有黏性。两栖类大都为体外受精，体外发育；无足类和一部分有尾类为体内受精。卵胶膜遇水后吸水膨胀并具有较强的黏性，相互黏结成团块状，沉入水底或黏附于水草或石块上。

卵受精 3～4h 后即开始分裂，经卵裂后形成的囊胚经外包与内移相结合的方式形成原肠胚，经胚层分化后形成胚胎，胚胎冲破所围的胶膜即成为独立生活的蝌蚪（中国林蛙胚胎的早期发育见图 16-4）。蝌蚪生活于水中，其外形结构与鱼类相似，以尾作为游泳器官，无四肢，用鳃呼吸，心脏只有一心房一心室，具侧线器官。蝌蚪的上、下颌具角质的构造，执行齿的功能，此外，其口的上、下部有横列的细齿。蝌蚪的食物主要为一些藻类和动植物尸体。蝌蚪生长到一定程度，即开始变态。在其变态过程中，外部形态和内部结构都向适应陆生生活的方向演变，如尾萎缩，出现了四肢，血管和心脏发生变化，出现了肺，排泄器官中，中肾代替了前肾行泌尿功能等。

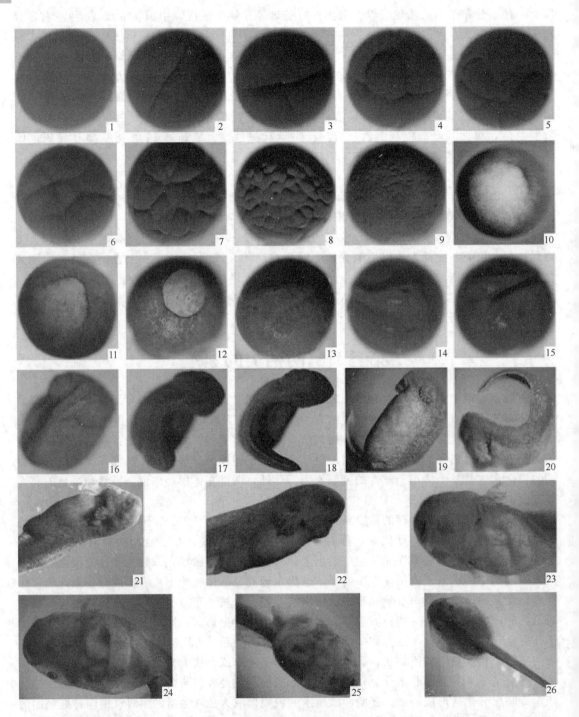

图 16-4 两栖类（以中国林蛙为例）胚胎的早期发育（引自陈伟庭和李东风，2005）

1. 受精卵期；2. 二细胞期；3. 四细胞期；4. 八细胞期；5. 十六细胞期；6. 三十二细胞期；7. 囊胚早期；8. 囊胚中期；
9. 囊胚晚期；10. 原肠早期；11. 原肠中期；12. 原肠晚期；13. 神经板期；14. 神经褶期；15. 胚体转动期；
16. 神经管期；17. 尾芽期；18. 肌肉效应期；19. 心跳期；20. 鳃血循环期；21. 脱膜期；22. 开口期；
23. 鳃盖褶期；24. 右鳃闭合期；25、26. 两侧鳃盖完成期

第四节　两栖类的保护与利用

一、两栖类的经济意义

① 食用　许多两栖类的肉味鲜美，如牛蛙、林蛙、棘腹蛙、棘胸蛙、虎纹蛙等。

② 药用　很多两栖类都可以入药，如中华蟾蜍耳后腺的分泌物——蟾酥，有解毒止痛的功效；东北林蛙输卵管的干制品即为蛤士蟆油，是著名的滋补强壮药。

③ 实验材料　两栖类可以用来进行蛙的骨骼、蛙心灌流、蛙类的人工授精、蛙类的胚胎发育、蛙类的血细胞观察、蛙类染色体观察等实验。

④ 防治害虫　两栖类特别是无尾两栖类可以消灭大量的农林害虫，包括严重危害农作物的蝼蛄、蝗虫、天牛、松毛虫等。因此，两栖类是农林害虫的重要天敌之一。为了让两栖类更多地消灭害虫，保证农业和林业的生产，维护生态平衡，应大力提倡保护两栖动物。

二、两栖类的生存压力

目前，世界上的两栖类中处于灭绝（EX）、野外灭绝（EW）、极危（CR）、濒危（EN）、易危（VU）、近危（NT）等受危状态的占 39.1%，未评估（DD）的占 23.4%，极少关注（LC）的占 37.5%。主要原因包括：

① 自身问题　两栖类处于水生到陆生的过渡阶段，体型小、防御能力弱、新陈代谢水平低、保水能力差等方面的特征使其在生存竞争过程中处于不利地位。

② 外界影响　随着环境的变化和人类的影响，栖息地（森林、湿地、草原、农田）破坏、环境污染（包括气候变化）、疾病、生物入侵、人类干扰、自然灾害、过度利用等因素使得两栖类的生存面临严重的威胁。

三、两栖类资源及物种受威胁现状

我国两栖类动物资源丰富，根据资源价值可以分为以下几类。

① 濒危种　其数量已经极少，分布区极为狭窄或正在急剧减少，在短时间内很可能灭绝的物种，如中国小鲵、爪鲵、新疆北鲵、滇螈等。

② 珍稀种　目前尚未直接面临濒危，但数量很少或分布区很窄，任何意外危害都可能迅速濒危或灭绝的物种。有的虽然有一定的数量和较大的分布区，但由于具有重要的科学研究价值或因故数量急剧下降，如不采取措施便会变成濒危物种，如版纳鱼螈、大鲵等。

③ 科研及经济意义较大的物种　该类动物是供人类作为科学研究、药用、实验用、观赏用等科研意义及经济价值较大的物种，如虎纹蛙、中国林蛙、黑龙江林蛙、花背蟾蜍、中华蟾蜍等。

④ 经济价值一般，目前尚未开发利用的物种　这类动物由于经济用途不明或个体较小未被人们利用，如铃蟾、雨蛙等。

中国两栖动物特有种为 272 种，其中 48.9% 属于受威胁物种。中国两栖动物受威胁比例最高的目是有尾目（63.4%），明显高于无尾目（39.0%）；受威胁比例最高的科是隐鳃鲵科（Cryptobranchidae）（仅有 1 种，100% 受威胁）、小鲵科（Hynobiidae）（86.7%）和叉舌蛙科（Dicroglossidae）（78.1%）。我国有 11 个省区的受威胁物种数占本省区两栖动物物种总数的 30% 及以上，前 3 位分别是四川（40.8%）、广西（39.2%）和云南（37%）。

四、蛙类的人工养殖

目前，基于食用、药用、观赏等方面的需要，我国已经开展对牛蛙、美国青蛙、棘胸蛙、林蛙、虎纹蛙、蟾蜍、雨蛙、铃蟾、树蛙等物种的全人工养殖和半人工养殖方面的研究，取得了较好的效果，但养殖技术尚不成熟，野生资源保护、疾病、产品流通和监管等方面还存在一定的问题。

思 考 题

1. 名词解释：原脑皮、泄殖腔膀胱、毕氏器、弧胸型、固胸型、婚垫、冬眠。
2. 简述两栖类从水生过渡到陆生所面临的主要矛盾。
3. 简述两栖类对陆地环境的初步适应及不完善性。
4. 简述两栖类的主要特征。
5. 简述两栖类的分类依据及主要目的代表种类。
6. 分析两栖类种群数量下降的主要原因。
7. 两栖类人工养殖现状调查。

第十七章 爬 行 纲

教学重点：爬行纲（Reptilia）动物适应陆生生活的特征及其原始性；爬行纲的分类，爬行纲与人类的关系。

教学难点：羊膜卵的结构、发生及演化意义。

爬行类是体被角质鳞或硬甲、在陆地繁殖的变温羊膜动物（Amniota），是一支从古两栖类在古生代石炭纪末期分化出来的产羊膜卵的类群，它们不但承袭了两栖动物初步登陆的特性，而且在防止体内水分蒸发以及适应陆地生活和繁殖等方面，获得了进一步发展，并超过两栖类的水平。爬行动物是真正的陆栖变温脊椎动物，同时，古爬行类还是鸟、兽等更高等的恒温羊膜动物的演化原祖。因此，爬行动物在脊椎动物演化中占有承上启下和继往开来的重要地位。爬行类在中生代曾经盛极一时，种类繁多，而世界上现存约 6300 种，我国已知约 320 种。现存爬行动物包括以龟为代表的无孔型羊膜动物，以蜥蜴、蛇、鳄鱼、斑点楔齿蜥为代表的双窝型羊膜动物，它们都是中生代羊膜动物大量辐射的幸存者，其中也包括中生代末期灭绝的恐龙。

第一节　爬行纲的主要特征

一、羊膜卵的出现

羊膜卵（amniotic egg）是动物适应陆地干燥环境的一个必要条件。羊膜卵的结构和发育特点使羊膜动物彻底摆脱了它们在个体发育初期对水的依赖，大多在体内就完成了受精过程。爬行动物的羊膜卵为端黄卵，具有卵黄膜而缺少适于水中发育的内胶膜和外胶膜，排卵时，卵在输卵管中运行，被输卵管壁的不同部位分泌的蛋白质、壳膜和卵壳所包裹。羊膜卵的外表包有一层石灰质的硬壳或不透水的纤维质卵膜，既能防止卵内水分的蒸发，又能避免机械的损伤、减少病原体的侵袭。卵壳表面还具有透气性小孔，可以保证胚胎发育的气体代谢正常进行。卵内有一个很大的卵黄囊，储存着丰富的卵黄，为发育期间的胚胎提供营养。

当胚胎发育到原肠期后，胚胎周围的胚膜向上产生环状的皱褶，并不断生长，在背方包围胚胎之后互相愈合，围绕着胚胎形成两层保护膜和两个腔，内层膜为羊膜（amnion），外层为绒毛膜（chorion）；羊膜和绒毛膜之间的空腔称为胚外体腔；羊膜所包围的腔称为羊膜腔（amniotic cavity），腔内充满羊水，胚胎悬浮于羊水中，可以有效地防止干燥和机械损伤。绒毛膜紧贴于壳膜内面。同时，还形成兼收集代谢废物和换气功能的特殊器官——尿囊（allantois）。尿囊源自胚胎消化管后端的突起，位于胚外体腔中，尿囊内的腔称为尿囊腔。胚胎代谢所产生的尿酸就排到尿囊腔中。同时，由于尿囊膜和绒毛膜紧贴，其上富有毛细血管，胚胎可以通过多孔的卵膜或卵壳与外界进行气体交换。胚胎腹部的内外胚层细胞向下延伸，逐渐包围卵黄，形成卵黄囊（yolk sac），它可以供给胚胎发育所需的营养物质（图17-1）。爬行类没有水栖的幼体。然而，爬行动物有机结构的完善程度并未达到动物界发展的顶峰，与更高等的鸟类和哺乳动物比较，还有许多低等之处。因此，爬行动物与脊椎动物的无羊膜类一样，自身活动产生的热量较少，以及体温调节机能不完善，不足以维持恒定的体温，在很大程度上还要受到环境的影响，不能生活在过低或过高的温度环境中，在严寒酷冷的冬季和炎热干旱的夏季里仍需要进行蛰眠。它们都还属于变温动物。

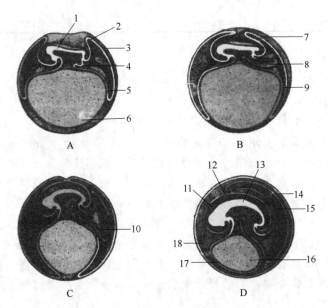

图 17-1　羊膜动物胚膜的发生

1. 胚胎；2. 羊膜褶；3. 胚外胚体壁；4. 尿囊；5. 胚外胚脏壁；6. 卵黄；7. 胚外胚脏壁；8. 胚外胚体壁；9. 尿囊；
10. 胚外胚体壁；11. 尿囊；12. 羊膜腔；13. 羊膜；14. 胚胎；15. 绒毛膜；16. 尿囊；17. 卵黄；18. 卵黄囊

二、爬行纲适于陆地生活的特征

　　爬行类起源于古代两栖动物，并已演化为真正的陆生脊椎动物。爬行动物获得了一系列适于陆地生活的特征。主要特征如下。

　　① 皮肤角质化程度加深，表皮有角质层分化，体表外被角质鳞片、角质盾片、骨板等，能有效防止体内水分蒸发。

　　② 皮肤缺少腺体，体表干燥，结束了皮肤呼吸，出现胸式呼吸，使得呼吸功能进一步完善。

　　③ 五趾（指）型附肢，较两栖动物进一步发达、完善；趾端具爪，适于陆栖爬行。

　　④ 骨骼坚硬、骨化程度高，硬骨成分增大，有利于支撑身体。脊柱分化完善，第 1、2 颈椎分别特化为寰椎和枢椎，躯椎也有胸椎和腰椎的分化，荐椎数量增多。

　　⑤ 头骨是单枕髁，具颞窝。

⑥ 心脏有 2 个心房和 1 个心室。心室中出现不完整的隔膜（鳄类有较完整的具孔隔膜），血液循环虽然是不完全双循环，但多氧血与缺氧血分得更加清楚。

⑦ 出现后肾，有泌尿功能，尿中代谢物质以尿酸为主。

⑧ 体内受精，产大型的羊膜卵，具有陆地繁殖能力，雄性多数具交配器官。

⑨ 出现新脑皮，神经系统进一步发展。

爬行类虽然是真正陆生动物，但是它还存在一些原始特征，如心脏的室间隔不完整、保留了两个体动脉弓、体温调节能力低、体温不恒定、属变温动物。

三、爬行纲的生物学特征

（一）外形特征

爬行动物不同种类的体形差异很大，但具有了陆栖四足动物的基本形态，身体形状大体呈圆筒状，可区分为头、颈、躯干和尾部、四肢（图 17-2）。全身被覆角质鳞片或硬甲，具五趾型附肢，趾端具爪，利于攀爬、挖掘等活动。头的两侧有外耳道，鼓膜下陷。尾基较大，向后渐细。按体形可分为基本形态的蜥蜴形（蜥蜴、鳄、楔齿蜥等）和特化形态的蛇形（蛇和蛇蜥等）、龟鳖形（龟和鳖等），分别适应于地栖、树栖、水栖和穴居等不同生活方式（图 17-3）。

图 17-2　石龙子外形

图 17-3　楔齿蜥外形

（二）皮肤及其衍生物

1. 表皮

爬行动物的表皮高度角质化，约有 10 层细胞构成。皮肤外被角质鳞，皮肤干燥，缺少腺体。角质鳞是表皮细胞角质化的产物。鳞片与鳞片之间有薄的角质膜相连，形成完整的鳞被。其中，鳄类在背部角质鳞下面有真皮骨板。爬行动物趾端的爪、棘、刺也是由表皮角质层演变来的。角质形成物，如角质鳞片和角质盾片的排列方式和数目，在同种的不同个体上是比较稳定的，这是爬行动物分类的根据之一。

表皮的角质化阻止了爬行动物身体的生长。因此，爬行动物的背鳞具定期更换的规律，称为蜕皮。如快速生长的蛇，在夏季大约每 2 个月蜕皮一次。因为蛇的鳞片浮覆在真皮突起的顶部，与真皮连接不紧密，因此，在蜕皮过程中，通过酶的作用，将旧的表皮细胞层的基部溶解掉，使旧的表皮角质层与生发层细胞不断分裂所形成的新细胞层分离，自吻端和舌端开始，将外层角质层连同眼球外面的透明皮肤一起蜕掉，形成完整的一张皮，这就是常见的"蛇蜕"。蜥蜴的蜕皮则是成片地脱落，它们具有双层角质层，两层之间有中介层，可在蜕皮期间产生蛋白水解酶，将外层角质层定期蜕掉。蜕皮的次数和间隔时间与食物丰富度、温度高低、水分及光线等条件都有关。龟、鳖不是定期完整地蜕皮，而是不断地以更新替旧的方式进行。但也有些蛇在性成熟以后还可以继续生长，因而仍然有蜕皮现象（图 17-4）。

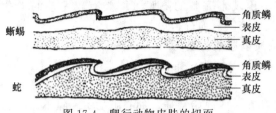

图 17-4　爬行动物皮肤的切面

2. 真皮

爬行动物的真皮由致密结缔组织构成，内含有发达而丰富的色素细胞（鳄的色素颗粒沉着在表皮角质层），因此许多爬行动物的皮肤都具有色彩鲜艳的图案。还有一些动物，在不同的环境条件下具有迅速改变体色的能力，如素有"变色龙"之称的避役和多种蜥蜴。其变色的原理是，在外界光和温度的共同作用下，通过自主神经核内分泌产生的激素进行调节以改变体色。脑垂体中叶分泌的激素可使黑色素细胞收缩、颜色变浅，变色的意义是形成与环境较一致的保护色，用于保护自身；并且有吸收地表辐射热量及调节体温的功能。

3. 皮肤腺

爬行动物的皮肤内缺少皮肤腺。在某些蜥蜴中（草蜥、麻蜥）和壁虎科，雄性具有股腺，是位于大腿基部内侧的一列小孔，称为鼠蹊窝、股窝和肛前窝等，平时不发达，在繁殖时期可分泌胶状液体，风干后呈黄色短刺状的小突起，可在交配时用于把持雌体。某些龟的泄殖腔孔或者下颌附近有分散的腺体，其分泌物有特殊气味，雄性能以此招诱雌性，是物种间识别和吸引异性的信号，也称"香腺"。

（三）骨骼系统

爬行动物的骨骼骨化程度高、坚硬，大多数是硬骨，保留的软骨很少。骨骼各部之间分区明显，脊椎非常坚固且具有很大灵活性。在爬行动物中还首次出现胸廓，具单一枕髁，出现颞窝、眶间隔、胸骨（蛇无）和肋骨发达（图 17-5）。

1. 头骨

爬行动物头骨的骨化更为完全，仅在筛区保留一些软骨，膜性硬骨覆盖着软颅的顶部、侧部和底部。颅骨的顶壁隆起，为高颅型（tropibasic type），使得颅腔扩展、脑容量明显增大。

次生腭是从爬行类开始出现羊膜动物的共同特征，由口腔顶部的前颌骨、上颌骨的腭突、

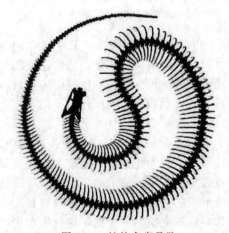

图 17-5　蛇的全身骨骼

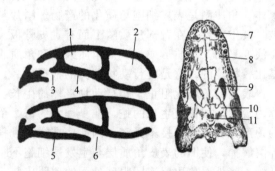

图 17-6　次生腭的形成过程及鳄的次生腭
1. 眼眶；2. 颅腔；3. 内鼻孔；4. 初生腭；5. 次生腭；
6. 内鼻孔；7. 前颌骨；8. 上颌骨；9. 腭骨；
10. 翼骨；11. 内鼻孔

腭骨及其翼骨愈合而成的水平隔，位于颅骨的底部、口腔顶壁。它把原来的口咽腔分成上下两部分。上层与鼻腔相通，成为嗅觉和呼吸的通路；下层为固有口腔。硬腭之后有次生性的内鼻孔。内鼻孔和口腔均开口在咽。由于次生腭的产生使口腔和鼻腔完全分开，内鼻孔后移接近于喉。食物和气体在咽部交叉，互不影响。但多数的爬行动物次生腭不完整，鳄例外（图17-6）。

很多爬行类物种的两眼窝间具有软骨或露骨片形成的眶间隔，对眼睛有保护作用。在头骨的枕部有一枕骨大孔，其中的基枕骨和侧枕骨共同形成单一的枕髁，与第一颈椎相连，十分灵活。头骨的两侧眼眶的后方出现一个或两个颞孔（temporal fossa），是颞部的膜质骨消失、退化后产生的穿洞现象。颞孔周围的骨片形成骨弓，称为颞弓。颞孔的出现与咬肌的发达密切相关，咬肌收缩时，可使膨大的肌腹部向颞孔凸入，加强了摄食和消化机能。颞孔是爬行类分类的重要依据。根据颞孔的位置和有无，爬行类可分为4类：①无颞孔类（无弓类）：出现在最原始的古爬行类，见于杯龙目化石种类及现代的龟鳖类；②上颞孔类（或侧弓类）的颅骨只有单个上颞孔，上颞弓由后额骨和上颞骨构成，鱼龙类属于上颞孔类；③合颞孔类（合弓类或下孔型）的头骨两侧有1个颞窝，古代兽齿类和化石盘龙类以及由此演化出的哺乳类属于此类；④双颞孔类（双弓类或双孔型）的头骨每侧有2个颞窝（上颞窝和下颞窝），大多数古代爬行类、大多数现代爬行类（蜥蜴、蛇、鳄）和现代鸟类属于此类。现存的多数爬行类属双颞孔类，但在进化过程中有很多变异。鳄类和楔齿蜥保留双颞弓，仍是典型的双颞孔类；蜥蜴无下颞弓，仅保留上颞孔；蛇类的上、下颞弓全失去，其上下颞孔与眼窝合成一个大孔，在头侧形成很大的倒凹（图17-7）。

脑颅底部的副蝶骨消失（无羊膜动物颅底部主要是副蝶骨），被基蝶骨（副蝶骨在某些古爬行类能清楚看到，而在现代爬行类只在胚胎中普遍存在）取代。

较原始的少数爬行类（楔齿蜥）和某些蜥蜴类头骨上仍保留着颅顶孔。颅顶孔位于头骨左右顶骨之间的合缝上，在古爬行类普遍存在，标志着顶眼所处的位置。

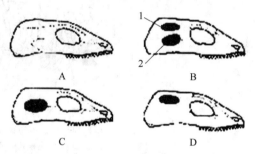

图 17-7　颞窝的类型
A. 无颞孔类；B. 双颞孔类；C. 合颞孔类　D. 上颞孔类
1. 上颞孔；2. 下颞孔

下颌除了关节骨外，还有齿骨、夹板骨、隅骨、上隅骨、冠状骨等多块膜成骨参与形成。关节骨与上颌的方骨构成自接型的颌关节。

2. 脊柱、肋骨、胸骨

爬行动物的脊柱已经分化成陆栖脊椎动物共有的颈椎、胸椎（thoracic vertebra）、腰椎（lumbar vertebra）、荐椎及尾椎5个区域。椎体大多数为后凹型或前凹型，低等种类是双凹型。其中颈椎的数目增加（石龙子8块，鳄9块），有寰椎、枢椎和普通颈椎的分化。第1颈椎为寰椎（atlas），寰椎的下部有一个关节面与头骨的单一的枕髁相关节。寰椎孔被一韧带分为上下两部，脊髓通过上部，枢椎的齿状突通过下部。第2颈椎是枢椎（axis），其向前伸出的齿状突，实际上是寰椎的椎体。寰椎和枢椎的分化，保证了头部活动的灵活性，使头部的感觉器官获得了更大利用空间。

爬行动物的荐椎数目增多，并通过宽阔的横突与腰带相连，使后肢的承重能力显著提高。尾椎数目依种而异，向末端逐渐变细。壁虎、石龙子、蜥蜴等种类的尾椎中部有一个能引起断尾行为的自残部位，是尾椎骨在形成过程中，前后两半部未曾愈合而特化的结构。当遭受拉、压、挤等机械刺激时，就会在尾椎骨的自残部位处断裂，即断尾现象。因自残部位的细胞始终保持增殖分化能力，因此在断尾面上还可以重新长出尾部。

爬行动物的颈椎、胸椎和腰椎两侧皆具肋骨。颈肋一般是双头式，胸肋是单头式。爬行动物的脊椎数量变化较大。蛇的脊椎骨可多达 500 块以上，脊椎分区不明显，仅分尾椎和尾前椎两部分，代表特化的类型。除寰椎以外，尾前椎椎骨上都有发达的肋骨，肋骨为单头。蛇的肋骨远端均以韧带与腹鳞相连，故蛇可借助脊柱的左右弯曲和肋皮肌、皮下肌的作用，通过肋骨起落支配腹鳞活动，进行爬行。

楔齿蜥和鳄的身体腹面的腹壁肋位于胸骨后方；腹壁肋是退化的骨板，为膜原骨，由真皮骨化而来（图 17-8）。石龙子的胸骨是位于腹中线的一块菱形骨板，其前方有一个十字形的间锁骨，为膜原骨，而胸骨是软骨原骨，因此上胸骨不是胸骨的一部分，而是肩带的一部分。爬行动物大多数有胸骨，且十分发达（图 17-9）；蛇与龟鳖类不具胸骨。

爬行动物开始出现胸廓。胸廓是胸椎、胸骨和肋骨通过关节、韧带连接形成。胸廓是羊膜动物所特有，与真正陆生动物发达的肺相联系。胸廓的出现有利于内脏的保护和呼吸作用的加强。肋间肌附着在肋骨上，肋间肌收缩可使胸廓有节奏地扩大或缩小，直接参与、协同肺的呼吸运动。

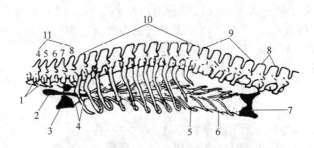

图 17-8　鳄的脊柱、肋骨及腹壁肋

1. 颈肋；2. 间锁骨；3. 前乌喙骨；4. 胸骨；5. 真皮骨；6. 腹壁肋；
7. 耻骨；8. 尾椎；9. 腰椎；10. 胸椎；11. 颈椎

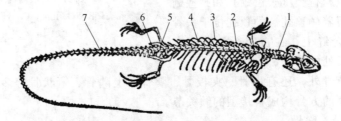

图 17-9　石龙子的骨骼

1. 颈椎；2. 胸椎；3. 肋骨；4. 腰椎；5. 荐椎；6. 腰带；7. 尾椎

3. 带骨及附肢骨

爬行动物的肩带包括乌喙骨、前乌喙骨、肩胛骨、上肩胛骨，比两栖动物的肩带更坚固，并有十字形的上胸骨，或称锁间骨（interclavicle），将胸骨和锁骨连接起来。爬行动物的腰带由髂骨、坐骨和耻骨合成。耻骨和坐骨之间分开，形成一个大孔，称为坐耻孔。左右耻骨在腹中线处以软骨连合，称为耻骨连合；左右坐骨在背中线处结合，称为坐骨连合。耻骨上还有小的闭孔、神经孔。腰带减轻了骨块的重量，但对身体的支持力度并不减小。

爬行动物具典型的五指（趾）型四肢，其指（趾）端具爪，骨化强。前肢的桡骨、尺骨分离，腕骨块完善；后肢发展适中，胫骨腓骨分离，跗骨集中，更适合陆上支持和复杂的运动。蜥蜴类中的蚓蜥科种类和所有的蛇类四肢都退化，且无带骨；仅蟒蛇例外，仍有后肢的残迹，是位于泄殖腔孔两侧的一对角质爪，内部仍保留退化的髂骨和股骨。海龟的四肢变为桨状，指（趾）骨延长，股骨呈扁平状，缺少关节（图 17-10）。

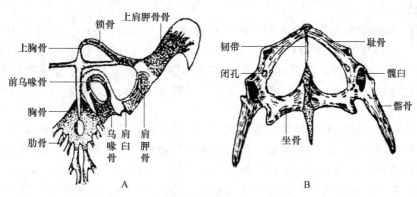

图 17-10　蜥蜴的肩带（A）和腰带（B）

爬行动物的肩带和腰带分别通过肱骨和股骨与躯干的长轴呈直角相关联，当动物停息时，可腹面着地，体重中的躯干部分并未完全由四肢来承担。在快速运动的爬行类中，如蜥蜴和鳄类，能将腿的方向垂直于地面，把身体抬起，以完成快速运动。

（四）肌肉系统

爬行动物的肌肉分化更为复杂，分化出了陆栖动物所特有的皮肤肌（skin muscle）和肋间肌（intercostal muscle）。由于五指（趾）型动物四肢的发达、颈部的发达灵活及脊柱的加强，其躯干肌更趋于复杂分化。具体表现如下。

1. 皮肤肌

调节角质鳞片活动。在蛇类特别发达，蛇的皮肤肌从肋骨连至皮肤，腹鳞在皮肤肌的调节下不断起伏，改变身体与地面的接触面积，完成特殊的蜿蜒运动。

2. 肋间肌

位于肋骨之间，由胸肋肌分化而来，分为内层的肋间内肌和外层的肋间外肌。肋间肌可牵引肋骨升降，改变胸腹腔体积的变化，协同腹壁肌肉共同完成呼吸作用。

3. 轴上肌和轴下肌

从爬行类开始由原始的轴上肌分化出 3 组肌肉。第 1 组是最发达的背最长肌，位于横突上面；第 2 组是背肌在两侧还分化出的一层背髂肋肌，止于肋骨基部。背最长肌和背髂肋肌均起自颅骨枕区后缘，肌肉收缩和头颈部的转动有关。龟鳖类的轴上肌由于甲板的存在大大退化。第 3 组肌肉是头长肌，沿着颈部的两侧走向头骨的颞部。轴下肌分层情况与两栖类相同，即分化为腹外斜肌、腹内斜肌和腹横肌 3 层。在腹中线两侧还有腹直肌。除此以外，从爬行类开始，由于椎骨的棘突、横突及关节突都很发达，这些突起可供肌肉附着。

4. 四肢肌肉

四肢肌肉发达，适于陆地爬行动物运动。前臂肌大多起自背部、体侧、肩带，包括背阔肌、三角肌和三头肌等，控制前肢的运动；后肢肌有位于腰股之间的耻坐骨肌、髂胫肌及腿部的股胫肌和臀部肌肉等，主要功能是控制后肢运动，将动物身体抬离地面并向前爬行。

（五）消化系统

爬行动物的消化系统较两栖动物复杂，由消化道和消化腺构成，口腔中的齿、舌、口腔腺等结构复杂，首次出现了次生腭、盲肠等器官。

1. 次生腭

爬行动物出现了次生腭。将口咽腔分成上下两层，下层为口腔可吞咽食物，上层为呼吸通道，有效地解决了摄食和呼吸互相干扰的矛盾。

2. 口腔腺

陆生爬行动物的口腔腺比两栖类发达，有腭腺（palatine gland）、唇腺（labial gland）、舌腺（lingual gland）和舌下腺（sublingual gland）。这些口腔的分泌物可以润滑食物，有利于食物的吞咽。毒蛇的毒腺（toxic gland）由唇腺变态而成，腺导管通到毒牙的沟或管中。墨西哥的毒蜥（*Heloderma*）的毒腺来自于舌下腺变态而来，腺导管通到毒牙的沟中。

3. 舌

爬行动物的口腔底中有发达的肌肉质的舌，除具有吞咽功能外，还具有示警、感觉或捕食的作用。鳄舌厚而宽，龟舌形短宽，舌面有敏感的触觉，但都粘连于口底不能外伸；而有鳞类的活动性较大，蛇和蜥蜴的舌可以伸出很长，称为吐信（tongue flicking），舌上缺少味蕾而无味觉作用，但在收回舌时，舌尖进入犁鼻器的两个囊内。犁鼻器的内壁具嗅黏膜，有嗅神经分支通入，能监测到舌尖带入的化学信息。避役的舌极为发达，内为纵肌，外围环肌，顶端膨大而富黏性，平时舌压缩在口腔中的鞘套里，捕食时能迅速地将舌射出，其舌的长度大于或者等于体长，舌端附着黏液，可以黏捕昆虫等。澳洲蓝舌石龙子的舌呈鲜艳的蓝色，当遇到惊扰时，便伸出蓝色舌恐吓对手。

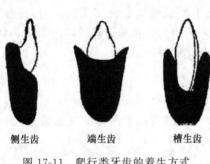

图 17-11 爬行类牙齿的着生方式

侧生齿　　　端生齿　　　槽生齿

4. 牙齿

爬行动物的食性差异很大，为植食性或是肉食性。它们的牙齿在颌骨上生长的方式有 3 种。①端生齿：牙齿长在颌骨的顶端表面，如蛇；②侧生齿：牙齿长在颌骨的内侧缘，如蜥蜴；③槽生齿：齿根长在颌骨的齿槽里，如鳄鱼。槽生齿是最牢固的（图 17-11）。

牙齿依据形状相同或相异可分为同型齿和异型齿。绝大多数爬行类的牙齿呈一致的圆锥形，属同型齿。因齿尖弯向后方，同型齿的功能只能咬捕食物而不能咀嚼食物。实际上，绝大多数爬行动物在取食时不咀嚼而直接将食物咽下。某些古爬行类，如被认为是哺乳动物祖先的兽形类牙齿已开始有分化了，初步可区分门齿、犬齿和臼齿，属异型齿。鳄类和少数的鼍蜥科蜥蜴初步分化为异型齿。毒蛇和毒蜥具有特化的毒牙，按其构造和着生部位可分管牙和沟牙两类。管牙类具 1 对管牙。管牙内有细管，毒液即沿着此管由牙端的管孔射出。沟牙一般着生在上颌骨上，1 对或数对，各沟牙的前缘都具一条纵沟，毒腺所分泌的毒液通过毒腺管沿这条纵沟注入捕获物体内。沟牙的位置如果在无毒牙之前则称为前沟牙；如长在无毒牙之后则称为后沟牙。毒牙常有后备齿，当前面的毒牙失掉时，后背齿就替补上去。在闭口时，毒牙向后倒卧；在咬噬时，由特殊的附着肌收缩，使之竖立（图 17-12）。

在蜥蜴和一些蛇类的胚胎，有卵齿着生在上颌的前段，较长。卵齿的作用是使幼仔出壳时咬破卵壳。孵出后不久，卵齿就脱落了。许多现已灭绝的爬行类是植食性的，如龟类，它们就没有牙齿而有角质鞘，用以啃断植物的茎叶。龟类和鳄类在胚胎时吻端还长有角质齿，亦是用来破卵的。角质齿是表皮衍生物，与一般牙齿不同源。

5. 盲肠

从爬行动物开始出现盲肠，特别是植食性的陆生龟类，盲肠十分发达，这与其消化植物纤维有关。整个消化道分化更明显，直肠开口在泄殖腔。爬行动物的大肠和泄殖腔均有对水

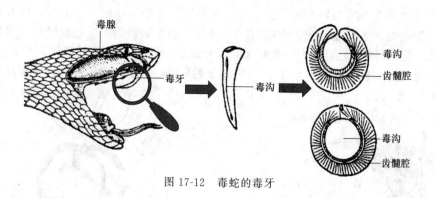

图 17-12　毒蛇的毒牙

分重吸收的功能，对防止水分蒸发有重要意义。

（六）呼吸系统

　　爬行动物适应陆地生活，肺呼吸功能进一步完善，丧失了鳃呼吸和皮肤呼吸功能。爬行动物胚胎时期有鳃裂产生，但并不形成鳃，也无鳃呼吸，胚胎的气体交换通过尿囊实现。成体有1对肺，位于胸腹腔左右两侧对称排列，内壁有复杂的间隔把肺内壁分成蜂窝状小室，扩大与空气的接触面积。成体爬行类有些种类肺的排列呈前后分布，前部内壁呈蜂窝状是呼吸部；后部内壁光滑，分布较少的血管，是储气部。例如，避役的肺后部内壁平滑并且伸出若干个薄壁的气囊，插入内脏之间，有储气作用。这种结构类似气囊，在鸟类中获得了更大的发展。无四肢的蛇类，其肺的存在不对称，左肺多数退化或缺少，只存在右侧，可能与蛇类的钻洞生活、体腔狭小有关。在一些相对高等的蜥蜴、龟类和鳄类，它们的肺是呈海绵状的，内部无空腔，这是因为肺的构造由支气管一再分支构成，盲端是肺漏斗（图17-13）。

　　爬行动物首次出现支气管，并且气管（trachea）和支气管（bronchi）有明显分化，气管管壁有软骨环支持。气管前段的膨大形成喉头（larynx），其壁是由单一的环状软骨和成对的杓状软骨支持，喉头前面有纵裂缝称为喉门。气管分成左右两支气管，分别通入左右肺。而蛇类支气管仅剩1条，大多数爬行动物不能发声。

图 17-13　避役的肺及气囊
1. 气管；2. 肺；3. 气囊

　　爬行类除保留有两栖类的咽式呼吸外，发展了羊膜动物所特有的胸腹式呼吸，即借助肋间肌和腹壁肌的伸缩使胸廓扩张与缩小，吸入或排出气体。当肋间外肌收缩时，牵引肋骨上提，胸廓扩张，吸入空气；肋间内肌收缩时，牵引肋骨下降，胸廓缩小，呼出空气。水栖的龟鳖类，在它们的泄殖腔两侧突出两个副膀胱，因含丰富毛细血管，在水中能进行气体交换，可以辅助呼吸。

（七）循环系统

　　爬行动物的循环系统为不完善的双循环，但在心室内出现了不完全的分隔，其高等种类的心室已分隔为左右两部分，血液循环已经接近于完全的双循环（图17-14、图17-15）。

　　爬行动物的心室内产生了不完整的隔膜，称为室间隔（interventricular septum），使得多氧血和少氧血的分流更完善。鳄类的室间隔较完整，仅在左、右体动脉弓基部留有潘氏孔连通。爬行动物的左心房与右心房完全分开，左心室与右心室还没完全分开，因此属于不完整的四腔心脏。静脉窦退化，成为右心房的一部分，动脉圆锥消失。心脏壁的肌肉发达，收缩力量加强，泵血能力加强，产生的血压也就升高了。原始的动脉圆锥已完全消失，肺动脉、左体动脉弓和右体动脉弓3个主干分别由心室发出，每个主干的基部皆有半月瓣。

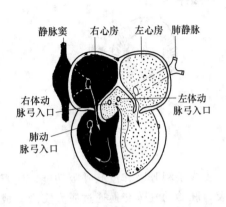

图 17-14　龟的心脏

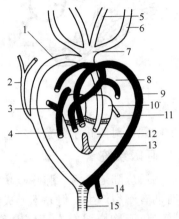

图 17-15　蜥蜴的心脏及主要血管

1. 右动脉弓；2. 锁骨下动脉；3. 前腔静脉；4. 后腔静脉；
5. 左内颈动脉；6. 左外颈动脉；7. 颈总动脉；8. 肺动脉；
9. 左主动脉弓；10. 心耳；11. 肺静脉；12. 心室；13. 心室隔膜；14. 腹腔系膜动脉；15. 背主动脉

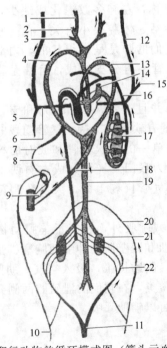

图 17-16　爬行动物的循环模式图（箭头示血液流动方向）

1. 外颈动脉；2. 内颈动脉；3. 锁骨下动脉；4. 右体动脉弓；5. 退化的后主静脉；

6. 前大静脉；7. 肝静脉；8. 后大静脉；9. 肝门静脉；10. 股静脉；11. 尾静脉；

12. 颈静脉；13. 左体动脉弓；14. 脉动脉；15. 锁骨下动脉；16. 肺静脉；17. 肺；

18. 腹腔肠系膜动脉；19. 背大动脉；20. 腹侧静脉；21. 肾；22. 肾门静脉

静脉类似两栖类，包括一对前大静脉、一条后大静脉、一条肝门静脉、一对肾门静脉（肾门静脉有退化的趋势，其中一条在肾内分散成毛细血管，另一条从肾表面穿过）和一对腹侧静脉。

爬行动物的血液循环为不完全的双循环，从心脏发出3条独立的血管：肺动脉、左体动脉弓和右体动脉弓。这3条主干分别由心室发出，每个主干血管的基部都有半月瓣，其中肺动脉和左体动脉弓是由心室的右侧发出，右体动脉弓由心室的左侧发出。进入头部的颈动脉即由此支发出，左体动脉弓和右体动脉弓在背面愈合成背大动脉，再向后走。传统的观点认为：心室隔的产生和3条动脉弓发出的部位，使进入肺脏的血主要是缺氧血；进入头部的血是多氧血；而左体动脉弓内主要是混合血。左体动脉弓和右体动脉弓在背面合成背大动脉，其中的血液是以多氧血为主的混合血（图17-16）。

近年来的实验研究证实了体动脉弓内全是多氧血，并不存在传统观点认为的混合血。在左体动脉弓和右体动脉弓发出处，正是心室间隔不完整的地方，而这是由肉柱形成的一个腔，由心室左部来的多氧血直接进入该腔。由该腔再流入左体动脉弓和右体动脉弓，只有由心室右部发出的肺动脉内含有缺氧血。

鳄类与一些爬行动物不同，正常情况下，左体动脉弓和右体动脉弓内血液的含氧量是与左心室内含氧量一致的，即全是多氧血。原因是右心室和右体动脉弓内的压力低于左心室和左体动脉弓，在这种情况下，由右心室通往左体动脉弓的半月瓣是闭合的。当鳄类潜水时，右心室收缩加强，由右心室通往左体动脉弓的半月瓣打开了，这时，就有一部分缺氧血从右心室压入左体动脉弓。

（八）排泄系统

排泄系统包括肾脏、输尿管、膀胱和泄殖腔。

从爬行动物开始出现了后肾（metanephros），但是在胚胎发育中也经过前肾和中肾阶段。后肾的肾单位数目多，有很强的泌尿能力，是排泄功能较高的肾。这也是随着爬行动物登陆后生活环境的复杂、肺的呼吸效能提高、五指（趾）型四肢的强健、脊椎的分化、神经系统的完善等新陈代谢水平的提高而出现的脊椎动物中最高级的排泄器官。

后肾位于腹腔的后半部，紧贴于腰区背壁两侧；体积不大，表面光滑、多分叶。肾的形状和排列因动物个体而异。例如，蛇肾是细长型，有明显分叶，并且按位置排列为一前一后。后肾在个体发育过程中出现得最晚，肾小管弯曲且加长，加强了滤过效能，对水分有重吸收的功能。爬行动物的肾小管比两栖动物的肾小管从血液中排出的水分要少得多，这对陆上生活保持水分平衡具有重要意义。后肾以后肾管为输尿管，开口与泄殖腔；排泄废物以尿酸和尿酸盐为主，这也是一种重要的保水措施。尿酸是一种黏稠的含氮物质，其溶解度比尿素少，故尿中的水分能更多地被肾小管回收。

爬行动物中楔齿动物和大多数的蜥蜴、龟鳖类一样，具有膀胱，开口于泄殖腔腹壁。从个体发生看，爬行动物与所有的羊膜动物一样，膀胱是由尿囊基部扩大而形成的，这种类型的膀胱称为尿囊膀胱。在一些淡水的龟鳖类中，除了膀胱外还有2个副膀胱，其开口与膀胱的开口相对。副膀胱的壁上分布有丰富的毛细血管，可作为呼吸的辅助器官；雌性的副膀胱还可储水，供繁殖时期营巢产卵之用。生活在干燥地区的爬行动物，其膀胱具有回收水分的能力，对维持体内的水分十分重要。居住在干旱沙漠的爬行动物，如龟类，一次饮水可达体重的40%，可以供应身体利用较长时间，以应对缺水环境。也有很多种类靠食物组织中的水或体内的氧化水维持生命。这些爬行动物活动多为昼伏夜出。

海生爬行动物多半可直接饮用海水，或者通过进食海藻等食物时从中获得水分，这样带来的结果是大量的钾、钠进入体内。为与之相适应，它们发展了肾外排盐的结构，在其头部眼后方有一种特殊的泌盐腺，能将含盐的体液高度浓缩到鼻腔前部的鼻道排出。例如，海龟的泪腺能将大量的盐分排到结膜腔中，海蛇的泌盐腺位于舌下；鳄类的泌盐腺位于舌中部及两侧；扬子鳄的舌腺有单管，也有泡状腺，约 100 个，并有泌盐和分泌黏液的功能。有人认为，爬行动物泌盐腺的重要性可超过肾脏，对体内盐平衡、水平衡和酸碱平衡有重要意义。

（九）神经系统与感觉器官

1. 神经系统

爬行动物的中枢神经系统比较发达，一个重要的演化趋势是：脑的神经综合作用开始向大脑转移。外周神经、植物性神经与两栖动物相比没有大的变化。

① 大脑　爬行动物的大脑半球的体积明显增大，向后盖住部分间脑，脑弯曲明显。大脑表面虽然光滑，但已经开始出现椎体细胞，聚集成神经细胞层构成新脑皮（neopallium）。脑体积增大和加厚的主要部分仍然主要是纹状体，并向大脑下方转移，前伸、加厚，并加入大量神经核。这些神经核接收来自更多的视丘的感觉神经纤维，故称为新纹状体。侧脑室变狭窄。纹状体的重要性仅次于中脑，是皮质下中枢。爬行动物第一次在大脑新皮质中出现大锥体细胞。

② 间脑　由于脑弯曲明显，在背面几乎看不到间脑。间脑较小，顶部的松果体发达，很多种类保留着古爬行类的一种痕迹器官——顶眼。顶眼在头部背面正中、两眼后方、间脑顶壁的位置上，其作用是光线可通过颅顶孔上的薄膜，照射到顶眼上，具有感光的作用。这对变温动物利用顶眼来调节自身在阳光下暴晒的时间及合理利用日光能具有十分重要的意义。另外，顶眼与动物的周期性生命活动有关，即相当于生物钟的作用。

③ 中脑　中脑为一对发达的视叶，视叶仍是爬行动物的高级中枢。蛇类中脑背面已分化为四叠体，分别为 1 对大的前丘和 1 对小的后丘。自爬行动物开始，已有少数神经纤维自丘脑延伸至大脑，这就是神经活动向大脑集中的开始。

④ 小脑、延脑和脑神经　龟、鳖和鳄类的小脑也较两栖动物发达，延脑发达，具有作为高级脊椎动物特征的颈弯曲。脑神经 12 对，但蛇和蜥蜴为 11 对。前 10 对与无羊膜动物相同。第 XII 对脑神经称为舌下神经，也是运动神经，分布到颈部肌肉和舌肌。同时脊髓延长，达于尾部，在前肢和后肢基部神经丛相连部分，已形成了明显的胸膨大和腰荐膨大。舌和蜥蜴第 XI 对脑神经尚未从第 X 对中分离出来（图 17-17）。

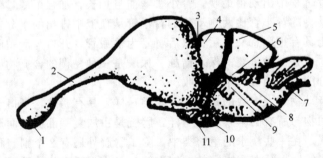

图 17-17　爬行动物（鳄和蜥蜴）的脑
1. 嗅球；2. 嗅束；3. 间脑；4. 视叶；5. 小脑；6. 小脑耳；7. 第 XII 对脑神经；
8. 第 VII 对脑神经；9. 第 IV 对脑神经；10. 脑下垂体；11. 脑漏斗

2. 感觉器官

① 视觉器官　除了蛇和蜥蜴类中的蛇蜥，爬行类的视觉发达，具有能活动的上眼睑和下眼睑及瞬膜。具有发达的泪腺，能分泌泪液，湿润眼球。眼球调节完善，在眼后房内有视

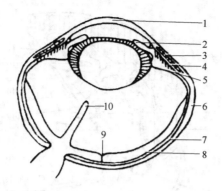

图 17-18　爬行动物的眼球剖面
1. 巩膜；2. 虹膜；3. 巩膜骨；4. 睫状肌；5. 睫状突；6. 巩膜；
7. 脉络膜；8. 视网膜；9. 视凹；10. 锥状突

网膜突出形成的睫状体，其内含有横纹肌，既能调节晶状体的凸度，又能调节晶状体与视网膜之间的距离，所以任何距离都可视物。锥状突是眼后房中脉络膜突起形成的，位于视神经附近处，因含丰富的血管、神经色素，故可以营养眼球。

眼球周围的巩膜内有薄的小骨片，呈覆瓦状环形排列，成为眼球壁的坚强支架。眼球可以做回转运动。蛇的眼睛永远是张开的。因为上眼睑和下眼睑愈合在一起，形成一个透明的薄膜与皮肤连在一起，对眼球起保护作用，蜕皮时也一起蜕掉，因此蛇在退皮时的视力不佳。蛇的睫状肌退化，虹膜括约肌收缩可改变晶状体凸度（图 17-18）。

② 听觉器官　爬行动物具有内耳和中耳及 1 块听小骨。鼓膜在表面或者凹陷，这是形成外耳道的开端。中耳腔的后壁上除卵圆窗外，还新出现了正圆窗，使内耳中淋巴液的流动有了回旋余地。内耳的膜迷路与两栖动物相似，只是由球状囊分出的瓶状体更加明显。其中鳄的瓶状体延长，并开始有卷曲。蛇和少数蜥蜴的中耳腔、鼓膜及耳咽管全部退化了，耳柱骨直接埋在鳞片下的结缔组织中，但内耳较发达。耳柱骨一端连内耳，另一端连方骨，所以不能直接通过空气接收声波，但蛇对声波却极敏感，这是因为蛇贴地面，声波沿地面固体物质传导的速度比空气快得多，而且地面的声音是通过方骨经耳柱骨出入内耳的。这使得内耳瓶状囊有了小突起，所以蛇类对地面的微弱震动感觉十分敏感（图 17-19）。

③ 嗅觉器官　由于此生腭的出现，嗅觉感受器比两栖动物大为扩展，嗅黏膜布满鼻腔背侧、内侧和鼻甲骨的表面。此外，现存爬行动物，特别是蛇和蜥蜴，有着特别发达的犁鼻器。犁鼻器是鼻腔前面的一对盲囊，开口于口腔顶壁，与鼻腔无关。通过嗅神经与脑相连，由于犁鼻器不与外界相通，通过舌尖搜集空气中的化学物质，当舌尖缩回口腔时，则进入犁鼻器的 2 个囊内从而产生嗅觉，并可判断出所处的环境条件。鳄和鱼鳖类的犁鼻器退化（图 17-20）。

④ 红外线感受器　蝰科蝮亚科蛇类，以及蟒科大多数种类所具有的一种特殊的热能感受器，如颊窝和唇窝。颊窝是位于蝮亚科蛇类的眼睛和鼻孔之间的一个陷窝，内有一布满神经末梢的薄膜，末端呈球形膨大并充满线粒体。电镜研究表明，当神经末梢接受刺激以后，线粒体的形态发生改变。对周围的温度变化极为敏感，能在数尺的距离内感知 0.001℃ 的温度变化。因此，这类蛇能准确地在夜间判断附近有无恒温动物的存在和远近位置，这也是仿生学研究内容之一。

（十）生殖系统及生殖方式

雄性爬行动物具 1 对精巢，精液通过盘旋的输精管到达泄殖腔背面，羊膜动物的输精管

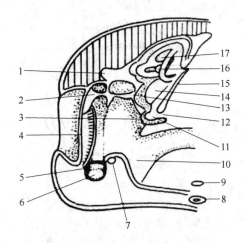

图 17-19　爬行动物的听觉器官

1. 副枕突；2. 外耳柱骨；3. 正圆窗；4. 鼓膜；5. 方骨；6. 关节骨；7. 翼骨；
8. 气管；9. 喉门；10. 耳咽管；11. 外淋巴囊；12. 内耳通颅腔的内淋巴管；
13. 耳柱骨；14. 瓶状囊；15. 耳囊内壁；16. 椭圆囊；17. 半规管

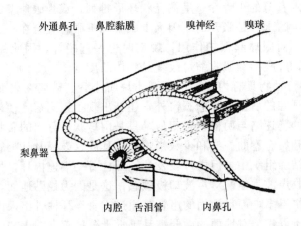

图 17-20　蜥蜴的嗅囊从切面

是由中肾管演变来的。泄殖腔内具可充血膨大并能伸出泄殖腔的交配器（copulatory organ）。蛇和蜥蜴的交配器成对，称半阴茎（hemipenis），龟鳖类和鳄类的泄殖腔腹面有单个交配器，称阴茎（penis）。爬行动物全部是体内受精，除楔齿蜥以外，雄性都有交配器。

雌性爬行动物具 1 对卵巢，位于体腔背壁的两侧，输卵管一端开口于体腔，另一端开口于泄殖腔。输卵管分化为具有不同功能的部位。输卵管中部有分泌蛋白的腺体（只限于楔齿蜥、龟鳖类和鳄类具有），称为蛋白分泌部。输卵管下部有能分泌革质和石灰质卵壳的腺体，称为壳腺。雌性龟鳖类在泄殖腔壁上有一个不明显的阴蒂（clitoris），是与雄体阴茎同源的器官结构。

体内受精，雌雄个体具有发育完善的生殖系统（图 17-21）。产羊膜卵是爬行类生物适应陆栖生活的重要特征。爬行动物多数是卵生。繁殖时期，它们到比较潮湿、温暖、阳光充足的地方产卵，或者把卵产在挖好的土坑内或铺好的草堆上，借阳光的照射或植物的分解时所产生的热量来孵化，如鳄类。

多数毒蛇为卵胎生，即卵在母体输卵管内发育完全为幼体后产出体外。胚胎发育所需的

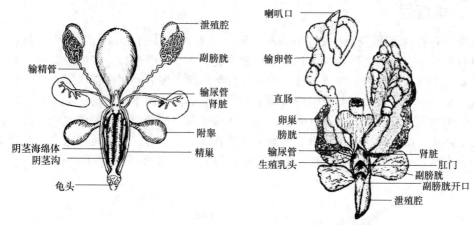

图 17-21　雄龟（左）和雌龟（右）的泄殖系统

营养主要靠卵内储存的卵黄。另外，在寒冷地区生活的爬行动物多为卵胎生，从地理分布可证实这点，同一属中分布在北方高山地区的种类为卵胎生，而分布在较温暖地区的其他种是卵生。例如，西藏沙蜥分布在海拔 4000m 处为卵胎生，而在海拔 2000m 处为卵生。

第二节　爬行纲的分类

爬行纲头骨全部骨化，外有膜性硬骨掩覆；以一个枕髁与脊柱相关联，颈部明显；第 1、2 块颈椎特化为寰椎与枢椎，头部能灵活转动；胸椎连有胸肋，与胸骨围成胸廓以保护内脏。这是动物界首次出现的胸廓。腰椎与 2 枚以上的荐椎相关联，外接后肢。除蛇类外，一般有 2 对 5 出的掌型肢（少数种类的前肢 4 出）。水生种类掌型如桨，指、趾间连蹼以利于游泳。足部关节不在胫跗间而在两列跗骨间，称为跗间关节。四肢从体侧横出，不便直立；体腹常着地面，行动是典型的爬行；只少数体形轻捷的爬行动物能疾速行进。大脑和小脑比较发达。心脏 3 室（鳄类心室虽不完全分开，但已为 4 室）。肾脏由后肾演变，后端有典型的泄殖腔，雌雄异体，有交配器，体内受精，卵生或卵胎生。具骨化的腭，使口、鼻分腔，内鼻孔移至口腔后端；咽与喉分别进入食管和气管，从而呼吸与饮食可以同时进行。爬行动物包括喙头目（Rhynchocephalia）、龟鳖目（Chelonia）、蚓蜥目（Amphisbaeniformes）、蜥蜴目（Lecertifromes）、蛇目（Serpentiformes）和鳄目（Crocodilia）共 6 个目。

一、喙头目

喙头目现仅存 1 科、1 属、2 种，即喙头蜥（楔齿蜥）（*Sphenodon punctatus*）和棕楔齿蜥（*Sphenodon guntheri*）。目前仅残存于新西兰北部沿海的少数小岛上，数量稀少。头骨具上下 2 个颞孔，脊椎双凹型，肋骨的椎骨段具钩状突；腹部有胶膜肋；肱骨的远端有肱骨孔。喙头目动物在三叠纪种类最多、分布最广，几乎遍及全世界。外形很像蜥蜴，其区别为有锄骨齿；有发达的胶甲；雄性无交配器；泄殖孔横裂；有瞬膜（第三眼睑），当上、下眼睑张开时，瞬膜可自眼内角沿眼球表面向外侧缓慢地移动；头顶有发达的顶眼，具有小的晶状体与视网膜。动物幼年时，可透过上面透明的鳞片（角膜）感受光线的刺激；成年后，由于该处皮肤增厚而作用不明显。体被原始的颗粒状鳞片。多栖居在海鸟筑成的地下洞穴中，彼此和睦相处。主要食物是昆虫或其他蠕虫和软体动物。卵长形。寿命可达 300 年。

二、龟鳖目

龟鳖目现存侧颈龟亚目（Pleurodira）和曲颈龟亚目（Cryotodira）2 个亚目，约 220 种。遍布各大洋。身体宽短，背腹具龟甲。硬甲壳的内层为骨质板，来源于真皮；外层或为角质甲或为厚的软皮，均来源于表皮。大多数种类的颈、四肢和尾部都可以在一定程度上缩进甲内。脊椎骨和肋骨大多与背甲的骨质板愈合在一起，胸廓不能活动。上颌和下颌无齿而具坚硬的角质壳。雄性有交配器，卵生，有石灰质或革质的卵壳。一般营水栖生活，也有少数种类营陆地生活。水栖者产卵也在陆地上，并在陆地上发育。陆栖龟类大多为草食性，鳖类大多为肉食性，其他种类也有杂食的。寿命较长，一般可活数十年，甚至达 200 余年（图 17-22）。

图 17-22　龟鳖目代表动物

（一）侧颈龟亚目

颈部不能缩入龟甲内，仅能在水平面上弯向一侧，将头藏在背、腹甲之间。颈椎具发达的横突。腰带与甲壳愈合在一起。栖于淡水中。分布于南半球的非洲、南美和澳洲，我国不产。包括 2 科。

1. 侧颈龟科

侧颈龟科（Pelomedusidae）有 5 属、25 种，分布于南美洲、非洲以及附近地区，尤以非洲为多。颈较短。包括马达加斯加侧颈龟属（Erymnochelys）、侧颈龟属（Pelomedusa）、亚马逊侧颈龟属（Peltocephalus）、非洲侧颈龟属（Pelusios）和南美侧颈龟属（Podocnemis）。沼泽侧颈龟（普通侧颈龟）（Pelomedusa subrufa）几乎遍布非洲，北至阿拉伯半岛的西南部，为亚洲现存的唯一侧颈龟亚目种类，也是侧颈龟亚目现存分布最北者。南美洲的侧颈龟虽然种类不多，但是数量比较多，常分布在南美洲河流的岸边。巨侧颈龟（Podocnemis expansa）的背甲长达 1m，是颈龟亚目中最大者，以植物为食。

2. 蛇颈龟科（长颈龟科）

蛇颈龟科（Chelidae）有 11 属、45 种，分布于大洋洲和南美洲。多数颈很长，可将头浮出水面呼吸以适应水栖生活。澳洲长颈龟（普通长颈龟）（Chelodina longicollis）分布于澳大利亚，其颈部的长度几乎与背甲长相等。枯叶龟（玛塔龟）（Chelus fimbriatus）分布于南美洲，颈部长而宽，可以自如收缩、膨胀，周围长满对称触须或细小、敏感凸起物，静止于水底，极似枯叶，故名。可迅速捕捉口边的小鱼。

（二）曲颈龟亚目

曲颈龟亚目包括现存的大多数龟鳖类，多数种类的颈部能成"S"形折回甲壳中。分布广泛，世界大多数温暖地区的陆地、淡水和海洋中均能见到，而比较集中在北半球的温热带地区。包括鳖总科（Trionychoidea）、棱皮龟总科（Dermoochelyoidea）、海龟总科（Chelonioidea）和龟总科（Testudinoidea）4 总科，9 科。

1. 鳖总科

① 鳖科（Trionychoidea）　体表覆以革质皮肤，无角质盾片；两颌被肉质软唇，吻端形成管状吻突；颈长，头与颈能缩入龟甲内。背腹甲以结缔组织相连，边缘厚实，称为裙边。指、趾长，第 4 指、趾常有 4 个或更多的骨节，内侧 3 指、趾有爪。满蹼。游动迅速，皮肤可辅助呼吸，能在水下保持较长的时间。肉食性，性情凶猛。鳖科有美洲鳖属（Apalone）、印度鳖属（Aspideretes）、亚洲鳖属（Amyda）、马来鳖属（Dogania）、缘板鳖属（Lissemys）、缅甸孔雀鳖属（Nilssonia）、鳖属（Trionyx）、山瑞鳖属（Palea）、中华鳖属（Pelodiscus）、斑鳖属（斯氏鳖属）（Rafetus）、鼋属（Pelochelys）、圆鳖属（Cycloderma）和盘鳖属（Cyclanorbis）共 13 属，23 种。以亚洲为中心分布于亚洲、非洲和北美洲淡水水域。我国有山瑞鳖属、中华鳖属、斑鳖属和鼋属 4 属、4～5 种：山瑞鳖（Palea steindachneri）、鼋（Pelochelys bibroni）、斑鼋（Pelochelys maculatus）、中华鳖（Pelodiscus sinensis）和斯氏鳖（斑鳖）（Rafetus swinhoei）。鼋体长 80～120cm，体重 50～100kg，最大可超过 100kg；栖息于江河、湖泊中，善于钻泥沙，以水生动物为食；群居。1000 多年前，鼋广泛分布于我国南方诸省的江河湖泊和溪流深潭中，由于生态环境的变迁，加上人为的肆意捕杀，现今为数不多。浙江的瓯江是鼋的故乡。鼋背甲最长可达 1.3m，是淡水龟鳖类中体形最大的种类，分布于我国南方和东南亚，为我国一级保护动物。

② 两爪鳖科（Carettochelyidae）　仅 1 属、1 种，即两爪鳖（Carettochelys insculpta）。分布于印度尼西亚、新几内亚及澳大利亚北部的淡水水域。体型中等，最大者背甲达 70cm。吻突出平截，酷似猪鼻，又称猪鼻龟。背甲灰色，无盾片，较隆起，中央有一条纵嵴，幼龟两侧各有一排白斑；腹甲白色且扁平，无盾片。前肢趾和后肢趾有发达的鳍状蹼，有 2 个爪，故名。善游泳，除产卵期外，均在水中活动。杂食性。繁殖季节为 9～11 月份，每次产卵 15 粒左右，卵长圆形。常作为观赏龟进行饲养。

2. 棱皮龟总科

棱皮龟科（Dermochelyidae）仅 1 属、1 种，即棱皮龟（Dermochelys coriacea）。分布于大西洋、太平洋和印度洋的暖水区域。体大，背甲长 1.5m，最大可达 2.5m，体重达 860kg，一般重 300kg，是现存最大的龟鳖类。无角质盾片。头大颈短。腭缘锐利，上腭前端有 2 个三角形大齿突。背甲由许多细小多角形骨片排列成行，最大的骨片排列成 7 条纵棱，腹部 5 行，故名。四肢桨状，无爪，前肢特别发达，长为后肢的 2 倍左右，成体的后肢与尾之间有蹼相连。头、颈、四肢均不能缩入龟甲。尾短，泄殖孔圆形。以海洋无脊椎动物以及鱼、海藻等为食。全年产卵，每胎产 90～150 粒，卵径 50～60mm，埋于沙下，经 65～70 天孵化。浮游能力强，可随暖流北上达温带海域。数量稀少，濒临灭绝。

3. 海龟总科

① 海龟科　海龟科（Cheloniidae）　体形较大，宽扁，近心形。头大，四肢桨状，具 1～2 爪，均不能缩入龟甲。尾短。背甲与腹甲间以韧带相连，具下缘盾。背甲内层的骨板上有 4～9 对肋板，其外侧为突出的肋骨，肋骨与缘板相接，在肋板、肋骨与缘板间形成肋间隙。肢带不与背腹甲愈合。以鱼、虾、头足类动物及海藻为食。卵生，产于岸边沙滩自掘的穴中，壳白色、球形、革质，每年繁殖期可产 2～3 次，每次产数十至 200 余粒。海龟科

有蠵龟属（*Caretta*）、海龟属（*Chelonia*）、玳瑁属（*Eretmochelys*）和丽龟属（*Lepidochelys*），共 4 属 6 种，分布于全球暖水性海洋。我国有 4 属、4 种：蠵龟（红海龟）（*Caretta caretta*）、海龟（绿海龟）（*Chelonia mydas*）、玳瑁（*Eretmochelys imbricata*）和太平洋丽龟（*Lepidochelys olivacea*）。

② 绿海龟（*Chelonia mydas*） 因脂肪为绿色而得名。体长 80～100cm，体重 70～120kg；最大者长达 150cm，重 250kg。头略呈三角形，为暗褐色，两颊黄色；颈部深灰色；吻尖，嘴黄白色；鼻孔在吻的上侧；眼大；前额上有一对额鳞；上颌无钩曲，上下颌唇均有细密的角质锯齿，下颌唇较上颌唇长而突出，闭合时陷入上颌内缘齿沟；舌已退化。背腹扁平，腹甲黄色，背甲呈椭圆形，茶褐色或暗绿色，上有黄斑，盾片镶嵌排列，具由中央向四周放射的斑纹，色泽调和而美丽。中央有椎盾 5 枚，左右各有肋盾 4 枚，周围每侧还有缘盾 7 枚。四肢特化成鳍状的桡足，可以像船桨一样在水中灵活地滑水游泳。前肢浅褐色，边缘黄白色，后肢比前肢颜色略深。内侧指、趾各有一爪，前肢的爪大而弯曲，呈钩状。雄性尾较长，相当于其体长的 1/2；雌性尾较短。尾部的脊骨经盐酸处理后，可以隐约看出生长年轮。在自然界生长速度较为均匀，年平均生长为 10～15kg，以 2～4 岁时生长比率最高，寿命可达 100 岁以上。为了适应海水中的生活环境，在眼窝后面还有排盐的腺体，能把体内过多的盐分通过眼的边缘排出，还能使喝进的海水经盐腺取盐而淡化。广泛分布于太平洋、印度洋及大西洋的温水水域。我国北起山东沿海、南至北部湾均有发现。由于滥捕滥杀和环境破坏，现已数量锐减，为我国二级保护动物。

4. 龟总科

① 鳄龟科（啮龟科）（Chelydridae） 鳄龟科仅 2 属、2 种，分布于美洲。为大型凶猛食肉性淡水龟类。头部粗大，颚部强劲，并且呈钩状。背甲有 3 条纵行棱脊，每侧各具 12 枚缘盾，有 3 条纵行棱脊；腹甲呈十字形，较小。尾长。拟鳄龟（小鳄龟）（*Chelydra spvpentina*）背甲长约 40cm，具尾棘，无上缘盾，主要分布于北美洲和中美洲，以美国东南部为盛，有 4 个亚种。鳄龟（大鳄龟）（*Macroclemys temminckii*）背甲长 60～80cm，头部、颈部和腹部具发达触须，具上缘盾，口腔底部有一蠕虫样的附器，常张嘴静伏于水中，借附器诱食附近鱼类，仅分布于美国东南部。我国已有引进，多为小鳄龟。

② 动胸龟科 动胸龟科（Kinosternidae）有 4 属、22 种，分布于北美洲。体型小，头大，吻部圆锥形；腹甲盾片少于 12 枚，腹甲前半部可以活动，可将壳口几乎完全封闭，上板与舌板间或上板与内板间以韧带相连，甲桥很小；尾短。分 2 个亚科：动胸龟亚科（Kinosterninae）和麝香龟亚科（Staurotypinae）。后者有内板，而前者无。栖息于淡水泥泞的环境中，有些种类善于攀爬，肉食性。麝动胸龟属（*Sternotherus*）在宠物龟市场上很常见，称为蛋龟。

③ 泥龟科 泥龟科（Dermatemydidae）仅 1 属、1 种，即泥龟（美洲河龟）（*Dermatemys mawii*）。分布于美洲，包括墨西哥南部、危地马拉和伯利兹。体型较大，背甲长达 50cm 以上。栖息于淡水中，也见于海湾、泻湖。史前分布较为广泛，我国也发现过此科化石。

④ 龟科 龟科（Emydidae）有水龟属（*Clemmys*）、箱龟属（*Terrapene*）、鸡龟属（*Deirochelys*）、红耳龟属（*Trachemys*）、拟龟属（*Emydoidea*）、锦龟属（*Chrysemys*）、彩龟属（*Pseudemys*）、泽龟属（*Emys*）、潮龟属（*Batagur*）、咸水龟属（*Callagur*）、乌龟属（*Chinemys*）、花龟属（*Ocadia*）、马来龟属（*Malayemys*）、棱背龟属（*Kachuga*）、庙龟属（*Hieremys*）、沼龟属（孔雀龟属）(*Morenia*)、草龟属（*Hardella*）、池龟属（*Geoclemys*）、马来巨龟属（*Orlitia*）、粗颈龟属（*Siebenrockiella*）、安南龟属（*Annamemys*）、

地龟属（*Geoemyda*）、拟水龟属（*Mauremys*）、黑龟属（*Melanochelys*）、果龟属（*Notochelys*）、眼斑水龟属（*Sacalia*）、鼻龟属（木纹龟属）（*Rhinoclemmys*）、闭壳龟属（*Cuora*）、锯缘摄龟属（*Pyxidea*）、齿缘摄龟属（摄龟属）（*Cyclemys*）和东方龟属（*Heosemys*）共 31 属、94 种。分为龟亚科（Emydinae）和潮龟亚科（淡水龟亚科）（Batagurinae），前者主要分布于美洲，后者主要分布于亚洲、北非和欧洲。头背覆以皮肤，或在枕部具细鳞。背甲略隆起；背腹甲通过缘盾以骨缝或韧带相连，无下缘盾。头、颈、四肢及尾能完全缩入龟壳中。指、趾多少具蹼。多为水栖、半水栖生活。我国有 8 属、23 种，常见有乌龟（*Chinemys reevesii*）和黄喉拟水龟（*Mauremys mutica*）等。密西西比红耳龟（巴西龟）（*Trachemys scripta*）原产于美洲，现已引入我国广泛饲养，为常见的宠物龟和食用龟。

a. 红耳龟（巴西龟）　原产于美洲，以巴西为主。有 10 余个亚种，其中密西西比红耳龟是国际市场广泛交易种。因其个体大、食性广、适应性强、生长繁殖快、产量高、抗病害能力强及经济效益高等特点，我国已引进养殖。幼龟亦常作宠物饲养。逃逸后与本土龟种具有很强竞争力，是重要外来入侵物种。性别鉴定：ⅰ. 雌龟背甲较短且宽，腹甲平坦中央无凹陷，尾细且短，且泄殖腔孔位于腹甲以内。腹甲的 2 块肛盾形成的缺刻较浅，缺刻角度较大。或用手指按压龟四肢使其不能伸出，泄殖孔分泌出液体，即为雌龟。ⅱ. 雄龟背甲较长且宽，腹甲中央略微向内陷，尾粗且长，尾基部粗，泄殖孔位于腹甲以外，距腹甲后缘较远。腹甲的 2 块肛盾形成的缺刻较深，缺刻角度较小。或用手指按压龟四肢使其不能伸出，其生殖器官会从生殖孔中伸出，即为雄龟。

b. 乌龟　分布于朝鲜、日本和我国南方各省。头前段皮肤光滑，后段有细鳞，鼓膜明显。椎盾 5 片，肋盾每侧 5 片，缘盾每侧 11 片，臀盾 1 对；肛盾后缘凹缺。背甲略平扁，有 3 条纵棱，雄性纵棱不显。四肢较平扁，趾、指间均全蹼，有爪。头、颈侧面有黄色纵纹；背甲棕褐色或黑色；腹甲棕黄色，每一盾片外侧下缘均有暗褐色斑块。雄性较小，背甲黑色，尾较长，有异臭；雌性较大，背甲棕褐色，尾较短，无异臭。生活于江河、湖沼或池塘中。以蠕虫、螺类、虾、小鱼等为食，也食植物。每年 4 月下旬开始交尾，5～8 月份为产卵期，年产卵 3～4 次，每次产卵 5～7 粒。雌龟产卵前，爬到向阳有荫的岸边松软地上，用后肢掘穴产卵。卵长椭圆形，灰白色，卵径（27～28）mm×（13～20）mm。在自然条件下 50～80d 孵出幼龟。幼龟孵出后可当即下水，独立生活。其肉可食，有滋补功效；腹甲入药，称为龟板，为滋补和止血药物。

⑤ 平胸龟科　平胸龟科（Platysternidae）仅 1 属、1 种，即平胸龟（大平胸龟）（*Platysternon megacephalum*）。分布于中南半岛及我国南方，有 5 个亚种。背甲扁平，长 15cm 左右，通过下缘盾以韧带与腹甲相连。头大，尾长，均不能缩入龟壳内。头背覆以完整的角质盾片。颚呈强沟曲状，颞部完全为骨片覆盖，眶周仅围以上颚骨及眶后骨。四肢发达，指、趾长而具骨髁，有蹼及爪。腋、胯部有臭腺。生活于山区湍急的溪流中。甲桥退化允许前肢在较大范围内活动，故该种善于攀援，可爬树及攀登崖壁以觅食及晒太阳。饲养条件下吃肉类、螺类、蠕虫及鱼等。一般每次产卵 2 粒。该种在野外已极罕见。

⑥ 陆龟科　陆龟科（Testudinidae）有马来陆龟属（*Manouria*）、地鼠龟属（*Gopherus*）、印度陆龟属（*Indotestudo*）、陆龟属（*Testudo*）、四爪陆龟属（*Agrionemys*）、薄饼陆龟属（饼干龟陆属）（*Malacochersus*）、象龟属（*Geochelone*）、鹰嘴陆龟属（鹦嘴陆龟属）（*Homopus*）、几何陆龟属（*Psammobates*）、折背陆龟属（*Kinixys*）、扁尾陆龟属（*Pyxis*）和巨龟属（*Dipsochelys*），共 12 属、50 种。分布于澳大利亚南极洲以外的各大陆和岛屿。背甲隆起高，头顶具对称大鳞，头骨较短，鳞骨不与顶骨相接，额骨可不入眶，眶后骨退化或几乎消失；方骨后部通常

封闭，完全包围了镫骨；上颚骨几乎与方轭骨相接，上颚咀嚼面有或无中央脊。背腹甲通过甲桥与骨缝牢固连接。四肢粗壮，圆柱形。指、趾骨不超过2节，具爪，无蹼。无臭腺。植食性，可以生活在较干旱的环境中。我国仅3属，3种：缅甸陆龟（Indotestudo elongata）、凹甲陆龟（Manouria impressa）和四爪陆龟（Testudo horsfieldi）。其他如豹龟（Geochelone pardalis）、射纹龟（Astrochelys radiata）和印度星龟（Geochelone elegans）为宠物市场常见种。

凹甲陆龟：成体体长可在30cm以上，宽可达27cm，前额有对称的大鳞片，前额鳞2对，背甲的前后缘呈发达的锯齿状，背甲中央凹陷，故得名凹甲陆龟。臀盾2枚。身体背部黄褐色，腹甲黄褐色，缀有暗黑色斑块或放射状纹。背甲与腹甲直接相连，其间没有韧带组织；四肢粗壮，圆柱形，有爪无蹼。雄性背甲较长且窄，泄殖孔距腹甲后边缘较远；雌性背甲宽短，尾不超过背甲边缘或超出很少，泄殖孔距腹甲很近。国内分布于湖南、广西、海南、云南；国外分布于缅甸、马来西亚、柬埔寨等。在我国此野生数量极为稀少，为国家二级保护动物。

三、蚓蜥目

蚓蜥目有24属、140余种，包括蚓蜥科（Amphisbaenidae）、福罗里达蚓蜥科（Amphisbaenidae）、双足蚓蜥科（Bipedidae）和短头蚓蜥科（Trogonophidae）。主要分布于南美洲和非洲热带地区，少数分布于北美洲、中东和欧洲。体长圆柱形，具浅沟。无外耳，眼退化。均无后肢，多数无前肢。穴居，头顶具大型坚硬鳞片，用以钻洞。既可生活于湿润的土壤中，也可生活在干燥的沙质中。与蜥蜴目近缘。

四、蜥蜴目

已知约3000种，可分为鬣蜥亚目（Iguania）、壁虎亚目（Gekkota）、石龙子亚目（Scincomorpha）和蜥蜴亚目（Anguimorpha）4个亚目（图17-23）。大多分布于热带和亚热带地区。大多具附肢2对。有的种类1对或2对均退化消失，但体内有肢带的残余。一般具有外耳孔，骨膜位于表面或深陷。眼具活动的眼睑和瞬膜（第3眼睑）。舌发达，多扁平而富肌肉。下颌骨左右两半靠骨缝牢固相连，口的张大有限。遇敌害时一些种类的尾常自断，断裂后可活动一段时间，以转移敌人注意力并逃脱；尾可再生，再生尾与原尾外形有异。多以昆虫或其他节肢动物、蠕虫等为食。有些种类兼吃植物，也有专吃植物的。卵生或卵胎生。

（一）鬣蜥亚目

鬣蜥亚目背具鬣鳞，四肢完整，一些种类可变换体色。主要分布于热带、亚热带地区。包括鬣蜥科（Agamidae）、避役科（变色龙科）（Chamaeleonidae）、冠蜥科（海帆蜥科）（Corytophanidae）、领豹蜥科（Crotaphytidae）、栉尾科蜥（Hoplocercidae）、美洲鬣蜥科（Iguanidae）、马岛鬣蜥科（盾尾蜥科）（Opluridae）、角蜥科（Phrynosomatidae）、变色蜥科（安乐蜥科）（Polychrotidae）和崎尾蜥科（Tropiduridae），共10科。多分布于美洲和亚洲南部，只有鬣蜥科在我国有分布。避役科的体色可以快速随环境颜色而变化，享有"变色龙"的称号。

1. 鬣蜥科

鬣蜥科有52属、300余种，广布于旧大陆温暖地区。体中等大小或小型；头背无对称排列的大鳞；体表被有覆瓦状排列的鳞片，且起棱，部分种类具有鬣鳞；眼小而眼睑发达；舌短而厚，舌尖完整，或略有缺刻或微分叉。鼓膜裸露或被鳞。四肢较粗短。多数种类无肛

北草蜥	蹼趾壁虎	裸耳飞蜥
鬣鳞蜥	丽斑麻蜥	巨蜥
蓝尾石龙子	大壁虎	鳄蜥	避役

图 17-23　蜥蜴目代表

前窝或股窝。尾长但不易断。营地面或树栖生活，主食昆虫，少数种类兼食植物。卵生或卵胎生。我国有 10 属、47 种。包括棘蜥属（*Acanthosaura*）、鬣蜥属（*Agama*）、树蜥属（*Calotes*）、龙蜥属（*Japalura*）、蜡皮蜥属（*Leiolepis*）、异鳞蜥属（*Oriocalotes*）、沙蜥属（*Phrynocephalus*）、长鬣蜥属（*Physignathus*）和喉褶蜥属（*Ptyctolaemus*）等。

① 丽棘蜥（*Acanthosaura lepidogaster*）　分布于缅甸、泰国北部、柬埔寨、老挝、越南、中国南部以及海南岛。全长 200mm，尾长约是头体长的一倍半。躯干侧扁；被鳞大小不一，间有大鳞；腹鳞大于背鳞，每一腹鳞具强棱；后肢较长，贴体前伸达吻眼之间。眼后棘短，其长约为眼径的一半。体背具黑褐色斑纹，四肢亦具黑褐色横纹，尾背有黑色横斑。常栖息于海拔 740～1000m 的山区，活动在树上、灌丛下、落叶间或溪边，爬行迅速。

② 变色树蜥（*Calotes versicolor*）　国外分布在南亚及东南亚地区；我国分布在云南、广东、海南、广西等地。全长可达 40cm，但尾巴约占身长的 2/3；初生体长 70～100mm。变色树蜥的鳞片十分粗糙；背部有一列类似鸡冠的背脊，所以又叫"鸡冠蛇"，其独特的外形令它易于辨认。头较大，吻端钝圆，吻棱明显。眼睑发达。鼓膜裸露，无肩褶。体背鳞片具棱呈复瓦状排列，背鳞尖向后，背正中有一列偏扁而直立的鬣鳞。四肢发达，前后肢有五指、趾，均具爪。头体长 80～90mm，尾长约为头体长的 3 倍。体浅灰棕色，背面有 5～6 条黑棕横斑；尾具深浅相间的环纹；眼四周有辐射状黑纹。喉囊明显。生殖季节雄性头部甚至背面为红色。体色可随环境而变。卵生。交配期为每年 4～10 月份，每次产卵 1～3 粒，卵呈白色，呈长椭圆形。

③ 横纹长鬣蜥（*Physignathus lesueurii*）　分布于澳大利亚东部。全长可达 70cm，尾长占全长的 2/3。体稍侧扁；背鳞发达，自头起直至尾前部；无喉囊；喉褶发达，鼓膜明显，尾侧扁或圆柱形。雌雄都有股窝。外形美观，常被捕捉作为宠物饲养，野外数量锐减。

④ 蜡皮蜥（*Leiolepis belliana*）　在我国分布于广东、澳门、海南、广西等地；国外

分布于越南、泰国、缅甸、中南半岛及马来半岛。体型较大，头体长150mm左右，尾长约为头体长的2倍。背腹略扁平，没有鬣鳞。躯干及四肢背面灰褐色，雄性密布鲜明的橘黄色或橘红色镶黑圈的眼斑，雌性不显；体侧呈不规则的深浅相间的横纹；腹面乳黄（雄）或灰白（雌）色。四肢强壮，爪发达。尾圆柱状，基部宽扁，末端如鞭。每侧有股孔13~18个。栖息于沿海沙岸地带，在略有坡度的地方掘穴而居，洞口扁圆形，穴道深1m左右，常雌雄同穴。白天气温适宜时，出洞活动觅食，一遇惊扰，立即窜入洞中。以昆虫为食物。卵生。常以去内脏的干制品冒充蛤蚧出售，因而被大量捕杀。目前已被列为我国濒危动物。

2. 避役科

避役科有6属、80余种，主要分布于非洲大陆和马达加斯加岛，向东至印度。身体侧扁，尾可扭曲成螺旋状，缠绕树枝。能根据不同的光度、温度和湿度等因素变换体色，故又名变色龙。指、趾对握。前足以内侧2指为一组，其余3指为一组；后足以外侧2趾为一组，其余3趾为一组；能将树枝抓握得更加牢固。头上常生有角、嵴或结节。两眼突出，可分别转动，眼球上仅有一条窄缝看东西，能使用一只眼睛盯住所发现的猎物；转动头部，然后射出舌头，准确地将猎物捕获。舌很长，舌尖宽，具腺体，分泌物可黏住昆虫取食。大多树栖，有时生活于草本植物上，少数营陆栖。卵生或卵胎生。包括侏儒蜥属（*Bradypodion*）、枯叶侏儒避役属（*Rhampholeon*）、侏儒避役属（*Brookesia*）、诡避役属（*Calumma*）、避役属（*Chamaeleo*）和宝石避役属（*Furcife*）。

（二）壁虎亚目

壁虎亚目眼大，眼睑不能活动，四肢健全或退化。包括壁虎科（守宫科）（Gekkonidae）和鳞脚蜥科（Pygopodidae）2科。

1. 壁虎科

壁虎科已知约668种，有多个亚科。体大多扁平，皮肤柔软，头顶无对称大鳞。体背常被粒鳞或疣鳞，少数具圆形或六角形覆瓦状鳞。无眼睑，瞳孔大多垂直，有直弧形和分叶形两类，少数圆形。鼓膜大多裸露内陷，外耳道明显，耳后的颈侧有内淋巴腺。四肢发达，具5趾或第1指、趾退化呈痕迹状，构造变化很大，具爪或无，有些种类爪能伸缩；指、趾扩展，腹面有攀瓣，上具微毛垫，可吸附于光滑表面。尾易断，可再生。多数雄性肛前或股部的一列鳞上有腺孔，称肛前窝或股窝。有些种类尾基部两侧具肛疣。生活于树林、开阔地、山区、荒漠及房屋内。多夜间活动，主食昆虫。多为卵生，每次产卵2粒。我国有10属、30种。大壁虎（蛤蚧）（*Gekko gecko*）在我国分布于南方地区，体长可达30cm，是最大的壁虎，由于具有止咳平喘的药用和实用价值，被大量捕杀，数量锐减，为我国二级保护动物，已开展人工养殖。

2. 鳞脚蜥科

鳞脚蜥科有7属、36种，分布于大洋洲。体形似蛇，无前肢，后肢退化成鳞片状。眼睑不能活动，有耳洞。多数体长较短，口鼻部短。穴居，以昆虫为食，大型种类可捕食其他蜥蜴。

（三）石龙子亚目

石龙子亚目多数具有典型的蜥蜴体型，但也有些四肢退化，很多种类尾可自行截断并再生，包括将近半数的蜥蜴，有非洲蜥蜴科（环尾蜥科）（Cordylidae）、板蜥科（Gerrhosauridae）、美洲蜥蜴科（Teiidae）、裸眼蜥科（Gymnophthalmidae）、蜥蜴科（Lacertidae）、石龙子科（Scincidae）、夜蜥科（Xantusiidae）和双足蜥科（Dibamidae），共8科。多分布于非洲和美洲，在我国有分布的是蜥蜴科、石龙子科和双足蜥科3科。

1. 蜥蜴科

蜥蜴科有22属、140余种。体细长。眼睑发达，瞳孔圆形，鼓膜裸露；舌长而薄，先端缺刻深，有排成横行或倒三角形鳞状乳突；侧生齿。头顶有对称大鳞，有不发达的颞弓及眶弓。背鳞形状不一；腹鳞大，多为方形或矩形，纵横排列成行。尾长，易断裂，可再生。四肢较发达，常有股窝或鼠蹊窝。生活在开阔的草丛中、林下或树栖。食昆虫。卵生或卵胎生。我国有4属、21种，包括麻蜥属（*Eremias*）、草蜥属（*Takydromus*）、蜥蜴属（*Lacerta*）和地蜥属（*Platyplacopus*）。

① 丽斑麻蜥（*Ermeias argus*）　在蜥蜴科中最为多见，可分为2个亚种，即指名亚种（*Eremias argus argus*）和北方亚种（*Eremias argus barbouri*）。为我国长江以北最常见的蜥蜴，国外见于俄罗斯、蒙古和朝鲜等。每年从3月中下旬至10月中下旬在田间捕食，主要以昆虫和各种小动物为食，在农田中对农业害虫有很强的捕食能力。适应性广，行动敏捷，攻击力强，且能在日光下捕食。

② 胎生蜥蜴（*Lacerta vivipara*）　胎生蜥蜴在我国仅见于黑龙江省，国外分布很广，从欧洲乌拉山远端的英格兰和爱尔兰，往东通过西伯利亚到远离东海岸的库页岛等广大地区皆有分布。体长约18cm。卵胎生。每年4～5月份交配，卵在雌性的腹中充分发育，待到7～9月份幼蜥产出。每窝产仔蜥4～8只（偶有10只，较罕见）。生活在阴湿的林地、草地、沼泽或覆盖着青苔的土壤上。捕食昆虫及其幼虫，也吃其他无脊椎动物。

③ 北草蜥（*Takydromus septentrionalis*）　栖息于海拔180～1750m的丘陵、平原和山区的茂密草丛中或矮灌木林间，受到惊扰会迅速逃遁。在杭州地区的活动时间和食性是：4月初在每天11：00前后最多；8月间每天9：00～11：00和15：00～16：00见到的个体较多；10月底在12：00～13：00数量最多。以昆虫为食，春季主要吃蝗虫、卷叶蛾幼虫、鼠妇和地花蜂；夏季主要吃直翅目昆虫（如蝗虫、螽蟖）；也吃尺蛾幼虫和鞘翅目昆虫。曾于8月下旬在福建武夷山采到北草蜥的卵，每窝4～6粒，卵圆形，乳白色，卵径（9～11）mm×（11.5～14.5）mm。刚孵出的幼蜥全长74～82mm，尾长51～60mm。

2. 石龙子科

石龙子科约有40属、600余种。体型一般中等。头顶有对称大鳞，通身被以覆瓦状排列的原鳞，鳞片下方均承以源于真皮的骨板。眼较小，多数都有活动的眼睑；瞳孔圆形。鼓膜深陷或被鳞。舌较长而扁，前端微缺，被鳞状乳突。侧生齿，尖状或钩状，齿冠侧扁或圆形。有颞弓及眶弓，但不发达。尾较粗，横切面圆形，易断，并能再生。四肢发达或退化甚至缺如，随着四肢的退化，身体相应延长。无股窝或腹股沟窝。多为陆栖，也有半水栖、树栖或穴居者。多白天或夜间活动。多数种类食昆虫或其幼虫，体型较大者也吃小型脊椎动物，少数兼食植物。卵生或卵胎生。我国有8属、30余种。

3. 双足蜥科

双足蜥科仅1属、4种，主要分布于东南亚。体小，呈环毛蚓状，头顶大鳞少，周身被以覆瓦状排列的圆鳞。眼隐于眼鳞下，无耳孔；舌短，前段尖而完整，舌面有横置皮瓣；齿尖，钩曲；无颞弓及眶后弓；尾短而钝；无前肢。雄性具1对扁短的鳍状后肢，镶在肛侧的凹沟内。有肛前窝。穴居。卵生。我国仅2种。白尾双足蜥（*Dibamus bourreti*）分布于越南和我国广西（金秀、龙胜）及湖南（宜章、江永）；鲍氏双足蜥（*Dibamus bogadeki*）分布于我国香港特区部分岛屿上。双足蜥科常置于壁虎亚目，或单独成一亚目。

（四）蛇蜥亚目

蛇蜥亚目的形态差异显著，包括无足、有毒和体型最大的蜥蜴。包括蛇蜥科（Anguidae）、蠕蜥科（北美蛇蜥科）（Anniellidae）、毒蜥科（Helodermatidae）、婆罗蜥科（Lanthanotidae）、巨蜥科（Varanidae）、异蜥科（Xenosauridae）和鳄蜥科（Shinisauridae），共7科，但种类较少。多分布于美洲，我国分布的有蛇蜥科、巨蜥科和鳄蜥科。

1. 蛇蜥科

蛇蜥科有10属、约50种，包括蛇蜥亚科（Anguinae）、侧褶蜥亚科（Gerrhonotinae）和肢蛇蜥亚科（Diploglossinae）。四肢消失或退化，体侧有纵沟。眼小，能活动；舌长，先端分叉或有深缺刻，舌上有鳞状乳突，舌基厚实，被绒毛状乳突，舌尖能缩入舌鞘内；具不同形状的侧生齿，尖锐微弯或结节状；头骨有颞弓及眶后弓。头顶具对称大鳞；躯干和尾被以覆瓦状圆鳞，鳞下承以真皮骨板；尾长，易断，能再生；无肛前孔或股孔。陆生，许多种类日伏洞穴中，夜晚出来活动；食昆虫或其他无脊椎动物。卵生或卵胎生。我国仅1属，即脆蛇蜥属（*Ophisaurus*）。均无四肢，仅留后肢残余；体侧有纵沟；体表被以近方形或菱形鳞片，纵横排列成行；有翼骨齿。已知12种，我国产4种（图17-24）。

图 17-24　蛇蜥

2. 巨蜥科

巨蜥科有1属、30余种。分布于大洋洲、非洲和亚洲热带、亚热带地区。体大，头长，吻长；眼睑发达，瞳孔圆形；鼓膜裸露；舌细长，先端深分叉，可缩入基部舌鞘内；有基部较宽的大型侧生齿；颞弓完整，眶后弓不完全。头顶无对称大鳞；背鳞粒状、圆形或卵圆形；腹鳞四边形，排成横行；鳞下承以真皮骨板。尾长，但不易断。有肛前孔。四肢强壮。陆生为主，也树栖、穴居或水栖。食各种小动物和腐肉。卵生。科莫多巨蜥（*Varanus komodoensis*）分布于印尼小巽他群岛，全长可超过3m，重达165kg，是最大的蜥蜴。我国有2种。巨蜥（*Varanus salvator*）分布于印度、马来西亚、缅甸和我国的云南、广东、广西及海南，为国家一级保护动物；伊江巨蜥（*Varanus irrawadicus*）于1987年在我国云南发现，1994年定为孟加拉巨蜥的亚种，数量不到100条。

3. 鳄蜥科

鳄蜥科仅1属、1种，即鳄蜥（瑶山鳄蜥）（*Shinisaurus crocodilurus*）。特产于我国广西大瑶山。体长15～30cm，尾长约23cm，躯干粗壮，尾长而侧扁。眼睑发达，瞳孔圆形；鼓膜不明显；舌短而先端分叉；有很多中等锥形侧生齿；颞弓发达。头背鳞平滑或有棱，形状大小不一；头颈间背面有1条明显浅沟；体背覆粒鳞，大小不等，杂有起棱大鳞，形成几条断续纵行，后延伸至尾背侧则为2行显著棱嵴，似鳄尾，故名；鳞下承以真皮骨板。四肢发达，指、趾具尖锐而弯曲的爪。半水栖，生活于山间溪流的积水坑中。晨昏活动，白天在

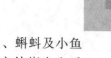

细枝熟睡，受惊后立即跃入水中；遇敌害时会假死，或趁机死咬不放。食昆虫、蝌蚪及小鱼等。卵生，每次产卵 2～8 粒。由于分布区狭小、栖息地破坏和过度偷猎，加之幼蜥出生后有 80％ 会被母蜥吞食，成活率极低，鳄蜥野外总数现仅有 2500 条左右，为我国一级保护动物，但已成功人工繁殖。

五、蛇目

蛇目约 3000 种，其中毒蛇有 650 多种，可分为盲蛇亚目（Scolecophidia）、原蛇亚目（Henophidia）和新蛇亚目（Caenophidia）3 个亚目（图 17-25）。世界性分布，主要分布于热带和亚热带。我国约有 200 种。身体细长，四肢、胸骨、肩带均退化，以腹部贴地而行。围颞窝的骨片全部失去而不存在颞窝。头骨特化，左下颌骨与右下颌骨不愈合，以韧带松弛连接，一些骨块彼此形成能动关节，使口可以开得很大，可达 130°以吞食比其头大好几倍的食物。脊椎骨数目多，可达 141～435 块。犁鼻器发达。雄蛇尾基部两侧有 1 对交配器，交配时自内向外经泄殖孔两侧翻出，每次交配只用其一。卵生或卵胎生。

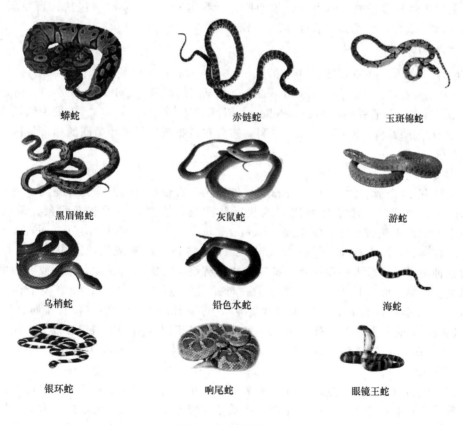

蟒蛇　赤链蛇　玉斑锦蛇

黑眉锦蛇　灰鼠蛇　游蛇

乌梢蛇　铅色水蛇　海蛇

银环蛇　响尾蛇　眼镜王蛇

图 17-26　蛇目代表

（一）盲蛇亚目

盲蛇亚目（Scolecophidia）为最原始的蛇类。多具后肢带。全身均匀覆盖覆瓦状圆鳞，无腹鳞分化。眼隐于眼鳞之下。多营穴居生活，食蚯蚓、白蚁等各种地下无脊椎动物。包括细盲蛇科（Leptotyphlopidae）、异盾盲蛇科（Anomalepidae）和盲蛇科（Typhlopidae）

3 科。

1. 细盲蛇科

细盲蛇科有 2 属、93 种，分布于美国南部西印度群岛、中美洲、非洲及巴基斯坦。仅下颌具齿。

2. 异盾盲蛇科

异盾盲蛇科有 4 属、约 20 种，分布于中美洲南部及南美洲北部。上颌和下颌均具齿。

3. 盲蛇科

盲蛇科约 6 属、约 229 种，分布于非洲、亚洲及大洋洲的热带、亚热带地区，少部分分布于中美洲。为小型蛇类，形似环毛蚓，头小尾短，圆柱形，从头至尾粗细一致。最小种类全长仅 95mm，如小盲蛇（*Typhlops reuter*）；最大种类为非洲的巨盲蛇（*Typhlops hambo*），全长可达 775mm。一般全长 150mm。仅上颌具齿。口小，位于头端腹面；眼小，不明显，隐于半透明的眼鳞下；背鳞、腹鳞分化不明显，通身被鳞为大小一致的圆鳞。头骨连结牢固，适于掘土穴居。体内有骨片状残余的腰带（后肢附着骨）。多数种类穴居土中，或隐栖于砖石下或缸钵底下。多夜晚或雨后至地面活动。食昆虫、虫卵和幼虫，如白蚁和幼虫；也食环毛蚓和多足类。卵生，少数卵胎生。我国有 2 属、4 种，包括钩盲蛇属（*Ramphotyphlops*）2 种，常见如钩盲蛇（*R. braminus*）。

（二）原蛇亚目

原蛇亚目（Henophidia）是大中型的原始蛇类，多有后肢带残余。包括蟒蚺科（Boidae）、岛蚺科（Bolyeridae）、林蚺科（Tropidophiidae）、亚洲筒蛇科（Cylindropheidae）、筒蛇科（管蛇科）（Aniliidae）、倭管蛇科（Anomochilidae）、针尾蛇科（Uropeltidae）、美洲闪鳞蛇科（Loxocemidae）和闪鳞蛇科（Xenopeltidae）9 科，多分布在亚洲、非洲和美洲的热带地区。我国分布有 3 个科。

1. 蟒蚺科

蟒蚺科有 20 余属、约 60 种，分布于热带地区。为较原始的低等无毒蛇类。通身被鳞较小，但已分化出腹鳞。泄殖孔两侧有爪状后肢残余，体内尚有后肢带残余。最长者可达 11m 以上，如南美热带地区的绿水蟒（*Eunectes murinus*），全长可达 10m，重 225kg 以上，为最大的蛇类；最小者沙蟒（*Eryx*）仅长 30cm。树栖、水栖或栖沙土中。食各种脊椎动物，大型种类可吞食较大的偶蹄类。捕得猎物即缠绕，待窒息后吞食。卵生或卵胎生。卵生者产卵最多可达 100 粒以上，一般数十粒；母蛇有伏蜷卵上的习性。分为 3 个科。蚺亚科（Boinae）为卵胎生，有 7 属、27 种；沙蟒亚科（Erycinae）为卵胎生，有 4 属、14 种；蟒亚科（Pythoninae）为卵生，有 8 属、33 种，仅分布于旧大陆。我国仅 2 属、3 种，包括沙蟒（*Eryx miliaris*）、鞑靼沙蟒（*Eryx tataricus*）和蟒蛇（*Python molurus*）。

2. 亚洲筒蛇科

亚洲筒蛇科有 1 属、8 种，分布于东南亚。头小，背腹扁平，吻端宽而圆。无鼻间鳞、颊鳞和眶前鳞；腹鳞略大于背鳞；尾短。生活于稻田或花园等泥土疏松处，穴居，捕食时才到地面活动。捕食其他蛇类和鳗类。受到威胁时，将尾竖起，如膨颈的眼镜蛇头部，以恐吓敌害；与此同时，另一端真正的头则伺机钻入岩缝或木片之下，尾亦随后入内。卵胎生，产仔蛇 3～13 条。我国仅 1 种，即红尾筒蛇（*Cylindrophis ruffus*），其广泛分布于东南亚，但在我国数量稀少，仅在福建厦门、海南和我国香港地区采到过标本。

3. 闪鳞蛇科

闪鳞蛇科仅 1 属、2 种，主要分布于东南亚。因鳞片在阳光下可闪耀虹彩光泽而得名。全长近 1m，体呈圆柱形。头和眼均小，尾短。腹鳞较窄，其宽度不到背鳞的 3 倍。穴居，栖息于树林或田野泥土松软处，多躲藏于朽木、石块下。捕食环毛蚓、蛙和小型哺乳动物。性驯善，不主动咬人，如受激惹可迅速颤动其尾部。卵生，产卵 6～17 粒。闪鳞蛇（*Xenopeltis unicolor*）分布于东南亚和南亚，我国见于云南西双版纳、孟连和广东；海南闪鳞蛇（*Xenopeltis hainanensis*）为我国特有种，可分 2 个亚种，指名亚种仅分布于海南省，大陆亚种分布于南方各省，数量稀少。

（三）新蛇亚目

新蛇亚目（Caenophidia）是进化程度较高的蛇类，肢带已经完全消失，一些种类还进化出了毒牙和毒腺，成为高效率的捕食者。包括现存的全部毒蛇和大多数无毒蛇，分布非常广泛，世界上大多数地方均能见到。有 6 科。

1. 瘰鳞蛇科

瘰鳞蛇科（Acrochordidae）有 1 属、2 种，分布于印度半岛、中南半岛、印度尼西亚及大洋洲沿海。头钝圆，眼小，体粗壮，尾短且侧扁，通体皮肤松弛，覆以细小的瘰状鳞；无腹鳞，腹中线有 1 个皮肤纵褶。生活于大陆或海岛沿岸河口地带，几乎不能在陆地正常生活。以鱼为食。在有的地方数量极多，常成群结队，渔民捕鱼时常被捕入网中。卵胎生，每次产 27 仔左右。我国极少见，仅在海南省三亚沿海捕获过 1 条瘰鳞蛇（*Acrochordus granulatus*）。该科是介于原蛇与新蛇之间的类群，既可属原蛇亚目也可属于新蛇亚目。

2. 游蛇科

游蛇科（Colubridae）有近 300 属、约 1400 种，包括现存蛇类的 2/3，是蛇目中最大的科，可分为多个亚科：闪皮蛇亚科（Xenodermatinae）、钝头蛇亚科（Pareatinae）、两头蛇亚科（Calamariinae）、水游蛇亚科（Homalopsinae）、游蛇亚科（Natricinae）、花条蛇亚科（Psammophiinae）、斜鳞蛇亚科（Pseudoxenodontinae）、食蜗蛇亚科（Dipsadinae）和异齿蛇亚科（Xenodontinae）。头背面覆盖大而对称的鳞片，背鳞覆瓦状排列成行；腹鳞横展宽大。上颌骨不能竖立，其上生有细齿；少数种类为后沟牙类毒蛇，即最后 2～4 个细齿形成较大而有纵沟的沟牙。形态和习性多样性丰富，树栖、穴居、水栖或半水栖。卵生。我国有 36 属、141 种。

3. 穴蝰科

穴蝰科（Atractaspididae）有 11 属、66 种，分布于非洲及中东。分为 2 亚科：穴蝰亚科（Subfamily Atractaspidinae）为 1 属、18 种；食蚓蝰亚科（Subfamily Aparalla ctinae）为 10 属、48 种。有毒。该科是从游蛇科中独立出的一科。

4. 眼镜蛇科

眼镜蛇（Elapidae）科有 44 属、186 种，可分为环蛇亚科（Bungarinae）、眼镜蛇亚科（Elapinae）和虎蛇亚科（Notechinae）。广泛分布于欧洲以外的各大洲。陆栖。上颌骨较短，水平位，不能竖起；前沟牙类毒蛇，主要为神经毒，也有混合毒者。包括许多剧毒蛇种，如内陆太攀蛇（*Oxyuranus microlepidotus*）是世界上毒性最强的蛇，其一次排毒量可以杀死 25 万只老鼠。我国有 4 属、8 种，主要分布于长江以南，如金环蛇（*Bungarus fasciatus*）、银环蛇（*Bungarus multicinctus*）、丽纹蛇（*Calliophis macclellandi*）、眼镜蛇（*Naja naja*）和眼镜王蛇（*Ophiophagus hannah*）。其中眼镜王蛇全长可达 6m，为最大的毒蛇。

5. 海蛇科

海蛇科（Hydrophiidae）有 16 属、约 50 种，可分为海蛇亚科（Hydrophiinae）和扁尾海蛇科（Laticaudinae）。主要分布于印度洋和西太平洋的热带海域中。前沟牙类毒蛇，为神经毒，但主要作用于横纹肌，故又称为肌肉毒，毒性极强。体后部及尾侧扁，适于游泳；鼻孔开口于吻背，有可开关的瓣膜。腹鳞退化或消失。肺发达，从头延伸至尾；也可用皮肤呼吸。舌下有盐腺，可排出随食物进入体内的过量盐分。栖息于沿岸近海，食鱼。多数卵胎生。我国有 10 属、16 种，常见有蓝灰扁尾蛇（*Laticauda colubrina*）和长吻海蛇（*Pelamis platurus*）。常归于眼镜蛇科。

6. 蝰蛇科

蝰蛇科（Viperidae）有 16 属、188 种，可分为蝰亚科（Viperinae）、白头蝰亚科（Azemiopinae）和蝮亚科（响尾蛇亚科）（Crotalinae）。头大，三角形，略扁；颈细而明显；蝮蛇鼻眼见有颊窝，是热能的灵敏感受器，可测知周围温血动物的准确位置，蝰蛇无颊窝；上颌短而略高，前端着生 1 对长而弯的管状毒牙和数对后备毒牙，张口时能竖立，闭口时倒卧于口腔背部，为血液循环毒蛇。头被有大而对称鳞片或全为小细鳞被覆。体粗壮或粗细适中。尾短。响尾蛇末端具有一串角质环，为多次蜕皮后的残存物，遇敌或急剧活动时迅速摆动，每秒打 40～60 次，能长时间发出响声。我国有 5 属、21 种，如白头蝰属（*Azemiops*）、蝰属（*Vipera*）、蝮属（*Agkistrodon*）、尖吻蝮属（*Deinagkistrodon*）、烙铁头属（*Trimeresurus*）。常见种类有：极北蝰（*Vipera berus*）、圆斑蝰（*Vipera russelii*）、草原蝰（*Vipera ursinii*）和白头蝰（*Azemiops feae*）等。

六、鳄目

鳄目现存包括短吻鳄科（Alligatoridae）、鳄科（Crocodylidae）和食鱼鳄科（Gavialidae），3 科、7 属、21 种，为双颞窝类，是最高等的爬行类。体长大，尾粗壮，侧扁。头扁平、吻长。鼻孔在吻端背面。指 5，趾 4（第 5 趾常缺），有蹼。眼小而微突。头部皮肤紧贴头骨，躯干、四肢覆有角质鳞片或骨板。颅骨坚固连接，不能活动，具顶孔。齿锥形，着生于槽中，为槽生齿。舌短而平扁，不能外伸。外鼻孔和外耳孔各有活瓣司开闭。心脏 4 室，左心室与右心室有潘尼兹孔沟通。有颈肋、腹膜肋。无膀胱。阴茎单枚，肛孔内通泄殖腔，孔侧各有 1 个麝腺。下颌内侧也各有 1 个较小的麝腺。长者达 10m。两栖生活，分布于热带、亚热带的大河与内地湖泊；有极少数入海。以鱼、蛙与小型兽为食。三叠纪最古老的原鳄与槽生齿类极其相似。侏罗纪、白垩纪的中生鳄上颞窝很大，内鼻孔前移到口盖骨与翼骨间。鳄类动物从三叠纪起，很少变化，所以现存的鳄类可以称为活化石。

1. 短吻鳄科

短吻鳄科（Alligatoridae）包括 4 属、8 种。吻短而宽，下颌闭合时第 4 齿不露出。代表如密河鳄（*Alligator mississippiensis*），分布于美国东南部，全长可达 5m，体色为黑色，幼鳄间有黄色带纹，因保护较早，数量较多。扬子鳄（鼍）（*Alligator sinensis*）主要分布于我国安徽、浙江、江西等长江中下游局部地区，全长 1.5～2m，背深橄榄或黑色，横有黄斑，幼体成横纹，体侧体腹浅灰。野外数量稀少，为我国一级保护动物，但已人工繁殖进行商业化圈养。是被国际上批准的我国第一种可以进行商品化开发利用的受胁动物，现圈养数量已超过 2 万尾。

2. 鳄科

鳄科（Crocodylidae）包括 3 属、14 种，鳄属（*Crocodylus*）在亚洲、非洲、美洲和大洋洲热带地区均有分布。最著名的湾鳄（*Crocodylus porosus*），身长可超过 7m，体重达 1t，分布于印度、斯里兰卡到澳大利亚河口，可入海，为现存体型最大的爬行动物。尼罗鳄（*Crocodylus niloticus*）分布于非洲，可捕食牛羚和斑马等大型哺乳动物。

3. 食鱼鳄科（长吻鳄科）

长吻鳄科（Gavialidae）仅 1 属、1 种，即长吻鳄（食鱼鳄、恒河鳄、印度鳄）（*Gavialis gangeticus*）。吻极细长，牙齿尖锐，便于横扫捕鱼，故名。体型大，体长 4.6m，曾有 9m 长的记录。主要分布于印度北部恒河，也见于斯里兰卡、巴基斯坦、缅甸、尼泊尔和伊朗东南部的河流、池塘、沼泽以及人工水域中。不侵害人，但吃葬于恒河的漂浮死尸。挖洞产卵，是鳄中唯一每年产卵 2 窝的种类，每窝平均产卵 30 粒。

第三节　爬行动物与人类的关系

爬行动物是一个古老的动物类群，与人类活动关系持久并较为密切。

1. 生态系统、农林和卫生

大多数爬行动物都是杂食或肉食类，例如蛇和蜥蜴通过大量捕食昆虫及鼠类而有益于农牧业生产，在生态系统中充当着次级消费者的角色。壁虎类食谱中的主食包括蚊蝇等传染疾病的害虫。蛇类吃鼠，间接对人有利。穴居生活的盲蛇主要吃对植物根、茎危害较大的昆虫和蠕虫，特别喜欢吃损害木料的白蚁，因而对人类益处很大。

许多爬行动物又是食肉兽和猛禽的食物及能量的来源之一，在生态系统能量的流转过程中，又处于次级生产力的地位。因此，爬行动物对维持陆地生态系统的稳定性，以及对自然界提供能量储存来说，具有很重要的作用。

2. 工艺用途

蟒蛇、鳄和巨蜥的皮张面积大、皮厚且韧性强，是制作皮具的重要原料。蛇皮质地轻薄、柔韧，花纹美观，是制作弦乐乐器不可缺少的原料。玳瑁的背甲具独特的花纹，历来可以用以制作眼镜架和其他的工艺品。

3. 食用用途

供食用的种类虽不多，但有独特的食用价值。特别是蛇和鳖类作为名贵滋补品的历史由来已久。我国两广一带的居民更是以蛇肉为珍鲜。广州有专门的蛇菜馆，闻名中外。蛇肉味美而且营养价值很高，含有大量蛋白质、脂肪、糖类、钙、磷、铁等盐类以及维生素 A、维生素 B 等，对身体有滋补和食疗治病作用。海龟肉、龟蛋、鳍脚、脊肌、腹甲骨片缝间的黄脂肪等是太平洋上许多岛屿居民喜爱的美食。

4. 医药用途

一般蛇肉、蛇胆、蛇血、蛇蜕、蛇毒、蛤蚧、龟甲、鳖甲等都可以入药。明代李时珍的《本草纲目》和春秋战国时期的《山海经》中都有记载"吃巴蛇，无心腹疾"、"蝮蛇，胆苦微寒，有毒，主治疮，杀下部虫，疗诸漏"。我国各地民间流传的医药偏方中，利用爬行动物作药用的更是不胜枚举。毒蛇分泌的毒汁有重要的医疗价值。近年来，用纯化眼镜蛇的蛇毒神经毒素制成镇痛药物，在临床试用后证明其对三叉神经痛、坐骨神经痛及晚期癌痛等顽固性疼痛有镇痛效果。我国已试制成功 6 种致命毒蛇的抗毒血清。

5. 科学研究及其他

蛇类对地壳内部的剧烈震动、地温升高及地面发生反复无常的倾斜运动等具有很强的敏感性，因而可能在地震前表现出反常的行为，可以比特性作为预测天气和预报地震的参考。大雨前，空气相对湿度大，气压低，蛇常出洞活动。民间有"燕子低飞蛇过道，大雨马上就来到"的谚语，是利用动物预报天气的体现之一。另外在仿生学方面，人们把对动物的定向和导航的研究应用到改善航空和航海仪器方面。蝮亚科蛇类的颊窝是一个极为灵敏的热测微器，对它的研究应用到红外线探测仪上。海龟精确的导航机制是仿生学的研究课题之一。

6. 有害方面

主要指毒蛇对人畜的伤害，特别是在毒蛇较多的东南亚、南亚和南美洲。全世界每年有数十万人被毒蛇咬伤，丧命者也有数万人之多。有许多蛇食鱼、蛙、蜥蜴等，间接对农业、林业有害。

思 考 题

1. 名词解释：羊膜卵、红外线感受器、次生腭、颞窝、胸廓、新脑皮、槽生齿、口腔腺、尿囊膀胱、卵胎生。

2. 试述羊膜卵的结构及其在脊椎动物进化史上的意义。

3. 简述爬行纲的主要特征。

4. 简述爬行动物头骨的特点。

5. 简述爬行动物消化系统的特点。

6. 简述爬行动物的主要类群，并分别说出至少 1 种常见代表动物。

7. 简述爬行动物的心脏和血管较两栖动物的心脏和血管有哪些进步。

8. 简述毒蛇与无毒蛇的区别及如何防治毒蛇咬伤。

9. 简述爬行动物与人类的关系。

10. 归纳爬行动物适应于陆生的主要特征。

11. 列举出 6 项首先出现于爬行动物的结构，并说明其进化和适应上的意义。

12. 简述现存爬行动物 5 个目的主要特征，了解主要科的特征。

第十八章 鸟 纲

教学重点：鸟类适应飞翔生活的形态结构特征及分类。

教学难点：鸟类适应空中飞翔的特征。

鸟纲（Aves）是体表被覆羽毛、有翼、恒温和卵生的高等脊椎动物，最突出的特征是新陈代谢旺盛，并能在空气中飞行。目前，世界上有 9700 余种鸟类，是继鱼类之后的第二大类脊椎动物，遍布全球。

第一节　鸟纲的主要特征

一、恒温及其在动物演化史上的意义

鸟类和哺乳类都是恒温动物，恒温动物的出现是动物演化史上的一个极为重要的进步性事件。恒温动物具有较高而稳定的新陈代谢水平和调节产热、散热的能力，从而使体温保持在相对恒定的、稍高于环境温度的水平。这与无脊椎动物以及低等脊椎动物有着本质的区别，后者称为变温动物。变温动物的热代谢特征是：新陈代谢水平较低，体温不恒定，缺乏体温调节的能力。

高而恒定的体温促进了体内各种酶的活动和发酵过程，使数以千计的各种酶催化反应获得最优的化学协调，从而大大提高了新陈代谢水平。根据测定，恒温动物的基础代谢率至少为变温动物的 6 倍。在高温下，机体细胞（特别是神经和肌细胞）对刺激的反应迅速而持久，肌肉的黏滞性下降，因而肌肉收缩快而有力，显著提高了恒温动物快速运动的能力，有利于捕食及避敌。恒温还减少了对外界环境的依赖性，扩大了生活和分布的范围，特别是获得在夜间积极活动的能力并得以在寒冷地区生活，而不像变温动物一般在夜间处于不活动状态。有人认为，这是中生代鸟类和哺乳类之所以能战胜在陆地上占统治地位的爬行类的重要原因。

恒温动物的体温略高于环境温度，使有机体散热容易。在体温低于环境温度下生活，会引起"过热"而致死。但体温又不能过高，除了会增大能量消耗，而且还会造成很多蛋白质在接近 50℃时即变性（denaturation）。

恒温是产热和散热过程的动态平衡。产热与散热相当，动物体温即可保持相对稳定；失去平

衡就会引起体温波动，甚至导致死亡。鸟类与脊椎动物哺乳类之所以能迅速地调整产热和散热，是与具有高度发达的中枢神经系统密切相关的。体温调节中枢（丘脑下部）通过神经和内分泌腺的活动来完成协调。由此可见，恒温是脊椎动物躯体结构和功能全面进化的产物。

恒温的出现是动物有机体在漫长的发展过程中与环境条件对立统一的结果。大量实验证实，即使是某些变温动物，也可通过不同的产热途径来实现暂时的、高于环境温度的体温，如蓝鳍鲔、高山蜥蜴、印度蟒蛇等。

二、鸟类的进步性特征

鸟类起源于爬行类，在形态结构和功能方面有很多与爬行类相似的特征，鸟类与爬行类的根本区别在于有以下几方面的进步性特征。

① 具有高而恒定的体温（37.0～44.6℃），减少了对环境的依赖性。

② 具有迅速飞翔的能力，能借主动迁徙来适应多变的环境条件。

③ 具有发达的神经系统和感官，以及与此相联系的各种复杂行为，能更好地协调体内外环境的统一。

④ 具有较完善的繁殖方式和行为（筑巢、孵卵和育雏），保证了后代有较高的成活率。

三、鸟的躯体结构

（一）外形

身体呈纺锤形，体外被覆羽毛（feather），具有流线形的外廓，从而减少了飞行中的阻力。头端具角质的喙（bill），啄食器官。喙的形状与食性有密切的关系。颈部发达，长而灵活，可弥补前肢变成翅膀后的不便。躯干紧密坚实，尾短，尾骨退化，有利于飞行的稳定（图18-1）。眼大，具眼睑及瞬膜，可保护眼球，瞬膜半透明，能在飞翔时遮覆眼球，以避免干燥气流和灰尘对眼球的伤害；鸟类瞬膜内缘具有一种羽状上皮（feather epithelium），地栖性的鸟类（如鸽和雉鸡）尤为发达，能借以刷洗灰尘；水禽及猛禽则很少（图18-2）。耳孔略凹陷，周围着生耳羽，有助于收集声波。夜行性鸟类如鸮的耳孔极为发达。

前肢变成有飞羽的翼（wing），后肢具4趾，这是鸟类外形上与其他脊椎动物不同的显著标志。拇趾朝后，适于树栖握枝。鸟类足趾的形态与生活方式有密切关系。

尾端着生有一排扇状的正羽，称为尾羽，在飞翔中起着平衡和控制方向的作用。尾羽的形状与飞翔特点有关。

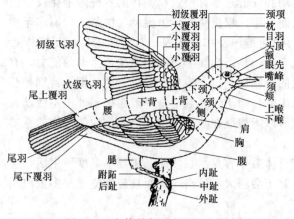

图 18-1　鸟体外部形态（引自宋杰）

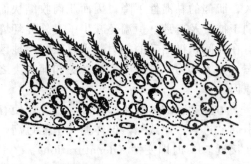

图 18-2　鸟类瞬膜的羽毛上皮（引自 Welsch 等）

（二）皮肤

鸟类皮肤薄、松而且缺乏腺体，便于肌肉剧烈运动。尾脂腺（oil gland 或 uropygial gland）是鸟类唯一的皮肤腺，能分泌油脂以保护羽毛不致变形，并可防水，因而水禽（鸭、雁等）的尾脂腺特别发达。有些种类，例如鸸鹋、鹤鸵及鹦鹉等缺乏尾脂腺。尾脂腺的分泌物是一种类脂，可能还含有维生素 D。在鸡、鸽和鹌鹑的皮肤里，含有大量的能分泌脂肪的单个细胞。鸟类外耳道的表皮也能分泌一种蜡质物，其中含有脱磷细胞（desquamated cell）。

表皮衍生物有羽毛、角质喙、爪和鳞片等。一些鸟类的冠（comb）及肉垂（wattle）由加厚的、富含血管的真皮所构成，其内含有动静脉吻合（anastomosis）结构。

羽毛是鸟类特有的皮肤衍生物，也是一个最显著特征，其轻而韧，在维持体温和飞行中起着重要作用。羽毛是表皮角质化的产物，与爬行动物角质鳞同源。在进化过程中角质鳞片加大、变轻，然后劈裂成枝，形成羽毛。

大多数鸟类的羽毛在身体上并不是均匀分布的，着生羽毛的区域称羽区（pteryla），不生羽毛的区域称裸区（apteria）（图 18-3）。羽毛的这种着生方式，有利于剧烈的飞翔运动和孵卵。

雌鸟在繁殖期间，腹部羽毛大量脱落，称"孵卵斑"。根据这个特点可判断在野外所采集的鸟类是否已进入繁殖期。

羽衣的主要功能：

① 保持体温，形成隔热层（通过皮肤肌改变羽毛的位置，从而调节体温）；

② 构成飞翔器官的一部分——飞羽及尾羽；

③ 使身体更呈流线形，减少飞行时的阻力；

④ 缓冲外力，保护皮肤不受损伤；

⑤ 保护色；

⑥ 求偶炫耀、性识别等。

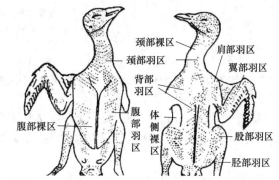

图 18-3　鸟类皮肤的羽区和裸区
（引自刘凌云）

典型的羽毛由羽根、羽轴和羽枝构成。羽根位于皮肤中，羽根末端有小孔，真皮乳突通过这一小孔供给营养，羽轴中空并着生有斜向两侧平行伸展的羽枝，每一羽枝的两侧又生出许多带钩或槽的羽小枝，羽小枝相互钩连，使羽枝形成一坚韧而有弹性的羽片（图 18-4）。

羽毛的类型根据羽毛的构造和功能，可分为正羽、绒羽、纤羽三种。

① 正羽（contour feather）　又称翻羽，为被覆在体外的大型羽片。包括飞羽（flight feather）和尾羽（tail feather）。飞羽及尾羽的形状和数目，是鸟类分类的依据之一。正羽由羽轴和羽片构成；羽轴下段不具羽毛的部分称为羽根，羽根深深地插入皮肤中，上段具羽毛的部分称为羽茎；羽片是由许多细长的羽枝所构成；羽枝两侧密生有成排的羽小枝，其上着生钩突或节结，使相连的羽小枝互相勾结起来，构成坚实而有弹性的羽片，以扇动空气产生升力和冲力（飞羽）以及平衡和制动（尾羽）（图 18-4）。由外力分离开的羽小枝可借鸟喙的啄梳而再行勾结。鸟类经常啄取尾脂腺所分泌的油脂，于啄梳羽片时加以涂抹，使羽片保持完好的结构和功能。

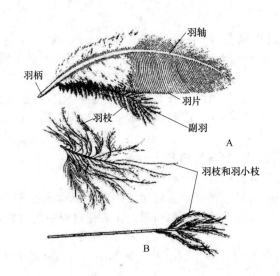
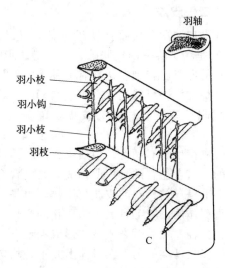

图 18-4　鸟的羽毛（引自许崇任）
A. 正羽；B. 绒羽；C. 纤羽

② 绒羽（plumule；down feather）　位于正羽下方，呈棉花状，构成松软的隔热层；其特点是羽轴纤弱，羽小枝的钩状突起不发达，因而不能构成坚实的羽片；幼雏的绒羽不具羽小枝。

③ 纤羽（filoplume；hair feather）　又称毛状羽，外形如毛发，杂生在正羽和绒羽之中；纤羽的基本功能为触觉。如鸟类喙缘及眼周大多具须，为一种变形的羽毛，有触觉功能。

鸟类羽毛的定期更换称换羽（molt）。一般 1 年有两次换羽。繁殖期结束后换的羽毛称为冬羽（winter plumage）或基本羽（basic plumage），早春所换的新羽称为夏羽（summer plumage）或婚羽（nuptial），或统称替换羽（alternate plumage）。换羽的生物学意义在于有利于完成迁徙、越冬及繁殖过程；甲状腺的活动是引起换羽的生理诱因，在实践中注射甲状腺素或饲以碎甲状腺，能引起鸟类脱羽。

飞羽及尾羽的更换大多是逐渐更替的，使换羽过程在不影响飞翔能力的情况下进行，但雁鸭类例外（一次性换羽）。雁鸭在换羽时期内丧失飞翔能力，隐蔽于人迹罕至的湖泊草丛中。在研究雁鸭迁徙的工作中，常利用这个时机张网捕捉，进行大规模的环志工作。对于繁殖期及换羽期的雁鸭类，应严禁滥捕。

（三）骨骼系统

鸟类适应于飞翔生活，在骨骼系统方面有显著的特化，主要表现在：骨骼轻而坚固，骨骼内具有充满空气的腔隙（pneumatization），大多数为气质骨（图 18-5），头骨、脊柱、骨盘和肢骨的骨块有愈合现象，肢骨与带骨有较大的变形（图 18-6）。

图 18-5　气质骨

1. 脊柱及胸廓

鸟类的脊柱由颈椎、胸椎、腰椎、荐椎和尾椎五部分组成。胸椎、肋骨及胸骨连接构成胸廓。颈椎长且高度灵活，椎体数目多，有 8～25 枚，椎骨是异凹型椎骨

（heterocoelous centrum），其关节面呈马鞍形，使椎骨间的运动十分灵活。第1、2枚颈椎分别为寰椎和枢椎，寰椎呈环状，与头骨相连，可在枢椎上转动，大大提高了头部的活动范围，如猫头鹰的头部甚至可以转动270°，颈椎这种特殊的灵活性是与前肢变为翅膀和脊柱的其余部分大多愈合密切相关的。

胸椎5～6枚，借钩状突肋骨与胸骨连接，构成了牢固的胸廓；肋骨不具软骨，而且借钩状突彼此相关连，这与飞翔生活有密切的关系。胸骨中线具有高耸的龙骨突，增加了飞翔肌（胸肌）的附着面，胸骨是飞翔肌肉的起点，坚固的胸廓对保证飞行时胸肌的剧烈运动和完成呼吸十分重要。不善飞翔的鸟类胸骨扁平，如鸵鸟。

愈合荐骨（综荐骨）（synsacrum）是鸟类特有的结构，由少数胸椎、腰椎、荐椎以及一部分尾椎愈合而成，而且又与宽大的骨盆（髂骨、坐骨与耻骨）相愈合，使鸟类在地面步行时

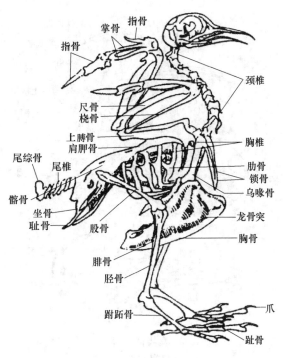

图 18-6　鸟类的骨骼（一）
（自郑作新）

获得支持体重的坚强支架。尾骨退化，最后几枚尾椎骨愈合成一块尾综骨（pygostyle），以支撑扇形的尾羽。具有尾综骨是鸟类善于飞翔的特征之一。鸟类脊椎骨骼的愈合以及尾骨的退化及胸廓特征，构筑了适合飞翔的体形；使躯体重心集中在中央，有助于在飞行中保持平衡。

2. 头骨

与爬行类相似，如具有单一的枕骨髁。化石鸟类尚可见头骨后侧有双颞窝的痕迹、听骨由单一的耳柱骨所构成及崎底型脑颅等。但它适应飞翔生活所引起的特化是非常显著的，主要表现在以下几方面。

① 头骨薄而轻，各骨块愈合为一个整体，骨内有蜂窝状充气的小腔，解决了轻便与坚实的矛盾。

② 上下颌骨极度前伸，构成鸟喙。这是区别于其他脊椎动物的结构。鸟喙外具角质鞘，构成锐利的切喙或钩，是鸟类的取食器官。现代鸟类无牙齿，这是对减轻体重（牙齿退化连同咀嚼肌不发达）的适应。

③ 脑颅和视觉器官高度发达而使颅型发生变化。颅腔膨大，头顶部呈圆拱形，枕骨大孔移至腹面，眼眶膨大，使这一区域的脑颅侧壁被挤压至中央，构成眶间隔。眶间隔在某些爬行类即已存在，但鸟类由于眼球的特殊发达，更强化了这个特点（图 18-7）。

3. 带骨及肢骨

为了适应飞翔生活，鸟类的带骨和肢骨也有愈合及变形现象。

肩带由肩胛骨、乌喙骨、锁骨构成。三者连接处构成肩臼，与前肢的肱骨相关节。鸟类的左右锁骨及退化的间锁骨在腹中线处愈合成"V"形，称为叉骨（furcula），是鸟类特有

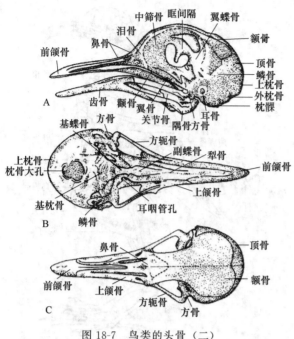

图 18-7 鸟类的头骨（二）
（自郑作新）

A. 侧面观；B. 腹面观；C. 背面观

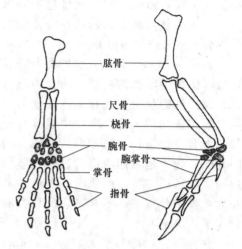

图 18-8 鸟的前肢骨与模式四足动物的比较
（自郑作新）

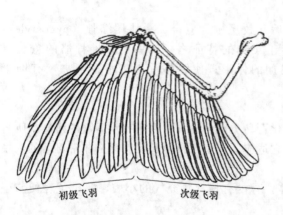

图 18-9 初级飞羽和次级飞羽的着生位置
（自郑光美）

的结构；叉骨具有弹性，在鸟翼剧烈搧动时可避免左右肩带碰撞。前肢特化为翼，主要表现在手部骨骼（腕骨、掌骨和指骨）的愈合和消失现象，使翼的骨骼构成一个整体，搧翅才能有力。指端无爪（图 18-8）。着生在手部的飞羽称为初级飞羽（primaries），着生在下臂部的飞羽称为次级飞羽（secondaries）。飞羽是飞翔的主要羽毛，它们的形状和数目（特别是初级飞羽）是鸟类分类的重要依据（图18-9）。

鸟类腰带的变形，与用后肢支持体重和产大型具硬壳的卵有密切的关系。腰带（髂骨、坐骨、耻骨）愈合成薄而完整的骨架，并向前后扩展，与愈合荐骨相愈合，使后肢得到强大的支持。鸟类的耻骨退化，而且左右坐骨不在腹中线处愈合，而是一起向侧后方伸展，构成所谓"开放式骨盆"，这与产大型硬壳卵有密切的关系。

后肢强健，由股骨、胫腓骨、跗骨、跖骨、趾骨组成。股骨与腰带的髋臼相关节，腓骨退化成刺状，胫跗骨（tibiotarsus）是由胫骨与退化的跗骨相愈合而成的一块细长的腿骨。跗跖骨（tarsometatarsus）是由退化的跗骨与跖骨相愈合而成的一块细长的足骨。胫跗骨和跗跖骨单一的骨块关节以及两块骨骼的延长能增加起飞时的弹跳力和降落时的缓冲力。大多数鸟类均具 4 趾，拇趾向后，以适应于树栖握枝（图 18-10）。鸟趾的数目及形态变异是鸟类分类学的依据之一。

（四）肌肉系统

鸟类的肌肉形态与其他脊椎动物一样，是由骨骼肌（横纹肌）、内脏肌（平滑肌）、心肌组成。鸟类由于适应飞翔生活，在骨骼肌的形态结构上有显著改变，这些改变主要可归纳为：

① 由于胸椎以后的脊柱的愈合，导致背部肌肉的退化；颈部肌肉相对发达。

② 使翼扬起（胸小肌）和下搨（胸大肌）的肌肉十分发达（占整个体重的 1/5），它们的起点均附着在胸骨上，通过特殊的连接方式而使翼搧动（图 18-11）。由于鸟类在陆上靠后肢行走和支撑体重，因此后肢的运动肌群十分发达。支配运动的肌肉，其肌体部分均集中在躯体的中心部分，以伸长的肌腱来"远距离"操纵肢体运动，这对保持重心的稳定、维持在飞行中的平衡有着重要的意义。

③ 后肢具有适宜于树栖握枝的肌肉，即栖肌、贯趾屈肌和腓骨中肌，能够借肌腱、肌腱鞘与骨骼关节三者间巧妙配合，而使鸟类栖止于树枝上时，由于体重的压迫和腿骨关节的弯曲，导致与屈趾有关的肌腱拉紧，足趾自然地随之弯曲而自动抓紧树枝（图 18-12）。足部屈肌的肌腱与其外部的剑鞘棱嵴互相扣锁，能防止松脱。

栖肌（ambiens）并非鸟类所特有，它始见于爬行类，在高等鸟类（例如雨燕目和雀形目）中缺失。

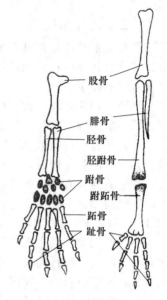

图 18-10　鸟类后肢骨与四足动物后肢骨的比较
（自郑光美）

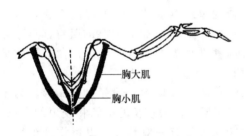

图 18-11　鸟类胸肌支配翼运动的模式图
（仿 Wessells）

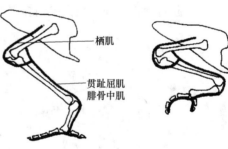

图 18-12　鸟类栖止肌肉节制足趾弯曲的模式图
（自郑光美）

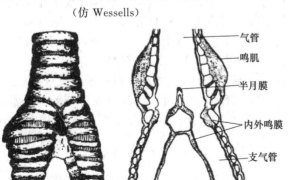

图 18-13　鸟类的鸣管（仿 Wessells）

④ 具有特殊的鸣肌，位于气管交叉处，可调节鸣管（以及鸣膜）形状，改变气流压强，从而发出多变的声音或鸣啭。雀形目鸣禽类的鸣肌最发达（图 18-13）。

⑤ 皮肤肌发达，能支配羽毛及某些裸露皮肤的运动，以调节体温和进行求偶炫耀等行为。鸟类的颌肌、前后肢肌和鸣肌，常作为鸟类

分类和功能进化的研究内容。

（五）消化系统

鸟类的消化特点是具有角质喙以及相应的轻便的颌骨和咀嚼肌群，这与牙齿退化、以吞食方式将食物存储在消化道内有关；消化能力强，消化速度快；直肠短，不储存粪便，可减轻飞行时的体重。

鸟类的消化系统包括消化道和消化腺两部分。消化道包括喙、口腔、咽、食道、嗉囊、胃、肠和泄殖腔。消化腺包括肝脏和胰脏。

鸟类无齿，以喙取食。喙的形态和结构与食性和生活方式有关。口腔顶部有一对纵裂缝，其内有内鼻孔的开口。口腔底部有一活动的舌，常覆有角质外鞘。舌的形态和结构也与食性和生活方式有关，取花蜜鸟类的舌有时呈吸管状或刷状；啄木鸟的舌具倒钩，能把树皮下的害虫钩出。某些啄木鸟和蜂鸟的舌，借特殊的构造而能伸出口外甚远，最长者可达体长的 2/3。咽腔短，位于口腔后部的耳咽管、喉门、食道口均开口于咽部。口腔内有唾液腺，一般不含消化酶，其主要分泌物是黏液，仅起润滑食物的作用，但食谷的燕雀类的唾液腺内含有消化酶；雨燕目的唾液腺最发达，其内含有黏的糖蛋白（glycoprotein），雨燕以唾液将海藻黏合而造巢，即为我国著名的滋补品"燕窝"。

鸟类的食道为细长管状有较大的延展性，以利于整吞食物。某些食谷及食鱼的鸟类，在食道的下部形成膨大的嗉囊（crop），有贮藏和软化食物的功能；在繁殖期间，雌鸽的嗉囊壁能分泌一种液体，称为"鸽乳"，用以喂饲雏鸽。鸬鹚和鹈鹕以嗉囊内制成的食糜饲喂幼雏。

鸟类胃分为腺胃（前胃）（glandular stomach 或 proventriculus）和肌胃（砂囊）（muscular stomach 或 gizzard）两部分。腺胃是一个纺锤形的结构，壁较厚，富有消化腺，可分泌黏液和消化液——蛋白酶和盐酸；肌胃的外壁为强大的肌肉层，壁很厚，内壁为坚硬的革质层（中药称"鸡内金"）；腔内含有鸟类啄食的一些小沙粒，在强大的肌肉的作用下，与革质内壁一起将食物碾碎。在人工饲养家禽的饲料中，要注意添加必要的沙粒。实验证明胃内容物有沙粒的鸡对燕麦的消化力提高 3 倍，对一般谷物的消化力可提高 10 倍。火鸡的肌胃甚至可以磨断钢针；肉食性鸟类的肌胃不发达；食浆果的鸟类，几乎没有胃。

鸟类小肠较长，接胃的一段呈"U"形，为十二指肠，十二指肠下段为较长的空肠和较短的回肠，在小肠与大肠交界处有一对盲肠。以植物纤维为主食的鸟类盲肠特别发达；盲肠具有吸水作用，并能与细菌一起消化粗糙的植物纤维。大肠（直肠）极短，不能贮存大量粪便，且具有吸收水分的作用，有助于减少失水及减轻飞行时的负荷，是对飞翔生活的一种适应。大肠末端开口于泄殖腔（图 18-14）。泄殖腔内有两个横褶，将其分成 3 部分：粪道，接续大肠；泄殖道，在粪道之后，有输尿管、输精（卵）管的开口；最后为肛道，以泄殖腔孔开口于体外。

鸟类泄殖腔背方有一特殊的腺体称腔上囊（法氏囊）（bursa fabricii）（图 18-15），为一淋巴组织，可以产生具有免疫成分的分泌物。幼鸟的腔上囊比

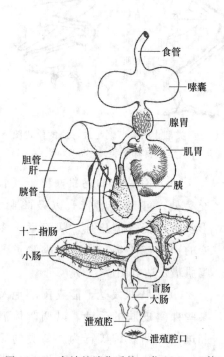

食管

嗉囊

腺胃

肌胃

胆管
肝

胰管

胰

十二指肠

小肠

盲肠
大肠

泄殖腔
泄殖腔口

图 18-14　家鸽的消化系统（仿 Haward 等）

较发达，成鸟则退化成腺体，可以辅助鉴定鸟类的年龄。法氏囊易受病毒攻击而得病，是养禽业重点防治的禽病之一。

鸟类的消化腺十分发达。肝脏大，分成两叶，右叶通常都比左叶大。由肝的左叶发出一条肝胆囊，既是一个贮存胆汁的器官，又是一个浓缩胆汁的器官。多数鸟类有胆囊，但家鸽没有。胰脏位于十二指肠的"U"形弯曲内，分泌的胰液注入十二指肠。肝脏和胰脏在功能上与其他脊椎动物没有本质区别。

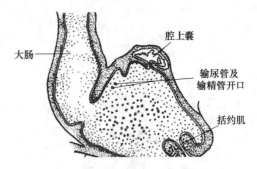

图 18-15　家鸽泄殖腔纵切模式图
（仿 Young）

鸟类的生理方面的特点是：消化能力强，消化过程非常迅速，食量大，进食频繁而不耐饥，这和鸟类维持高水平新陈代谢以及在飞翔中消耗量大相互联系的。鸡消化谷粒只需 12～24 小时即全部排出。雀形目鸟类吃进去的食物，只需 1.5 小时即可通过消化道。雀形目鸟类一天所吃的食物约相当体重的 10％～30％；蜂鸟一天所吃的蜜浆约等于其体重的 2 倍。

（六）呼吸系统

鸟类的呼吸系统十分特化，表现在具有非常发达的气囊（air sac）系统与肺气管相通，并产生了独特的呼吸方式——双重呼吸（dual respiration），这与其他陆栖脊椎动物仅在吸气时吸入氧气有显著不同。鸟类呼吸系统的特殊结构，是与飞翔时所需的高氧消耗相适应的。实验证明，一只飞行中的鸟类所消耗的氧气，比休息时大 21 倍。鸟类在栖止时，主要靠胸骨和肋骨运动来改变胸腔容积，引起肺和气囊的扩大和缩小，以完成气体代谢。当飞翔时，胸骨作为搧翅肌肉的起点，靠气囊的伸缩来协助肺完成呼吸，扬翼时气囊扩张，空气经肺而吸入，搧翼时气囊压缩，空气再次经过肺而排出，因而鸟类飞翔越快，搧翼越猛烈，气体交换频率也越快，这样确保了氧气的充分供应。

鸟类呼吸系统由鼻腔、喉、气管、支气管、肺和气囊组成。鸟类的鼻孔 1 对，椭圆形位于喙的基部。鼻腔短而狭窄，以鼻中隔分为左右两半。鼻腔后部的裂缝状的内鼻孔与咽相通，咽后为喉。喉门呈纵裂状，由一个环状软骨和一对勺状软骨支持着。喉腔内黏膜有纤毛上皮，还有分泌黏液的腺体。喉软骨在成年后常发生骨化。喉头下接气管，呈圆柱形，由许多骨质环构成支架。气管壁的内层为黏膜，具有纤毛上皮。气管的长度一般和颈的长度相当。

鸟类肺相对体积较小，是一种海绵状缺乏弹性的结构，主要是由大量的细支气管组成，即中支气管（初级支气管）、背腹支气管（次级支气管）和平行支气管（三级支气管）（parabronchus）。其中最细的分支是一种呈平行排列的支气管，称为三级支气管或平行支气管，在三级支气管周围有放射状排列的微气管，其外分布有众多的毛细血管，气体交换即在此处进行，是鸟肺的功能单位。鸟类的微气管在功能上与其他陆栖脊椎动物的肺泡相当，但在结构上有着本质的区别：后者是微细支气管末端膨大的盲囊，而前者却与背侧及腹侧的较大支气管相连通，因而不具盲端（图 18-16、图 18-17）。

鸟类气囊是辅助呼吸系统，主要由单层鳞状上皮细胞构成，广泛分布于内脏、骨腔及某些运动肌之间，有少量结缔组织和血管，缺乏气体交换的功能。它是气管分支的一部分，即初级支气管和次级支气管伸出肺外，末端膨大的膜质囊。气囊共有 9 个：前气囊（颈气囊 2 个、锁间气囊 1 个和前胸气囊 2 个）与次级支气管相通，后气囊（腹气囊 2 个和后胸气囊 2 个）直接与初级支气管相通。

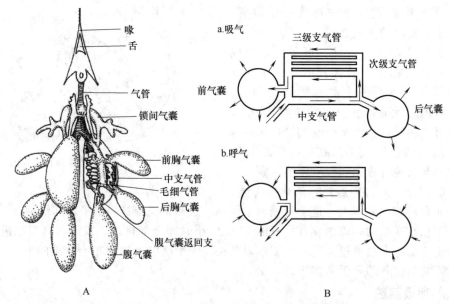

图 18-16　鸟肺与气囊结构示意图

A. 肺与气囊的关系；B. 气体交换途径

（A. 仿 Wessells；B. 仿 Bligh et al. 1976 修改）

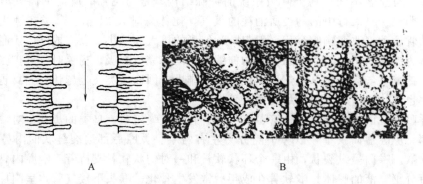

图 18-17　类三级支气管与微气管及鸟肺的扫描电镜照片（自 Schmidt-Nielsen）

A. 哺乳类肺泡；B. 鸟类三级支气管与微气管

　　气囊除了辅助呼吸以外，还有助于减轻身体的比重，减少肌肉间以及内脏间的摩擦，是快速热代谢的冷却系统（据研究，一只飞鸽摄入空气总量的 3/4 用于冷却）。

　　鸟类吸气时，氧气通过中支气管（初级支气管）后，一部分直接进入后气囊（储存起来），同时，另一部分氧气经次级支气管（背支气管）和三级支气管，在微气管处进行气体交换；呼气时，肺内二氧化碳经由前气囊排出体外，后气囊中储存的氧气经"返回支"进入微气管再次进行气体交换，再经前气囊、气管排出体外。因此，鸟类不论在吸气和呼气时，肺内均能进行气体交换，这种呼吸方式称为双重呼吸。一股吸入的空气要经过 2 次呼吸运动才能最后排出体外。

　　肺内气体流动：鸟类呼气与吸气时，气体在肺内均为单向流动（a uniderectional pathway），即从背支气管→平行支气管→腹支气管，称为"d-p-v 系统"。鸟类飞翔时搧翅的频率并不一定与呼吸频率相协调。

鸟类的鸣管（syrinx）是由气管所特化的发声器官，位于气管与支气管的交界处（图18-13），此处的内外侧管壁均变薄，称为鸣膜。鸣管外侧着生有鸣肌，它的收缩可导致鸣管壁形状及紧张程度发生改变，而且吸气和呼气均能发声。鸟类的发声器官不在喉头处（气管上端），而在后喉（气管下端分为两支气管处），这一点与其他陆栖脊椎动物（例如哺乳类）有所不同。鸟类的喉门由4块部分骨化的软骨构成，虽不是发声器官，但可以通过喉门的运动调节音调。

（七）循环系统

鸟类的循环系统反映了较高的代谢水平，主要表现在：动静脉血液完全分流、完全的双循环（心脏四腔，具右体动脉弓）。心脏容量大，心跳频率快，动脉压高，血液循环迅速，气体、营养物质及废物的代谢旺盛。

鸟类的循环系统是完全双循环：鸟类和哺乳类由于心脏完全分为4室，由肺循环回心的多氧血和体循环回心的缺氧血在心脏也完全分开，形成体循环和肺循环两个完全的血液循环路线，这种循环方式称为完全双循环。

1. 心脏

心脏的相对大小在脊椎动物中占首位，为体重的 $0.4\% \sim 1.5\%$；心房与心室已完全分隔；静脉窦已完全消失；心跳频率快，动脉压高，血液流通迅速。

2. 动脉

左侧体动脉弓消失，由右侧体动脉弓将左心室发出的血液输送到全身（图18-18）。

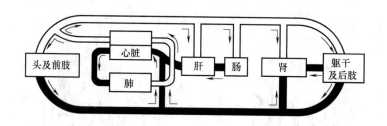

图 18-18　鸟类血液循环路径模式图（自 Schmidt-N）

3. 静脉

① 肾门静脉趋于退化　自尾部来的静脉血液只有少数入肾，其主干系经后腔静脉回心。肾门静脉主要收集后肠系膜静脉血液入肾，形成毛细血管，再集合成大静脉回心。鸟类在肾门静脉腔内具有一种独特的含有平滑肌的瓣膜，可根据需要而把静脉血液送入肾或绕过肾。

② 具尾肠系膜静脉（caudal mesenteric vein）　具尾肠系膜静脉是一支来自于尾部的血管，其分支分别与后肠系膜静脉和肾门静脉相连接，收集消化管后部的静脉血送入肾，其中的大部分直接穿过肾进入后腔静脉回心脏，小部分在肾内形成毛细血管网再经肾静脉入后腔静脉（图 18-19）。

4. 血液及淋巴

红血细胞具核，含量较哺乳类少，其中含极大量的血红蛋白，执行输送氧气及二氧化碳的机能。具有一对大的胸导管，收集躯体的淋巴液，然后注入前大静脉；小肠绒毛中不具乳糜管；淋巴结不能过滤淋巴；少数种类在身体后方具有能搏动的淋巴心。

（八）排泄

鸟类排泄系统由肾、输尿管、泄殖腔组成（图 18-20）。鸟类在胚胎时期的排泄器官为

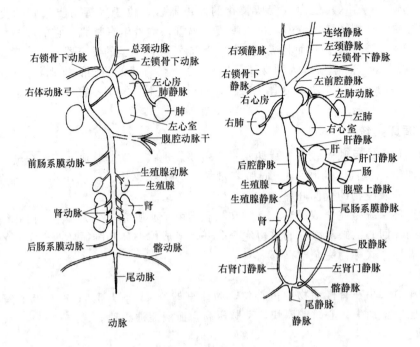

图 18-19　鸟类的循环系统腹面观（自郝天和）

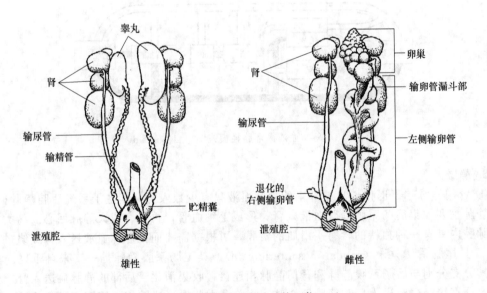

图 18-20　家鸽的泌尿生殖系统（仿 Parker）

中肾，成体行使泌尿功能的为后肾。肾脏很发达，可占体重的 2% 以上，在比例上比哺乳动物还要大（兔的肾脏占体重的 0.4%，大鼠占 0.7%），这与其新陈代谢旺盛而产生的大量废物得以及时排出相适应。肾脏 1 对，紫褐色，贴附于综荐骨背侧的深窝内，形长而扁平，每一肾分为前、中、后 3 个肾叶，每个肾叶含有众多的、外观呈梨形的肾小叶。

鸟类肾的纵剖可分出表层的皮质部和深层的髓质部，皮质部的厚度大大超过髓质部，肾小球数目多，是哺乳类的两倍。每一肾脏的腹面有一输尿管，直接开口于泄殖腔中部的泄殖道，肾小管简单，髓袢短或缺。鸟类的尿主要成分是尿酸，常呈半凝固的白色结晶，不易溶于水，加之肾小管和泄殖腔都有重吸收水分的功能，排尿失水极少，浓稠的白色尿液随同粪便随时排出体外，而不贮存，通常认为这是对减轻体重的一种适应。

此外，海生和干旱盐碱地区的鸟类发展了肾外排盐的结构——盐腺（salt gland）。盐腺是一对大的腺体，位于眼眶上部，开口于鼻间隔，能分泌出比尿的浓度大得多的氯化钠（分泌物中含有 5％盐溶液），借以把进入体内的海水所带来的盐分排出，维持正常的渗透压。

在保存体内水分方面，鸟类皮肤干燥、缺乏腺体，体表覆有角质羽毛及鳞片，减少了体表水分蒸发。排尿及排粪时所失水分也很少。鸟类虽然保水能力和吸水能力强，但饮水仍是成活的关键之一。主要由呼吸时水分的蒸发以及高温时水的蒸发起冷却作用。

（九）神经系统和感官

鸟类的神经系统较爬行类发达，与哺乳类有很大不同。大脑和小脑表面都比较平滑，顶壁很薄，底部的纹状体（striatum corpora）非常发达，纹状体是鸟类的复杂本能活动和"学习"的中枢。间脑由上丘脑、丘脑、丘脑下部（也叫下视丘）（hypothalamus）构成，其中丘脑下部为鸟类的体温调节中枢并节制植物性神经系统，还对脑下垂体分泌有关键性影响。中脑构成比较发达的视叶，小脑比爬行类发达得多，为运动的协调和平衡中枢，能更好地平衡与协调鸟类的飞行活动（图 18-21）。嗅叶退化，脑神经 12 对。

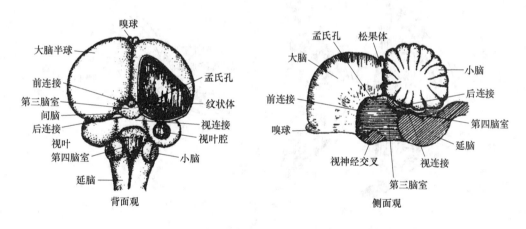

图 18-21　家鸽的脑（自郝天和）

鸟类感觉器官：视觉最发达，听觉次之，嗅觉最退化，这些特点是与飞行生活密切联系的。视觉是飞翔定向定位的主要器官。

① 视觉器官　鸟眼的相对大小比其他所有脊椎动物都大，大多数外观呈扁圆形，为扁平眼（远视眼）（flat eye）；鹰类眼球为球状（globular eye），鸮类眼球为筒状（近视眼）（tubular eye）。眼球最外壁为坚韧的巩膜，其前壁内着生有一圈覆瓦状排列的环形骨片，称巩膜骨（sclerotic ring），构成巩眼球壁坚强的支架，使眼球在飞行时不致因强大气流压力而使眼球变形。在后眼房内的视神经经背方伸入一个具有色素的、多褶的和富有血管的结构——栉膜（pecten）。栉膜的确切功能还不清楚，它在演化上与爬行类眼内的圆锥乳突（conus papillaris）同源，一般认为有营养视网膜的功能，并可借体积的改变而调节眼球内的压力；也有一些证据指明它可在眼内构成阴影，减少日光造成的目眩（图 18-22）。

鸟眼的晶状体调节肌肉为横纹肌，此点与除爬行类以外的所有其他脊椎动物不同，对于飞行中迅速聚焦是有利的。眼球的前巩膜角膜肌（anterior sclerocorneal muscle）能改变角

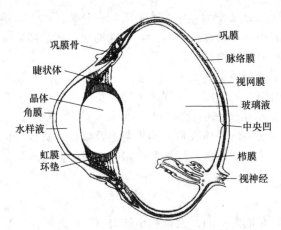

图 18-22　鸟眼矢状切面图（自 Welty）

图中标注：巩膜骨、睫状体、晶体、角膜、水样液、虹膜、环垫；巩膜、脉络膜、视网膜、玻璃液、中央凹、栉膜、视神经

膜的屈度（鸟类所特有的调节方式），后巩膜角膜肌（posterior sclerocorneal muscle）能改变晶状体的屈度（羊膜动物共有的调节方式），因而它不仅能调节水晶体的形状（从而改变晶状体与角膜间的距离），而且还能改变角膜的屈度，这种调节方式称为双重调节（图 18-23）。

由于鸟类具有这种精巧而迅速的调节机制，使其能在瞬间把扁平的"远视眼"调整为"近视眼"，鹰类的眼球甚至可被调节成筒状，这是飞翔生活必不可少的条件。鹰在高空中能察觉田地内的鼠类，并在几秒内俯冲抓捕，其视力比人大 8 倍；燕子在疾飞中能追捕飞虫，这些都与具有良好的视力调节分不开，否则越临近目的物就会越看不清楚。

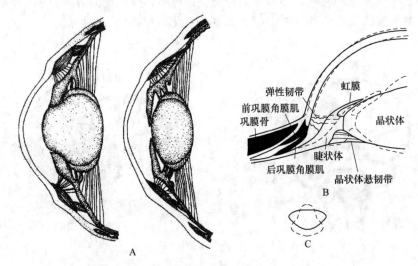

图 18-23　鸟眼视力调节模式图（自 Young 等）

A. 从近视（左）调至远视（右）；B. 眼球局部切面，示调节肌；C. 晶体调节前、后的形状

② 听觉器官　具有单一的听骨（耳柱骨）和雏形的外耳道。

夜间活动的种类（猫头鹰）听觉器官发达，具有发达的耳孔和收集声波的耳羽。鸟类接受音波频率范围为 0.05～29000Hz，人类仅为 20～20000Hz。

③ 嗅觉　大多数鸟类鼻腔内具有 3 个退化了的鼻甲（nasal concha），一般认为这也是为适应飞行生活的产物，少数种类（如秃鹫）嗅觉相当发达，已成为一种嗅觉寻食的定位器官。

（十）生殖系统

鸟类产大型的羊膜卵，均为体内受精。鸟类生殖腺的活动存在着明显的季节性变化，非繁殖季节生殖腺萎缩，在繁殖期间生殖腺的体积可增大几百倍到近千倍，一般认为这与适应飞翔生活有关。

雄性生殖系统由睾丸（2 个）、输精管（2 条）、泄殖腔组成，与爬行类相似，有成对的睾丸和输精管，输精管开口于泄殖腔。鸵鸟和雁鸭类等的泄殖腔腹壁隆起，构成可伸出泄殖腔外的交配器，起着输送精子的作用。鹤形目和鸡形目等鸟类还残存着交配器的痕迹。大多数鸟类不具交配器官，借雌雄鸟的泄殖腔口结合而受精。

雌性生殖系统由卵巢、输卵管、泄殖腔组成，绝大部分鸟类仅具有单一的（左侧）有功能的卵巢，右侧卵巢和输卵管退化，通常认为与产大型具硬壳的卵有关。

雌雄鸟借泄殖腔口结合而受精。受精作用在输卵管的上端进行。受精卵在下行过程中，依次被输卵管壁分泌的蛋白（albumen）、壳膜（shell membrane）、卵壳（shell）所包裹，卵在输卵管中移动时，由于管壁肌肉的蠕动而旋转，逐渐被包裹以均匀的蛋白层，两端稠蛋白层扭转成系带（图18-24），固定卵黄；因重力作用，胚盘永远朝上。卵壳表面有数千个小孔，以保证卵在孵化时的气体交换。光线刺激对产卵的影响：卵壳上的花纹、颜色是输卵管最下端管壁的色素细胞在产卵前5小时左右分泌形成的。

幼鸟的输卵管为白线状，产过卵的输卵管虽也萎缩，但上下端的直径不等。这个特点可作为野外工作时鉴定年龄的依据。

光线能刺激家禽提早产蛋以及在秋冬季节产更多的蛋。已知一些野禽如环颈雉、黄腹角雉、麻雀也对光照刺激有反应，而另一些种类则不敏感。增大光照能促进"光敏"鸟类的运动和进食，另外还通过脑下垂体分泌激素刺激卵巢。12～14小时光照对脑下垂体分泌和产卵的刺激最大。有人认为红光的刺激大于白光。

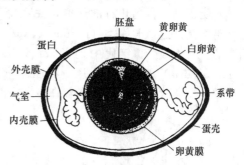

图18-24　鸟蛋模式图（自郝天和）

有人指出用紫外线（加入微量的可见光）能提高10％～19％产卵率，并增加维生素D的合成。

鸟类生殖过程较复杂，有占区、求偶、筑巢、交配、产卵、孵卵、育雏等行为。占区是选择安全舒适、食物资源丰富、并可作为繁殖场所的领域。巢是鸟类繁育后代的一个特殊场所，其主要功能是容纳卵和幼鸟，保温和保护。鸡形目、雁形目、猛禽等通常雌鸟孵卵；红腿石鸡双亲孵卵；鸸鹋、几维鸟、帝企鹅等少数鸟类雄鸟孵卵。早成鸟孵出时即已经充分发育，被有绒羽，眼已张开，腿脚有力，能行走，可随亲鸟觅食。晚成鸟出壳时尚未充分发育，体表光裸或微具稀疏绒羽，眼不能睁开，需有亲鸟衔食喂养，在巢内完成后期发育。

鸟类具有孵卵、育雏等一系列本能，保证了后代有较高的成活率。

第二节　鸟纲的分类

现今已知的鸟类有9000余种，分为两个亚纲，即古鸟亚纲（Archaeornithes）和今鸟亚纲（Neornithes）。

一、古鸟亚纲

古鸟亚纲以始祖鸟（*Archaeopteryx lithographica*）为代表，见于距今1.45亿年前的晚侏罗纪地层中，迄今已报道的化石有7例，均产于德国巴伐利亚省索伦霍芬附近的印版石石灰岩内，即1861（仅为一单根羽毛）、1861（完整骨架，为本种的模式标本）、1877（完整骨架）、1956、1970（系1855年出土）、1973（系1951年出土）和1988年。1984年以来我国发现数具完整的古鸟化石，是德国以外的首次记录。

始祖鸟具有爬行类和鸟类的过渡形态。它与鸟类相似的特征：①具羽毛；②有翼；③骨盘为"开放式"；④后肢具4趾，三前一后。但它又具有与爬行类相似的特征：①具槽生齿；②双凹型椎体；③有18～21枚分离的尾椎骨；④前肢具3枚分离的掌骨，指端具爪；⑤腰带各骨未愈合；⑥胸骨无龙骨突；⑦肋骨无钩状突（图18-25、图18-26）。

上述的始祖鸟特征中，除了羽毛之外，几乎均可在古爬行类的一些成员中找到，因而曾被称为"有羽毛的爬行动物"，百余年来不时掀起"它究竟是爬行类还是鸟类"的争论，1985年甚至有人提出"始祖鸟化石标本上的羽毛是伪造的"疑问。经过古生物学家采用多种现代技术手段对标本的鉴定，特别是1988年再次发现具有清晰羽毛印迹的始祖鸟化石标本，才使这一争论告一段落。

1991年由印度学者报道了在北美晚三叠纪地层中发现的鸟类化石，定名为原鸟（Protoavis），它具有一些比始祖鸟还原始的、更似恐龙的特征。

对始祖鸟等古鸟化石的研究，关系着鸟类起源于哪一种爬行类的问题。比较流行的观点：鸟类是从近似假鳄类（pseudosuchia）中鸟龙类（ornithischia）中的槽齿类的一支进化而来的。20世纪70年代中期以来：认为始祖鸟更似兽脚恐龙（theropoda）中的腔骨龙（coelurosauria）的观点占上风。不过这一学说近年受到更多的质疑，因为从化石结构以及生存的地质年代来说，均存在着许多疑问。

图18-25　始祖鸟化石（自郝天和）

图18-26　始祖鸟与现代鸟类
骨骼的比较（自Collbert）

二、今鸟亚纲

今鸟亚纲包括白垩纪以来的一些化石鸟类及现存鸟类。化石鸟类以黄昏鸟目（Hesperornithiformes）和鱼鸟目（Ichthyornithiformes）为代表。它们的骨骼近似现代鸟类但上下颌具槽生齿。我国近年来发现的大量早白垩纪鸟类化石，引起世界瞩目，其中的中国鸟（Sinornis santensis）产生于辽宁省辽阳，是世界上已知的最早会飞的鸟。甘肃鸟（Gansus yumenensis）产于甘肃省玉门，是海岸和水鸟的原始类群。华夏鸟（Cathayornis yandica）也在辽阳出土，是除始祖鸟及原鸟以外的最原始的鸟类化石。现存今鸟亚纲可分为平胸总目（Ratitae）、企鹅总目（Impennes）和突胸总目（Carinatae）。

（一）平胸总目

为现存体型最大的鸟类（体重大者达135kg，体高2.5m），适于奔走生活（大型走禽）。具有一系列原始特征：翼退化，胸骨不具龙骨突起，不具尾综骨及尾脂腺，羽毛均匀分布（无羽区及裸区之分），羽枝不具羽小钩（因而不形成羽片），雄鸟具有发达的交配器官，足趾适应奔走生活而趋于减少（2～3趾）。仅分布于南半球（非洲、美洲和澳洲南部）。

平胸总目的著名代表动物为鸵鸟（*Struthio camelus*）（或称非洲鸵鸟）（图18-27）。适应于沙漠荒原中生活，一般成小群（40～50只）活动，奔跑迅速。跑时以翅搧动相助，一步可达8m，每小时可跑60km，为快马所不及。食植物、浆果、种子及小动物。雌雄异色，雄鸟背翅色黑。平常所说的"鸵鸟政策"是说"鸵鸟在危急时把头埋在沙堆里"，但后来研究证实，这是一种错误的说法。鸵鸟在繁殖期为一雄多雌，雌鸟把蛋产在一个公共的穴内，每穴可容10～30枚。卵乳白色，重约1300g。孵卵期为6周，白天雌鸟有时孵卵，夜间则由雄鸟担任。

本总目的其他代表还有美洲鸵鸟（*Rhea americana*）及鸸鹋（或称澳洲鸵鸟）（*Dromaus novachollandeae*），此外在新西兰尚有几维鸟（*Apteryx oweni*），为仅产在此区有限岛屿上的稀有鸟类。体大如鸡，翼与尾均退化，喙长而微弯，鼻孔位于喙的尖端（此点与众不同）。夜出挖取蠕虫等为食，白天钻入地面洞穴或树根下隐藏。叫声有如尖哨声，并常发出"kiwi…"声，故名几维。产1～2枚近白色的卵于洞内，卵的相对大小为鸟类之冠（卵重占体重的1/4）。雄鸟孵卵（图18-27）。

几维鸟

鸵鸟

图18-27　平胸总目的代表（自Van Tyne等）

（二）企鹅总目

潜水生活的中、大型鸟类，具有一系列适应潜水生活的特征。前肢鳍状，适于划水。具鳞状羽毛（羽轴短而宽；羽片狭窄），均匀分布于体表。尾短。腿短而移至躯体后方，趾间具蹼，适应游泳生活。在陆上行走时躯体近于直立，左右摇摆。皮下脂肪发达，有利于在寒冷地区及水中保持体温。骨骼沉重而不充气。胸骨具有发达的龙骨突起，这与前肢划水有关。游泳快速，有人称为"水下飞行"。分布限在南半球。

企鹅总目的代表为王企鹅（*Aptenodytes patagonicus*）（图18-28）。分布于南极边缘地区，可深入到内陆数百千米处集成千百只大群繁殖。繁殖以后可沿海北上至非洲南部。每产一卵，置于冰上。孵卵期约56天。孵卵由雄鸟担任（其他种企鹅为雌雄共同孵卵），此时雄鸟将卵置于脚面上，并以下腹部垂下的袋状皮褶将脚面覆盖。企鹅繁殖期配对是在南极的黑

图 18-28 巴布亚王企鹅
（王荣摄于中国长城站）

夜季节下进行的，待白昼到来前，卵已产出。当雄鸟孵卵时，雌鸟已长途跋涉到海边生活，2个月后再返回。雄鸟在此期间全不进食，靠消耗脂肪维持（最高的绝食记录为4个月）。这一点是哺乳类所不及的。因而企鹅是深入南极冰川内最远的脊椎动物。企鹅虽步行笨拙，但遇警时可将腹部贴地，双翅快速滑雪，后肢似活塞般地快蹬，滑行甚速。由于南极的特殊地理条件（黑夜白昼各半年、一望无际的茫茫雪海和缺乏山林一类的地貌标志）以及企鹅的特点（高度密集繁殖以及失去飞行能力、在陆地易于捕捉），因而近数十年来一直吸引着很多鸟类学家，把它们作为研究鸟类行为的对象。例如，在黑夜条件下，雌鸟、雄鸟及雏鸟是如何进行互相识别的；成鸟依靠什么定位器官得以穿过几百里无外貌特征的水陆返回原巢。有人用10年以上的时间连续到一种企鹅的繁殖地做了973次观察，并将研究对象做了标志。结果发现有82％的鸟第二年还是原配偶，其中有一对在一起11年。有关鸟类迁徙定向机制的假说，有的就是根据对企鹅实验的结果加以充实的。

企鹅的主要食物是磷虾、鱼和乌贼等，在极地海域生态系统的能量流转中占重要地位。其所排出的粪便，是极地苔藓、地衣等的主要肥料来源，在土壤形成方面有重要作用。

（三）突胸总目

包括现存鸟类的绝大多数，分布遍及全球，总计约35个目、8500种以上。它们的共同特征是：翼发达，善于飞翔，胸骨具龙骨突起，最后4～6枚尾椎骨愈合成一块尾综骨。具充气性骨骼。正羽发达，构成羽片，体表有羽区和裸区之分，雄鸟绝大多数不具交配器官。

我国所产突胸总目鸟类，共计有24目101科。根据其生活方式和结构特征，大致可分为6个生态类群：即游禽、涉禽、猛禽、攀禽、陆禽和鸣禽（若加上平胸总目的走禽类，鸟类一共有7个生态类群）。现就常见种类略加概述。

① 䴙䴘目（Podicipediformes） 中等大小游禽，善于潜水。主要特征为：趾具分离的瓣状蹼。嘴短而钝。羽毛松软如丝，可制作上等毛革制品。尾羽几为绒羽构成。在水面以植物茎叶营浮巢。

图 18-29 小䴙䴘
（自郑作新等）

本目鸟类极善潜水，遇警时能背负幼鸟在水下潜逃，与所有其他游禽不同（潜鸟、秋沙鸭及天鹅可背负幼鸟在水面游逃）。我国常见种类为小䴙䴘（*Tachybaptus ruficolli*）（图18-29），又名水葫芦。体大小似鸽，体羽灰褐色，栖息于水草繁茂的河湖内。杂食性，但以水生动物为主。繁殖期弯折水草，编成浮巢。产近淡黄色或白色钝椭圆形卵，6～9枚。雌雄均参加孵卵，孵卵期18～29天。在孵卵期间，亲鸟离巢时有以绒羽或水草将卵覆盖的习性（雁鸭类也具此习性），有保温及保护的作用。据报道，这种盖卵习性可能是防御天敌危害的一种适应。我国的乌鸦（特别是小嘴乌鸦）、海鸥以及少数猛禽是危害其卵和雄鸟的主要天敌。

② 鹱形目（Procellariiformes）（信天翁目） 大型海洋性鸟类。外形似海鸥，但体型粗

壮（大者体长可近1m）。主要特征为：嘴强大具钩，由多数角质片所覆盖。鼻孔呈管状。趾间具蹼。翼长而尖，善于翱翔。产卵于岸边的地上或洞穴中，有时卵下略垫以草叶。卵白色，每产一枚。两性均参加孵卵，孵卵期70~80天。雏鸟尚需哺育42天，为晚成鸟。

我国较常见的种类如短尾信天翁（*Diomedea albatrus*）。信天翁为漂泊型海鸟，除繁殖期外，几乎终日翱翔或栖息于海上。环志记载可作8000km的迁飞，并有"环球飞行"的记录（图18-30）。

图 18-30　信天翁（自郝天和）　　　　　　　图 18-31　鹈鹕（自郝天和）

③ 鹈形目（Pelecaniformes）　大型游禽。主要特征有：4趾间具一完整蹼膜（全蹼）。嘴强大具钩，并具发达的喉囊以适应食鱼的习性。我国著名代表有斑嘴鹈鹕（*Pelecanus philippensis*）和鸬鹚（*Phalacrocorax carbo*）（图18-31）。

鹈鹕主要分布于热带及温带地区，通体近白色，飞羽暗黑。喉囊特别发达，以此暂存捕获物，并有助于热天散发体温。饲雏期间取食回巢后，将口大张以露出喉囊，诸雏则群集伸头入内竞食。营群巢（树上或地表），产1~4枚白色卵。两性孵卵约6周，孵出后尚需哺育35天。

鸬鹚又称鱼鹰，通体近黑色，杂有花斑。常集成大群捕鱼，数量过高时可对渔业造成危害。集群营巢于树上或岩缝中，产2~4枚淡绿色卵。两性孵卵，孵卵期25天，雏鸟尚需捕鱼21天。我国自古即驯养鸬鹚捕鱼。但由于此种方法对渔业资源有危害，新中国成立后已不采用。

军舰鸟（*Fregata minor*）及褐鲣鸟（*Sula leucogaster*）为我国西沙群岛的著名鸟类，均属热带、温带海洋性鸟类。前者是掠夺性鸟类，以其快速敏捷的飞行，于高空夺食鲣鸟、鹈鹕、鸬鹚和海鸥等嘴内所衔鱼类。当它鸟不堪啄击而张嘴时，军舰鸟可在瞬间把行将落水的鱼类追获啄食。这种习性在鸟类中是罕见的（图18-32）。

图 18-32　军舰鸟（A）、褐鲣鸟（B）（自 Van Tyne，郑作新等）

④ 鹳形目（Ciconiiformes） 大中型涉禽。栖于水边，涉水生活，嘴、颈及腿均长。胫部裸露。趾细长，4 趾在同一平面上（此点与鹤类不同）。雏鸟晚成。

我国常见的有两类，即鹳与鹭。它们外形很相似，但前者中趾爪内侧不具状突，颈部不深曲缩成"S"形（图 18-33）。

图 18-33　苍鹭（A）白鹳（B）（自郝天和）

我国常见的种类有黑鹳（*Ciconia nigra*）及东方白鹳（*Ciconia boyciana*）。在高树或岩崖缝隙内营巢，产 3～5 枚白卵，孵卵期 30～38 天。东方白鹳在我国东北繁殖，为世界著名的珍禽，应严加保护。

鹭类常多种集群营巢。其胸腰部侧面长有一种特殊的"粉"，能不断地生长并破碎成粉粒状物，借以清除食鱼时所黏着的污物。中趾的栉状梳即用于梳除粉粒。我国常见的种类有大白鹭（*Egretta alba*）及苍鹭（*Ardea cinerea*）。白鹭在我国尚有多种，均属珍贵鸟类，其纯白的矛状羽和蓑羽为贵重的装饰品，许多国家竞相猎取，致使数量显著下降，应大力保护。过去在颐和园内的高树上即有白鹭营巢，巢大而简陋，产 3～5 枚淡绿色卵。

⑤ 雁形目（Anseriformes） 大中型游禽，是重要经济鸟类。其主要特征为：嘴扁、边缘具有梳状板（有滤食功能），嘴端具加厚的"嘴甲"。腿后移，前 3 趾间具蹼。翼的飞羽上常有发闪光的绿色，紫色或白色的斑块，称为"翼镜"。气管基部具有膨大的骨质囊，有助于发声时的共鸣。雄鸟具交配器官。尾脂腺发达。雏鸟孵出后不需哺育即能独立活动（早成鸟）。

雁形目鸟类遍布于全世界，主要在北半球繁殖。多具有季节性的长距离迁徙的习性，其中在我国繁殖、过路及越冬的种类有 40 余种。通常所说的野鸭、雁及天鹅均属此目（图 18-34）。

图 18-34　绿头鸭（A）和白鹳（B）及其蹼足（自郝天和）

常见代表有绿头鸭（*Anas platyrhynchos*）及斑嘴鸭（*Anas poecilorhyncha*），为常见的鸭类，均在我国繁殖，家鸭就是从它们驯化而来的。绿头鸭雌雄异色，雄鸟头和颈灰绿色，颈下部有白环，体羽大体灰褐色。雌鸟近棕褐色。斑嘴鸭雌雄均近棕褐色，嘴黑褐色、先端具淡黄色斑块。繁殖于我国河北省北部以北地区，营巢于岸边草丛中，以杂草及绒羽垫衬，产淡绿色或淡黄色卵 8～12 枚。

常见的雁类有鸿雁（*Anser cygnoides*）及豆雁（*Anser fabalis*）。鸿雁为我国家鹅的祖先。雁类的一般生活习性似鹅，但陆栖性较强，以植物为主食。在迁徙及越冬期间，有时对冬小麦危害严重，但经济价值大，为重要狩猎对象。

雁形目中体型最大的是天鹅（*Cygnus cygnus*）。全体洁白，嘴黄具黑斑，游泳时长颈直伸于水面。体姿优美，常被作为文艺作品的主题。此鸟稀少而珍贵，为我国重点保护鸟类之一。

⑥ 隼形目（Falconiformes）　肉食性鸟类，体多大、中型。嘴具利钩以撕裂捕获物。脚强健有力，借锐利的钩爪撕食鸟类、小兽、蛙、蜥蜴和昆虫等动物。善疾飞及翱翔，视力敏锐。幼鸟晚成性。白昼活动。雌鸟较雄鸟体大。

我国隼形目鸟类种类及数量均多，羽毛（特别是飞羽及尾羽）有重要经济价值。常见种类有红脚隼（*Falco vespertinus*），体型大小似鸽，雄鸟背羽灰色，腿脚红色，飞行快捷似燕，又名青燕子。春夏季节来我国繁殖，侵占喜鹊及乌鸦的巢产卵，"鹊巢鸠占"的"鸠"即指此鸟。红脚隼在营巢习性上的特点是少见的，但主食害鼠、害虫，是著名的益鸟。鸢（*Milvus migrans*）也是城乡上空习见的猛禽，体羽褐色，尾羽叉状。鹗（*Pandion haliaetus*）是一种专以鱼类为食的猛禽，其外趾能后转、各趾下及爪侧均具锋利的鳞状突起，利于抓捕鱼类。秃鹫（*Aegypius monachus*）为我国境内的大型猛禽，主要栖息在我国西部及北部的高山上，嗜食动物尸体，头部光秃或仅具绒羽，是此类动物的主要特征（图18-35）。

红脚隼　　　　秃鹫　　　　苍鹰

图 18-35　隼形目（自郑作新）

隼形目鸟类除羽毛具有经济价值外，就食性而论，除少数大型种类捕食野鸭、家禽和家畜等外，绝大多数以鼠类为食，有益于农田。至于少数种类对于鸟兽的危害方面，多数生态学家认为：a. 这些猛禽对鼠类（密度）的影响是有限的，因而至多在局部地区或某个时期内构成威胁；b. 它们所抓获的捕获物，大多是老弱病残。从有利于动物的种群更新来看，具有积极作用。因而隼形目的所有种类均已被列入我国重点保护对象。

隼形目造巢于高树或岩崖缝隙内，产 1～6 枚近似球形的卵。卵白色或淡绿色，多数带有稀疏不等的褐斑。孵卵由雌鸟担任或由两性负担，孵卵期 35 天。幼雏多遍布白色绒毛、尚需哺育 40 余日方能离巢。

猛禽具有吐出"食丸"的习性，即在其栖息地（特别是巢的近旁）休息时，将所吞入的鼠类、鸟类等不能消化的残团（特别是骨骼及羽、毛）吐出。采集和分析这些食丸，能为查明当地有害啮齿类的种类和数量变动，提供很有价值的资料。

⑦ 鸡形目（Galliformes） 适应于陆栖步行，与鸠鸽目一起被归入陆禽类。腿脚健壮，具适于掘土挖食的钝爪。上嘴弓形、利于啄食植物种子。嗉囊发达。翼短圆，不善远飞。雌雄大多异色，雄鸟羽色鲜艳，繁殖期间好斗，并有复杂的求偶炫耀。雏鸟早成。

鸡形目为重要的经济鸟类，除肉、羽以外，还有很多种类为著名的观赏鸟，其中有不少是我国特产。我国鸡形目种类十分丰富，而且大多是留鸟，为很多国家和地区所不及，因而合理的狩猎和严格的护、养措施是极为重要的。在我国东北北部的柳雷鸟（*Lagopus lagopus*）和花尾榛鸡（*Tetrastes bonasia*）是北方类型的代表，它们的跗部具有羽毛，无距（腿后的刺状物）以及鼻孔被羽，可与其他鸡类相区别。雷鸟适应于苔原地带生活，繁殖期羽毛褐色、冬季变为白色，在雪原中生活，是鸟类保护色的著名事例。绿孔雀（*Pavo muticus*）、白鹇（*Lophura nycthemera*）、红腹锦鸡（金鸡）（*Choysolophus pictus*）、环颈雉（*Phasianus colchicus*）、长尾雉（*Syrmaticus reevesii*）、原鸡（*Gallus gallus*）等，均为有经济价值并可供观赏的鸟类。褐马鸡（*Crossoptilon mantchuricum*）为我国特产的稀有鸟类，仅产于河北北部及山西北部的局部山林中，是重要的保护对象。原鸡是家鸡的祖先，我国鸟类学家已证明家鸡在我国自古就有驯化，所谓"中国家鸡是从印度引入"的说法并不正确。

图 18-36　鸡形目鸟类代表（自郑作新）
A. 雷鸟；B. 褐马鸡；C. 原鸡；D. 锦鸡；E. 环颈雉；F. 白鹇；G. 鹌鹑

鸡形目中尚有一些小型短翼种类，常见的有鹌鹑（*Coturnix coturnix*）、鹧鸪（*Francolinus pintadeanus*）、石鸡（*Alectoris chukar*）等，它们地栖性更强，均为产量甚高的狩猎鸟（图 18-36）。

鸡形目以植物种子为主食（雷鸟、榛鸡等以树的嫩枝叶芽为主食）。繁殖期为一雄多雌，绝大多数在地面营巢。一般产 8～15 枚卵，卵色多样。孵卵期 20～30 天。

⑧ 鹤形目（Gruiformes） 体型大小不等的涉禽。涉禽类的腿、颈、喙多较长，胫部通常裸露无羽，趾不具蹼或微具蹼，4 趾不在一平面上（后趾高于前 3 趾）。鹤形目雏鸟为早成鸟。

本目的著名代表丹顶鹤（*Grus japonensis*）是世界稀有鸟类之一，在我国东北及内蒙古自治区北部繁殖，是我国重点保护鸟类。鹤的鸣声高亢洪亮与具特色的发声器有关；它的气管下端盘卷在胸骨附近，并随年龄而逐渐延伸，老鹤可盘成多圈，并传入胸骨内。营巢于地面，产 2 卵，两性孵卵 32 天。雏鸟孵出片刻后即可离巢，（此时）体重为成鸟的百分之一，这种早熟性是较为少见的。

秧鸡类与白骨顶（*Fulica atra*）也属鹤形目种类，由于数量众多，为狩猎对象。大鸨（*Otis tarda*）（俗称地鸨、老鸨）是能飞翔的鸟类中体重最大的，栖于草原荒地，以奔走为主，在我国东北及内蒙古自治区繁殖。此鸟由于过度猎捕，已很稀少（例如，英国 1833 年即已绝迹），是世界濒危物种，我国重点保护鸟类（图 18-37）。

图 18-37　鹤形目鸟类代表（自郑作新）
A. 丹顶鹤；B. 骨顶；C. 秧鸡；D. 大鸨

⑨ 鸻形目（Charadriiformes） 涉禽，多为中小型鸟类，种类很多，主要分布在北半球。体多为沙土色，奔跑快速。翼尖善飞。雏鸟为早成鸟。由于体色具有隐蔽性、能突然起飞而方向不定，是运动狩猎的主要对象。有的分类系统将鸥形目归入本目。

我国常见种类有金眶鸻（*Charadrius dubius*），为小型鸟类，在河滩上产洋梨形卵 4 枚，颜色与砂石很相似，虽咫尺之内也难发现。孵卵期约 20 天。白腰草鹬（*Tringa ochropus*）为鹬类的常见代表，通常所说"鹬蚌相争，渔人得利"，就是指这类鸟。燕鸻（*Glareola maldivarum*）嘴短而宽，尾分叉，俗名土燕子，为我国著名的捕食蝗虫的鸟类。

据在山东微山湖地区调查，一窝燕鸻，一个月内可消灭蝗虫多达 16200 个（图 18-38）。

金眶鸻　　　　　　　白腰草鹬　　　　　　燕鸻

图 18-38　鸻形目鸟类代表（自郑作新）

⑩ 鸥形目（Lariformes）　海洋性鸟类，与鸻形目亲缘关系密切，但习性近于游禽。常栖息于水边捕食，又似涉禽。体羽大多为银灰色。前 3 趾间具蹼。翼尖长而善飞翔。雏鸟在形态上为早成鸟，但孵出后留巢待哺，习性似晚成鸟。巢置于地表，产 2～4 枚洋梨形卵，孵卵期 20 天。

红嘴鸥　　　　　　　　　燕鸥

图 18-39　鸥形目鸟类代表（自郑作新）

我国常见种类有红嘴鸥（*Larus ridibundus*）及燕鸥（*Sterna hirundo*）。后者体似鸽而形似燕，常深入到内陆繁殖（图 18-39）。燕鸥常集成大群活动，在渔业区有时可对鱼苗造成危害。但燕鸥（俗称海燕）的多数种类嗜食草地螟等害虫，为非渔业区的益鸟。

⑪ 鸽形目（Columbiformes）　陆禽。嘴短，基部大多柔软。鼻孔外具有蜡膜（cere）。腿脚健壮，4 趾位于一个平面上。嗉囊发达，在育雏期能分泌鸽乳喂雏。雏鸟为晚成鸟。本目种类多为狩猎对象。

我国常见种类有毛腿沙鸡（*Syrrhaptes paradoxus*），其特征介于鸡与鸽之间。栖于荒漠沙地，在内蒙古自治区繁殖。体沙土色，后趾退化，前 3 趾并合，覆以毛羽。翼长善飞，常集成千百只大群作不规律地远距离迁徙，寻找水源，1888 年我国沙鸡西迁曾达于英国。产卵于地面，卵暗绿色具褐斑，长钝椭圆形。孵卵期 28 天。此鸟为重要狩猎对象。原鸽（*Columba livia*）为家鸽的祖先，分布几遍全球，我国仅在南疆西部有分布。山斑鸠（*Streptopelia orientalis*）和珠颈斑鸠（*S. chinensis*）均为常见的鸠鸽类。营巢于树上或岩石缝，产 2 枚白色钝椭圆形卵。两性孵卵，孵卵期 14～19 天。雏鸟留巢期 12～18 天，第一周由亲鸟饲以鸽乳（图18-40）。

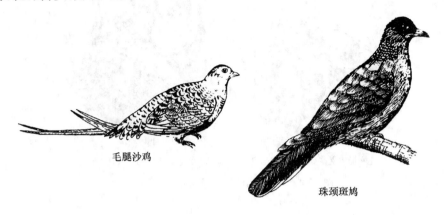

毛腿沙鸡

珠颈斑鸠

图 18-40　鸠鸽目鸟类代表（自 Van Tyne，郑作新）

⑫ 鹦形目（Psittaciformes）　攀禽。第 4 趾后转（称对趾型）、嘴坚硬具利钩，上嘴能上抬，均有利于在树上攀援及掰剥种皮。大多营巢于树洞中。产白色近球形卵，孵卵 21 天。雏鸟为晚成鸟。

鹦形目为热带鸟类，是著名的观赏鸟。我国云南、广西的极南部以及海南岛所产的绯胸鹦鹉（*Psittacula alexandri*）可作为本目代表。此外，原产澳洲的虎皮鹦鹉（*Melopsittaccs undulatus*）已广泛作为笼鸟饲养。此目鸟类有多种以谷物为食，数量多时危害严重。善学人言是鹦鹉的著名习性。

⑬ 鹃形目（Cuculiformes）　攀禽。对趾型。外形略似小鹰，但嘴、爪不具钩。多数分布于欧亚大陆的种类为寄生型繁殖，将卵产于它鸟巢中。雏鸟为晚成鸟。

我国常见种类有大杜鹃（*Cuculus canorus*）和四声杜鹃（*C. micropterus*）（图18-41）。前者叫声如布谷，故又称布谷鸟；后者叫声如"割麦割谷"。由于杜鹃的规律性迁徙十分显著，每年早春即来，叫声洪亮，彻夜不停，因而自古即已引起人们的注意，并成为各种诗歌、传说的主题。

图 18-41　四声杜鹃（自郑作新）

大杜鹃可在雀形目鸟类（莺科、雀科、画眉科、伯劳科、山雀科、鸦科等）100 余种鸟类的巢中产卵，其所产的卵色与义亲的卵很相像。我国最常见的大杜鹃义亲是大苇莺。幼雏孵出早（大约 13 天），出壳后具有特殊的本能，能将巢内义亲的卵和雏抛出巢外（图18-42），而独受义亲的哺育。杜鹃目为著名益鸟，嗜食松毛虫，这是其他食虫鸟类所比不了的。

⑭ 鸮形目（Strigiformes）　夜行性猛禽，内部结构近于攀禽。除外形具备猛禽类特征以外，其外趾能后转成对趾型，以利攀援。两眼大而向前，眼周有放射状细羽构成的"面盘"，有助于夜间分辨声响。听觉为夜间的主要定位器官，耳孔特大，耳孔周缘具皱襞或具耳羽，有利于收集声波。羽片柔软，飞时无声。营巢于树洞中，产白色球形卵 1～7 枚。雏鸟为晚成鸟。

正在抛出义亲卵的大杜鹃雏鸟　　　　义亲大苇莺哺育大杜鹃雏鸟

图 18-42　大杜鹃的雏鸟及义亲（自郑光美）

图 18-43　长耳鸮（自郑作新等）

图 18-44　夜鹰（自郑作新等）

我国常见种类有长耳鸮（*Asio otus*）（图 18-43）。脸形似猫，又名"猫头鹰"。鸮类常在深夜发出洪亮而凄厉的叫声，加以外貌不似它鸟美观，因此常被认为是一种不祥之鸟，其实它是著名的食鼠益鸟，90％以上食物为鼠类。它这种夜间灭鼠的本领，为隼形目所不及。所有鸮类均已列为我国重点保护鸟类。

⑮ 夜鹰目（Caprimulgiformes）　夜行性攀禽。前趾基部并合（并趾型），中爪具栉状缘，羽片柔软，飞时无声。口宽阔，边缘具成排硬毛，适应于飞捕昆虫。体色与枯枝色相似，为白天潜伏时的保护色（图 18-44）。不营巢，置 1～2 枚卵于地表。雏鸟为晚成鸟。

我国常见种类有夜鹰（*Caprimulgus indicus*）。

夜鹰并非文学作品中所说的"夜莺"。后者为小型鸣禽，是与我国著名笼鸟红点颏（红喉歌鸲）（*Luscinia calliope*）类似的种类。

⑯ 雨燕目（Apodiformes）　小型攀禽，代表种类雨燕科的后趾向前（前趾型）。羽多具光泽。雏鸟为晚成鸟。

我国常见种类有楼燕（北京雨燕）（*Apus apus*），常集成大群于高空疾飞捕虫，外形颇似家燕，但 4 趾朝前。金丝燕（*Collocalia* spp.）繁殖期以唾液腺分泌物营巢，即著名的滋补品"燕窝"。

蜂鸟为世界上最小的鸟类，体重仅 1g 左右，主要分布于南美洲。以花蜜为食，能在花前似直升飞机般地"悬停"（此时每分钟扇翼达 50 余次），胸肌相对大小为鸟类之冠（图

图 18-45　蜂鸟（张数义摄于南美）

18-45）。近年发现此鸟在花蜜短缺时期有休眠的事例。

⑰ 佛法僧目（Coraciiformes）　攀禽。脚为并趾型。种类较多，形体各异。营洞巢，多为白色球形卵。雏鸟为晚成鸟。

本目在我国常见代表有翠鸟（*Alcedo atthis*）和戴胜（*Upupa epops*）。翠鸟嘴形粗大似凿，背羽翠绿色，尾羽短小，以鱼虾为主食。沿岸穿凿土穴为巢。戴胜嘴细长而微下弯，以地面蠕虫等小动物为食。头顶具扇状冠羽，俗称花蒲扇。在树洞、建筑物缝隙以及柴堆缝中以草茎编皿状巢，产 4～8 枚椭圆形污白色卵。孵卵期 12～15 天。雌鸟在孵卵期间，能自尾脂腺分泌一种特臭的黑棕色液体，对巢、雏有保护作用。

双角犀鸟（*Buceros bicornis*）为产于我国云南南部的珍贵观赏鸟类。嘴巨大而下弯，上嘴顶部有角质隆起物。在高大的树洞中筑巢，孵卵期雌鸟伏于洞内，用雄鸟衔来的泥土混以从胃内呕出的分泌物将洞口封闭，仅留略可伸出嘴尖的洞隙，以接受雄鸟喂食。这是免遭天敌（猴、松鼠及蛇等）伤害的一种适应。孵卵期 28～40 天。直到雏鸟快出飞时，雌鸟始"破门而出"（图 18-46）。

犀鸟　　　　翠鸟　　　　戴胜

图 18-46　佛法僧目代表（自 Van Tyne，郑作新）

⑱ 䴕形目（啄木鸟目）（Piciformes）　攀禽。脚为并趾型。嘴形似凿，专食树皮下栖居的害虫（天牛幼虫）。尾羽的尾轴坚硬而富有弹性，在啄木时起着支架的作用。凿洞为巢，产 3～5 枚白色钝椭圆形卵。孵卵期 10～18 天。雏鸟为晚成鸟。

啄木鸟为著名的森林益鸟，除其所特有的消灭树皮下面的害虫之外，还可根据其凿木的痕迹作为森林"卫生采伐"的指示剂，因而被称为"森林医生"。我国常见种类有斑啄木鸟（*Picoides major*）（图 18-47）。

图 18-47　斑啄木鸟（自郑作新等）

⑲ 雀形目（Passeriformes）　鸣禽，占现存鸟类的绝大多数（5 千余种）。其主要特征为：鸣管及鸣肌复杂，善于鸣啭。足趾 3 前 1 后，后趾与中趾等长（称离趾型）。跗后部的鳞片愈合成一块完整的鳞板。大多营巢巧妙，雏鸟为晚成鸟。

雀形目为鸟类中最高等的类群，在鸟类进化的历史上较其他各目出现晚，并处于剧烈的辐射进化阶段，种类繁多（多达 64 科）。常见代表有百灵（*Melanocorypha mongolica*）、家燕（*Hirundo rustica*）、喜鹊（*Pica pica*）、秃鼻乌鸦（*Corvus frugilegus*）、画眉（*Garrulax canorus*）、黄眉柳莺（*Phylloscopus inornatus*）、大山雀（*Parus major*）、麻雀（*Passer montanus*）、燕雀（*Fringilla montifringilla*）等。其中有的是农林益鸟，有的是农业害鸟，还有的因其善于鸣啭和效鸣而为著名的笼鸟（图 18-48）。

图 18-48　雀形目鸟类代表（自郑作新等）
A. 百灵；B. 家燕；C. 红尾伯劳；D. 喜鹊；E. 红点颏；F. 画眉；
G. 黄眉柳莺；H. 大山雀；I. 麻雀；J. 黄胸鹀

第三节　鸟类的繁殖、生态及迁徙

一、鸟类的繁殖

鸟类繁殖具有明显的季节性，并有复杂的行为（如占区、筑巢、孵卵、育雏等），这些都是有利于后代存活的适应。

鸟类的性成熟大多在出生后一年，多数鸣禽及鸭类通常不足一岁就达到性成熟，少数热带地区食谷鸟类幼鸟经 3～5 个月即可繁殖。鸥类性成熟需 3 年以上，鹰类 4～5 年，信天翁及兀鹰迟至 9～12 年才性成熟。性成熟的早晚一般与鸟类种群的年死亡率相关（图 18-49），死亡率越低的，性成熟越晚，每窝所繁殖的雏鸟数也少。

大多数鸟类的配偶关系维持到繁殖期终了、雏鸟离巢为止。少数种类为终生配偶，已知的有企鹅、天鹅、雁、鹳、鹤、鹰、鸮、鹦鹉、乌鸦、喜鹊及山雀等。在世界鸟类中，有 2％科和 4％亚科鸟类是一雄多雌（例如松鸡、环颈雉、蜂鸟及织布鸟），约 0.4％科及 1％亚科鸟类是一雌多雄（例如三趾鸡及彩鹬），其余大多为一雄一雌。

普通鸟类每年繁殖一窝（brood）。少数如麻雀、文鸟及家燕等，一年可繁殖多窝。在食物丰富、气候适宜的年份，鸟类繁殖的窝数和每窝的卵数均可增多。一些热带地区的食谷鸟类几乎终年繁殖。

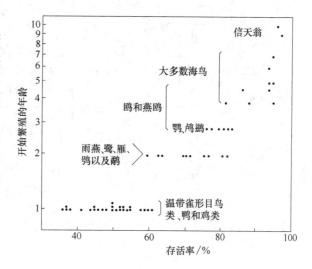

图 18-49　鸟类成体的存活率与性成熟开始之间的关系（自 Farmer）

鸟类性腺的发育和繁殖行为的出现，是在外界条件作用下，通过神经内分泌系统的调节加以实现的。每年春季，光照条件的改变以及环境景观的变化等影响，同鸟类的感官作用于神经系统，影响丘脑下部的睡眠中枢，使鸟类处于兴奋状态。丘脑下部的神经分泌神经元（肽能神经元）向脑下垂体门静脉内分泌释放因子（RF），引起脑下垂体分泌。脑下垂体所分泌的卵泡刺激素（FSH）和黄体生成素（LH）促使卵巢的卵细胞发育并分泌性激素（性类固醇），使生殖细胞成熟并出现一系列繁殖行为。脑下垂体所分泌的促甲状腺激素（TSH）促使甲状腺分泌甲状腺素，以增进有机体的代谢活动，提高生殖行为的敏感性。脑下垂体所分泌的促肾上腺皮质激素（ACTH）促使肾上腺分泌肾上腺素，提高了有机体对外界刺激的应激能力，有利于完成与繁殖有关的迁徙等行为（图 18-50）。鸟类在整个繁殖周期内，雄鸟的求偶炫耀、交配、造巢和孵卵等一系列活动，也都不断地通过感官作用于神经内分泌系统，强化着鸟类性周期的生理活动和行为。日节律（昼夜节律）（cricadian rhythm）的体内生物钟，对繁殖周期活动也有影响。

鸟类每年进入繁殖季节以后，随着性腺的发育，出现一系列的繁殖行为，例如向哪个繁殖地区迁徙、占区、求偶炫耀、筑巢、产卵和孵卵以及育雏活动等，待雏鸟离巢之后，亲鸟

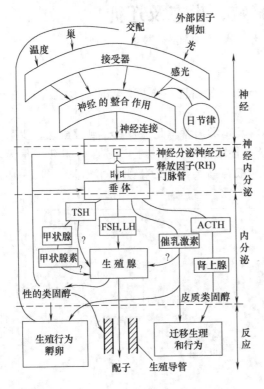

图 18-50　鸟类繁殖受内外环境条件刺激的影响以及神经内分泌的控制（自 Farner）

（m²）。领域大小是可变的，在营巢的适宜地域有限、种群密度相对较高的情况下，领域可被其他鸟类"压缩"或"分隔"而缩小。这在我国华北地区（历经数千年的开发、大量森林被改变为耕地，林区已极度缩小）的某些雀形目鸟类中尤为明显，以致我们可以推断鸟类占区造巢的演化途径或许就是：由于环境条件的改变，适宜巢址有限，以致使营"独巢"的鸟类被迫压缩其领域，而成"松散的群巢"；再进一步压缩，则形成"群巢"。

鸟类在占区和营巢过程中，雄鸟常伴以不同程度和不同形式的求偶炫耀（图 18-51）。求偶炫耀是指雄鸟在交配前或交配期发出各种鸣叫或表现出各种动作，以吸引雌鸟，达到交配的目的，称为求偶炫耀。有的终日在领域内鸣叫（尤以雀形目最为突出）。求偶炫耀和鸣叫都是使繁殖活动得以顺利进行的本能活动，使神经系统和内分泌腺处于积极状态，激发异性的性活动，从而使两性的性器官发育和性行为的发展处于同步（synchronize）。求偶炫耀对于两性的辨

开始秋季换羽并陆续离开营巢地点，到适宜的地区越冬。现就一些主要内容加以介绍。

婚配制度：临时性配偶关系和终生配偶关系；一雄多雌、一雌多雄和一雄一雌。

（一）占区或领域（territory）

鸟类在繁殖期常各自占有一定的领域，不许其他鸟类（尤其是同种鸟类）侵入，称为占区现象。所占有的一块领地称为领域。占区、求偶炫耀（courtship display）和配对（pair formation）是有机地结合在一起的，占区成功的雄鸟也是求偶炫耀的胜利者。

鸟类占区的生物学意义主要表现在：①保证营巢鸟类能在距巢址最近的范围内获得充分的食物供应，所以飞行能力较弱的、食物资源不够丰富和稳定的以及以昆虫和花蜜为食的鸟类，对领域的保卫最有力；②调节营巢地区内鸟类种群的密度和分布，以便能够有效地利用自然资源；分布不过分密集也可减少传染病的散布；③减少其他鸟类对配对、筑巢、交配以及孵卵、育雏等活动的干扰；④对附近参加繁殖的同种鸟类心理活动产生影响，起着社会性的兴奋作用。

领域的大小可从鹰、鹭的几平方千米（km²）到某些雀形目小鸟的几百平方米

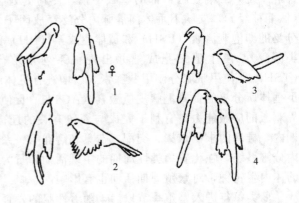

图 18-51　褐伯劳（红尾伯劳）的求偶炫耀（自郑光美）

认（特别是雌雄同型鸟类）也是十分重要的。有人认为，由于求偶炫耀（例如鸣叫）在鸟类中存在着种的特异性，因而对于亲缘关系较近的不同种类，起着生物学的隔离机制作用，可避免种间杂交。求偶炫耀活动衰退，或被领域附近的新的"入侵者"所超过时，常导致繁殖进程中断。

（二）筑巢（nest-building）

绝大多数鸟类均有筑巢行为。低等种类仅在地表凹穴内放入少许草、茎叶或毛。高等种类（雀形目）则以细枝、草茎或毛、羽等编成各式各样精致的鸟巢。鸟巢具有以下功能：①使卵不致滚散，能同时被亲鸟孵化；②保温；③使孵卵成鸟、卵及雏鸟免遭天敌伤害。鸟类营巢方式可分为独巢和群巢两类。大多数鸟类均为独巢或成松散的群巢。群巢在岛屿及人迹罕见的地区最为常见，如各种海鸟（企鹅、信天翁、鹈鹕）、鸥类、鹭类、雨燕类及某些鸦科鸟类。

鸟类集群营巢的因素：适宜营巢的地点有限；营巢地区的食物比较丰富，可满足成鸟及幼雏的需要；有利于共同防御天敌。这些因素中，可能"适宜营巢的地点有限"是主要原因。随着人类对自然界的大规模开发，适宜巢址的地点进一步减少，集群营巢的趋势将更加明显。

我国常见的鸟巢，依其结构特点，可分为以下几类（图18-52）：

图 18-52　鸟巢类型（自郑作新等）

A. 夜鹰（无巢材），王光宇摄于美国加利福尼亚；B. 蓑羽鹤（零散巢材），杨学明摄于吉林向海；C、D. 大天鹅（巢及塿卵），段文瑞摄于内蒙古乌梁素海；E. 血雉（地面巢），贾陈喜摄于四川卧龙；F. 黄腹角雉（树上巢），郑光美摄于浙江乌岩岭；G. 白骨顶（水面浮巢），刑莲莲摄于内蒙古乌梁素海；H. 棕头鸦雀（雀形目典型编织巢），郑光美摄于浙江乌岩岭

① 地面巢 除了某些雀形目（百灵、柳莺）也可在地表编织精巧的巢以外，地面巢代表着低等地栖或水栖鸟类（鸵鸟、企鹅以及大部分陆禽、游禽、涉禽）的巢式。巢的结构简陋，卵色与环境极相似，孵卵鸟类也具同样的保护色。

② 水面巢 某些游禽及涉禽能将水草弯折并编织成厚盘状，可随水面升降。

③ 洞巢 产卵于树洞或其他裂隙内，一些猛禽、攀禽及少数雀形目鸟类的巢属此类。洞穴的位置、结构与鸟类的生活习性有密切关系。其中较低等的种类都不再附加巢材，产白色卵，反映了原始森林鸟类似爬行类的卵色。雀形目洞巢种类则于洞内置以复杂的巢材，卵色也多样，反映出洞巢是一种后生辐射适应的巢址选择。

④ 编织巢 以树枝、草茎或毛、羽等编织的巢。低等种类（如鸠鸽目、鹭类、猛禽）的巢形简陋。雀形目鸟类则能编成各种形式（皿式、球式、瓶状）的精致鸟巢。我国以造巢著名的鸟类有织布鸟（*Ploceus philippinus*）和缝叶莺（*Orthotomus sutorius*）。前者以嘴将植物纤维如织布般地穿梭编织成瓶状巢，后者以植物纤维贯穿大形树叶的侧缘，而缝合成悬于树梢的兜状巢。

随着人类的出现，有不少鸟类（特别是洞巢鸟类）已转而在建筑物上筑巢。对于这些与人类接触较密切的鸟类，要注意研究其益害。

（三）产卵（egg-laying）与孵卵（incubation）

卵产于巢内并加以孵化。卵的形状、颜色和数目（以及卵壳的显微结构、蛋白电泳特征）在同一类群间常常是类似的，从而也可以反映出不同类群之间的亲缘关系，可作为研究分类学的依据。

每种鸟类在巢内所产的满窝卵数目称为窝卵数（clutch size）。窝卵数在同种鸟类是稳定的，一般说来，对卵和雏的保护愈完善、成活率愈高的，窝卵数愈少。就同一种鸟而言，热带的比温带的产卵少；食物丰盛年份的产卵数多。所以窝卵数是自然选择所赋予的、能养育出最大限度的后代数目。此外，窝卵数也与孵卵亲鸟腹部的孵卵斑所能掩盖的卵的数目有关。

鸟类中存在着定数产卵（determinate layer）与不定数产卵（indeterminate layer）两种类型，前者在每一繁殖周期内只产固定数目的窝卵数，如有遗失亦不补产，例如鸠鸽、鲱鸥、环颈雉、喜鹊和家燕等。不定数产卵者，在未达到其满窝的窝卵数以前，遇有卵遗失即补产一枚，排卵活动始终处于兴奋状态，直至产满其固有的窝卵数为止。已知一些企鹅、鸵鸟、鸭类、鸡类、一些啄木鸟以及一些雀形目鸟类（例如家麻雀）均有此特性，驯养培育卵用家禽（鸡、鹌鹑、鸭、鹅及火鸡等）就是利用了鸟类的这种特性。

孵卵大多为雌鸟担任（例如伯劳、鸭及鸡类等），也有的为雌雄轮流孵卵（如黑卷尾、鸽、鹤及鹳等），少数种类为雄鸟孵卵（鸸鹋、三趾鹑等）。雄鸟担任孵卵者，其羽色暗褐或似雌鸟。除少数种类（例如企鹅、鸬鹚、鸭及鹅）之外，参与孵卵的亲鸟腹部均具有孵卵斑。孵卵斑有单个的（例如很多雀形目鸟类、猛禽、鸽及鹦鹉）、两个侧位的（例如海雀及鸻形目鸟类）以及一个中央和两个侧位的（例如鸥与鸡类）。卵和孵卵斑的类型能反映鸟类群间的亲缘关系。孵卵斑的大小与窝卵数多数之间没有相关性。

已知鸟类孵卵时的卵温为 34.4～35.4℃。在孵卵早期，卵外温度高于卵内温度；至胚胎发育晚期，卵内温度略高于卵外温度。

每种鸟类的孵卵期通常是稳定的，一般大型鸟类的孵卵期较长（如鹰类 29～55 天、信天翁 63～81 天、家鸽 18 天、家鸡 21 天、家鸭 28 天、鹅 31 天），小型鸟类孵卵期短（例如一般雀形目小鸟为 10～15 天）。

（四）育雏（parental care）

胚胎完成发育后，雏鸟即借喙端背部临时着生的角质突起——"卵齿"将壳啄破而出。鸟类的雏鸟分为早成雏（precocial）和晚成雏（altricial）。早成雏于孵出时即已充分发育，被有密绒羽，眼已张开，腿脚有力，待绒羽干后即可随亲鸟觅食，这类雏鸟称为早成雏。大多数地栖鸟类和游禽属此类。晚成雏出壳时尚未充分发育，体表光裸或微具稀疏绒羽，眼未张开，需由亲鸟喂养一段时间（从半个月到 8 个月不等），继续在巢内完成后期发育，才能逐渐独立生活（图 18-53），这类雏鸟称为晚成雏。雀形目和攀禽、猛禽以及一些游禽（体躯大而凶猛的种类，如鹈鹕、信天翁）属此类。雏鸟的早成性或晚成性，是长期自然选择的结果；凡筑巢隐蔽而安全，或亲鸟凶猛足可卫雏的鸟类，其雏鸟多为晚成雏。早成雏是低等种类提高后代成活率的一种适应性。尽管如此，早成雏的卵与雏的死亡率都比晚成鸟高得多，因而产卵数目也多。

晚成雏的发育，一般表现为"S"形生长曲线，即从早期的器官形成和快速生长期过渡到物质积累和中速生长

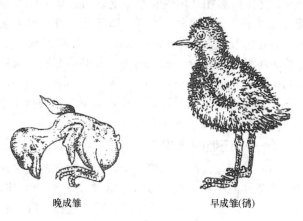

晚成雏　　　　　　　早成雏(鸻)

图 18-53　雏鸟类型（自郑光美）

期，至晚期的物质消耗大于积累生长期。在雏鸟发育早期，尚缺乏有效的体温调节机制，需靠亲鸟孵巢来维持雏鸟的体温。随着雏鸟内部器官的发育，产热和神经调节机制的完善以及羽衣（体温覆盖层）的出现，雏鸟体温转变为恒温。通过对我国多种晚成雏发育体温测定，发现在羽衣的羽鞘破裂、形成羽片的当日，常是恒温出现的转折。例如红尾伯劳（*Lanius cristatus Lucionensis*）的羽鞘破裂期为 10 日龄，对其体温的测定（半导体温度计测泄殖腔温度）结果见表 18-1。

表 18-1　红尾伯劳体温测定

日龄	破壳雏(0)	1～6 日	7～9 日	10～15 日
体温	32～38.6℃	34～38℃	38～40℃	40～41℃

很多种晚成雏（例如企鹅、鹈鹕、信天翁、雨燕、鹦鹉、翠鸟及食蜂鸟等）在离巢前的体重超过成鸟，为脂肪积累所致。这种适应有助于雏鸟渡过由于阴雨等因素所造成的食物短缺，并为离巢前的飞羽、肌肉等的生长提供充分的能量。即使如此，由于雏鸟在离巢前活动频繁、能量消耗巨大，常见有体重显著下降的现象。阴雨是造成雏鸟大量死亡的一个重要因素。

晚成雏鸟类在育雏期的食量很大，而且许多以昆虫为主食，此期大多数的种类有益于农林。

二、鸟类的迁徙

迁徙（migration）并不是鸟类所专有的本能活动。某些无脊椎动物（如东亚飞蝗）、某些鱼类、爬行类（如海龟）和哺乳类（如蝙蝠、鲸、海豹、鹿类）也有季节性的长距离更换住处的现象。其中海龟与鲸的迁徙距离可从数百千米到上千千米。但是作为整个动物类群来

说，鸟类的迁徙是最普遍和最引人注目的，因而多年来一直成为动物学研究的一个重要领域。

鸟类的迁徙是对改变着的环境条件的一种积极的适应本能：是每年在繁殖区与越冬区之间的周期性的迁居行为。这种迁徙的特点是定期、定向而且集成大群。鸟类的迁徙大多发生在南北半球之间，少数在东西方向之间。

根据鸟类迁徙活动的特点，可把鸟类分为留鸟（resident）和候鸟（migrant 或 transient）。终年留居在其出生和繁殖地，已完全适应当地气候变化的鸟类称为留鸟。随季节不同而有规律地变更栖息地的鸟类（即迁徙鸟类）称为候鸟。其中夏季飞来繁殖、冬季南去越冬的鸟类称为夏候鸟（summer resident），如家燕、杜鹃；冬季飞来越冬、春季北上繁殖的鸟类称为冬候鸟（winter resident），如某些野鸭、大雁。仅在春秋季节迁徙时从某一地方路过的鸟称为旅鸟（transient）或过路鸟（on passage），如极北柳莺。

严格地说，现今所说的留鸟，有不少种类秋冬季节具有漂泊或游荡的性质，以获得适宜的食物供应，这种鸟称为漂鸟（wanderer）。

（一）迁徙的原因

引起鸟类迁徙的原因很复杂，至今尚无确切的结论。大多数学者认为，迁徙是对冬季不良食物条件的一种适应，以寻求较丰富的食物供应，尤其以昆虫为食的鸟类最为明显。此外，有人认为，北半球夏季的长日照（昼长夜短）有利于亲鸟有更多的时间捕捉昆虫喂养雏鸟。这两种意见可以相辅相成，但是还不能解释有关迁徙方面所涉及的各种复杂事实。有人从地球历史来推测鸟类迁徙的起源问题，认为冰川周期性的侵袭和退却使鸟类形成了定期性往返的生物遗传本能，由此提出两种相互对立的假说：①现今的繁殖区是候鸟的故乡，冰川到来时迫使它们向南退却，但遗传的保守性促使这些鸟类在冰川退却后重返故乡，如此往返不断而形成迁徙的本能。②现今的越冬区是候鸟的故乡，由于大量繁殖，迫使它们扩展分布到冰川退却后的土地上去，但遗传保守性促使这些鸟类每年仍返回故乡。

冰川说并不能解释有些鸟类为什么不迁徙。而且有人指出冰川期仅占整个鸟类历史的百分之一，对鸟类遗传性的影响有限，所以不能排除在冰川期以前鸟类即已存在迁徙的可能。

（二）迁徙的诱因

曾有不少假说来解释鸟类迁徙的诱发因素，例如认为光照、食物、气候以及植被外貌的改变等，都可以引起迁徙活动。现今较大量的实验证明，光照条件的改变，可以通过视觉、神经系统而作用于间脑下部的睡眠中枢，引起鸟类处于兴奋状态。光刺激还增强了脑下垂体的活动，促进性腺发育和影响甲状腺分泌，增强机体的物质代谢，进一步提高对外界刺激的敏感性，从而引起迁徙。

我们认为，迁徙是多种条件刺激所引起的连锁性反射活动；其中物种历史所形成的遗传性是迁徙的"内因"，外界刺激是引起迁徙的"外因"。

（三）迁徙的定向

迁徙的最显著特点是每一种物种均有其固定的繁殖区和越冬区，它们之间的距离从数百千米到千余千米不等。而且实验证明，很多鸟类（家燕、企鹅）次年春天可返回原巢繁殖。即使是用飞机将迁徙鸟类运至远离迁徙路线的地区内，释放数天后仍可返回原栖地。关于"鸟类究竟依靠什么来定向"的问题，根据野外观察、环志、雷达探测、月夜望远镜监视以及各种各样的室内试验，曾提出不少假说，但均处于探索阶段，尚未获得肯定结论。目前比较流行的看法有：

① 训练和记忆　认为鸟类具有一种固有的、由遗传所决定的方向感，这种方向感（an

innate sense of direction)，幼鸟在跟随亲鸟迁徙的过程中，不断地加强对迁徙路线的记忆。

② 视觉定向（visual orientation）　依靠居留及迁徙途径的地形、景观（例如山脉、海岸、河流以及荒漠等）作为导向，并不断从老鸟领会传统的迁徙路线。实验表明，视觉定向对于鸟类短距离的归巢，可能不是主要的。例如在鸽眼上装以额接触镜，然后于距巢15～130km处放飞，大部分仍能按时归巢，可见一定存在着视觉以外的定向机制。

③ 天体导航（celestial navigation）　很多实验表明，鸟类能以太阳和星辰的位置定向。星辰定向对于夜间迁徙的鸟类尤为重要。

太阳定位实验，最著名的是克拉默（Kramer，1957，1961）用椋鸟做的研究。把具有迁徙习性的鸟，放在四面有窗的笼内，以激素处理使其进入迁徙状态，则可见鸟朝着一定方向（即其迁徙方向）搧翼（图18-54），而且扇翼行为在阴天不出现。如果用镜子代换太阳的方位，则扇翼方向可按人所预定的方向变更。把企鹅移至远离巢区的茫茫雪原内释放之后，则于晴天沿直线走向原居住地；在阴天则乱走；天一晴，又立即寻获正确方位。在太阳定位方面，有人认为鸟类根据太阳的方位角（sun azimuth）来确定方向。有人认为以日落的方向定标，再根据星辰、风向等加以校正。这些均是尚待充分验证的假说。

星辰定向是由索尔（Sauer，1957）首次在圆形笼内对欧洲苇莺进行实验得出的，证明它们能根据夜空中星辰的位置定向。此后又做了大量实验研究，而且用改变人造星辰位置的方法，也可以像上述的太阳定向的实验一样，使鸟类按预定的方向改变其"迁飞"方向。

把太阳及星辰作为航行的指针时，由于地球的自转，有机体必须具有一个内部的"生物钟"（biological clock）借以不断调整太阳及星辰与其迁徙轴之间的角度。近年有些实验证明，当以人工光照改变白天-黑夜周期时，可使鸟类产生定向错误（"生物钟"被重新调整

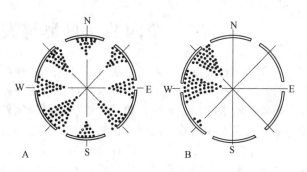

图 18-54　太阳定向实验——云对椋鸟
定向能力的影响（仿 Orr）
A. 阴天时椋鸟随机分布；B. 晴天时椋鸟向
其迁飞方向集中

了），当把该鸟再置于真正的日光照射条件下时，仍按错误的时间和方向迁飞。这方面的工作还有待于继续深入研究。

④ 磁定向（magnetic orientation）　这是近年非常活跃的研究领域。认为鸟类能借地磁感应来确定迁徙方向。这个学说最早是将鸟笼放在四周为铁壁的室内，能使鸟类丧失方向的定向性研究而提出来的（Fromme，1961）。之后相继有大量的实验，特别是德国鸟类学家（Merkel，Wiltschko，1956；Wiltschko *et al*，1971—1981）做了引人注目的研究：他们以八角形鸟笼饲养一些迁飞的鸟类（欧莺），鸟笼外置以能产生强力人工磁场的线圈（helmholta coils），能选择性地改变人工磁场的方向。实验证实，即使在鸟类能看到满布星辰的夜空的情况下，它们也随着人工磁场方向的改变而变更"迁徙"的方向。因此他们认为夜间迁徙鸟类的方向选择，主要是靠对磁场的感应，而迁徙方向的保持则与星辰位置有关，也就是说，星辰用于校准地磁罗盘的方向，星辰定向是基于磁定向的信息。

有人（Southern，1972）在鸥的幼鸟头上装一陶瓷磁铁，发现其定向机能被干扰。实验用雷达干扰带有磁片的家鸽，能使之丧失"归巢"定位。还有人用微波辐射（microwave radiation）照射小鸡，以实验寻找一种减少迁徙鸟类对飞机威胁的方法。这是因为多年来在

不同高度（2000～7000m）的上空，均发生过集群迁徙的鸟类（例如雁鸭类）与飞机相撞而造成机毁人亡的事故。实验初步证实，鸟类的羽毛能对微波辐射起反应。这些还有待进一步研究。

除了上述的依靠地形、景观、天体、磁场等定向之外，目前还有大量资料（包括人造地球卫星所摄制的照片）证明，鸟类在一定的地理条件下，能依靠气象条件（主要是季节性的风）来选择迁徙方向，并借助风力进行迁徙。

所有这些事实及假说，还均处于探索阶段，对于彻底揭示鸟类迁徙与定向之谜，还有待于深入研究。

（四）研究迁徙的意义

对迁徙机制及其迁飞途径的研究，不论在理论上还是在实践上都具有重要意义。在理论上能够揭示迁徙本能的形成及其发展构成，为生物进化论以及有机体与环境之间的复杂关系提供更为深入的资料。在实践上除了为有效地利用和控制经济鸟类以及改造自然区系提供理论基础外，还为仿生学提供了广阔的研究领域。现今人类设计的定向导航系统从某种意义上来说还远不如生物定向系统精确。

第四节　鸟类与人类的关系

家养动物有史以来给人类生活所带来的巨大利益及其在人类生活中的重要性，已是不言而喻的，迄今世界各国仍一直在寻求和培育新的驯养品种，以满足日益增长的社会需求。以鸟类而论，除了家鸡、家鸭、鹅、火鸡、珠鸡、鹌鹑等是早已从野生原祖驯化而来的以外，近年来大量引入我国并广泛饲养作为肉、蛋、皮革及羽用的鸵鸟、孔雀、环颈雉以及"美国鹧鸪"［实为原产欧、亚大陆的石鸡（*Alectoris gracea*）］等，都是近几十年培育出的新家禽品种。将有巨大经济价值和驯养繁殖前景的野生动物变为家养，具有广阔的前景，也是保护和利用野生动物资源的一种途径，需要有大量动物学家来从事这项研究。至于家禽品种的进一步培育和饲养增殖，则是遗传学家和农学家的主要任务。这里仅就野生鸟类与人类的关系做些介绍。

绝大多数鸟类（以及野生动物）是有益于人类的，它们是维护人类的生存环境以及生态系统稳定性的重要因素。近年来，生物多样性的保护问题已成为全球关注的热点之一，1992年联合国环境与发展大会上通过了《生物多样性公约》，我国是最早缔约国之一，承担了保护我国生物多样性的义务，其中当然包括野生动物。这实质上是人们对野生动物"益"与"害"认识方面的一个根本性的转变。从历史发展看，人类对事物的认识是随着科学的发展而不断革新和深化的。早期人们考虑野生动物的益和害时，视野比较狭窄，往往只是看到与人类的直接利害，例如食、用价值高不高，是吃害虫还是吃庄稼，是否传播疾病等；随着研究的深入才发现，不仅在回答上述问题时要涉及非常复杂的因素，需要进行大量深入的科学研究，而且当把一个物种作为生态系统中的成员来加以考虑时，就会知道我们对所面临的问题了解得太少，有些只是皮毛，要有许多工作去做。从生态系统的稳定性和生物多样性保护这一基本原则出发，对野生动物、特别是目前尚缺乏全面认识的绝大多数野生动物，要妥善地加以保护，在此基础上进行科学、合理的永续利用。对于局部地区和时间内造成危害的动物，要在科学指导下进行适当的控制。"引入"或"消灭"一个物种，要采取极为审慎的态度。

保护的目的在于利用，在使生态系统保持相对稳定的、健康的良性循环的基础上，要合理地、最大限度地利用动物资源。取用那些有经济价值的、每年通过繁殖而增长的种群中的剩余部分，否则让其自生自灭也是一种浪费。鸟类在动物类群中是益处极大、害处极小的一个类群，除了所提供的生态效益和经济效益之外，它在科学和社会文明的发展上也有重要贡献。生物进化理论以及许多生物学和生态学的理论，都是首先从鸟类学研究中揭示并进而在其他类群中得到验证的。鸟类在城市园林中的点缀及其文学、艺术创作方面的贡献，更是众所周知的。因而"爱鸟"和"观鸟"早已成为先进国家的一种广泛的群众运动。

鸟类与人的直接利害关系主要有：

一、鸟类的捕食作用

（一）对捕食作用的估价

大多数鸟类能捕食农林害虫，即使是主食植物性食物的鸟类，在繁殖期间也以富含营养及水分的昆虫（特别是鳞翅目幼虫）来饲喂雏鸟，在抑制害虫种群数量的增长上有相当大的作用。猛禽是啮齿动物的天敌，许多小型猛禽也主食昆虫，因而在控制鼠害和虫害、清除动物的尸体和降低动物流行病的传播等方面，都有重要作用。鸟类的种类和数量众多，分布于多种生态环境内，特别是飞行生活的习性使之具备能追随集群移动的蝗虫、鼠类等的机动性捕食能力，是其他捕食动物类群所不可比拟的。所以从总体上看，特别是从整个生态系统中鸟类的作用来考虑，要对食虫鸟类和猛禽予以全面的保护，已是全世界的共识。

然而要判断每一种鸟类在具体地区和时间内的捕食作用，也就是究竟它有多大益处，却是难以回答的，必须进行大量的科学研究，而不能简单地以某鸟一天的食量来估算出全年能消灭多少害虫或害鼠，甚至再折算出相当于保护了多少粮食。以食虫鸟类而论，实涉及：食虫鸟类所吃的虫子中有多少是害虫，有多少是捕食性昆虫（益虫），通过捕食之后对二者之间的关系有无影响；在特定地区内食虫鸟类的种群数量及其主要猎物（害虫）的数量动态，特别是在鸟类捕食前后的猎物种群密度。事实上判断鸟类捕食效果（益处大小）的唯一标准是"通过鸟类的捕食作用，其主要猎物的种群密度是否已被抑制到不致为害的水平"。以昆虫的繁殖潜力而论，如果天敌不能使其种群密度降低到 90％ 以上，所残留的个体会通过繁殖而迅速地恢复到原有水平。

由于上述问题的难度，迄今达到这一深度的研究成果不多。不过就已有的材料可以认为，鸟类在害虫的密度较低时，有较明显的捕食作用，它能阻滞或防止害虫的大发生或延长大发生的间隔期。例如对美国卷叶蛾的数量动态研究发现，在正常年景大约有 20％～65％ 幼虫被鸟捕食，而在害虫大发生时仅被捕食 3.5％～7.0％。我国浙江马尾松人工林内的大山雀对松毛虫的捕食，在一般年景为 4.71％～22.19％，而在松毛虫大爆发的年份仅为 0.22％，降低 20 倍。这主要是由于食虫鸟类种群数量的增长远远低于害虫的增长。尽管已知某些鸟类在猎物丰盛的年份可以借提高繁殖力以扩大种群，但与其猎物的增长相比，是微不足道的。有人计算在美国某林区的卷叶蛾大发生年份，其种群数量增大 8000 倍，而对此反应最强的栗胸林莺（*Dendroica castanea*）仅增加 12 倍。当然，在自然界捕食某种害虫的不止一种鸟类。由于食虫鸟类的种类多、分布广，其对害虫的抑制作用，特别是在维持正常年景下的生态系统的稳定方面，是相当重要的。同时也应认识到，在林业经营中企图单纯靠鸟类去控制虫害是不现实的。特别是由于大多数人工林以幼林居多、林型单一，其所吸引和栖居的鸟类本来就十分稀少。所以在森林害虫的防治工作中应提倡综合防治的策略，即：发展低成本的高效、无残毒化学杀虫剂，利用多种天敌生物（病毒病原体、真菌、捕食及寄生性昆虫、食虫鸟类等）以及林型的合理配制。任何一种单一的防治方法均有其局限性。

（二）食虫鸟类的保护与利用

保护食虫鸟类的根本原则是保护和改善它们的栖息环境，控制带有残毒的化学杀虫剂的使用以及禁止乱捕滥猎。这是一件长期的任务，要广泛开展宣传教育工作，提高全社会的认识。我国自 1988 年颁布《中华人民共和国野生动物保护法》和 1991 年开始每年开展"爱鸟周"活动以来，已经收到了相当显著的效果。

在园林地区悬挂人工巢箱来招引食虫鸟类，为那些在洞穴内筑巢的种类提供更多的巢址，是国内外早已广泛采用的方法，特别在缺乏树洞的幼林内有比较明显的效果。但是对悬挂人工巢箱招引食虫鸟类的措施也要适度，并不是悬挂巢箱愈多招引来的鸟类就愈多。这首先是由于食虫鸟类中只有少数种类是在洞穴内筑巢并喜欢选用人工巢箱的；其次是食物资源或环境承载力的制约，在有限的条件下不可能允许食虫鸟类种群数量无限增多。迄今国内外的研究均证实，麻雀是小型鸟类中的霸主，在有麻雀分布的城市园林内的人工巢箱中 90% 以上被麻雀所侵占。所以在城市园林地区悬挂人工巢箱主要更应着眼于通过这些活动对青少年以及社会风尚所带来的积极影响。"十年树木、百年树人"的思想对于野生动物的保护工作是很恰当的。一些宣传媒介所谓的某城市公园通过"招鸟工程"使鸟类在几年内"增加了17 倍"的报道，就是对上述常识缺乏了解的一种浮夸风。

我国近年广为兴起的"驯鸟放飞捉虫"活动，也是一种劳民伤财的、对群众性爱鸟热情的误导。首先，所驯养的灰喜鹊、红嘴蓝鹊等并不是典型食虫鸟，而是杂食性鸟类；其次，这种"养兵千日，用兵一时"的作法既耗费人力、物力，又易造成在饲养中的死亡；而且在现场放飞时，放飞人员所能达到的地点极为有限，有限环境所能提供的食物也是有限的。"哨声一响就回笼"的原因就在于笼内食物优于自然界。所以这是一种讯鸟杂技表演而不是"生物防治"。即使是对于真正的食虫鸟类，唯一可行的保护和利用途径也应是在自然界内予以保护，使其自食其力地繁衍生息，而不必耗费大量财力及人力去强当"保姆"。把爱鸟活动从笼内转变到大自然，需要广泛深入的科学普及工作以及对传统的某些社会意识进行变革。

（三）鸟类捕食对植物散布的影响

许多鸟类是花粉的传播及植物授粉者，例如蜂鸟、花蜜鸟、太阳鸟、啄花鸟、绣眼鸟等。以植物种子或果实为食的鸟类，都会有一些未经消化的种子随粪便排出，这些经过鸟类消化道并与粪便一起排出的种子更易于萌发，会随着鸟类的飞移而广为散布。已知一些海洋岛屿上的植物就是经由鸟类扩散到的。星鸦、松鸦及某些啄木鸟有在秋季贮藏植物种子的习性，可将数以百计的针叶树球果或栗树种子贮藏到数千米以外的树洞内，有人认为这是历史上欧、美栗林扩展的主要原因。

二、狩猎鸟类

狩猎鸟类主要包括一些鸡形目、雁形目、鸠鸽目、鸽形目以及一些秧鸡、骨顶等。它们都是种群数量增长较快的、有季节性集群的以及肉、羽等经济价值高的鸟类。在对其繁殖力及种群数量动态进行充分研究的基础上，合理狩猎会带来巨大的经济收益。

运动或休闲狩猎在许多发达国家甚为流行，在规定的狩场和狩期内定量狩猎是一种娱乐，国家发放狩猎证以及其他的服务性收入，每年获利数亿美元计。为了适应这种需要，有专门的研究机构对猎物的生态学和种群数量动态进行长期的研究，人工饲养、繁殖大批猎物（例如环颈雉、灰山鹑等），定期释放到野外供狩猎之用。所以这既是一种保护野生动物资源下尽量满足人类文化生活需要的措施，也是将谷物等转化为高蛋白肉制品的一种经营方式。

三、鸟害

鸟类所造成的危害常是局部的，因时、因地以及人们的认识程度和具体需求而异。最明显的是农业鸟害，例如雁、鹦鹉、雉、鸠鸽以及雀形目中鸦科、雀科、文鸟科的许多种类都嗜食谷物或啄食秧苗，其中最著名的就是麻雀。要在权衡得失的基础上，选择适宜的方法加以控制。"人、鸟争食"的矛盾在生产力水平以及生活水平比较低的情况下十分尖锐，随着农作技术水平的提高以及社会需求的变化，在认识上会有所改变。变害为益也是可能的。前文提到的放养雉类以供狩猎的做法就是一例。

"鸟撞"（鸟击：bird strike）是飞机航行中与大群迁徙鸟类相撞而引发的事故，通常多发生在航机起、落或做低空飞行的情况下。自从 20 世纪 60 年代以来由涡轮喷气发动机取代了螺旋桨推进器之后，由涡轮机进气口将飞鸟吸进而引起空难的事故日益增加。因此在机场选址（特别是沿海机场选址）时要了解该地迁徙鸟类的种类、出现季节和飞迁方向、飞行高度等。机场建成之后也应对鸟类的活动规律进行全天、全年的监测。要通过对机场附近生态环境的改造以及发展一些物理、化学及生物的综合技术进行驱鸟工作。

鸟类可以携带一些细菌、真菌和寄生虫等，有些可在家禽、家畜或人类之间传播。世界上曾有十几个国家流行过鸟热病，死亡率高达 1/3 以上。迄今已知与鸟类有关的传染病有20 余种。因而开展鸟类疾病与寄生生物的研究，查明它们之间的传播途径以及与人类健康的关系，对于鸟类的保护和人类的健康都是十分迫切的。

思 考 题

1. 鸟类进步性特征表现在哪些方面？
2. 鸟类与爬行类相似的特征有哪些？
3. 恒温的出现在动物进化史上有何意义？
4. 鸟类为了适应飞翔生活，在各个器官系统上有什么结构特征？
5. 鸟类分为哪三个总目？它们的主要特征有什么区别？
6. 始祖鸟化石的发现有何意义？它具备哪些特征？
7. 什么叫迁徙？举例说明留鸟和候鸟。
8. 鸟类繁殖行为有哪些特征？试述其生物学意义。
9. 简述鸟类与人类的关系。

第十九章 哺乳纲

教学重点： 哺乳动物的进步性特征及躯体结构特征。

教学难点： 胎盘结构、神经系统结构及功能。

哺乳动物起源于古代爬行类中的兽孔类，在兽孔类的后裔中演化出了一支兽齿类，兽齿类即是哺乳动物的祖先。哺乳动物是全身被毛、运动快速、恒温、胎生和哺乳的脊椎动物。哺乳动物种类繁多，适应于海陆空各种各样的环境条件，是躯体结构最完善、功能和行为最复杂、演化地位最高等的脊椎动物类群。当今世界上有哺乳动物 5500 余种，我国有 673 种，约占 12.24%。哺乳动物数量多、分布广，具备许多独有的特征，特别是其高度发达的神经系统使哺乳动物能有效地保证个体的生存和种族的延续，更能适应多变的生活环境，因此在进化过程中获得了极大的成功。

第一节 哺乳纲的主要特征

一、哺乳动物的进步特征

① 具有高度发达的神经系统和器官，能协调复杂的机能活动和适应多变的环境条件；

② 出现口腔咀嚼和消化，大大提高了对能量的摄取；

③ 具有高而恒定的体温（25～37℃），减少了对环境的依赖性；

④ 具有在陆上快速运动的能力；

⑤ 胎生、哺乳（除原始种类卵生外），保证了后代有较高的成活率。

二、胎生、哺乳及其在脊椎动物进化史上的意义

1. 胎生

简单地说，胎生就是受精卵在母体内发育成幼儿后产出的生殖方式。胎儿在发育过程中所需的营养和氧气以及代谢废物通过胎盘来传递，胎盘是由羊膜卵的绒毛膜和尿囊与母体子宫内膜结合而成的（图 19-1）。胎盘分母体胎盘和胎儿胎盘两部分，前者由子宫局部内膜形成，后者由胚外的尿囊绒毛膜形成。主要允许一些小分子物质扩散通过，如水、离子、葡萄糖、氨基酸、水溶性维生素，但蛋白质、脂肪及脂溶性维生素等不能通过。哺乳动物胎盘根

据尿囊和绒毛膜与母体子宫内膜结合紧密程度分为无蜕膜胎盘和蜕膜胎盘。无蜕膜胎盘即尿囊和绒毛膜与母体子宫内膜结合不紧，分娩时不撕下子宫内膜，无大出血。蜕膜胎盘即尿囊和绒毛膜与母体子宫内膜结合为一体，分娩时一起撕下并大量出血。根据胎盘上绒毛的分布情况，无蜕膜胎盘又分为散布状胎盘（绒毛均匀地分布在绒毛膜上，如鲸、弧猴的胎盘）和叶状胎盘（绒毛汇集成许多小叶丛，分散在绒毛膜上，如大多数反刍动物的胎盘）。蜕膜胎盘又分为环状胎盘（绒毛只集中在胎儿的中部，形成较宽的环带状，如食肉目动物、大象、海豹等的胎盘）和盘状胎盘（绒毛在绒毛膜上呈盘状分布，如食虫目、翼手目、啮齿目、多数灵长目动物的胎盘）（图19-2）。

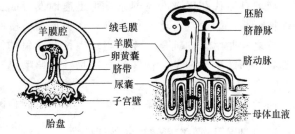

图 19-1　哺乳类胎盘结构模式图（自张训蒲，朱伟义）

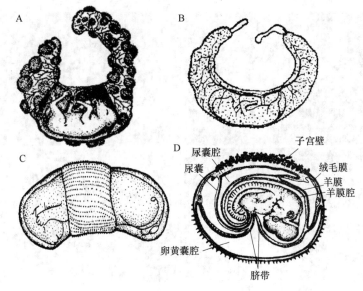

图 19-2　哺乳类胎盘种类（自张训蒲，朱伟义）
A. 叶状胎盘；B. 散布状胎盘；C. 环状胎盘；D. 盘状胎盘

　　袋类动物胎生有袋类，无真正的胎盘，而是卵黄囊胎盘，幼仔发育不完全即产出，需在母体腹部育儿袋中含着母兽的乳头继续发育直至成熟。

　　受精卵发育至胎儿成熟产出期间称为妊娠期，是在母体子宫内进行的。母体在此时可自由摄取食物，胎儿也受到极好的保护。

　　胎生方式为发育的胚胎提供了保护、营养以及稳定的恒温发育条件（这是保证酶活性和代谢活动正常进行的有利因素），使外界环境条件对胚胎发育的不利影响减低到最低程度，保证了动物后代成活率的提高。这是哺乳动物在生存斗争中优于其他动物类群的一个方面。

2. 哺乳

　　哺乳就是母体以乳汁哺育幼儿。哺乳动物的母体具有乳腺（由汗腺特化而来）和乳头，通常乳头数与一胎产仔的个数相当。乳汁含有水、蛋白质、脂肪、糖、无机盐、酶和多种维生素。能满足幼仔生长的营养需求。卵生的原兽亚纲动物具有乳腺，但无乳头，母体孵化出的幼体舐食母体腹部乳腺区分泌的乳汁。

哺乳是后代在优越的营养条件下迅速地发育成长的有利适应。哺乳类对幼仔有各种完善的保护行为，因而具有比其他脊椎动物类群高得多的成活率。

总之，胎生、哺乳是生物体与环境长期斗争的结果，爬行类的个别种类（如某些毒蛇）已具有"卵胎生"现象。低等哺乳动物（如鸭嘴兽）尚遗存卵生繁殖方式，但已用乳汁哺育幼儿。高等哺乳动物胎生方式复杂，哺育幼儿行为也不相同，这说明现存种类是以不同方式，通过不同途径与生存条件作斗争，并在不同程度上取得进展而保存下来的后裔。

三、哺乳纲的躯体结构概述

1. 外形

哺乳动物外形最显著的特点是体外被毛，具有重要的保温和调温机能。由于要适应不同的生活方式，哺乳动物在外形上有较大的变化。水栖种类（如鲸）体呈鱼形，附肢退化呈桨状；飞翔的种类（如蝙蝠）前肢特化，具有翼膜；穴居种类体躯粗短，前肢特化如铲状，适应掘土如穿山甲（图19-3）。

熊猫　蝙蝠　鲸　穿山甲

图19-3　哺乳动物的外形特征

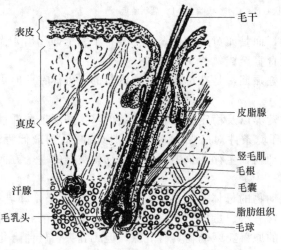

图19-4　哺乳类皮肤构造模式图（仿丁汉波）

2. 皮肤及其衍生物

皮肤特点：表皮、真皮加厚，表皮角质层发达，真皮具极强的韧性（图19-4）。皮肤衍生物是脊椎动物中最复杂、多样化的，其功能也多样化，在机体保护、体温调节、感受刺激、分泌和排泄等方面起重要作用。皮肤衍生物除毛、皮肤腺外，还有角、爪、指甲和蹄（图19-5）。

① 毛　表皮角质化的产物，由毛干及毛根构成。其主要作用是保温和调温。另外，毛还是重要的触觉器官（如猫、鼠吻端的触毛）。依据毛的结

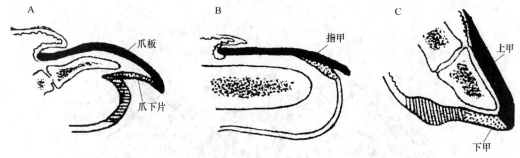

图 19-5　哺乳动物的爪（A）、指甲（B）和蹄（C）（仿丁汉波）

构特点，可分为针毛（刺毛）、绒毛和触毛。

② 皮肤腺　来源于表皮的生长层，为多细胞腺。皮肤腺主要有四种类型，即皮脂腺、汗腺、乳腺、气味腺。其功能为：皮脂腺，能分泌脂肪，润滑皮毛及皮肤的表面；汗腺，没有分泌机能，汗水是由腺管周围的微血管内的血液渗透而来的，具有排泄代谢废物和调节体温的功能；乳腺，由汗腺演化而来，能分泌乳汁，哺育幼儿；气味腺，由汗腺或皮肤腺演化而来，用于种间识别和吸引异性，或防御作用。

③ 角　为表皮与真皮的特化产物，常见的有洞角（如牛角）和实角（如鹿角），洞角是不分叉的，终生不更换；实角是分叉的，通常雄兽发达，且每年脱换一次（图 19-6）。雄鹿，刚生出的鹿角外面包有富含毛细血管的皮肤，此期的鹿角称为鹿茸，为贵重的中药。

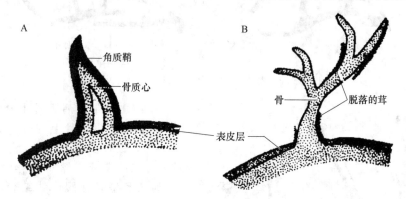

图 19-6　哺乳动物的洞角（A）和实角（B）（仿丁汉波）

3. 骨骼系统

哺乳动物的骨骼系统十分发达，分为中轴骨和附肢骨两部分（图 19-7），不仅能支持身体，保护内脏器官，与关节、肌肉组成运动装置，而且骨组织能调节血中钙磷代谢，是哺乳动物体内最大的钙库。

① 头骨的特征　全部骨化，骨块减少，愈合；在爬行类基础上形成完整的次生腭（图 19-8）与软腭；下颌由单一的齿骨构成；头骨具有颧弓（由颌骨与颞骨的突起及颧骨本体构成）。

② 脊柱的特征　颈椎除个别种类外，均恒为 7 块；胸椎、肋骨、胸骨形成胸廓；脊椎的各个椎骨间常有椎间软骨，称为椎间盘。人的身高早晚有别，就是由于椎间盘富有弹性，它的形态可以随所受力的变化而不同，受压时可压扁，除去压力时可恢复原状。

③ 四肢骨　骨长而强健，与地面垂直，指（趾）朝前，前后肢指（趾）的数目最多的有 5 个（图 19-9），最少的只有一个。

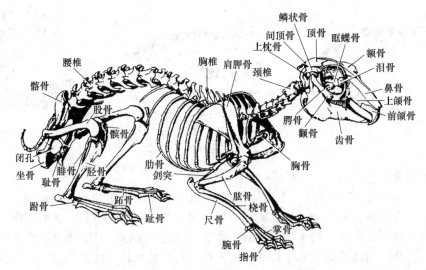

图 19-7　家兔的骨骼系统（自温安祥）

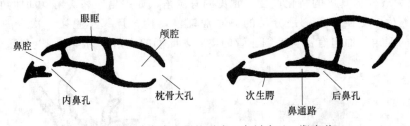

图 19-8　哺乳类次生腭的形成（自刘凌云，郑光美）

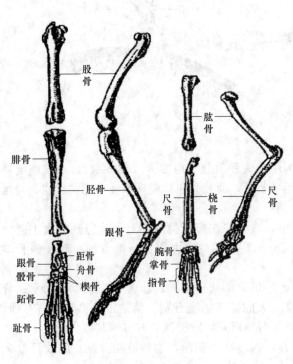

图 19-9　兔的四肢骨

④ 肩带　肩胛骨十分发达，乌喙骨退化成肩胛骨上的一个突起（乌喙突），锁骨多趋于退化。

⑤ 腰带　髂骨与荐骨结合牢固，耻骨和坐骨在腹中线结合，形成封闭式骨盆。骨盆由骶骨、尾椎和髋骨（髂骨、坐骨、耻骨）构成。

4. 肌肉

哺乳动物肌肉的分布基本上与爬行类相似，但结构与功能进一步复杂化，表现在以下几个方面。

① 四肢肌肉强大以适应快速奔跑。

② 具有特有的膈肌，由颈部轴下肌发生并下移而形成，参与形成分隔胸腔和腹腔的横膈，膈肌的收缩舒张参与呼吸动作。

③ 皮肤肌发达，使动物可抖动皮肤、蜷缩身体；在灵长类，面部的皮肤肌发展成为表情肌，用以表达表情。

④ 咀嚼肌强大，完成捕食，撕咬并咀嚼，使口腔内具有物理性消化等功能。

5. 消化系统

消化道包括口腔、咽、食道、胃、小肠（十二指肠、空肠、回肠）、大肠（盲肠、结肠、直肠）和肛门（图 19-10）。消化腺有唾液腺、肝脏、胰脏。

① 口腔　大多数具有肌肉质的唇；具有肌肉质的舌和异型槽生齿，出现咀嚼和搅拌，使食物能被物理性消化；唾液腺发达，分泌含消化酶的唾液，使食物在口腔内有了初步的化学性消化；出现了肌肉质的软腭，使口腔和鼻腔完全分开。牙齿为异型齿，即为适应不同的工作如切割、钳住、咬断、抓住、撕裂等而分化为不同形式的齿，如门齿、犬齿、前臼齿、臼齿（图 19-11）。

兔的唾液腺有腮腺、颌下腺、舌下腺和眶下腺 4 对。腮腺位于耳壳基部腹前

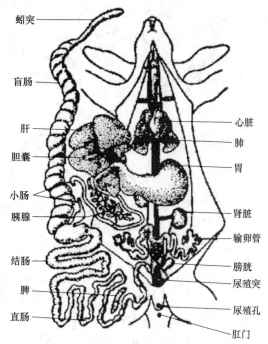

图 19-10　家兔的内脏（自温安详，郭子荣）

方，淡红色，不规则；颌下腺位于下颌后方，腹面呈卵圆形；舌下腺位于颌下腺外上方，为淡黄色；眶下腺位于眼窝基部前下方，呈粉红色。

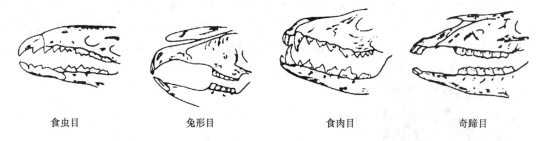

食虫目　　　　　　兔形目　　　　　　食肉目　　　　　　奇蹄目

图 19-11　哺乳动物牙齿的几种类型（自刘凌云，郑光美）

② 胃　一般在横膈后的腹腔内，贲门和幽门都有括约肌，能控制食物的进出。由于胃的扩大和扭转，使胃系膜的一部分呈袋状下垂，即为大网膜，常储存有丰富的脂肪（图 19-12）。哺乳动物胃的形态与食性相关。胃有单胃和复胃两种。大多数哺乳动物的胃为单胃。单胃只有 1 室，也称单室胃。草食动物中的反刍类具有复杂的复胃，又称反刍胃。反刍胃分为 4 个室，从前到后依次为瘤胃、网胃（蜂巢胃）、瓣胃和皱胃（图 19-12）。瘤胃、网胃（蜂巢胃）和瓣胃为食道的变形，不分泌胃液；只有皱胃才是胃的本体，具有腺上皮，能分泌胃液。

6. 呼吸系统

哺乳动物的呼吸系统十分发达，空气经外鼻孔、鼻腔、咽、喉、气管而入肺。有明显的喉和由肺泡组成的肺。

鼻腔分为嗅觉部分和呼吸通气部分，鼻黏膜有感觉功能，另外还对空气有温暖、湿润和过滤作用。

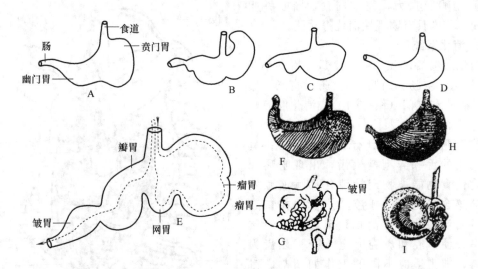

图 19-12　哺乳动物的胃

A. 犬；B. 家鼠；C. 鼷鼠；D. 鼬；E. 反刍类；F. 人；G. 骆驼；H. 针鼹；I. 三趾树懒

喉为气管前端的膨大部分，是空气的入口和发声器官，喉骨除环状软骨和杓状软骨外，还具有哺乳动物特有的甲状软骨和会厌软骨（喉盖）。喉腔内有声带。喉除喉盖（会厌软骨）外，由甲状软骨和环状软骨构成喉腔。甲状软骨与杓状软骨之间有黏膜皱襞构成声带。吞咽时，喉盖则倾向后方遮掩喉门以防止食物进入气管。

气管由一系列背面不连接的软骨环组成并分支为支气管进入肺部。

肺为海绵状，由很多微细支气管和肺泡组成（图 19-13）。肺泡是呼吸性支气管末端的盲束，是气体交换的场所。另外，与呼吸有关的胸廓、膈肌将胸腹分开，形成胸腔，横膈肌的运动可改变胸腔容积（腹式呼吸），肋骨的升降可扩大或缩小胸腔容积（胸式呼吸）（图 19-14）。

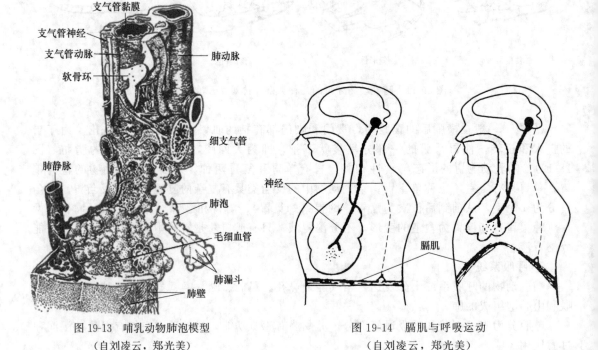

图 19-13　哺乳动物肺泡模型
（自刘凌云，郑光美）

图 19-14　膈肌与呼吸运动
（自刘凌云，郑光美）

7. 循环

循环系统由心脏、动脉、静脉和淋巴等组成。

心脏分为四室：左心房、右心室与肺动静脉构成肺循环，右心房、左心室与体动静脉构成体循环（图19-15）。由于心脏为四室，动脉血与静脉血不在心脏内混合，成为完全的双循环。

淋巴系统主要功能是辅助静脉血液回心。微淋巴管是一种可变的结构，管壁上的缺口时开时闭，可将不能进入微血管的大分子结构（如蛋白质、异物颗粒、细菌以及抗原）从组织液中摄入，并把它们过滤掉或加以中和。另外，淋巴系统还制造各种淋巴细胞、淋巴结、扁桃体、脾脏和胸腺等称为淋巴器官，属于淋巴系统。

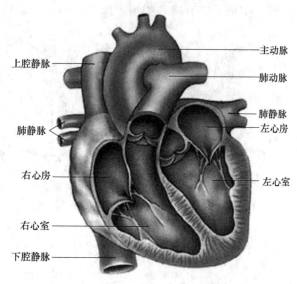

图 19-15　哺乳动物心脏模式图

8. 排泄系统

排泄器官由肾脏（泌尿）、输尿管（导尿）、膀胱（储尿）、尿道（排尿）等组成（图19-16）。此外，皮肤也是哺乳动物特有的排泄器官。

肾脏由肾单位构成，一个肾单位分肾小体（血管球、肾小囊）和肾小管。

血液从血管球经过，由于入球小动脉较粗，而出球小动脉较细，故形成血压差。由于血压差，血液中除血细胞和一些大分子蛋白质外，水、葡萄糖、钠盐、尿素、尿酸等均过滤到球囊腔中，形成原尿。原尿经过肾小管重吸收水分、无机盐以及葡萄糖以后，即成为终尿，含有尿素、尿酸和无机盐较多的水溶液。

9. 生殖系统

（1）生殖系统组成

雄性哺乳动物生殖系统包括精巢（睾丸）、附睾、输精管、副性腺（前列腺和尿道球腺）和交配器官（阴茎）（图19-17）。

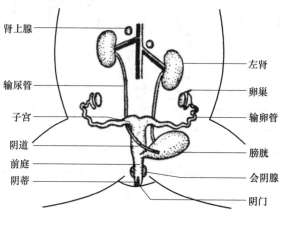

图 19-16　雌兔的泌尿生殖系统
（自张训蒲，朱伟义）

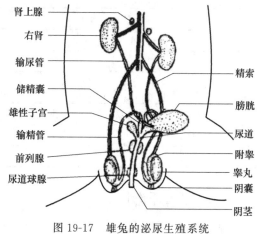

图 19-17　雄兔的泌尿生殖系统
（自张训蒲，朱伟义）

雌性哺乳动物生殖系统包括卵巢、肌肉质且不与卵巢直接相连的输卵管、子宫阴道和外阴等结构（图 19-16）。

哺乳类的子宫有多种类型（图 19-18）：①双体子宫，左右两条输卵管，各膨大成一子宫，如啮齿类；②分隔子宫，左右子宫基部愈合，共开口于阴道，如猪；③双角子宫，左右子宫大部分愈合，只连接输卵管部分呈分离状，如有蹄类（牛羊）、食肉类；④单子宫，左右子宫完全愈合呈一完整的囊状体，如蝙蝠、灵长目（人、猴、狐狸）。

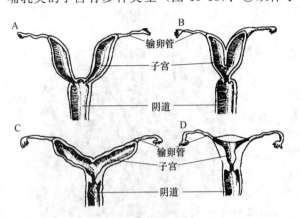

图 19-18　哺乳动物的子宫类型
（自刘凌云，郑光美）

A. 双体子宫；B. 双隔子宫；C. 双角子宫；D. 单子宫

（2）生殖方式

鸭嘴兽（单乳类），孵化期约 14 天，4 个月后独立生活；大袋鼠（有袋类），妊娠期 39 天，幼体在袋中直至一岁；真兽类妊娠期不一，一般鼠为 21 天，家兔为 30 天，猫和狗为 60 天，牛为 280 天，象为 22 个月，须鲸为 12 个月，猪 114 天，羊为 152 天。

10. 神经系统和感觉器官

哺乳类的神经系统高度发达，大脑尤为发达，高等种类的大脑皮层具有复杂的脑沟和脑回。嗅觉和听觉器官发达，听觉器官除内耳和中耳外，还有外耳。外耳具有耳壳，耳壳可以转动，以利于收集声音。嗅觉和听觉器官是哺乳动物捕食、避敌、生殖和生活的指导器官。

第二节　哺乳动物分类

全世界现存的哺乳动物约有 5500 种，根据其躯体结构和功能可分为原兽亚纲、后兽亚纲和真兽亚纲（表 19-1）。

表 19-1　现代哺乳类三个亚纲及其比较

特征	原兽亚纲	后兽亚纲	真兽亚纲
牙齿	无口（吻呈鸭嘴状）	有	有
乳头	无	在育儿袋内	有
泄殖腔	有	留有遗迹	无
子宫、阴道	左右分离	左右分离、阴道前部合并	阴道左右合并，子宫左右有不同程度的合并
生育	卵生	胎生	胎生
胎盘	无	无	有
育儿袋	无	有	无

一、原兽亚纲

原兽亚纲（Prototheria）是唯一产卵的哺乳动物，是现存哺乳类中最原始的类群。与爬行类有很多相似的特征：口无软唇，耳无耳壳，或者有但不发达。由单一的泄殖腔孔与外界相通，故称为单孔类，成体无齿，代以角质鞘。另外，单孔类用乳汁哺育幼儿，乳腺在腹部两侧的乳腺区，无乳头，幼儿舔食被乳汁所浸湿的毛。体表被毛，体温不恒定（26～35℃），红细胞无核，具有左动脉弓等，确定是哺乳动物。本亚纲只有单孔目，仅分布于澳洲及其附近岛屿上。代表动物：针鼹（*Tachyglossus aculeatus*）、鸭嘴兽（*Ornithorhynchus anatinus*）。

鸭嘴兽是体型最小的单孔目动物，适应水陆两栖的生活，在溪流或湖泊边挖穴居住，在水中捕食螯虾等水生动物。鸭嘴兽最显著的特征是似鸭般扁平的嘴，嘴触觉灵敏，可以用来在浑浊的水中寻找猎物。脚上有蹼，尾部似河狸，擅长游泳，在晨昏活动。鸭嘴兽既像爬行动物又确实是以哺乳方式来养育后代，在动物起源研究上具有特殊的身份，被认为是爬行类向哺乳类进化的过渡动物。研究动物起源、分类的学者可以从鸭嘴兽身上找到哺乳动物起源于古代爬行动物的证据。

针鼹，头部灰白色，前部有一个坚硬无毛呈管状的长嘴，口中无牙，只是一个小孔，且向下弯曲；鼻孔和嘴都位于喙的前端；舌长并带黏液，以取食白蚁和蚁类等；四肢坚硬，各趾有强大的钩爪，爪长而锐利，可以用来掘土和挖掘蚁巢。身体的背面布满长短不一、中空坚硬的针刺，外表像刺猬。体表还被有褐色或黑色的毛，腹面的毛短而柔软，颜色较淡。眼睛和耳朵都很小，但具有发达的外耳壳。没有尾巴。爪坚硬而锐利。

原兽亚纲代表着最低等的哺乳动物（图 19-19），结构特征介于爬行动物和哺乳动物之间，对于研究哺乳动物起源有重要科学价值。

针鼹　　　　　　　　　　　　　　　　鸭嘴兽

图 19-19　原兽亚纲的代表动物

二、后兽亚纲

后兽亚纲（Metatheria）又称有袋类，是介于原兽亚纲和真兽亚纲之间的较低等哺乳动物。主要特征：胎生，但无真正的胎盘，胚胎借卵黄囊（而不是尿囊）与母体的子宫壁接触。由于卵黄囊的表面光滑，几乎不生绒毛，因而幼儿发育不良，妊娠 39 天。早产的幼儿，需继续在母体腹部的育儿袋中发育 7～8 个月，因此称为有袋类。幼仔用有爪的比较粗壮的前肢自行爬入育儿袋中，衔住乳头继续完成发育，成体后肢和尾特别发达。本亚纲主要分布于澳洲及其附近岛屿上。现存的只有有袋目 1 个目，根据门齿数目分为 3 个亚目：多门齿亚目、新袋鼠亚目和双门齿亚目。代表动物：大袋鼠（*Macropus rufus*）、树袋熊（*Phascolarctos cinereus*）等。

三、真兽亚纲

真兽亚纲（Eutheria）包括现代大多数的哺乳动物（95%），因为在发育时期有胎盘，又称有胎盘亚纲。本亚纲的主要特征：胎生、具有真正的胎盘，胎儿在母体子宫内发育完善后产出，幼儿能自己吸吮乳汁，有发达的大脑皮层，两大脑半球之间有胼胝体相连，且为绝对恒温，体温在37℃左右。

真兽亚纲的现存种类4000余种，隶属18个目，其中我国有13个目。现就我国13个目的哺乳动物简述如下。

1. 食虫目

食虫目（Insetivoral）是比较原始的有胎盘类。个体较小，吻部细尖，适于食虫。四肢多短小，指（趾）端具爪，适于掘土。牙齿结构比较原始。体被绒毛或硬刺。主要以昆虫及蠕虫为食，大多数为夜行性。常见代表种类有刺猬（*Erinaceus europaeus*）、鼩鼱（*Sorex araneus*）、缺齿鼹（*Mogera robusta*）等（图19-20）。

刺猬　　　　　　　　　鼩鼱　　　　　　　　　缺齿鼹

图19-20　食虫目代表动物

2. 翼手目

翼手目（Chiroptera）是唯一能真正飞翔的哺乳动物。前肢特化，具特别延长的指骨。由指骨末端至肱骨、体侧、后肢及尾间着生有薄而柔韧的冀膜，借以飞翔。前肢仅第一或第一及第二指端具爪。后肢短小，五趾具长而弯的钩爪，适于悬挂栖息。胸骨具胸骨突起，锁骨发达，均与特殊的运动方式有关。齿尖锐，适于食虫，一些种类以果实为主食，少数种类特化为吸血。夜行性。常见代表如家蝠（*Pipistrellus javanicus*）（食昆虫，是益兽，中药"夜明砂"即为经过加工的蝙蝠粪）、狐蝠（图19-21）。

家蝠　　　　　　　　　　　狐蝠

图19-21　翼手目代表动物

3. 长鼻目

长鼻目（Proboscidea）是现存最大的陆栖动物。具长鼻，为延长的鼻与上唇所构成。体毛退化，具5指（趾），脚底有厚层弹性组织垫。上门牙特别发达，突出唇外，即为通称

亚洲象 　　　　　　　　　　　　　非洲象

图 19-22　长鼻目代表动物

的"象牙"。臼齿咀嚼面具多行横棱，以磨碎坚韧的植物纤维。睾丸终生留于腹腔内。我国云南南部所产的亚洲象为国家一级重点保护动物。鼻端部具有一个突起，耳比非洲象小，雌象无象牙，后足 4 趾。常见代表如亚洲象（*Elephas maximus*）（国家一级重点保护动物）、非洲象（*Loxodonta africana*）（图 19-22）。

4. 奇蹄目

奇蹄目（Perissodactyla）属草原奔跑兽类。主要以第三指（趾）负重，其余各趾退化或消失。指（趾）端具蹄，有利于奔跑。门牙适于切草，犬牙退化，臼齿咀嚼面上有复杂的棱脊。胃简单。本目代表种类有以下几种。

① 马科（Equidae）　马型兽类。仅第三指（趾）发达承重，其余各指（趾）均退化。颈部背中线具有一列鬃毛。腿细而长。尾毛极长。门牙凿状，臼齿齿冠高、咀嚼面复杂。野马（*Equus przewalskii*）和野驴（*Equus hemionus*）为本科代表。野马原产于蒙古及我国新疆等地，现已绝迹。近年我国从国外向新疆引入 10 余只饲养种群，长势良好；野驴在我国西北各省普遍分布，但数量不多，应严加保护（图 19-23）。

② 犀牛科（Rhinocerotidae）　体粗壮。前后足各具 3 个负重的趾。头顶具 1~2 个单角，由毛特化而成，与牛角、鹿角不同。皮厚而多裸露。腿短。亚洲犀（独角犀）（*Rhinoceros unicornis*）为本科代表。栖于热带沼泽地，具独角。犀角为珍贵药材及饰物，由于滥猎已成濒危物种，犀角已列入国际禁止买卖对象。

野驴 　　　　　　　　　　　　　犀牛

图 19-23　奇蹄目代表动物

5. 偶蹄目

偶蹄目（Artiodactyla）第三、四指（趾）同等发育，以此负重，其余各指（趾）退化。

| 关中黑猪 | 长颈鹿 | 秦川牛 |

图 19-24　偶蹄目代表动物

具偶蹄。尾短。上门牙常退化或消失，臼齿结构复杂，适于草食。除澳洲外，遍布各地。代表性种类有：猪科（Suidae）、河马科（Hippopotamidae）、驼科（Camelidae）、鹿科（Cervidae）、长颈鹿科（Giraffidae）、牛科（Bovidae）等（图 19-24）。

6. 啮齿目

啮齿目（Rodentia）是哺乳类中种类及数量最多的一个类群（约占种数的 1/3），适应生活于多种生态环境，遍布全球。体中小型。上下颌各具一对门牙，仅前面被有釉质，呈凿状，终生生长。无犬牙，门牙与前臼齿间具有空隙。咀嚼肌特别发达，适于咬坚硬物质。臼齿常为 3/3。常见的类群主要有：松鼠科（Sciuridae）、河狸科（Castoridae）、仓鼠科（Cricetidae）、鼠科（Muridae）、跳鼠科（Dipodidae）等（图 19-25）。

| 松鼠 | 河狸 | 仓鼠 |

图 19-25　啮齿目代表动物

7. 兔形目

兔形目（Lagomorpha）属于中小型草食性动物，与啮齿目有较近的亲缘关系。上颌具有 2 对前后着生的门牙，后一对很小。隐于前一对门牙的后方，又称重齿类。门牙前后缘均具珐琅质。无犬牙，在门牙与前臼齿间呈现空隙，便于食草时泥土等杂物溢出。上唇具有唇裂，也是对食草习性的适应。主要分布在北半球的草原及森林草原地带。

本目常见代表有达乌尔鼠兔（*Ochotona daurica*）、草兔（*Lepus capensis*）及欧洲地中海周围地区的穴兔（*Oryctolagus cuniculus*）。

8. 鲸目

鲸目（Cetacea）是水栖兽类。适应于游泳，在体型上及结构上有很大变异：体毛退化（胎儿头部尚具毛）、皮脂腺消失、皮下脂肪层发达，前肢鳍状、后肢消失，颈椎有愈合现象，具"背鳍"及水平的叉状"尾鳍"。鼻孔位于头顶，其边缘具有瓣膜，入水后关闭，出水呼气时声响极大，形成很高的雾状水柱，因而又称喷水孔。肺具弹性，体内具有能储存氧气的特殊结构，从而能在 15 分钟至 1 小时出水呼吸一次。齿型特殊，具齿的种类为多数同型的尖锥形牙齿。雌兽在生殖孔两侧有一对乳房，外为皮囊所遮蔽，授乳时借特殊肌肉的收缩能将乳汁喷入仔鲸口内。本目具有重大经济价值，除皮肉可利用外，鲸油为高级油脂。本目常见代表有抹香鲸（*Physeter macrocephalus*）、白鳍豚（*Lipotes vexillifer*）等（图 19-26）。

抹香鲸　　　　　　　　　　　白鳍豚

图 19-26　鲸目代表动物

9. 食肉目

食肉目（Carnivora）是猛食性兽类。门牙小，犬牙强大而锐利，具裂齿（食肉齿），即上颌最后一枚前臼齿和下颌第一枚臼齿的齿突如剪刀状相交。指（趾）端常具利爪以撕捕食物。脑及感官发达。毛厚密而且多具色泽，为重要毛皮兽。我国常见代表有犬科（Canidae）、熊科（Ursidae）、大熊猫科（Ailuropodidae）、鼬科（Mustelidae）、猫科（Felidae）等（图 19-27）。

东北虎　　　　　　　　金钱豹　　　　　　　　大熊猫

图 19-27　食肉目代表动物

10. 鳍脚目

鳍脚目（Pinnipedia）是海产兽类。四肢特化为鳍状，前肢鳍足大而无毛，后肢转向体后，以利于上陆爬行。不具裂齿。我国代表种类为斑海豹，体色灰黄具棕黑色斑，不具耳壳。皮及油脂有一定经济价值。我国常见代表有斑海豹（*Phoca largha*）等（图 19-28）。

海狮 　　　　　　　海豹

图 19-28　鳍脚目代表动物

11. 灵长目

灵长目（Primates）直接起源于食虫类祖先。树栖生活类群，只有狒狒和人例外，下到地面生活，群栖。杂食性。分布于热带、亚热带和温带地区。除少数种类外，拇指（趾）多能与它指（趾）相对，适于树栖攀援及握物。锁骨发达，手掌及跖部裸露，并具有两行皮垫，有利于攀援。指（趾）端部除少数种类具爪外，多具指甲。大脑半球高度发达。眼眶周缘具骨，两眼前视，视觉发达，嗅觉退化。雌兽有月经。常见的主要类群有懒猴科（Lorisidae）、卷尾猴科（Cebidae）、猴科（Cercopithecidae）、长臂猿科（Hylobatidae）、猩猩科（Pongidae）、人科（Hominidae）（图 19-29）。

川金丝猴 　　　　黔金丝猴 　　　　滇金丝猴

图 19-29　灵长目代表动物

12. 鳞甲目

鳞甲目（Pholidota）体外覆有角质鳞甲，鳞片间杂有稀疏硬毛。头小，不具齿，吻尖、舌发达，前爪长，适应于挖掘蚁穴，舐食蚁类等昆虫。分布于亚洲、非洲的热带和亚热带地区。我国南方产穿山甲（Manis pentadactyla），其鳞片为中药原料。

13. 树鼩目

树鼩目（Scandentia）是小型树栖食虫的哺乳动物。在结构上兼具食虫目和灵长目的特征，例如，嗅叶较小、脑颅宽大、有完整的骨质眼眶环等。仅有 1 科 16 种，分布于东南亚热带森林内。代表动物树鼩（Tupaia glis），分布于我国云南、广西及海南岛。

第三节　哺乳动物的保护、持续利用及有害兽类的防治

哺乳动物与人类的关系极为密切。一方面，猪、兔、羊、牛等家畜是肉食、乳品、毛皮

及役用的重要对象；野生哺乳类动物也能提供大量的肉、优质裘皮、药材及工业原料，更是维护自然生态系统稳定的重要因素；大白鼠、小白鼠、豚鼠、兔和猕猴等是重要的实验动物，在科学研究中具有重大作用。另一方面，某些兽类（尤其是啮齿类）严重危害农、林、牧业生产，并能传播危险的自然疫源性疾病（如鼠疫、出血热等），严重危害人、畜的生存与健康。这就要求我们必须保护和科学利用有益的哺乳动物，有效控制某些哺乳类动物的危害。

一、动物保护的概念及内涵

动物保护学中的"保护"，其着眼点是对动物个体生命的保护，当然保护个体离不开保护种群。也就是说，为了挽救濒危灭绝的物种或使动物个体免受伤害，由人类社会采取各种保护措施和手段，从而使动物得以安全地生活和繁衍后代。

概括地说，动物保护应具有两层含义。第一层含义是，为了保存物种资源或保护生物的多样性，人类社会所应提供的各种有效的保护措施，如各国颁布的各种动物保护法律法规，以保护濒危的野生动物；建立野生动物自然保护区，以保护动物的生活环境；对具有特色的畜禽地方品种实施保种计划，以丰富可利用的遗传资源等。这层意义上的保护，是以物种资源或种群为对象的保护，包括野生动物、家畜、家禽地方品种和培育品种等。人类活动对这些动物的影响不仅有直接的，而且也有间接的。这类保护的科学理论是以动物行为学和动物生态学为基础的。第二层含义是，保护动物免受身体损伤、疾病折磨和精神痛苦等，减少人为活动对动物造成的直接伤害。也可以认为是动物的康乐，包括动物保健和动物福利。萨姆布朗斯（Sambrans，1997）和古亦特（Guither，1998）分别概括了动物保护的这层含义。前者认为，动物保护就是保护动物免受或者减轻痛苦、折磨及损伤。后者认为，动物保护是指避免对动物的残忍行为，改善对动物的处置方式，减少动物的应激和紧张，并对动物的试验进行监督。这层含义上的保护对象主要指家养动物，但也包括野生动物。它是动物福利学与兽医学和动物卫生学交叉形成的新兴学科，而且包括伦理、道德等社会科学内容。

因此，根据上述两层含义，动物保护这门学科的内容是研究避免动物濒危或灭绝，避免或减轻动物因患病、损伤等原因所致的痛苦以及动物相关福利的一门科学，它既有自然科学的内容，又涉及社会科学领域。

二、哺乳动物资源

（1）珍惜种类

我国的哺乳动物资源比较丰富，共 600 余种，约占世界哺乳动物总数的 12.24%，其中我国特产种类有 150 余种，如白头叶猴、白唇鹿、华南虎、白鳍豚和大熊猫等。此外，有些哺乳类虽然也分布于其他国家，但我国是其最主要的分布区，如毛冠鹿、梅花鹿、林麝、小熊猫等。在哺乳动物中，有国家一级重点保护动物 65 种，国家二级重点保护动物 75 种，分别占我国哺乳动物总数的 12.7% 和 14.7%。

（2）毛皮动物资源

许多哺乳动物的毛皮都能制革或制裘。全世界可以利用的毛皮动物有 1600 多种，约占哺乳动物总数的 39%。我国经济价值较高的毛皮动物有 80 余种。在毛皮动物资源中，最华丽、最珍贵的是鼬科、犬科和猫科动物的毛皮，为世界毛皮贸易中的主要种类。如狐、貂的毛皮为上等裘皮，貂绒尤为名贵。制革用毛皮动物主要是有蹄类，尤其是偶蹄类。麂皮是制革的上等原料，可用于制作皮夹克、皮鞋、手套等。用麂皮制作的衣服能与呢料媲美，既美观、柔软，又经久耐磨。牛皮、羊皮、猪皮是制作皮衣、皮鞋、皮包等的优质原料。

(3) 药用动物资源

哺乳类在中医药中占有十分重要的地位。《本草纲目》记载的药用哺乳类就有 32 种之多，刺猬的皮和胆、鼹鼠类的肉、绝大多数翼手类的粪便（夜明砂）、鼠兔的粪（草灵脂）、鼯鼠的粪（五灵脂）、穿山甲的肉和鳞片、羚羊类的角、鳍脚类的睾丸和阴茎、驴皮熬制的阿胶、虎骨、熊胆、鹿茸、鹿血、牛黄和麝香等均是贵重的中药材。实际上，哺乳动物各个类群中，均有能够入药的种类，有些疗效还非常显著。如河狸香腺分泌物可作为医药中的兴奋剂，有很高的价值。

(4) 食用动物资源

从营养角度看，绝大多数哺乳动物都有食用的价值，但被人们广泛食用的种类，主要包括偶蹄类、兔类、食肉类和啮齿类中的部分种类。如我国鹿的年产量曾达 90 万头，但因过度猎捕，资源量下降，故须大力开展养鹿业以解决资源量不足的现状问题。野猪、黄羊、斑羚等均有很高的食用价值。野兔肉的营养价值也极高，其蛋白质含量达 21.5%，高于鸡肉、牛肉、猪肉的蛋白质含量，可消化率高，是优质的食用动物资源。野兔繁殖快、种群数量大，具较好的开发前景。松鼠肉嫩味鲜，是加工香肠及肉松的上等原料。豪猪、竹鼠、大仓鼠、黄鼠等啮齿类的肉质细嫩，均可食用。

(5) 观赏用资源

金丝猴、猕猴、长臂猿、熊、小熊猫、大熊猫、云豹、雪豹、猞猁、豹、虎、梅花鹿等均有很好的观赏价值，是动物园吸引游客的著名观赏种类。有些种类（如大熊猫等）已成为国家之间的友好使者。鹿头（角）、狗头（角）、牛头（角）、羚羊头（角）等都是富有大自然气息的高级装饰品和工艺品。

(6) 狩猎与驯化用资源

狩猎必须在保持种群正常增殖的前提下进行，狩猎、驯养和自然保护是最大限度地、长期地合理利用野生动物资源的重要内容。我国的狩猎活动多数是为了获取产品，长期无计划地滥捕乱猎，导致动物资源下降，甚至枯竭。在国外，有计划地狩猎已经成为体育和娱乐活动的内容之一。大力开展人工驯养，开展以体育及娱乐活动为目的的狩猎活动，具有广阔的发展前景。

人工驯养是保护和利用哺乳动物资源最有效的手段。在我国，野生动物的驯养历史悠久，各种家畜就是经人类长期驯养并选育的结果。畜牧业已成为国民经济的支柱产业之一，为提高人们生活水平发挥了重要作用。

为解决人们对毛皮需要的日益增长和保护野生动物之间的矛盾，人们开始人工驯养野生动物，以获得毛皮来源来满足市场需要。我国毛皮动物的规模饲养始于 1956 年，经过几十年发展，饲养的种类已增至近 20 种，其中包括我国有分布的紫貂、貉、赤狐、黄鼬、水獭、灵猫、花面狸、猞猁、云豹、河狸等野生资源和从国外引进的水貂、北极狐、银黑狐、海狸鼠、欧洲艾鼬、彩狐等种类。

养鹿业在我国得到了蓬勃发展，主要以养殖梅花鹿和马鹿为主。梅花鹿的饲养量在 35 万头以上，马鹿有 15 万多头。目前我国鹿类的养殖主要用于医药，随着养鹿业的发展，肉用、奶用等均具有广阔的前景。

(7) 科学研究用资源

哺乳类实验动物在动物行为学、现代医学、免疫学、药物筛选与检验、肿瘤研究等领域具有重要地位。最常用的实验动物包括家兔、大白鼠、小白鼠、犬和猴等。大、小白鼠因其个体小、生活史短、种群数量大、易于室内繁殖等特点，已成为广泛应用的重要实验动物。

非人灵长类动物高级神经活动和行为的精细与复杂性，使它们成为研究脑功能和行为的理想模式动物，也是新药临床前实验、安全评价中必须使用的实验动物。

华东师范大学脑功能基因组学研究所的西双版纳灵长类模式动物中心科研小组，成功构建了我国首批"试管猴"，其成果发表于 2008 年 9 月的美国《国家科学院院刊》上。这一重要研究成果为今后人们在脑科学研究、转基因模式动物构建等方面提供了坚实的基础。

一些哺乳动物的结构、生理特性也是仿生学的研究对象，如蝙蝠和鲸类的回声定位。蝙蝠为黄昏及夜间活动、觅食的动物，能根据从喉发出的回声定位脉冲，在飞行中识别昆虫并测定其方向和距离。鲸类的回声定位脉冲由鼻发出，经头骨的反射和额突的折射形成发射束，回波通过下颌骨传入。其回声定位系统能分辨物体的形状、性质和距离等。科学家根据回声定位原理，发明了军事和民用的雷达以及在潜艇和渔船上使用的"声呐""鱼探机"等。

三、哺乳动物保护现状

以《中国哺乳动物名录（2015）》收录的中国哺乳动物种数与其他国家比较，中国哺乳动物种数超过国际自然保护联盟（IUCN）（2014）报道的世界哺乳动物排序第一的印度尼西亚（670 种）。中国有 150 种特有哺乳动物，特有种比例为 22.3%。兔形目特有种比例达 43%，鼠兔科特有种比例更高达 52%。劳亚食虫目的特有种比例为 35%。中国灵长目、啮齿目和翼手目特有种比例约占各目总种数的 1/5，翼手目特有种包括近十年发表、模式产地为中国的 12 个蝙蝠新种。

2014 年，IUCN 物种生存委员会（SSC）公布的《受威胁物种红色名录》（IUCN Red List of Threatened Species）中评估哺乳动物 5513 种，属于灭绝级（EX）77 种、野外灭绝（EW）2 种、极危级（CR）213 种、濒危级（EN）477 种、易危级（VU）509 种、近危级或低危级/接近受胁（NT or LR/nt）319 种、数据缺乏级（DD）799 种、无危级或低危级/需予关注（LC or LR/lc）3117 种。也就是说，现今世界上至少有 43.5% 的哺乳动物受到不同程度的威胁，包括栖息地被破坏（例如森林砍伐、农业用地开垦等）、破碎化、退化，人为干扰和破坏（诸如人类频繁活动的影响、滥捕乱猎、非法贸易、传统医药利用、使用等）、动物自身的遗传多样性丧失等。

1989 年，我国政府颁布《野生动物保护法》。在《国家重点保护野生动物名录》中，受到一级保护的兽类有 59 种，二级保护的有 84 种。在《濒危野生动植物种国际贸易公约》（CITES）中我国兽类属于附录Ⅰ的有 58 种和亚种，属于附录Ⅱ的有 62 种（潘清华、王应祥等，2007）。"名录"和"公约附录"几乎囊括了我国大中型哺乳动物，但是绝大多数小型哺乳动物（啮齿类、食虫类、翼手类）没有得到关注，并且对它们知之甚少。未来我国哺乳动物的研究和保护仍然有待加强和完善。

四、哺乳动物保护的手段及措施

保护动物首先要在全社会营造动物保护的氛围和风气。对那些保护观念淡漠的人要晓之以理，对触犯法律的人要绳之以法。保护动物的手段多种多样，包括建立濒危动物的保护区，利用科技手段解决动物的人工繁殖问题，设立无主、病残动物收容中心等。还有积极开发利用、寻求替代品、控制动物疫病、加强动物检疫、谨防生态入侵。所谓生态入侵，是指非土著的物种在新领地扩大种群并威胁土著物种生存的现象。

五、害兽的防治

控制害兽数量，降低它们的种群密度是与害兽做斗争的基本原则。深入研究害兽的生活习性、种群动态和危害规律，制定有效的防治措施并持之以恒，才能获得满意的效果。哺乳类中对人类危害最大的是鼠类，这与它们种类多、分布广、种群密度高和繁殖快等密切相关。鼠类除严重危害农、林、牧业生产外，还是多种疾病的病原体和媒介节肢动物的寄主或携带者。鼠类咬啮硬物和穿挖洞穴的习性还会破坏工业设施和堤坝，引起水灾等。破坏鼠类的栖息条件，切断食物来源，可以有效地控制其种群数量。灭鼠工作通常包括器械、药物和生物灭鼠。在居民点使用器械灭鼠较为方便。药物灭鼠是大面积灭鼠的主要方法，但鼠尸残毒会引起其他生物的二次中毒，必须严加管理。生物灭鼠除了要保护鼠类的天敌外，主要是采用病原微生物灭鼠，这也是有待于深入研究的领域。总之，与鼠类做斗争是一项长期和艰巨的工作。

有些兽类在局部地区或某时期内种群密度过高时，也会给人类造成危害。如野猪、豪猪、熊、野兔和獾等破坏和食用山上或田间的农作物。狼往往袭击猪、羊等家畜，是危害家畜的害兽。

思 考 题

1. 哺乳动物的进步特征表现在哪些方面？结合各器官系统的结构、功能加以阐述。
2. 恒温、胎生、哺乳对动物生存有何意义？
3. 哺乳动物骨骼系统有哪些特点？简单归纳从水生过渡到陆生的过程中，骨骼系统的进化趋势。
4. 简述哺乳类牙齿的结构特点及齿式在分类学上的意义。
5. 简述哺乳类的呼吸过程。
6. 试述哺乳纲的主要特征。
7. 哺乳动物皮肤腺主要有哪四种类型？各有何功能？
8. 反刍动物的胃是多室胃，通常分为哪四个室？
9. 哺乳动物的子宫有多种类型，如双体子宫、分隔子宫、双角子宫和单子宫，兔子的子宫属于哪种类型？
10. 哺乳动物分为哪三个亚纲？各有何特点？
11. 简述各类哺乳动物资源的保护情况。
12. 简述害兽防治的原则和途径。

第二十章 脊椎动物门类形态结构和生理功能的总结

教学重点：脊椎动物外部形态和各器官系统的内部解剖结构。

教学难点：脊椎动物各器官系统的生理功能。

脊椎动物是脊索动物门中的脊椎动物亚门动物的总称，在脊索动物中数量最多，结构最复杂，进化地位最高。形态结构彼此差别悬殊，生活方式千差万别。脊椎动物包括圆口纲、鱼纲、两栖纲、爬行纲、鸟纲和哺乳纲 6 个纲。虽然各纲动物的器官系统及其功能基本一致，但各自特征有显著差别。

第一节 脊椎动物躯体结构的形态比较

脊椎动物虽然形态结构差异悬殊，但是高度的多样化并不能掩盖它们属于脊索动物的共性，即在胚胎发育早期，都要出现脊索、背神经管和咽鳃裂。动物各器官系统的结构是动物有机体适应生活环境、自然选择的结果，其各器官系统和整个动物界都遵循从简单到复杂、从低等到高等逐渐发展的规律不断进化与演化。

一、外部形态

脊椎动物为两侧对称体制。典型脊椎动物的身体分为头部、颈部、躯干部、尾部和四肢5 部分。

头部明显，具脑、眼、耳、鼻及上下颌等器官结构，是捕食、避敌和适应环境的中心。不同种类的头部形态和大小各不同。

颈部是陆生脊椎动物的特征之一。圆口类、鱼类和次生水生类群（如鲸等）无颈部。两栖类的颈部不明显，仅有 1 枚颈椎。真正陆栖的爬行类，颈部明显，颈椎多枚。鸟类的颈部长且灵活，弥补了前肢变成翅膀的不足。哺乳类颈部发达，除极少数（如二、三趾树懒）外，多数颈椎均为 7 枚。

躯干部是脊椎动物身体中最大的部分，内脏器官全部包在其中。躯干外部均连有成对的附肢（圆口类除外），鱼类为偶鳍，其他陆生种类为五指（趾）型的四肢。由于次生性地适应于不同外界环境，五指（趾）型四肢发生了很多特化。如蛇的四肢退化；鸟类的前肢特化成翼；鲸的前肢特化成鳍，后肢发生退化；牛、马等的趾演化为蹄等。

多数脊椎动物的尾部接躯干部后。水生种类的尾部特发达，是重要的运动器官之一（如鱼的尾鳍）。陆生种类尾部一般较明显且细弱，多失去运动功能；有的有一定支撑功能；但某些种类（如蛙类、类人猿、人等）的尾部已完全退化。

二、皮肤系统

脊椎动物的皮肤由表皮层和真皮层组成。表皮是来自于外胚层的复层上皮组织；真皮是来自于中胚层的致密结缔组织，内富有血管、神经、感受器、色素细胞及各种皮肤腺。

脊椎动物的皮肤衍生物分为表皮衍生物和真皮衍生物。前者包括角质的鳞、羽、毛、喙、蹄、爪、指甲、角和皮脂腺、黏液腺、汗腺、乳腺、臭腺、香腺等；后者包括骨质的鳞片和鳍条、爬行类的骨板、鹿角等。鱼类的楯鳞和哺乳类的牙齿均由表皮和真皮共同形成。通常不同的脊椎动物在长期进化过程中会演化出不同的皮肤及其衍生物以适应不同的生活环境。

1. 圆口类

皮肤裸露无鳞。表皮由多层上皮细胞组成，无角质层，内夹有单细胞腺体。角质齿为表皮衍生物。真皮层较薄，由胶原纤维和弹性纤维构成，内含色素细胞。

2. 鱼类

皮肤黏滑，被有鳞片，其表皮和真皮均含多层细胞。表皮内富含单细胞黏液腺，分泌黏液润滑身体，有利于洄游缓冲、避敌、减少阻力和预防细菌入侵等，有些种类的腺体变为毒腺或发光器。真皮较薄，直接与肌肉紧密相接，内有色素细胞。硬骨鱼的硬鳞、骨鳞由真皮形成；软骨鱼的楯鳞由表皮与真皮共同形成。

3. 两栖类

皮肤薄而软，轻微角质化，裸露无鳞（仅无足目的蚓螈保留残余的骨质鳞）。表皮为复层扁平上皮，仅1～2层细胞角质化，但仍具细胞核，角质化程度不深，只能在一定程度上防止体内水分的蒸发。真皮稍厚且致密，富含多细胞黏液腺（有的特化成毒腺），能保持皮肤湿润。皮下具发达的淋巴间隙。

4. 爬行类

皮肤干燥少腺体，多被角质鳞或骨板。表皮随角质化程度加深而加厚，并特化出角质鳞、盾甲（龟外壳）、指（趾）端的爪等表皮衍生物，能有效地减少水分蒸发，且蜕皮现象明显（如蛇蜕可入药）。真皮较薄，有些种类特化为真皮骨板（如鳖），并有来源于表皮的色素细胞，能改变皮肤的颜色。

5. 鸟类

鸟类的皮肤与飞翔生活相适应，具有薄、软、松、韧、干的特点，与皮下疏松结缔组织连接，利于羽毛的竖立和伏下。表皮衍生物包括羽毛、喙、距、爪、角质鳞片及尾脂腺（无其他皮肤腺）等。冠和垂肉为真皮衍生物。

6. 哺乳类

皮肤厚而坚韧，真皮极发达，含大量胶原纤维和弹性纤维，可制皮革。皮下疏松结缔组织发达，有积蓄脂肪、养料和保温的作用。表皮角质层发达。皮肤衍生物复杂多样，包括兽毛、角质鳞、指（趾）甲、爪、蹄、洞角、多种异常发达的皮肤腺（乳腺、皮脂腺、汗腺、臭腺）等表皮衍生物和真皮衍生物（鹿科动物的实角）。

三、骨骼系统

脊椎动物骨骼都来源于中胚层，位于肌肉内部，由活细胞组成并能够生长的内骨骼，分软骨和硬骨两种。软骨是来源于胚胎期的间充质，由软骨细胞、软骨基质和埋于基质中的纤维成分构成的半透明弹性结缔组织。硬骨坚硬又具韧性，是由骨细胞、纤维、基质组成的内含大量胶原纤维及钙盐的结缔组织。

低等脊椎动物（如鲟鱼、鲨鱼等）的骨骼全部是软骨。有些高等脊椎动物的骨骼在胚胎和幼体期出现过软骨，而后逐渐变为硬骨。硬骨的形成有两种方式：一是从结缔组织经过软骨变成的软骨性硬骨，如脊柱、肋骨、四肢骨等；二是结缔组织不经过软骨就变成的膜性硬骨，如颜面骨、颅骨及软骨等。

脊椎动物的骨骼系统包括中轴骨和附肢骨两大部分，前者包括头骨、脊柱、肋骨和胸骨，后者包括肩带、腰带及四肢骨。脊椎动物各纲动物骨骼系统的主要组成如下。

1. 头骨

头骨连接于脊柱的前端，包括脑颅、咽颅2部分。

圆口类的头骨非常原始，由包围脑的软骨盒和包围感觉器官的软骨囊组成，无头骨顶部。软骨鱼类有完整的软骨脑颅；硬骨鱼类的头骨复杂多样，均为硬骨。无尾两栖类的脑颅扁而阔，平颅型，骨化程度低，骨片少，双枕髁。爬行类的头骨高颅型，骨片少，均为硬骨，单枕髁，出现次生腭、颞窝。鸟类头骨类似于爬行类，高颅型，枕骨大孔移到腹面，单枕髁，气质骨，与飞翔生活相适应，头骨愈合且轻而坚固，喙骨发达。哺乳类头骨最发达，全部骨化，骨块减少并愈合成坚固完整的骨匣，高颅型，出现颜面与脑勺，枕骨大孔移至腹面，下颌仅由单一的齿骨构成。

2. 脊柱

除圆口类外，脊椎动物均有脊柱，脊索仅在胚胎期出现。典型的脊椎骨是由椎体、横突、椎棘、前后关节突起等部分构成。

(1) 脊椎骨的类型

主要有双凹型、前凹型、后凹型和双平型4种（图20-1）。

双凹型是脊椎动物中最原始的椎体，两端凹入。相邻两个椎骨以关节突相连，椎骨间的球形腔内有念珠状脊索残留，椎体间活动性有限。鱼类、有尾两栖类和少数爬行类动物的椎体属于双凹型。

前凹型是前凹后凸的，椎体相接形成活动关节，脊索残留减少。见于多数无尾两栖类、多数爬行类和鸟类的第一颈椎。

后凹型是前凸后凹的，椎体间关节活动较灵活。多数蝾螈、部分无尾类和少数爬行类的椎体为后凹型。

双平型是前后两端扁平，哺乳类特有的脊椎骨类型。相邻椎体以宽大的软骨构成的椎间盘相接，以减少或缓冲运动时椎骨间的摩擦，提高脊柱的负重能力。椎间盘内有一髓核，是退化脊索的残余。

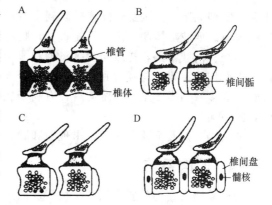

图 20-1 椎体的类型（引自赛道建）
A. 双凹型；B. 后凹型；C. 前凹型；D. 双平型

(2) 各纲脊椎动物脊柱的比较

在脊椎动物进化过程中，脊柱也是从无到有逐渐发展而来的。最原始的脊柱未分化或分化少，伴随着进化越加坚固和灵活。

圆口类尚未形成脊椎骨，仅有软骨弧片，无脊柱，终生保留脊索。

鱼类出现脊柱，仅分化为躯椎和尾椎2部分，以适应水中生活。

两栖类的脊柱分化为颈椎、躯椎、荐椎和尾椎（或尾杆骨）4部分，比鱼类多了颈椎和荐椎各1枚，使得头能上下活动和后肢承重能力增强。

爬行类的脊柱已分化完善，包括颈椎、胸椎、腰椎、荐椎和尾椎5部分，其中颈椎多枚，躯椎已分化为胸椎和腰椎，荐椎至少2枚。头部的活动性和后肢承重能力均比两栖类增强。

鸟类的脊柱高度愈合，形成了特有的愈合荐椎，尾椎减少且有尾综骨，颈椎数目多，且为马鞍形而灵活，以补偿前肢变为翅膀和脊柱的其余部分大多愈合带来的不便。

哺乳类的颈椎数目恒为7枚，是哺乳类的特征之一，胸椎9～25枚，腰椎4～7枚，荐椎2～5枚，尾椎3～50枚。

3. 胸骨、肋骨和胸廓

圆口类无胸骨和肋骨。鱼类无胸骨，出现肋骨，位于躯椎腹面两侧，并以此区别于尾椎。软骨鱼肋骨细短，硬骨鱼肋骨较发达。两栖类出现胸骨，多数无肋骨或肋骨不发达，不与胸骨连接，和圆口类、鱼类一样都无胸骨。爬行类、鸟类及哺乳类动物既具肋骨又有胸骨，并与胸椎一起形成胸廓，为羊膜动物特有，具有保护心脏、肺等内脏器官和加强呼吸等功能。

4. 附肢骨

脊椎动物的附肢骨包括带骨和肢骨。

圆口纲：无偶鳍。

鱼纲：有胸、腹鳍。

两栖纲：肩带由肩胛骨、乌喙骨、上乌喙骨、锁骨组成；腰带由髂骨、坐骨、耻骨构成；肢骨为五趾型，前肢由上臂、前臂、腕骨6、掌骨5和指骨4（第1指骨退化）组成；后肢由股骨、小腿骨、跗骨5、跖骨5和趾骨5组成。

爬行纲：除四肢消失的种类（如蛇类），一般有两对5出的掌型肢（少数前肢4出），水生种类掌型如桨，指（趾）间连蹼以利于游泳，足部关节不在胫跗间而在两列跗骨间，成为跗间关节。四肢从体侧横出，不便直立，腹部常着地面，行动是典型的爬行。

鸟纲：前肢覆盖着初级与次级飞羽和覆羽，从而变成飞翔的构造，尾羽能在飞翔中起定向和平衡作用。跗骨与胫骨和跖骨分别愈合成跗胫骨和跗跖骨，足跟离地，增加了起落时的弹性。大多数鸟类4趾。拇趾向后，有利于抓握树枝。由于趾屈肌肌腱的特殊结构，在栖息时，趾不会松脱。

哺乳纲：四肢下移至腹面，出现肘和膝，可将躯体撑起，适宜在陆上快速运动。

四、肌肉系统

脊椎动物有完善的肌肉系统，根据肌肉组织的形态特点，分为骨骼肌、平滑肌和心肌3类。骨骼肌又称随意肌，由横纹肌组成，一块骨骼肌的两端借肌腱固着于不同的骨块上，受运动神经支配，产生各种运动。平滑肌是形成内脏器官的肌肉，受植物性神经支配，不能随意运动。心肌由心肌细胞构成，具有自律性、传导性和收缩性，属不随意肌，是心脏活动功能的基础。各纲肌肉系统的特点如下。

圆口类的肌肉分化程度很低，仍保持原始典型的分节现象，肌节明显，呈倒W形，顶角朝前。

鱼类骨骼肌虽仍保持肌节现象，但躯干两侧的轴肌发达，被水平地分成轴上肌与轴下肌，偶鳍肌肉不发达。

两栖类的肌肉已开始分化为陆栖脊椎动物肌肉的模式，无尾类的肌肉分节现象消失，仅在腹直肌上保留原始的分节痕迹。附肢肌肉发达且为肌肉束，适于陆地爬行或跳跃。鳃节肌演化成喉部肌肉。

爬行类的肌肉分节现象完全消失，肌肉系统进一步分化，躯干肌复杂，出现特有的肋间肌和皮肤肌，皮肤肌已分化出颈阔肌，肋间肌协同腹壁肌肉完成呼吸运动。皮肤肌发达，如蛇的皮肤肌，从肋骨连至皮肤并牵引鳞片产生蛇形运动。

鸟类主管翼的胸大肌，胸小肌极发达，集中在身体中部，后肢肌、皮下肌也较发达。因适应飞翔，脊柱多愈合，故鸟类轴上肌不发达。鸟类具有特有的鸣肌和栖树握枝的肌肉。

哺乳类的四肢肌发达，皮肤肌更发达，颈阔肌得到极大发展，如灵长类由其分化出若干表情肌。具有强大的咀嚼肌和哺乳类所特有的膈肌。

五、消化系统

脊椎动物消化系统包括消化道和消化腺 2 部分。消化道一般分为口、口腔、咽、食道、胃、小肠（又分 12 指肠、空肠和回肠）、大肠（又分盲肠、结肠和直肠）及肛门。消化腺有肝脏、胰脏、唾液腺、胃腺和肠腺等。

鱼类、两栖类和爬行类的口中，一般都有许多小而尖锐的牙齿，形态构造简单。现存的鸟类都没有牙齿，用角质的喙啄取食物。哺乳动物的牙齿为异型齿，并且各种哺乳动物的齿式是恒定不变的。可以作为哺乳动物分类的依据之一。

鸟类的胃分为腺胃（前胃）和肌胃（砂囊），腺胃分泌消化液，肌胃借助沙砾来磨碎食物。哺乳动物的反刍类，具有复胃，如牛胃可分为瘤胃、网胃（蜂巢胃）、瓣胃和皱胃，其中皱胃才是真正的胃。

六、呼吸系统

脊椎动物中，原生水栖类用鳃呼吸，陆生和次生水栖类用肺呼吸。各纲的呼吸系统特点如下。

圆口类和鱼类的呼吸器官是鳃。圆口类具有囊鳃，内有来源于内胚层的鳃丝。

鱼类的鳃位于咽部两侧，硬骨鱼类鳃裂有鳃盖保护，以鳃孔通体外，鳃间隔退化，来源于外胚层的鳃丝长在鳃弓上，硬骨鱼（如鲤鱼）第 5 对鳃弓特化成咽喉齿；软骨鱼类鳃裂直接通体表，鳃间隔发达，鳃丝长在鳃间隔上，软骨鱼（如鲨鱼）第 5 对鳃弓上只有一半鳃丝，第 1 对鳃裂退化为喷水孔。

两栖类幼体和水生有尾类鳃呼吸，成体肺呼吸。肺构造简单，仅为 1 对薄壁囊（如蝾螈）或囊内稍有些隔膜（如蟾蜍），口咽式呼吸，气体交换很有限，不足以满足两栖类对氧的需求，还要靠皮肤和口咽腔辅助呼吸，冬眠时完全靠皮肤呼吸。

爬行类的肺囊比两栖类有进步，内有复杂的间隔把肺囊分隔成蜂窝状小室，增加了肺呼吸的表面积。爬行类开始出现胸廓，依靠肋间肌的伸缩和肋骨的升降，使胸廓扩大与缩小，从而完成较高效率的胸式呼吸。爬行类的肺，结构变异很大，最简单的是 1 个囊（楔齿蜥及蛇）；有的呈海绵状（如部分高等蜥蜴、龟和鳄类）；有的前部是蜂窝状的呼吸部，后部是平滑薄壁囊的储气部（如避役）。爬行类几乎完全进行肺呼吸，而水生爬行类的咽壁和泄殖腔壁、水栖龟鳖类的副膀胱均可辅助呼吸。

鸟类的肺是由各级支气管构成的，呈多分支网状管道系统的实心海绵状体，体积较小，但有与肺相连的特殊气囊系统，参与呼吸过程，形成了鸟类特有的"双重呼吸"，是脊椎动物中呼吸效率最高的呼吸方式，也是对飞翔生活的高度适应。

哺乳类的肺是由各级支气管构成的多分支的支气管树，其最后微支气管的末端膨大成肺泡囊，囊内壁分成许多称为肺泡的小室。肺泡的出现大大增加了肺呼吸的总面积。哺乳类出现了特有的横膈肌，依靠膈肌升降和肋间肌伸缩协同完成胸腹式呼吸过程，膈肌的出现使呼吸系统更加完善。

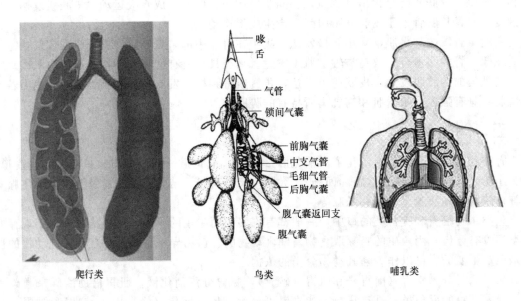

图 20-2　爬行类、鸟类和哺乳类肺的模式图（自赛道建）

七、循环系统

脊椎动物循环系统包括心脏、血管（动脉系和静脉系）、血液和淋巴系统。

1. 心脏和血液循环

心脏是循环系统中的动力器官，圆口纲开始出现真正的心脏。脊椎动物的心脏结构和血液循环方式的进化随着水陆生活的转变不断发展。脊椎动物各纲的心脏模式如图 20-3 所示。

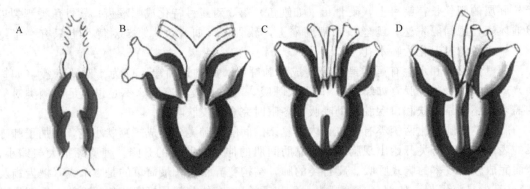

图 20-3　脊椎动物心脏模式图
A. 鱼类；B. 两栖类；C. 爬行类；D. 鸟类和哺乳类

① 单循环　圆口类和鱼类心脏内的血液全部是缺氧血，心脏将这些缺氧血压送到鳃部进行气体交换后，变成多氧血，由出鳃动脉、背大动脉送至身体各部，交换气体后的缺氧血又回到心脏。周而复始，循环途径只有这一条，故称单循环。

② 不完全双循环　两栖类和爬行类有了肺呼吸，不仅有体循环途径，还有肺循环途径。又因只有1个心室（两栖类）或不完善的2个心室（爬行类），多氧血和缺氧血在心室内混合，体循环和肺循环不能完全分开，故称不完全双循环，是一种效率不高的循环方式。

③ 完全双循环　鸟类和哺乳类的心脏完全，分四室，即左心房、右心房、左心室和右心室。动脉血和静脉血在心脏内不再混合，体循环和肺循环2条途径已完全分开，故称为完全双循环。这种循环方式能更有效地加快血流速度和对全身各部的供氧，提高新陈代谢水平，使得鸟类和哺乳类大大减少了对外界环境的依赖性，从而维持恒温。

2. 血管

血管是脊椎动物运送血液的管道，根据运输方向分为动脉系和静脉系。动脉系是离心而去的血管的总称；静脉系是向心而来的血管的总称。动、静脉的分支末端靠微血管相连，也是血液与组织间物质交换的主要场所。动、静脉总管与心脏相连通，致使脊椎动物全身的血管构成封闭式管道系统。

① 动脉系　脊椎动物的主要大动脉基本相同，包括动脉弓、背大动脉和腹大动脉。动脉弓是连接背、腹大动脉的弓形血管。脊椎动物的原始种类或胚胎中，一般具6对动脉弓。脊椎动物各纲的动脉系差异主要体现在动脉弓的变化上（表20-1）。

表 20-1　脊椎动物各纲动脉系统的比较

胚胎期	软骨鱼	硬骨鱼	两栖类	爬行类	鸟类	哺乳类
第1对动脉弓	—	—	—	—	—	—
第2对动脉弓	第1对鳃动脉	—	—	—	—	—
第3对动脉弓	第2对鳃动脉	第1对鳃动脉	颈动脉	颈动脉	颈动脉	颈动脉
第4对动脉弓	第3对鳃动脉	第2对鳃动脉	体动脉	体动脉	右体动脉	左体动脉
第5对动脉弓	第4对鳃动脉	第3对鳃动脉	—	—	—	—
第6对动脉弓	第5对鳃动脉	第4对鳃动脉	肺皮动脉	肺动脉	肺动脉	肺动脉

② 静脉系　脊椎动物静脉系的演变情况远比动脉系的演变复杂得多，但主要静脉的演化总趋势是趋于简化。鱼类肠、胃等处的缺氧血由肝门静脉送入肝脏，经肝静脉集合入静脉窦；身体后部回流的血，由肾门静脉经肾静脉入后主静脉再与侧腹静脉等汇合，并与体前部回流的锁骨下静脉、前主静脉、颈下静脉，一起进入总主静脉，最后到静脉窦。无尾两栖类由前腔（大）静脉1对、后腔（大）静脉1条、腹静脉1条分别代替了鱼类的前主静脉、1对后主静脉和1对侧腹静脉。爬行类、鸟类的静脉系均与两栖类相似，前、后大静脉发达，肾门静脉退化。爬行类仍保留1对侧腹静脉，鸟类腹静脉消失，而具特有的尾肠系膜静脉和腹壁上静脉。哺乳类仅有单一的前、后腔静脉和多数种类具有的奇静脉与半奇静脉，腹静脉、肾门静脉均消失。

肝门静脉从鱼类到哺乳类始终存在。肾门静脉在鱼类和两栖类发达，在爬行类、鸟类趋于退化，哺乳类完全消失。

3. 淋巴系统

脊椎动物各纲均具有淋巴系统，主要由淋巴管、淋巴液和淋巴器官组成。

淋巴管包括微淋巴管、淋巴管、淋巴干和淋巴导管。微淋巴管是盲端起始于组织间隙的最小淋巴管，遍布全身各处组织细胞间，渗入管内的组织液是淋巴液，与血浆成分基本相同，但无红血细胞。淋巴器官包括淋巴心、淋巴结、脾脏、胸腺和扁桃体等。

淋巴系统也有一定的循环途径，由微淋巴管逐级汇合到较大的淋巴管，再汇入胸导管和右淋巴导管，至颈部的大静脉后注入血液，形成淋巴循环。

淋巴结是一种腺状构造，数量很多，大都集中于颈部、肠系膜、腋窝以及腹股沟等处，与淋巴管联系。

无颌类是否有淋巴系统，仍有很大的争议。大多数鱼类淋巴系统不发达。少数鱼类、两栖类、爬行类和鸟类，有由淋巴管演变而来的能搏动的淋巴心，能促进淋巴循环。两栖类和爬行类淋巴心数目较多，但无淋巴结。部分鸟类和哺乳类有淋巴结或淋巴小结。哺乳类则无淋巴心。

八、排泄系统

在脊椎动物中，除两栖类和哺乳类的皮肤、陆生类的肺及海产类的肾外排泄结构，参与部分排泄作用外，绝大部分的代谢废物是随血液循环到达肾脏形成尿排出体外。脊椎动物的排泄系统主要包括肾脏、输尿管、膀胱和尿道等。

脊椎动物的肾脏由中胚层的中节形成的生肾节组成。根据系统发生、个体发育及其在动物体内位置与结构的不同，分前肾、中肾和后肾3个阶段。无羊膜动物肾脏的发生经过前肾和中肾2个阶段；羊膜动物则经历前肾、中肾和后肾3个阶段。

1. 前肾

脊椎动物在胚胎期都出现过前肾，但通常仅有无羊膜动物的胚胎或幼体用前肾泌尿，少数的圆口类（盲鳗）和硬骨鱼类终生保留。

前肾位于体前端背中线两侧，由许多前肾小管组成，其一端是纤毛漏斗状的肾口，开口于体腔；另一端汇入总的前肾导管，其末端入泄殖腔通体外。在肾口的附近有血管球将血液中的代谢废物排入体腔，通过肾口直接将体腔内废物收集入前肾小管，再经前肾导管由泄殖腔排出体外。

2. 中肾

中肾继前肾之后出现，位于体腔中部，是无羊膜类成体的排泄器官。

当前肾失去功能后，部分肾口开始退化或完全消失，被许多新的中肾小管替代，其一端开口于中肾导管，另一端膨大内陷成肾球囊，包裹血管球形成了肾小体。软骨鱼和两栖类变中肾时，原来的前肾导管纵分为二：一是中肾（吴氏）管，雄性输尿兼输精（软骨鱼只输精不输尿，副肾管输尿）；另一为牟勒氏（米氏）管，雄性退化，雌性为专门的输卵管。其他多数脊椎动物前肾导管不纵裂为二，而是由前肾导管转为中肾导管，牟勒氏管则由腹膜内陷形成。

3. 后肾

后肾继中肾之后出现，位于体腔后部，是羊膜动物成体的排泄器官。

后肾小管数量多，不仅比中肾小管长，迂回也较多。后肾小管前端为肾小体，后端通集合管，最后汇集到后肾导管（输尿管）。后肾导管是由中肾导管基部的一对突起向前延伸而成。后肾出现后，中肾（吴氏）管完全成为雄性的输精管，雌性则退化。牟勒氏（米氏）管成为雌性的输卵管，雄性则退化。

4. 输尿管、膀胱和尿道

七鳃鳗的中肾管是输尿管，只输尿，与生殖无关。软骨鱼（如鲨鱼）以副肾管输尿、中肾管输精。硬骨鱼（鲤鱼）的中肾管只输尿不输精，与生殖系统只是共用泄殖腔和泄殖孔。两栖类的中肾管，在雄性动物中，有输尿和输精作用。羊膜动物的输尿管是后肾管，和生殖无关。

膀胱为薄囊状的储尿器官，圆口类、软骨鱼和少数硬骨鱼、部分爬行类（蛇、鳄和部分蜥蜴）及鸟类（鸵鸟例外）均无膀胱，其他脊椎动物皆有膀胱。根据其来源不同分 3 类：一是导管膀胱，由中肾管后端膨大形成，见于硬鳞鱼、大多数硬骨鱼；二是泄殖腔膀胱，由泄殖腔壁突出而成，见于肺鱼、两栖类和单孔哺乳类；三是尿囊膀胱，由胚胎时的尿囊柄基部膨大而成，见于少数爬行类（楔齿蜥、龟鳖、部分蜥蜴类）和哺乳类。

九、生殖系统

脊椎动物的生殖系统基本由生殖腺、生殖导管、副性腺和外生殖器 4 部分组成。雄性生殖系统包括精巢（睾丸）、输精管、阴茎和雄性副性腺；雌性生殖系统包括卵巢、输卵管、子宫、阴道和雌性副性腺等。除极少数种类（如盲鳗、酯科鱼类、蟾蜍）外，均为雌雄异体（图 20-4）。

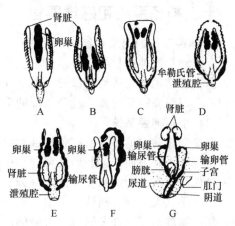

图 20-4　雌性脊椎动物的泌尿和生殖系统
A. 圆口类；B. 硬骨鱼类；C. 软骨鱼类；D. 两栖类；E. 爬行类；F. 鸟类；G. 哺乳类

1. 圆口类

圆口纲的生殖系统在脊椎动物中最为原始。无论雄雌都只有单个的精巢或卵巢，无生殖导管，生殖细胞成熟后穿过生殖腺壁均落入体腔内，经生殖孔入泄殖腔、泄殖孔排到体外。七鳃鳗是雌雄异体的，而盲鳗是雌雄同体的，具两性管。

2. 鱼纲

鱼类均体外受精。软骨鱼类和硬骨鱼类的生殖系统结构有很大不同。

① 软骨鱼类（如鲨鱼）　雄性有精巢 1 对，精巢前端发出许多输出精管，与中肾管相通，故中肾管专用以输精，也称输精管，副肾管专门输尿，也称输尿管。输精管和输尿管均开口于泄殖腔、泄殖孔。雌性具卵巢 1 对（但卵胎生种类则只有一侧卵巢有功能，鲨鱼为右侧，鳐为左侧），输卵管 1 对，左右两管以一共同的喇叭口开口在体腔前方腹面，其末端开口于泄殖腔、泄殖孔。软骨鱼类多体外受精，部分种类体内受精。卵生或卵胎生。

② 硬骨鱼类（如鲤鱼）　无论雄、雌生殖腺均 1 对，生殖导管都是由生殖腺壁延伸而成。鲤鱼雄性的中肾管只输尿不输精，雌性也无牟勒氏（米氏）管，体外受精，体外发育。

3. 两栖纲

雄性两栖类的精巢形状有卵圆形、短柱状和分叶状多种，其精巢发出许多输出精管，与中肾管相通，中肾管输尿兼输精，其末端通泄殖腔、泄殖孔。有退化的牟勒氏（米氏）管，无交配器。雌性具卵巢 1 对，形状和大小随季节等不同，输卵管 1 对，前端各有喇叭口开口于体腔前部，后端开口于泄殖腔、泄殖孔。大多数体外受精，少数体内受精。

4. 爬行纲

爬行类的雄性具精巢 1 对，输精管 1 对，由中肾管变成，且专输精，与输尿管完全分开。除楔齿蜥外，都有交配器，全为体内受精，是羊膜动物的共同特征。雌性卵巢 1 对，输卵管 1 对，由牟勒氏（米氏）管转变而来，并分化为不同的功能部位，输卵管中部有蛋白腺，下部有壳腺。大多数为卵生，但多数毒蛇和一些蜥蜴类为卵胎生。

5. 鸟纲

鸟类的雄性具 1 对白色卵圆形的精巢，通常左侧稍大。输精管与爬行纲相似，除少数鸟有交配器外，其他均无交配器，输精管末端开口于泄殖腔、泄殖孔，皆为体内受精。雌性仅保留左侧卵巢和输卵管，依据输卵管的功能和结构也分为不同的 5 部分（伞部、蛋白分泌部、峡部、子宫和阴道），其末端开口于泄殖腔、泄殖孔。都是体内受精，卵生。

6. 哺乳纲

哺乳类的雄性生殖系统包括精巢（睾丸）、附睾、输精管、副性腺及阴茎等结构。精巢的存在方式在各种哺乳动物中不尽相同。但精细胞都是由输精管进入尿道，再经阴茎排出体外，其尿道排尿兼输精。雌性生殖系统包括卵巢、输卵管、子宫、阴道和外生殖器等结构。卵巢1对较小。输卵管1对，前端有喇叭口，后端为子宫，入阴道通体外。雌性外生殖器包括阴蒂和大、小阴唇。

十、神经系统和感觉器官

1. 神经系统的组成和结构

脊椎动物的神经系统，可以分中枢神经系统、周围神经系统和感觉器官3部分。神经系统的基本活动是反射活动，参与反射活动的结构是由感受器、传入神经、中枢神经、传出神经和效应器组成的反射弧。神经系统的形态和机能单位是神经元。

(1) 中枢神经系统

脊椎动物的中枢神经系统包括脑和脊髓两部分。脑在结构上差别很大，但都是由背神经管的前端膨大发展而来。胚胎发育过程中，背神经管前端先膨大成原脑（一部脑），进一步发育分化为前脑、中脑和菱脑的3部分，再继续发展成端脑、间脑、中脑和菱脑4部分，最后分化成端（大）脑、间脑、中脑、后（小）脑和髓（延）脑的5部分。背神经管的腔隙随脑各部的发展而变成许多脑室，大脑的两个半球内分别是第一和第二脑室，间脑腔为第三脑室，延脑腔为第四脑室，中脑内有狭窄的导水管。

胚胎时期的5部脑一直保留到成体。脊椎动物脑的结构和功能不尽相同（图20-5）。

① 圆口类的脑仅分大脑、间脑、中脑和菱脑4部分。各部脑呈直线排列（鱼类和两栖类也如此），大脑很小，古脑皮，主要为嗅叶，是嗅觉中枢（鱼类、两栖类、直到爬行类均如此）。视叶发达，仅有一个脉络丛位于中脑背面。小脑和延脑未分开，停留在菱脑阶段。

② 鱼类的大脑两半球未完全分开，硬骨鱼仍是古脑皮，软骨鱼进化为原脑皮。因适应水中游泳，中脑视叶和小脑比较发达，中脑不仅是视觉中枢，更是综合各种感觉的高级中枢；小脑为运动中枢，延脑为平衡中枢。有两个脉络丛分别位于间脑和延脑的背部，这是脊椎动物的共同特点（圆口纲除外）。

③ 两栖类的大脑比鱼类发达，两半球已完全分开，原脑皮、嗅叶和视叶发达，小脑极小。两栖类和低等爬行类的中脑、小脑和延脑的功能和鱼类相似。

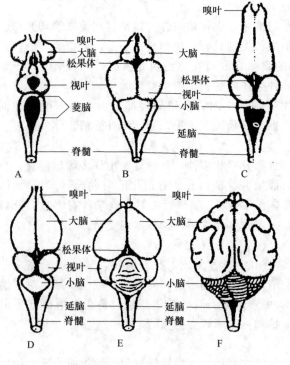

图 20-5　脊椎动物各纲脑的比较
A. 七鳃鳗；B. 鲈鱼；C. 蛙；D. 鳄；E. 鸽；F. 猫

④ 爬行类脑的变化较大。爬行类开始出现脑弯曲、颈弯曲和新脑皮，高级中枢从中脑逐渐移向大脑，但中脑仍为高级中枢。水生类小脑较发达，高等爬行类的小脑已出现平衡功能。

⑤ 鸟类的脑形短宽，嗅叶退化，大脑的上纹状体发达，是鸟类的高级中枢。间脑底部是内分泌、体温调节中枢和植物性神经控制中枢。视叶发达，与视觉敏锐有关。小脑发达，为运动协调和平衡的中枢。延脑短小，是呼吸、心跳等活命中枢。

⑥ 哺乳类的大脑两半球特大，其间出现胼胝体。新脑皮发达，其表面出现了沟和回，是神经活动的最高中枢。间脑小，其底部不仅是内分泌、体温调节中枢和植物性神经控制中枢，而且是睡眠和性活动的中枢。中脑具四叠体，分别是视觉、听觉反射中枢，底部出现大脑脚。小脑特发达，出现脑桥，是平衡和运动协调中枢。延脑短，是活命中枢。

脊髓位于椎管内，前接延脑，后至骶椎处变细成为终丝。脊髓受脑的控制，也能完成许多反射活动。脊髓分灰质和白质 2 部分。脊椎动物的灰质、白质界限清楚（圆口类除外）。圆口类和鱼类的脊髓全长直径完全一致。两栖类、爬行类、鸟类和哺乳类的脊髓全长有两个膨大，分别是颈胸交界处的颈膨大和胸腰处的腰膨大。二者分别是前、后肢脊髓反射的中枢和颈臂神经丛、腰骶神经丛分出的部位。

（2）周围神经系统

周围神经系统是联系中枢神经和身体各部之间的所有神经的总称。包括脑部发出的脑神经、脊髓发出的脊神经、脊柱两侧的交感神经和头、荐部的副交感神经。交感神经和副交感神经共同组成植物性神经系统。

① 脑神经　脑神经连接脑的不同部位，由颅底的孔裂出入颅腔。无羊膜类具 10 对脑神经，羊膜类具 12 对（蛇、蜥蜴 11 对）脑神经。其中第 1、2、8 对脑神经为感觉神经，分别主管嗅、视、听觉；第 3、4、6 对脑神经为运动神经，主管动眼肌肉；第 5、7、9、10 对脑神经为混合神经，主管颌弓、舌弓和鳃弓的活动。

② 脊神经　脊神经是从脊髓发出的背根与腹根相结合的混合神经（文昌鱼和七鳃鳗除外），通过椎间孔分布到身体各部。主要支配身体和四肢的感觉、运动和反射。

圆口类脊神经的背根、腹根一前一后由脊髓发出，且不合并。鲨鱼的背根和腹根虽然已彼此联合，但交错发出。自硬骨鱼类起，脊神经的背根、腹根均在脊髓的同一平面发出，联合成脊神经后由椎间孔穿出椎骨，然后分为背、腹、脏 3 支，分别分布到背部、腹部及内脏器官。

在四肢着生的部位，脊神经的腹支形成颈臂神经丛和腰荐神经丛。七鳃鳗无脊神经丛，鱼与有尾两栖类有极简单的脊神经丛；四肢发达的动物，臂、腰荐神经丛明显且发达；蛇的四肢退化，神经丛也消失，哺乳类的非常复杂。

③ 植物性神经　不受意识支配，故称自主神经系统，调节动物体内脏活动和生理机能，又称内脏神经。包括交感神经系统和副交感神经系统。交感神经系统由排在脊柱两侧与胸、腰部脊髓相通的交感神经干和许多交感神经节组成，副交感神经系统由脑、脊髓荐部发出的副交感神经及若干副交感神经节组成，并都有神经分布到心脏、血管、肠等内部器官上，两者之间既相互拮抗又相互协调。

无羊膜动物植物性神经发育不完善，交感和副交感神经或无或有；羊膜动物开始形成了明显的交感和副交感神经系统。

2. 感觉器官

感觉器官是感受器及其辅助结构的总称。感受器是机体接受内、外环境各种刺激的结构，是神经系统不可缺少的组成部分。脊椎动物的感觉器官主要有皮肤、嗅觉、味觉、视觉和听觉等。

① 皮肤感受器　脊椎动物普遍存在，由感觉神经末梢分布于表皮，是最原始的存在方式；进一步则形成触觉细胞或触觉小体；还有特化的温度、压力、触觉及痛觉等皮肤感受器。侧线器官就是高度特化的、具多种功能的皮肤感受器，为圆口类、鱼类、有尾两栖类和无尾两栖类的蝌蚪等所具有。蝮蛇类的颊窝是温度感受器。

② 嗅觉器官　圆口类是单一鼻孔和嗅囊。鱼类一般是 1 对外鼻孔和 1 对嗅囊，除肺鱼外均不与口腔相通。两栖类以后的脊椎动物，都有 1 对内、外鼻孔和二者之间与口腔相通的鼻腔，除有嗅觉外，还能呼吸。羊膜动物内鼻孔后移，鼻腔扩大，爬行动物首次出现鼻甲骨；多数鸟类鼻腔内有 3 个鼻甲骨，但嗅觉退化；哺乳动物的嗅觉器官很发达，除有发达的鼻甲骨外，还有鼻旁窦。

③ 味觉器官　脊椎动物的味觉感受器是椭圆形结构的味蕾，构造大体相似，但分布因种而异。如鱼类的味蕾分布较广，口咽黏膜、身体表面等均有分布。两栖类的味蕾分布在口咽腔黏膜、舌、腭前部和体表。爬行类和鸟类的味蕾数较少，只分布于咽、腭和舌部。哺乳类的味蕾仅限于口腔，主要成群地集中于舌，但也有一些分布在咽部和软腭等处。

④ 视觉器官　脊椎动物的视觉器官包括眼及其辅助结构，从鱼类起，眼的构造基本相似，但随动物适应不同的环境而变化。圆口类由于长期适应半寄生或寄生的生活，眼埋于皮下，角膜不发达，无眼睑、晶状体、虹膜、睫状体和眼腺，只能感光不能辨色。鱼类也无眼腺，无眼睑或有不能动的眼睑，有巩膜和不能变形的晶状体。有尾两栖类无眼睑和眼腺，无尾类具眼腺、能动的下眼睑及瞬膜和不能变形的晶状体。无羊膜类视觉调节均为单重调节。爬行动物开始出现了泪腺，具可动眼睑、可变形的晶状体，视觉调节为双重调节。鸟类的眼大且结构复杂，有发达的眼睑和瞬膜，晶体和角膜均可改变凸度，故视觉调节为三重调节，是脊椎动物中视觉调节能力最强的类群。哺乳类具上、下眼睑，上眼睑比下眼睑更能活动，具眼腺及睫毛，瞬膜不发达，视觉调节和爬行动物一样为双重调节。

⑤ 听觉器官　脊椎动物的听觉器官包括内耳、中耳和外耳 3 部分。

圆口类和鱼类只有内耳，是主管身体平衡的器官。圆口类的内耳只有 1 个或 2 个半规管，椭圆囊和球囊无明显分化。鱼类的内耳具 3 个半规管，椭圆囊和球囊已分开，瓶状囊有出现迹象。低等两栖类的耳和鱼类相似；高等两栖类不仅具完善的内耳，并出现中耳，外被鼓膜，内有 1 块耳柱骨，鼓膜接受声波，经耳柱骨传到内耳。高等两栖类和羊膜动物的耳是主管听觉的器官。爬行动物除少数种类外，均首次出现外耳道雏形，鳄类还出现瓶状囊的延长卷曲，即耳蜗管的雏形。鸟类耳的构造与爬行类基本相似，具外耳道、外耳孔和耳羽，无外耳郭，少数夜行性鸟类听觉发达。哺乳类的内耳弯曲成为耳蜗，中耳内出现 3 块听小骨（镫骨、砧骨和锤骨），外耳除具外耳道外，还发展出耳郭，增强了声波的收集能力。

十一、内分泌系统

脊椎动物的内分泌系统主要由无导管腺体（内分泌腺）和分布于身体许多部位的一些散在的内分泌细胞组成，其分泌物称激素。主要包括脑垂体、甲状腺、甲状旁腺、肾上腺、胰岛、性腺等。

1. 脑垂体

脑垂体位于间脑腹面的卵圆形小体，是动物体内最重要、分泌激素种类最多的内分泌腺，是内分泌腺的中心。

圆口类脑垂体是单叶的。鱼类包括前叶、间叶、过渡叶和神经部，前三者属腺垂体部。两栖类和哺乳类的脑垂体具前、中、后 3 叶，其前、中叶是腺垂体部，后叶是神经垂体部。

爬行类没有结节部，鸟类没有中间部，神经叶和前叶被结缔组织形成的隔分开。

2. 甲状腺

甲状腺普遍存在于脊椎动物各类群中，是机体内最大的内分泌腺之一，其分泌物称甲状腺素。甲状腺素缺乏时，机体生长发育受阻、皮肤干燥、脱毛。

圆口类的内柱是甲状腺的前身。多数鱼类的甲状腺呈小群分散在腹大动脉和部分入鳃动脉上。两栖类、部分爬行类和鸟类为 2 个位于咽下方的实体腺，但龟、蛇类是单个的甲状腺。哺乳类的甲状腺分为左右两叶状，位于气管前端两侧。

3. 甲状旁腺

甲状旁腺位于甲状腺附近，其分泌物称甲状旁腺素，主要调节血液中的钙、磷代谢。圆口类和鱼类无甲状旁腺。两栖类开始有 2 对真正的甲状旁腺，起源于第 3、4 咽囊，呈椭圆形囊状。羊膜类动物多为 2 对，少数为 1 对。

4. 肾上腺

肾上腺位于肾脏附近，包括表层皮质和内部髓质。皮质能分泌皮质素，调节水分和盐的平衡及糖类的代谢，并促进性腺的发育和第二性征的形成。髓质分泌肾上腺素，引起交感神经的兴奋，从而使心跳加快、血糖和血压升高、内脏平滑肌收缩等。哺乳类的肾上腺最为发达。

5. 胰岛

胰脏是大部分脊椎动物体内的一个重要消化腺，包括外分泌腺和散布在其中的内分泌细胞群（即胰岛）。胰岛含有 α 和 β 细胞，α 细胞分泌胰高血糖素；β 细胞分泌胰岛素。胰岛素分泌不足会出现糖尿病。

6. 性腺

脊椎动物的性腺包括卵巢和精巢，不仅能产生生殖细胞，而且还能分泌性激素，以促进性器官发育、第二性征的形成和调节生殖系统的活动与生殖行为。此外，内分泌腺还有松果体、胸腺、消化道内分泌腺和前列腺等。

第二节　脊椎动物各个系统的功能概述

一、皮肤系统

皮肤包被在整个动物体表面，具有保护、防止水分蒸发、感觉、呼吸、运动、排泄、调节体温、储藏养料、分泌和生殖等多种功能。

二、骨骼系统

供肌肉附着，与肌肉、关节构成杠杆运动装置，在动物躯体运动中起杠杆作用；具支持躯体和保护动物体内重要器官的功能；许多骨骼的骨髓是重要的造血器官；还具有维持动物体内钙、磷正常代谢的功能。

三、肌肉系统

肌肉组织有收缩特性，是躯体、四肢运动及体内消化、呼吸、循环和排泄等生理过程的动力来源。如动物躯体完成各种动作、口腔咀嚼、消化和泄殖管道蠕动、血液流动、横膈升降及动眼、动耳、竖毛等活动，都是肌肉收缩运动的结果。

四、消化系统

脊椎动物消化系统的功能是取食、消化、吸收、储存和排出食物残渣。食物经物理（机械）、化学或微生物 3 种消化方式，被分解为能被机体吸收的较简单的物质。蛋白质降解为氨基酸，脂肪分解为脂肪酸和甘油，淀粉降解为葡萄糖。它们由消化管壁吸收入血液和淋巴液，经血液循环运送至身体各部。营养物质被吸收后，剩余的残渣形成粪便排出体外。

五、呼吸系统

动物体通过呼吸系统从外界环境中吸入氧气，通过呼吸器官进行气体交换，使血液得到 O_2，并排出 CO_2，从而维持动物躯体的新陈代谢。

六、循环系统

循环系统是动物体内的物质运输系统，有运输氧气、营养物质、激素和代谢产物、调节机体内环境的稳定（如保持渗透压、氢离子浓度和盐类含量的稳定）、防御和消灭病原微生物及调节体温等功能。

七、排泄系统

排泄系统的功能主要是排出动物体内的尿素、尿酸等含氮代谢废物，且通过排出体内多余的水和离子，或选择性地保留离子，从而维持动物机体内渗透压的平衡和内环境的稳定，保证其正常的生命活动。

八、生殖系统

生殖系统的主要功能是产生精子和卵子，繁殖后代，延续种族和生命。其中有些器官还具有内分泌功能，产生性激素，促进性器官的正常发育和第二性征的出现，从而使两性在形态和生理上出现差别。

九、神经系统和感觉器官

神经系统和感觉器官在控制动物体的生命活动中起主导作用，它一方面维持动物体各器官系统间的协调统一；另一方面又协调机体与外界环境的统一，使有机体成为一个统一的整体并能适应于外界环境。它是信息的储存处，是人类思维活动的物质基础。

十、内分泌系统

内分泌系统是间接支配和调节动物体各种生命活动的控制系统，中枢神经系统则是直接控制系统。腺体分泌的激素，借体液或血液运送到机体各部，并同神经系统共同协调和支配动物机体的各种生理过程，特别是新陈代谢、生长和生殖等活动。

思　考　题

1. 简述脊椎动物皮肤系统的演化历程。
2. 简述脊椎动物脊柱的演化历程。
3. 举例说明脊椎动物的呼吸方式。
4. 比较脊椎动物各纲的心脏结构和血液循环方式。

5. 简述脊椎动物肾脏的演化历程。

6. 举例说明脊椎动物的生殖方式。

7. 简述脊索动物脑的演化过程

8. 简述脊椎动物听觉器官的演化过程。

9. 脊椎动物有哪些感觉器官？各有什么功能。

10. 脊椎动物内分泌系统的功能是什么？主要的内分泌腺有哪些？

11. 概述脊椎动物各纲的起源与演化。

第二十一章 动物的起源和进化

教学重点：动物进化的基础理论；动物进化的例证、进化型式；无脊椎动物和脊椎动物的起源与演化。

教学难点：动物进化的例证、型式；无脊椎动物和脊椎动物的起源与演化。

地球上生存的物种形形色色，种类繁多，并且还在不断地有新物种的产生和旧物种的消失。现存200多万种物种究竟是怎样来的呢？虽然我们都知道生物是进化来的。但是，动物是怎样进化的？动物进化的证据是什么？有哪些动物进化理论？

第一节 进 化 理 论

一、达尔文之前的主要进化思想

最早科学地涉及进化观念的是法国的布丰（George Buffon，1707—1788）。其主要观点包括：①生物为生存而斗争，繁衍速度要超过资源的承受力；②同一类的各物种具有共同的祖先，不同类群的物种没有共同的祖先；③遗传因素及环境因素引起生物演变；④物种之间形态上有变异，不能相互交配，它们之间的关系可根据比较解剖学证据来判断；⑤物种的绝灭是由于它们不能适应正在变冷的地球。布丰是进化思想的先驱者。

布丰之后，19世纪早期的自然科学家提出了其他进化与绝灭的学说，其中著名的是法国的拉马克（Jean Baptiste Lamarck，1744—1829）。他于1809年发表了《动物学的哲学》，首次比较系统地提出了一个进化学说。其基本观点包括：①传衍理论。认为物种是可变的，物种的变异是连续的渐变过程。②进化等级说。认为自然界中的生物存在着由简单到复杂的一系列等级（阶梯）。③进化原因。强调生物内部因素。

拉马克对于动物进化原因的解释可概括为2条法则：①"用进废退"法则，即使用的器官会得到加强，反之，就会退化、削弱，甚至消失。②"获得性遗传法则"，即后天所获得的进步性状可以遗传下去。

拉马克是在神创论占据统治地位的情况下，推翻了物种不变论，创立了系统的进化学说。其环境推动生物进化的观点是正确的，但由于科学发展水平的限制，拉马克的学说存在着明显错误，他过分强调了生物本身意志的作用，许多情况下（如"用进废退"法则）难以在现代遗传学中找到支持或证实；有些观点如"获得性遗传"则证据不充分，自 19 世纪末至今仍在争论之中。总的说来，拉马克是科学的进化论的奠基者。

二、达尔文学说

达尔文（Charles Darwin 1809—1882）经过 20 余年的探索与思考，1859 年发表了他的《物种起源》，提出了以自然选择为核心的进化学说。

达尔文认为：①生物有按几何级数增加的繁殖率。②任何生物必然为生存而斗争。事实上，生物大量繁殖的后代，只有少数得以幸存，这显然是受到了各种自然因素的限制。每种生物为了生存及延续种族，必须争取到所需的食物、营养和日光，能抗御敌害的侵袭，抵抗不良环境的影响等，这就是生存斗争。③变异、遗传和选择是生物进化的三要素。生物普遍存在着变异，在生存斗争中凡具有有利变异的个体，就具有最好的生存机会与繁衍后代的机会，否则就会遭到淘汰。达尔文将这一过程称之为"适者生存"或"自然选择"。通过这种自然选择，经过许多世代，物种的有利变异被定向积累而使该物种不断地逐渐变化而形成亚种或新种，从而推动了生物进化的历程。

达尔文学说以自然的原因来说明生物的适应和合理性，揭示生物进化的必然性，它的科学价值是空前的，其科学论点对当时盛行的神创论、目的论等反科学的谬论是一个沉重的打击。

三、达尔文之后的主要进化思想

19 世纪末到 20 世纪初，出现了多种进化学说，如"突变论"、"新拉马克主义"、"新达尔文主义"、"现代综合论"、"随机论"、"间断平衡论"等。

"突变论"由德弗里斯（De Vries）根据植物的染色体突变提出，即"物种通过突变而产生"。"新达尔文主义"是 20 世纪初由德国学者魏斯曼（A. Weismann）等对达尔文进化论进行修正后提出，强调了自然选择，消除了原达尔文进化论中的拉马克的"获得性遗传"及布丰的"环境直接作用"等。"现代综合论"是把现代遗传学（突变、基因漂移及基因交流）与达尔文的自然选择结合起来作为进化主要机制的思想。20 世纪 70 年代以来，又出现了否认自然选择为进化主要因素而强调纯机会或随机事件在进化中作用的"随机论"和反对渐变的进化模式而强调进化中的跳跃形式的"间断平衡论"。

总之，随着科学技术的进步和新的进化思想的出现，深植人们脑海里的达尔文生物进化思想和进化学说将不断得到修正与完善。

第二节　进　化　证　据

一、比较解剖学的例证

动物的进化可以反映在形态结构上，如同源器官、痕迹器官等。

对于用来飞翔的鸟类的翼、用于游泳的鲸的鳍状肢，用于地下拨土的鼹鼠的前肢及用于握物的人的手臂，从比较解剖的角度分析，其实是同源器官，虽然它们在外形和功能上很不相同，但基本结构和来源上却相同，都是五指（趾）型四肢骨的结构，胚胎发育中有着共同的原基和过程。这种一致性可以证明这些动物有共同的祖先；其外形的差异性则是在演化过程中，适应不同的生活环境，执行不同的生理功能的趋异表现。

退化和失去机能的一些痕迹器官，对动物的进化也提供了有利的证据。例如蟒蛇泄殖腔孔两侧的 1 对角质爪和退化的腰带的存在，证明其祖先应是四足类型的爬行动物。鲸的后肢虽已完全退化，但仍具腰带骨，证明其为次生性水栖哺乳类，其祖先应是哺乳动物。

人的瞬膜、动耳肌、体毛等痕迹器官的存在，表明人类是由具有这些器官的动物进化而来的，但是这些器官因适应不同的生活方式而发生退化。人群中偶有出现动耳肌发达、全身多毛或尾椎长的个体，称之为反祖遗传现象。

二、比较胚胎学的例证

胚胎学是研究个体发育程序及其建立器官机制的学科。胚胎学为生物进化提供了大量的强有力的证据。把脊椎动物各纲的胚胎发育加以比较，不难发现，早期阶段的形态极为相似（图 21-1），都具有颈部的鳃裂和尾，头部较大，身体弯曲，以后逐渐显出差异：在鱼类，鳃裂发育成鳃，而在羊膜动物，早期出现之后即消失。这些现象可以说明鱼等动物和人，都是从古老的共同的始祖演化来的。

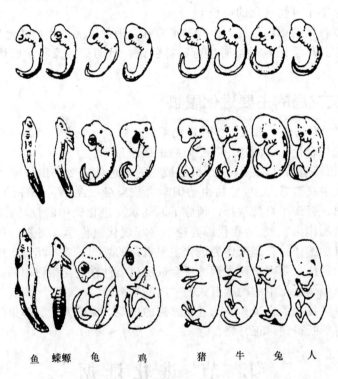

鱼　蝾螈　龟　鸡　猪　牛　兔　人

图 21-1　人和几种脊椎动物胚胎的比较（自 Storer）

每种动物的胚胎发育过程，都简单而迅速地重演了其种系进化历程中的重要阶段，这一现象称"重演论"或"生物发生率"。例如，哺乳动物从一个受精卵发育开始，相当于原生动物阶段；历经囊胚、原肠胚乃至三胚层的胚，这相当于无脊索动物阶段；待出现鳃裂，相当于鱼类阶段；再出现心脏的分隔变化，相当于经历了鱼类、两栖类、爬行类各阶段。

重演论是德国的生物学家赫克尔提出来的，重演现象是生物界的普遍规律。动物胚胎发育常保留祖先的形态，因此，动物学上常可以根据胚胎形态和胚胎发育所经历的阶段来确定动物的系统地位。

胚胎发育的重演并不只限于形态方面，也表现在生理方面。例如，淡水鱼和蝌蚪的排泄物是氨，两栖类成体和哺乳类排出尿素，鸟类和大多数爬行类排泄尿酸。在鸟类的胚胎发育中，早期的含氮排泄物是氨，类似淡水鱼类；稍后排泄尿素，类似两栖类；经过两个短暂的排泄阶段后，变成以尿酸排泄的阶段，类似爬行类。

三、生物化学方面的例证

生物化学方面的研究，为研究生物进化提供了较明确的、定量化的进化证据。

从生物化学的分支学科免疫学的角度证明动物亲缘关系的经典实验是血清免疫反应。按免疫学原理，把作为抗原的一种动物的血清注射到另一种动物的血液中，能够促使后者产生抗体。抗原和抗体结合产生沉淀。沉淀反应的强度，可反映出动物的亲缘关系的远近。例如用人的血清作为抗原注射到兔体内，获得了对人体血清的抗血清，然后再把含这种抗体的兔血清，分别与黑猩猩、大猩猩、长臂猿等几种动物血清混合。结果表明，人和黑猩猩的血清蛋白，在结构和性质上相近似，二者的亲缘关系较近（表21-1）。

表 21-1　兔抗人血清免疫试验（自杨安峰）

测试种类	人	黑猩猩	大猩猩	长臂猿	狒狒	蛛猴	狐猴	刺猬	猪
沉淀量（比值）	100	97	92	79	75	58	37	17	8

血清反应有助于解决动物分类上的一些疑难问题。如兔的一些特征和啮齿类近似，但血清反应则证明它们之间的亲缘关系较远。现在的分类一改过去的啮齿目的归类，而将其另列为兔形目。

生物进化是以生物大分子的进化为基础的。迄今的研究表明，所有的生物的基因都一直以稳定的速率积累着突变，同源蛋白的氨基酸的组成，反映了生物进化中分子结构的这种递进。脊椎动物血红蛋白 β 链氨基酸的差异数，就从一个侧面反映了分子进化的概貌（表21-2）。

表 21-2　各种动物与人血红蛋白 β 链氨基酸组成的差异性（自黄厚哲）

动物种类	大猩猩	长臂猿	罗猴	狗	牛	白鼠	袋鼠	鸡	蛙	七鳃鳗
差异数	1	2	8	15	25	27	38	45	67	125

四、古生物学方面的例证

从地层中发掘出来的生物化石，直接提供了生物进化的证据。如马的化石直接反映了马的进化历程。

最早的马是出现于距今约 5000 万年的第三纪始新世的始新马或始马，体小（高 28cm 左右，大小似现代狐狸）；前肢 4 趾，后肢 5 趾。在距今约 4000 万年的渐新世的渐新马，体形略大于始马，前后肢均为 3 趾，中趾最发达，行走时三趾完全着地。在距今约 2600 万年的中新世，适应分化出几支，其中一支为中新马，被认为是现代马的直接祖先，体形似现代小马，前后趾虽仍为 3 趾，但中趾特别发达，2、4 趾较退化。距今约 200 万年的上新世后期，出现了仅具单趾的现代马（图21-2）。

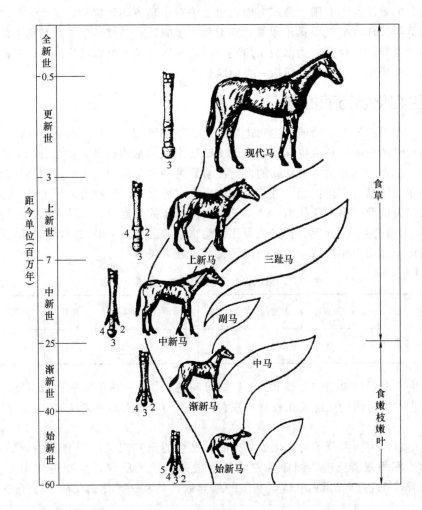

图 21-2　马的进化（仿 Hickman）

第三节　进化型式和进化谱系

一、进化型式

动物的进化可以分为小进化（microevolution）和大进化（macroevolution）两个层次：小进化是种内的个体和种群（居群）层次的进化改变；而大进化则是种和更高分类级别类群的进化。大进化与小进化在物种这个层次上相衔接，实际上，两者也都研究物种的形成和演化。种的形成被认为有两种形式：一是渐进的，进化是匀速的、缓慢的，与此相对应的大进化形式是线系渐变；二是快速的、跳跃的方式，种一旦形成则长期处于进化停滞状态，相对应的大进化形式是间断平衡。生物学家研究的进化主要是小进化，古生物学家主要以化石为对象研究大进化。小进化的研究内容包括个体与群体的遗传突变、自然选择、遗传漂变、迁移等。大进化则研究物种及其以上分类阶元的起源、进化的因素、进化的型式、进化速度以及灭绝的规律与原因等。

　① 线系进化　指以时间顺序为横坐标，物种的形态和功能的改变为纵坐标所结成的线

动物学

378

性关系。倾斜度代表着该线系的进化速度（图21-3）。

② 趋同进化　完全不同的物种或类群，由于生活于极为相似的环境，不对等的器官出现相类似的性状。例如，蝶翅和鸟翼是由不同的器官演变而来的同功器官。

③ 平行进化　不同的类群的动物生活于极为相似的环境中，对等的器官出现相似的性状或相似的行为。例如灵长目的长臂猿和贫齿目的树懒都营树栖生活，都发展了悬挂的器官——长臂和钩爪。

④ 停滞进化　物种在很长的时间中无前进进化也无分支进化。如鲎、鹦鹉螺等一些物种在几百万年间几乎无改变，称为活化石。

⑤ 趋异进化和适应辐射　趋异进化也叫分支进化，是指同一祖先分支出2个或多个线系的进化型式。适应辐射也表现为同一祖先线系的分支，但强调原始物种在短时间内经辐射扩展出许多新的物种而侵占了许多新的不同的生态位。如在真兽亚纲中，从最原始的食虫目经辐射发展而产生出游泳的鲸、飞翔的蝙蝠、树栖的猿猴、掘土的鼹鼠。由适应辐射"快速"拓展的例子很多，如在距今6.5亿~7亿年间，世界各大陆的许多地方，差不多在同一时期的地层中发现多种多样的后生无脊椎动物。哺乳动物大部分的目是在白垩纪末到第三纪初之间迅速产生的。

⑥ 不可逆律　动物在进化过程中所丧失的器官，即使后代回到了祖先的生活环境，也不会失而复得。例如，陆生脊椎动物是用肺呼吸的，鳖、鲸、海豚等在水中生活，又回到了它们的祖先的生活环境，它们的呼吸器官只能是肺，不可能再回复鳃的结构。同样，已演变的物种也不可能回复其祖型，已灭绝的物种不会再重新出现。

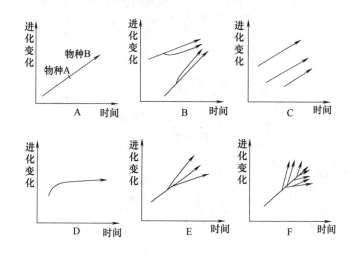

图 21-3　不同的进化型式
A. 线系进化；B. 趋同进化；C. 平行进化；D. 停滞进化；E. 趋异进化；F. 适应辐射

二、进化谱系

动物的进化可以以树的形式表示。从树根到树顶代表着地质时间的延续。主干代表着各级共同的祖先，分支代表着各个类群的进化线系。树的基部是最原始的种群，沿着树干往上走，种类越来越高等，各支的末梢，就是现在的分类群（图21-4）。动物的进化遵循着一定的规律。

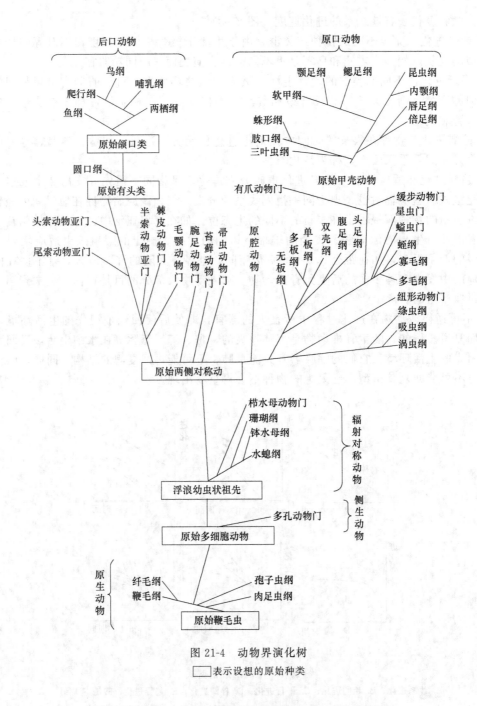

图 21-4　动物界演化树

▢ 表示设想的原始种类

第四节　无脊椎动物的演化简述

　　海绵动物是古老的多细胞动物，出现在寒武纪早期，占据了古生代海洋大量的礁石、暗礁。海绵从远古走来经过漫长的历史变化很少。现在的海绵动物和其化石差别不大，具有许多原始性特征。如体型多不对称，没有真正组织，没有口和消化道等器官系统，细胞分化较多，许多机能主要由细胞完成。与原生动物相似较多（细胞内消化、呼吸排泄及渗透调节机制）。又由于其体内具发达的、与原生动物领鞭毛虫相似的领细胞，因此一般认为海绵是很早由原始的群体领鞭毛虫（类似原绵虫）发展来的一个侧支。而且海绵在多细胞动物中首次出现滤食性取食功能；具有动态的组织（由原细胞移位、分化为另种细胞形成的稳定组织重排）和细胞全能性等特征，说明海绵动物也是处于原生动物和后生动物之间的中间类型。另外，海绵动物具独特的水沟系，个体发育有逆转现象，这些与其他后生动物不同，说明海绵的发展道路不同于其他后生动物。

腔肠动物起源于像浮浪幼虫样的祖先。从个体发育看，一般海产腔肠动物都经过浮浪幼虫阶段，按梅契尼柯夫所假设的群体鞭毛虫，细胞移入后形成两胚层的动物，发展成腔肠动物。传统的水母型学说认为最早的腔肠动物是水母型。由浮浪幼虫样祖先，产生触手和口，形成像放射幼虫样的动物；放射幼虫样动物，固着、底栖，行无性出芽生殖，产生水螅型群体，它再经出芽生殖产生水母型个体。由上述可见，水螅纲是最低等的一类，水螅纲的水母型是最早出现的腔肠动物。由原始的水螅纲的水母型祖先发展成现代的水螅纲动物。水螅纲水母型祖先的一支向远洋深海发展，形成水母型趋于大型、结构复杂、适于漂浮生活的钵水母纲；另一支向水螅型幼体适于固着生活方向继续发展演化成珊瑚纲。

扁形动物的起源存在多种学说。格拉夫（Graff）认为扁形动物的祖先是浮浪幼虫样的，像浮浪幼虫的祖先适应爬行生活后，体形扁平，神经系统移向前端，原口留在腹方，而演变为涡虫纲中的无肠目。吸虫的神经、排泄等系统的形式与涡虫纲单肠目极为相似；部分涡虫营共栖生活，纤毛和感觉器官趋于退化，与吸虫很相似，而吸虫的幼虫时期也有纤毛，寄生后才消失。因此，吸虫纲无疑是由涡虫纲适应寄生生活的结果而演变来的。绦虫纲的起源问题有两种看法：一种认为它是吸虫对寄生生活进一步适应的结果；一种认为绦虫起源于涡虫纲中的单肠目，因为它们的排泄系统和神经系统都很相似，而且单肠目中有借无性繁殖组成链状群体的现象，这和绦虫产生节片的能力可能有关系。

假体腔动物是从无体腔的扁形动物祖先发展来的。现存的假体腔动物——轮虫，既有假体腔动物特征，又有无体腔动物的一些特征，如体前端有纤毛，原肾管与一些淡水涡虫很相似，卵巢和卵黄腺也有相似之处，说明可能来源于最早的两侧对称的后生动物的祖先。腹毛类的特征也说明了假体腔动物与原始涡虫类的关系。

环节动物和涡虫的胚胎发育都经过螺旋型卵裂；环节动物多毛纲的担轮幼虫和扁形动物的牟勒氏幼虫很相似；有些环节动物较原始的多毛类还保持了具有管细胞的原肾管，这与扁形动物的焰细胞的原肾管在本质上相同；涡虫纲三肠目有些涡虫的神经、肠、生殖腺均有类似分节的表象。因此，一般传统认为环节动物起源于扁形动物的涡虫纲。在现存的 3 个纲中，多毛类比较原始。寡毛类是从多毛类较早分出的一支，适应陆地穴居生活，头部感官退化，无疣足而有刚毛。蛭类可能是由原始寡毛类演化而来。

软体动物与环节动物、星虫和螠虫有着共同的起源，发育过程都经历螺旋卵裂、担轮幼虫期，排泄器官为后肾管。一些动物学家认为，软体动物是由身体分节的祖先演化而来的，在后来的长期演化中，软体动物体节消失，出现了贝壳，运动器官和神经感官均趋于退化。也有观点认为软体动物和环节动物共同起源于扁形动物样的祖先。还有学者提出软体动物是由身体不分节的动物演化而来的，和星虫是姐妹类群。比较解剖学、胚胎学和古生物学的证据显示，软体动物的祖先可能是早寒武纪时代生活于海底的蠕虫状动物。无板纲是软体动物中最原始的类群，是贝壳形成前演化形成的一支，是软体动物最早分出来的一个类群。单板纲和多板纲是无板纲之后，各自独立发展出来的两个类群。掘足纲和双壳类是软体动物进化里程中朝着缓慢运动、适应底埋生活方式演化的类群。腹足类和头足类原始种类都具有卷曲的壳，表明它们是姐妹类群，是软体动物进化里程中朝着快速运动的方向进化的类群。

节肢动物的种类如此繁多，它和其他动物之间以及本身各类群之间的亲缘关系，一直是学者们研究和争辩的热门课题。近 200 年来，主流的看法认为节肢动物和环节动物有着共同的祖先，是由前寒武纪有体腔、身体分节的原口动物发展而来。可能一支向原始的环节动物演化，具有侧面生长的疣足。另一支向原始的节肢动物发展：附肢更靠近腹面；随着外骨骼的硬化，体腔失去其在运动中的作用而退缩；身体前面的几个体节逐渐愈合，其附肢形成口器。根据化石和几个核基因以及线粒体基因的分子研究，新近的看法认为节肢动物的祖先是类似甲壳类而形态上有多种分化的动物，此后它们分别进化为其他几个类群的动物。

棘皮动物体呈辐射对称，但它们的幼虫为两侧对称，因此辐射对称是次生的。因此有人认为棘皮动物起源于两侧对称的对称幼虫，对称幼虫具有 3 对体腔囊，且形态结构与现存棘皮动物幼虫类似。也有一些人认为棘皮动物的祖先为固着生活的五触手幼虫，这些幼虫也是两侧对称体形，具 3 对体腔囊和 5 条中空触手。后来适应于这种生活，其体形逐步转化为辐射对称；后来大部分种类营自由生活，但其体形仍保持着辐射对称。海百合纲为最古老的一类，出现于寒武纪，泥盆纪以后逐渐衰落。它们大多数营固着生活。海星纲与蛇尾纲体形一致，均为五辐射对称，具有中央盘和腕，这两类的演化关系较为接近。海胆纲与蛇尾纲的幼虫均为长腕幼虫，在结构上相似，两者关系较近；而海胆与海参的步带板均位于口与肛门两极之间，由于步带板和间步带板向上包，反口面仅存肛门周围的区域，显示海胆纲与海参纲处于同一分类支上，表明海胆是系统发育中处于海参与蛇尾之间的一个类群。海参纲其体呈蠕虫状，两侧对称，口与肛门位于体的前后两端，是棘皮动物中特殊的一类。

棘皮动物不同于大多数无脊椎动物，而与脊索动物一样，同属后口动物。次生体腔由肠腔囊发育形成，中胚层产生内骨骼，这也是脊索动物的特征。海参纲的耳状幼体与半索动物肠鳃类的柱头虫幼虫在结构上非常相似，这说明了棘皮动物和半索动物间的亲缘关系。因此棘皮动物是无脊椎动物中与脊索动物最为相近的类群。

第五节　脊索动物的起源和演化

一、原索动物的起源

由于现存的最低等脊索动物体内没有坚硬的骨骼，迄今尚未发现它们的化石祖先。关于脊索动物的起源问题主要依据比较解剖学和胚胎学的证据来分析推测。脊索动物和无脊椎动物之间是有显著区别的，此外，从比较生化学上看，无脊椎动物具精氨酸而不具肌酸，脊索动物则不具精氨酸而具肌酸。一般认为脊索动物起源于无脊椎动物中的棘皮动物和半索动物，即棘皮动物说，理由是：

① 棘皮动物和半索动物均是后口动物；
② 棘皮动物和半索动物的中胚层都是以肠体腔囊法形成的；
③ 棘皮动物幼虫（短腕幼虫）与半索动物幼虫（柱头幼虫）形态结构极为相似；
④ 棘皮动物和半索动物的肌肉中同时含有精氨酸和肌酸。

从这些共同特征可见棘皮动物和半索动物之间、棘皮动物和半索动物与脊索动物之间有比较近的亲缘关系，处于无脊椎动物和脊索动物之间的过渡地位。这表明脊索动物与棘皮动物可能来自共同的祖先。推测脊索动物的祖先可能类似尾索动物的幼体，具有脊索、背神经管和鳃裂，可称为原始无头类。它发展出两个特化支：一是经过变态，成体为固着生活，具鳃裂作为取食和呼吸器官，即尾索动物；另一个方向是半自由活动的头索动物。其主干动物通过幼体期延长和幼体性成熟的方式适应新的生活环境，不再变态，产生生殖腺并进行繁殖，进而发展出自由运动的脊椎动物。

在加拿大不列颠哥伦比亚的伯尔吉斯页岩中发现了寒武纪中期的一种动物的化石，命名为皮克鱼（图 21-5），身体鱼形，约 5cm 长，具有脊索和"＜"形分节的肌节，与文昌鱼很相似。毫无疑问它是一个脊索动物，但在缺乏其他相关化石的情况下，不大可能确定它与最早的脊椎动物的关系。

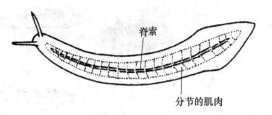

图 21-5　皮克鱼

中国学者于 1999 年在澄江生物群化石中发现了"始祖长江海鞘"标本，经研究被认为是距今 5.3 亿年的、已知的最古老的尾索动物。由于这一标本为海洋特定环境条件下的"泥暴"快速活埋，使其软体构造得以保存完好。"始祖长江海鞘"的构造同现存的海鞘动物极为相似，由上下两部分组成。它既有尾索动物的过滤取食系统，同时还残留着其祖先的取食触手，这对于进一步探寻脊椎动物起源具有十分重要的意义。澄江生物群化石中发现的华夏鳗十分像现代的文昌鱼，但却比皮克鱼早了 1000 万年，它的最重要的特征是咽鳃裂，据推测是最早的原索动物（图 21-6）。

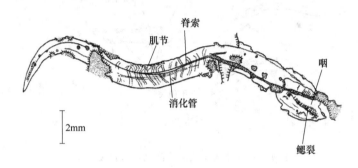

图 21-6　华夏鳗

二、脊椎动物的起源和演化

脊椎动物的演化可以分为 3 个阶段：第一阶段为水中的演化——鱼类的演化；第二阶段为从水中到陆上的演化——两栖类的演化；第三阶段为陆上的演化——爬行类、鸟类和哺乳类的演化。

（一）圆口纲和鱼类的起源和演化

原始无头类的主干发展出原始有头类，即脊椎动物的祖先。原始有头类可分为 2 支演化：一支无上下颌——无颌类，它们是脊椎动物中最原始的类别，如出现于古生代奥陶纪的甲胄鱼，兴盛于志留纪和泥盆纪，它们的身体外被笨重的骨甲，由于不能很好地适应生存环境，不久就被淘汰。现存的只有七鳃鳗和盲鳗等少数种类，因无上下颌而营半寄生生活。另一支产生了上下颌——颌口类，能主动地生活，即为鱼类的祖先（图 21-7）。

圆口类的起源和进化情况目前还不太清楚。但从其身体结构特点来看，圆口类和奥陶纪、志留纪的甲胄鱼有许多相似之处，如无偶鳍、无上下颌、鼻孔单个等，所以，有人认为，圆口类可能和甲胄鱼有共同的起源，甲胄鱼在泥盆纪灭绝，而圆口类则留存至今，成为脊椎动物中特化的一类。另一方面，七鳃鳗的幼鱼（沙隐虫）同文昌鱼很相近，所以，圆口类与原索动物之间也存在着较近的亲缘关系。

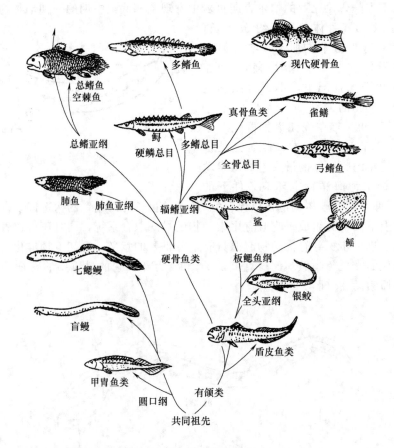

图 21-7　圆口纲和鱼类的演化树（自姜云垒）

最早的原始有颌鱼类是棘鱼类和盾皮鱼类，出现于古生代的志留纪，兴盛于泥盆纪，至早二叠世和石炭纪绝灭。

在志留纪及泥盆纪，还分化出原始软骨鱼类，如裂口鲨，形状似现代鲨鱼，体被盾鳞，歪尾型，它们是现代鲨鱼的始祖。

由古软骨鱼类演化为原始的硬骨鱼类，它们可能是志留纪后期与棘鱼类相近的种类演化来的。原始的硬骨鱼类一支进化为辐鳍亚纲，另一支进化为总鳍亚纲和肺鱼亚纲。古代辐鳍亚纲以鲟总目的鱼类为代表。中生代空棘目的水神鱼，被认为是总鳍亚纲的活化石。双鳍肺鱼可认为是肺鱼亚纲的祖先。

（二）两栖类的起源和演化

从水栖生活转入陆栖生活，古总鳍鱼类具有内鼻孔，偶鳍的结构和五指（趾）型的四肢相似，后来由于环境的变化，逐渐演变为原始的两栖类（图 21-8）。最早出现的两栖类代表是晚泥盆世的鱼石螈，由鱼石螈演化出坚头类，坚头类在石炭纪曾经大量辐射发展，产生了多种不同的类群，其中包括迷齿类和壳椎类（晚二叠世绝灭）；迷齿类是石炭纪和二叠纪两栖动物的演化主干，由迷齿类进一步演化出四足脊椎动物。但由于缺少中间环节和过渡类型的化石，现代生存的两栖类的 3 个目的来源和相互关系还是一个谜。目前一般的看法是现存两栖类与祖先两栖类的亲缘关系较远，现存两栖类必定有较高的起源形式。

石炭纪和二叠纪是两栖类最繁盛的时代，这两个纪被称为两栖动物时代。

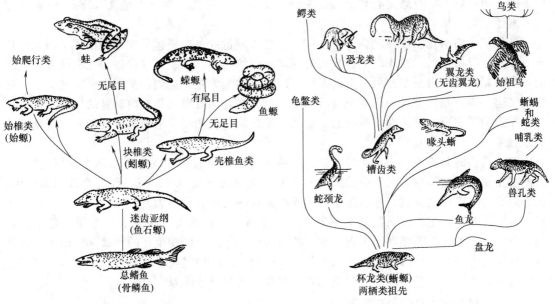

图 21-8　两栖类的演化树（自姜云垄）　　　图 21-9　爬行类的演化树（自姜云垄）

（三）爬行类的起源和演化

爬行动物起源于石炭纪末期古代迷齿类两栖动物（图 21-9）。美国德克萨斯州西蒙城发现的蜥螈（或称西蒙龙）可以算是两栖类和爬行类之间的类型；它具有两栖纲与爬行纲之间的明显过渡特征，如颈部不明显似两栖类，而枕骨髁、脊柱和附肢骨与爬行类相似。

古生代石炭纪至中生代三叠纪出现的杯龙类是爬行类祖先的基干，所有的各类爬行动物都直接或间接的为杯龙类的后裔。杯龙类经过长期的演化发展，至三叠纪出现了真正的恐龙；在整个中生代，恐龙在陆地上大量繁衍，并且演化出一些行动灵活、形体巨大的种类，在陆地上占据优势地位达 1.2 亿年之久；与此同时，海中的鱼龙和蛇颈龙、空中的翼龙也相应成为海洋和天空中的优势动物，使中生代成为爬行动物时代。

杯龙类在二叠纪发展演化出两大支系：一支为下孔类，包括盘龙类、兽孔类，并由此演化出了哺乳类；另一支为蜥形类，包括无孔类、双孔类及调龙类和鱼龙类，由初龙类（较进化的双孔类）演化出了鸟类。

在白垩纪末期，恐龙全部灭绝，没有留下后代。存活至今的只有蛇类、蜥蜴类、龟鳖类和棱齿蜥类。

（四）鸟类的起源和演化

鸟类和爬行类在形态上有许多相似的地方，如皮肤干燥，缺乏腺体，羽毛和鳞片同源，头骨都有一个枕骨髁，产大型的羊膜卵，体内受精等，可以说明它们之间具有一定的亲缘关系。化石始祖鸟全身被羽，前肢为翼，但尾长，指端具爪，具齿，这些特征，可进一步说明鸟类是从爬行类进化来的。

目前，鸟类起源于爬行类已成为共识，但究竟起源于哪类爬行动物，还没有定论，主要有两种假说：一种是"兽脚类恐龙假说"，认为现在的鸟类是蜥臀目的小型兽脚类虚骨龙类的直接后裔；另一种是"槽齿类假说"，认为鸟类是由槽齿目的假鳄类进化而来。而最近在我国辽西所发现的几种带羽毛或毛发的恐龙（如中华龙鸟、原始祖鸟和尾羽鸟等），以有力的证据证明鸟类确实与恐龙有着密切的关系，支持了"鸟类起源于恐龙说"，而"槽齿类假说"则逐渐处于被动地位。

鸟类最早的祖先出现在晚侏罗世之前，在晚侏罗世或早白垩世早期鸟类出现了两大演化支系：一是以始祖鸟、孔子鸟等为代表的蜥鸟亚纲的鸟类，二是以辽宁鸟为先驱的今鸟亚纲的鸟类。蜥鸟类在白垩纪得到了空前发展，以树栖类型为主，但到白垩纪末全部绝灭了。辽宁鸟是迄今为止在已发现的侏罗纪鸟类中唯一具有胸骨龙骨突又具有前胸骨的鸟类，龙骨突的存在表明了相当的进步性，而前胸骨则是原始性状，说明辽宁鸟与爬行类祖先有着密切的关系。

关于鸟类的起源方式，有两种假说：一种是树栖起源假说，认为原始鸟类在树上攀援，逐渐过渡到短距离滑翔，滑翔中前肢发展成了可以扇动空气的翼；另一种是奔跑起源假说，认为原始鸟类以双足奔跑，前肢用于助跑或网捕食物而逐渐发展为翼。

新生代开始，是现代鸟类适应辐射时期。在新生代初鸟类迅速发展，占领了各生态领域，现生鸟类的所有类型都已出现。到第四纪时，90％以上的现生鸟的种属都已出现。雀形目是现生鸟类中最成功的一支，大约五分之三的现生鸟类种类属于雀形目。

迄今为止，我国是发现今鸟亚纲化石最多和时代最早的国家。

（五）哺乳类的起源和演化

哺乳类的起源比鸟类早，是在古生代由原始爬行动物演化而来的，其祖先是兽齿类爬行动物。兽齿类最初出现于晚石炭世，繁盛于二叠纪中期至三叠纪，其特征既具原始性而与杯龙类相似，又有些进步性而与哺乳类相似，如四肢下移至腹面、合颞孔、牙槽生、异型齿、胎生哺乳等。兽齿类包括多结节齿类和三结节齿类。代表动物化石有三叠纪的犬颌兽（南非）和卞氏兽（云南）。

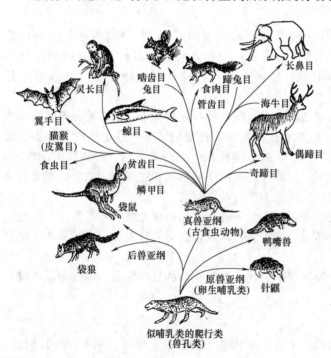

图 21-10　哺乳类的演化树（自姜云垒）

一般认为哺乳动物是多系起源的，即原兽亚纲起源于三叠纪末的多结节齿类；后兽亚纲、真兽亚纲起源于侏罗纪某些古兽类（三结节齿类）。

哺乳类进化历经 3 个基本阶段：①中生代侏罗纪，由三结节齿类演化出古兽类，以及后来灭绝的三齿兽类和对齿兽类，此阶段多结节齿类还很兴旺；②白垩纪古兽类演化出后兽亚纲和真兽亚纲；③新生代早期，多结节齿类绝灭，单孔类化石出现；真兽类在生存斗争中取得优势，并出现了适应辐射，产生了众多的化石和现生类型，如有趾类、啮齿类、鲸类及灵长类等。

（六）人类的起源和演化

灵长目起源于食虫类祖先，可能在白垩纪时已出现。而最近在我国长江下游江苏溧阳发现的 4500 万年前（始新世中期）的中国曙猿，被认为是高级灵长类动物——类人猿（包括猴、猿及人本身）的祖先。高级灵长类分化为两支：一支为阔鼻猴类，又称新大陆猴类；另一支为狭鼻猴类，又称旧大陆猴类。至渐新世晚期，狭鼻猴类中的埃及古猿有两个主要支系：一支经早中新世的维多利亚猴发展为现代的猴超科（猕猴、狒狒等）；另一支为人猿超科，发展为现代的猿类和人类。

从古猿下地到直立行走且能制造工具的真人，一般认为是从南方古猿演化而来，最早的真人称为能人（250 万～160 万年前），经直立人（猿人）（180 万～30 万年左右），到古代型智人（30 万～10 万年前），最终到具现代解剖学特征的晚期智人（约 10 万年前开始出现）。

人类史前时代存在着 4 个关键性的阶段。第一阶段是人的系统（人科）本身的起源，就是在大约 700 万年前，类似猿的动物转变为双足直立行走的物种。第二个阶段是这种两足行走动物的适应辐射。在距今 200 万～700 万年之间，两足猿演化成许多不同的物种，每一个物种适应于略有差别的生态环境。在这些不同的物种之中，在距今 200 万～300 万年之间，发展出脑子明显增大的一个物种。脑容量增加标志着第三个阶段——人属出现，人类的这一支以后发展成直立人和最终的智人。第四阶段是现代人的起源，就是像我们这样具有语言、意识、艺术想象力和技术革新能力的人的进化。

人类起源于非洲。关于"人是如何扩散到其他大陆"存在两种极不相同的假说："多地区进化假说"和"单一起源假说"。

"多地区进化说"认为现代智人从原先分布于旧大陆各地的早期智人进化而来。现代人类种族所表现出来的地区多样性是直立人走出非洲后的 100 多万年里形成的，在这个过程中相邻种群之间的通婚为人类的基因在不同地域间的流动提供了通道，使得所有现代人之间的基因极为相似。根据这个假说，不同地区的现代智人是平行地从各地区的直立人进化到早期智人，再进化到现代人——晚期智人。根据这种假说，中国人是由 100 多万年前走出非洲的直立人连续进化而来的，同时也有少量与境外人群的杂交，也就是说，约 50 万年前的北京猿人是中国人的祖先。尼安德特人是今天欧洲人的祖先。

与多地区进化假说完全不同的是"单一起源假说"。这个假说认为现代智人是从非洲的一个单一的古老种群起源的。单一起源假说的主要证据来源于对人类线粒体 DNA 分析的分子生物学数据。

20 世纪 80 年代，美国遗传学家研究了来自世界各地的妇女胎盘中的线粒体 DNA，发现非洲的变异最多。因此提出了线粒体夏娃假说，这个假说支持单一起源假说。夏娃假说认为，现代智人全部来源于一个大约 15 万年前生活在非洲的女性，她的后代中有一部分在大约 10 万年前走出非洲，来到亚洲和欧洲，并完全取代了当地的土著，最终发展成现在的人类。根据这个假说，尼安德特人和其他非洲以外的化石古人类是进化的盲端，而非现代智人的祖先，他们最终都被从非洲走出的夏娃的后代完全取代了。

事实上，多地区进化假说和单一起源假说都同意人类起源于非洲，关键的不同是：前者认为人类只走出非洲一次（100 多万年前的直立人）；后者认为人类走出过两次，并且第二次（10 万年前的智人）才具有特别重要的意义，是我们的直系祖先。

关于这两个假说哪个正确至今仍存在很多争论，主要集中于化石证据和分子生物学数据之间的差别。因此，现代智人的起源仍有待于进一步研究。

思　考　题

1. 简述达尔文进化理论的主要内容。

2. 生物进化的证据包括哪些方面？举例说明。

3. 影响小进化的主要因素有哪些？

4. 自然选择是如何在小进化过程中起作用的？

5. 种形成的方式有哪些？

6. 简述地球历史上生物进化的主要阶段。

7. 什么是进化革新事件？举例说明。

8. 大进化的型式有哪些？举例说明。

9. 试述渐变型式与断续平衡型式的区别。

10. 如何理解生物大爆发和集群绝灭在地球生命进化史中的"周期"更替现象？

11. 概述人类的起源。

参 考 文 献

[1] Cavalier-Smith T. Only six kingdoms of life. Proceedings of the Royal Society (Series B): Biological Sciences, 2004, 271: 1251-1262.

[2] Ereskovsky A V. The Comparative Embryology of Sponges. Berlin: Springer, 2010.

[3] Feduccia A. The Origin and Evolution of Birds. New Haven: Yale University Press, 1996.

[4] Hickman C P, Robert L S, Larson A. Integrated Principles of Zoology. Eleventh Edition. Boston: McGraw Hill Higher Education, 2001.

[5] Muller W E G. Sponges (Porifera). Berlin: Springer, 2003.

[6] Miller S A, Harley J P. Zoology. Sixth Edition. New York: McGraw Hill Higher Education, 2005.

[7] Mahdokht Jouiaei, Angel A. Yanagihara, Bruno Madio, Timo J. Nevalainen, Paul F. Alewood and Bryan G. Fry. Ancient Venom Systems: A Review on Cnidaria Toxins. 2015, 7, 2251-2271.

[8] Prasad S N. Life of Invertebrates. New Delhi: Vikas Publishing House PVTLTD, 1980.

[9] Paul C R C, Smith A B. The early radiation and phylogeny of echinoderms. Biol. Rev., 1984, 59: 443-481.

[10] Patterson D J. Free-Living Freshwater Protoaoa: A Colour Guide. London: Manson Publishing, 1996.

[11] Pechenik J A. Biology of Invertebrates. Fourth Edition. Boston: McGraw Hill Higher Education. 2000.

[12] Sundar V C, Yablon A D, Grazul J L, et al. Fibre optical features of a glass sponge. Nature, 2003, 424 (21): 899-900.

[13] Smith A B. The pre-radial history of echinoderms. Geological Journal, 2006, 40: 255-280.

[14] Primack B. 保护生物学概论. 祁承经, 译. 长沙: 湖南科学技术出版社, 1996.

[15] 柴同杰. 动物保护及福利. 北京: 中国农业出版社, 2008.

[16] 曹玉萍, 程红. 动物学. 北京: 清华大学出版社, 2008.

[17] 陈兴保. 现代寄生虫病学. 北京: 人民军医出版社, 2002.

[18] 陈伟庭, 李东风. 中国林蛙早期胚胎发育观察. 华南师范大学学报: 自然科学版, 2005, (3): 36-41.

[19] 堵南山等. 无脊椎动物学教学参考图谱. 上海: 上海教育出版社. 1998.

[20] 费梁, 胡淑琴, 叶昌媛, 黄永昭等. 中国动物志两栖纲 (上卷). 北京: 科学出版社, 2006.

[21] 费梁, 胡淑琴, 叶昌媛, 黄永昭等. 中国动物志两栖纲 (中卷). 北京: 科学出版社, 2009.

[22] 费梁, 胡淑琴, 叶昌媛, 黄永昭等. 中国动物志两栖纲 (下卷). 北京: 科学出版社, 2009.

[23] 费梁, 叶昌媛, 江建平. 中国两栖动物彩色图鉴. 成都: 四川科学技术出版社, 2010.

[24] 冯昭信. 鱼类学: 第2版. 北京: 中国农业出版社, 2000.

[25] 顾德兴. 普通生物学. 北京: 高等教育出版社, 2000.

[26] 洪惠馨, 李福振, 林利民, 应敏. 我国常见的有毒海洋腔肠动物. 集美大学学报: 自然科学版, 2004, 9 (1): 32-41.

[27] 侯林, 吴孝兵. 动物学. 北京: 科学出版社, 2007.

[28] 胡泗才, 王立屏. 动物生物学. 北京: 化学工业出版社. 2010.

[29] 胡锦矗, 吴毅. 脊椎动物资源及保护. 成都: 四川科学技术出版社, 1998.

[30] 江静波. 无脊椎动物学. 北京: 高等教育出版社, 1985.

[31] 姜云垒, 冯江. 动物学. 北京: 高等教育出版社, 2006.

[32] 姜乃澄, 丁平. 动物学. 杭州: 浙江大学出版社, 2007.

[33] 江建平, 谢锋, 臧春鑫等. 中国两栖动物受威胁现状评估. 生物多样性, 2016, 24 (5): 588-597.

[34] 蒋志刚, 马勇, 吴毅等. 中国哺乳动物多样性. 生物多样性, 2015, 23 (3): 351-364.

[35] 李兆英, 吕倩, 辛蕾, 王海峰. 腔肠动物的毒素. 生物学通报, 2006, 41 (6): 21-22.

[36] 李鹄鸣, 王菊凤. 经济蛙类生态学及养殖工程. 北京: 中国林业出版社. 1995.

[37] 廖峻涛, 陈自明, 陈明勇. 动物学野外实习指导. 第2版. 北京: 高等教育出版社, 2009.

[38] 刘凌云, 郑光美. 普通动物学. 第4版. 北京: 高等教育出版社, 2011.

[39] 刘敬泽, 吴跃峰. 动物学. 北京: 科学出版社, 2014.

[40] 刘鹏, 刘恒, 张德成, 赵文阁. 东北林蛙的两性异形和抱对个体的形态相关性. 动物学杂志, 2013, 48 (2): 188-192.

[41] 刘鹏, 于东. 动物学实验指导. 长春: 东北师范大学出版社. 2012.

[42] 陆承平. 动物保护概论. 第2版. 北京: 高等教育出版社, 2004.

［43］　南开大学. 昆虫学. 北京：高等教育出版社，1984.

［44］　南京农业大学. 生物学基础. 北京：中国农业出版社，2000.

［45］　潘晓赋，周伟，周用武，江桂盛. 中国两栖类种群生态研究概述. 动物学研究，2002，23（5）：426-436.

［46］　任淑仙. 无脊椎动物学. 北京：北京大学出版社，2007.

［47］　沈蕴芬. 原生动物学. 北京：科学出版社，1999.

［48］　王晓红，王毅民，藤云业，张学华. 海绵动物骨针研究简介. 岩矿测试，2007，26：404-408.

［49］　王春仁. 黑龙江省动物寄生虫与寄生虫病防治. 哈尔滨：黑龙江科技出版社，2002.

［50］　王吉昌，刘鹏，赵文阁等. 硝基苯对黑龙江林蛙蝌蚪生长发育的毒性效应. 中国农学通报，2009，25（24）：472-475.

［51］　王慧，崔淑珍. 动物学. 北京：中国农业大学出版社，2006.

［52］　王平等. 简明脊椎动物组织与胚胎学. 北京：北京大学出版社，2004.

［53］　王献溥，刘玉凯. 生物多样性的理论与实践. 北京：中国环境科学出版社，1994.

［54］　温涛，谢锋，江建平等. 中国有尾两栖动物的多样性保护及俗名探析. 水利渔业，2005，25（2）：64-66.

［55］　温安祥，郭自荣. 动物学. 北京：中国农业大学出版社，2014.

［56］　吴相钰，陈阅增. 普通生物学. 第 2 版. 北京：高等教育出版社，2005.

［57］　武汉大学，南京大学，北京师范大学. 普通动物学. 第 2 版. 北京：高等教育出版社，1989.

［58］　武正军，李义明. 两栖类种群数量下降原因及保护对策. 生态学杂志，2004，23（1）：140-146.

［59］　伍汉霖，金鑫波. 我国的毒鱼类. 上海水产大学学报，2001，2：38-40.

［60］　夏玉国，赵文阁，刘鹏等. 桓仁林蛙和桓仁产东北林蛙的染色体组型. 动物学杂志，2006，41（5）：103-106.

［61］　肖蘅，叶辉. 动物学野外实习指导. 第 2 版. 北京：高等教育出版社，2012.

［62］　谢从新. 鱼类学. 北京：中国农业出版社，2010.

［63］　谢桂林，杜东书. 动物学. 上海：复旦大学出版社，2014.

［64］　徐润林. 动物学. 北京：高等教育出版社，2013.

［65］　许崇任，程红. 动物生物学. 第 2 版. 北京：高等教育出版社，2008.

［66］　颜重威，赵正阶，郑光美等. 中国野鸟图鉴. 台北：翠鸟文化出版社，1996.

［67］　杨玉英，李士泽. 兽医卫生检验学. 哈尔滨：东北林业出版社，2004.

［68］　杨安峰，程红，姚锦仙. 脊椎动物比较解剖学. 第 2 版. 北京：北京大学出版社，2008.

［69］　杨利国. 动物繁殖学. 北京：中国农业出版社，2003.

［70］　张凤瀛，廖玉麟. 中国经济动物志. 棘皮动物门. 北京：科学出版社，1963.

［71］　张训蒲. 普通动物学. 第 2 版. 北京：中国农业出版社，2009.

［72］　张雨奇. 动物学. 长春：东北师范大学出版社，1998.

［73］　张龙霄，刘珠果，戴秋云. 刺毒鱼毒素研究进展. 生命的化学，2013，33（5）：571-57.

［74］　张恩权. 两栖爬行动物的异地保护. 野生动物，2006，27（6）：41-43.

［75］　张劲硕，张帆. 脊索动物. 南京：江苏凤凰科学技术出版社，2014.

［76］　赵尔宓. 中国濒危动物红皮书：两栖类和爬行类. 北京：科学出版社，1998.

［77］　赵文阁，刘鹏，陈辉. 黑龙江省两栖爬行动物志. 北京：科学出版社，2008.

［78］　赵文阁，刘鹏，高智晟. 脊椎动物学野外实习教程. 哈尔滨：黑龙江人民出版社，2010.

［79］　赵文阁，徐纯柱，刘鹏，刘志涛. 黑龙江脊椎动物检索. 哈尔滨：黑龙江人民出版社，2010.

［80］　赵正阶. 中国鸟类志（上、下卷）. 长春：吉林科学技术出版社，2001.

［81］　郑光美. 世界鸟类分类与分布名录. 北京：科学出版社，2002.

［82］　郑光美. 中国鸟类分类与分布名录. 北京：科学出版社，2002.

［83］　郑光美. 鸟类学. 第 2 版. 北京：科学出版社，2012.

［84］　郑作新等. 中国经济动物志——鸟类. 第 2 版. 北京：科学出版社，1993.

［85］　郑作新. 中国鸟类系统检索. 第 3 版. 北京：科学出版社，2002.

［86］　周波，王宝青. 动物生物学. 北京：中国农业大学出版社，2014.

［87］　祝浩森，祝文浩. 我国主要药用海洋鱼类及药用价值. 河北渔业，2014，10：48-58.

［88］　谢桂林，杜东书. 动物学. 上海：复旦大学出版社，2014.

［89］　刘敬泽，吴跃峰. 动物学. 北京：科学出版社，2013.

［90］　张训蒲. 普通动物学. 第 2 版. 北京：中国农业出版社，2015.